![ZNC 正德中保 行达制远] 打造行业精品，追求卓越品质

　　山东正诺化工设备有限公司地处淄博市张店经济开发区，是一个集化工设备制造和机械加工于一体的现代化企业。

　　公司拥有一、二、三类（A2）压力容器制造、设计资质及压力容器、压力管道元件（锻件、法兰等）安全注册资质。公司下设山东正诺化工设备有限公司、山东正诺化工设备有限公司淄博紧固件分公司和山东正诺化工设备有限公司新型炼化设备分公司三个单独注册的专业生产型企业。公司通过了ISO 9001质量管理体系认证、ISO 14001环境管理体系认证、OHSAS 18001职业健康安全管理体系认证，持有美国机械工程师学会（ASME）和美国锅炉压力容器检验师协会（NB）授权的ASME证书，是国家高新技术企业。

　　公司占地面积为30000㎡，建筑面积为24860㎡，其中封闭的生产车间20000㎡，无损曝光室72㎡，评片室20㎡，焊接试验室32㎡，焊材库36㎡，板材库1500㎡，管材库和半成品库800㎡，工具库16㎡。拥有数控钻床、数控车床等机械加工设备50余台套，拥有先进的自动焊机、大型卷板机等铆焊设备300余台套，并配置了携带式变频充气X射线探伤机、数字式超声波探伤仪、磁粉探伤仪等相应的检测设备。公司制造的热交换设备、高强度紧固件和加氢反应器内构件等产品广泛应用于石油化工等领域。

公司产品

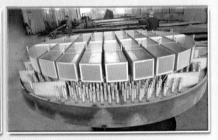

ZNC 山东正诺化工设备有限公司

公司下设：
※山东正诺化工设备有限公司
※山东正诺化工设备有限公司淄博紧固件分公司
※山东正诺化工设备有限公司新型炼化设备分公司
三个单独注册的专业生产型企业。

公司地址：淄博先进制造业创新示范区创业大道南首
销　售　部：0533-3086656
采　购　部：0533-3086666
人力资源：0533-3086660

大橡塑——橡塑机械摇篮

成立于1907年的"老字号"国有企业 公司网址：**http://www.dxs1907.**

龙油石化35万吨/年、20万吨/年聚丙烯装置国产化挤压造粒机组出产仪式

　　大连橡胶塑料机械有限公司（简称大橡塑）是立厂于1907年的"老字号"国有企业，是国内最早的橡胶塑料机械设备专业供应商之一，被誉为中国"橡塑机械摇篮"。旗下包括：大橡塑营城子制造基地、大连大橡机械制造有限责任公司、大连大橡塑工程服务有限公司、大连大橡工程技术有限公司和加拿大麦克罗机械工程有限公司、捷克布祖卢科股份有限公司，具有国际化的产品研发、制造、营销和服务能力。为做强、做优、做大中国装备制造业，2017年大橡塑成为大连重工·起重集团的全资子公司。现有从业人员1800余人，占地面积近53万平方米，总资产近37亿元。

　　大橡塑是国际上第四家、国内首家具备大型混炼挤压造粒机组设计、制造和安装调试能力的供应商。该机组实现国产化以后，完全打破了国外的技术及价格垄断，为国家石化产业作出了突出贡献。截至2020年11月，大橡塑大型挤压造粒机组业绩已达24台套，板块发展迈入了新的宏伟篇章。

大连橡胶塑料机械有限公司
DALIAN RUBBER & PLASTICS MACHINERY CO.,LT

地址：辽宁省大连市甘井子区营辉路18号
电话：0411-86651362
邮箱：sale@dxs1907.cn
电话：0411-39079987
传真：0411-86641645

气化炉拱顶预组装　　气化炉筒身预组装　　气化炉锥底预组装　　气化炉炉体结构 3D模型　　现场施工照片

中钢集团洛阳耐火材料研究院有限公司

SINOSTEEL

中钢集团洛阳耐火材料研究院有限公司（简称中钢洛耐院）创建于1963年，原为冶金部直属重点科研院所，1999年进入中国中钢集团有限公司转制为科技型企业，2019年12月10日与中钢集团耐火材料有限公司完成重组，整体进入中钢洛耐新材料科技有限公司。2020年8月，中钢洛耐新材料科技有限公司完成更名，中钢洛耐科技股份有限公司成立。中钢洛耐院是中国耐火材料专业领域大型综合性研究机构，是我国耐火材料行业技术、学术、信息与服务中心和耐火材料科技成果的主要辐射中心。经营范围涵盖耐火材料产品，产品质量检测，信息服务，工程设计、咨询、承包，国内外贸易以及检测仪器、齿科医用设备、包装材料、加工工具生产等多个领域。年产中高档耐火材料6万余吨，主要应用于钢铁、有色、石化、陶瓷、玻璃、电力等多个行业，产品远销美洲、欧洲等40多个国家和地区。

◎ 是国内高纯氧化物耐火材料研发和生产基地，年产能达10000吨；

◎ 产品广泛应用于石油化工、煤化工、化肥等领域，并远销美国、日本、印度、新加波、印尼、伊朗等国家和地区；

◎ 是美国GE公司认定的气化炉用耐火材料中国定点采购生产厂家；

◎ 具有窑炉工程设计与承包资质，在回转窑、隧道窑、梭式窑、垃圾焚烧炉、石油化工用二段炉、硫黄回收炉、甲烷化炉、煤化工用水煤浆加压气化炉、粉煤气化炉、E-gas气化炉、BGL炉、渣油气化炉等热工炉窑设计和承包方面经验丰富。

气化炉等化工装置用耐火材料

⊙ 可提供石油化工高温装备用全系列耐火材料，包括：高铬砖、铬刚玉砖、复合SiC砖、高纯刚玉砖、刚玉莫来石砖、氧化铝空心球制品、重质/轻质浇注料等内衬材料，以及莫来石质/高铝质轻质砖、多晶氧化铝纤维、普通硅酸铝纤维等中高档保温隔热材料。

   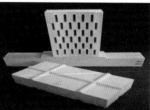 

高铬砖　　　　铬刚玉砖　　　　氧化铝空心球砖　　　　莫来石砖　　　　碳化硅砖

资质证书

销售总经理：董先生（13598183098）　　　　公司邮编：471039

销售副总经理：施先生（13903795278）　　　图文传真：0379-64206027

固定电话：0379-64206119　　　　　　　　　公司网址：www.lirrc.com

电子信箱：sales@lirrc.com　　　　　　　　公司地址：河南省洛阳市涧西区西苑路43号

广告

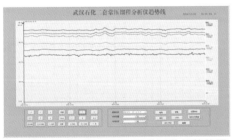

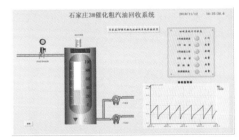

安徽容知日新科技股份有限公司成立于2007年，是一家工业互联网领域的高新技术企业，为客户提供设备智能运维平台解决方案和动设备预测性维护产品及服务。

容知日新的产品和服务已覆盖石化、电力、冶金、水泥、煤炭等十多个行业的近千家大型企业。产品远销美国、英国、德国、巴西、澳大利亚、新加坡等三十多个国家和地区。

容知日新视研发创新为核心竞争力，目前已打通整条技术链，建立了全产品矩阵，实现服务纵横贯通。拥有核心传感器、采集单元、智能算法、软件系统等核心技术的自主知识产权，在设备智能运维领域持续保持技术领先。

未来，容知日新将携手合作伙伴，致力于设备智能运维技术和模式的不断创新，构建人、设备、数据无缝链接的生态圈，成为工业互联网领域拥有自主核心技术和全面运维实力的领军企业。

容知日新公司工业研发A楼

案例实验室，积累了3000多个闭环案例

研发中心

设备远程运维中心，国际振动诊断工程师团队正在看护设备

生产制造中心

资深技术专家讲解容知自主研发的监测产品功能与优势

广告

安徽容知日新科技股份有限公司

Anhui Ronds Science & Technology Incorporated Company

地址：安徽省合肥市高新区生物医药园支路59号
电话：4008551298

设备腐蚀与安全监、管、控专家

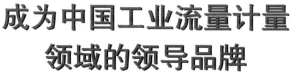
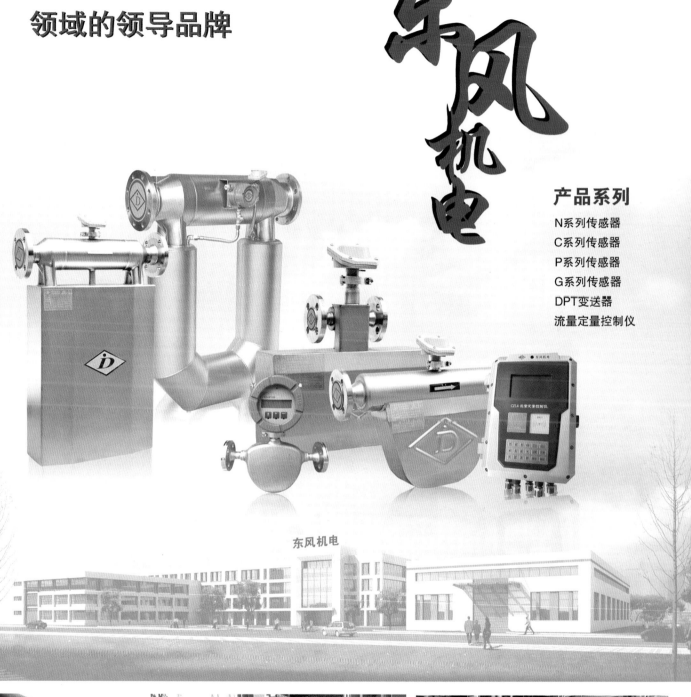

大陆集团总部

企业简介

　　沈阳大陆激光集团成立于1998年，是国内最早的原创性激光再制造企业之一，拥有10家分公司。目前由沈阳、岳阳、上海、成都四家分公司开展全国石化业务。

　　集团公司为"全国激光修复技术标准化委员会"秘书长单位，组织编制激光修复行业的国家标准6项，已批复2项：GB/T29795—2013《激光修复技术　术语和定义》、GB/T 29796—2013《激光修复通用技术规范》。

　　2013年，国务院30号文件提出：国家"支持专业化企业以激光熔覆等技术为工矿企业重大设备高值部件提供个性化修复服务"，这是对中国企业原创世界领先技术的国家肯定。

● 集团公司为"博士后科研工作站"及"院士工作站。
● 集团公司为国家工信部门首批确定"机电产品再制造试点企业"。

 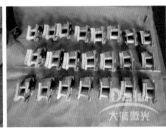  

业务范畴

◎ 炼油、乙烯、大化肥、PTA、煤化工企业等关键设备激光再制造。
◎ 涡轮动力转动设备及关键设备零部件激光修复再制造。
◎ 大型装置关键机组拆装检修。
◎ 零部件测绘加工制造。
◎ 特殊部件现场激光熔覆。

http://www.dalujt.com

节能降耗
让生产与环境和谐共进

液环真空泵　　KCC标准化工泵　　KPP化工流程泵　　单级双吸节能水泵

广东肯富来泵业股份有限公司的前身为创立于1954年的广东省佛山水泵厂有限公司，一直致力于为客户提供流体输送解决方案和迅捷优质的服务。公司专注于工业领域泵装备应用研究，有着60年的泵产品设计和制作经验，是国内大型高效离心泵的引领者之一，也是国内大型液环真空泵的始创者之一。产品广泛应用于石油化工行业各领域，如采油、炼油、煤化工、橡胶、制药、纺织、氯碱、己二酸、环氧丙烷、火炬气回收、焦化、化肥、石化循环水系统等，与中国石油、中国石化、中国海油、巴斯夫、美国福陆等世界500强企业建立了长期伙伴关系，众多国内外的大型化工项目均有肯富来的产品在使用。

■ 详情请登录www.kenflo.com获取资料或者致电销售热线0757-82810264

KENFLO® 肯富來

烟台龙港泵业股份有限公司
YANTAI LONGGANG PUMP INDUSTRY CO.,LTD.

烟 龙

BB1系列

BB2系列

BB3系列

BB4系列

证券简称：龙港股份　　证券代码：870615

合作伙伴：

公司先后获得的部分荣誉：

★高新技术企业　　　　★守合同重信用企业
★山东省著名商标　　　★烟台市市级企业技术中心
★烟台市专精特新企业　★中国机械工业科技进步一等奖

　　烟台龙港泵业股份有限公司成立于2001年5月，注册资本6000万元，办公及生产建筑面积2万余平方米。主要生产30大系列、400多种规格的耐腐蚀泵及配件，产品主要应用于石油石化、化工、制碱、制盐、环保、水处理等行业的介质输送。产品畅销全国二十多个省市，并出口到欧美、亚洲、非洲等多个国家。

　　公司注重技术升级和自主研发，并与山东大学、江苏大学、浙江理工大学等高校开展产学研合作进行新产品的持续开发。在质量体系方面，先后通过美国石油学会API质量体系认证和ISO 9001:2008质量体系认证，产品获得客户的一致好评。过硬的质量、良好的服务使公司先后成为中国石油甲级供应商，中国石化、中国海油、中国化工、中盐集团等知名企业合格供应商。

详情请访问公司网址：www.lg-pump.com

主导产品为：BB1、BB2、BB3、BB4、BB5、OH1、OH2、OH3、VS4、VS6等型式离心泵
主要应用领域：石油石化、煤化工、基础化工、环保等行业的介质输送

BB5系列　　　　OH2系列　　　　OH3系列　　　　VS6系列

地址：烟台高新技术产业开发区经六路12号　电话：0535-6766052 6766056
邮箱：anec@vip.163.com　　　　　　　　　传真：0535-6766055

24h服务热线：400 111 9188

中密控股股份有限公司
SINOSEAL HOLDING CO., LTD.

数据推动变革　智能提升安全

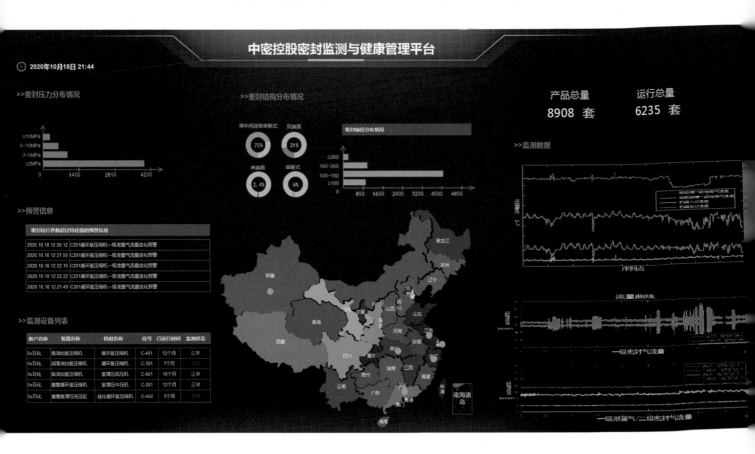

公司地址：四川省成都市武科西四路8号

国内销售：028-85367865　　028-85373721　　国际销售：+86-28-85373902　　行 政 部：028-85367231

电子邮箱：sales@sns-china.com　　　　传　真：028-85366222　　　　电子邮箱：export@sns-china.com

天津固特炉窑工程股份有限公司

天津固特

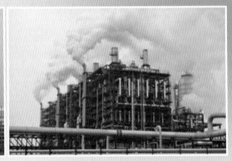

天津固特节能环保科技有限公司

天津固特

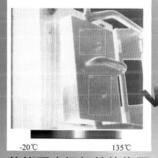
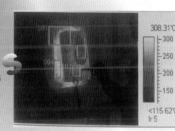

科技创新 · 诚信务实 · 客户至上 · 合作共赢

SHENYANG JINFENG
SERVE THE ENERGY AND CHEMICAL

沈阳金锋
服务能源化工

　　沈阳金锋创建于1993年10月，始终致力于大型塑料挤压造粒机组关键易损耗部件的研制、生产与销售。公司已同中国石油、中国石化、中国海油、国家能源集团（原神华集团）以及台塑集团等众多大型化工企业建立了长期稳定的合作关系。

　　沈阳金锋主要产品为金属陶瓷复合切粒刀、造粒模板、切粒刀盘、齿轮泵滑动轴承、模板隔热密封垫片等。公司不但可以提供上述常规产品，同时可以根据市场需求，针对特殊熔融指数、特殊牌号的树脂进行研发、设计、制造专用的造粒模板以及配套的切粒刀和切粒刀盘。

金锋公司主导产品已在国内外多家大型能源化工企业推广应用，成功替代进口
沈阳金锋近年来为客户设计制作的单线年产20万吨以上的塑料造粒模板已超过50块

切粒刀和刀盘

造粒模板

滑动轴承

金锋公司拥有自主知识产权的"金属陶瓷复合材料"及其相关产品"新型塑料造粒模板"和"金属陶瓷复合切粒刀"，曾荣获中国科学院技术发明二等奖及辽宁省科技进步二等奖和三等奖各一项。

沈阳金锋特种刀具有限公司
SHENYANG JINFENG SPECLAL CUTTING TOOLS CO.,LTD

20万吨及以上大型造粒模板制造业绩案例

客户名称	造粒类型	设备吨级	设备厂商	客户名称	造粒类型	设备吨级	设备厂商
独山子石化	聚乙烯	30万吨	KOBE	三圆石化	聚丙烯	20万吨	JSW
海南炼化	聚丙烯	20万吨	CWP	海伟石化	聚丙烯	20万吨	CWP
天津中沙	聚乙烯	30万吨	KOBE	久泰能源	聚丙烯	30万吨	CWP
兰州石化	聚丙烯	30万吨	JSW	联泓新材料	聚乙烯	20万吨	CWP
青岛炼化	聚丙烯	20万吨	CWP	盘锦华锦	聚丙烯	25万吨	CWP
燕山石化	聚丙烯	20万吨	KOBE	延安能源	聚丙烯	30万吨	CWP
扬子石化	聚乙烯	20万吨	KOBE	宝丰能源	聚丙烯	30万吨	JSW
石家庄炼化	聚丙烯	20万吨	DLRPM	宁波富德	聚丙烯	40万吨	CWP
福建联合	聚丙烯	20万吨	CWP	中煤蒙大	聚丙烯	30万吨	JSW
茂名石化	聚丙烯	20万吨	DLRPM	神华新疆	聚丙烯	45万吨	JSW
齐鲁石化	聚乙烯	25万吨	DLRPM	延安石化	聚丙烯	20万吨	CWP
大庆炼化	聚丙烯	30万吨	JSW	台塑宁波	聚丙烯	30万吨	JSW
上海石化	聚乙烯	30万吨	JSW	中天合创	聚丙烯	35万吨	CWP
人庆龙油	聚丙烯	35万吨	大橡塑	中安联合	聚乙烯	35万吨	DLRPM
中化泉州	聚丙烯	35万吨	CWP				

沈阳金锋公司模板换面业绩表　(2011~2019)

年　份	客户名称	装置名称	合同编号	交付日期
2011年	北京燕山石化	化二20万吨	4500137383	2011.11
2011年	独山子石化	CMP-230X-9AW PE	4500270143	2011.12
2012年	独山子石化	CMP-230X-9AW PE	4500302574	2012.03
2017年	盘锦乙烯	25万吨PP	CLHT-2-2017-079/314	2017.06
2018年	中原乙烯	大橡塑10万吨PP	34950000-18-FW1703-0010	2018.09
2018年	盘锦乙烯	25万吨PP	CLHT-020403-2018121H	2019.04

地址：辽宁省沈阳市铁西区沈阳经济技术开发区开发南二十六号路29号
邮编：110027
电话/传真：024-2526 8423
网址：www.syjfdj.cn

LULUTONG

杭州大路实业有限公司
HANGZHOU DALU INDUSTRY CO.,LTD.

　　始建于1973年，是一家集技术研发、生产制造与工程服务一体的国家高新技术企业，中国核学会理事单位，浙江省首批军民融合示范企业，拥有省级研发中心；中石油、中石化、中海油等石油化工集团，大型煤化工集团，浙江石化、恒逸石化、盛虹石化等大型民营炼化流程泵与汽轮机设备供应商；取得"军工四证"和军工核安全二、三级泵设计和制造资质，为国防军工重要民口配套企业。致力于为石油与天然气、石油化工、煤化工、化肥、冶金和国防军工领域提供高品质、先进泵与汽轮机成套技术解决方案。

中国 浙江省杭州市萧山区红山

产品销售专线：(0571) 82600612　83699350
检维修专线：13858186587
传真：(0571) 83699331　82699410
全国统一服务电话：400 100 2835
Http://www.chinalulutong.com

> 围绕高效节能、无泄漏与可靠性设计
> 确保装置长周期、安全稳定运行

石油、石化与煤化工机泵供应商单位
通过军工科研生产与核安全资格认证

机泵专业技术及检维修服务简介

　　杭州大路工程技术有限公司是杭州大路利用其在泵和汽轮机方面的技术优势注册成立的专业从事机泵检维修工程技术服务的公司，主要为石油与天燃气、石油化工、煤化工、化肥、冶金、海洋工程、国防军工等领域提供专业机泵工程技术服务。

　　主营业务：各类进口或国产机泵设备（包括离心泵、磁力传动泵、蒸汽透平、液力透平、压缩机、阀门等）的设备开车、维护保运、检维修、专业培训、国产化改造及配件定制等。服务形式：技术支持、驻点服务、定期上门服务、远程监测与故障诊断服务等，也可根据客户需求开展定制服务。

　　公司建立基于物联网远程监测与诊断系统，可为顾客提供关键机泵实时在线监测和故障诊断分析服务。

企业资质
Enterprise Qualification

GB/T 19001—2016/ISO 9001:2015质量管理体系认证

GB/T 24001—2016/ISO 14001:2015环境管理体系认证

ISO 45001:2018职业健康安全管理体系认证

军工四证 & 核安全二、三级资格认证

国家高新技术企业认证

中石油、中石化、中海油等石油化工及煤化工领域
入网许可认证

易派客信用评价等级：A+级

自主知识产权：发明与实用新型专利授权

获得国家军队科技进步二等奖等省部级奖励

工业泵专业工程技术服务

杭州大路工程技术有限公司利用其在炼油、乙烯、煤化工、化肥等装置研制的高压液氨泵、加氢进料泵、无泄漏磁力传动泵等高端关键设备的设计开发、制造与过程控制、创新技术和在国产化机泵过程中所积累的经验，专业提供石油化工流程泵的工程技术服务。服务的产品包括进口或国产的高压液氨泵、高压甲铵泵、加氢进料泵、高压切焦水泵、辐射进料泵、裂解高压锅炉给水泵、各类磁力传动泵等。

服务范围：设备开车、维护保运、检维修、操作培训、国产化改造及配件定制等。

大庆石化45/80高压甲铵泵检维修　　内蒙古博大50/80高压甲铵泵检维修　　内蒙古亿鼎30/52高压甲铵泵检维修　　磁力泵国产化替代或配件国产化

大庆石化45/80高压液氨泵检维修　　独山子石化急冷水泵国产化改造　　广西石化减底泵国产化改造　　进口关键机泵再制造及配件国产化

工业驱动汽轮机、压缩机等动设备专业工程技术服务

汽轮机、压缩机、挤压机等动设备是化工装置的主要设备，安全与经济运行是保证装置安全生产的重要条件。选择一个强有力的技术服务团队十分重要。我公司从事工业汽轮机设计制造已经近20年，从事动设备检修也有10余年，拥有专业的技术研发团队60余人、机泵检维修团队80余人，可以承接功率最大25000KW国内外制造的各类汽轮机、配套压缩机、挤压机等工程技术服务，也可提供各类调速系统改造等专业化服务。

服务范围：设备开车、维护保运、检维修、安装、系统改造、国产化配件定制等。

独山子石化进口汽轮机成套服务　　广西石化进口汽轮机开车服务　　进口汽轮机再制造和检维修　　汽轮机调速控制系统改造

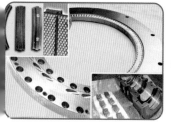   

进口汽轮机配件国产化　　进口汽轮机转子国产化　　压缩机检维修及配件供应　　挤压机等动设备检维修及配件供应

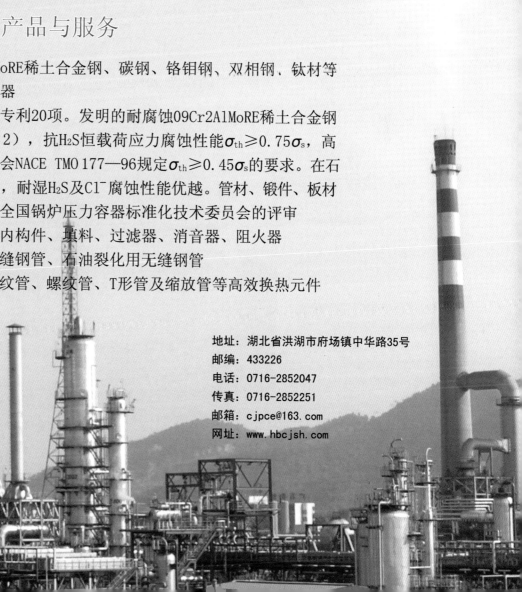

因思云 Ins

工业设备数字化生态系统

大型旋转机组在线状态监测

适用于大型旋转式压缩机组实时状态监测和故障诊断分析

阀门状态监测

适用于对疏水阀、安全阀的泄漏、堵塞状态进行监测

风机/机泵有线状态监测

适用于风机、机泵、电机的有线状态监测和故障诊断分析

无线定点测厚

适用于管道、炉、塔等设备的厚度监测及腐蚀形态分析

腐蚀在线监测

适用于管道腐蚀速率的监测及介质腐蚀程度的评价和分析

风机/机泵无线状态监测

适用于风机、机泵、电机的无线状态监测和振动、温度的采集、分析

全生命周期服务

四大类、19小类多样化服务
原始制造厂专业化服务
"大数据+AI"智能诊断服务
"7×24"实时监测、预警、诊断

石油化工设备维护检修技术

Petro-Chemical Equipment Maintenance Technology

（2021 版）

中国化工学会石化设备检维修专业委员会　组织编写
本书编委会　编

中国石化出版社

内 容 提 要

　　本书收集的石油化工企业有关设备管理、维护与检修方面的文章和论文，均为作者多年来亲身经历实践积累的宝贵经验。内容丰富，包括：设备管理、状态监测与故障诊断、检维修技术、腐蚀与防护、润滑与密封、节能与环保、新设备新技术应用、工业水处理、仪表自控设备、电气设备等10个栏目，密切结合石化企业实际，具有很好的可操作性和推广性。

　　本书可供石油化工、炼油、化工及油田企业广大设备管理、维护及操作人员使用，对提高设备维护检修技术、解决企业类似技术难题具有学习、交流、参考和借鉴作用，对有关领导在进行工作决策方面，也有重要的指导意义。本书也可作为维修及操作工人上岗培训的参考资料。

图书在版编目（CIP）数据

　　石油化工设备维护检修技术：2021版／《石油化工设备维护检修技术》编委会编. —北京：中国石化出版社，2021.3
　　ISBN 978-7-5114-6130-8

　　Ⅰ.①石… Ⅱ.①石… Ⅲ.①石油化工设备-检修-文集 Ⅳ.①TE960.7-53

　　中国版本图书馆 CIP 数据核字（2021）第 028439 号

中国石化出版社出版发行

地址:北京市东城区安定门外大街 58 号
邮编:100011 电话:(010)57512500
发行部电话:(010)57512575
http://www.sinopec-press.com
E-mail:press@ sinopec.com
北京科信印刷有限公司印刷
全国各地新华书店经销

*

889×1194 毫米 16 开本 28 印张 42 彩页 732 千字
2021 年 3 月第 1 版　2021 年 3 月第 1 次印刷
定价:198.00 元

杨 帆	杨 宇	杨宥人	吴文伟	吴伟阳	吴宇新
吴尚兵	邱东声	邱宏斌	何广池	何可禹	何承厚
沈顺弟	沈洪源	宋运通	宋晓江	张军梁	张国相
张国信	张继锋	张维波	陆 军	陈 伟	陈 岗
陈志明	陈明忠	陈金林	陈彦峰	陈雷震	陈攀峰
邵建雄	苗 一	苗海滨	范志超	林震宇	易 强
易拥军	罗 昕	罗 辉	金 强	周 卫	周文鹏
屈定荣	孟庆元	赵 勇	赵玉柱	郝同乐	胡 佳
胡红页	侯跃岭	施华彪	袁庆斌	袁根乐	莫少明
栗雪勇	贾红波	贾朝阳	夏翔鸣	顾雪东	钱义刚
钱青松	徐文广	徐际斌	高 峰	高金初	高海山
郭绍强	谈文芳	黄 琦	黄 强	黄卫东	黄绍硕
黄勤卫	黄毅斌	崔正军	康宝惠	章 文	盖金祥
梁国斌	彭学群	彭乾冰	董雪林	蒋文军	蒋利军
蒋蕴德	韩玉昌	景玉忠	焦永建	舒浩华	曾小军
谢小强	赖少川	赖华强	蔡卫疆	蔡培源	蔡清才
臧庆安	翟春荣	潘传洪	魏 冬	魏 鑫	魏治中
瞿滨业					

固三基 谋创新 强化设备管理
为打造世界一流奠定物质基础*

——代《石油化工设备维护检修技术》序

石油化工是技术密集、资金密集、人才密集的行业，其中设备(包括机、电、仪等)占总资产70%以上！设备是石油化工行业的物质基础。随着国民经济和社会的发展，石油化工行业的设备管理也面临着新要求、新环境、新挑战，我们必须继承创新相结合，适应新常态，提出新思路，采取新举措，重点在以下方面开展工作。

1. 切实提高企业"三基"工作的水平。

一是抓好基层队伍的建设。基层队伍是设备管理的根本，基层队伍不仅是设备管理人员，还包括车间操作人员，要牢固树立"操作人员对设备耐用度负责"的理念。二是基础工作要适应新形势的变化，要利用现代化的信息技术提升设备管理效率和水平。基础工作的加强是永恒的主题。三是员工基本功的训练要加强，"四懂三会""沟见底、轴见光、设备见本色"等优良传统要恢复和传承。

2. 强化全员参与设备管理。

为了延长设备使用寿命，不断降低使用成本，最大限度地发挥好每一台设备的效能，只有在实际工作中做到全员参与到设备管理中去，才能真正地使设备管理上升到一个新的水平。一是要加强领导，落实设备管理责任。要建立单位一把手积极支持、分管设备领导主管、全员广泛参与的设备管理体系，做到目标定量化、措施具体化。二是要强化专业训练和基层培训。设备管理人员不仅自己通过培训学习提升技能，还要帮助他人特别是操作人员掌握设备管理和设备技术知识，提高全体员工正确使用和保养设备的管理意识，使每台设备的操作规程明确，设备性能完善，人员操作熟练，设备运转正常。三是完善全员设备管理规章制度，建立具有良好激励作用的奖惩考核体系，激励广大员工用心做好设备管理工作。

3. 重视应用新技术、新工艺加强设备管理。

一是加强设备腐蚀、振动、温度等物理参数状态变化的监测分析。随着大型装置的建设和原料物性的复杂化以及长周期高负荷生产，近年来设备表现出来的问题都会以振动、温度、压力和材料的腐蚀等物理特征来表现出来。各企业要结合自己的特点，充分利用动设备状态监测技术、特种设备检测和监测技术等各种技术手段确保生产装置的安全可靠运行。二是加强新材料、新装备的推广应用。石化装备研究部门要加强开发适应石化要求的新材料和新装备；物资供应部门要探索新材料和新装备的供应渠

---

*选自戴厚良同志在2015年中国石化集团公司炼油化工企业设备管理工作会议上的讲话，有删节。

道，优选新材料和新装备；设备管理部门对于已经经过验证是有效解决问题的新材料和新装备要积极采用。三是加强新技术和新工艺的推广应用。近年来，各企业在改造发展方面的投入很大，应用新技术、新工艺的积极性很高。乙烯装置裂解炉综合改造技术，使得裂解炉效率提高到95%以上。一大批污水深处理回用技术使得炼油和化工取水单耗大幅降低，部分企业甚至走到了世界的前列。大型高效换热器的推广应用使石化装置的能耗大幅下降。我们要加强系统内相关技术的总结、提升和推广。

4. 不断深化信息化技术在设备管理中的应用。

一是信息化系统建设应统一。目前在总部层面已经上线和正在建设的、与设备管理相关的系统有：设备管理系统(简称 EM 系统)、设备实时综合监控系统、设备可靠性管理系统、智能故障诊断与预测系统、检维修费用管理系统、智能管道系统等，还有企业自己开发建设的腐蚀监测、泵群监测等系统。在设备管理业务领域的信息系统建设，存在业务多头管理，重复建设，相互之间业务集成不够，部分系统存在着功能重叠，应用不规范，基础数据质量有待进一步提高等问题。二是设备管理信息系统开发要坚持"信息化服务于设备管理业务"的原则，以设备运行可靠性管理为核心，建设动、静设备的状态监测、检维修管理平台、修理费管理分析等模块，并实现各模块的系统集成和数据共享，使设备管理上一个新台阶。在当前形势下，设备管理智能化发展很快，值得关注，在体制机制上我们也要积极创新，例如对乙烯大型机组进行集中监控，在线预测，提供分析数据，进行预知维修，科学判断检修时间。

5. 规范费用管理，推进电气仪表隐患整治。

一是规范使用修理费。当前炼化板块的效益压力大，各项费用控制得紧。各企业要认真对有限的检维修费用的支出进行解剖，严格控制非生产性支出；技改技措等固定资产投资项目也要严控费用性支出。同时，要提高检维修计划的准确性和科学性，减少不必要的检查或检维修项目，做到应修必修，不过修，不失修，确保检修质量，同时要严格检维修预结算工作，对工程量严格把关，对预算外项目严格审批，把有限的检维修费用到刀刃上。二是推进电气仪表的隐患整改。电气仪表一旦发生故障，波及面广，影响范围大，造成的损失也比较大。针对近期出现的电气故障，我们将有针对性地采取电气专项治理。

6. 强化对承包商的规范化管理。

一是重视承包商在检修过程的安全管理。从近几年检修过程中的安全事故来看，很大一部分是由于承包商违反安全规定、违章操作引起的，这一方面与承包商安全意识薄弱、人员流动性大、对石化现场作业管理规定不熟悉、安全教育流于形式和责任心不强有很大的关系。另外，也与我们企业自身的管理密不可分，"有什么样的甲方，就有什么样的乙方"，同样的承包商在不同企业有着截然不同的表现。因此，在加强对承包商教育、考核的同时，还要从企业自身的管理找原因，切实保证检修安全。二是建立承包商管理机制。要严格执行对承包商的相关规定，进一步规范外委检维修承包商市场的管理，完善承包商准入机制，对承包商承揽的工程严禁转包和非法分包。抓好承包商的日常管理和考核评价，建立资源库动态管理机制。加强对承包商安全、质量、服务、进度、文明施工等各环节管理情况的检查、监督和考核，每年淘汰一部分承包商。三是严格规范执行承包商选用机制。各企业要按照有关规定，结合承包商近年来的业绩及考核情况，为运行维护、大检修等业务选用安全意识浓、有资质的、技术力量雄厚、有诚信的、技术水平高的、责任心强的专业队伍。

当前我们面临的形势非常严峻，低油价、市场进一步开放的影响逐步增强。但是不管风云如何变幻，炼油和化工企业作为高温高压流程制造工业，加强设备管理，强化现场管理，是我们企业永恒的主题。炼油化工企业全体干部员工要认真学习贯彻集团公司工作会议精神，稳住心神，扑下身子，以"三严三实"的态度，立足长远抓当前，强本固基练内功，打好设备管理的基础，为集团公司调结构，转方式，打造世界一流能源化工企业奠定基础，作出应有的贡献。

编 者 的 话

（2021 版）

《石油化工设备维护检修技术》2021 版又和读者见面了。本书由 2004 年开始，每年一版。2021 版是本书出版发行以来的第十七版，也是本书出版发行的第 17 年。

《石油化工设备维护检修技术》由中国化工学会石化设备检维修专业委员会组织编写，由中国石油化工集团有限公司、中国石油天然气集团有限公司、中国海洋石油集团有限公司、中国中化集团有限公司和国家能源投资集团有限责任公司有关领导及其所属石油化工企业设备管理部门有关同志组成编委会，全国石化企业和相关科研、制造、维修单位，以及有关大专院校供稿参编，由中国石化出版社编辑出版发行。

本书宗旨为不断加强石油化工企业设备管理，提高设备维护检修水平和设备的可靠度，以确保炼油化工装置安全、稳定、长周期运行，为企业获得最大的经济效益，向石油化工企业技术人员提供一个设备技术交流的平台，因而出版发行十多年来，一直受到石油化工设备管理、维护检修人员以及广大读者的热烈欢迎和关心热爱。

每年年初本书征稿通知发出后，广大石油化工设备管理、维护检修人员以及为石化企业服务的有关科研、制造、维修单位积极撰写论文为本书投稿。来稿多为作者多年来亲身经历实践积累起来的宝贵经验总结，既有一定的理论水平，又密切结合石化企业的实际，内容丰富具体，具有很好的可操作性和推广性。

为了结合本书的出版发行，使读者能面对面地交流经验，由 2010 年开始，中国石化出版社先后在苏州、南昌、西安、南京、大连、宁波、珠海、长沙、杭州、海口及青岛召开了每年一届的"石油化工设备维护检修技术交流会"。交流会每年 6 月中旬召开，会上交流了设备维护检修技术的具体经验和新技术，对参会人员帮助很大。在此基础上，成立了中国化工学会石化设备检维修专业委员会，围绕石化设备检维修管理，突出技术交流，为全国石化、煤化工行业相互学习、技术培训等提供了一个良好的平台。

本书 2021 版仍以"状态监测与故障诊断""腐蚀与防护""检维修技术"栏目稿件最多，这也是当前石化企业装置长周期运行大家关心的重点。本书收到稿件较多，但由于篇幅有限，部分来稿未能编入，希望作者谅解。本书每年年初征稿，当年 9 月底截稿，欢迎读者踊跃投稿，E-mail：gongzm@ sinopec. com。

编者受石化设备检维修专业委员会及编委会的委托，尽力完成交付的任务，但由于水平有限，书中难免有不当之处，敬请读者给予指正。

目　录

三、检维修技术

四、腐蚀与防护

五、润滑与密封

六、节能与环保

七、新设备、新技术应用

八、工业水处理

九、仪表、自控设备

十、电气设备

设备完整性管理体系在中国石化的应用

杨　锋

（中国石化炼油事业部，北京　100728）

摘　要　本文介绍了设备完整性在国内外的发展情况，详细叙述了中国石化炼化板块完整性管理的试点应用及推广情况，提出了下一步工作展望。

关键词　设备完整性；管理体系；预防性维修

1 设备完整性管理的引入和探索

1.1 设备完整性管理的引入

2006 年，美国 OSHA 的过程安全管理（PSM）法规引入国内，中国石化青岛安全工程研究院开展了设备完整性管理技术的编译和研究工作。青岛安全工程研究院、合肥通用机械研究院、中国特种设备检验研究院等单位先后编制了设备完整性管理导则，青岛安全工程研究院编译了《机械完整性建设指南》。

1.2 设备完整性管理实践的探索

2010 年左右，以武汉石化为代表的一些企业自主开展了预防性工作实践，并取得较好的成绩。但是传统特色的继承、技术经验的沉淀、碎片管理的集成、成果固化等问题急需解决，对比国内外先进企业，建立一套科学的设备管理体系显得十分迫切。

中国石化炼油事业部组织专家认真学习了设备完整性的相关资料，提出了"中国石化设备完整性管理体系建设试点"的构想，确定了武汉石化和济南炼化为设备完整性管理体系建设试点单位，从此开启了中国石化设备完整性管理的实践探索之路。中国石化从 2012 年 3 月至 2018 年 8 月，是完整性管理思想引入和实践的阶段，从 2018 年 8 月开始设备完整性进入了推广建设阶段，具体内容见图 1。

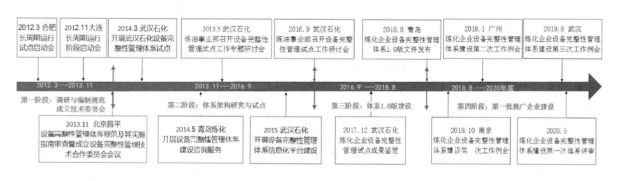

图 1　设备完整性管理体理念的探索和实施

2 完整性简介以及在国外的发展历史

2.1 设备管理理论发展趋势概述

国际的设备管理理论主要历经了三个阶段，即设备维修管理、设备综合管理和资产完整性管理，具体内容见图 2。

2.2 完整性概念起源和完整性在石化行业的发展

1972 年，完整性概念正式出现于美国空军军用标准 MIL-STD-1530《飞机结构完整性大纲（ASIP）》中。随着完整性理念的发展，20 世纪 90 年代，完整性开始应用于石油石化行业。

1992 年 2 月 24 日，美国劳工部职业安全与健康管理局(OSHA)颁布了《高度危险性化学品过程安全管理》法规，其中机械完整性是第 8 个要素。2006 年，美国化学工程师协会化工过程安全中心(CCPS)出版了《机械完整性体系指南》。完整性管理逐渐为国际标准化组织接受，并于 2014 年发布了 ISO 55000《资产管理体系》，具体过程见图 3。

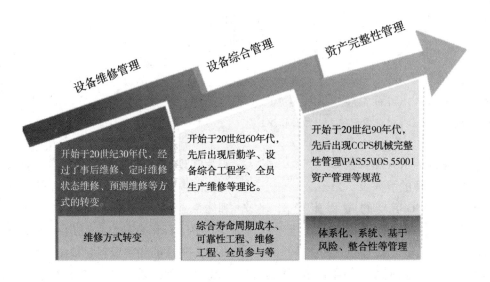

图 2　国际设备完整性管理发展趋势图

图 3　完整性大纲的概念起源和完整性在石化行业的发展历程

国外知名炼油及化工企业，几十年来纷纷推行设备完整性管理，采取技术改进和规范管理相结合的方式来保证设备功能状态的完好，实现设备安全、可靠、经济的运行。目前设备管理呈现两大特点：一是经过事后维修到预测维修等方式的转变，进入全员参与及追求寿命周期经济费用(LCC)的综合管理阶段，目前已经进入基于风险的设备设施完整性管理的现代设备管理阶段。二是继承所有历史发展阶段优点，设备管理集成化、全员化、计算机化、网络化、智能化；设备维修社会化、专业化、规范化；设备要素市场化、信息化等。

3　引入设备完整性管理体系符合中国石化设备管理发展的需要

3.1　中国石化传统设备管理存在的问题

中国石化设备管理与世界先进企业存在较大差距，主要体现如表 1 所示。

表 1　中国石化与世界先进企业设备管理差距分析表

多角度分析	BP、SHELL、ExxonMobil、Valero	中国石化
目标计划	长周期运行>4年，KPI指标可比较	装置长周期运行4年，沿用多年的绩效指标可比较性差
组织机构 资源 培训 文件控制	设备体系为矩阵或事业部制，设专家团队和可靠性岗位。具有明确的岗位责任和管理层次。各层标准制度统一、制度可操作性、执行力强。人员专业素质高，有定期系统的岗位培训	设备体系为职能制，扁平化管理。岗位责任和管理层次不够清晰。顶层标准制度统一、中下层制度各异，且不落地，操作性不强。人员专业素质各异，岗位培训不系统
质量保证	严格执行质量管理体系，设备全生命周期管理工作质量可控	建立了质量管理程序，但执行效果存在差距，前期管理相对弱化
风险管理	注重风险管控，有明确的具体风险分析方法和规范	未建立通用的程序来描述和管理风险，对具体风险分析方法没有进行明确和规范，主要凭经验判断
变更管理	严格的变更管理程序与执行	没有明确变更范围、对应的管理步骤和责任人
缺陷故障管理	利用先进的监检测手段，开展设备根原因分析，具有明确的设备缺陷信息传达程序和规范装置	未实施根原因分析，没有明确的设备缺陷信息传达程序和规范
检验测试 预防性维修	关注检修质量，关注应急响应，预防性维修为主	关注检修质量，关注应急响应，障性维修为主
绩效评估与纠正 预防措施	员工工时利用率高	员工工时利用率低
管理评审与 持续改进	有一套科学成熟的评价体系(如所罗门评价体系)	缺乏科学的评审体系

中国石化的设备管理存在一些突出问题，如设备管理标准化和共享工作未系统开展；预防为主的思想还没被广泛接受，预防性工作没有全面展开；科学的KPI指标体系尚未全面建立，设备管理不够科学；设备管理全过程被割裂，设备管理缺少统一的"魂"等。同时在中国石化管理改革过程中，设备管理还出现了一些其他问题，如操作人员水平下滑、人员老化青黄不接、维保单位改制后技术力量不足以及大机组等设备专岗岗位弱化等。

国外先进企业均有完善的设备管理体系，如扬巴公司实施巴斯夫管理体系，福建炼化实施埃克森美孚的可靠性管理体系，上海赛科实施BP的管理体系。中国石化有一系列制度，但未体系化，不能有效覆盖设备管理全过程，未体现预防为主的思想和风险管控的理念，和国外先进设备管理企业存在不小的差距。

3.2　中国石化引进设备完整性管理的必要性

结合中国石化设备管理现状，有必要建立一套将国外先进管理理念与中国石化优良传统相结合，满足中国石化日益提高的精益管理要求的设备完整性管理体系，它可以使中国石化的设备管理在以下方面得到提升：

(1) 使设备管理符合OSHA管理规范，以风险管控为核心，突出专业安全管理，让设备管理者"跳出设备看设备"，使得设备更好地服务于安全和生产。

(2) 补齐短板，重点突出风险管控、变更管理、根原因分析等核心要素，方法更科学、规范，使得设备管理工作在原有基础上更加科学有效。

(3) 可加强FMEA、RCM、SIL评估、风险矩阵等多种专业技术和管理工具的使用与融合，进一步提高设备管理水平。

(4) 明确预防性工作的基础地位，有助于企业牢固树立起预防性工作的思想理念，变被动为主动。

(5) 吸收各炼化企业好的特色做法，形成标准化、规范化的共性内容，有效地指导、帮助企业提高设备管理水平。

（6）倒逼企业提高 EM/ERP 等基础管理工具的应用水平，促进企业提高对于设备管理 KPI 的认识，围绕 KPI 指标，打造"编制工作计划-检查督促执行-反馈总结-调整策略目标-制定新的策略目标和 KPI 指标"，形成设备预防性工作的 PDCA 循环。

（7）构建符合设备完整性管理体系要求的设备架构后，可加强专业管理，提高业务处理效率，扭转设备管理人员日常工作被动应付的工作局面，形成标准统一、协调一致的专业工作新格局，推动专业、高效设备团队建设，促进设备管理和技术人才的成长。

3.3 预防性工作取得成效，进一步固化提升的需要倒逼体系建设

2008 年，武汉石化秉承"预防胜于治疗"理念，尝试系统性开展预防性工作。经过几年探索，到 2012 年预防性工作取得了明显成效，故障维修率大幅度降低。但在与国际一流炼化企业相比，仍发现在设备管理理念、设备管理体系和设备管理架构上存在制约发展的瓶颈问题，如制度规范不能严格执行、前期管理等缺位、变更管理风险管控等薄弱、经验主义仍是主流、责任主体错位等。设备管理深层次的表现为设备日常管理上仍有突出"短板"，设备管理指标在存在缺陷，设备管理组织架构不适应，具体体现在以下六个方面：

（1）设备管理各专业之间发展各自为营，不均衡，有差距；设备管理整体前后衔接还不到位；部分领域设备管理工作虽然得到加强，但仍是"碎片式"的，没有完整的管理体系支撑，尚未形成 PDCA 的良性循环。例如：对于设备故障处理，我们重视设备故障的检修和处理效果，但对于其根原因分析、改进措施和跟踪评估等方面比较薄弱，没有形成完整的管理链条。

（2）设备管理是涉及全员、设备全寿命周期的全方位管理活动，但是在设备全过程管理中，设备前期管理、计划费用管理等方面存在薄弱环节。在设备全员管理方面，设备管理责任制还存在不够落实的情况。

（3）现有设备管理部分要素存在缺失。例

如：设备变更管理、风险评估与管控等，都有待进一步完善。

（4）各类科学管理工具的使用还有待加强。例如：RCM、RBI、SIL 评估等科学管理工具的应用还不够，也没有完善的管理流程和规范的数据作为支撑。

（5）工作中不严格按规定办，随意性仍然比较大。凭经验开展工作仍然存在。在管理过程中，受人为因素干扰较多，未完全实现由经验主义向科学管理的转变。

（6）基层车间设备管理责任制没有很好地落实，设备技术人员忙于日常琐事，成了大管家、万金油。例如安全责任制不明确，牵扯了大量设备人员精力。

鉴于出现的制约设备管理发展的瓶颈问题，急需通过设备完整性体系建设，固化预防性工作经验，树立预防性维修、风险管控和变更管理的理念，由经验主义向科学管理转变。

4 设备完整性管理体系的推进
4.1 推进的历程

2012 年初，炼油事业部开始引进设备完整性管理体系。从引进之初至今，已经历了四个阶段，前三个阶段属于理念的引进和试点应用阶段，第四阶段开始进入分批次推广阶段，详细内容参见 1.2 节"设备完整性管理实践的探索"部分。

2017 年 12 月，炼油事业部在武汉组织召开设备完整性管理试点工作验收会，武汉试点搭建了中国石化设备完整性管理体系的框架，预防性维修和风险管理理念落地应用，设备管理水平明显提升，设备可靠性大幅提高，为武汉首次高质量"4 年一修"提供了良好条件。与会专家高度评价武汉试点成果，一致同意在中国石化推广设备完整性管理，2018 年 8 月发布中国石化炼油企业设备完整性管理体系 1.0 版。

中国石化审时度势，在 2017 年设备完整性管理体系建设试点成功的基础上，开始进行推广工作。2019 年底启动设备完整性管理体系第二批推广企业，计划 2020~2022 年，在两批完整性体系建设企业经验上，形成体系 2.0 版本（见图 4）。

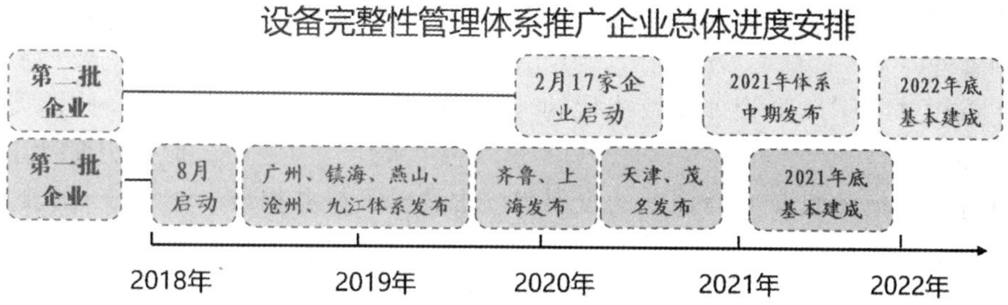

设备完整性管理体系推广企业总体进度安排

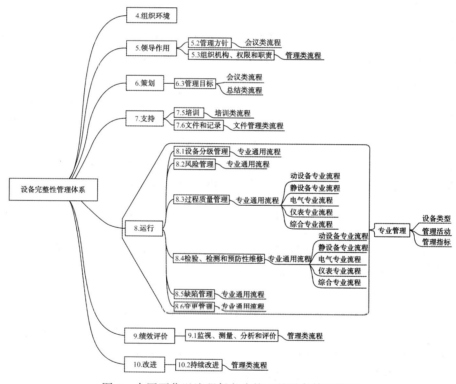

图 4 设备完整性管理分批次推广总体进度安排

4.2 推进的内涵、总体要求、遵循原则和建设思路

4.2.1 推进的内涵

确定设备完整性管理体系建设的核心内涵："设备完整性管理体系"是在研究和理解《机械完整性》的基础上，以 KPI 为引领，以风险管控为中心，以"可靠性+经济性"为原则，以全生命周期运行为主线，以业务流程为依据，以信息技术为依托，通过管理与技术的融合，传承中国石化传统设备管理好的做法，引进和创新设备管理理念和技术工具并使之有机融合，以体系化的思想为指导，聚焦设备管理。

4.2.2 推进的总体要求

编制体系要求和实施方案两个总体要求，一个运行机制，七个程序文件和一个信息平台示例，搭建了以流程任务为核心的设备管理模型(见图 5)。

图 5 中国石化以流程任务为核心的设备管理模型

4.2.3 推进遵循原则

在设备完整性管理体系建设过程中遵循"三个符合"和"七个注重"的要求。

三个符合：

(1) 要符合国家法律、规范和中石化设备管理相关要求；

(2) 要符合总部设备完整性管理体系管理要求；

(3) 要符合一体化管理手册的要求。

七个注重：

（1）要注重设备管理的整体性，要涵盖所有设备设施的管理；

（2）要注重树立基于风险管理和系统化的思想；

（3）要注重贯穿设备整个生命周期的全过程管理；

（4）要注重管理与技术相结合，以整合的观点提出解决方案；

（5）要注重持续改进，不断完善；

（6）要注重团队建设，不断强化；

（7）要注重预防性维修思想落地，持续改进。

4.2.4 推进的建设思路

明确设备完整性管理体系建设总体思路，以设备 KPI 为导向，以设备专业管理和机械完整性要素为基础，重视对设备全过程管理的把控，建立以管理轴、技术轴、人员轴为基础的完整性管理体系三维框架，开展并推进组织架构改革、技术工具应用、管理流程整合，开发设备完整性管理平台，实现设备专业管理与技术融合，在机械完整性的基础上，不断深化应用，融入设备管理的其他元素，最终实现全生命周期、全方位的设备管理体系。

围绕机械完整性建立体现风险管控和预防思想的狭义设备完整性，将设备管理的各环节逐步纳入其中，包括检修费用管理、大检修管理、能效管理、信息化升级、公用工程管理、前期管理以及维保队伍管理等，建立广义设备完整性管理体系。

中国石化首先在武汉石化启动设备完整性体系建设，由总部炼油事业部牵头，青岛安工院作为技术支持单位负责规范标准研究、发布，武汉石化负责业务实践，确保设备完整性管理体系的落地。

4.3 设备完整性管理在企业的落地实施

4.3.1 设备完整性管理体系在武汉石化试点的探索实施

武汉石化制定与国际接轨的设备 KPI 指标，形成设备预防性工作的 PDCA 循环，构建设备完整性管理体系三维框架，进行管理流程整合、技术工具应用和组织架构改革。

管理方面，优化前期管理，明确设计、采购、安装、试运各阶段的主要控制节点；优化风险管理、变更管理、设备缺陷要素，实现以"风险管控"为中心；形成定时性事务，在系统中设置了待办提醒、累积统计、超时报警、会议管理等功能，对专业技术管理工作的日常执行情况进行监督检查，进行绩效评价和持续改进。进行管理流程梳理，与组织架构、与技术工具融合，形成三位一体互相争锋的高效管理。

技术工具应用方面，强化技术工具创新，开展缺陷监测检测、故障树分析（FTA）、故障根原因分析（RCA）、危险与可操作性分析（HAZOP）、故障模式与影响分析（FMEA）、仪表安全完整性等级（SIL）、以可靠性为中心的维修（RCM）、基于风险的检验（RBI）和基于损伤模式的设备寿命预测等工作；在初步进行设备分级的基础上，开展设备关键性量化评价，用以指导风险评估、检验检测、预防性维修策略的制定；动设备专业建立以动态可靠性为基础的预防性维修 DRBPM 系统，静置设备专业建立以 RBI 为基础的设备技术体系，搭建腐蚀在线监测系统和工艺环境监控系统，电仪专业建立以寿命管理、状态监测、故障统计为基础的预防性工作体系，综合专业进行设备故障强度分析和根原因分析。

组织架构改革方面，建立"设备支持中心"增强可靠性管理能力，打造"专业管理+区域服务"设备管理架构，形成"设备管理部门管总、专业团队主建、区域团队主战"的工作模式，使管理重心下移，在区域内形成技术中心、管理中心、成本中心，由直线型改进为专业高效的矩阵型（见图6）。

信息化建设方面，以设备管理标准化、标准程序化、程序表单化、表单信息化为指导思想，按照设备完整性体系要求，对管理制度文件进行全面梳理，对法律法规、规章制度、标准与规范、操作规程、设备说明书逐一进行清理，为各要素提供支撑；在此基础上，开发计算机程序，建设设备完整性管理信息平台，实现组织架构、管理流程、一体化文件、技术工具高效融合。

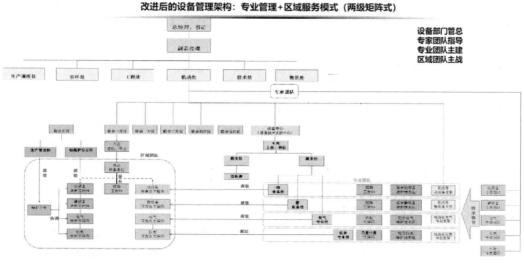

图 6　武汉石化改进后的设备管理架构

4.3.2　设备完整性管理体系在中国石化的推广

设备完整性管理体系在武汉石化和济南炼化实施取得成效后，炼油事业部于 2018 年 7 月启动第一批 7 家企业推广工作。推广工作分现状评估、整体策划、体系文件编写和审查、体系实施以及管理体系评审验收 5 个阶段进行。计划利用 2 年半时间，即到 2020 年底基本完成体系建设。通过体系建立，形成一套基于风险的、以预防为主的、传承历史的、标准的管理模式，实现不同人做同一件事，遵循同一个流程，执行同一个标准，得到同一个结果的目的。

各企业主动学习武汉石化完整性管理体系理念以及建设经验，积极开展设备完整性管理体系建设工作，中国石化炼油事业部为加快建设进程、确保体系落地实施，在体系建设推广过程中系统性地开展了一系列工作。

1）编制设备分级方法和缺陷管理程序

根据设备分级要素的评分值，将设备分为关键设备（A）、主要设备（B）、一般设备（C）三级进行分级管理。根据缺陷后果将缺陷分为一至四级。

2）制定《炼化企业可靠性团队指导意见》

要求在不增加设备定员的基础上，设立可靠性团队。对于二级管理模式的企业，按照每个运行部设置动、静、电、仪专业可靠性工程师各 0.5~1 人配置，专业上归属设备管理部门领导，接受设备专家的技术指导。派驻运行部的可靠性工程师同时接受运行部的领导。

3）编制综合和动静电仪 5 个专业的定时性工作和预防性策略

在动设备定时性工作和预防性策略基本成型的前提下，组织专家组，编制完成具有中国石化企业特色的综合和动静电仪 5 个专业的定时性工作和预防性策略。

4）优化设备 KPI 指标并制定《设备 KPI 指标数据自动采集要求》

设备 KPI 指标：股份公司级 8 个；企业级 KPI 指标 42 个：动设备 14 个，静设备 16 个，电气 7 个，仪表 5 个。针对推广企业在武汉进行了 KPI 数据采集培训。

5）对 EM 系统的通知单标准模板进行完善

完善现有通知单模板，增加专业类别、缺陷现象、缺陷等级、维修类型、配件、配件数量、配件部位、更换原因等内容，作为设备缺陷统计的重要凭证，通过增加字段，实现对故障的深入分析。

6）构建设备完整性管理信息平台十大标准模块

在第一批设备完整性管理体系推广企业信息化平台建设经验基础上，构建设备完整性管理信息平台十大标准模块，并在第二批推广企业实施。

7）开展企业完整性管理体系建设帮扶

组织企业、两大院专家赴广州、九江、镇海、齐鲁等推广企业开展体系建设现场服务，对设备完整性体系文件、运行机制、要素覆盖、流程梳理、预防维修、KPI 指标等内容进行了业务指导，协助建立完整性管理平台，大幅度推进体系建设进度。为加快后续企业的设备完整性管理体系建设，做好企业完整性体系落地服务，根据现场服务经验编写了现场技术服务标准化工作流程《设备完整性管理体系推进一周工作方案》。

8）召开第二批 17 家推广企业预启动会

2019 年 5 月 31 日，在北京召开了第二批 17 家企业推广企业预启动会，推动企业开展体系建设；6 家推广企业与 7 家企业进行结对子活动，帮助结对子企业制定设备完整性体系建设计划。日常工作方面开展设备分级工作，开展定时性和预防性工作，开展设备 KPI 指标自动统计；转变观念方面制定培训计划，做实培训，外请技术支持机构师资培训，赴第一批推广企业结对子观摩学习；团队建设方面搭建可靠性团队架构，培养可靠性工程师骨干，建立团队工作机制。

9）加快推进设备缺陷库建设工作

2020 年上半年在燕山开展动设备缺陷库应用试点，为设备缺陷和设备故障提供大数据分析基础，完善设备完整性管理体系，下半年完善后争取向全部企业推广；同时开展静设备、电气、仪控缺陷库试点，2021 年争取初步建成中国石化的设备缺陷标准库。

10）进一步完善 EM 管理系统，建立缺陷信息提报及作业许可管理系统和设备管理移动 APP

成立 EM 完善专家组，确定 EM 系统功能，进行界面友好优化工作，建立移动 APP 建立通知单—EM 工单——一般作业票—特殊作业票的标准流程，提升故障管理水平；武汉、燕山、镇海、广州、齐鲁、茂名、九江已完成通知单完善工作，其他企业计划 2020 年底完成；设备管理移动 APP 已在中韩、济南、广州、镇海、茂名等 5 家单位进行试点，形成标准模板后在炼油板块全面推广。

11）加强各专业管理子系统应用提升

目前已开展了修理费管理系统、设备大检查系统、体系内审检查系统的开发应用。整合了腐蚀管理系统，试点建立动态 RBI、寿命评估模块，整合动设备管理监测平台；试点建设电、仪管理子系统等工作。开展设备管理移动 APP 试点应用。

12）创新设备检查模式，助推设备完整性管理体系建设

2019~2020 年开展了以设备完整性管理要素复核模式的设备大检查。第一次从体系的角度发现问题，力求以检查推动完整性建设，发现问题从体系上找原因，从以治标为主向注重治本转变。2019 年设备大检查成为了完整性体系建设的"播种机、宣传队"。

5　完整性管理体系建设取得阶段性成果

5.1　设备完整性管理体系初步建成

编制体系文件，完善管理制度，规范管理流程，开发应用 RBI、腐蚀监测等技术工具，进行组织架构改革，进行管理标准化、标准程序化、程序表单化、表单信息化的四化建设，开创了变更管理受控、隐患排查深入、风险识别科学、管控程序规范的风险管控局面。

5.2　提升本质安全，确保企业安全平稳生产

加强对风险的"根源控制"和"提前预防"，建立标准化培训提高人员素质，减少人的不安全行为；通过开展预防性工作提高设备的可靠性，消除物的不安全状态；建立科学标准的管理体系确保制度、规范得以落实，减少管理缺陷和漏洞；通过设计本质安全，加强人机互补，提高环境安全因素，从而以规范制度、科学管理来提升整个系统安全可靠，实现了本质安全的基本理念，第一批推广企业 2019 年非计划停工平均为 1.4 次、动设备故障维修率平均为 4.4%，分别比进行设备大检查的炼化企业平均数低 2.8 次和 7.7 个百分点。

设备完整性管理第一批推广企业由于实施了定时工作和预防性维修，突发故障大幅减少，装置运行更加平稳。

5.3　有效提高设备可靠性，实现装置长周期运行

"预防性思想"深入人心，"管设备要管设备运行""跳出设备看设备"等理念为大家接受，各企业主动开展体系建设，突发故障大幅减少。武汉、济南均实现了高质量"四年一修"，周期内未发生由设备原因引起的非计划停工。

第一批推广企业均按照 2019 年 7 月发布的预防性维修策略开展相关工作,已取得一定效果,在设备故障维修率、抢修工时率等方面要普遍优于传统管理企业(见图 7 和图 8)。

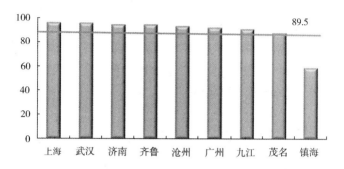

图 7 2020 年体系评审企业预防性维修率得分

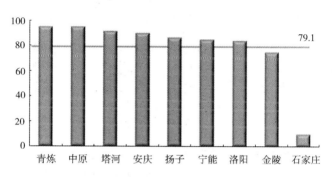

图 8 2020 年设备检查企业预防性维修率得分

5.4 实现设备预测性维修,提高承包商绩效

武汉石化突发故障抢修月均加班人次由 2010 年的 90 人/月降低至 2017 年的 11 人/月(见图 9),抢修次数减少,承包商绩效显著提高。承包商服务宗旨由强调"三快一优"转变为"专业规范,优质高效"。

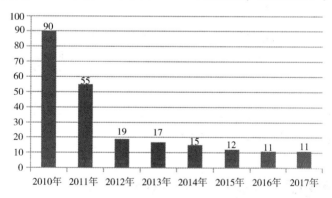

图 9 设备突发故障抢修月均加班人次

5.5 设备管理队伍素质提升

可靠性工程师团队是体系运行的专业管理团队,主要从事体系建设完善、参与区域团队进行日常运行维护、可靠性分析、KPI 指标分析与改进提升等专业技术工作,是体系运作的"主动轮";可靠性团队的建立优化了管理流程,下沉了管理重心,提高了管理效率。

通过体系建设培养了一支具有设备完整性理念的设备管理队伍,设备风险识别、风险管控、可靠性分析成为工作新常态,专业人干专业事得以初步实现。

5.6 信息化建设工作取得了长足进步

体系内审企业随着设备完整性管理体系建设工作的深入开展,信息化建设工作取得了长足进步，信息孤岛问题也正在解决中。

设备大检查企业的信息化水平取决于企业对信息化建设的重视程度，大部分企业设备管理信息化水平不高。完整性管理体系信息平台基本处于策划阶段；专业管理系统分散，信息孤岛现象比较明显。

5.7　制度梳理、流程标准化促进企业管理更规范

设备完整性建设企业按照体系管理思维，梳理制度整合为体系文件，形成标准流程和标准表单。

广州石化在流程梳理中进行优化，形成计划费用、缺陷管理、预防性维护、预防性维修、事项跟踪和标准审批等六大核心流程群组，从308个流程优化简化为232个（见图10）。利用缺陷管理流程直接形成压力容器月度检验报告，每月可减少工作量90个工日。

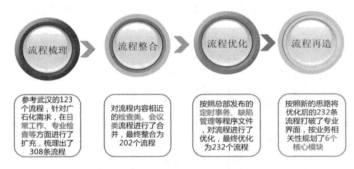

图10　广州石化流程整合经过

5.8　按设备完整性管理理念系统性推广新技术使用，提升设备可靠性

（1）预防性维修提升设备可靠性。

（2）开展外电网电力系统专项治理，印发电力系统运行管理指导意见，企业对照整改并进行孤网试点，推进电气监控系统应用，电力系统故障引起的装置波动和停工影响，2019年比治理前的2015年减少50%以上。

（3）全面推广定力矩紧固技术，实现了大锤不进装置、气密一次通过、热紧环节取消、VOCs小于200ppm的管理目标。

（4）全面推广涡流脉冲扫查技术，2019年发现减薄率大于30%的部位超过1000处，得以及时"扫雷"。

（5）推广自控率提升技术，部分企业实施后自控率提升40%，装置平稳率大幅提升。

（6）推广塔顶精准加注系统，设备腐蚀速率明显下降，药剂消耗减少50%。

5.9　定时性工作和预防性维修降低设备故障率，提升设备可靠性

齐鲁石化监控统计定时事务的执行率、完成率，督促设备管理人员及时完成定期维护等预防性工作，降低设备故障率（见图11）。

广州石化利用泵群监测系统使机泵故障维修转变为预知性维修，预知性维修比例由15%提高到80%，机泵检修次数逐渐减少，故障维修比例由60%下降至2.3%（见图12）。

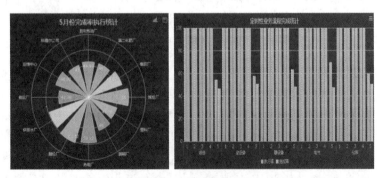

图11　齐鲁石化定时事务统计情况

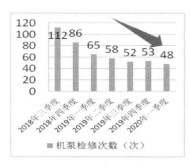 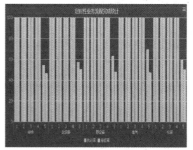

图 12　广州石化机泵故障检修率和检修次数趋势图

5.10　设备 KPI 引领，提升专业管理水平

各企业对照炼化企业设备完整性管理体系绩效指标建立了企业的 KPI 指标体系。

中韩(武汉)从 2019 年开始编制 KPI 管理技术月报，对每月的 KPI 指标进行分析，查找管理问题所在，及时调整策略，并通过 KPI 指标的横向和纵向评比，形成 KPI 引领的良好局面，持续提升专业管理水平。

5.11　信息化水平提高助力设备管理水平提升

体系内审企业通过建立设备完整性管理信息平台，整合设备运行数据、促进体系要素实现 PDCA 闭环管理，提升设备管理效能。

中韩(武汉)完善了缺陷管理平台，实现缺陷全流程管理；镇海炼化通过 EM 系统优化实现缺陷、计划、风险管控、作业许可联动闭环机制。两家企业正在共同开发手机 APP 及特种作业票功能，打通缺陷提报通知单-工单-作业票流程，有效提高缺陷处置效率。

2019~2020 年对 9 家体系建设企业和 9 家传统炼化企业分别进行了体系内审和设备大检查，对最终得分加权调整后进行排名，设备内审企业排名总体情况好于设备大检查企业，体现了设备完整性管理体系的优越性(见图 13)。

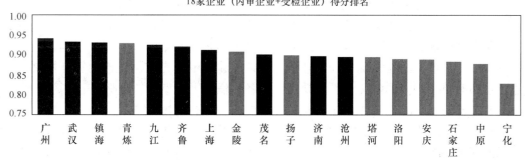

图 13　2020 年体系内审企业和设备大检查企业得分情况排名

6　下步工作

目前设备管理中还存在设备"三基"工作不到位、专业管理存在薄弱环节、设备管理标准化和共享工作未系统开展、预防性工作没有全面展开、科学的 KPI 指标体系未全面建立以及管理改革过程中遇到的操作人员水平下滑和维保单位改制后技术力量不足等问题，针对存在的问题，制定了下一步工作计划。

6.1　做好设备完整性管理体系建设规划

根据设备完整性管理体系建设需要，优化中国石化总部设备管埋架构。

（1）加强总部统一领导协调，明晰各部门职责划分；

（2）按完整性体系管理要求，强化各企业设备管理组织建设；

（3）各事业部落实管理部门业务要求，从设备专业角度支持管理部门开展业务管理；

（4）设想从设备专业管理角度考虑整合科研资源，成立设备研究机构，加强设备管理与技术科研能力。

6.2　从专业管理、组织管理等方面着手，加快推进体系建设

从明确设备分级机管理标准、推进落实预防性工作、全专业流程梳理、标准化缺陷管理流程、开展定时性工作、建立新型 KPI 指标等方面加强专业管理；从建设可靠性工程师团队、开展区域团队建设、建设信息化管理平台等方面加强组织管理，加快推进体系建设。

6.3　不断夯实设备管理基础

6.3.1　建设设备 KPI 指标数据自动采集和统计计算模块，尽快实现绩效引领

加快设备 KPI 指标数据自动采集和统计模块的建设，以 EM、Lims、实时数据库等其他外围系统数据作为计算数据源进行自动采集数据，加上人工录入数据以及 KPI 业务常量进行 KPI 公式计算，尽快实现 KPI 指标对设备管理的引领作用。

6.3.2　推广设备管理 APP 应用，推进二维码在设备管理的广泛应用

在南化公司设备管理移动应用 APP 试点成功的基础上，进行业务规范和功能优化调整，并进行推广完善，建立移动端"故障报修—任务指派—承接任务—完工确认"的闭环流程；规范设备消缺的过程管理，提高 EM 信息录入的及时性、准确性和完整性；打通故障报修—通知单填报——一般作业票填报功能，统一分专业的一般作业票；实现在 APP 上读取设备消缺记录、预防性维修记录、定时性工作记录和月度检修记录等台账内容，提高设备管理效率。

6.3.3　建立缺陷标准库

对已编制完成的动设备故障库在燕山石化试点应用，审查后对标准字段进行进一步精简、优化，关联更加明确简单，确保缺陷库方便易用；在试用取得较好效果后扩大试点应用企业范围，2020 年同步开展静、电、仪专业故障库试点，争取 2021 年完善后全面推广应用。

6.3.4　加强修理费管理系统建设，利用信息化手段提升修理费管理水平

继续抓好修理费管理系统的推广应用。2019 年向荆门、湛江、胜利、青石、九江、广州、扬州、天津等 8 家企业推广，对企业修理费计划进度完成情况进行统计分析，完善分装

置修理费基准，提升修理费管理水平。

6.4　从根本上解决标准化和共享的问题

企业设备管理标准化存在不足，与国外先进企业相比差距明显。主要从企业体系运行机制、数据、主要设备管理流程运行三个方面加强标准化建设工作，通过设备管理标准化建设，争取 2022 年企业体系标准化程度要达到 90% 以上，为企业间数据共享和总部大数据建设打好基础。

争取利用三年时间解决标准化和共享的管理流程上问题，对缺陷、分级进行统一定义管理，制定全面标准的定时性工作和预防性维修策略，统一专业管理的基本模式，为以后的大数据应用做好准备。

6.5　大力推进预防性维修工作

促进各专业定时性工作、预防性工作策略和计划的落实执行，加强振动、噪声、温度、压力、油液分析监测等状态监测系统的建设，及时分析诊断设备故障，向状态预测维修转变，建立智能维修决策系统，并定时审视定时性工作和预防性策略的有效性和全面性，确保预防性维修工作的效果。

重视设备突发故障和预防性工作，从工艺、安全和生产运营方面全面审视设备状况，系统制定预防性策略，编制实施计划，确保执行到位。建立不断充实、完善的管理机制，落实设备责任制，筑牢设备专业安全的篱笆。

6.6　系统开展设备节能工作

开展以提效、平稳运行为目标的设备节能工作，解决装置设计负荷偏大、机泵"大马拉小车"等危及设备运行安全的问题。通过能效测评、提效改造、防喘振控制优化、无级气量调节、余隙调节等一系列措施，用三到四年的时间补齐设备节能短板。

6.7　开展设备内审式检查，推动设备完整性管理体系建设落地

随着设备完整性体系建设深入推进，设备管理的检查模式逐步从传统的设备大检查向体系内审方式进行转变。从查具体问题、就事论事转变到分析管理问题、体系运行问题，通过内审式检查，推动设备完整性管理体系建设落地。

6.8 完善提升设备信息管理系统

持续推进设备完整性管理体系信息系统建设，保证完整性建设落地(见图14)。

抓实 EM 系统的数据完善和规范工作，界定功能范围，完善基础数据，规范设备档案，确保 EM 系统助力设备管理工作；开展防腐、电气、仪控等专业管理信息系统建设，提高专业管理水平，为预防性维修提供技术支持；提高 KPI 数据自动采集率，确保 KPI 数据真实、及时，实现 KPI 指标对设备管理的引领作用；建设设备二维码，建设移动应用 APP，开发通知单开具、缺陷管理、日周计划管理等功能，提高设备管理效率。

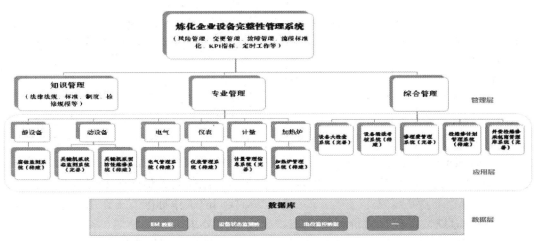

图14 炼化企业设备完整性管理系统建设规划图

6.9 稳步推进设备完整性管理体系建设

针对第一批 9 家推广企业，按照体系建设要求，尽快完成流程梳理、可靠性团队建设、信息平台上线运行，全面实施定时性工作和深化预防性维修工作，确保实现 2020 年基本完成体系建设的目标。

第二批 17 家推广企业学习第一批推广的建设经验，优先开展可靠性团队建设，抓实培训，尽快开展制度梳理、信息化平台建设以及全面开展预防性维修等工作，争取 2021 年 6 月进行体系发布，2022 年完成体系建设目标。

6.10 与国外先进企业对标

制定国际通行的设备指标，与国外先进企业进行指标对比分析，发现差距，制定措施，尽快赶超。

重考核，守底线，保平稳，降成本
有效提升炼化企业设备管理水平

周　敏

（中国石油炼油与化工分公司，北京　100007）

摘　要　本文介绍了中国石油炼化设备系统认真落实2020年设备工作要点，取得新的成效和进步，并在未来一段时间，重考核，守底线，保平稳，降成本，扎实有效开展各项工作，有力促进设备管理水平的进一步提升。

关键词　炼化设备；系统；管理水平；提升

今年以来，中国石油炼化设备系统坚决贯彻落实集团公司和板块工作部署，紧紧围绕炼化安全生产、提质增效和疫情防控等中心任务，认真落实2020年设备工作要点，取得了新的成效和进步。

一是由于新冠疫情突发、油价大幅下跌、市场需求骤减等重大变化，炼化面对装置低负荷条件下安全生产的巨大压力，设备系统积极应对，全方位加强设备运行维护保障工作，积极组织重点装置、设备运行攻关，采取隐患排查以及加强巡检、特护、监控等多种措施，有效保证了生产平稳运行和板块生产经营目标的完成。二是克服疫情影响造成施工队伍、设备材料到货受阻停滞等严重困难，平稳有序地组织完成了炼化装置大检修；三是较好地完成了上半年QHSE体系审核内审，机电仪三个专业共发现各类问题11256项，其中严重问题232项，发现问题的数量和质量均为历年最高。总体上看各企业专业内审的质量和深度较以往有较大提高，极大地促进了板块设备工作要求在基层分厂车间的宣贯和落实，也促进了机电仪专业管理水平的提升。

当前炼化企业面临着严峻形势，担负着安全生产和提质增效的艰巨任务。**一方面，安全生产压力很大**。特别是近来发生一些安全事故，集团公司党组要求我们必须敲响警钟，坚持"四查"和"四不放过"原则，以"零容忍"的态度，强化安全生产，守住安全环保底线。**另一方面，提质增效任务艰巨**。集团公司正在深入开展提质增效专项行动和"战严冬、转观念、勇担当、上台阶"主题教育活动，上半年炼化业务亏损，下半年要完成全年的利润指标任务艰巨。困难很多，但我们还是必须要完成这些任务，这就对我们的工作标准、工作水平、工作状态提出了更高要求。

集团公司对炼化板块提出了"解放思想、志存高远、高标准、严要求、上台阶、创一流"的重要指示，并做了一系列部署和安排，要求我们炼化企业设备系统全体干部员工，要进一步提高认识，坚定信心，提高标准，全力推进炼化设备管理各项工作。

具体体现在炼化设备专业方面，我们的主要工作和任务，就是**实现"1344"的工作目标**，即：**树立一个理念，防范三大泄漏，抓好平稳运行四项重点，落实提质增效四项措施**。

1　树立一个理念，就是全面树立和贯彻落实大检修全生命周期管理理念

要把全生命周期管理理念真正深入人心，抓出实效。要真正实现全员、全过程、全周期的设备管理。全员，就是设备牵头，生产、工艺、技术、项目等各专业共同参与，形成合力；全过程，就是从项目立项、设计、采购、施工、运行和维护各个环节加强设备工作；全周期，就是本次检修结束、就是下次检修的开始，要常态化开展大检修准备，组成工作小组，提早开展大检修计划的编制。配合生产、工艺等专业，开展长周期运行攻关，编制和完善装置、专业检维修策略。

2　防范三大泄漏，就是守住安全生产的底线

追求"零泄漏"目标，防范动、静设备泄漏和腐蚀穿孔三大泄漏。

一是防范机泵泄漏。

持续推进机泵"两治理一监控"。真正实现机泵全覆盖、无遗漏监控。大力倡导辽阳石化油化厂内实现95%机泵振值<2.8mm/s的引领作用，年底前各企业全部消灭 D 区运行的机泵，振值<2.8mm/s 机泵比例达到60%以上，力争实现机泵监测数据自动采集、自动上传录入。

二是防范静密封法兰泄漏。

持续开展易泄漏法兰和小接管治理，落实定力矩紧固等行之有效的措施。

三是防范腐蚀穿孔泄漏。

与工艺密切配合，落实工艺防腐措施，完善设备防腐蚀监检测系统，强化水质管理，提高设备腐蚀监控和防范能力。

3　抓好平稳运行四项重点，就是保生产、保运行、保效益

主要包括：

一是抓大机组平稳运行。

落实大机组特护和长周期运行各项措施，确保机组安稳运行；切实加强干气密封的使用、维护和管理；深化机组事故事件的技术和管理追溯；对重点问题、频发问题进行专项整治攻关；完善炼化动设备专家团队建设，充分发挥专家作用。

二是抓抗晃电措施落实。

坚决树立"晃电不停装置"的目标，进一步排查电网系统结构、继电保护和用电设备的潜在隐患，提高系统抗晃电能力，坚决避免因单独电气设备故障导致装置大面积停工。

三是抓仪表专项工作。

强化联锁、自控率、报警治理，开展现场仪表主动维护，提高仪表专业对大机组和装置长周期运行的保障水平。

四是抓非计划停车。

大力减少直到消灭装置非计划停车，对各类非计划停车，深入查找问题，进行 RCA 根原因分析，切实抓好整改。

4　落实提质增效四项措施，就是严格管控和降低成本费用，坚决完成集团公司和板块下达的提质增效目标

以此次提质增效工作为契机，推广各企业好的经验做法，在"降费用不降质量"的原则下，实现降本增效目标。

一是抓好检维修计划源头控制。

对各项检维修作业，认真研究"要不要干、谁来干、怎么干"，要不要干，就是认真论证项目，主管领导和责任部门严格把关，大额费用审批升级管理，坚决把不该干、可干可不干的项目减下来；谁来干，提高内部保运队伍的服务能力，持续清理承包商，加强施工作业成本受控，降外委支出；怎么干，就是优化检修施工方案，严格现场签证和隐蔽工程费用管控。

二是抓好采购计划。

严格审核，把好采购计划关。合理预留采购周期，减轻催交催运负担；加强需求计划的审核把关，减少追加计划和变更计划；完善物资消耗各项资料，保证计划上报质量。特别需要指出：国产机泵备件要直接向主机厂采购，不允许一些机加厂或三流小泵厂进行测绘加工。

三是抓好采购环节的管理。

认真执行集团公司、股份公司相关规定，既要依法合规，又要敢于担当。**用好用足国家鼓励政策，做好重点项目、重要装备和备件、化工催化剂等物资的采购，设计、建设和使用多部门联动，推进标准化采购，加强供应商管理，有效控制采购成本，实现性价比最优。**

四是开展设备材料及备品备件降库。

各单位要下大力气清理库存，能够再利用和相互调剂的，要尽快利库，实在没有使用价值的，抓紧报废处理；今年要重点做好区域协同储备，使用相同机型或相近机型的压缩机、机泵等设备的多个地区公司，由一家单位牵头，制定出采购的备件储备清单，联合储备，调剂使用。

未来一段时间，中国石油炼化设备管理，将围绕以上目标，重考核，守底线，保平稳，降成本，扎实有效开展各项工作，有力促进设备管理水平的进一步提升。

修订编制维护检修规程　夯实石化设备管理基础

白　桦[1]　潘向阳[1]　郑显伟[2]　徐　钢[2]

（1. 中国石化出版社有限公司，北京　100011；

2. 中国石油化工股份有限公司，北京　100728）

摘　要　当前，我国石化行业正在积极推动设备基础管理工作，初步建立起先进水平的设备管理体系。介绍了作为管理体系重要组成部分《石油化工设备维护检修规程》修订编制的必要性和紧迫性，2019版修订编制的原则，主要技术特点，与其他管理文件的关系等。石化行业持续夯实设备管理基础，完善设备管理制度，不断修订编制《规程》仍然是最基础的工作。

关键词　修订编制；维护检修；规程；设备管理

国际上，设备管理逐步向完整性体系方向发展，欧美等发达国家设备完整性管理体系已经比较完善，信息化、智能化水平较高。我国石化企业的设备管理有着良好的传统，特别是经过改革开放 40 多年积累形成了较为完备的管理制度；但与国外企业相比，偏重于设备各专业的环节，体系化的整体思想薄弱，制约着设备管理水平的进一步提高。

当前，我国石化行业正在积极推动设备基础管理工作，将世界先进的设备管理理念与已有的经验和特色做法相结合，基本完成了从体系构建到不断完善和理论方法总结的过程，结合国内石化企业传统有效的设备管理经验，初步建立起具有我国石化特色的、先进的设备管理体系。例如，中国石化发布了炼化企业设备完整性管理体系文件，以 KPI（关键绩效指标）为引领，依托信息技术，梳理标准化业务流程；中国石油建立了较为系统完善的炼化设备可靠性管理体系，提升设备本质安全治理体系；中国海油推行了以管理完整性、技术完整性、经济完整性、全生命周期管理为核心内容的炼化设备完整性管理体系；等等。

石油化工生产装置日趋大型化，单线产能逐步提高，主要设备日趋大型化，本体结构、控制系统及辅助系统越来越复杂。部分原料不断劣质化，装置运行高负荷、高苛刻度，检修周期不断延长，化工乙烯、炼油常减压等多个装置已经达到"四年一修"的水平，部分化工装置已经实现"五年一修"，部分炼油装置准备向"五年一修"迈进。如何通过检修改造工作消除装置瓶颈、消除缺陷、治理隐患、优化流程、提升智能化水平，已经成为确保设备安全可靠、性能优良、装置稳定运行、实现整体效益最大化的前提条件，已经成为企业生产经营、设备管理的重要环节。作为石化设备管理体系的重要组成部分，一套切实符合企业生产经营实际，反映我国石油化工设备行业发展、先进管理经验，夯实石化企业检维修管理基础，满足新形势下生产装置日常运行操作、维护、检维修管理需要的《石油化工设备维护检修规程》（以下简称《规程》）迫在眉睫。

1　《规程》的历史版本

新中国成立以来，炼油行业对设备维护检修都非常重视，石油部、燃料化学工业部分别于 1963 年、1974 年颁发了《炼油厂设备维护检修规程》。当时由于企业规模较小，且主要为炼油装置，故《规程》主要针对的是炼油设备维护检修，1974 版的《炼油厂设备维护检修规程》仅

作者简介：白桦，男，1995 年毕业于中国石油大学（北京）化工过程机械专业，工学硕士，长期从事石化科技图书出版工作；曾获中国石化集团公司科技进步二等奖，已发表论文 6 篇；现任中国石化出版社副总编兼装备综合出版分社社长、中国化工学会石化设备检维修专业委员会秘书长。

包含了 30 个炼油设备单项规程。

中国石油化工总公司成立以后，我国的石油化工生产迎来了大发展，除了炼油装置，还投产了多个石化装置，而且加工能力和现代化水平也不可同日而语。针对这种情况，中国石油化工总公司修订、发布了 1992 版《规程》，共计 408 个单项规程，并且进行了专业分类，包括通用设备、炼油设备、化工设备、化纤设备、化肥设备、电气设备、仪表、电站设备、供排水设备、空分设备等 10 个专业。1992 版《规程》，奠定了目前石油化工设备维护检修指导文件的框架基础。

中国石油化工集团公司和中国石油化工股份有限公司进一步修订、发布的 2004 版《规程》，共计 395 个单项规程，依然分为上述 10 个专业，不仅在中国石化系统，在中国石油、中国海油、中国中化、独立炼厂等整个石化行业应用广泛。

作为石化设备维护检修管理的重要文件，《规程》在提高石化企业设备维护检修水平，确保装置安全、稳定、长周期运行等方面发挥了积极作用。

2　2004 版《规程》的局限性

随着石油化工技术的进步，石油化工设备维护检修技术得到了较大发展。我国石化企业炼化设备的不断升级改造，新建项目的设备更新换代，对设备的正常维护、科学检修提出了更高的要求；新建装置如煤化工等的投产，迫切需要新增煤化工设备的维护检修内容。

随着我国有关压力容器、计量管理、劳动安全等方面新法规和条例的颁布，无论在涵盖面还是技术内容上，2004 版《规程》已不能体现对新技术、新工艺的检维修管理及指导作用，需要适时剔除老旧淘汰的装置检维修内容，更新适用设备的检维修方案及检定标准，增加新设备、新工艺的检维修规程内容。

石油化工装置为动设备、静设备和公用工程的综合体，检修周期也是针对装置而言，装置维护检修水平的高低，代表了设备维护检修水平的高低。但是，以往的各个《规程》版本，都是基于单体设备的，均未考虑装置的复杂性、系统性、整体性，不利于生产企业检修方案的

制定和落实。

而且，专业设备之间存在编写深浅层次不够一致的问题，各企业在实际使用过程中有时还需要再进行细分、制定本企业的检修规程。

另外，2004 版《规程》存在侧重于检修、维护内容少，侧重于关键设备、辅助系统少，侧重于技术、检修策划及施工组织少等特点。部分企业为满足本单位的实际需要，编写了《作业指导书》《工序库》，一方面，体现出 2004 版《规程》在指导企业检维修作业的实际效用在下降，亟待更新改版以贴近企业生产经营的实际需要；另一方面，《规程》作为维护检修指导规范，相应的编写层次需要做统一指导，保证层次的一致性。

3　中国石化高度重视《规程》修订编制

中国石化是位居《财富》世界 500 强前列的国际能源化工公司，积累了丰富的设备管理经验，《规程》不仅反映了中国石化多年的技术积累，也充分体现了中国石化的核心竞争力和软实力。

《规程》修订编制工作得到了总部领导的大力支持，中国石化总部层面成立了《规程》修订编制指导委员会，时任集团公司总经理戴厚良任指导委员会主任，化工事业部牵头，徐钢副主任承担了具体的领导和组织工作，炼油事业部、资本运营部、生产经营管理部、能源管理与环境保护部和石化出版社的有关领导任副主任，相关石化企业的设备经理任委员；还特邀了中国石油、中国海油、中国中化的设备主管领导为编委会委员。

委员会下设通用设备、炼油设备、化工设备、化纤设备、碳一化工设备、电气设备、仪表、热电联产设备、空分设备、环保设备、储运设备等 11 个专业组，具体负责各专业规程的修编工作。

各企业成立了修编工作小组，由分管设备的公司领导任组长；同时，为确保《规程》修编质量，成立了《规程》修编专家库，由国内石化设备相关领域的专家组成。

石化出版社设立了《规程》修订编辑部，负责规程修编的具体组织以及稿件编辑和出版技术工作。

4 确定修订编制原则

根据目前的设备管理模式、生产实际、技术发展等，并结合 2004 版《规程》在企业的应用情况，修编指导委员会组织有关人员经过多次研讨，明确了本次修编的基本原则和目的：

（1）反映维护检修技术的最新发展，以及对设备维护检修在技术上的更高要求；梳理检维修管理模式，适应装置长周期运行的要求。

（2）根据目前最新的法规、标准，对相关内容进行更新、补充、完善；结合对进口设备的管理，吸收 API 等国际标准的技术要求。

（3）根据目前的管理体系，调整部分设备的分类细则，解决好设备交叉的问题。同时，结合成套设备的管理要求，避免出现针对单体设备但并无实际操作意义的检修规程要求。

（4）吸收中国石油、中国海油、中国中化、国家能源集团、检维修企业等专家的意见，体现石油化工行业的水平。

（5）在设备维护检修规程的基础上，增加装置维护检修规程；并结合装置特点，突出技术性和实用性。

（6）增补原《规程》中未涉及的新装置、新设备，删减已经淘汰的设备。

（7）增加设备维护的内容，体现维修策略；体现适应目前体制机制，以及符合新法规要求的检验策略。

（8）《规程》的内容应与设备信息化管理相结合。

5 2019 版《规程》的主要特点

根据目前石化企业设备维护检修的实际情况，2019 版《规程》修编邀请了沈鼓集团、陕鼓集团、大橡塑、杭汽集团、杭氧股份、浙江中控、天华院、中密控股、哈博实、吴忠仪表、南防集团、时林公司等优秀石化设备供应商、服务商直接参与《规程》的修编工作，体现了设备检维修技术的最新发展。

邀请中国石油、中国海油、中国中化、石油石化建安检维修专业协会的相关专家参与《规程》的稿件审查，体现了石化行业设备检维修技术的整体水平。

经过增删、调整，2019 版《规程》共计有 48 项装置维护检修规程、286 项设备维护检修规程；分为通用设备、炼油设备、化工设备、化纤设备、碳一化工设备、电气设备、仪表、热电联产设备、空分设备、环保设备、储运设备等 11 个专业。

2019 版《规程》主要技术特点如下：

（1）更加规范化，按照《标准化工作导则第 1 部分：标准的结构和编写》（GB/T1.1—2009）要求，增加了前言、规范性引用文件、附录等内容。

（2）将《化肥设备》改为《碳一化工设备》、《电站锅炉》改为《热电联产设备》、《供排水设备》改为《环保设备》，增加了《储运设备》。

（3）新增装置维护检修规程，规定了各装置主要设备和专用设备的检修周期、检修项目及质量要求、检修过程管理和日常维护等相关内容；结合装置的工艺路线，介绍了装置的工艺特性和危害特性，可为编制装置设备检修计划提供指导。

（4）新编和调整了部分设备维护检修规程，新编了《干气密封维护检修规程》《机械密封维护检修规程》《螺纹锁紧环换热器维护检修规程》《Ω 环换热器维护检修规程》《液力透平维护检修规程》《绕管式换热器维护检修规程》等。

对原规程照工艺名称命名的部分设备按照结构进行了合并调整，例如，将《M 系列主风机组维护检修规程》《AG 系列主风机组维护检修规程》《AV 系列主风机组维护检修规程》《EI 系列、D 系列主风机组维护检修规程》《MCL 系列主风机组维护检修规程》《2MCL 系列气压机组维护检修规程》《DA 系列气压机组维护检修规程》《38M 系列气压机组维护检修规程》《离心式风机维护检修规程》等整合，编入《垂直剖分离心式压缩机维护检修规程》《水平剖分离心式压缩机维护检修规程》《齿轮式离心式压缩机维护检修规程》之中；

删除了已经淘汰的设备和技术陈旧或经过试行证明不合实际甚至错误的内容，例如，删除了《NGD 型连续结晶干燥器维护检修规程》《OTW－150/2 型结晶干燥器维护检修规程》《GW3.5/2－N 转鼓真空过滤机维护检修规程》等。

（5）对设备检修周期进行了调整，删除了

小修与中修的提法，将小修和中修的部分内容并入大修。

（6）日常维护的内容并入了维护章节中，同时将检修项目分解成"拆卸程序与要求""回装程序与要求"，进一步细化了检修工序，使规程更具可操作性。

（7）故障处理章节内容，按照RCM（以可靠性为中心的维修）的分析方法重新编制，新的故障处理表包括设备功能、功能故障、故障周期、故障模式、故障应对策略与检修等内容。

（8）增加环境保护的内容，就装置停工和检修期间的环保工作提出了总体要求，就电站脱硫脱硝、催化裂化装置脱硫脱硝提出了更明确的要求等。

6　《规程》与其他设备管理文件的关系

6.1　《规程》与"设备完整性管理体系文件"的关系

设备完整性管理体系是OSHA标准过程安全管理（PSM）的一部分，强调风险管理和预防性维修，能够较好地和安全管理体系相融合。"设备完整性管理体系文件"以KPI（关键绩效指标）为引领，依靠技术和规范消除企业间的信息孤岛，梳理标准化业务流程；借助完整性体系文件，让企业员工了解"应该做什么，什么时间做，应该怎么做，为什么要这么做"。

《规程》是针对石化装置、石化设备维护检修的指导性文件，用来规范装置和设备检修工作，为设备（装置）维护、检修提供了一般性的策略和方法，是完整性管理体系的一部分；为下一步逐步形成并完善设备（装置）的维护检修标准工序库奠定基础。

6.2　《规程》与"设备操作指南"的关系

《规程》是石化设备（装置）检维修的指导原则，是指导性、要求性的文件；"设备操作指南"是根据《规程》制定的具体操作方法、步骤。

6.3　《规程》与信息化的关系

2019版《规程》结合计算机软件的发展现状，力图按照信息化、数字化的要求，将维护检修的内容尽量工序化、条目化，为今后石油化工设备维护检修建立统一的信息化管理平台奠定基础。但是，限于目前的管理情况，本次《规程》修订还不能嵌入到石化行业信息化管理方案中。

7　结语

（1）2019版《规程》是中国石化、中国石油、中国海油、中国中化以及设备供应商、服务商、检维修单位将我国石油化工行业发展、先进设备管理经验的技术梳理和总结，展现了当前我国石油化工行业设备（装置）维护检修领域近年来的新技术、新工艺和新成果。

（2）装置维护检修规程是新的尝试，还有一个试用的过程；即使是修订的设备维护检修规程，由于修订量较大，也难免会有疏漏甚至错误。因此，《规程》需要在石油化工设备（装置）检维修实践中不断丰富、完善和提高。

（3）石化行业将持续夯实设备管理基础，完善设备管理制度，加快设备信息化整合建设，建设完整性设备管理体系，在新形势下修订编制设备（装置）维护、检修规程，使其不断满足检维修需要，仍然是最基础的工作。

大型炼化一体化项目主要设备选型策略

唐汇云　赵忠生　刘传云　吕华强　黄彦彪

（中化泉州石化有限公司，福建泉州　362103）

摘　要　近年来，随着国家成品油消费税改革、成品油需求增长乏力、出口受限，初级炼化产品利润趋薄；另一方面，炼化行业的高端下游产品产能增速低于需求增长，化工品进口价格逐年攀升。在炼化一体化建设理念下，伴随石油加工产业链的延伸，其经济效益呈指数级增加的同时，炼化一体化项目主要设备选型的重要性也愈加明显。

关键词　炼化一体化；主要；设备；选型；策略

1　典型炼化一体化工厂模型

在石油化工行业，炼化一体化的最大优势是能够有效整合资源，实现资源优化配置，这决定了企业的资源创效能力和社会的整体效益水平。由于工厂炼化一体化，化工产品上下游关联形成产业链，装置之间通过管道连接，生产规模匹配，实现"隔墙供应"和零库存，也就避免了产品泄漏等化工企业较易发生的环境问题。最终，它将实现生产效率高、产业结构优、资源消耗低、环境污染少的目标。日本研究中心的研究证实：单纯生产油品的炼油厂的利润率约为20%，炼油与乙烯一体化企业的利润率为29%~30%。

1.1　炼化一体化建设模式的起源

美国是世界上石油和化工产品的生产和消费大国，也是较早出现炼化一体化建设模式的国家。

始建于20世纪60年代的美国休斯敦化学工业园区，是美国石油业发展的起源地之一，是世界上最大的石化工业园区。目前该园区已建有45座炼厂、37套乙烯装置，年炼油能力为3.9亿吨，年乙烯生产能力为2700万吨，分别占美国总量的44%和93%。然而，真正让休斯敦化学工业园区成为行业巨头的原因是，园区内部各企业之间通过区域内信息共享、资源整合，实现了真正的联盟与合作，变废为宝、节能减排，避免了经济发展给环境资源带来的巨大消耗与破坏。

1.2　欧洲炼化一体化基地

荷兰鹿特丹化工区是目前欧洲最重要的石油和化工基地。该基地集中了5座炼油厂、43家化工和石化公司，形成了大规模的石化联合体。年炼油能力达1亿吨，年乙烯产能约为200万吨，精细化工率达65%左右，园区产品覆盖无机化学品、有机中间体、聚合物、精细与专用化学品等几乎所有化工领域。

值得一提的是，鹿特丹化工区沿马斯河两岸而建，工业区外侧即为居民区。同时，部分区域河道一侧为化工工业区，另一侧即为居民生活区、商业区。仅宽400m的马斯河象征着当地居民对化工企业的认可，也证明了入驻企业一流的安全环保水平。

1.3　国内炼化一体化的现状

镇海炼化达到了世界炼化企业的一流水平，现已成为我国石化行业标杆。2013年，该企业实现利润71.3亿元，占中国石化炼化板块利润总额的95%。2014年，在乙烯装置大检修45天，同时面临国际油价快速下跌的形势下，镇海炼化仍实现利润总额34亿元，中国石化其他炼化企业实现的利润总额不到其2/3。

该企业炼化一体化率（化工轻油占原油加工量的比率）已由6%提高到25%，最大限度地实现了原油资源的综合利用，与世界先进水平相当。乙烯等基础化工原料对石脑油的依赖度从87%降至45%以下，每年增效约10亿元；实施公用工程资源优化，每年节约成本超过5.5亿元。

按照炼化一体化模式发展，该企业已在供

水、供热、供电、节能、环保及安全等公用工程及辅助设施方面实现共享，节省建设投资10%以上，提高节能减排效果15%左右。

1.4 泉州石化炼化一体化项目

中化泉州石化有限公司成立于2006年9月，是中化集团全资子公司，位于福建省湄州湾石化基地的泉惠石化工业园区。

一期炼油项目2014年首次开车，2017年底第一次检修。主要工艺装置有1200万吨/年常减压、200万吨/年连续重整、330万吨/年渣油加氢处理、340万吨/年催化裂化、20万吨/年聚丙烯和160万吨/年催化汽油醚化/选择性加氢装置等共计20余套。

二期乙烯及炼油改扩建项目2017年10月开始打桩建设，2019年12月乙烯等装置单元建成中交。受新冠肺炎疫情影响，项目于2020年8月投料试车、产出合格产品。乙烯及炼油改扩建项目投产后，泉州石化将实现"炼化一体化"，从而有利于优化资源配置，提升产品附加值，增强企业竞争力。

2 炼化一体化主要设备选型的实施

2.1 重要性

设备选型的优劣直接关系到装置能否顺利开工，炼化一体化项目能否安、稳、长、满、优生产。技术装备是否够先进，关键是看设备的性价比能不能达到最优，这一点很大程度上取决于设备的选型是否正确。如果选型不当，一旦投入使用，要解决"胎里带"的问题既费人力又费物力。

2.2 管理理念

2.2.1 全生命周期性价比最优

设备选型必须综合考虑从规划、设计、选型、购置、制造、使用、维护、修理、改造、更新直至报废的全生命周期的要求，确保设备在全生命周期中费用最经济，综合效率最高，安全最可靠。

2.2.2 依法合规性

设备选型、设计、制造等全过程必须符合现行法律法规、标准规范的要求，做到依法合规。

2.2.3 安全性

尽可能从设备本质安全角度降低安全风险，保障人员安全和整个生产过程安全。

2.2.4 可靠性

是指在规定的时间内和规定的条件下完成规定功能的能力，是确保装置安、稳、长、满、优生产的前提。

2.2.5 经济性

经济性指标是选择设备的综合指标，它要求在完成规定任务的基础上，不仅考虑投资购置费用，而且还要使设备在整个生命周期内的总费用最小。

除上述之外还应该考虑成套性、维修性、环保性等指标。

2.3 实施步骤

2.3.1 组建团队

成立专门团队，明确责任和分工。泉州石化乙烯项目成立了动、静、电、仪专业技术小组和技术委员会，由技术小组牵头，与设计人员、行业专家充分交流，按装置针对关键设备的选型、分交等逐台分析，再上技术委员会决策。

2.3.2 制定规则

由技术委员会制定选型规则，技术小组执行。一般规则如下：

（1）设备选型能满足生产需求，不过高配置，充分考虑依法合规性、安全性、可靠性、经济性；

（2）有成熟应用业绩，没有成熟应用业绩的，参照类似工况的同类设备，要考虑设计、制造关键技术是否成熟，选择成熟可靠的制造方案等。

2.3.3 充分授权

按照制度、权责执行，客观论证，不受外界干扰。

2.3.4 跟踪执行

设备选型确认后，要严格执行，特别要在招标文件中落实、细化，过程中有变更的，由技术小组论证，必要时，由技术委员会决策。对制造过程中的关键点进行沟通、见证。

2.3.5 总结评价

开工过程和装置标定时做好总结评价工作，为生产优化和下次选型提供依据。

3 动设备选型策略研究

3.1 转动设备选型原则

转动设备，一般指需要消耗能源的设备，

运行状况及可靠性直接关系着装置的综合效益。

3.1.1　可靠性

可靠为本，兼顾成本与先进性。

3.1.2　经济性

（1）立足国产，引进补充；

（2）采办方式以公开招标为主、询价比选为辅，达到充分竞争；

（3）业绩主导，追求全寿命综合成本最低化。

3.1.3　互换性

选型统一技术要求和标准。

3.2　转动设备选型实施策略

3.2.1　国产设备的选用

（1）本公司成熟应用的国产设备，大胆选用；

（2）同行业成熟应用的国产设备，了解选用；

（3）市场竞争充分的，制定一定门槛同档次低价优先。

3.2.2　引进设备的选用

（1）同行业应用良好的引进设备，调研后根据国内制造厂的制造能力，酌情选用或国产；

（2）国内同行业少数应用的，慎重选用；

（3）同行业极少应用的，论证分析选用；

（4）引进的工艺技术在国内无参考比较时，与工艺商多沟通，和同行业多交流。

3.3　主要转动设备选型实施案例

3.3.1　泉州石化聚丙烯循环气压缩机国产化

1）工况概述

泉州石化二期 35 万吨/年 PP 装置采用 GRACE（原 DOW）的 Unipol 工艺，有两台循环气压缩机，分别作为第一、第二反应器循环气的动力，均为电机驱动、入口导叶调节的单级悬臂半开式叶轮离心压缩机。

第一循环气压缩机 K-4003 还配有中止透平，用于主电机失电等事故状态下，来自反应器顶部的部分循环气，通过透平入口，紧急驱动透平，将事故状态下已注入反应中止剂的循环气加压输送至反应器底部，中止剂在反应器中扩散，对聚合主催化剂灭活，中止放热反应，避免在反应器内产生"抱聚"。

中止透平采用通用蒸汽透平，尾气排入火炬。该透平一般运行 10~15min，由于反应器压力释放而停机。

2）选型实践

单就压缩机而言，沈鼓厂有成熟的应用业绩，唯一需要弄清事故透平在机组中的作用。通过对一期机组的设计理念和中止状态下的机组逻辑关系的研究和技术消化，决定在该工艺上首次使用国产成套机组（见图 1），预计节约采购成本 1000 万元。

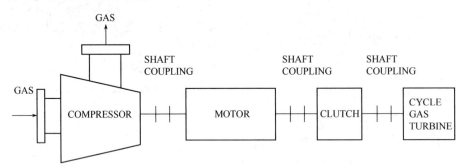

图 1　聚丙烯循环气压缩机国产成套机组

3.3.2　PO/SM 压缩机单轴机组

1）工况概述

泉州石化二期 PO/SM 装置生产工艺来自西班牙雷普索尔公司，国内仅有两套相似工艺的装置。除西班牙有一套试验装置，全球再无经验可借鉴。

大概是应用较少的原因，工艺包中三台压缩机的数据表均套用有关工厂中实际运行的大齿轮增速的多轴式压缩机，尤其是作为参与反应的空气压缩机，要求通流部件不得含有铁素体，且对末级出口温度有严苛的要求。

2）选型实践

鉴于本装置开始基础设计时，全厂蒸汽平衡要求不得选用电机驱动，必须使用汽轮机。

但工艺商唯一推荐的机型是电机驱动中心大齿轮，再对两侧高速轴增速至 20000r/min 以上，才能满足工艺要求。

为此，提供原机型的制造商提出在一侧高速轴头串接汽轮机的这一临时方案，供我方选用。而工艺商则对沈鼓所推荐的单轴式机组一直不做正面响应。最终经过我方和沈鼓的多次沟通和要求，才认可沈鼓推荐的机型(见图 2 和图 3)。

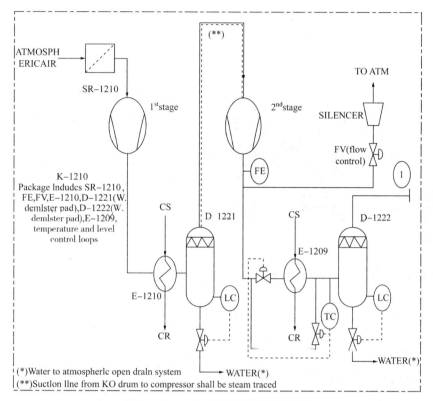

图 2　PO/SM 空气压缩机的工艺流程

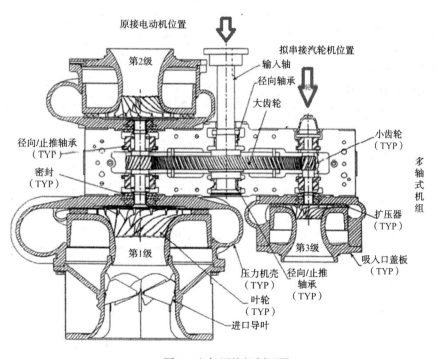

图 3　空气压缩机剖面图

3.3.3　大型往复压缩机4M150

由沈鼓集团研制的国内最大活塞力4M150往复压缩机自2014年在中化泉州一期炼油项目首次运行以来,已累计有近20台的销售业绩。同样,泉州二期的柴油加氢裂化装置的三台新氢压缩机均选用了该机型(四列三级,见图4)。

图4　即将总装的4M150新氢压缩机缸体和曲轴

3.3.4　乙烯三机优化选型

1)工况概述

乙烯装置采用美国KBR工艺包,流程中有三台离心式压缩机,分别是裂解气压缩机、丙烯压缩机、乙烯压缩机,统称乙烯三机。乙烯三机是乙烯装置及化工区的核心设备。

裂解气压缩机的作用是提高工艺介质裂解气压力,为后续分离系统输送原料并提供压力条件,其结构形式多为三缸五段(Lummus、SW、SEI、寰球工艺包),泉州石化选用的KBR工艺包为三缸四段;丙烯压缩机和乙烯压缩机,介质分别为丙烯、乙烯,丙烯机冷剂为乙烯机出口冷却,两台制冷机组形成复迭制冷,为乙烯装置提供不同品质冷剂,结构型式均为单缸多段。

2)应用情况

GE、ELLIOTT、SIEMENS、MHI四家供应商在世界范围内广泛具备100万吨/年乙烯规模及以上乙烯三机组设计制造业绩,国内有业绩

的供应商为沈阳鼓风机集团有限公司(SBW)。

2017年泉州石化采购时,沈鼓还没有全套100万吨乙烯三机业绩,尤其乙烯机只有80万吨乙烯装置业绩且工艺包流程不同,差异较大。

3)技术特点及要求

四段压缩:采用KBR工艺,裂解气压缩机四段压缩,末段压缩比较大;

抽加气方式:乙烯机一次加气/一次抽气、丙烯机两次加气均采用内部加气;

气动模型选择:个性化设计,既要同时满足多段参数,又要保证尽量充足的防喘裕度;

汽轮机和压缩机综合能效要求高:要求汽轮机和压缩机协同设计,保证低汽耗量;

防喘要求高:机组性能设计要准,防喘系统设计要优秀。

基于以上要求,中化项目同国内外机组供应商开展多轮技术交流,最终国内外技术方案在可靠性、汽耗量控制、技术参数偏差等方面相近。

4)对技术选型过程汽耗量优化和技术性能优化

该项目尤其关注国产机组的协同设计。如果只考虑压缩机效率高,汽轮机工作点可能没有处在高效区,而我们追求的是整机的高效,也就是耗汽量最少。主要协同方向:压缩机转速选择,综合考虑压缩机和汽轮机的高效区。

同样的型号系列,压缩机和汽轮机转速有一个浮动选择范围。对压缩机来说,考核工况的转速选择影响到叶轮直径、叶轮出口马赫数、干气密封的直径、效率等。对汽轮机来说,转速的选择同样会改变其效率。在选型中引入协同设计理念,经过反复选择对比,最终选择合理的转速,进一步降低能耗。

(1)丙烯机协同设计优化过程(见表1)

表1　丙烯机协同设计优化效果

序号	型号	转速/(r/min)	轴功率/kW	压缩机效率/%	超高压蒸汽消耗/(t/h)
第一版	汽轮机	2914	33639	86.2	200.2
第二版	EHNK63/80 压缩机	2884	33391	86	198.1
最终版	3MCL1406	3124	33244	85.9	192.6

① 优化措施：第二次优化转速提高 360r/min，使汽轮机工况点落在高效区。

② 优化效果：

a. 压缩机轴功率降低 147kW；

b. 蒸汽消耗量减少 5.5t/h，远大于第一次优化的 2.1t/h；

c. 若按年运行 8400h 计算，最终版较第一版减少超高压蒸汽消耗量 63840t/a，每年增效 1276.8 万元。

（2）喘振富裕度优化

泉州石化在国产机组方案审查时发现了喘振富裕度（预期喘振流量开始点与入口流量的百分比）过高的问题。这一问题存在于裂解气压缩机的 1~3 段和丙烯压缩机的 1 段，预期的喘振流量与入口流量的百分比分别为 92%、85%。最严重的工况下，压缩机组防喘振阀在装置负荷降至 92% 时就要打开，造成装置操作弹性过小，装置平稳性和经济性差（见图 5）。

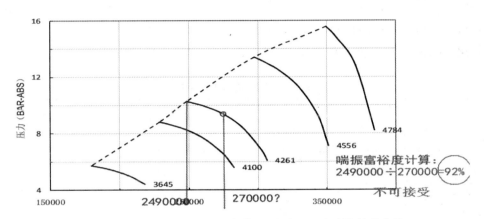

图 5 工况 1（基础工况 100% 负荷）不注水 1~3 段预期性能曲线

裂解气压缩机组机由原 DMCL1204 + 2MCL1204 + MCL1005 变更为 DMCL1204 + 2MCL1204+MCL907，即高压缸机型降低 1 挡、叶轮个数增加 2 个；喘振富裕度从约 92% 降低至 74.8%，四段从 77.7% 升高至 80.5%，整机效率没变，拓宽了机组稳定运行范围（见表 2）。

表 2 优化前后裂解气压缩机 1~3 段喘振富裕度对比

Case1 Normal 工况-不注水					
		1 段	2 段	3 段	4 段
预期喘振流量/(m³/h)	原始	291714	—	—	20984
	优化后	249186	126563	53448	21728
喘振富裕度（预期喘振流量与入口流量比）	原始	约 92%	—	—	77.7%
	优化后	74.8%	78.9%	79.3%	80.5%
单段功率/kW	原始	11179	11901	11223	14829
	优化后	11146	11890	11433	14663
整机功率/kW	原始	49132			
	优化后	49132			
转速/(r/min)	原始	4261			
	优化后	4397			

（3）乙烯三机优化选型小结

在泉州项目乙烯三机选型过程中，通过多轮技术交流，针对 KBR 工艺乙烯三机的技术特点不断优化设计方案，使国产方案在可靠性、汽耗量控制、技术参数偏差等方面有了很大提升。

近年来，随着国内企业设计能力积累，制造技术和技能不断提高，特别是惠州 120 万吨/年乙烯投产和乙烯三机的稳定运行，最终选择国产化乙烯三机的项目也越来越多。在用国产化乙烯三机业绩有天津、镇海、武汉、惠州、中化泉州等，最大在用业绩为惠州乙烯120万吨/年规模，最新销售业绩是广东石化揭阳炼化一体化120万吨/年乙烯（备注：据不公开的信息其按照140万吨/年规模设计）。

3.3.5 干气精制原料气压缩机流量控制方案的选择

1）工况概述

干气预精制的原料气压缩机共两台，K101原料来自催化，K201原料来自一套重整、二套重整和常减压轻烃回收等多套装置。各装置干气来量的变化，导致原料气压缩机的负荷经常变化。

沈鼓相应型号完全满足全负荷下的工艺要求，但需要采用适合的流量调节方式（见表3）。

2）离心压缩机的流量控制方式

从节能的角度看，离心压缩机控制方式选择的优先顺序如下：

（1）变转速控制；

（2）入口导叶控制（静叶可调控制）；

（3）入口节流控制；

（4）旁路控制。

表3 干气压缩机主要参数

机组位号	压缩机型号	气体流量/(Nm³/h)	入口压力/MPaA	出口压力/MPaA	入口温度/℃	出口温度/℃	额定转速/(r/min)	一阶临界转速/(r/min)	轴功率/kW	电机功率/kW	耦合器型号	调速范围/%
K101	3BCL459	23227	0.56	0.74	39.7	99	11568	4710	1969	2800	R19GS360M	70~100
K201	MCL456+BCL455	67427	3.9	3.9	27.9	111	11136	4745	5761	8000	RWE12.5NX50	70~100

变转速控制实现无级机械变速，并可扩大稳定工况区，不引起附加损失，也不附加其他机构，对压缩机性能控制调节十分有利。

图6的四条曲线为各种控制动力消耗的比较，在80%流量时，变速控制的动力消耗比静叶可调控制约低8%，比入口阀节流控制约低27%，可见变转速控制的经济性最佳。

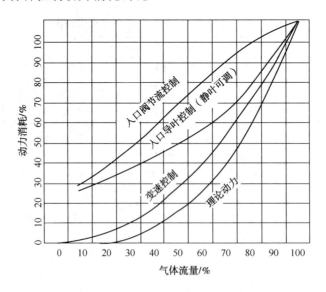

图6 各种控制功力消耗的比较

3）不同驱动方案的动力消耗比较（见表4）

表4　不同驱动方案的动力消耗比较

位号	蒸汽条件	进汽压力/单位成本		排气压力/单位成本		汽机型号	正常点能耗	额定点能耗	循环水耗量	循环水成本	能耗合计	预估成套价格
		MPa(G)	元/吨、元/kW	MPa(G)	元/吨		(t/h)/kW	(t/h)/kW	t/h	元/吨	万元/年	万元
K-101	电机驱动		0.8				1969	2190			1311	2900
	方案A	9.3	200.0	3.7	137.5	HG25/16	40	48	背压式		2404.1	2878
	方案B	3.7	137.5	1.1	110.7	NG25/20	31	39			727.8	2768
	方案C	3.7	137.5	凝汽式	2.0	NK25/28	9	12	750	0.42	1641.0	3109
	方案D	1.1	110.7		2.0	NK25/28	12	16	1040	0.42	1906.2	3109
	方案E	0.4	94.9		2.2	MK40/40	15	19	1230	0.42	1999	3483
K-201	电机驱动		0.8				5761	6445			3835	4100
	方案A	9.3	200.0	3.7	131.5	HG32/30	110	135	背压式		6611.3	3980
	方案B	3.7	137.5	1.1	110.7	NG40/32	85	110			1995.5	3920
	方案C	3.7	137.5	凝汽式	2.0	NK32/36	25	32	2080	0.42	4381	4220
	方案D	1.1	110.7		2.0	NK40/45	34	45	2930	0.42	4470.9	4435
	方案E	0.4		无适合机型								
	方案F	9.3	200.0	1.1	126.0		48.0	58.0	背压式		3112.0	4500

因为无足够的较高品位蒸汽，故放弃汽轮机驱动方案。

4）定速电机+调速型液力耦合器（K101）（见图7）

（1）电动机驱动的变速调速方案有两种：一种是纯电力的变频调速（VFD），非高速电动机需加齿轮箱增速；另一种是纯机械的液力耦合器。

（2）压缩机的额定转速均高于3000r/min以上，如采取VFD必须加配噪声大的增速齿轮，且由于谐波的存在，将劣化系统的供电品质，5~8年后变频元器件将不可避免老化，导致运行故障增多。

（3）因此，对驱动功率较小的K101，采用传统的"固定转速电动机+调速型液力耦合器驱动"。

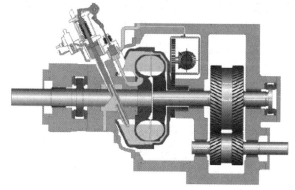

图7　固定转速电动机+调速型液力耦合器

5）定速电机+液力变矩器+旋转行星齿轮（K201）（见图8）

（1）K201的驱动功率为8000kW，在低转速下，如果全部传递功率均经过液力耦合器，将导致较大的功率损失。

（2）因此选择具有传递功率分流的变速行星齿轮进行调速，该耦合器由一个液力变矩器和一个旋转行星齿轮在共有箱体中组合而成。

（3）RWE变速行星齿轮耦合器自1992年始投入工业应用，已在全球300余台机组中运行。

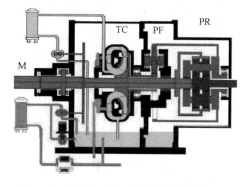

图8　定速电机+液力变矩器+旋转行星齿轮
M—电动机轴；TC—变矩器；
PF—固定行星齿轮；PR—旋转行星齿轮

3.3.6　选用上汽承制部分工业汽轮机

部分工业汽轮机最终选用上汽承制。

4　炼化一体化主要静设备的选型

静设备就是静止的设备，一般无能源消耗。

但是本身可以承受很大的力矩或是应力载荷，是危及装置设备、人身安全的风险源。一旦出现问题将会造成环保、安全及伤亡等事故，静设备的选型更多考虑到其可靠性。

4.1　重要换热设备的选型

4.1.1　第一急冷换热器选型（见图9）

乙烯裂解炉用第一急冷换热器是一套承受高温的关键设备，一方面它要在极短的时间内把870℃左右的高温裂解气冷却至二次反应温度以下，避免烯烃损失；另一方面还要求最大限度地回收裂解气的高位热能。

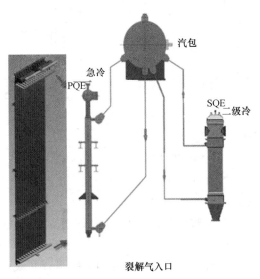

图9　第一急冷换热器

第一急冷换热器选型为线性双套管急冷器，特点是入口锥体温降大（约 870~380℃），内外管在升、降温过程中膨胀量不同，内管和外管之间产生的热膨胀应力需消除，水侧底部存在杂质沉淀、冲刷腐蚀。目前国内天华院的设计和茂名重力、哈电力的制造能力已很成熟，均能满足要求。设计、制造过程主要考虑的问题和对策如下：

（1）对入口锥体进行有限元分析，合理设置锥体保护衬里。

解决方案：入口锥体采用数值计算，模拟流场和温度场，选用最佳结构和耐高温 HP+Nb low carbon 材料。

（2）对内管预拉伸且能控制拉伸量。

解决方案：采用线性双套管结构，内管和外管之间的热膨胀差应力通过内管预拉伸来消除。第一急冷换热器采用哑铃形结构，上下冷

侧通道间隙较大，热强度较小，结构简单，寿命较长。线性急冷换热器采用大换热管内径，低质量流速，减少了对裂解气结焦的敏感性。

（3）水侧底部存在杂质沉淀、冲刷腐蚀。

解决方案：急冷器水侧入口结构合理设计，防止积垢。

第一急冷换热器设计、制造技术成熟，在国内各大乙烯广泛采用，如中沙天津、镇海炼化、中韩武汉、中海惠州、中科湛江、浙江舟山。

4.1.2　乙烯装置第二急冷换热器选型（见图10）

泉州石化乙烯裂解装置采用 KBR 工艺，第二急冷换热器采用立式固定管板结构，其他工艺的第二急冷换热器采用卧式固定管板结构，选用国产，应用成熟。

图10　乙烯装置第二急冷换热器

泉州石化乙烯裂解装置是国内第 2 套采用立式固定管板结构的 KBR 工艺乙烯裂解装置，第 1 套为兰州石化乙烯装置，其第二急冷换热器管板存在频繁泄漏的问题。在没有成功业绩借鉴的情况下，我们充分考虑可能存在的问题和对策，并最终选择由天华院设计、茂重制造。主要考虑问题如下：

（1）考虑壳程顶部可能形成的气垫层的排气问题。

解决方案：壳程顶部设置环形排气口。

（2）考虑管子与壳体热态伸长量不同拉裂管子与管板接头的问题；

解决方案：筒体连接件采用半个膨胀节形状的变径管，很好地吸收了热应力；采用 ansys

软件对管板进行了有限元分析，优化了挠性薄管板结构，挠性薄管板和弹性连接件利于管、壳程温差的热补偿。

（3）考虑管子与管板连接形式，以保证焊口与锅炉给水充分接触，确保焊缝处温度均匀，避免干烧；

解决方案：管板与换热器管的连接采用对焊连接（深孔焊技术）。

具体运用情况仍需开工后检验。

4.2　EO 反应器、EO 进料换热器、产品冷却器选型

（1）选用固定管板换热器形式（见图11）。

（2）反应器换热管规格：$\phi 51 \times 3 \times 12480$mm；数量：15197。

（3）制造的关键点在于管板和筒体先焊接，再钻孔，避免最后一道焊缝局部热处理，导致管板变形。需要深孔钻。

（4）换热器的结构和反应器类似，制造要点相同。

4.3　制氢工艺气冷却器选型（见图12）

管程气体入口温度：880℃；

管程气体出口温度：330℃；

最高工作压力：3.5/5.4MPa；

入口封头内部衬里：耐磨刚玉；

工艺气出口设置调节阀。

常见问题：衬里脱落；调节阀故障；管头泄漏；可采用挠性管板和深孔焊（管头对焊）增加管头可靠性。

元件名称 PARTS	材料 MATERIAL
壳程壳体 SHELL	SA-302 Gr.C
上管箱壳体 TOP CHANNEL	SA-302 Gr.C SA-516 Gr.70
下管箱壳体 BOTTOM CHANNEL	SA-302 Gr.C SA-516 Gr.70 OVERLAY/CLAD S32168
换热管 TUBE	SA-210 Gr.A-1
管板 TUBESHEET	SA-765 Gr.II

图11　固定管板换热器

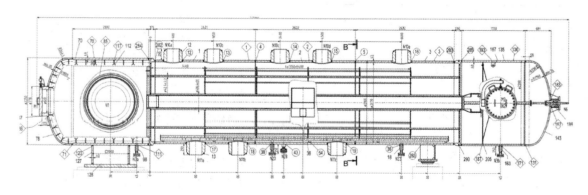

图12　制氢工艺气冷却器

4.4　油浆蒸汽发生器选型

油浆换热器常见问题是管板裂纹导致管头处泄漏。燕山石化、上海石化、茂名石化、锦州石化、沧州炼化、广西石化等均出现过泄漏问题。

主要原因分析：管、壳程升温速度不均匀导致管板应力不均，壳程面管桥处产生裂纹。

选型建议：

（1）开工过程中严格控制蒸汽预热速率，管板过厚时更需要注意；

（2）减少运行过程的压力和温度的交变冲击；

（3）设计时改变接头结构，强度焊+强度胀改为换热管与管板对焊结构（见图13），降低管板薄弱段，也可考虑挠性管板。

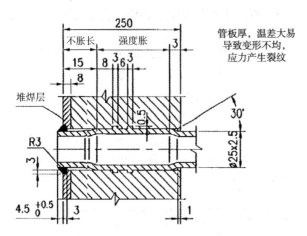

图13　换热管与管板强度胀接加强度焊详图

4.5　绕管式换热器替代板式换热器

连续重整装置进料换热器、异构化反应器进料换热器、柴油加氢裂化进料换热器等工位的换热器，行业内选用方式：进口板换、国产板换、板芯进口，壳体国内制造、绕管式换热器。泉州石化选择了绕管式换热器。

4.5.1　板换与绕管式换热器型式对比（见表5）

表5　板换和绕管式换热器型式对比

板式换热器	绕管式换热器
1. 板片：不锈钢 TP321/304 等；0.8~1.2mm 2. 压力容器：低合金钢，承受循环氢压力 3. 膨胀节：铬镍合金，补偿板束和压力容器间的温差膨胀 4. 喷淋管：油品进料，确保和循环气混合均匀，锥型过滤器 5. 集合箱：均匀分布，热端同心或并排布置 6. 安装：板芯立式、悬挂，固定销和滑动销配合、四角定位板塑料楔形物（5~10mm） 7. 板式换热器清洗，按供货商规程执行	1. 换热管：不锈钢 TP321/304 等 2. 中心筒固定 3. 换热管为冷拔成型，单管长度和绕管技术决定换热器大小 4. 同普通列管换热器类似，一般热侧走壳程，冷侧走管程

4.5.2　板换与绕管式换热器性能对比（见表6）

表6　板换与绕管式换热器性能对比

类别	板式换热器	缠绕管式换热器
抗热应力	膨胀节、滑动销	自由伸缩
抗结垢	板式换热器间隙小，靠板表面光洁度	管程直径较大，壳程靠绕管方向提供湍流区
抗反压	冷侧任何情况下压力必须高于热侧，不允许有反压	承压同普通列管换热器，不受升温速度限制
泄漏处理	焊缝扩展、补焊难度大	堵管
清洗	按照厂家要求碱洗，程序复杂，效果不理想	管程水冲洗，壳程不易清洗
壳体表面温度	循环氢保护	有温度梯度

4.5.3　进口和国产板式换热器板片加工对比（见表7）

表7　进口和国产板式换热器板片加工对比

类别	进口	国产	区别
板片成型	长纹波纹板爆破成型，叠堆后将边缘焊在一起	冲压成型（应力较大，光滑度比爆破成型差）	爆炸成型能使波纹板的表面非常平滑，并使波纹板的厚度恒等，大大减少结垢，爆破成型使应力在钢板上均匀分布，应力峰值比冲压成型方法制成的钢板应力峰值低
板片焊接	整体堆叠后将边缘焊在一起，板片间加2倍厚度不锈钢条	双片焊接，再叠加焊接	整体堆叠后焊接，能够减小应力集中

4.5.4　缠绕管换热器的应用情况

目前已经有64台缠绕管式换热器应用于重整、芳烃装置的改造或新建中。其中，装置规模最大的是恒逸石化330万吨/年重整和530万吨/年异构化。

4.5.5　选型小结

通过对比分析，选用缠绕管式换热器考虑的因素：

（1）应用业绩成熟；

（2）缠绕管式换热器运行、维护优于板式换热器；

　　（3）缠绕管式换热器较进口板式换热器的设备购置费用相对低；

　　（4）缠绕管式换热器的制造周期短，安装、调试快速、便利。

4.6　连续重整装置反应器及再生器内件国产化

　　长期以来，连续重整装置反应器及再生器内件一直依赖进口。随着国内制造技术的提高，近几年，反再内件已经开始国产化。重整反再内件的筛网成型，一般都采用电阻焊或激光焊，这也是筛网成型的关键技术，目前这两种焊接技术均有典型代表的供货商，且通过国产化论证，有运用业绩，因此选用了国产产品。两种焊接制造方式特点如下：

　　电阻焊成型：通过楔形丝持续绕组在呈圆周式排列的支撑杆上形成持续的均匀缝隙，然后将圆筒形筛网切开、展平，再转90°、卷制成设计要求的中心管（扇形筒）尺寸（见图14）。

图14　电阻焊成型

　　激光焊成型：将圆环形支撑杆外圆周采用激光切割加工成与楔形筛条相匹配的凹槽，凹槽的间距根据筛网成型后设计所需要的缝隙宽度确定，并将楔形筛条固定在凹槽内，通过激光焊接制成整体的焊接条形筛网（见图15）。激光焊接最大的特点是可制作无纵缝的中心管。

图15　激光焊成型

　　国产内件的各项技术指标、尺寸公差、内筒与筛网筒之间的贴合都能满足 UOP、雪弗龙、中石化等专利商的要求：

　　（1）筛网的缝隙能够精确到±0.05mm；

　　（2）中心筒垂直度每 300mm 不大于 1mm，整体不超过总长 1‰；

　　（3）扇形筒整体直线度不超过 5mm；

　　（4）表面粗糙度可达 $R_a0.5$，焊缝光顺不磨损催化剂；

　　（5）V 形丝的单点抗拉强度高于 3400N。

　　国产内件已经应用在至少 64 套连续重整装置的改造或新建中。其中，装置规模最大的是浙江石化 380 万吨/年连续重整装置，中心管最大规格为 $\phi1780×28054$（外径×高度）。

4.7　高通量管换热器

4.7.1　高通量管的性能

　　（1）单管沸腾传热系数为光管的 3.5 倍以上；

　　（2）双面强化高通量管总传热系数为光管的 2~3 倍以上。

4.7.2　高通量管的类型（见图16）

　　（1）基材材质：铜、铜镍合金、碳钢、低温钢、耐热钢、不锈钢、镍基合金；

　　（2）多孔层：内表面、外表面；

　　（3）基管形状：光滑管、槽管、U 形管。

（a）外表面多孔管

（b）内表面多孔管

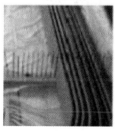
（c）U 形表面多孔管

（d）外纵槽内表面多孔管

图16　高通量管的类型

4.7.3　高通量管换热器的优点

　　（1）设备体积小（相对普通换热器，可减少台数和面积）；

（2）低传热温差下稳定工作；

（3）可用于改造提负荷；

（4）降低供热蒸汽压力需求，降低成本；

（5）产生高品位蒸汽。

4.7.4　主要应用位置

炼油装置：重整、芳烃、加氢等装置分馏塔再沸器；蒸汽发生器等；

乙烯装置：丙烯、丙烷的分离再沸/冷凝器；脱丙烷塔热回收再沸器；低压/高压脱丙烷塔冷凝器；脱丙烷塔回流冷凝器等；

EOEG 装置：多效蒸发再沸器。

（1）炼油和乙烯装置用再沸器、蒸汽发生器、冷凝器等高通量换热器管采用碳钢、不锈钢等基材，目前各种规格换热器运用业绩成熟，已有多年国产使用经验和业绩。EOEG 装置多效蒸发再沸器目前正在大型 EOEG 装置国产化试验中。

（2）EOEG 装置多效蒸发再沸器特点：两种换热介质之间的温差很小，为 10℃左右；设备布置紧凑，要求换热面积小。

（3）根据以上特点，EOEG 装置多效蒸发换热器换热管采用铜镍合金管，外开槽、内烧结。

（4）EOEG 装置多效蒸发再沸器国产化应用情况：

独山子石化：采用 SD 专利技术，产能为 5 万吨/年。原设计三台再沸器（二、三、四效再沸器）采用 UOP 高通量管，装置 2010 年扩能更换 3 台高通量换热器（二效、三效、四效），在扩能增产乙二醇 9150 吨/年（129.19%）装置能力下，高通量管换热器操作稳定，产品质量及环保指标达标。

扬子石化：采用 SD 专利技术，2017 年 6 月旧装置改造，改造后产能为 26 万吨/年，更换两台再沸器（四效、五效脱水塔再沸器），2017 年 7 月投用，运行良好。

中科（广东）炼化：采用壳牌专利技术，装置规模为 25/40 万吨/年，选用国产高通量管，未投用。

连云港石化：采用壳牌专利技术，2 套规模为 90 万吨/年，选用国产高通量管，未投用。

5　小结

在石油化工行业，炼化一体化的最大优势是能够有效整合资源，实现资源优化配置。这决定了企业的资源创效能力和社会的整体效益水平。最终，它将实现生产效率高、产业结构优、资源消耗低、环境污染少的目标。

关键机组特护管理 保证企业安稳长满优生产

闫俊杰

（中国石化催化剂有限公司长岭分公司，湖南岳阳 414012）

摘 要 本文介绍了中国石化催化剂有限公司长岭分公司关键机组——离心式空压机的基本情况和工作原理，详细论述了关键机组管理体系和检修模式，总结了管理方法和经验。通过采取特护管理的方法，保证了机组长周期稳定运行，杜绝了设备事故。该管理体系和管理方法具有在催化剂等石油化工行业推广的价值。

关键词 关键机组；离心式空压机；管理体系；特护管理

中国石化催化剂有限公司长岭分公司（下称长岭分公司）是国内唯一可提供催化裂化、加氢、重整和化工剂的综合型炼油化工催化剂专业生产基地，共有各类设备 3.34 万台，其中 7 台关键机组——离心式空气压缩机是企业的"心脏"设备。空压机设备故障不仅可能会造成机组严重损坏，产生昂贵的维修费用（转子价格上百万），而且会导致整个企业生产中断，严重影响企业产能和产品质量，甚至可能导致安全事故造成人员伤亡、环境污染等后果。因此，加强关键机组的运行管理尤为重要。

长岭分公司在总结多年管理经验的基础上，形成了自己的特护管理体系：维修车间的高级技师、电气和仪表专业的技术人员、综合车间的设备管理人员和设备部的专业管理人员组成的特护小组，进行全天候立体式交叉巡检管理，

为设备的长周期稳定运行、为企业的安全稳定长周期生产打下了坚实基础。"日巡检，周联检，月分析，年总结"，体现了对关键机组全天候、多层次的管理特色。关键机组的特护管理已成为长岭分公司的管理特色，并多次受到催化剂有限公司的嘉奖与表扬，整个空压岗位被确定为公司级标杆岗位。本文介绍了长岭分公司在关键机组管理中的具体做法。

1 关键机组介绍

离心式空气压缩机属于叶片旋转式压缩机（即透平式压缩机），高速旋转的叶轮给予气体离心力作用，并在扩压通道中对气体进行扩压作用，使气体压力提高。长岭分公司共有 7 台空压机（表 1 为空压机相关参数），分别为长岭基地和云溪基地的所有装置提供工业风和仪表风。

表 1 空压机参数

序号	工艺编号	设备型号	制造厂家	投用日期	传动机型号	功率/马力	转速/(r/min)	流量/(m³/min)
1	M951	TA6000	美国 COOPER	2002 年 5 月	AECK-S2003	1750	2965	200
2	M952	TA6000	美国 COOPER	2008 年 6 月	CG-5812	1750	2960	200
3	M953	TRE60N-670KW	IHI-寿力压缩技术（苏州）有限公司	2008 年 7 月	1LA404-2AN60-Z	670	2960	100
4	M954	TA3000	美国 COOPER	2011 年 6 月	AECK-TK	850	2970	100
5	M955	TA6000	美国 COOPER	2012 年 3 月	CB-17557	1750	2970	200
6	M6130/1	TM1500-1	韩国三星	2011 年 11 月	ASZK-S2A09	2000	2970	200
7	M6130/2	TM1500-1	韩国三星	2011 年 11 月	ASZK-S2A09	2000	2970	200

1.1 工作原理

离心式压缩机品种和规格型号较多，但就其基本的组成而言，主要由定子(机体、轴承箱、蜗壳等)和转子(轴、叶轮等)两部分组成(见图1)，其工作原理简述为：根据动能转换为势能的原理，将流体加速到高速，然后降低速度，通过改变流体的流向，把它具有的动能转变为势能，从而提高压力。

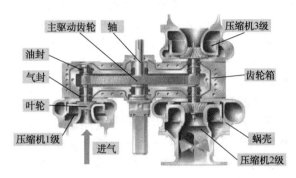

图1   TA6000 离心式压缩机结构图

气体在设备内的流动过程：当驱动电机驱动主轴带动叶轮高速旋转时，在叶轮的入口处产生低压，将气体从吸入室不断吸入叶轮，使气体的压力、速度和温度提高；然后流入扩压器，使气体的速度降低，压力进一步提高。离心式压缩机通常由多级组成，为了将扩压器后的气体引流到下一级叶轮继续压缩，在扩压器后设置了弯道，使气体由离心方向改为向心方向，弯道下为起导向作用的回流器，其中安装有导流叶片，它使气流以一定流向均匀地进入下一级叶轮进口。由于气体在压缩过程中温度要升高，为了节省压缩功耗和防止气体温度过高，气体经压缩后，由蜗室及排气管引出机壳至中间冷却器冷却，降温后再引入下一级吸入室，经3级压缩后的气体再由蜗室和排气管引出机外导入管路系统使用。

1.2 特点

离心式空气压缩机属于速度式压缩机，在用气负荷稳定时离心式空气压缩机工作稳定、可靠。离心式空压机相对于往复活塞式压缩机有以下特点。

1.2.1 优点

(1)结构紧凑、质量轻，排气量范围大；
(2)易损件少，运转可靠、寿命长；

(3)排气不受润滑油污染，供气品质高；
(4)大排量时效率高且有利于节能。

1.2.2 缺点

(1)单机压力较低，不宜用于整机压力比较高(>70MPa)的场合；
(2)不宜用于流量太小的场合；
(3)效率通常要低于往复活塞式压缩机；
(4)稳定工况区较窄，适应工况变化能力差，加之转速高、功率大，机器一旦发生事故，破坏性大，因此必须采取相应的防护措施。

2 管理体系

2.1 组织机构

公司设备经理任组长，设备部部长和综合车间设备主任担任副组长，设备部主管人员、综合车间设备员、维修车间设备副主任、机电公司电仪主管和长炼设备研究所(下称设备研究所)相关人员为成员，共同负责空压机组的管理工作(图2为组织机构图)。设备部专业管理人员每月统计上报机组有关情况，整理技术分析会议纪要。

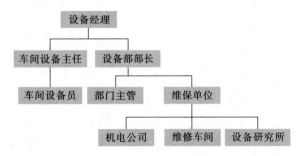

图2   空压机管理组织机构

2.2 管理职责明确

公司制定了《离心式空气压缩机关键机组特级维护管理制度》，明确了各级负责人员的管理职责，分工明确，责任明确，内容翔实，为设备高效、平稳运行奠定了基础。

2.3 巡检工作开展有序

根据特护小组成员的专业素质，分别由不同的专业人员负责特定的巡检内容，来保证巡检效果。生产车间负责设备运行状况、润滑系统、控制系统；维修车间负责轴承运行声音、振动值、温度；机电公司负责电机、仪表等电仪设备；设备研究所定期进行状态监测、润滑油理化分析和铁谱分析。

设备研究所对设备实行长期状态监测，每月进行一次在线检测分析，并出具月度状态检测报告。状态检测报告要求具体、翔实，包括振动分析、温度分析、润滑油铁谱分析等，要有结论和建议，能对生产使用过程起指导作用。同时，状态监测人员工作时，车间设备管理人员和班组操作人员要做好配合工作。

设备现场设有关键设备特级维护监测站（见图3），站牌上有明确的巡检内容、巡检职责、挂牌规定等内容，各专业巡检人员业务水平高、责任心强，每天能按时巡检挂牌，有效保证了机组的正常运行。

图3　现场关键设备特级维护监测站

2.4　每月召开运行技术分析例会

设备工程部每月组织召开一次特护机组运行技术分析例会，关键机组领导小组成员和特护小组成员参加会议。各专业分别汇报当月的巡检情况、发现的问题、采取的措施和下月重点巡检和维护计划。一方面真实反映了机组的相关信息，使各专业小组成员都了解了机组运行情况；另一方面集思广益，利用集体智慧，针对问题制定更加合理的解决方案。

2.5　润滑管理

机组严格执行《催化剂长岭分公司设备润滑管理实施细则》，并在此基础上由设备研究所每月进行一次润滑油理化分析，通过分析结果，找出油质变化趋势，为机组的润滑和维修管理提供参考依据；每三个月进行一次润滑油铁谱分析，确定润滑油内金属离子的成分与含量，以此来判断机组的磨损部位，为设备的故障分析和检修方案制定提供依据。

2.6　机组档案完善

关键机组档案以车间为主，设备管理部门为辅。车间负责图纸、台账、检修记录、联锁摘除与恢复、故障台账、运行记录、备件台账等，设备部负责月运行分析会议纪要、振动分析报告、润滑油分析报告等。

2.7　联锁管理

机组的控制点是设备最集中的地方，其振动、温度、油压等联锁点是机组的"眼睛"。因此，机组的联锁摘除和恢复要严格把关，并履行相关程序，由综合车间、仪表维护单位、设备部负责人联合签字确认后方可执行。在仪表摘除与恢复过程中，必须有两名或以上仪表人员参与，完成后签字存档。

2.8　操作岗位管理

空压岗位操作室有两本机组管理本：一本由操作工进行填写，记录机组的各点实时参数和运行情况；另一本由车间机组负责人、维修、电气、仪表、设备研究所专业管理人员每日巡检签字。同时，岗位还有机组管理与考核细则、开停机步骤、机组简图、非正常情况下开停机方案、突发性停电事故预案等相关资料，并定期组织岗位员工进行学习和考试，提升机组操作人员的业务素质。

3　检修模式

机组采用定期检修（定期检修内容见表2）和以在线监测为基础的状态维修相结合的检修模式。状态维修具有检修工作量小和设备故障停机时间短的优点，但监测投入高，是十分适合关键设备的检修模式（图4为不同维修模式工作量和设备停机时间对比图）。

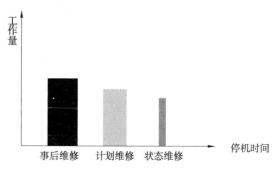

图4　不同维修模式下工作量和设备停机时间对比

机组的控制系统为 Quad2000,可以实时监测各测量点的振动值、油压、油温、各级入口空气温度等数值,反应机组的运行状况,当出现异常情况时系统会进行报警甚至跳闸以保护设备(图 5 为操作系统实施监控界面)。同时,公司外委设备研究所每月进行一次振动分析(频谱)和润滑油理化分析,每三个月进行一次润滑油铁谱分析,根据设备的各种参数,提前发现设备的劣化程度和原因,判断设备故障原因,制定维修计划,进行计划检修,彻底消除了设备突发故障可能导致的各种后果。通过状态维修模式,可大大提高维修效率,减少维修停机时间。

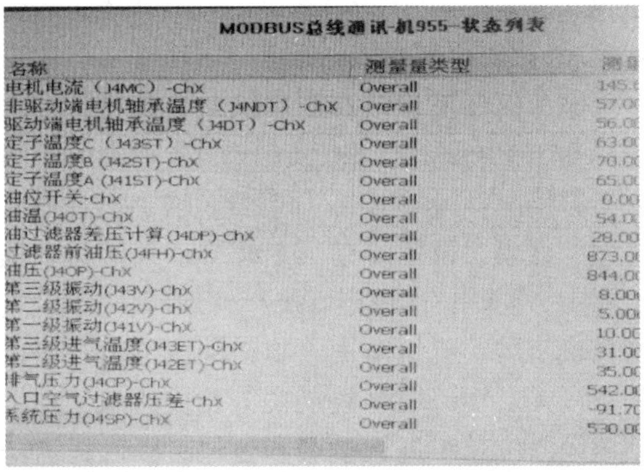

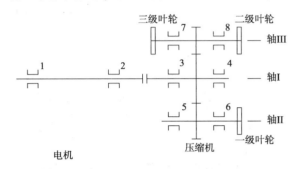

图 5　机 955 实时监控界面

表 2　机组定期检修内容

设备运行时间/h	检修内容
150	检查入口过滤器,根据实际情况决定是否更换
	检查油箱过滤系统,根据实际情况决定是否更换
400	更换油箱放空系统中过滤器的过滤元件
	更换油过滤系统中的过滤元件
	对润滑油进行测试,根据实际情况决定是否更换
	给入口导叶驱动螺杆组件添加润滑脂
	按要求给驱动电机球轴承添加润滑脂
	按要求给油泵电机球轴承添加润滑脂

4　管理案例

2018 年 8 月 6 日,巡检人员发现空压机 M955 压缩机声音疑似异常,但在线监测系统显示各测量点振动值等参数在正常范围内。巡检人员将相关情况汇报设备部后,设备部联系设备研究所分别于 8 月 6 日和 15 日对机组进行了振动测试。图 6 为振动测试点示意图,表 3 为测量点 3、4 轴承位置壳体振动监测数据,表 4 为各级轴振动数据,表 5 为轴承的 PeakVue 值。

图 6　振动测试点示意图

表 3　测量点 3、4 轴承位置壳体
振动监测数据　　　　mm/s

时间	3H	3V	3A	4H	4V	4A
8 月 6 日	0.4	0.8	1.9	0.6	0.7	0.9
8 月 15 日	1.4	0.7	3.3	1.4	0.7	2

表 4　各级轴振动数据　　　　μm

时间	一级	二级	三级
8 月 6 日	10	5	8
8 月 15 日	10	4	7

表 5　轴承的 PeakVue 值　　　　g

时间	1A	2A	3A	4A
8 月 15 日	1.1	1.2	5.2	5.4

通过表 3、表 4 可以看出 3H、3A 和 4H、4A 振动值有所增加,但都在正常范围内,同时表 5 显示测量点 3、4 轴承的 PeakVue 值 5.2g、5.4g,无明显故障特征。但在运行中,压缩机疑似异响一直存在,且 3A 的振动值上升为 6.0mm/s。为了进一步查明问题原因,消除设备隐患,于 9 月 3 日再次测量了大齿轮轴承的 PeakVue 值,3A 为 19.9g,4A 为 7.3g(图 7、图 8 为 9 月 3 日测量点 3、4 的 PeakVue 频谱与波形)。测量数据显示目前压缩机振动烈度(特别是轴向烈度)有较明显增长,Peakvue 值也有明显增长。根据图 7 可知,测量点 3 振幅明显增大,且波形出现周期性独峰(这种独峰是轴承旋转时元件在剥落和碎裂处产生冲击的效应引

起的），滚动轴承存在异常；图8显示测量点4

频谱和波形无明显异常，该点轴承无异常。

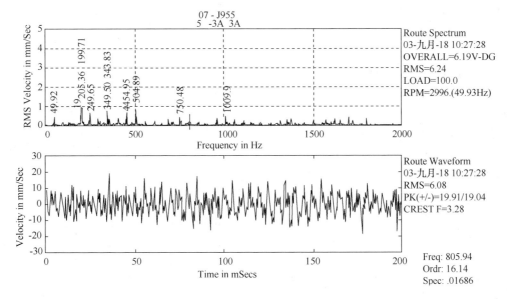

图7　测量点3PeakVue频谱与波形

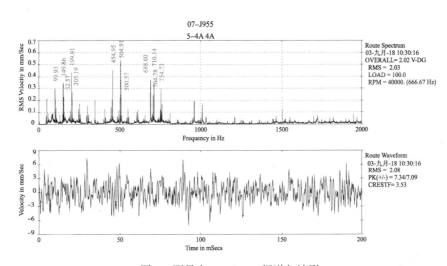

图8　测量点4PeakVue频谱与波形

9月底，根据生产情况对 M955 进行了检修，设备解体后发现大齿轮靠近联轴器端滚动轴承内圈部分脱落(见图9)，与判断相符。

图9　轴承内圈剥落情况

本次故障处理是长岭分公司关键机组特护管理避免设备事故的案例之一，说明特护管理在保证设备长周期稳定运行、企业安稳长满优生产方面发挥着不可替代的作用。

5　结语

5.1　经验

(1) 完善的组织机构、领导参与管理、重点关注关键机组的运行状况是保证设备安稳优运行的基础。

(2) 现场设有关键设备特级维护监测站，各专业巡检人员业务素质高，能按时巡检挂牌，是保证机组正常运行的关键。

（3）采用实时状态在线监测为基础的状态维修，可大大提高维修效率，减少维修停机时间。

（4）每月召开一次机组运行技术分析例会，可实时共享设备信息，分析当月机组运行状况、存在的问题等，并布置下月机组的管理重点和相关任务。

（5）长岭基地空压机通过协同生产装置负荷调整优化运行，2018 年节约电费 412 万。

5.2 存在的不足

（1）工艺人员参与机组管理较少。加强工艺人员参与度，达到工艺、设备、保运（机电仪）分工不分家，相互协作，可进一步提高机组管理水平。

（2）与 EM 模块链接不足，信息化管理水平需进一步加强。EM 模块可集中记录并展示单台设备的详细档案信息，包括基本信息、技术参数、配件信息、故障信息、维修记录、备件更换记录、设备运行记录、润滑五定表、设备检验信息、设备文档等，实现设备一台一档的电子化管理。同时可以避免纸质文档保存中可能出现的损坏、丢失等情况。

参 考 文 献

1 张平亮．设备管理［M］．北京：机械工业出版社，2017：1-9.

2 方子严．化工机器［M］．北京：中国石化出版社，1999：151-158.

3 杨国安．滚动轴承故障诊断实用技术［M］．北京：中国石化出版社，2012：99-104.

4 李葆文．设备管理新思维新模式［M］．北京：机械工业出版社，2010：223-225.

5 Medley Michael D. . System for Measuring Velocity and Acceleration Peak Amplitude(PeakVue)on a Single Measurement Channel［P］．国外专利：US2016123838，2016-05-05.

6 杨国安．滚动轴承故障诊断实用技术［M］．北京：中国石化出版社，2012：60-74.

7 中国石化总公司长岭炼油厂设备研究所．机械设备故障诊断基础知识［M］．长沙：湖南大学出版社，1989：205-212.

煤化工装置检维修设计

万国杰

（国家能源集团煤制油化工公司，北京　100011）

摘　要　通过对煤化工装置中MTO进料换热器结垢、浓盐水结晶系统堵塞和空分装置再生氮气加热器泄漏，这三个典型案例问题的提出、问题分析、问题解决和效果验证，引出检维修设计的概念。进而提出煤化工装置检维修设计是一个循环提升的过程是一个不断创新的过程。

关键词　煤化工装置；检维修；设计

1　问题提出

（1）甲醇制烯烃（MTO）装置的甲醇反应器换热器，如图1所示。

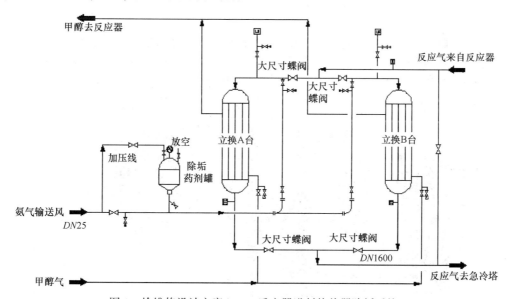

图1　检维修设计方案（MTO反应器进料换热器除垢系统）

部分催化剂细粉附着在换热器的管壁上，增加了管程与壳程之间的热阻，阻碍了热传导的进行，影响了换热器的换热效果。一方面影响进料甲醇的预热温度，进而影响反应效果；另一方面增加了水系统的取热量及后系统的操作难度。因此需要频繁（平均每月2次）清洗换热器管程。此检修作业点具有高空、高温、高爆炸火灾危险性。每次切出检修，不仅检修成本高，影响装置的稳定运行，而且对检修作业人员的安全构成较大威胁。

（2）污水膜处理单元的蒸发结晶装置，如图2所示。

浓浆泵将浓缩液输送至卧螺式离心脱水机进行固液分离。浓缩液从结晶器排出，分成两路。一路通过浓浆泵去往离心机进行固液分离；另一路通过结晶循环泵送入结晶加热器加热后，返回结晶器。浓浆泵出口浓缩液分成两路，一路直接去离心机进行分离；另一路作为返回线返回到浓浆泵和结晶循环泵的入口。通过两路管线上的手阀调节进入离心机的浓浆液流量。

在运行过程中，浓浆泵出口管线经常堵塞（基本每月2次），造成离心机进料调节困难、不能够长周期运行，需要对管线进行清洗、清堵检修。检修时需要搭设脚手架、动火作业、高压水射流冲洗，检修费用高。

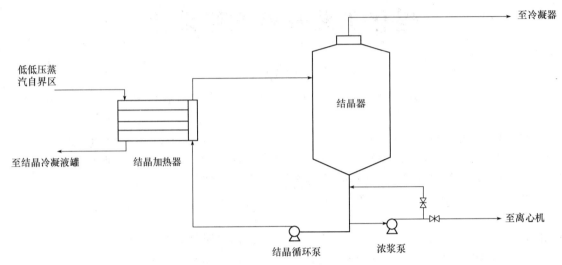

图2 浓盐水结晶原工程设计方案

（3）空分装置再生氮气蒸汽加热器，将来自高压板式换热器的污氮气引入壳程，经过管程的蒸汽加热至150℃，用于分子筛再生。

2020年1月10日，加热器出口露点高于−40℃。判断为加热器管束泄漏（见图3），导致管程蒸汽泄漏至壳程污氮气侧，造成露点偏高。对加热器解体检查，发现管束存在2处漏点，换热管壁厚不一，偏差大。

图3 空分装置蒸汽加热器管束

2020年4月13日，出口露点由−68℃上涨至−33.4℃，之后呈周期性变化并持续上涨。判断为加热器芯泄漏，导致管程蒸汽泄漏至壳程污氮气侧，造成出口露点偏高。对抽出的加热器芯两个腔室分别进行试压发现两处漏点。

平均每2个月需要对加热器进行抽芯堵管检修，每检修2~3次需要更换一组加热器管束。每组加热器管束采购周期大约4~5个月，采购价格约40万。每年需要对加热器检修4~6次，更换2~3组管束，成为制约空分装置长周期稳定运行的瓶颈。而空分装置，是为煤气化装置提供原料氧气的生产装置（见图4）进而成为影响整个工厂满负荷稳定运行的制约因素。工厂不仅需要储备加热器管束作为备件，而且需要储备中间产品甲醇，以备上游检修给下游生产造成影响，严重影响工厂的稳定安全运行，影响工厂的生产成本和资金效率。

2 问题分析

2.1 案例一

由于该技术首次工业放大，原始工程设计缺乏实际运行工况下的操作参数，只是依据中试装置的数据进行工程设计，对实际运行中催化剂细粉的跑损量和组成认识不足，对催化剂细粉在管壁上的黏结性等物性认识不足。反应

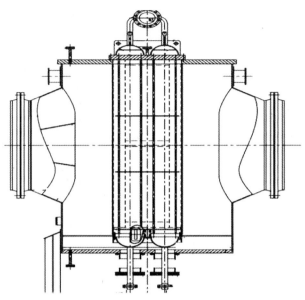

图4　空分装置蒸汽加热器结构

中生成的高凝点聚合物，在换热管中与甲醇换热后，与反应气中跑损的催化剂固体颗粒混合，凝结在管壁上，对换热器换热效果造成较大影响。生产运行中，反应气的热量不能被进料甲醇吸收，急冷塔入口温度在短时间内即超过设计温度。为了保障稳定运行，不得不依靠检维修力量，采用常规的检维修措施，搭架子，用高压水清洗。工程设计也未考虑频繁清洗管程的设施，造成检维修频繁、工作量大、检修费用高。

2.2　案例二

原工程设计中，对高浓度盐水的物性认识不足，也未进行设计方案的比选和优化。在实际运行中，由于高饱和度的浓盐水在扰动不剧烈的条件下必然会沉积在管道中，造成管道堵塞。另外原工程设计，管道系统弯头多，造成沿程损失增大，浓盐水流速降低，也给盐分和有机物的沉积和黏壁提供了条件。管道堵塞，浓盐水的流速和流量下降，进一步增加了管道堵塞的速率，从流量曲线可以看出，管道堵塞是一个逐步加速的过程。管道堵塞，会导致下游离心脱水系统进料减少。为了保障生产运行的稳定，不得不频繁将离心脱水系统切出，进行人工清洗除去堵塞物。

2.3　案例三

这是国外一个专利商推荐的结构设计，由

国内制作加工。原始工程设计未考虑国内的加工精度和误差的影响，翅片管在加工过程中，无法保证厚度的精度要求，不可避免地会产生局部壁厚超出设计的公差范围。这些局部减薄之处，成为换热管管束中最薄弱的环节，决定了整台加热器的使用寿命和运行周期。由于蒸汽凝结水不能及时排除，腐蚀不可避免。而工程设计中并未考虑到加热器的实际制造精度，没有考虑到制造精度对实际运行周期的影响。工程设计阶段，设计人员对加热器的结构、制造精度，以及实际的运行工况缺乏全面的认识，以至于加热器实际运行难以达到设计的寿命，频繁泄漏、频繁拆装检修就不可避免，投产后平均每两个多月拆除检修一次。每检修两到三次，需要更换一套管束。

3　问题解决——检维修设计

（1）依靠常规的检维修，只是修复或者更换，很难从根本上解决这类问题。工程设计是生产运行和装置检维修的源头，需要根据生产运行中出现问题的性质，通过对物料物性的深刻认识，对管道系统和设备结构的深刻理解，通过对设备运行状态的深刻了解分析，对检维修频繁、检维修安全风险高、检维修工作量大、检维修时间长、检维修费用高、检维修难度大的设备、设施和系统，进行工程再设计——检维修设计。

（2）案例一中依靠检维修力量，采用传统的清洗除垢方法，需要在装置运行的状态下，频繁地切出MTO换热器；需要搭架子、高空作业，采用高压水射流清洗。这种方法，不仅把检维修作业人员置于高风险环境，也对装置的安全稳定运行产生威胁，并且检维修作业条件和检维修环境恶劣，存在较大的安全隐患。

以在线自动除垢代替人工离线除垢，成为解决MTO换热器换热效果的目标。

在实际调研和查阅资料的基础上，通过方案比选，选定了图1所示的检维修设计方案。

在除垢药剂罐中装填设计药剂，通过气力输送系统，将药剂颗粒输送到换热器的产品气入口管道，颗粒随着产品气流动进入换热管内，颗粒在换热管内碰撞、摩擦，将沉积在换热管内壁上的催化剂结垢以及有机物冲刷清除，使换热器恢复到设计的换热能力。

（3）针对第二个案例问题，通过对浓盐水物性和组成的研究，原工程设计方案中，浓浆泵出口扬程 19m，结晶循环泵出口扬程 20m，离心脱水系统进料管线上弯头有 7 个，浓盐水流动阻力大、流速低，给溶质析出沉积创造了条件。通过对原工程设计的分析，经过多方案比选，采用如图 5 所示的检维修设计方案：将原来采用浓浆泵进料的方式，改为通过结晶循环泵，直接给离心机进料的方式。这一检维修设计方案：管线弯头只有 1 个，相比原工程设计方案，弯头减少了 6 个，减少一套浓浆泵，不仅减小了管线阻力降，也减少了一台设备，相应地减少了故障环节，降低了能耗。

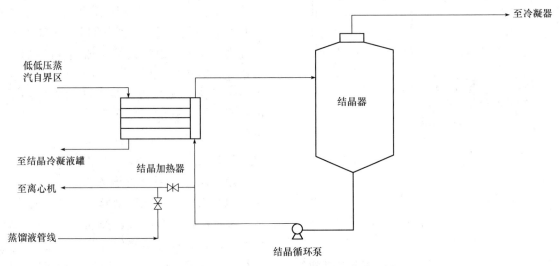

图 5　检维修设计方案二（结晶循环泵直接进料）

（4）案例三中，通过对原工程设计方案的研究，以及检维修的过程分析和腐蚀环境分析，认为这种设计方案在实际的加工过程中，很难满足设计要求的公差。考虑装置的实际运行、设备布置、可检维修性等因素，经过方案比选，采用设计方案如图 6 所示，一体化翅片管改为缠绕式翅片管，降低了加工难度和制造成本，可以保证换热管的有效厚度；壳体增加膨胀节改善管束的受力状况，避免应力腐蚀和凝结水腐蚀产生的叠加腐蚀；管束下封头置于壳程之外，有利于凝结水及时排除，有利于巡检发现问题和检维修。

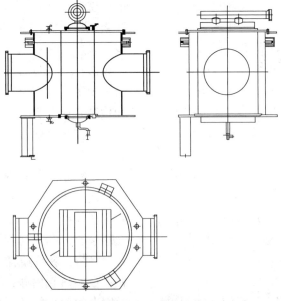

图 6　空分装置氮气加热器检维修设计方案

4　检维修设计的效果

4.1　案例一

采用新的在线自动除垢方案，设定急冷塔入口温度上限，当产品气的温度达到温度上限时，自动启动除垢系统。除垢间隔 15 ~ 30 天，可根据实际运行工况进行调整。

自动在线除垢系统的投资，仅相当于一次人工离线除垢的费用。除垢时间由原来的一周缩短为几个小时，每次除垢的成本为除垢药剂和输送气体的费用。更重要的是，由于无需人工现场作业，从根本上消除了检维修作业的安全隐患，消除了装置操作波动的风险，为装置长周期安全稳定运行奠定基础。

4.2　案例二

取消浓浆泵，采用结晶循环泵直接进料的方案，浓浆液在管线中的流速显著提高，扰动加大防止了溶质的析出沉积，解决了离心脱水系统进料管线堵塞的问题，保障了结晶系统的长周期稳定运行。

原工程设计方案，需要检维修人员每两周拆除一次，进行清洗除垢。采用新的设计方案后，浓盐水结晶系统可以和工艺装置的检修周期保持一致，达到两年一检修。每年节省检修费用和运行成本约 50 万元。

4.3　案例三

由于改变了原工程设计方案，保证了换热管壁厚的均匀性，有足够的腐蚀裕量。同时，由于将下封头置于壳程之外，凝液能够及时排除，避免了对氮气的污染。由于这一方案投用周期还在考核中，实施效果有待验证。

5　总结

以上仅仅列举了两个静设备的案例和一个动设备的案例。这类案例不仅在煤化工装置中普遍存在，在石油化工装置中也大量存在，几乎在所有的化工装置中都是一个不可避免的现象。

一般来说，在煤化工装置运行中，检维修频繁、检维修风险高、检维修工作量大、检维修时间长、检维修难度大、检维修费用高的设备、系统和设施，往往说明原工程设计对这类问题的认识还不深刻，对这类事物的本质特征还缺乏深刻的理解。随着生产运行实践和检维修实践的总结提炼，随着对这类事物认识的深化，都要考虑检维修设计的可行性和设计方案。

人类认识事物的规律是实践、认识、再实践、再认识。煤化工装置的检维修设计，或者叫作工程再设计，正是这一认识规律在煤化工企业检维修工作中的具体体现。人们对煤化工装置检维修的认识，是从模糊到清晰，从表象到本质的过程。这也意味着工程设计和检维修设计(工程再设计)，不是一项一蹴而就的工作，而是一个不断提高认识、不断改进方案、不断进行检维修设计的过程。

推行"管理+技术"双轮驱动
全力提升设备预知性检修水平

魏 鑫

（中国石化镇海炼化分公司，浙江宁波　315207）

摘 要 本文介绍了中国石化镇海炼化分公司通过"管理+技术"双轮驱动，逐步从被动的"综合设备治理"向提前主动的"科学设备管理"转变，促进设备管理科学化、规范化，有效提升设备检修管理水平。

关键词 "管理+技术"；双轮驱动；提升；设备检修管理水平

目前，石油化工企业设备维修主要以故障维修和预防性定期维修为主，这种"亡羊补牢"和"未雨绸缪"的设备管理模式，很难避免设备失修和过修问题。随着科学技术的高速发展，我公司积极探索基于大数据的智能化分析、诊断技术，通过"管理+技术"双轮驱动，逐步从被动的"综合设备治理"向提前主动的"科学设备管理"转变，促进设备管理科学化、规范化，有效提升设备检修的管理水平。

1 精益管理，健全预知性检修体系

1.1 健全预知性检修管理体系

制定《检验、检测和预防性维修管理规定》，明确设备全生命周期各阶段预知性管理相关要求。

（1）设计选型采购环节：对设计标准中未明确、易混淆的内容，设备使用过程中积累的经验教训、改进成果等，通过《设备设计审查购置导则》进行固化，明确测控自动化配置、易损件寿命等原则，并在设备采购技术附件模板中根据现场实际明确具体要求。

（2）设备运行环节：总结历年预防性维修工作经验，制定《预防性工作策略及年度预防性工作计划》，并逐步依托不断完善的无线泵群状态监测系统、电仪设备健康管理平台等设备自诊断系统，修正预防性工作策略及计划。同时，建立维保全覆盖、常态化巡检机制，制定标准化维保巡检手册，明确设备巡检路线、标准、缺陷闭环管理流程等，提升设备日常巡检监控质量。

（3）设备检修环节：制定《设备检修作业指导书》，明确设备停开机控制、设备检修交底、过程控制等相关要求，确保预防性、预知性检修到位，持续保持设备完整性。

1.2 建立预知性检修管理机制

按照"业务管理集约化、技术管理专业化、运行管理现场化"原则，成立综管团队、专业团队、区域团队，综管团队负责制定预知性检修管理相关制度、流程、绩效指标、检查与考核标准等，并跟踪和管控；专业团队负责设备标准化选型，故障判断分析处理及举一反三工作，制定预防性工作策略及年度预防性检修计划；区域团队负责设备完好性管理，组织实施预防性检修计划。

1.3 建立预知性检修动态提升机制

（1）设备管理由全员承包制向全员、全系统、全效率TPM管理转变。始终坚持全员设备承包制，在开展设备创完好的基础上，通过细化现场设备管理标准、编制OPL（一点课）课件、树立标杆等措施，引导全员深入开展"消灭F枪、消灭机泵泄漏、螺栓4点联动"等TPM活动，树立"我的设备我管理"的理念，养成上标准岗、干标准活的工作习惯，最终实现全员监控设备状态、掌握设备信息，将预防维护（PM）、改善维护（CM）实现最优化结合。

（2）缺陷管理由最差10台泵动态管理向系统性、精准性整治转变。在对高频检修、高频更换配件、高费用检修等"最差10台机泵"进行动态攻关的基础上，以本质安全为考量，从区域和专业两个维度，组织工艺、设备、安全等专业对设备薄弱环节进行梳理，通过开展多维度基于风险的故障分析，结合装置大修，动态调整制定近几年可靠性提升计划，多措并举落实费用，对生产装置保温层下腐蚀、系统管线、换热器等问题进行精准治理，使设备可靠性得到全面提升。

1.4　建立人才培养机制

注重顶层策划，建立容错、纠错机制，营造为干事者鼓劲、为担当者撑腰的氛围；建立培训地图，分岗位、分专业、分层次建立培训课程清单、标准课程包；建立优秀年轻员工"一人一案"培养方案，发挥创新攻关专家团队作用，通过名师带高徒、优师带佳徒机制，开展送课到基层、送建安培训等活动，推进"头雁、名雁、俏雁、储雁"人才工程。

组建创新攻关专家团队，覆盖动、静、电、仪、热工、水务等专业。由熟悉本专业技术发展状况、精通本专业技术管理业务、能够独立指挥和处理本专业较复杂的专业技术问题人员组成，收集掌握国际国内设备管理、检修发展近况，组织技术分析及重难点问题攻关，提出预知性管理等要求及意见，培养本专业后备力量。同时，每年按照"重能力、重业绩、重贡献"原则，强化对专家团队的考核、评比，对综合评比前三名或后三名的专家团队成员，在基准津贴标准的基础上进行上浮或下浮；每年开展一次创新攻关专家组成员选拔，以激励员工改革创新。

2　技术创新，提升预知性检修精准度

依靠技术进步，建立完善的设备状态监控体系，深化大数据的知识化和模型化应用，逐步实现以数据驱动的科学决策和风险管控，推进预防性、预知性检修管理，提升设备可靠性。

2.1　推进设备检修数字化管理

（1）建设三维数字化管理平台。在实现生产装置及设备三维模型、基础数据、原始文档数字化的基础上，加上设备生产过程中业务数据系统，实现检维修管理、设备运行管理等设备管理在三维数字平台中的集成、展示、应用，为数字化、可视化、集成化和模型化运营管理模式提供支撑。现阶段可考虑从新装置开展试点，将设计、采购、施工、试车、管理等方面的信息按照数字化交付标准进行交付，实现现实工厂数字虚拟化。例如，总部推广建设的智能化厂际管线系统，实现了管线管理标准化、数字化、可视化，使得日常管理更高效、风险监控更及时、应急响应更迅速、管线安全管理更全面。

（2）建设停工检修管理平台。利用停工检修管理移动 APP，对大修项目、压力容器管道检验、大修问题协调、问题检查等进行全过程数字化闭环管理。一是实现检修项目全过程管控由表单化管理向数字化管理转变，实现严控、高效，做到修必修好；二是实现检修信息共享，做到检修过程各个要素、流程实时展示，一方面使管理者对检修过程控制进行全栈掌控，另一方面也让所有员工及时了解装置检修实时动态；三是积累大数据资源，实现痕迹化管理，为优化运行操作、检修计划、预防性策略等后续决策分析提供数据支撑。

2.2　完善设备状态监控体系

（1）提升设备检测精准度。针对现场高风险部位，积极筛选应用新的检测技术。例如，厂际管线选用镜面旋转超声波、漏磁等内检测技术，换热器选用旋转超声、涡流、漏磁等检测技术，保温层下腐蚀采用导波、脉冲涡流等技术，常压储罐采用声发射、高频导波检测等技术，精准查找变形、减薄等缺陷，为科学评估设备风险、设备剩余寿命以及制定预防性检修策略提供了可靠数据支撑。

（2）推进设备测控自动化。借助 4G 无线网络，持续建设设备综合状态监控系统。例如，大机组在线状态监测系统、泵群在线状态监测系统、在线腐蚀监测系统、电气仪表设备集中监控系统等，将设备监测、运行状态、视频监控、故障预警等数据信息进行集成监控，对异常数据自动发送邮件/短信分级推送，实现设备状态实时监控、设备数据集中管理，为有效开展故障诊断和预防性检修提供数据及技术支撑。

2.3　深化大数据知识化和模型化应用

（1）动设备专业：例如，建设可预知、能动态优化的动设备可靠性管理系统，整合设备基础数据、历史检维修数据、设备运行数据、

设备状态监测数据等，应用 RCM 等技术工具，对设备的健康状态进行综合评估、自动报警提醒，同时动态优化预防性维护维修策略，提高预知性维修水平。

（2）静设备专业：例如，建设腐蚀综合管理决策系统，采用多因素综合决策技术路线，将腐蚀监测、工艺防腐、设备防腐和防腐管理等有机结合，实现腐蚀数据集中管理和综合分析、腐蚀状态量化评估与监控预警，系统性解决生产装置腐蚀控制问题。

（3）电气专业：例如，建设开关柜智能在线监测系统，通过开关柜全天候的在线局放检测实现智能化巡视、监测，通过大数据分析实现智能管控。

（4）仪表专业：例如，建设阀门智能诊断平台，利用大数据以及智能仪表的数据分析制定预测性维护策略，同时进行后台监测和诊断预警，通过状态参数变化自动预测可能出现的情况和预期的时间，并推送告知仪表工程师。

3　双轮驱动，创造预知性检修新成效

通过开展"管理+技术"双轮驱动的预知性管理探索，绩效指标得到全面提升。

（1）生产装置设备可靠性有效提升，装置可靠性指标（见图1）、设备完好率（见图2）等稳步提升；设备故障率明显下降，其中非工作日抢修率下降48%（见图3和图4）。

图 1　设备可靠性指标

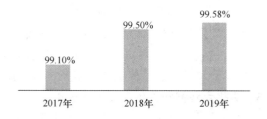

图 2　设备完好率指标

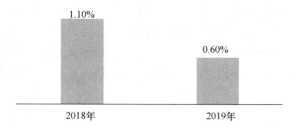

图 3　冷换设备故障抢修率

图 4　PSA 程控阀故障抢修率

（2）设备长周期运行水平有提升，千台机泵机械密封消耗量下降 21 套（见图5），滚动轴承寿命提升显著（见图6），由 2018 年 21517h 提升到 50917h；CFB 锅炉运行周期由 12 个延长至 15 个（见图7）。

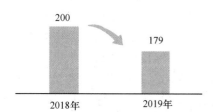

图 5　千台机泵密封消耗量

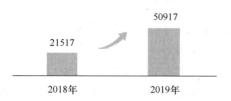

图 6　滚动轴承寿命（小时）

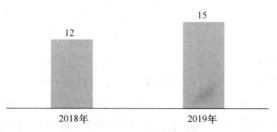

图 7　CFB 锅炉运行周期（月）

（3）降本增效工作有成效。在设备新度系数日益下降的情况下，维修费用指数仍下降0.3%左右（见图8）；2020年装置大修，修旧利废创效达4593万元。

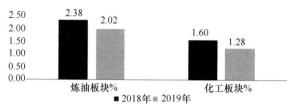

图8　维修费用指数

4　结语

企业应坚持平稳就是效益的理念，抓住数字化转型机遇，以设备状态监测数据为基础，结合设备日常检查、定期重点检查、故障诊断等信息，运用风险分析、可靠性分析等完整性管理相关技术方法，开展设备及生产装置长周期运行综合经济效益影响测算，建立综合效益计算模型，逐步实现以数据驱动的预知性科学决策和风险管控，实现设备综合效益最大化。

CFB锅炉长周期运行综合治理实践

帅　璐

(中韩(武汉)石油化工有限公司，湖北武汉　430082)

摘　要　某热电装置配置的3台循环流化床锅炉在过往运行中存在炉管磨损严重、风帽脱落、衬里脱落、膨胀节爆裂等诸多问题，导致锅炉运行周期偏短。本文介绍了该装置长周期管理的实践工作，包括对问题根源进行分析，采取对应的治理方法，通过应用耐磨堆焊炉管、进行防磨喷涂施工、保证衬里质量、膨胀节预防性检修等进行综合治理，取得了较好的效果，并探讨了后期的综合治理工作方向。

关键词　循环流化床锅炉；长周期运行；防磨技术；电弧喷涂

1　引言

某热电装置共配置3台360t/h循环流化床(CFB)锅炉、1台160t/h燃气辅助锅炉、2台65MW双抽凝汽式汽轮发电机组，主要为全厂提供四个等级(超高压、高压、中压、低压)的蒸汽和绝大部分电能。每年耗煤量约为95万吨，年发电量约为7.5亿kW·h。该装置作为全厂蒸汽输出及动力供应的关键单位，肩负着全厂安全生产的重要任务。经过近几年的优化攻关，2016年1#炉运行周期目前已经达到新的历史纪录，达到233天，2#炉达到216天，3#炉在特护运行情况下维持运行达到268天，但是离同行业先进企业相比还有较大的差距。

针对目前CFB锅炉运行周期相对偏短的问题，技术人员从问题导向出发，分析锅炉运行中存在的问题以及影响大小，采用综合治理的方法，从防磨措施、煤炭管理、检修质量、技改技措、优化操作等全方面提升，找到问题的根源，并制定措施，逐步提高锅炉的运行周期，以期能提高锅炉的运行周期，达到300天运行的目标。同时提高公司整体管理水平，从而为公司的安全和效益作出贡献。

2　影响长周期运行的原因分析

根据过往运行的参数指标和检修时的现场表象来看，目前CFB锅炉主要存在以下几点问题：

(1)锅炉燃煤指标偏离设计值较大，特别是热值较高，造成运行时床温偏高、风量偏大，加剧炉管磨损，同时也会使锅炉负荷提升困难。

(2)锅炉炉膛密相区水冷壁管(炉膛耐火浇注料截止线至16m焊缝)及炉膛四角炉管磨损速度较快，每次停炉检查均出现较大区域的严重磨损。炉膛30m上方分离器入口区域侧墙炉管单侧磨损较严重。

(3)炉膛布风板风帽脱落情况也较为严重，特别是下渣口周围和前墙侧中间区域，脱落后改变局部流场加剧磨损，甚至出现床层物料直接冲刷到密相区。

(4)锅炉烟风道非金属膨胀节经过多年运行，材质老化，且部分膨胀节选型不合理，多次出现膨胀节蒙皮破裂、严重错位等故障，影响锅炉稳定运行。

3　综合治理措施介绍

3.1　继续加强入厂煤管理，并探索可行的改造方法

三台CFB锅炉均为燃煤锅炉，原始设计是以平顶山煤矿的煤质指标作为设计基础。但长期以来，入厂煤指标与设计煤种指标偏差较大。近几年来，锅炉实际入厂煤热值指标均值在5200kcal(1kcal = 4.184kJ)左右，比设计值4064kcal高出1136kcal，且热值波动很大，最高热值达到了6200kcal，主要原因为干燥无灰基挥发分比设计煤种高出较多(见表1)。三台CFB锅炉床温一直偏高，达到940℃左右(设计床温为850~900℃)，为了维持锅炉正常运行，只能增加一次风量降低床温，从而导致烟气量和流速的增加，由于锅炉的磨损速度与风速的三次方成正比($\Delta S = kv^3$)，因此炉管的磨损速度

大大升高。

表1 设计煤种与实际煤种重要指标对比

项目	低位发热值/（kcal/kg）	干燥无灰基挥发分/%	干燥基灰分/%
设计煤种	4064	17～25	33～39
实际煤种	5408	375～43	18～38

针对此问题，在燃料供应方面已通过产地调研、供方协商、修改入厂煤指标控制值等方式对煤质指标进行严格管理，取得了很好的效果。目前，通过建立运行班组与配煤人员的直接联系渠道，提高煤种搭配的主动性，提高入厂煤采样频次等方法，逐步稳定了入炉煤煤质指标。

在此基础上，技术人员积极探索提高锅炉燃料适配的方案，多次与锅炉生产厂家福惠重机（FW）沟通锅炉调整的新技术、新方法。在核算现有锅炉运行参数后，FW技术人员提出可通过在炉膛左右侧墙附近各增加一片水冷屏，光管高度约17.8m，每片由36根管子组成。预计改造后炉膛出口平均烟温预计下降约31℃，床温预计下降约24℃，如果投入飞灰再循环系统运行（按50%考虑，即5t/h），炉膛出口烟气平均温度将下降约48℃、床温下降44℃。

对于厂家提出的增加换热屏方案，部门技术人员进行了积极大胆的研讨，初步认为方案具有一定可行性，但需对效能核算、费用控制等继续研究。如能最大限度地降低投资费用、优化施工过程，理论上此方案能可从根本上解决燃料不匹配、磨损加剧等问题。

3.2 优化锅炉防磨管理

三台CFB锅炉炉膛为矩形，尺寸均为11430mm×6780mm，前后墙各141根炉管（可见区域），左右墙各82根炉管（可见区域），总计446根炉管，炉管规格为SA-210C 50.8×5.44/4.19（以EL+15000工厂焊缝为界）。从以往运行情况来看，磨损主要集中在11.8～15m区域（即水冷壁耐火浇注料截止线至工厂焊缝区域，又称密相区），其中前墙中间区域和左右两侧区域磨损较为突出。通过分析磨损的主要原因和机制，判断主要原因为：

（1）炉膛内物料循环造成的贴壁磨损：大颗粒物料受气流循环影响高速贴壁下落造成磨损。

（2）物料浓度分布造成的局部集中磨损：前墙中部落煤口及石灰石入口、循环飞灰入口等区域物料堆积浓度较高，造成流场中物料集中，加重磨损。

（3）布风板风帽如果出现脱落，一次风裹挟物料高速向上喷出，也会加重局部炉管的磨损。

（4）流场变化造成磨损：水冷壁与耐火浇注料交接的区域（主要是炉膛四角、尿素喷枪包块、过热器入口包块、分离器区域包块等）因浇注料阻碍气流运动形成涡流造成局部磨损加重。

对此，在检修中主要采用以下两种方式来直按降低锅炉磨损：

（1）应用耐磨堆焊炉管：耐磨堆焊管即在50.8×5.44的SA-210C炉管表面堆焊约1.5mm厚的P-400合金焊材，并制成定型管排，在前期试用中表现出优异的耐磨性能，此后在每次检修中得到推广应用，炉膛10.8～16m密相区前墙及左右墙炉管换管均使用耐磨堆焊管（见图1），截至2019年底，单台炉密相区（除后墙外）更换耐磨管已达70%以上。以2019年9月2#炉前墙水冷壁管12.1m测厚数据为例（见图2），2#炉前墙测厚均值为6.17mm，与2014年、2015年测厚均值5.44mm、2018年测厚均值6.13mm相比，防磨效果显著。经抽查，耐磨性能最好的管子达到了每月0.014mm的磨损速率，3年仅磨损0.5mm。

图1 2#炉前墙更换耐磨堆焊管

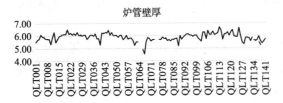

图2　2019年9月2#炉前墙水冷壁管12.1m测厚情况

（2）应用防磨喷涂技术：使用电弧喷涂技术，在锅炉易磨损区域（见表2）喷涂耐磨合金层（CP-302A），厚度为0.5~1mm。在历次应用中均起到较好的防护作用。除局部磨损严重区域外，其他区域磨损量轻微，仅仅为喷涂层被磨掉，未对炉管基材造成损伤。

表2　喷涂区域

序号	区域	要求
1	衬里截止线至16m焊缝	前墙、后墙、左墙、右墙整圈喷涂，喷至16m焊缝上300mm
2	水冷壁泄漏位置	泄漏炉管左右各2根，上下+200mm
3	炉膛四角衬里邻边区域	左右各2根，从衬里截止线喷至31m分离器入口下缘-200mm
4	10个衬里包块	以邻边左右各两根为界，上下+200mm
5	屏过前墙入口衬里包块	以邻边左右各两根为界，上下+200mm
6	左右侧墙从炉顶至31m分离器入口	左右墙从后往前各喷30根，从炉顶向下喷至31m分离器入口-200mm，后墙从31m分离器入口-200mm高度往上喷4m
7	24m工地焊缝	上下+200mm

在这些工作基础上，在2019年全年检修和运行过程中，还发现了炉管磨损方面一些新的问题，并针对这些问题制定相应的措施，主要有以下几点：

（1）在3台锅炉停炉检修过程中，通过对每一层炉管手动探摸，发现水冷壁管除密相区以外，部分区域炉管出现大面积同步减薄。特别是31m分离器入口区域的左墙、右墙出现单侧磨损，后墙以中部为界出现单侧磨损，此外前墙16m焊缝以上至31m分离器入口高度各层均有局部磨损情况。

（2）炉膛耐火浇注料脱落情况较为严重，例如11.8m高度整圈大面积脱落、炉膛拐角浇注料剥落等。浇注料脱落的同时必然出现邻边炉管管侧严重磨损。

（3）布风板风帽脱落较多，风帽连接管磨损严重，导致局部流场改变，剧烈加重磨损。2019年7月2#炉发生一次前墙爆管事件，经分析主要原因极为布风板中部近前墙处风帽脱落20余个，导致一次风裹挟物料直接高速冲刷前墙炉管，造成炉管磨损失效。

对此采取的措施主要有：

（1）加大炉管测厚范围。自2019年初起，大幅增加超声波测厚的区域（见表3），新增对分离器区域、屏过入口区域以及前墙16m以上区域的测厚，采用人工探摸和整圈检测相结合的方式，灵活调整测厚区域和方法，对水冷壁管尽可能多地进行壁厚监测，及时发现隐患并处理。

表3　目前炉膛测厚区域

序号	炉膛测厚项目	改动情况
1	11.8m衬里截止线以上300mm、600mm、900mm三个位置（密相区）全墙测厚，共计450根管，50.8×5.44 SA-210C，每根管每个高度至少测3个位置（正面、两侧）	每根管增加2个测厚位置
2	16m焊缝上下两处全墙测厚，共计450根管，焊缝以上50.8×4.19 SA-210C，焊缝以下50.8×5.44 SA-210C，每根管焊缝上下两处至少测3个位置（正面、两侧）	每根管增加2个测厚位置
3	24m焊缝上下两处全墙测厚，共计450根管，50.8×4.19 SA-210C，每根管焊缝上下每处至少测3个位置（正面、两侧）	每根管增加2个测厚位置
4	6面翼屏过热器两端2根管，按脚手架共5层测厚2×6×5，38.1×5.45 SA-213 T22（37m以上为38.1×7.02 SA-213 T22），每根管每个高度至少测3个位置（正面、两侧）	新增测厚位置
5	6面翼屏过热器入口耐火浇注料包块相邻两侧2根管50.8×4.19 SA-210C，按脚手架共5层测厚4×6，每根管每个高度至少测3个位置（正面、两侧）	新增测厚位置

续表

序号	炉膛测厚项目	改动情况
6	爆管位置相邻2根管测厚2×2(如果有),每根管取目视或探摸磨损最严重区域,至少测3个位置(正面、两侧),按实际情况增加点位	每根管增加2个测厚位置
7	水冷壁耐火浇注料包块两侧相邻2根测厚(共10块)2×2×10,16m以下50.8×5.44 SA-210C,16m以上50.8×4.19 SA-210C,每根管取目视或探摸磨损最严重区域,至少测3个位置(正面、两侧),按实际情况增加点位	每根管增加2个测厚位置
8	炉膛其他各层(除密相区、16m工厂焊缝、24m工地焊缝以外)四个拐角相邻2根管测厚2×2×4×15,16m以下50.8×5.44 SA-210C,16m以上50.8×4.19 SA-210C,每根管每个高度至少测3个位置(正面、两侧)	每根管增加2个测厚位置
9	炉膛前期换管位置焊缝上下测厚(如果有),每根管取目视或探摸磨损最严重区域,至少测3个位置(正面、两侧),按实际情况增加点位	每根管增加2个测厚位置
10	左墙、右墙、后墙31m分离器入口往上至炉顶50.8×4.19 SA-210C,按探摸情况测减薄区域	新增测厚位置
11	前墙16m至31m区域各层50.8×4.19 SA-210C,按探摸情况测减薄区域	新增测厚位置

(2)加强耐火浇注料施工质量控制。针对过往浇注料施工质量不佳的情况,经过分析后认为浇注料原料配比未精确控制、施工中未对浇注料外形精细修整是浇注料大面积脱落的重要原因。因此,在与锅炉原始浇注料供应商沟通后,邀请其负责进行炉膛浇注料修复工作,采用最新原料配方,由有丰富经验的施工人员进行修复和修整。从使用效果来看,脱落情况得到很大的遏制(见图3)。

图3 浇注料修复情况

(3)加大风帽专项检查及维修力度。每次锅炉检修要求检修单位制定风帽专项维修更换方案,采用断续焊接和带管预制相结合的方式,对原有承插点焊的施工方法进行改进,落渣口附近空间较大,便于割管,且此处对风帽的牢固程度、角度分布有较高要求,采用从底部直接割除风帽连接管,将新风帽与新连接短管对焊连接后,再满焊在布风板管口处。其余位置不便割管和焊接,要求检修单位改变原来的点焊连接做法,改为尽可能多地断续焊接,增强风帽的牢固程度。经过长期探索,目前已根据带管预制风帽应用的效果,联系风帽厂家,优化了风帽设计,由风帽厂家设计并供应整体成型风帽,这样能更好地降低现场焊接对风帽连接质量的影响,更好的保证风帽的牢固性(见图4)。

图4 整体成型风帽外形图

(4)采用高科技手段加强炉管监测。在主管部门的牵线下,在2019年11月1#炉检修期间试用电涡流检测技术进行炉管监测,由在兄弟单位有较好业绩的某公司对1#炉密相区炉管进行全面检测,并与原有的超声定点测厚进行互相印证,取得很好的效果,发现了300余处原定点测厚未检出的减薄位置,经过对过往数据的分析研究,判定风险值,确定增加30处修复位置,大大降低了锅炉的运行风险。通过试用表明,电涡流检测具有检测全面、数据准确、不受空间限制等优点,虽然检测时间较长,但仍可在今后作为替代现有定点测厚的有效方案。

3.3 预防性整治非金属膨胀节失效问题

三台锅炉自2012年投产以来运行已达7年,原有非金属膨胀节已出现蒙皮老化、导流筒错位等现象,虽然前期运行时对部分膨胀节进行了检查和蒙皮更换,但仍有较大失效隐患。7月20日3#炉空预器出口一次热风道3945mm×1435mm×500mm膨胀节蒙皮撕裂,8月5日2#

炉一次热风道 1830×1300×350 膨胀节蒙皮撕裂，两次膨胀节蒙皮撕裂事件均对锅炉的安全运行造成了较大的影响，且在线维修困难，施工风险高。在吸取了两次失效事件的教训后，技术人员从以下几个方面着手进行预防性整治工作。

（1）对于不具备条件进行停炉更换蒙皮的，在旧蒙皮外层另行覆盖一层复合材质蒙皮，并使用铁丝交叉捆绑进行加固，一方面防止膨胀节蒙皮过度拉伸出现破裂，另一方面蒙皮破裂后也能起到减缓撕裂速度，便于覆盖修复的作用。

（2）利用 2#炉、1#炉顺次停炉改造的时机，综合考虑各方面因素，选取了一批运行状况较差、位置较关键、在线修复难度大的非金属膨胀节进行彻底检修，2#炉实际维修 43 个膨胀节，3#炉实际维修 33 个膨胀节，均对导流筒进行复位和修复、更换保温内衬和外层蒙皮，并建立更换台账，按装置大修周期定期更换。

（3）核查原始设计，联系设计院对现场错位变形严重的膨胀节进行复核，修正设计不合理之处。3 台锅炉的空预器出口热一次风膨胀节长期运行在极限拉伸状态，特别是前期两起锅炉爆管事件中已出现过蒙皮撕裂的故障，2018 年 7 月 20 日再次出现点炉期间蒙皮撕裂的故障，核查原始设计后发现原设计中膨胀节为补偿压缩量，即风道不产生位移，只有尾部烟道会产生位移，膨胀节设计长度为 350mm，轴向补偿量为 −30mm，但实际工况中膨胀节为拉伸补偿，不符合原设计要求，加大了蒙皮撕裂的风险。同时导致膨胀节内外导流筒错位拉开，加剧气流对内衬的冲刷掏空，加速了膨胀节蒙皮的老化和失效。邀请原设计单位专家到现场对膨胀节、风道布置、支架设置、受力状况等进行全面复核，确认风道支吊架设计存在问题，设计院专家建议此处膨胀节更换为金属膨胀节，加强强度，垂直风道段加装一个金属膨胀节，并对原下部和中部两处 4 点支架进行加强，改为 8 点支架。目前正在按照零星技措的方式进行设计对接，力争在 2020 年底完成更换。

4　综合治理的成效

经过多年的综合治理，一些制约 CFB 锅炉稳定运行的问题在逐步解决，锅炉运行周期也在逐步提升，总的来看，长周期运行综合治理取得了以下成效。

4.1　降低锅炉非计划停车次数

通过锅炉的防磨、运行精细化管理，实现 2019 年锅炉非计划停车次数从原来的 3 次降为 2 次，取得了一定的成效，截至目前，2# CFB 锅炉运行时间已达 306 天，为历史最好水平，同时仍在向 330 天的奋斗目标发起冲击。

4.2　创造显著的经济效益

锅炉爆管一次检修工期约为 30 天，检修时每小时少发电约 5.5 万 kW·h，一台 CFB 锅炉检修期间，为了平衡全厂蒸汽管网，燃气锅炉必须投用，每小时天然气耗量约为 6000Nm³，因此技术攻关后延长锅炉运行周期年创造效益约为：每天损失的效益约为 31.07 万元。

则降低锅炉非计划停车次数一年创造效益为：31.07×30 = 932.1 万元。

4.3　管理水平上台阶

在锅炉长周期综合治理过程中，所有参与人员都在不断地钻研摸索，也在不停地对所有工序进行优化，提高了大家的管理水平，由之前的盲目开展工作到现在有条不紊、有计划性地开展工作，成就了一批管理人员，检修深度和全面度都得到了极大的提高，班组操作水平和精细程度也同步得到了提高。

5　后期工作方向

锅炉长周期运行管理是一个长期的、动态的过程，随着锅炉运行年限的增长、物料来源的多样化、运行方式的调整以及新技术的运用，需要及时对锅炉的运行管理和维修管理进行调整和更新，从设备专业角度来说，后期的工作方向主要有以下几点：

（1）试验应用涂层重熔耐磨炉管。涂层重熔耐磨炉管是风帽公司新研发的耐磨炉管技术，即在炉管生产过程中将耐磨涂层材料 PWDR−×××熔铸于炉管表面，形成 1mm 的耐磨层，耐磨材质硬度比耐磨堆焊材料有所提升，并能避免堆焊过程中产生的焊接缺陷。

（2）探索试用炉管等离子熔敷技术。与目前检修中采用的电弧喷涂技术相比较，等离子熔敷使用高硬度粉末材料，在等离子弧的作用下，与炉管表面的熔池结合，凝固后形成合金层。与喷涂技术形成的涂层相比，合金层成分、组织均匀，尺寸可精确控制，施工后应力较低，从而有效避免喷涂技术产生的涂层脱落、表面处理困难的问题。目前水冷壁后墙出现整体减薄，但锅炉设计导致后墙炉管更换难度过大，前期维修施工以手工补焊为主，随着减薄程度的扩大，手工补焊的工作量越来越大，已不适应目前的检修工期，计划在后期试用等离子熔敷技术对水冷壁后墙进行熔敷施工。

（3）对过热器、省煤器等区域的外侧弯头进行检查。在省煤器、过热器的蛇形管排两端，与锅炉烟道护板存在一定空隙，会造成烟气不受阻碍地高速流动，形成烟气走廊，高速冲刷换热管道和弯头造成磨损，因此在锅炉运行到一定周期后，需要对过热器、省煤器的外侧弯头进行检查。在 2020 年 5 月份的 3#炉检修过程中，拆除省煤器外侧护板，对省煤器外侧弯头抽查了约 560 处，发现 15 处区域厚度低于 2.9mm（原设计厚度 4.19mm），由此看来，后期检修中应加大省煤器、过热器外侧弯头的检查力度，避免出现爆管泄漏。

参 考 文 献

1　李辉. 循环流化床锅炉水冷壁的磨损原因分析及防磨措施[J]. 中国设备工程，2019（7）：81-82.

2　周文源. 循环流化床锅炉水冷壁防磨技术应用[J]. 电子世界，2019（12）：171-172.

3　柯史壁，肖杰. 浅谈循环流化床锅炉（CFB）内衬磨损及防磨措施[J]. 中国化工贸易，2019，11（19）.

4　刘海宝，周雷，王成. Analysis on Laser Cladding Water Wall Anti-wear Technology of Circulating Fluidized Bed Boiler[J]. 电力系统装备，2019（10）：118-120.

"实物培训大课堂"职工交流成才的平台

杨　超　钱广华

（中国石化天津分公司化工部，天津　300271）

摘　要　创建实物培训大课堂，职工亲自动手制作培训教具，解剖内部结构，易学易懂，搭建培训平台，创新培训形式，丰富培训内容，提高了学习实效。随着职工分析问题、解决问题能力的不断提升，解决了许多影响装置运行的安全、环保、隐患和故障等问题，不仅创造了效益，也为企业的发展壮大提供了急需的人才。

关键词　实物培训大课堂；剖分；讲台；平台

炼化装置向着大型化、智能化、集约化方向不断地迈进，对人才素质的需求进一步地提高。如何满足炼化行业发展的人才需求，"实物培训大课堂"为我们进一步地开拓人才培养提供了思路。为进一步提高生产装置面貌、作业现场的管理水平，结合企业"强三基、治隐患，筑牢安全生产根基"的具体要求，根据公司人才培养战略的部署，创建了实物培训大课堂，自2012年创立以来逐步完善，已经形成教具200多件，OPL 247个，FLASH课件166个，拍摄DV 23个，内容涵盖设备、生产、技术、安全、企业文化等。8年来培训职工5300多名，发现设备缺陷5323项，为炼化装置生产培养了专家式的设备维护、保养、运行保驾护航队伍，每年可节省设备检维修费用和工艺处理费用1500万元以上，累计创效1.2亿元以上，已经形成了中国石化具有特色的培训基地。

1　培训是企业发展的基石，人才是企业发展的条件

1.1　培训是企业发展的需要

"培训要有专业性、联通生产现场，要做高品质的培训"。化工部作为天津石化重要的生产单位，如何在企业培训中发挥专业的作用，是我们一直在思考和实践的问题。近年来，化工部职工变动比较大，转岗人员也多，水平参差不齐，尤其对于很多操作人员和技术员来说，对设备内部了解不够，很多操作都只知其然而不知其所以然，尽管在三支"人才队伍"的建设方面下了不少功夫，但部分员工的素质还难以适应企业快速发展的需要。部分新上岗员工的工作技能和业务素质还不能达到较高标准，青黄不接的问题日渐显现，职工队伍的整体素质提升还不够快速。在近几年中国石化集团公司发生的上报事故中，有近三分之二是员工的工作技能不高、违章操作、处理不当造成的。

1.2　培训场所的完善是职工迅速提升的条件之一

出现这些问题的根本原因在于出现问题企业的基本功训练还不科学、不合理，内容不丰富，手段不新颖，缺少行之有效的培训方式和内容，影响了干部职工钻研业务、学习技能的积极性。2012年初，化工部紧紧围绕天津分公司深入推进设备"基础管理年"活动，部领导班子集体研究，以人为本，创建完善职工实物培训大课堂，希望通过培训大课堂的创建、发展、示范、带动，积极适应新技术、新工艺对职工队伍业务技能的新要求，紧密结合队伍实际和岗位特点，不断健全全体职工学习制度，搭建培训平台，创新培训形式，丰富培训内容，提高学习实效，较好地解决了人才和技术"青黄不接"、业务技能"有所削弱"的问题，呈现出了各车间管理人员争当专家、专业技术人员争当拔尖人才、技能操作人员争当岗位能手的良好态势，一线干部职工的操作技能、业务素质和

作者简介：杨超（1978—），男，吉林人，2003年毕业于吉林化工学院过程装备与控制工程专业，设备科长，高级工程师，现工作从事炼化装置设备管理工作。

管理水平进一步提高。

1.3 培训内容和形式是职工乐于接受的载体

什么样的培训形式和内容职工乐于参加，是每一个企业不断探索的课题。通过组织职工讨论和提出创意，利用废旧零部件进行解剖，让职工看到内部结构即"心明眼亮"，利于提高学习的兴趣和快速掌握结构知识，达到自我提升的目的。同时鼓励职工制作单点知识课件（OPL），上讲台当教师，促进职工自学的兴趣。利用职工的特长，制作 FLASH 课件讲明原理，拍摄 DV 直观表达，把内容涵盖到化工部设备、生产、技术、安全、企业文化等方方面面，形成一个集基础知识、研讨平台、人才交流的基地。

2 "实物培训大课堂"内涵和创立的具体做法

2.1 实物培训大课堂的内涵

实物培训大课堂成为一个培训的基地，成为一个知识交流的平台，成为一个人人可以当学生、人人可以当讲师的教室，成为一个科研攻关的人才聚集"研究院"（见图1）。把企业的文化展示出来，把企业的文化发扬光大，是化工部一张靓丽的名片。

图 1 实物培训大课堂一角

2.2 实物培训大课堂建立的具体做法

1) 明确任务，理清思路

创建"实物培训大课堂"，为职工迅速成才提供可靠平台。培训的效果就是记得住用得上，满足岗位技能需求，以专业培训为方向，以典型设备、零部件作为实物教具的主题。根据征集到的意见和建议，列出初步创建"实物培训大课堂"的内容，以代表性、精致为制作教具的方向，以不花钱或少花钱为前提，利用以往废弃的设备、零部件等进行再加工、剖分，更加清晰地展示内部结构（见图2、图3）。

图 2 单级磁力离心泵内部剖分

图 3 双螺杆压缩机内部剖分

2) 逐步完善，时时补充

思路有了，就要开展行动。发动全厂的职工有力出力，把典型的零部件挑选出来，进行机加工解剖，展示出内部结构（见图4），并制作说明展板，将结构、工作原理、运行注意事项及故障判断进行说明，一目了然；对于大型的压缩机、离心机、干燥剂等无法制成教具的大型设备设计展板、墙面悬挂图。同时对于职工制作的 OPL（one point lesson）、FLASH 课件，进行评比奖励，鼓励大家参与的积极性，同时整理印刷出版成培训教材。对于实物教具分类进行定置摆放，利于进行集中讲解和认识。在关键设备检修解体和装配时，把整个过程拍摄DV，并进行后期制作配音，即直观又鲜明。还利用保运单位在机加工方面的优势，在大课堂创建过程中将实物教具清洗、解体、切割、打磨、刷漆。在广大职工的共同努力下，通过"开膛破肚"的离心泵对"泵体内部的叶轮、机械密封、轴承等结构一览无余。"经过多年不断补充完善，已经形成了六间教室规模，完成创建职工"实物培训大课堂"，利用废旧设备零部件解剖制作教具 200 多件，制作 OPL 247 个，FLASH 课件 166 个，拍摄 DV23 个，内容涵盖设备、生产、技术、安全、企业文化等。

图4　球阀和闸阀的内部结构剖分

3）制定计划，培训更实际

从 2012 年至今的 8 个年头，做到了每周均有集中授课、研讨或科研攻关。上台当讲师、下台当学员形成了一种共识，而且感到很光荣。当讲师人员达到了 1000 多人次，参加培训人员5300 多人次，部经理和党委书记每年有两次参加授课活动，多年的坚持、完善和持续发展离不开他们的支持和鼓励。

结合 HR 部门的培训计划，实物大课堂的培训内容紧紧围绕装置生产需求和人才发展战略需求，把装置日常维护、保养、运行、故障判断和故障处理等知识的培训当作重点，把装置存在的瓶颈问题、存在的故障作为大课堂的活动内容之一，紧紧围绕石化装置设备长周期运行、结构复杂、操作条件苛刻及易燃易爆有毒有害的特点开展有针对性的技术攻关。几年来，已经解决 56 个影响安全、环保达标排放、产品质量、运行周期的瓶颈问题。培训大课堂的创立，使职工独立处理问题解决问题的能力明显提升，已经取得了实实在在的效果。针对生产现场设备实际运行情况，结合技术改造、技术进步、产品结构调整、工艺变化等制定培训方案，以职业道德、岗位操作规程、标准化

作业、非正常情况下的应急处理、安全环保知识以及新工艺、新设备、新技术、新材料运用等为主要培训内容。

3　实物培训大课堂培训成效显著

3.1　拓展了职工培训的平台

紧紧围绕化工装置生产主线，完善了制度、明确了职责、创新了培训体系。按照培训需求，编制并组织落实培训计划；组织职工培训资源、建立考核奖励机制；来自一线职工积极参与培训课件的制作、讲授、学习，把"培训就是机遇、是待遇、是福利、是奖励"作为理念让职工主动接受，不断提高干部职工适应企业发展需要的基本素质，增强攻坚克难的能力。

3.2　培训内容丰富，形式多样

实物解剖教学法就是为了突破培训瓶颈，化工部实物培训大课堂把平面培训变成立体培训，学起来直观、易懂、学有所思、学能致用。

实物培训大课堂充分发挥了设备系统资源优势，构建了具有专业特色的培训管理模式，积极努力推行"实物展示、仿真动画、动漫课件、DV 摄像三位一体"创新培训体系，充分发挥技能培训"实物大课堂"的作用，"让培训课堂动起来""让职工参与进来"，有力做"强"了职工成才的平台。做到设备运行与装置的实际生产相结合，实物教具与模拟展示相结合，易懂易学，调动了职工学习兴趣，员工技能水平迅速提升。

3.3　人人当讲师，我先学我先用

打破了原来划定的岗位界限，开展了各具特色的跨岗学习，激励和引导职工在学习他人之长的同时，主动奉献自己的"绝活"，这一举措有效缩短了"系统操作"的培训进程，使一线职工较快地对装置的生产特点有了明确的操作对策，对一些技术难点找到了突破的方向，为更好地驾驭装置安全稳定运行奠定了基础。职工既是老师，又是学生，先学透再去讲，形成了一种互促互学的良好机制，推动了工作学习化、学习工作化，实现了知识共享、成果共享，激发了员工的学习力。调动每个职工自觉地学文化、学知识、学科技，比能力、比水平、比贡献，全面提高职工队伍的素质。通过定期评比，对于课讲得好、课件做得好的 165 名职工，纳入考核管

理体系，奖励兑现，张榜公布，"我行我光荣"，充分体现了作为一名企业职工的自豪感。

3.4 为企业发展输送基本功扎实的人才

化工部一直把对"管理人才、专业技术人才、技能人才"三支队伍的建设作为企业可持续发展的不竭动力，使管理人员的政治素质、领导艺术、管理水平等得到强化和提高。对于专业技术人员，以增强科学素养、持续创新能力为重点，着力培养一支技术领先、结构优化、开拓创新的专业技术人才队伍。8年来，科长、副科长、主任师、副主任师、工程师和高级工程师规定制作数量不等的课件和授课。由初期的督促学习和参加培训，到近几年的主动学习争着讲课，作为评先进、职称晋升、职务聘任的条件之一，形成了为企业发展输送基本功扎实的人才的有效途径(见图5)。

图5 职工培训过程

3.5 实物培训大课堂提供了同行业交流的平台

中国石化报2015年1月26日以"课程直观明了，职工乐学好学"为题，在"科技、人力"版面全面报到了"天津石化化工部建立实物培训人课堂"为企业职工迅速成才提供了可靠平台的文章；天津市总工会领导及公司领导都亲临现场给予关怀及指导；中国石化党组书记、董事长张玉卓亲临培训大课堂指导工作(见图6)。在领导的支持下不断请进来走出去，既开拓了职工的知识面和视野，又掌握了科技前沿的知识。

图6 培训讲解

在炼化行业来到实物大课堂进行技术交流的企业已经达到32家130多人次，把各企业的人才培养经验学了过来，把我们的培训效果展示出去。走进实物大课堂，使每一次培训都变得易懂、生动、记得住，学习变得"SO EASY"。

同时，化工部还定期邀请行业内的专家到课堂内授课，不仅让职工接受先进的知识，也使职工思考问题解决问题的思路拓宽了。

"千里之行始于足下"。扎扎实实地做好培训工作，更好地利用实物培训大课堂，把"人力资源是企业第一资源"落到实处，紧密结合生产经营、建设发展和改革稳定的需要，不断补充完善"实物培训大课堂"，将会使实物培训大课堂发挥更大的作用，为企业今后的发展壮大注入新的生命力。

工业互联网赋能装备智能运维与自主健康

高金吉

（北京化工大学高端机械装备健康监控与自愈化北京市重点实验室、
发动机健康监控及网络化教育部重点实验室，北京 100029）

摘　要　本文介绍了装备网络化监测诊断的国内外发展情况，和我国石化行业网络化检测诊断工程的实践，以及基于工业互联网的装备智能运维系统的研发与工程应用，并对石化装备工业互联网应用工程实践提出了思考与展望。

关键词　工业互联网；监测诊断；智能运维；工程应用

1　装备网络化监测诊断发展概述与我国石化行业工程实践

1.1　装备网络化监测诊断国内外发展概述

大洋彼岸的 GE 公司，2012 首次提出"工业互联网"的概念。事实上，工业互联网的概念国内外一直都有，而非仅仅源于 2012 年的 GE。在 20 世纪 90 年代，国内外科技和工业界基于互联网开展装备远程监测诊断技术的研究就已经开始，并取得一些应用成果。基于网络的远程诊断研究工作首先是从医学领域开始的。1988 年美国提出远程医疗系统是一个开放的分布式系统概念。与医学远程诊断相比，工业领域的远程诊断起步较晚，进展相对较慢。1997 年 1 月，美国斯坦福大学和麻省理工学院联合举办了首届基于因特网的工业远程诊断研讨会，主要讨论了远程诊断连接开放式体系、诊断信息规程、传输协议以及对用户的合法限制，并对未来技术发展作了展望，同时，该项工作得到了国家制造业、计算机业和仪表业等多家大公司的支持和通力合作。

GE 公司提出的工业互联网应用是从"旋转机械"智能运维起步的，2012 年 11 月，GE 发布的《工业互联网——打破智慧与机器的边界》报告中，重点讨论了"旋转设备"。GE 在报告中进一步预测全球将有 300 万台旋转设备是他们的潜在实施对象，特别提出炼油厂中的 4500 个大型旋转系统。这些旋转设备都可以通过类似航空发动机的机理进行联接、采集、分析、优化，这是非常庞大的市场。

20 世纪 90 年代末，国内西安交通大学、上海交通大学、哈尔滨工业大学、北京科技大学、北京工业大学等已经进行了工业领域的远程诊断研究工作，并取得了初步成果；华中科技大学也于 1997 年初开始了前期研究工作并在因特网上设立了一个远程诊断宣传站点，介绍远程诊断技术，以实验室方式向用户提供远程诊断服务。

1991 年辽阳石化开始自主开发压缩机组群局域网监测诊断系统，1995 年成功应用于全公司关键机组实时监测诊断。1994 年中国石化生产部将中石化设备监测诊断中心设在辽化。1997 年在斯坦福大学和 MIT 举办首届基于因特网的工业远程诊断研讨会不久，本文作者在广州举办的国际设备工程学术大会（IPEC Guangzhou97）发表论文并作主旨报告，提出集散监测网络与中石化远程诊断系统建立及工程应用方案。报告提出，随着 Internet 的普及应用，石化行业大型企业设备管理已向网络化发展。采用传感器群对工业装备进行监测，将数据采集系统有线或无线通信与监测诊断系统、企业管理信息系统通过网络相连，使管理部门及时获取设备运行状态信息，有利于科学维修决策，如图 1、图 2 所示。借助 Internet 还可以提供范围广泛的专家支援、网上会诊，实现远程诊断。2001 年起北京化工大学借助辽阳石化多年的开发和应用经验，致力于产学研结合，在旋转和往复机械网络化监测诊断系统开发和工程应用方面均取得较大成效。

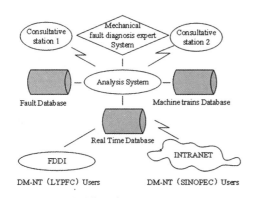

图 1　远程监测系统示意图（IPEC Guangzhou 1997）

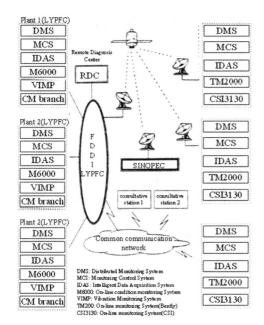

图 2　辽阳石化集散监测网络与中国石化
集散监测网络（IPEC Guangzhou 1997）

1.2　我国石化行业网络化监测诊断的工程实践

我国工业企业应用状态监测诊断技术始于20世纪 70 年代末。1979 年辽阳石化公司大型石油化纤装置试车阶段，从国外引进的一些机组常发生振动故障，如污水处理焚烧炉系统的热风机，振动大导致风机地脚螺栓断裂；乙烯装置的裂解气压缩机组时常发生强烈振动。有时夜间机组发生强烈振动，本文作者和同事赶赴现场时振动却变小了，等了几个小时一直很平稳，就离开了现场。可刚到家电话又来了，被告知振动又大了。为此，1984 年就开始研究如果机器振动强烈时用计算机将振动数据记录下来，事后就可以通过分析数据帮助查明振动故障原因。

现在回想起来数字化真是源于工程实践的需要！从那时开始，本文作者团队开始了状态监测诊断技术的开发应用，图 3 所示是本文作者团队自主开发应用状态监测诊断技术四十年发展历程。

1.2.1　引进美国透平压缩机组模拟量在线监测诊断系统（1987 年）

1987 年辽阳石化在国内首次从美国引进透平压缩机组在线健康模拟量监测系统，该系统是美国科学亚特兰大公司开发的 M6000 系统，如图 4 所示。

该系统称作机器故障预测计算机化健康分析系统（Computerized Health Analysis For Machinery Malfunction Prediction，CHAMMP），用于乙烯裂解三台离心压缩机组的远程状态监测诊断。

1979年　开展状态监测故障诊断
1991年　自主研发在线监测系统
1995年　局域网监测诊断系统
2001年　网络化动力设备健康监测系统
2010年　航空发动机轴承监测系统
2015年　舰船燃气轮机/柴油机上应用
2017年　发动机试车台应用

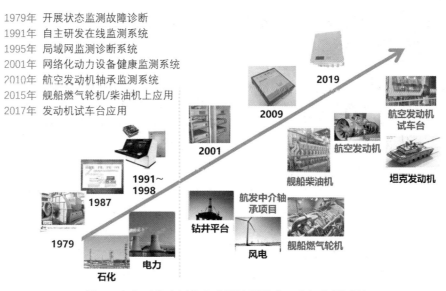

图 3　自主开发应用状态监测诊断技术四十年发展历程

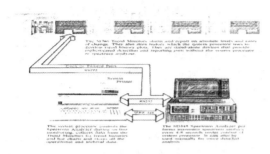

图4　引进的美国科学亚特兰大公司
M6000系统远程监测乙烯三机组

1.2.2　自主研发局域网数字量实时监测诊断系统(1991~1995年)

1991年辽阳石化开始自主研发数字量实时监测诊断系统,1995年采用从国外引进的RTD嵌入式板卡研制出FDDI局域网络监测诊断系统,如图5、图6所示,可对十几台关键机组实

时监测诊断,指导状态维修。

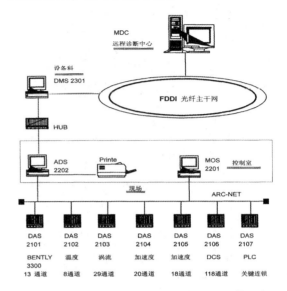

图5　1995年自主研发的压缩机组监测诊断系统

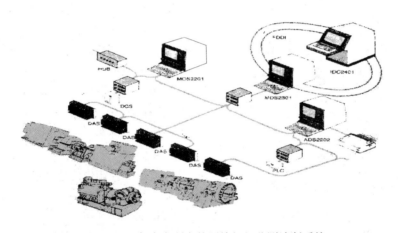

图6　1995年自主研发的压缩机组监测诊断系统

1.2.3　自主研发基于互联网的压缩机组群远程监测诊断系统(2002~2019年)

北京化工大学借助辽化多年的开发和工程应用经验,致力于产学研结合,2002年建立基于互联网的压缩机组群远程监测诊断系统,2012年与企业合作建立基于工业互联网的在线-无线-离线一体的监测诊断平台,如图7所示。至今在故障预警防止重大事故发生和状态维修方面均取得很大成效。

2　基于工业互联网的装备智能运维系统研发与工程应用

2.1　装备智能运维雏形——设备监测诊断维修决策信息系统

1987年,辽化公司机械研究所开发了设备监

测诊断维修决策信息系统(2 MDIS: Monitoring Diagnosis & Maintenance Decision Information System)并开始实际应用,其总体设计如图8所示。这一系统是由人、技术、信息、组织构成的监测诊断与维修决策信息系统。2 MDIS以一种崭新的设备状态监测维修模式已在企业运行多年,在应用实践中取得明显成效。

从1988年起,每年大检修前三个月向各厂提供"机组监测诊断信息及维修建议书"和"技术改进方案"指导现场有的放矢地进行维修。平时若监测到故障可及时发出测试及故障分析报告和排故建议书,其准确率达90%左右。现场实施后,不断将结果反馈给诊断决策研究中心,以总结完善故障诊断知识规则。

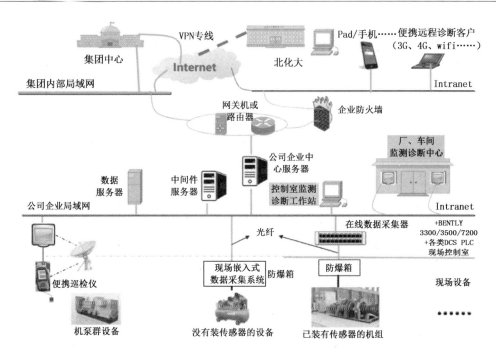

图 7　自主研发国内最大动力机械网络化监测预警诊断平台

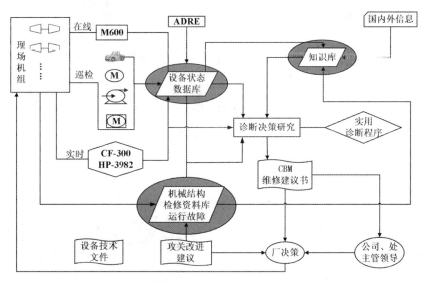

图 8　设备监测诊断维修决策信息系统(2 MDIS)

石化企业状态维修信息系统(2 MDIS)开发应用，10 年使 12 台关键透平机组和 476 台主要设备故障停机台次减少 90%以上，如图 9 所示。1991 年本文作者在日本东京世界 TPM 大会作报告，题为 Development and Application of 2 MDIS System in Petrochemical Plant，当时被中国设备管理协会会长称赞为中国模式，要大力推广应用。这实际上就是我国高危流程工业装备智能运维的雏形。

2.2　工业互联网高质量有用数据采集与数据库的建立

振动是衡量动力装备健康状态的最主要标志，振动监测诊断是最可靠、最灵敏的技术手段。进入大数据时代，宽频振动数据的快采集和多参数获取十分重要。图 10 所示是 2005 年国内自主研发振动快速宽频带与多种参数同步数据采集系统。自主研发的电路板将耗 CPU 的数值计算如 FFT、滤波等移到 FPGA 并行处理，大幅度提高了数据采集的性能。

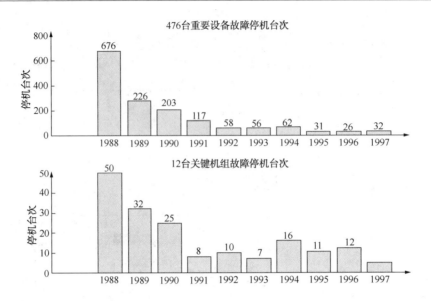

图9　2 MDIS 系统使关键机组和重要设备故障停机大幅度降低

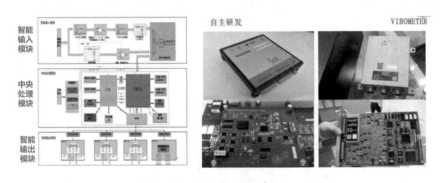

图10　自主研发的电路板和 VIBOMETRER 的同类产品

自主研发的高质量数据采集系统技术指标：

（1）高频采集：可实时获取宽频带动态数据，采样率 204.8K，支持分析频率大于 100K。

（2）同步采集：确保各参数同步时间小于 $1\mu s$，同步参数可 100 个以上。

（3）高动态范围：可同时监测微弱信号和高幅值信号，以 $500g$ 加速度传感器为例，在同一量程下，可同时精确监测 $0.01\sim5000m/s^2$。

（4）高采集精度：具有低背景噪声，灵敏度可达 $10mV/g$，能捕捉到故障微弱信号。

自主研发的高质量数据采集系统采用振动异常信号瞬态捕捉与智能压缩感知技术，用于实时在线监测系统，如图 11 所示。该系统与 B&K 等便携式检测仪器不同，前者高密度采集仅保存全部振动异常信号和少量正常状态信息，后者没有应用智能压缩感知技术要保留全部正常和异常状态信息。

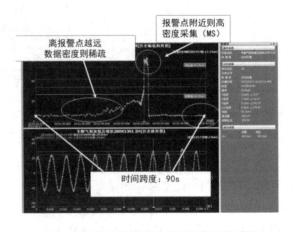

图11　振动异常信号瞬态捕捉与压缩感知

2.3 基于机理与数据驱动的溯源诊断工业软件的开发应用

数据可以作为信息和知识的符号表示或载体，但数据本身并不是信息或知识。数据分析学研究的对象是数据，通过研究数据来获取对自然界和人造物的认识，进而获得信息和知识。

1995 年在原国家经贸委资金和中国设备管理协会支持下，辽化机械技术研究所研究出旋转机振动故障诊断软件包，可通过人机对话方式诊断 10 类 56 种透平机械振动故障。诊断软件包在国内 20 多个企业得到应用并取得实效，并为进一步开发旋转机械自动诊断专家系统打下基础。同年代美国 Bently 公司开发了振动故障诊断工程师帮助系统，可以诊断 9 种旋转机械振动故障。

振动诊断工程软件包主要用于石油、化工、电力、冶金和有色金属等大中型流程工业企业的通用旋转机械，诸如工业泵、风机、离心式压缩机、轴流式压缩机、汽轮机及其主要零部件齿轮箱和轴承等的状态监测和故障诊断。振动诊断工程包含设备工况、状态监测、故障诊断、预测及维修决策等为企业应用设备故障诊断技术、实施预知维修提供指导。

2002 年开始北化团队进一步开展了基于故障机理和实时特征提取的故障自动诊断专家系统研发和应用，如图 12 所示。

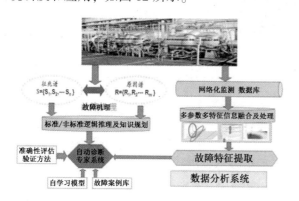

图 12　基于故障机理和实时特征
提取的故障自动诊断专家系统

由于振动故障征兆谱和故障原因谱对应关系错综复杂，研究出监测不同测点、时间、故障敏感参数三维度诊断原理和方法，即依据多测点振动趋势变化、振动、工况等多参数进行综合诊断，编制了专家系统实现自动诊断，如图 13 所示。

由于监测诊断系统实现了网络化，在许多场合与 DCS、PLC 连接，可以信息共享。机器

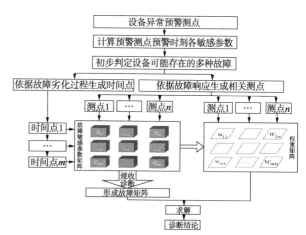

图 13　基于测点、时间、故障敏感参数三维度
的故障自动诊断方法

的监测系统可以显示工况参数，某些场合也可以显示机器异常状态和故障情况。监测系统可设若干数据采集站，如监测机器增加可以增设新的数据采集站，并可以任意扩展。机器状态和工况数据、机器结构参数和知识是动态海量数据。动态监测系统的数据库为处理、查询和利用大量的工况状态及监测数据、故障信息数据、知识数据提供了技术保证，也为诊断和企业维修决策提供了更可靠的依据。

图 14 是炼化机械故障诊断专家系统的应用流程图，诊断可以分为自动诊断和人机对话诊断，二者具有共同的诊断专家系统内核。自动诊断通过机-机接口规则匹配实现；人机对话诊断通过人-机接口提问和回答问题来实现。

基于"因果关系"的机理模型和基于"关联关系"的数据驱动模型，是数字模型的核心。

在 56 种故障机理大量故障案例验证基础上，提供的"基于机理和知识的诊断与预测"能够针对石化三大类转动设备，提供针对性解决方案，如图 15 所示。

图 16 为炼化机械故障诊断专家系统的诊断功能简图。案例推理与规则推理的相互验证机制提高了诊断结果的准确度。炼化机械状态监测平台可以很方便地把实际发生的故障作为案例导入故障诊断专家系统中，案例转化规则的功能增加了知识积累方式，解决了知识获取难的问题。

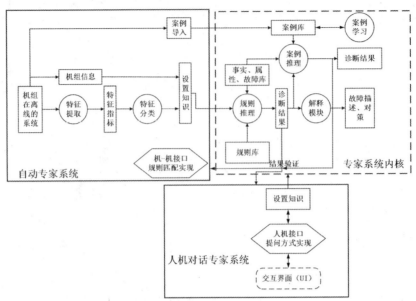

图 14　机械故障诊断专家系统的应用流程图

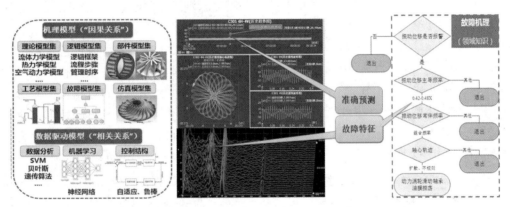

图 15　基于机理和知识的诊断与预测

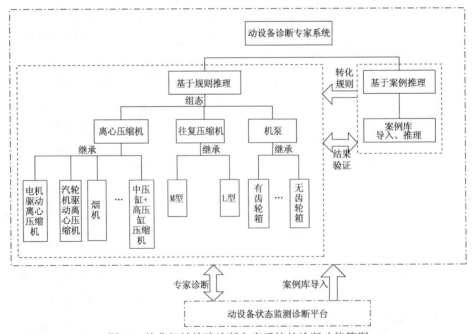

图 16　炼化机械故障诊断专家系统的诊断功能简图

2.4　机群大数据分析与诊断专家系统的完善及工程应用

GE 提出利用智能设备产生的海量数据是工业互联网的一个重要功能。如图 17 所示，工业互联网可被看作数据、硬件、软件和智能的流通和互动。从智能设备和网络中获取数据，然后利用大数据和分析工具进行存储、分析和可视化。最终的"智能信息"可以供决策者(在必要时实时)使用，或者作为各工业系统中更广泛的工业资产优化或战略决策流程的一部分。

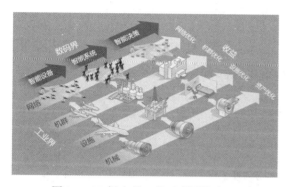

图 17　GE 提出的工业互联网的应用

大数据已经成为网络时代人类社会的重要资产，工业装备故障数据库对诊断排故和研发设计而言是宝贵的资源，北化与合作单位开发的工业互联网智能运维平台在工程应用中取得实效。

在基于大数据的学习中，对机组群的数据进行分析和研究，这样可以把单机的经验和机群的数据结合起来，不断改进规则、完善专家系统，进而提高监测诊断的准确度。图 18 为基于机群的诊断案例完善健康监测诊断系统。

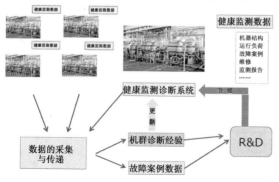

图 18　基于机群的诊断案例完善健康监测诊断系统

3　工业互联网赋能智能运维向装备自主健康发展

3.1　人工自愈驱动智能预测维修向装备自主健康发展

世界卫生组织提出，21 世纪的医学不应该继续以疾病为主要研究领域，应当以人类的健康为主要研究方向。医学诊断的主要目的是为保护机体的健康，为预防疾病提供依据，机械故障诊断也应向医学学习，其研究方向也应是为保护机器健康和预防故障提供依据。

现代设备诊断技术正在成为信息、监控、通信、计算机和人工智能等集成技术，并逐步发展成为一个多学科交叉的新学科。设备状态监测及诊断技术，比起传统的对损坏的设备进行失效分析的方法(相当于医学验尸查病因)更有利于超前预防。特别是工业互联网的应用，通过大数据分析可对故障征兆信息进行采集、处理、分析，对故障进行早期诊断、预测，在机器没损坏之前查明故障原因并适时采取修复、预防和改进对策，即实现智能运维。

当代科技发展实践表明，人类对自然和技术系统认识程度的最好体现是我们控制它们的能力。能否改变完全依靠人来排故检修的方式，在快准查明故障原因后通过系统自主抑制故障，从而大幅度减少故障停机，即实现人工自愈(AS：Artificial Self-recovery)。这是机械装备故障监测诊断智能化发展的必然趋势，如图 19 所示。

人工自愈(AS)和人工智能(AI)一样都是仿生机械学研究的领域。其共同之处是"人工"，即都是由人赋予机器功能。不同之处在于人工智能是对人脑意识思维控制行为过程的模拟，而人工自愈是对无意识思维(不经过大脑的)自愈机制的模拟，旨在让机器系统像人一样具有自愈功能，自愈系统可抑制机器的异常行为，确保其自身的健康状况和安全长周期运行。人工智能会使机器更聪明，人工自愈可让机器更健康。

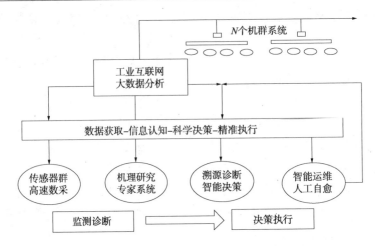

图19　基于工业互联网的机群智能运维与人工自愈

3.2　工业互联网与智能运维与自主健康赛博-物理系统

赛博-物理系统 CPS 是一个闭环赋能体系，可概括为由"一硬"（感知和自动控制）、"一软"（工业软件）、"一网"（工业互联网）、"一平台"（工业云与服务平台）组成。CPS 本质上是一个不同于传统控制系统的全新的具有控制属性的网络。工业互联网是连接工业生产系统和产品各要素的网络。CPS 将物理设备连接到互联网上，让物理设备具有计算、通信、实时控制、远程协调和自主治理等五大功能。由此可见，赛博-物理系统 CPS 与工业互联网密不可分，建好工业互联网平台必须研究赛博-物理系统 CPS。

计算机的出现为人类打造了一个全新的数字虚拟空间，形成了物理实体、意识人体、数字虚体，从二元世界拓展为三元世界，有的学者将其称为"三体智能革命"。

赛博-物理系统 CPS 是由人造物实体和数字虚体两体组成，在工程实际中第三体——人体总是要发挥主导作用，有两种途径：其一是模拟人的大脑有意识思维融入两体，形成人工智能；其二是模拟人的自愈机制无意识思维融入两体，形成人工自愈。图20所示为三体模型，由人体（大脑有意识思维、自愈机制无意识思维）与人造物实体和数字虚体组成，人造物实体和数字虚体彼此之间交汇的界面内涵为人工智能和人工自愈。

人工智能 AICPS：人体大脑有意识思维模拟—物理实体—数字虚体。

人工自愈 ASCPS：人体自愈机制无意识思维模拟—物理实体—数字虚体。

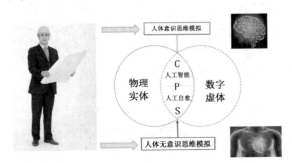

图20　人工自愈与人工智能赛博-物理系统模式图

不难看出，在三体模型中 CPS 为智能装备和智能制造提出新的途径，发挥着核心作用，但人还是整个系统不可或缺的最重要因素。图21所示是机器的人-赛博-物理智能运维系统（Cyber-Physical Intelligence Maintenance Systems，CPIMS），人利用人工智能（专家系统和智能联锁等）实施智能运维，对人的依赖是必须的。

图22所示是基于工业互联网的机器赛博物理健康系统（Cyber - Physical Health Systems，CPHS），它由人-赛博-物理智能运维系统（Man-Cyber-Physical Intelligence Maintenance Systems，MCPIMS）和赛博-物理自愈调控系统（Cyber-Physical Self-recovery Systems，CPSS）组成。自愈调控系统可大幅度减少停机和依赖人检修。

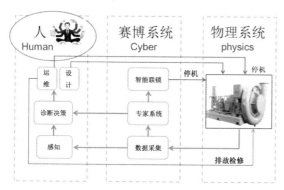

图21　人–赛博–物理智能运维 MCPIMS 系统

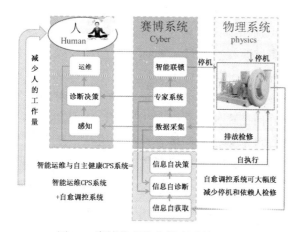

图22　赛博物理装备健康系统 CPHS

3.3 工业互联网赋能装备智能运维与自主健康

工业互联网与人工智能和人工自愈密切结合，使其成为驱动新的工业革命的两个轮子。自愈化是研究机器或装置及其监控系统在无人干预的情况下按设计的自愈机制自行抑制或消除故障的过程。自愈化的发展将会促进装备的智能化水平由可控化、自动化真正实现自维护、自适应和自进化的高级智能阶段，将成为发展我国自主开发高端机械装备的重要举措。其重要作用和意义可归结如下：

（1）助力高危装置本质安全化。

石化、冶金等是典型高危行业，其机械化、自动化、智能化、无人化是重要的发展方向。本质安全化就是利用工业互联网、智能联锁、故障自愈等智能化和自愈化技术手段，消除或控制风险杜绝事故发生。

（2）研制具有自愈功能的免维修、少维修的新一代机械装备。

工业互联网和自愈化技术将促进装备维修方式改革，为自主创新研制新一代具有自诊断、自维护、自修复功能的监控一体、免维修、少维修装备，是减少机器对人的依赖程度和解放人的脑力体力劳动的重要途径。

（3）自愈化技术将促进信息技术和智能材料的开发应用。

自愈化技术可为人工智能工业软件开发和产业提供商机，是一个新的经济增长点，为开发智能材料、高端自主健康装备和精密机床提供技术支撑。

（4）自愈化将维修的部分责任从用户转移到设计和制造部门。

自愈化技术和故障诊治的现场经验可指导设计的改进，将实现装备运行自康复。工业互联网和自愈化技术将充分发挥人的智能和计算机的高性能，是先进维修工程发展的方向，可以将对机械装备的智能维修发展成为自主健康系统，如图23所示。

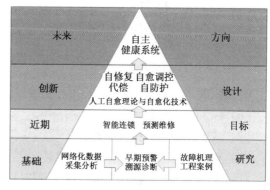

图23　机械装备的智能维修向自主健康发展

近年来，在国家自然科学基金和973项目资助下，北化诊断与自愈工程研究中心团队关于仿生故障自愈理论及工程应用研究取得了如下科研成果：

（1）透平压缩机轴位移故障自愈调控系统；

（2）基于电磁力参数快速寻优的转子多频振动抑制技术；

（3）基于电磁阻尼力的离心压缩机转子振动靶向抑制；

（4）多转子轴系失衡引起振动与基于自愈力的多靶点自愈调控方法；

（5）气压液体式不平衡振动故障靶向自愈

调控系统；

（6）动静压混合气膜端面密封的自愈调控；

（7）旋转机械自动平衡原理及系统；

（8）航空发动机振动故障监控与本机动平衡原理和方法。

上述成果与企业合作，既可以对在役有问题的装备实施辅助康复工程，又可以制造出没有轴位移和振动故障停机的新一代压缩机组和免维修的石化装备。我们团队深信，有石化系统开明领导大力支持，有石化设备系统同仁的精诚合作，不久的将来这完全可能在石化企业变成现实。

中国工程院咨询项目"装备故障自愈工程及其在我国推广应用的建议"指出，故障自愈原理及其在装备、机泵群和装置复杂系统的工程应用，可以有效地预防和消除各类故障，从而大大提高过程工业生产的安全可靠度，可以做到7个"减少"：

（1）减少故障和事故；

（2）减少停机生产损失；

（3）减少"过剩检测"；

（4）减少"过剩维修"；

（5）减少排污污染环境；

（6）减少备件储备；

（7）减少装备对人的依赖程度。

工业互联网和自愈化技术将机械装备、过程、监控和维修一体化。这将促进人-机-过程-环境之间的和谐关系，是实现机械装备系统本质可靠的重要举措。人工自愈能改变传统设计理念，让未来的机器装备、制造系统及所有人造物系统更自主健康，驱动新一轮工业革命，迈进自愈时代。

4　石化装备工业互联网应用工程实践的思考与展望

4.1　石化装备工业互联网应用工程实践的思考

笔者总结四十多石化设备监测诊断工程实践体会到，工业互联网平台应为适应工程需求、解决工程实际问题去建立，而不是建了平台再去研究如何"落地"。我国石化行业的工业互联网平台是应装备安全运行和状态维修的重大需求而研发建立，不断完善后在运维智能化取得

实效后，逐步推广应用到其他行业。工程实践表明，工业互联网平台可以将人和机群联成一体，将大数据集中到云端并随时随地供移动的人使用。但要真正实现智能运维和自愈调控这还远远不够，还必须在数据获取、信息认知、智能决策、精准执行诸方面深入研究和开发，才能在工程应用中取得实效。

（1）数据获取——高质量有用大数据采集是监测诊断的基础。

进入大数据时代，机群数据的采集和数据库的建立十分重要，数据的质量直接影响到信息识别和知识的获取。譬如，振动是衡量动力装备健康状态的最主要标志，振动监测诊断是一种可靠灵敏的技术手段，但国内许多动力装备传感器、数据采集系统非常落后，有的采用国外便携式仪器进行实时监测，工况和状态参数各自采集，形成信息孤岛。迫切需要自主开发高性能传感器和智能数采器，解决微弱复杂路径数据采集和瞬态捕捉异常、快速宽频及状态工况多参数同步获取、海量数据的智能压缩感知等关键技术难题。

（2）信息认知——数据挖掘、信号处理和掌握基于大数据分析的因果和关联规律。

数据分析学研究的对象是数据，数据可以作为信息和知识的符号表示或载体，但数据本身并不是信息或知识。需要开发数据挖掘和信号处理等软件技术，研究分析大数据来获取对装备故障发生发展和防治规律的认识，进而获得信息和知识。

（3）智能决策——基于故障机理和数据驱动的溯源诊断工业软件为智能决策提供科学依据。

工业互联网促成数据分析与故障机理知识结合才能实现远程智能运维。科学研究已从实验科学、理论科学、计算科学进入数据密集型科学，数据和物质、能源一样是宝贵的资源。机械装备的健康大数据分析要与故障机理、试验及工程案例研究密切结合，这是快准诊断、精稳调控的基础。

GE的工业互联网团队精英大部分来自IT企业，开发的IT软件，推出几十种Predictivity

数据与分析解决方案，2015 年推出 Predix2.0，监测分析来自全球各地超过 5000 万项数据。但缺乏工程实践，对机器-过程复杂系统和不同行业不同设备实际运行状态不了解，譬如，一台压缩机有上千个零部件，一台航空发动机有上万个零部件，工况复杂瞬息多变，软件开发人员如果对发动机结构及瞬息多变工况、对流-热-电-磁-固等多场耦合规律缺乏深入了解，光凭监测数据和计算识别很难识别掌握状态异常与监测数据因果及关联规律。这与 AlphaGo 战胜围棋世界冠军李世石不同，棋盘和下棋规则是固定的，是照章办事，不需要任何灵活，计算机可以靠模式识别和计算速度取胜。发动机结构系统错综复杂、工况状态瞬息多变，故障诊断必须将数据分析与理论研究、模拟计算、实验研究及工程案例密切结合，还要长时间反复验证，不断完善，才能逐步提高其准确率。

（4）精准执行——基于智能决策进行装备运维即有的放矢排故和实施状态维修，也可以自愈调控即通过快准溯源诊断自主精稳抑制故障。

这都需要在实践中使数字虚体与实体（信息、物资、能量和复杂机器系统）密切结合，决策和工程实践结合，反复验证，不断完善，提升智能运维和自愈调控的水平。

工业互联网开发公司是高科技企业，创业发展时间较长，工业互联网的发展不会像它的前世——消费互联网一样，消费市场大，可用一种通用模式推广，发展快得可以十年暴富成为"独角兽"。工业互联网刚一建立仅仅是一个平台，工业系统千差万别，装备种类繁多，虽然也可以得到"大数据"，但目前状况往往是质量不高、可用的少，仅靠 IT 人员难以获得有用信息和知识去指导科学决策和工程实践。必须做到两个结合：一是 IT 人员与企业工程师、院所专业研究人员结合；二是数据密集科学与理论科学、计算科学和实验科学结合，获取知识编织成工业软件，将知识变成生产力。

4.2　石化装备工业互联网与人工智能人工自愈技术应用展望

中国具有门类齐全、世界上数量最多的工业装备，应重视发展工业互联网平台赋能装备智能运维，支持自愈化和自主健康装备的开发应用。建立石油化工装备的工业互联网监测诊断与智能运维平台，需要人工智能和人工自愈两个轮子驱动，人工智能是对人脑意识思维控制行为过程的模拟，让机器和人一样具有思维能力，人工智能会使机器更聪明；而人工自愈是对无意识思维（不经过大脑的）的模拟，将人的自愈机制赋予机器，人工自愈可让机器自主健康。自愈化技术的发展将会促进装备的智能化水平由可控化、自动化真正实现自维护、自愈化的高级智能阶段，将成为发展我国自主开发高端机械装备的重要举措，人工自愈和人工智能一样是新的科技革命核心驱动力。

我国石化行业装备在网络化监测诊断方面由于工程需求起步早，在开发时间上与美国同步，工程应用取得显著成效。石化行业应该为国家作出较大的贡献，工业互联网及数字化、智能化应用促进产业转型升级，石化行业也一定会走在科技革命前头。依靠工业互联网和人工智能、人工自愈两个轮子，切实做好、认真落实石化行业装备智能运维和自主健康应用解决方案，早日实现石化高危流程工业本质安全化、无人化和长周期稳定运行，必将带来巨大的经济效益和社会效益。

参 考 文 献

1　徐敏，黄昭毅. 设备故障诊断手册-机械状态监测和故障诊断［M］. 西安：西安交通大学出版社，1998.

2　［美］通用电器公司（GE）编译. 互联网：智慧与机器的边界［J］. 北京：机械工业出版社，2016.

3　高金吉. 机器故障诊断与自愈化［M］. 北京：高等教育出版社，2012.

4　GAO J J. New Progress in Plant Diagnosis Engineering-Distributed Monitoring Network and Remote Diagnosis System［C］//Proceedings of the International Conference on Plant Engineering Guangzhou 1997.

5　GAO J J. Development and Application of 2MDIS System in Petrochemical Plant［C］//Procdings of TPM World Congress, 1991, Tokyo Japan, c4-1.

6　GAO J J. A fault diagnosis and maintenance exoert system

for rotating machinery [C]//The 14th European Maintenance Conference Proceedings, 5 - 7 October 1998, Dubrovinic, Croatia.

7 高金吉. 人工自愈与机器自愈调控系统[J]. 机械工程学报, 2018, 54(8): 83-94.

8 高金吉. 走向自愈时代[J]. 科技导报, 2019, (13).

9 中国电子技术标准化研究院. 信息物理系统白皮书.

中国信息物理系统发展论坛, 2017-3-1.

10 胡虎, 赵敏, 宁振波, 等. 三体智能革命[M]. 北京: 机械工业出版社, 2017.

11 中国工程院咨询项目组. 工程科技与发展战略咨询研究报告集——装备故障自愈工程及其在我国推广应用的建议[M]. 北京: 中国工程院, 2006.

12 张钹. 走向真正的人工智能[J]. 发现, 2018(24): 24-28.

炼化装置红外智能监测技术分析及系统构建

潘 隆[1] 兰正贵[1] 屈定荣[1] 徐 钢[2] 李贵军[1]
柴永新[1] 韩 磊[1] 张艳玲[1] 牛鲁娜[1]

（1. 中国石化青岛安全工程研究院，山东青岛 266071；
2. 中国石油化工股份有限公司化工事业部，北京 100728）

摘 要 红外监测以其非接触、可靠性强、穿透性强等特点，成为石化领域中必不可少的无损检测手段。通过总结石化行业状态监测技术应用现状，归纳分析了石化行业应用红外技术领域及新需求，提出了应用于炼化装置的红外热成像智能监测系统构建设想，阐述了系统构建目标、系统构架、系统工作流程、系统核心模块以及系统与设备完整性管理的融合方式。借鉴设备完整性风险评价流程，拟定了红外智能监测系统管理的风险评价流程图，对整体系统的应用效果进行了合理化预期。研究指出，建设一套炼化装置特有的红外设备自动识别、在线监测、分析、预警、管理一体化系统，能够指导炼化装置预知性维修策略的制定，实现对炼化装置红外大数据监测、分析、预警反馈及管理的全面覆盖。

关键词 红外热成像；无损检测；炼化装置；智能监测；风险管理

红外热成像技术（Infrared thermal imaging technology）是利用各种探测器来接收物体发出的红外线辐射，再进行光电信息处理，最后以数字图像的方式显示出来，并加以利用的探知、观察和研究各种物体的一门综合性技术。涉及光学系统设计、器件物理、材料制备、微机械加工、信号处理与显示、封装与组装等一系列专门技术。其主要的特点包括以下几个方面：①穿透性强，$3\sim5\mu m$ 和 $8\sim14\mu m$ 的热红外线能够穿透大气、烟雾等，能够透过烟雾发现高温点；②不受光线影响，由于红外热成像仪是反映物体表面温度而成像的设备，可以在无光环境下应用；③非接触探测，红外热成像技术能够将探测到的红外能量（热量）精确量化，能够远距离、实时地测量温度信息；可以用于火灾早期探测，发现隐火、设备异常温升，并判定其区域范围；④光谱信息应用，能够结合光谱信息，发现可见光条件下不可见物质，例如气体成像；⑤可靠性高、寿命长，目前红外非制冷焦平面探测器平均寿命能够达到 20 年以上；⑥抗干扰能力强，红外热成像技术不受电磁干扰，能远距离精确定位热目标。

美国多家大公司及政府机构已经广泛应用并推广该技术。20 世纪 90 年代中期，美国 FSI 公司研制出新一代焦平面热像仪。随着焦平面热像仪的发展及应用，红外热波技术进入了快速发展的阶段。目前红外热成像技术向着智能化、网络化的方向快速发展。

1 石化行业监测技术应用现状分析

在石化装置生产过程中，泄漏情况时有发生。其泄漏源包括阀、法兰、泵浦、压缩机、释压装置、取样连接系统、压缩机轴封系统的抽气排气口、搅拌器轴封、通路门轴封等，种类复杂，数量庞大。目前的石化企业生产装置中的设备及工艺管线易挥发性气体泄漏检测方式以检测员定期巡检为主。检测时必须对每个设备逐一进行接近式测量，检测精度差、效率低下。随着安全、环保的要求越来越严格，各种易挥发性有机物的排放指标也更加严格，目前的检测手段急需更新换代。

目前部分企业及科研院所已开发或应用无线传输的实时温度监控系统，但采集温度信息均以温度传感器为主。例如，目前针对高压开关柜发热的原因及故障特性，某科研所基于热电阻测温技术、无线传输技术，开发了一种开关柜温升在线监测系统；某企业塑料厂对压缩机进行了 sentry 无源温度监控系统改造，实现了各运动机构温度在线实时监控；某企业建设基于无线数据传输于一体的泵群状态监测及预防性维护系统，其中包括对温度、振动的监测；某企业针对4台110kV的主变压器，采用红外热成像摄像头和高清网络摄像头相配合的方式进行异常监测，对变压器的温度进行采集及分析，如图1所示；某企业对核心电气设备进行在线监测，对枢纽变电站核心设备采用智能红外监测装置进行局放、红外热成像以及视频成像联合监测；某企业建立标准化配电室以及标准化红外在线监控系统，如图2所示，电气设备"非临波"故障逐年下降；某企业采用可见光和红外线双头摄像机对球罐实施监控，如图3所示，利用红外热成像测量球罐表面温度。

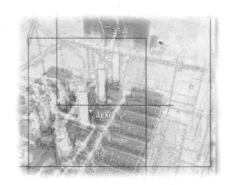

图1　红外热成像与可见光双监控
系统对变压器监控

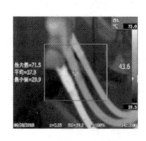

图2　配电柜、电缆接头红外监测系统

图3　可见光和红外线双头摄像机对球罐实施监控

在装置设备及工艺管线查漏过程中，国内石化企业大多采用的是美国 EPA METHOD 21 和台湾 NIEA A706.72C 标准中推荐的方法，使用的仪器是手提式毒性气体分析仪，其中以火焰离子化侦测器（FID）最常用。如图4所示，这种检测方法存在一些问题：①实际操作时，检测人员需要靠近装置泄漏点完成检测作业，对其人身安全有一定危害；②对高、远距离设备无法测定；③操作较为复杂，对操作人员要求较高；④难以测定泄漏浓度。为此，有必要开发一种能实现远距离、高效率、易操作，且能更好保护人身安全的易挥发气体检测方式。

图4　现有设备泄漏检测方法

综上所述，目前监测设备在石化行业检测精度差、效率低、危险程度高；每家企业应用的监测系统各具特色，监测标准不统一，未能形成针对炼化设备的统一的监测方法与规范；没有相关统一标准的数据库建设，采集的数据无法进行多企业、集成化的深度分析。

2　石化行业红外重点应用场景及需求分析

2.1　红外重点应用场景分析

　　根据目前石化行业红外技术应用情况，对红外重点应用场景进行大致归纳。红外监测可分为六大分支，如图 5 所示，需要针对每类分支，根据每种设备特点进行红外监测系统建设。

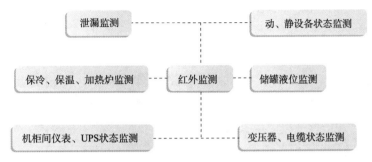

图 5　石化行业应用红外技术领域分支

2.2　当今红外技术应用于石化行业的新需求

　　红外技术在石化行业已有多年的应用，随着时代进步，信息化、自动化、数据化时代来临，结合石化企业智能化技术发展大趋势，进一步总结出石化企业应用红外技术的新需求：

　　（1）需要进一步提升红外成像监测技术的规范化、智能化、专业化水平，提高监测效率以及监测标准化程度。

　　（2）需要由目前单一设备的红外状态离线监测，向动、静、管道、电、仪装置全面在线监测发展，拓宽红外技术应用范围。

　　（3）红外状态监测技术需要与装置运行状态深度融合。结合每种设备运行特点及规律，参照目前已有数据系统的设备数据信息，进行红外大数据的分析应用研究。

　　（4）红外技术需要与信息技术完成融合。将传统本地离线红外监测管理技术转向移动式的、基于云平台的在线式智能化红外监测管理技术。

　　（5）红外成像状态监测需要与目前石化领域内推广的设备完整性管理体系、装置检修维护体系相融合。指导装置检维修规程的制定，为装置大检修工作提供数据支撑。

3　红外热成像智能监测系统构建设想

3.1　系统构建目标

　　构建整体系统需要完成以下几方面的目标：①建立统一的红外数据标准、红外模型标准以及红外数据专家库，完成基础数据标准化建设；②建立主管机构、分支企业二级的红外数据集成、监测诊断平台，完成数据平台的搭建；③红外监测管理平台与设备完整性管理体系相融合；④依托红外监测管理平台优化检维修策略。

　　以信息化为载体，最终建设一个智能化、标准化、专业化的红外热成像智能监控系统。

3.2　系统构架

　　红外热成像智能监测系统整体构架由企业级工作平台、专家系统云平台以及主管机构级工作平台 3 部分组成，整体架构如图 6 所示，工作流程如图 7 所示，其主要功能及作用有以下几点：

　　（1）分支企业级工作平台：承担主要工作，是整个系统的基础环节。其作用包括监控终端采集数据、设备状态监测、设备风险管理、异常状况报警、信息反馈、案例上传等，完成数据的初步整合处理及传输。

　　（2）专家系统云平台：完成数据分析功能，相当于整个系统的"人脑"。专家系统的作用包括专有分析软件搭载、数据变化趋势分析、红外数据特点分析、异常状况诊断、异常状况处理意见反馈、数据的存储等，完成对红外图像内所包含数据的深度挖掘。

　　（3）主管机构级工作平台：完成对企业级所上传的红外监控结果进行评价及审核，作用包括报警分析统计、数据整合、技术攻关管理、专项活动考核等。

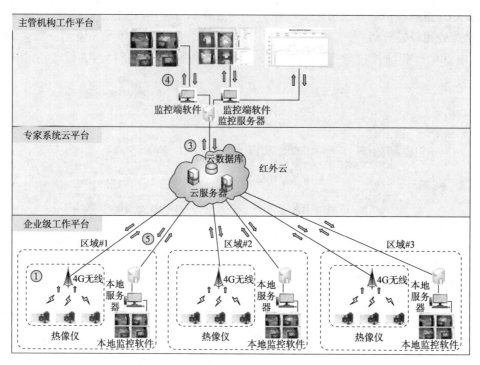

图6　红外智能监控系统整体架构

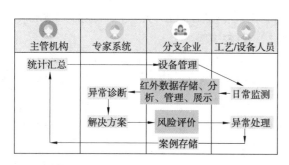

图7　红外热成像智能监测系统工作流程

3.3　系统核心模块分析

红外热成像状态监测管理系统核心模块，如图8所示，包括以下几部分：

（1）数据集成部分：由离线式、在线式红外终端以及与温度相关的外部系统提供基础数据，汇入数据层，建立标准化数据中心，完成对数据的存储与预处理。

（2）应用集成部分：数据层提供的数据，一部分针对管理层面，对数据进行报警管理、设备管理，确保报警状况能够及时进行显示、诊断、反馈；另一部分针对技术层面，根据红外监测数据，优化报警阈值，并对历史数据温度进行技术分析。

（3）界面集成部分：对设备状态以及处理后的数据结果进行多角度展示，体现出数据

价值。

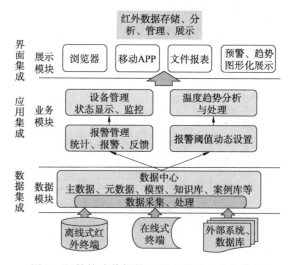

图8　红外热成像智能监测系统核心模块分析

3.4　系统与完整性体系融合

目前，红外监测技术作为技术工具，需要与现阶段推广的设备完整性管理方式相结合，这也是体系构建的必然发展方向。设备管理均以风险管控为核心，这就要求任何管理流程的开展首先需要进行风险评价。借鉴设备完整性风险评价流程，拟定出红外热成像智能监测系统管理的风险评价流程，如图9所示。

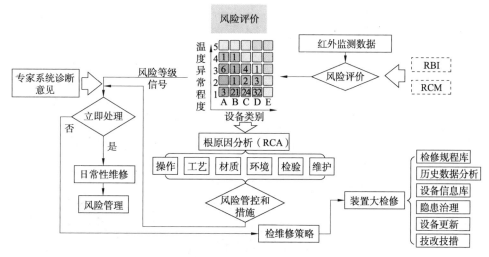

图9　红外热成像智能监测系统风险评价流程

4　预期效果

4.1　设备自动识别

通过红外云台对厂区进行广角扫描，同时，智能终端对不同种类装置进行自动识别，标记关键部件监测位置。根据装置对温度的重要程度，选择不同类型的监测方式对装置进行进一步监测、分析及预警，如图10所示。

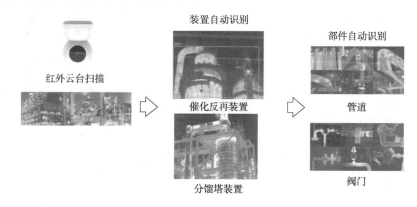

图10　红外智能云台设备自动识别

4.2　实时监测——实时超温报警

对于对温度敏感的重点设备设立24h实时监控，包括：动、静设备监测；机柜间仪表、UPS状态监测、变压器电缆监测等。例如远距离监控厂区乙烯裂解装置管线温度变化情况，对温度波动超范围状况进行及时报警，可设定温度允许波动范围为±20℃，超范围±5%为实现报警，如图11所示。

4.3　趋势监测——温度趋势分析、预警

由于大型炼化设备温度场不会发生瞬时突变，多数时间以正常温度长时间运行，包括保冷、保温、加热炉监测等。若针对此类设备进行24h监控，一是监控价值较小，二是成本较高，所以不建议使用固定式红外监控终端。因此，对于温度变化缓慢的长周期运行设备，可利用离线式手持红外终端设备进行周期性红外温度场数据采集，观察温度长期变化速率。当温度速率增大，与正常趋势显著不同时，及时进行设备维护。以炉壁保温为层监控为例，如图12所示，当温度变化速率显著增大时，应进行保温材料的及时更换。

4.4　其他日常监控

固定式红外终端除了针对专有设备的温度场实时监控外，还能够根据需要辅助可见光监控设备，应用于日常巡视安保监测中。例如大型储罐液位状态监控、厂区人员动态监控、异常泄漏监控等。

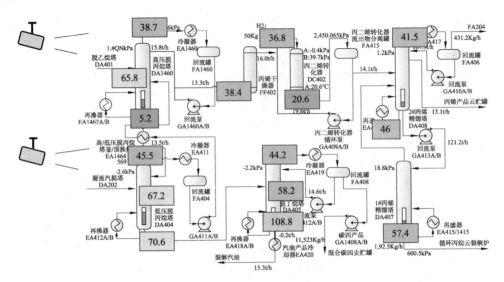

图 11　乙烯裂解装置管线监控

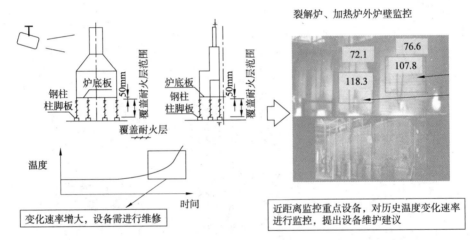

图 12　裂解炉、加热炉外炉壁监控示例

5　总结

石化企业应用红外技术有以下几方面的新需求：

（1）需提升红外成像监测技术的规范化、智能化、专业化水平，提高监测效率以及监测标准化程度。

（2）需向动、静、管道、电、仪装置全面在线监测发展。

（3）参照目前已有数据系统的设备数据信息，进行红外大数据的分析应用研究。

（4）需要与信息云平台、5G 技术完成融合。

（5）需要与目前石化领域内推广的设备完整性管理体系、装置检修维护体系相融合。指导装置检维修规程的制定，为装置大检修工作提供数据支撑。

红外热成像应用于炼化装置的反馈方式：

（1）实时监测——实时超温报警：及时定位超温位置，反馈专家意见以及解决方案，第一时间通知人员进行维修作业。例如对乙烯裂解装置管线温度实时监控超温。

（2）趋势监测——温度趋势预警：根据温度变化速率，预测设备损耗速率及耐温寿命，提出设备维护建议。例如裂解炉炉壁温度趋势增大，预测耐温寿命降低，需在大修时对衬里保温材料进行更新。

（3）其他日常监控：辅助可见光监控系统进行日常监控，发现异常状况及时反馈相关人员，进行异常排查。例如法兰气体泄漏、储罐液位异常、厂区人员异常动态等。

如今，红外热成像技术虽已成熟，但重要的是需将成熟的技术集成并应用于石化行业。所以针对红外技术的应用开发才是关键。

参 考 文 献

1 王树铎．红外光谱成像分析技术的应用研究[J]．中国仪器仪表，2010，29(S1)：165-168，211.

2 胡浩，梁晋，唐正宗，等．大视场多像机视频测量系统的全局标定[J]．光学精密工程，2012，20(2)：369-378.

3 黄桂平．数字近景工业摄影测量关键技术研究与应用[D]．天津大学，2005.

4 Carlomagno G M, Meola C. Comparison between thermographic techniques for frescoes NDT[J]. NDT&E International, 2002, 35(8): 559-565.

5 甘德刚，刘曦，肖伟，等．基于红外成像检漏技术的SF-6气体检漏方法研究[J]．电气应用，2011，30(17)：56-58.

6 赖薇，原宗，赖汝．微量气体泄漏检测与定位技术——主动成像气体检测仪[J]．电子测量技术，2008，31(7)：115-116，127.

7 张云朋，胡海燕，李义鹏，等．开关柜温升在线监测技术研究[J]．安全、健康和环境，2020，20(7)：12-16.

8 张振杰，李志平，张苗苗．红外成像技术在石化装置易挥发性气体泄漏检测中的应用[J]．山东化工，2015，44(12)：159-162.

红外监测技术在催化反再系统的应用

党宏涛

（岳阳长岭设备研究所有限公司，湖南岳阳　414000）

摘　要　本文介绍了红外热成像监测技术在石化行业催化反再系统的应用，通过实例来说明红外监测技术可以提高对催化反再系统设备衬里损坏的预知性和准确性，降低设备衬里减薄而导致局部超温穿孔等突发性事故的发生。此外，红外监测技术可以帮助指导设备衬里检修、设备腐蚀、节能降耗等工作，服务企业的生产经营发展。

关键词　红外测试；反再系统；衬里检修

催化裂化是原油二次加工中重要的加工过程，在炼油厂中占有举足轻重的地位。催化裂化装置运行的好坏，直接决定着炼油厂的经济效益。在影响催化裂化装置长周期正常运行的几大因素中，反再系统衬里方面的问题，越来越受到各炼油企业的重视。由于催化剂具有一定的机械强度，同时随着反应油气和再生烟气高速流动，不断地冲刷反再系统各设备衬里的表面，使衬里大面积减薄，使构件局部超温，甚至穿孔，这种磨蚀和冲蚀现象对设备造成的影响非常严重。

为了及时发现衬里"减薄"而出现的高温部位，可利用红外热成像这种"非接触"的现代监测手段来监测催化裂化装置的反再系统设备的外表面温度，从而及时采取保护措施，防止设备穿孔，确保设备运行安全。

1　监测方法

以某炼油企业炼油一部催化裂化装置的反再系统设备的表面温度的测试为例，设备主要包括再生立（斜）管、重油提升管、沉降器、烧焦罐、再生器、外取热器、待生斜管、外循环管等。

利用 TSI-9565 多参数通风表测试目标表面附近的环境温度、环境风速、相对湿度等参数，利用 Fluke 点温计对目标表面温度进行接触式点温，根据测试的环境参数对 FLIR 红外热成像仪进行参数设置和校对。在设置好仪器参数后，对目标进行红外检测，拍摄红外热图（见图1）和与其对应的可见光数码图（见图2）。拍摄完成后将红外热图导入电脑，利用仪器配置的专业软件，对红外热图进行分析，根据红外图的不同颜色区域划分出不同的温度区，根据需要确定超温区域、区域内平均温度、热点分布、温度变化情况等数据值（见表1）。

图1　设备高温部位可见光图

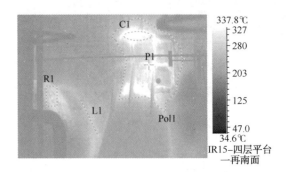

图2　设备高温部位红外热图

作者简介： 党宏涛（1988—），男，陕西华阴人，研究方向为加热炉、锅炉能效测试、保温保冷管线节能改造与评价。

由于催化裂化装置设备表面温度较高，所以红外热成像技术是安全的、可靠的和快速的。利用拍摄的红外热图和可见光图，能非常直观地反映设备表面高温区域的位置、温度数值、面积大小。

表 1　设备高温部位红外图分析表

图像信息	数　值		
文件名	四层平台一再南面		
P1：温度	340.6℃	R1：最高温度	322.1℃
L1：最高温度	271.0℃	R1：平均温度	283.5℃
C1：最高温度	342.2℃	Pol1：最高温度	342.2℃
C1：平均温度	332.5℃	Pol1：平均温度	276.2℃

2　监测实例

2.1　定期测试，确保设备安全运行

某石化催化裂化装置为了保证设备安全运行，定期利用红外热成像技术对反再系统的设备表面温度进行监测。通过监测，对各个设备表面温度建立数据库，特别针对局部高温部位建立了日常监测数据表加强监控，掌握温度变化情况。装置设备管理人员根据测试结果，及时对温度较高部位，利用红外热成像仪现场定位，指导施工人员对相关部位进行在线处理（钢板贴焊或包焊），保证设备平稳运行至大修。

通过红外技术对设备进行周期性的监测，建立设备高温部位的温度档案，在及时预防事故发生的同时还可以掌握设备高温部位的变化情况，分析数据并总结变化规律，查明衬里损坏原因，进而根据装置特点和设备操作条件，在设备检修时合理选择衬里结构。

2.2　检修前后监测，保证衬里检修成功

某石化企业在催化裂化设备大检修前对设备每个面进行红外热成像监测，准确定位了衬里损坏的位置，同时根据监测结果统计出需要检修的高温部位的数量和高温区域的面积。企业根据检修成本核算分析，确定对外循环管、再生立管和烧焦罐等衬里损坏严重的设备采取衬里和设备整体更换，对反应器、外取热器和提升管设备封头等局部高温部位采取衬里的局部修复。企业通过合理制定检修计划和准备检修材料，在设备检修期间有明确的检修目标，对设备衬里做到了彻底检修。通过检修之后对设备进行红外热成像监测，检修效果达到了预期的要求。

2.3　对腐蚀设备进行评估

化工生产具有高温高压、易腐蚀、易爆炸等工艺特点。催化裂化装置是石化系统的重要装置，经过长期的生产运行，石化生产的原材物料、蒸汽高压等将对装置造成腐蚀、损害，会留下设备安全隐患，若不进行定期检测评估排查整改，有可能引发装置泄漏等设备事故。采用红外热成像监测对催化裂化装置各个位置进行有效的检测，特别是对关键的、重要的位置进行检测，检查其设备的腐蚀情况，发现其存在的隐患，可以发现哪些是高温高压引起的、哪些是氧化硫化发生的，从而为检修部门提供指导意见，并采取有针对性的检修方法，以排除因腐蚀造成的设备隐患和存在的问题。另外，可以根据检测的腐蚀情况，向生产部门建议调整、优化生产工艺指标，或者采取技术攻关、技术革新等手段措施，科学合理地制定操作方法，减少化工生产运行中对装置的腐蚀和对设备的危害。

2.4　在节能降耗中的应用

节能降耗可以有效地提高产品的市场竞争力、降低企业的生产运行成本、提高企业的经济效益。特别是石化行业，经过近年来的快速发展，已经进入转型升级时期，而节能降耗作为转型升级的重要举措，必须常抓不懈。催化裂化装置用能多、能耗大，对其实施节能降耗意义重大。如热力管线特别是长距离蒸汽管线，因保温破损导致的热量损失是石化企业蒸汽损耗升高的主要原因之一。在日常蒸汽管线检查过程中，检查人员用眼光、凭经验观察管线的完好情况，对保温底里蒸汽管线的真正破损情况不是很清楚，有些小的破损长期泄漏蒸汽热量，但凭肉眼又看不出来、观察不到，只有管线破损到一定程度，才能发现泄漏点，但是前期已经损失了很多的热量，增加了生产的运行成本。若能采用红外热成像监测对蒸汽管线进行检测，可以及时、快速地发现保温层里蒸汽管线的破损情况，从而及时修复破损、堵住漏点，避免热量的损失。因此，作为石化企业，要建立健全采用红外热成像监测的方式，定期对能源管线进行检查检测，服务企业的节能降

耗工作。

此外，红外热成像监测还可以广泛应用于石化企业电气设备的非接触性检查、埋地管线走向判断等，以提高工作效率。

3   结论

通过实例可以看出，鉴于石油化工行业催化裂化装置的特殊性，利用红外技术这种先进的监测手段，对装置设备的表面温度进行监测，能提高对设备损坏的预知性、准确性，降低设备因局部超温而摩擦穿孔等突发性事故，帮助企业及时采取合理可靠而有效的处理措施，杜绝恶性、突发性的设备事故发生，提高设备安全运行的可靠性。

参 考 文 献

1 李晓刚、付冬梅. 红外热像检测与诊断技术. 中国电力出版社，2006：91-95.
2 程玉兰. 红外诊断现场实用技术. 北京：机械工业出版社，2002：75-81.

基于时频熵特征的 2.25Cr-1Mo 损伤开裂声发射识别方法研究

邱 枫　白永忠　单广斌　屈定荣　李明骏

（中国石化青岛安全工程研究院，山东青岛　266104）

摘 要　通过三点弯曲试验来模拟加氢反应器等高压容器在运行时的应力腐蚀开裂情况，根据力与时间的关系，将试件的受力分为弹性阶段、塑性阶段和断裂分离阶段，在每个阶段分别提取 10 组数据作为样本，采用信息熵和 Hilbert-Huang 变换相结合的方法对采集到的样本进行时频熵特征提取，以此来建立基于支持向量机(SVM)的智能识别方案。测试结果表明，采用时频熵特征提取的方法，即使是小样本，也达到了 96.7% 的识别精度。

关键词　时频熵；声发射；应力腐蚀；开裂；识别

加氢反应器是现代石油化工行业的典型设备，该设备的特点是高温、高压和临氢环境，目前国内加氢反应器采用的结构为板焊式和锻焊式，2.25Cr-1Mo 是加氢反应器的常用材料之一。基于其加氢反应器运行环境和损伤机理，焊缝形成应力腐蚀裂纹是其主要的损伤问题。一旦裂纹发生开裂，将造成严重的安全事故，因此，对加氢反应器进行损伤裂纹扩展在线监测具有十分重要的意义。声发射作为一种无需停产、在线监测裂纹活性的技术手段，可以作为加氢反应器的安全运行监测方法，而损伤裂纹扩展的声发射信号的有效识别是加氢反应器声发射在线监测技术的关键。

时频分布是时间和频率的联合分布函数，有利于提取信号的局部特征，是非平稳信号分析的有效方法。HHT(Hilbert-Huang Transform)是先对信号进行经验模态分解，得出本征模态函数，再对本征模态函数进行希尔伯特变换，从而进一步得到该信号的希尔伯特谱、时频能量谱等，对非线性及非平稳信号有较好的分析和处理效果。

裂纹扩展声发射信号具有时域、频域的特征，但是现场监测时仅仅从时域、频域进行特征提取并不能将有效信号与噪声信号区分。裂纹扩展声发射信号具有随机性并具有复杂多样性，而背景噪声、电磁干扰信号往往具有一定的周期性和重复性，信息熵可以描述信号的复杂性，因此将其引入用于表征损伤裂纹扩展信号。信号的时频分布是描述信号在采样时间内各个频率处的能量变化，裂纹扩展时的时频分布往往发生变化，采用信息熵理论结合时频分布可以定量描述这种变化程度。在识别方面，支持向量机(Support Vector Machine，SVM)是建立在统计学习理论 VC 维(Vapnik-Chervonenkis dimension，VC dimension)和结构风险最小化原理基础上的机器学习方法，在解决小样本、非线性和高维模式识别问题中表现出特有优势，可以用于对损伤扩展监测试验声发射信号的分类识别。

本文开展基于时频熵特征的 2.25Cr-1Mo 损伤开裂声发射识别方法研究，采用三点弯曲试验进行试样损伤受力情况模拟，采集监测过程的声发射信号，基于 HHT 提取声发射信号的时频熵特征，以支持向量机构造识别模型，实现对 2.25Cr-1Mo 材料损伤开裂过程声发射信号的有效识别，为现场加氢反应器等压力容器损伤开裂声发射在线监测评价提供依据。

1　2.25Cr-1Mo 材料三点弯曲声发射监测试验

试件采用加氢反应器常用材料 2.25Cr-1Mo，材料化学成分和机械性能见表 1。实验装

作者简介：邱枫，博士，高级工程师，2016 年毕业于东北石油大学，现主要从事石油化工设备腐蚀损伤与安全状态监测技术研究。

置由试件、WD 传感器、2/4/6 前置放大器、PCI-2 全数字声发射仪、SANS 万能电子拉伸机组成。监测试验系统中装置连接如图 1 所示，传感器布置如图 2 所示。

表 1　2.25Cr-1Mo 化学成分和机械性能

材料	化学成分/%							机械性能		
	C	Mn	P	S	Si	Cr	Mo	屈服强度/MPa	抗拉强度/MPa	延伸率/%
2.25Cr-1Mo	0.05~0.15	0.3~0.6	≤0.035	≤0.035	≤0.5	2.0~2.5	0.9~1.1	205	585	≥18

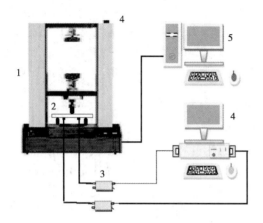

图 1　三点弯曲声发射监测试验装置

1—SANS 万能电子拉伸机；2—弯曲试件；3—2/4/6 前置放大器；
4—PCI-2 全数字声发射仪；5—拉伸机控制终端

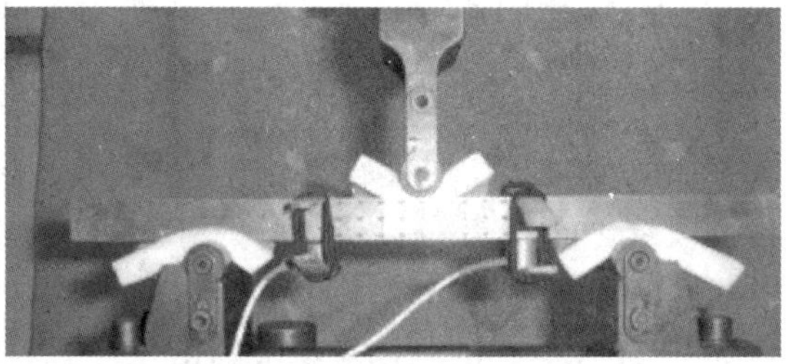

图 2　传感器布置

将传感器固定在试件上，再将试件放置在材料试验机上，并在支点和压头处放橡胶垫，然后对声发射检测系统的灵敏度进行校准。材料试验机具体加载过程：①利用材料试验机以 10N/s 的速度缓慢加载至 3kN，并保持载荷 5min；②以 10N/s 的速度缓慢卸载到 0.1kN，并在当前载荷下保载 5min；③重复第 1 和第 2 步 2 次；④将力控制改为位移控制，以 0.1mm/min 的速度缓慢加载至试件产生明显塑性变形。

采集整个加载过程的声发射信号。2.25Cr-1Mo 试件的加载载荷曲线及声发射信号幅值历程如图 3 和图 4 所示。对比两图可以发现在前 3 次加载过程中，声发射撞击数逐渐减少：第 1 次加载阶段撞击数最多且最高幅值达到 67dB，这主要是由于压头、支架、橡胶垫片和试件初次接触时表面不平造成的，为噪声信号；第 2 次加载阶段信号明显减少，仅出现 5 个信号；第 3 次加载阶段没有信号产生。这一现象符合声发射理论中的 Kaiser 效应，即重复载荷到达先前所加最大载荷以前不发生明显声发射。

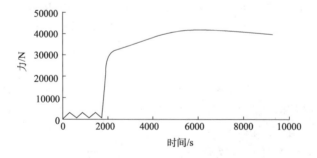

图 3　试件加载过程载荷-时间曲线

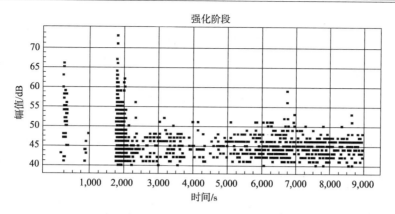

图4　声发射信号幅值历程

2　2.25Cr-1Mo材料损伤开裂声发射信号识别

2.1　基于Hilbert-Huang变换的时频熵

不同信号在时频分布上的差异表现为时频平面上不同的小块时频段的能量分布的差异，各时频区能量分布的均匀性则反映了损伤状态的差别，信息熵是概率分布均匀程度的度量。若$P(p_1, p_2, \cdots, p_n)$是一个不确定的概率分布，k为任意常数，那么这个分布的信息熵为：

$$S(P) = -k \sum_{i=1}^{n} p_i \ln p_i \tag{1}$$

由式(1)可知，最不确定的概率分布具有最大的熵值，越接近等概率分布熵值也就越大，换言之，信息熵值反映了概率分布的均匀性，因此可以对系统的不确定程度进行描述。

HHT谱反映了信号的能量随频率和时间变化的情况，不同阶段下试件声发射信号在时频面上的分布也不同，具体表现在时频平面上不同区域所包含的能量大小的差别，每个区域能量分布的均匀性可以反映试件所处阶段的不同，为定量描述这种差异，可将信息熵和HHT谱相结合。将Hilbert谱的时-频平面划分为N个面积相等的时-频块，每块内的能量为$W(i)$ ($i = 1, 2, \cdots, N$)，整个时-频平面的能量为A，对每块进行能量归一化，得到$q_i = W_i/A$，仿照

信息熵的计算公式，基于Hilbert-Huang变换的时频计算公式为：

$$s(q) = -\sum_{i=1}^{N} q_i \ln q_i \tag{2}$$

式(2)中，$\sum_{i=1}^{N} q_i$符合计算信息熵的归一化条件。根据其性质，q_i分布越是均匀，时-频熵的值$s(q)$就越大，反之$s(q)$的值就越小。

2.2　时频熵特性提取

由图3、图4可以明显看出试件在弯曲过程中分为3个阶段，即弹性阶段、塑性阶段和断裂分离阶段。根据这一特点，分别提取该3个阶段的声发射特征参数，基于Hilbert-Huang变换求得时-频平面的能量谱，又因各阶段的HHT谱是不同的，这种差异反映了信号的内在特征，故可以对各阶段声发射信号的HHT谱进行时-频熵分析，提取出信号的特征。根据时频熵的大小，可以判断出声发射信号所处的阶段，以此可以有效地对材料所处的阶段进行识别检测。

在弹性阶段、塑性阶段和断裂分离阶段分别选取10组声发射信号数据作为样本，T1～T10为T样本，S1～S10为S样本，D1～D10为D样本，其各自的特征参数如表2~表4所示。

表2　弹性阶段声信号特征参数

样本	上升时间/μs	计数/个	能量/个	持续时间/μs	幅值/dB
T1	245	222	30	2888	51
T2	732	606	76	6138	55
T3	189	255	31	2612	57
T4	40	215	25	2649	53
T5	704	391	62	4149	54

续表

样本	上升时间/μs	计数/个	能量/个	持续时间/μs	幅值/dB
T6	1829	392	58	3958	53
T7	50	230	28	2247	57
T8	60	196	24	2344	56
T9	140	316	43	3533	52
T10	402	139	22	3095	50

表3　塑性阶段声信号特征参数

样本	上升时间/μs	计数/个	能量/个	持续时间/μs	幅值/dB
S1	62	358	45	2533	62
S2	42	175	21	1573	59
S3	123	473	68	4768	58
S4	303	389	51	4300	56
S5	31	734	189	4732	73
S6	39	801	217	5234	74
S7	53	135	16	1318	26
S8	42	419	61	2921	65
S9	36	436	68	3031	66
S10	40	400	56	2591	67

表4　断裂分离阶段声信号特征参数

样本	上升时间/μs	计数/个	能量/个	持续时间/μs	幅值/dB
D1	49	1632	4048	10197	98
D2	49	1666	5747	13433	99
D3	228	1627	4681	13332	99
D4	122	2100	13525	16368	99
D5	46	2029	12269	15700	99
D6	78	2707	27295	22403	99
D7	32	2626	25763	22899	99
D8	50	1903	9509	16475	99
D9	76	1876	7906	18711	99
D10	9	4072	65535	43104	99

基于 Hilbert-Huang 变换，分别提取的三点弯曲试验样本在弹性阶段、塑性阶段和断裂分离阶段的声信号时频熵特征参数，如表5~表7所示。

表5　弹性阶段声信号的时频熵特征

样本	T1	T2	T3	T4	T5	T6	T7	T8	T9	T10
时频熵	7.0599	6.9252	7.1597	7.1101	7.0599	6.9276	6.9267	7.0197	7.1101	7.1894

表6　塑性阶段声信号的时频熵特征

样本	S1	S2	S3	S4	S5	S6	S7	S8	S9	S10
时频熵	6.5981	6.6823	6.8323	6.6195	6.7978	6.7462	6.782	6.7735	6.6171	6.7446

表7　断裂分离阶段声信号的时频熵特征

样本	D1	D2	D3	D4	D5	D6	D7	D8	D9	D10
时频熵	6.8754	7.0235	7.0928	7.0856	7.277	7.0656	7.1241	6.9786	7.0254	6.8931

2.3　识别结果与分析

（1）弹性阶段所采集到的 10 个样本的时频熵特征集中在 6.92 ~ 7.19 之间，平均值为 7.05，均方差为 0.097，可见该试件在弹性阶段声发射信号的时频特征的能量分布是较均匀的，这是因为在弹性阶段，金属原子之间随着原子间距的改变，原子间的相互作用力将产生作用，即电荷间的库仑力，在试件受到较小压力时即达到屈服应力之前，原子受力是稳定的，能量分布均匀，仍做无序热运动，故采集到的声发射信号的时频熵的值较大。

（2）塑性阶段所采集到的 10 个样本的时频熵特征集中在 6.59 ~ 6.84 之间，平均值为 6.72，均方差为 0.084，可见该试件在塑性阶段声发射信号时频特征的分布发生了不均匀的变化，这是因为在塑性阶段，受到了更大应力，金属材料晶体在外力作用下发生一致性的改变，在晶轴方向的应力破坏了金属原子间的金属键，受到破坏的金属原子与相邻的原子结合成新的金属键，晶格结构发生了不可逆转的永久变形，这时，材料内部不断发生错位滑移，出现多个位错堆积，材料间原子之间的稳定状态被破坏，能量分布不均匀，故采集到的声发射信号的时频熵的值比较小。

（3）断裂分离阶段所采集到的 10 个样本的时频熵特征集中在 6.87 ~ 7.28 之间，平均值为 7.04，均方差为 0.116，可见该试件在断裂分离阶段声发射信号视频特征的能量分布又向均匀转变，因为在断裂分离阶段前期，金属内部位错已积累到很高的程度，这时的位错塞积很严重，金属晶体所受到的外力破坏之间的金属键，从而晶体之间出现裂缝，随着外力的增加发生断裂分离，裂缝自由扩展，直到试件完全断裂，此时，金属材料原子突破束缚向稳定状态改变，故采集到的声发射信号的时频熵的值比较大。

采用 SVM 对不同阶段声发射信号提取的时频熵特征进行识别。为了保证分类器具有较好的推广能力，采用交叉验证法和 5 折样本训练法，即把样本分成 5 份，在每份上训练，在其他份上测试。识别结果如图 5 所示，识别精度为 96.7%，30 个样本中只有 1 个识别错误，第 2 类 1 个样本被识别为第 1 类。表明采用时频熵作为声发射信号特征向量，以支持向量机作为识别分类器的损伤开裂识别方法具有较高的准确度。

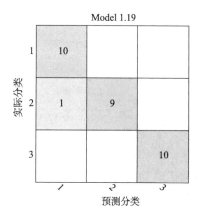

图 5　SVM 识别结果

3　结论

（1）提出了基于 HHT 时频熵的声发射识别方法，该方法将声发射信号进行 HHT 变换，求取信号的时频熵，通过对比时频熵的大小来判断试件所处的阶段。

（2）基于 HHT 的时频熵变换，获得试样在各阶段的时频熵特征，可知该试件在经历弹性阶段-塑性阶段-断裂分离的过程中，声发射信号的时频能量分布是由大变小再转为大。

（3）在时频特征的基础上，加入熵的特征提取方法，即使是小样本，也达到了较好的识别效果。

参 考 文 献

1　柳曾典，陈进，卜华全，等. 2.25Cr-1Mo-0.25V 钢加氢反应器开发与制造中的一些问题［J］. 压力容器，2011，28（5）：33-40.

2　方煜，刘小辉. 对美国一起高温氢腐蚀重大事故的反思［J］. 安全、健康和环境，2014，14（9）：4-7+11.

3　周颖涛，周绍骐，晁文胜，等. 基于 HHT 时-频熵的声发射管道泄漏诊断［J］. 油气储运，2016，35（3）：250-253，258.

4　丁世飞，齐丙娟，谭红艳. 支持向量机理论与算法研究综述［J］. 电子科技大学学报，2011，40（1）：2-10.

5　周燕峰，马孝江，苑宇. 基于信号时频熵的往复式压缩机故障诊断［J］. 中国设备工程，2006（9）：40-42.

烟气轮机叶片数字射线检测

邹立群[1]　**顾军**[2]

(1. 上海石油化工股份有限公司，上海　200540；
2. 上海石化设备检验检测有限公司，上海　200540)

摘　要　针对烟气轮机叶片，提出利用X射线数字成像的方法检测在制和在役使用过程中产生的缺陷。通过工艺试验及工程应用，证实X射线数字成像检测技术高效可靠。

关键词　烟气轮机叶片；X射线数字成像；高效可靠

烟气轮机是石化催化装置回收烟气能量的重要设施，烟气轮机叶片为烟气轮机的主要部件，运行中除承受高温应力，气流压力、催化剂粉尘磨蚀外，还要承受叶轮旋转时的离心力、叶片前后气流压力差产生的压应力，受力情况十分复杂；运行中还存在工艺操作波动及超温情况发生。虽然烟气轮机组均配置有状态监测系统，测量轴瓦温度、转子振幅、转子轴位移，但这些实时的监测手段往往很难预见性地发现烟气轮机叶片断裂事故的发生，尤其是烟气轮机运行一个周期后，其叶片在高温情况下，其材料特性产生衰减和蠕变，促使裂纹产生和扩展，造成叶片在运转期间突发断裂和机组停车故障。

在烟机叶片质量控制方面，目前国外文献中尚无十分严格的标准性规定，国内标准《烟气轮机技术条件》(HG/T 3650—2012)对在制烟气轮机叶片材料在棒料阶段进行无损检测进行了一定的规定，即叶片棒料状态进行常规UT，而在锻造、热处理、精加工后出现的质量缺陷，不能可靠检测并及时发现；对运行一个周期后的叶片如何进行无损检测，目前国内外无明确规定，一般仅做目视检测和渗透检测，用以检测叶片外观及开口性缺陷。航空领域的发动机叶片检测以工业CT检测为主。高昂的检测费用以及较低的检测效率不适合石油化工装置上烟机叶片检测。随着计算机及电子技术的快速发展，射线数字成像检测技术得到了飞速发展，其优势不仅表现在无胶片的图像存储和传输，

丰富的图像处理技术拓展了射线数字成像的应用范围，以及可以根据实际情况及时改变透照参数以取得最佳的检测图像。数字射线检测技术(Digital Radiographic Testing)是能够获得数字化图像的检测技术，检测结果直观。本文通过工艺试验及批量检测提出烟气轮机叶片X射线数字成像检测技术。

1　数字射线检测技术

1.1　基本原理

X射线数字成像是基于射线的穿透特性和衰减特性，利用射线的光、电转换材料和图像传感器来获得可被显示和记录的数字图像，成像原理如图1所示。

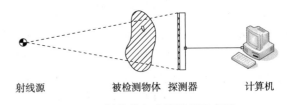

射线源　　被检测物体　探测器　　计算机

图1　X射线数字成像原理示意图

被检测物体接受X射线照射，由于密度和厚度的差别使得穿透射线的强度发生了改变；探测器内部的转换屏将穿透射线转换为可见光或电子从而被图像传感器记录；通过外围电路读出图像传感器像元记录的电信号并进行数字化处理后，将图像数据发送至计算机系统进行显示、处理和存储。

作者简介：邹立群(1968—)，男，高级工程师，主要从事石油化工机械设备管理工作。

1.2 数字成像检测系统

检测系统一般由射线机、非晶硅成像板、成像及显示控制单元、计算机软件、电缆、电源线、网线等组成。检测采用 DeReO HE-P4040 探测器，其参数为：平板类型为非晶硅；质量 11kg；尺寸（长×宽×高）610mm×600mm×30mm，有效面积区域 400mm×400mm；像素尺寸 200μm；灰度等级 14bit；使用温度 -20～50℃。射线机采用 GE-300，最大管电压 300kV；焦点尺寸 3mm×3mm。计算机系统采用 DELL Inspiron 高分辨率图像工作站，软件系统采用 DeReO 探测器配套的 Maestro 4.0 版本，能实现探测器和射线机的同步软件控制。

2 模拟试块制作与工艺试验

2.1 模拟试块制作

对国内知名的烟气轮机叶片生产商及使用单位进行走访调研发现，叶片的失效模式主要是疲劳断裂，运行中断裂的碎片导致其他完好叶片相继发生撞击断裂，导致机组停车。结合几起失效事故案例，断裂部位主要发生在受力比较复杂的隼槽根部以及叶片与隼槽交界处。烟气轮机停车检修时，在受力较小的叶顶部位通过渗透检测也发现到裂纹。

考虑到检测的可靠性，结合以往案例及检修过程中发生的缺陷利用废旧叶片加工模拟试块，每个榫槽均匀分布 5 条模拟裂纹，长度为 10mm，自身高度为 0.5mm。最大榫槽穿透厚度约为 40mm，每个榫槽内都加工模拟裂纹用来确定受几何不清晰度的影响是否需两侧分别进行透照。叶根处是整个叶片最厚部位，形状为马刀形，在两侧分别布置 5 条模拟裂纹，长度为 10mm，自身高度为 0.5mm，用来确定检测系统的管电压及焦点参数。叶身厚度变化范围为 2.2～40mm，厚度差较大，在叶身反面近似均布 19 处模拟裂纹，长度为 10mm，自身高度为 0.5mm。布置模拟裂纹时厚度变化差控制在 6mm 以内，平板探测器不可以弯曲，之所以叶身反正设置模拟缺陷是为了更好地消除几何不清晰度的影响。模拟试块正反面模拟缺陷分布如图 2 和图 3 所示。

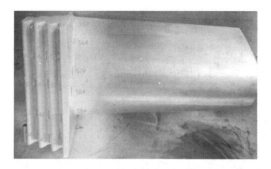

图 2　模拟试块模拟缺陷正面分布图

图 3　模拟试块模拟缺陷反面分布图

2.2 工艺试验

烟机叶片的厚度为 2.2～40mm，轮廓尺寸为 295mm×175mm，保证穿透的前提，选取 GE-300 高频恒压 X 射线机，为了获取较高的图谱质量和检测效率选择尺寸（长×宽×高）为 610mm×600mm×30mm，有效面积区域为 400mm×400mm；选取像素尺寸为 200μm 的平板探测器。

根据测厚得知 19# 和 58# 模拟缺陷处穿透厚度最大，所以作为本试验的关键点。两处模拟缺陷在叶身最厚处的两个表面，为了在成像上有利于区别，在两处模拟裂纹的交错端放置不同直径的铜丝。通过多次试验，当管电压为 300kV，焦距为 600mm，管电流为 3mA，透照时间为 30s，且射线机窗口用 0.6mm 厚铜板做过滤板时，两处模拟缺陷可以清晰显示，如图4所示。通过图4可以发现19#模拟缺陷影像没有58#清晰，这是由几何不清晰度所造成的，在实际检测过程中需对此处进行正反两面透照，以防缺陷漏检。

图4　两处模拟缺陷清晰显示

叶片在制造或者在役过程中，叶片数量较多，确定每片叶片的最少透照次数很有工程意义。通过多次试验结果对比总结发现，对本试块进行6次透照后，所有模拟缺陷均可发现。6次工艺参数见表1。

3　工程应用

某催化装置停车检修，需对58片烟机叶片进行数字射线检测，根据上述工艺试验参数检测后发现7片存在缺陷，其中一处叶片在叶顶和榫槽处均发现缺陷。缺陷类型有裂纹和夹杂，见表2。

表1　6次透照工艺参数

序号	管电压	管电流	焦距	透照时间	备注
1	150	1	900	30	正面透照
2	180	3	900	30	正面透照
3	230	3	900	30	正面透照
4	300	3	900	30	正面透照
5	300	3	600	30	正面透照
6	300	3	600	30	反面透照

表2　数字射线检测结果

序号	叶片编号	缺陷图谱	性质
1	2BH04		裂纹
2	2BH04		裂纹
3	120229		夹杂
4	120248		夹杂
5	120214		夹杂

续表

序号	叶片编号	缺陷图谱	性质
6	120205		夹杂
7	2BH09		夹杂
8	120221		夹杂

4　结论

（1）通过工艺试验及工程实际应用，数字射线技术可以应用于烟气轮机叶片检测，对裂纹类缺陷及体积型缺陷可以高效率识别检出。

（2）烟气轮机叶片规格型号较多，针对不同型号的烟机叶片检测进行 DR 检测时，需制作同尺寸模拟试块进行工艺试验。

（3）目前石化装置的叶片型式有多种，如扭弯叶片、三元流叶片、马刀型叶片等，叶片的厚度变化大，空间多维变化，厚度较厚部位一定要考虑几何不清晰度的影响，工程实际应用中 2BH04 榫槽处的裂纹正反两次透照时，只有一面可以发现。在满足穿透能力下，尽量选择较小的焦点尺寸。

（4）发现缺陷时，要仔细分析图谱，并重新进行透照或者采用其他无损检测方法辅助确认，避免杂物遗落在成像板上造成的伪缺陷。

（5）在制作模拟试块时，某些部位可以设置成"直角形"，以便其他无损检测技术的应用研究。

参 考 文 献

1　陈光，丁克勤，石坤. 带保温层管道环焊缝射线数字检测应用研究[J]. 焊接技术，2012，41（1）：46-48.

2　丁战武，丁春辉，胡熙玉，等. 氨制冷管道的数字射线检测[J]. 无损检测，2016，38（11）：83-85.

液氨储罐安全风险分析与控制对策

白玲玲

（中国石化洛阳分公司，河南洛阳　471012）

摘　要　采用风险管控措施与行动模型（Bow-tie）等方法开展风险分析，识别出液氨罐区主要风险源，分析了各类屏障的有效性，制定了管控措施。

关键词　液氨；风险管控措施与行动模型（Bow-tie）顶上事件；危险源辨识；风险分析

1　基本情况

1.1　液氨性质

氨是没有颜色、具有刺激性气味的气体。在标准状况下，氨的密度是 $0.771kg/m^3$，比空气轻。氨在常压下冷却到 $-33.35℃$ 或在常温下加压到 $7×10^5 ~ 8×10^5Pa$ 时，气态氨就凝结为无色的液体。氨易溶于水，溶于水后形成 $(NH)_4OH$ 的碱性溶液，氨在 $20℃$ 水中的溶解度为 34%。

液氨属乙类有毒可燃液化气体，一旦泄漏到空气中会发生迅速膨胀，大量气化氨气扩散到较大的空间范围内，吸收空气中的热量，使罐区环境温度和能见度降低。液氨挥发生成氨气，氨气属于有毒、易燃、易爆气体，其爆炸上限为 27%，下限为 15.5%，作业场所最高允许浓度为 $30mg/m^3$，与空气混合能形成爆炸性混合物，泄漏物质可导致中毒，对眼、黏膜或皮肤有刺激性，有烧伤危险。

1.2　罐区情况

中国石化洛阳分公司液氨罐区共有 4 台球罐，已运行 28 年。储存能力为 $550m^3$，其中 1 台 $400m^3$，3 台 $50m^3$，主要接收污水汽提来的液氨，并向热电部烟气脱硫供料，液氨产量约为 $9t/d$，消耗量约 $7t/d$，多余部分由汽车装车出厂。

其主要流程如图 1 所示。

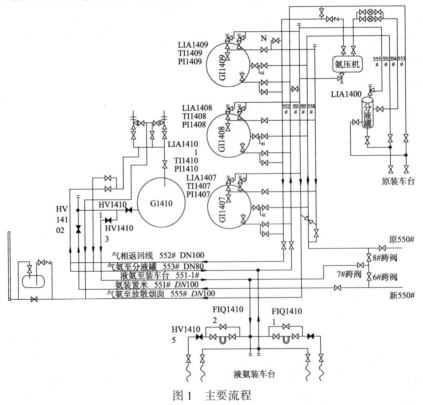

图1　主要流程

2　风险因素

2.1　固有风险

危险化学品重大危险源是指长期地或临时地生产、加工、使用或储存危险化学品，且危险化学品的数量等于或超过临界量的单元。根据《危险化学品重大危险源辨识》（GB 18218—2009）的规定，氨为毒性气体类别，临界量为10t。

如表1所示，液氨存储的危险化学品总量为297t，R 值为 118.8>100，构成一级重大危险源。

表 1　液氨储罐重大危险源辨别

评估单元	物质名称	压力/MPa	温度/℃	容量/m³	台数	计算方式	存在量	临界量/t	比值
14#液氨罐区	液氨	1.5	常温	50	3	50×3×0.9×0.6	297t	10	29.7
	液氨	1.5	常温	400	1	400×1×0.9×0.6			

根据中国安全生产科学研究院研发的CASST-QRA软件对液氨罐区重大危险源的各失效情形进行后果模拟，以G1410（容量400m³）的灾害模式（中毒扩散：静风，E类）为例，见表2。

表 2　G1410 液氨储罐各失效情形模拟

泄漏模式	代表性孔径/mm	死亡半径/m	重伤半径/m	轻伤半径/m	多米诺半径/m
容器整体破裂	全管破裂	1358	1698	1944	—
容器大孔泄漏	全管破裂	750	1108	1566	—
阀门中孔泄漏	75	156	222	300	—
管道中孔泄漏	75	156	222	300	—
容器中孔泄漏	75	156	222	300	—
管道小孔泄漏	25	25	37	51	—
阀门小孔泄漏	25	25	37	51	—

由表2看出，液氨储罐发生容器大孔泄漏引起中毒事故时，在静风、E类气象条件下，死亡半径为750m。因此，液氨球罐一旦泄漏，危害后果非常严重，将直接危及周围人员的生命安全，甚至引发二次泄漏和中毒、爆炸事故。

2.2　内外部环境风险

附近人员多，防火间距范围内有17人，200~500m范围内有厂界外特殊高密度人员集中场所162人。

2.3　生产工艺风险

存在液氨超温、超压、超液位造成储罐附件损坏、阀门或法兰泄漏，或由于管线泄漏无法及时切断物料造成事态失控的风险。

2.4　设备设施风险

存在由于应力腐蚀、阀门填料、法兰垫片损坏等原因造成泄漏，储罐接地极腐蚀，氨气泄漏检测报警仪、视频监控不完善的风险。仪表槽盒进罐区从防火堤穿越，异常时，油品从槽盒外流，导致防火堤失效。

2.5　装车风险

存在操作过程中液氨泄漏，劳动保护不到位，槽车未按规定放置车挡、发生溜车现象，装车过程中槽车连接管线脱离，充装过量等风险。

2.6　应急风险

安全阀启跳后，后路氨液吸收设施、高空排放能力不足，造成人员中毒或污染环境的风险。

3　安全风险管控分析与措施

风险管控措施与行动模型（Bow-tie）又称蝴蝶结分析法，是以蝴蝶结图的方式将危险源、危险有害因素、预防措施、顶上事件、减缓措施和事件后果关联在一起，如图2所示。蝴蝶结图的左边表示事件树，表明了可能导致顶级事件发生的可能性和预防措施；蝴蝶结图右边表示事故树，表明了顶上事件失效发生事故后果的严重性和减缓措施。它能形象地表示引起事故发生的原因；它直观地显示了危害因素→事故→事故后果的全过程，即可以清楚地展现引起事故的各种途径；分析人员利用屏障设置可获得预防事故发生的措施，以加强控制措施或采取改进措施来降低风险或杜绝事故。

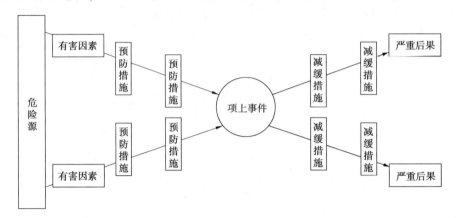

图 2　风险管控措施与行动模型（Bow-tie）

根据排查出的风险选取风险程序较高的液氨储罐泄漏事故和液氨装车泄漏事故，采用 Bow-tie 分析方法开展风险识别及管控措施。

3.1　液氨储罐泄漏

按照 Bow-tie 分析步骤，选取液氨为危险源，液氨泄漏为顶上事件，液氨爆炸和环境污染为事故后果。预防屏障有 6 道，减缓屏障有 13 道，分析结果如图 3 所示。

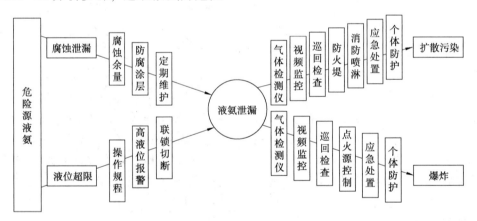

图 3　液氨储罐泄漏事故

按照《石油化工企业设计防火标准》（GB 50160—2008）、《液氨使用与储存安全技术规范》（DB 41/866—2013）、《石油化工企业可燃气体和有毒气体检测报警设计规范》等标准，对 19 道安全屏障进行评估，发现的问题见表 3。

表 3　储罐安全屏障失效及后果

序号	问　题	后　果
1	随着各种改造的增加，许多巡检、消防通道被隔断，影响操作和消防；进罐区的防火堤处踏步缺少护栏，不符合规范要求	防火堤屏障失效
2	仪表槽盒进罐区从防火堤穿越，异常时，氨液从槽盒外流，导致防火堤失效	防火堤屏障失效
3	高液位报警没有接入声光报警系统	报警屏障失效
4	没有独立的安全仪表系统	联锁屏障失效

续表

序号	问　　题	后　果
5	氨气体泄漏检测报警探头设置不合理，缺少高点探头	气体检测仪屏障失效
6	现场操作室正对罐区有玻璃窗户	个体防护屏障失效
7	三台 50m³ 液氨罐原来保冷层损坏，没有设置消防喷淋	应急处置屏障失效

根据上述问题，实施隐患治理项目，具体如下：

（1）在液氨罐区配置了独立的安全仪表系统（SIS），实现了高高液位报警并联锁切断储罐根部紧急切断阀。满足了压力储罐应设一套专用于高高液位报警并联锁切断储罐进料管道阀门的液位测量仪表或液位开关的要求。

（2）将液位高报报警信号引入室内操作界面，并与室内声光报警装置联锁。

（3）完善氨气体泄漏检测报警探头设置，在球罐顶部法兰平台处增设探头。

（4）将穿越防火堤和罐区中间隔堤的仪表槽盒改造为跨越防火堤和中间隔堤进入罐区。

（5）按照规范要求，防火堤增设护栏，部分罐区防火堤内外管带处加跨桥，维修巡检道路，满足规范要求。

（6）封闭了现场操作室的窗户，保证了人员安全。

（7）计划对没有消防喷淋的储罐增上消防喷淋，在没有完成消防喷淋前，制定了应急预案，并原则上停止使用。

3.2　液氨装车泄漏

选取液氨为危险源，液氨装车泄漏为顶上事件，人身伤害或爆炸为事故后果。预防屏障有 8 道，减缓屏障有 5 道，分析结果如图 4 所示。

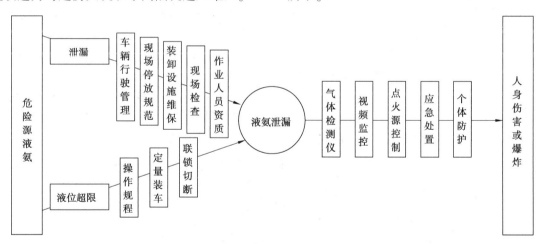

图 4　液氨装车泄漏事故

对 13 道安全屏障进行评估，发现的问题见表 4。

表 4　车辆安全屏障失效及后果

序号	问　　题	后果
1	车辆停放要求不够规范	现场停放规范屏障失效
2	定量装车时到设定值后联锁阀存在没有切断的问题	联锁屏障失效
3	应急预案缺少"两特两重"特殊时段的要求和措施	应急处置失效

根据上述问题，及时联系完善了联锁阀控制系统的调试。同时，针对车辆要求不规范的问题完善了管理制度，制定了装车提示卡，做到了从严管理。修订完善了应急预案，补充了相关内容的要求。

3.3　风险对比分析

根据中国石化安全风险矩阵（见图 5），采取相应的风险管控措施后，液氨罐区泄漏引发事故的风险等级由 E5（32）降至 E3（15），液氨装车引发事故的风险等级由 D5（25）降至 D3（12）。

安全风险矩阵		发生的可能性等级——从不可能到频繁发生 ⟶							
		1	2	3	4	5	6	7	8
	后果等级	类似的事件没有在石油石化行业发生过，且发生的可能性极低	类似的事件没有在石油石化行业发生过	类似事件在石油石化行业发生过	类似的事件在中国石化曾经发生过	类似的事件发生过或者可能在多个相似设备设施的使用寿命中发生	在设备设施的使用寿命内可能发生1或2次	在设备设施的使用寿命内可能发生多次	在设备设施中经常发生（至少每年发生）
		≤10⁻⁶/年	10⁻⁵~10⁻⁶/年	10⁻⁵~10⁻⁴/年	10⁻⁴~10⁻³/年	10⁻³~10⁻²/年	10⁻²~10⁻¹/年	10⁻¹~1/年	>1/年
事故严重性等级（从轻到重）⬇	A	1	1	2	3	5	7	10	15
	B	2	2	3	5	7	10	15	23
	C	2	3	5	7	11	16	23	35
	D	5	8	12	17	25	37	55	81
	E	7	10	15	22	32	46	68	100
	F	10	15	20	30	43	64	94	138
	G	15	20	29	43	63	93	136	200

图 5   中国石化安全风险矩阵

3.4   其他措施

以落实生产安全风险和隐患排查治理双重预防机制管理为抓手，建立班组、技术员、领导干部三个层次的管理机制。对照标准，查找现场的风险点和薄弱环节，形成液氨罐区的管理风险库。

4   结论

（1）液氨是重大风险源，存在中毒窒息和爆炸的风险。液氨储罐的安全管理是一个复杂的系统工程，需要抓好安全风险分析和过程管控。

（2）风险管控措施与行动模型（Bow-tie）是集故障树、事件树和洋葱图理论为一体的系统风险分析方法，能够以图形方式清晰表示问题，更加直观、便于理解，真正从源头管控重大风险，消除重大隐患。

从标准局限性分析"乙烯三机"瓦温波动及对策措施

俞文兵

（中国石化上海石油化工股份有限公司，上海　200540）

摘　要　针对乙烯三机部分径向轴瓦温度波动问题，装置已对机组运行状态和润滑油等进行排查分析，本文从润滑油使用特性、轴瓦选用等级、轴瓦检修安装间隙控制等方面，全面分析可能引发轴瓦温度波动的因素，突破习惯思维，从标准制定局限性角度，分析查找问题原因。

关键词　标准局限性；瓦温波动；原因分析；对策措施

上海石化烯烃部2#乙烯装置（新区）"乙烯三机"径向轴瓦出阶段性瓦温波动，装置进行了一系列排查分析，在排除了机组运行不稳定和仪表显示误差等问题后，对机组在用润滑油跟踪数月进行检测分析，对照标准找不到问题原因及确切证据，现通过油品置换及补加五类基础油，使情况有所好转，同时加强对机组及润滑油监控，维持机组运行。装置乙烯生产能力为30万吨/年，配套的乙烯三机基本情况及存在问题见表1。

表1　乙烯三机基本情况表

设备位号	设备名称	设备型号	制造厂家	投用日期	存在问题
E-GT2201	裂解气汽轮机	EHNK50/56/75	杭汽	2002年4月	
E-GB2201	裂解气压缩机	DMCL804/2MCL804/2MCL706	沈鼓	2002年4月	瓦温波动
E-GT2501	丙烯汽轮机	ENK50/56/75	杭汽	2002年4月	瓦温波动
E-GB2501	丙烯压缩机	3MCH806	上鼓	2002年4月	
E-GT2601	乙烯汽轮机	NK32/45/0	杭汽	2002年4月	瓦温波动
E-GB2601	乙烯压缩机	3MCH457	日立	2002年4月	瓦温波动

针对以上情况，现将"乙烯三机"瓦温问题、排查情况及原因分析，从润滑油标准、轴瓦选用以及安装标准局限性角度详细论述如下。

1　瓦温波动情况描述

1.1　裂解气透平压缩机组

2#乙烯装置（新区）裂解气透平压缩机组E-GB2201，2018年9月大修投用后至2019年7月25日开始，低压缸吸气侧（推力盘侧）径向瓦温度ETI22602AB波动幅度趋大（见图1）；中压缸排气侧（非推力盘侧）径向瓦温度ETI22610AB，从2019年8月28日至9月23日，ETI22610A由85℃缓慢上升至90℃，10月2日14：03从95℃瞬间上升至107℃，10月11日19：00又突然下降至92℃（见图2）。高压缸排气侧（非推力盘侧）径向瓦温度ETI226616B，从2019年7月25日开始波动幅度趋大，10月14日13：50 ETI22616A从85.7最高波动至91.9℃；10月20日6：46，ETI22616B最高波动至98.9℃（见图3）。

1.2　丙烯透平压缩机机组

2#乙烯装置（新区）丙烯透平压缩机组E-GB2501，2018年9月大修投用后至2019年2月，汽轮机GT2501驱动端径向瓦温度ETI25531AB开始波动，最高温度到115℃（见图4）。

1.3　乙烯透平压缩机组

2#乙烯装置（新区）乙烯透平压缩机组E-GB2601，2018年9月大修投用后至2019年2月，压缩机GB2601径向瓦温度ETI26631A开始波动，最高波动温度达到110℃（见图5）。

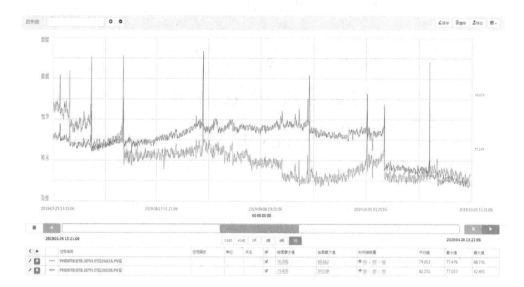

图 1　低压缸轴承温度波动

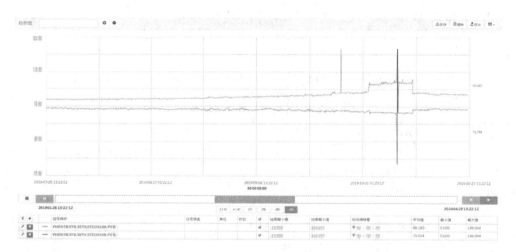

图 2　中压缸轴承温度波动

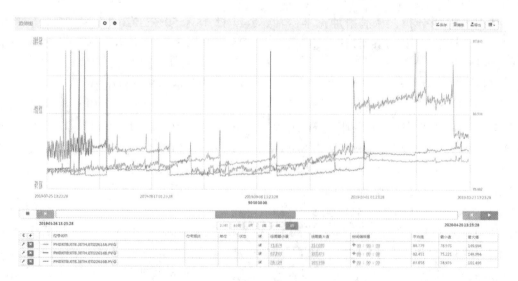

图 3　高压缸轴承温度波动

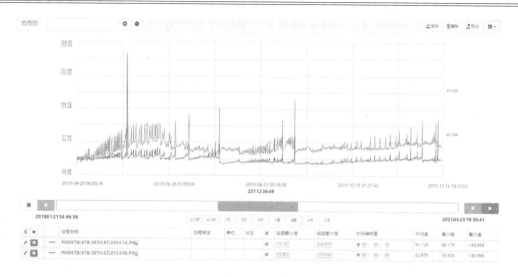

图 4　丙烯透平轴承温度波动

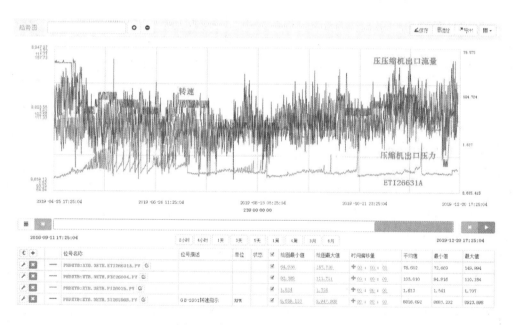

图 5　乙烯压缩机轴承温度波动

2　问题排查

2.1　对机组运行技术状态及仪表监控系统进行检查

机组出现上述瓦温波动上升幅度较大时，如某点温度处于高高报警点温度时，装置做适当降速处理，待温度逐渐下降趋于稳定后，再升速恢复原额定负荷。维持一段时间后，波动再次出现，再降速 100~200r/min……如此循环往复。每次波动发生均组织检查机组运行情况，发现机组工艺状态稳定，压缩机进出口压力、温度正常；机组机械运转平稳，各轴瓦振动正常，润滑油进油温度、回油温度正常。经观察

发现，上述温度波动存在阶段性，周期时间不固定，有时一个月发生一次，有时一个月发生多次，且幅度大小不一。

同时，对仪表监控系统进行检查，未发现仪表显示、信息传递有误等问题。

2.2　机组润滑油检测及置换

根据《上海石化设备润滑管理规定》，"乙烯三机"作为公司关键机组，其在用油除每月对其常规指标如黏度、水分、（总）酸值、闪点、机械杂质、抗乳化性等进行分析外，每三个月加测泡沫倾向性、抗氧化剂含量、漆膜倾向性指数等，均未发现异常。但装置在 2019 年 2 月

份，发现机组 2501/2601（共有油箱）润滑油箱底部含水，但检测一直未发现，可能与采样位置有关。装置投用滤水机，机组 2501 测点 ETI25531A 温度值从 90℃降至 76℃，趋于稳定，但到 2019 年 5 月又开始发生阶段性波动，波动范围为 87~101℃；同时 GT-2601 测点 ETI26534A 也发生波动，最大值达到 97℃，后稳定在 86℃，此时油箱检查无水。同时 GB-2201 油箱排查无水。

经了解，机组过去一直使用长城威越/L-TSA46汽轮机油。2018 月 8 月装置大修时，该三机组润滑油全部更换为长城 TSA/LF46 长寿命涡轮机油。2019 年 5 月机组 2501/2601 润滑油系统投用滤油机，后发现油泡沫增多，经检测分析，抗泡性指标偏高但处于标准允许范围上限。

与此同时，总部组织召开会议并通报"扬子石化裂解气压缩机组发生重大故障"，得知该机组也使用长城 TSA/LF46 长寿命涡轮机油，因此怀疑这种长寿命油是否存在不适应"乙烯三机"运行工况的问题。于是从 2019 年 6 月份开始，上述乙烯三机组逐步置换成长城威越/L-TSA46汽轮机油。通过一段时间的检测跟踪发现，机组润滑油除了抗泡性指标仍偏高外，其他性能参数均处于正常范围。

2019 年 9 月对 2201 机组加样分析元素和铁谱指标，结果正常。

2019 年 12 月 25 日润滑油分析，油箱油气含有中 0.9% 乙烯，润滑油中含有乙烯 2052×10^{-6}；后期发现 GB2601 干气密封系统中存在乙烯泄漏导致的，后经处理问题已经解决，润滑油重新采样外送分析，1 月 6 日检测结果显示润滑油中已经不含乙烯。

2.3　加五类基础油

五类基础油 BOOSTVR 是一种完全合成的 V 类油，它与透平油和压缩机油完全相溶，它不会对在用油的如下性能有任何负面作用，如泡沫、破乳化、腐蚀特性，这种油水解稳定性且能提供良好的热氧化保护，其效应是增加在用油的溶解度，最后利用处理过的油液重新溶解系统中的沉积物比如油泥和漆膜。按比例添加后，配合使用 ESP136 油过滤器，可清除油液中形成漆膜的极性物质，降低漆膜指数 MPC 指标值。

2019 年 9 月中旬在 GB2501/2601 润滑油油箱中添加五类基础油、投用 ESP136 油过滤器后，GT2501 联轴器侧径向瓦温度波动得到控制，波动周期明显延长。GB2601 联轴器侧径向瓦温度基本消除波动，添加五类基础油使用至今，油品的监控分析数据未发现任何异常，机组油路运行也未发现其他不利影响。

2020 年 4 月 1 日，放油 16 桶，液面 61（DCS 低报值 30%，液面低报 60），加入 3.5 桶五类基础油后液面 68。轴温度下降明显，润滑油过滤器 FD25011 压差下降，由 25kPa 下降至 18.3kPa。随着五类基础油的加入，过滤器的压差下降到 17.5kPa；轴瓦温度也同步下降，在每加入 1 桶后，2501 机组各个轴瓦温度测点呈现同步下降趋势，其中轴瓦温度 ETI25531A 从 92.7℃下降到 87.1℃，达到预期效果（见图 6）。

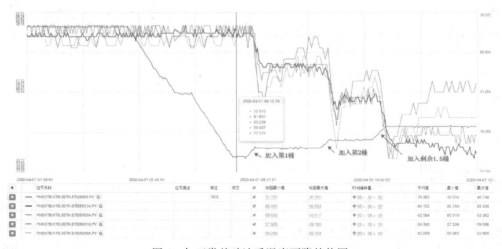

图 6　加五类基础油后温度下降趋势图

3　轴承温度影响因素分析

3.1　润滑油分析

3.1.1　机组润滑油使用情况

上海石化大型机组润滑油最早使用长城 N 系列如 N32 或 N46 汽轮机油，2008 年开始升级换代成长城 L-TSA 或 TSE 系列汽轮机油，乙烯三机组升级使用 L-TSA46 汽轮机油；2012 年长城公司在原来 L-TSA 或 L-TSE 系列汽轮机油的基础上推出 L-TSA/LF 或 L-TSE/LF 系列长寿命汽轮机油，2017 年 5 月，2#乙烯装置（老区）大修，老区乙烯三机更换使用 L-TSA/LF46 长寿命汽轮机油至今。

2018 年 8 月 2#乙烯装置（新区）大修，新区乙烯三机更换使用 L-TSA/LF46 长寿命汽轮机油，由于后期出现上述轴瓦温度波动情况，故于 2019 年 6 月开始逐步置换成 L-TSA46 汽轮机油。

3.1.2　L-TSA 汽轮机油与 L-TSA/LF 长寿命汽轮机油的比较

L-TSA/LF 长寿命汽轮机油与 L-TSA 汽轮机油质量指标有较大差异，详见表 1。

表 1　不同汽轮机油质量指标差异（以 32 号油品为例）

项　目	L-TSA 汽轮机油（优级品）	L-TSA32 汽轮机油（A 级）	L-TSA/LF 长寿命汽轮机油
抗乳化性（水分离性）/min	≥15	≥15	≥15
旋转氧弹（150℃）/min（热稳定性）	—	报告（＞250）	≮1200
氧化安定性			
酸值至达 2mg/mgKOH 时间/h	≮3000	≮3500	≮10000
1000h 后酸值/（mgKOH/g）	—	≥0.3	—
1000h 后油泥/mg	—	≥200	≥200
液相锈蚀（防锈性）	无锈	无锈	无锈
黏度指数（黏温性）	≮90	≮90	≮110
铜片腐蚀（抗腐性）	≥1 级	≥1 级	≥1 级
抗泡沫性（空气分离性）/（mL/mL）	≥450/0 ≥100/0 ≥450/0	≥450/0* ≥100/0 ≥450/0	≥100/0 ≥50/0 ≥100/0
清洁度	—	≥-/18/15	≥-/17/14

* 对于程序Ⅰ和程序Ⅲ，泡沫稳定性在 300s 时记录，对于程序Ⅱ，在 60s 时记录。

从表 1 可以看出，3 个汽轮机油抗乳化性（水分离性）、防锈、防腐性要求是相同的，其他性能指标均有较大差异，特别是在氧化安定性上差别较大，综合来看，L-TSA/LF 长寿命汽轮机油比 L-TSA 汽轮机油的质量要求要高。

3.1.3　L-TSA/LF 长寿命汽轮机油性能优势

L-TSA/LF 长寿命汽轮机油具有以下性能优势：

（1）更好的氧化安定性，使用寿命更长。

（2）更好的高温稳定性。

（3）良好的空气分离性（包括抗泡性和空气释放性）。

（4）更好的黏温性。

（5）更好的清洁度要求。

综上所述，L-TSA/LF 长寿命汽轮机油比 L-TSA 汽轮机油具有更好、更全面的性能，更加符合汽轮机、离心式压缩机的使用要求。

3.1.4　L-TSA/LF 长寿命汽轮机油应用情况

长城长寿命汽轮机油（32、46 等）2006 年推出并开始在电厂使用，2008 年开始在中石化系统内应用，从表 2 可以看出，2014 年至 2019 年，L-TSA/LF 长寿命汽轮机油在中石化系统内销售情况是逐年增长的。

表 2　长城长寿命汽轮机油销售情况

年份	销售数量/t	销售金额/万元
2014	180.2	321.83
2015	399.84	598.63
2016	379.78	571.79
2017	418.71	644.16
2018	863.43	1362.39
2019	1059.95	1647.67

主要应用业绩案例如下：

（1）茂名分公司炼油分部：

长城产品：L-TSA/LF46 长寿命汽轮机油；

应用设备：德国 GHH-BORSIG 循环氢压缩机；

开始使用时间：2005 年 7 月；

油品使用效果：长城 TSA/LF46 长寿命汽轮机油在茂名石化联合二车间的渣油加氢装置的一台大型机组循环氢压缩机使用，使用证明比原 46 防锈汽轮机油寿命延长一倍，使用效果良好。

（2）齐鲁石化胜利炼油厂：

长城产品：L-TSA/LF46 长寿命汽轮机油；

应用设备：循环氢压缩机（沈鼓 BCL405/A）、富气压缩机（MCL606）上；

开始使用时间：2015 年 6 月；

油品使用效果：2015 年 6 月在新建的 260 万吨/年蜡油加氢、催化裂化装置的循环氢压缩机、富气压缩机上使用 TSA/LF46 长寿命汽轮机油，使用后设备运行良好。

3.2 轴瓦使用情况分析

轴承是透平压缩机组的重要部件，其性能好坏对保证机组稳定正常运行具有重要作用。"乙烯三机"的径向轴承采用可倾瓦轴承，主要由轴承壳、两侧油封和可以自由摆动的多块瓦构成，通常为五块瓦，沿轴颈周围均匀分布，其中有块瓦在轴颈的正下方，以便停车时支承转子及冷态时找正；为防止轴瓦随轴颈沿圆周方向一起转动，瓦块装在壳体 T 形槽内，并用装在壳体上与轴瓦松配的销钉来定位，各自可以绕该支点摆动；瓦与轴颈接触的工作面浇铸巴氏合金，厚度为 0.8~2.5mm，瓦块背面直径小于轴承壳体孔的内径，每块瓦背与轴承壳体孔呈线接触，在壳体支承面上自由摆动，自动调节瓦块位置，以达到形成最佳承载油楔的位置；这样在任何情况下都能形成最佳油膜，高速稳定性好，不易发生油膜振荡。

上海石化现有乙烯装置（新、老区）共有 6 套机组，老区压缩机为进口日本三菱制造，新区压缩机为国产沈鼓制造，汽轮机为国产杭汽制造。相应的机组轴承老区为日本三菱配套提供，新区除了乙烯压缩机为进口轴瓦，其余轴承由专业生产商沈鼓、杭汽配套。从使用情况来看，老区进口轴承在运行稳定性、使用寿命、结焦程度、振动及温度方面，明显优于新区机组的配套轴承。因此，轴承的制造精度，如巴氏合金材料和配比、合金炼制工艺水平、浇铸的致密性及颗粒度等，对轴承的性能好坏有很大影响，即使国产轴承，其性能效果也有明显差别，如上海大学设计制造的轴承，要好于其他厂家提供的轴承。

另外，机组检修时轴承安装间隙控制对其日后使用性能也有很大影响。通常转子轴颈与可倾瓦之间间隙控制在一定范围内，不能过紧或过松，过紧会引起轴承温度过高，甚至烧坏轴承或抱轴；过松会引起转子振动加剧，继而引发转子轴弯曲和轴承瓦块碎裂、壳体损坏。一般可倾瓦间隙控制标准范围，由机组制造商或轴承供应商提供，具体数值范围根据轴颈直径大小、转子质量以及应用经验等估算得出，因此其标准范围与实际使用存在偏紧或偏松的误差，导致机组检修后各轴承的初始温度或振动，在标准范围内偏高或偏低。

3.3 工艺负荷分析

查看机组温度波动历史记录，其波动存在阶段不定期性，有时周期长，有时周期短，其波动幅度也时大时小。当发生瓦温波动幅度大时，装置立即降速处理，降速后温度逐渐下降趋于稳定后，再升速，一段时间后又突然波动上升……如此往复循环。说明机组轴承温度高波动与机组运行负荷有很大关系，理论上，机组负荷高，其轴承温度相对会偏高。

综上所述，轴承温度与润滑油性能特点、轴承选用精度等级、轴承检修间隙标准控制、以及机组负荷控制等均有很大关系。而汽轮机油的氧化特性（温度高易结焦）是目前汽轮机油制造技术的瓶颈和短板，是国际、国内都无法完美解决的难题。在此情况下，如果选用的轴承制造精度等级偏低（在制造标准范围内），轴承检修间隙控制在标准范围内偏小，就会引发轴承使用温度偏高，使润滑油在温度高的地方更易氧化结焦，而结焦的轴承更易使轴承温度升高，这也就是同一机组上有的轴承温度偏高，有的却不高（在 70℃ 以下）的原因；至于轴承温度波动，本文分析主要与机组负荷以及机组运行转子轴心轨迹无规律运动有关。正是由于转子轴心轨迹无规律运动，即使同一径向轴承，其五块径向瓦上的温度由于运动间隙不同，其温度也会有差异，并使其结焦程度也必定有差异，当转子轴与结焦严重的瓦块接触摩擦，其温度就会升高，反之温度会下降。而机组转子轴心轨迹的无规律运动又与机组负荷有关。

4 对策措施

4.1 选用更好的润滑油

从汽轮机油制造技术和历史发展过程来看，目前长城 L-TSA/LF 长寿命汽轮机油的氧化性已达到国内制造技术的最高水平，现阶段由于润滑油基础油炼制技术及氧化剂性能等存在技术瓶颈，短时间想再突破有一定的难度。例如润滑油基础油国外现已炼制生产五类基础油，而国内还处于研发阶段；而即使同一类的基础油，其产品质量水平也存在差异。

从上文提到加五类基础油使轴承温度明显下降，说明好的基础油对改善润滑油氧化性能确实有一定作用，但到底能维持多久，或长期会产生什么副作用，现在还不得而知。因此，希望国内润滑油公司能对此加以关注和研究，生产出更好的基础油和氧化剂，进一步提高汽轮机油的炼制技术水平，使我们能选用到更好的润滑油。

4.2 使用更好的轴承

乙烯三机曾经使用过国外品牌的可倾瓦轴承如西门子、三菱公司等，也使用过国产品牌轴承，从使用经验来看，进口轴承在运行稳定性、使用寿命、结焦严重程度等都好于国产轴承，但价格昂贵；而目前国内市场可倾瓦轴承品牌也较多，设计制造能力水平有好有坏，且使用效果也有明显差别，如上海大学研发制造的轴承，就明显好于其他国内品牌轴承，其使用效果接近国外品牌，而价格是国外品牌的一半多，但又高于国内其他品牌。因此，选择一款更好的轴承，对于乙烯三机的长周期稳定正常运行非常重要。

4.3 精准控制轴瓦装配间隙。

一般此类轴承可倾瓦与轴颈间隙控制标准范围，由设备制造商根据轴颈尺寸、转子质量和机组负荷等技术参数确定提供，安装检修便按此标准范围加以控制，但此标准范围是否符合实际运行要求，需要在实际使用中加以分析和研究，检验的标准是检修安装后开车时的轴承初始温度应在 70℃左右（最好 70℃以下，严禁大于 80℃），初始振动应在良好范围以内。因此需要检修安装人员和设备管理人员，将每次检修拆装时的轴瓦安装间隙，以及机组试车或开车时的初始温度和振动，都要做好详细记录，积累一定数据后进行对比分析，找出规律后在下次检修时对轴承间隙进行适当调整，如此反复几次后，就可以精准确定轴瓦最佳安装间隙。

总之，由于受润滑油炼制技术限制，在无法选用到更好的润滑油的情况下，使用更好的轴承成为首选，不能过多考虑价格因素，尽量使用进口品牌以及质优价高的国内品牌；同时，通过几次检修，精准确定轴承最佳间隙，并形成新的安装标准。这样才能保证检修后机组运行轴承初始温度和振动保持在最佳状态（轴承温度 70℃以下，振动在良好范围内），提高润滑油氧化性能，使润滑油不致在高温下较快氧化，也就不易结焦，使轴承处于良性润滑状态，确保机组长周期稳定运行。

5 结束语

标准制定受行业及国家制造业水平限制，制造业水平高，标准制定要求及水平就高，反之就低。理论上，只要符合标准就似乎没有问题，但实际情况是：如果采用了最低标准，综合的结果也可能会出现问题。这就要求我们现场设备管理人员，在每一个管理环节都要认真做好记录，大量掌握设备运行及检修等信息和数据，在分析查找问题原因时，利用大数据找寻有规律性的东西，并要突破以往思维习惯，不过度依赖标准规定，从实际出发精准完善标准数据，因为实践是检验真理的唯一标准。

乙烯装置丙烯制冷压缩机组汽轮机轴位移
持续上涨案例分析

李彦初

（中国石化齐鲁分公司机械动力部，山东淄博　255400）

摘　要　丙烯制冷压缩机作为乙烯装置三机之一的重要机组，其运行的稳定性直接影响乙烯装置及下游化工装置的平稳运行，本文中的烯烃乙烯装置具有两套裂解气压缩系统、两套独立制冷系统、三个冷箱系统及两套产品精馏系统。丙烯制冷压缩机汽轮机高压侧轴位移自检修开机后持续上涨，结合设备设计数据、工艺运行参数，通过多项技术调控，轴位移上涨趋势逐步放缓。

关键词　轴位移；润滑油流通量；蒸汽品质；操作参数；管理措施

1　装置运行概况

某公司乙烯装置丙烯制冷压缩机 2017 年 6 月 24 日检修后开机，汽轮机轴位移 ZI5011A/B/C 呈现同步上涨的趋势（轴位移报警值 ±0.50mm，联锁值 ±0.75mm，联锁逻辑三取二），

2018 年 8 月末 ZI5011A 达到报警值 -0.5mm，2020 年 4 月 13 日 ZI5011A 出现峰值 -0.619mm，较开工初期上涨 0.280mm。通过技术攻关，采取多项措施，轴位移上涨趋势得以有效控制，保障了机组长周期平稳运行（见图 1）。

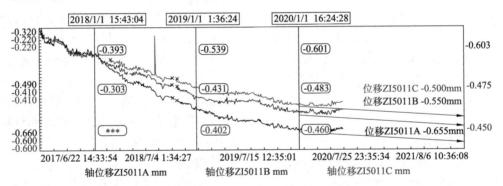

图 1　2017 年大检修开工至今 GT501 轴位移 ZI5011A/B/C 趋势图

2　丙烯制冷压缩机组参数介绍

某公司乙烯装置丙烯制冷压缩机组驱动汽轮机 GT501 为抽气冷凝式压缩机，日本三菱制造，型号为 7EH-13，设计使用超高压蒸汽驱动，蒸汽压力为 11.2MPa，温度为 515℃，抽汽蒸汽为中压蒸汽，设计压力为 1.57MPa，设计动作转速为 3267～4035r/min，输出功率为 19883kW，设计额定体积流量为 220km³/h。

3　轴位移增长过程分析说明

3.1　排查仪表原因影响

仪表专业对 3500 状态监测系统的探头、延伸电缆、前置放大器等进行排查，确认无故障。

同时讨论了 ZI5011A 探头损坏的可能性，通过三个位移同步变化的趋势判断为探头未损坏。

对止推瓦进行确认：GT501 止推瓦为 2017 年大检修期间更换，质量合格。

3.2　工艺波动对位移问题影响

GB501 自 2017 年大检修完毕后仅在 2017 年 8 月 14 日发生一次非计划停工，其余时间运行平稳，通过波动前后趋势对比，波动前后位

作者简介：李彦初（1984—），男，山东滨州人，2008 年毕业于山东理工大学机械设计制造及自动化专业，学士学位，工程师，现在中国石化齐鲁分公司机械动力部从事转动设备管理工作。

移未出现异常，排除了工艺波动因素影响。

3.3 生产负荷对位移问题影响：

GB501 工艺负荷与 GT501 位移的上涨速度同步变化，其中 2018 年下半年高负荷运行，GB501 一段负荷 FC501 与汽轮机位移 ZI5011A 变化趋势明显。

A 区间：7 月 11 日~9 月 6 日夏季高温，GB501 工艺负荷 FC501 逐步提高，轴位移 ZI5011A 由 -0.480mm 逐步增大至 -0.520mm。

B 区间：9 月 6 日~11 月 8 日通过负荷调整，GB501 机组负荷平稳，轴位移 ZI5011A 出现短时间好转后平缓增大，由 -0.520mm 逐步增大至 -0.530mm。

C 区间：11 月 8 日~12 月 9 日，开展各专业联合技术攻关，工艺负荷调整降低，轴位移趋势平稳，未见明显增大，ZI5011A 为 -0.531mm。

D 区间：12 月 9 日~12 月 22 日，GB501 工艺负荷 FC501 大幅提高，轴位移 ZI5011A 由 -0.531mm 逐步增大至 -0.541mm，并出现 2018 年峰值 -0.552mm。

E 区间：12 月 22 日至 1 月，GB501 机组负荷下降，轴位移 ZI5011A 随着生产负荷降低上涨趋势放缓，总体趋势稳定在 -0.535 ~ -0.545mm 区间。

3.4 冷箱负荷分配对轴位移影响

该乙烯装置有丙烯、乙烯、甲烷复迭制冷与三元制冷两套制冷系统；装置总裂解气量分配给 GB501 与 GB801 系统。经过对近一年半生产负荷数据汇总分析，提高 GB801 负荷有效减缓了 GB501 轴位移上涨趋势。

3.5 轴瓦后回油温度对位移问题影响

汽轮机主推瓦后回油温度 TI5012 与轴位移 ZI5011A 之间变化量存在一定相关性；GB501 机组推力瓦块上未设计温度测点，TI5012 温度测点设置在推力瓦润滑之后回油管线上。回油温度降低说明轴瓦温度未被润滑油带出，应提高润滑油温度，保证轴瓦与推力盘之间润滑油足够的流通量。

3.6 汽轮机 GT501 蒸汽总量对轴位移的影响

GT501 设计最大功率额定设计蒸汽量为 113.5t/h，设计最大蒸汽量为 120t/h，2018 年 8 月份因工艺负荷较高最大蒸汽量达到 138t/h。

3.7 汽轮机 GT501 入口蒸汽温度对轴位移的影响

驱动汽轮机 GT501 入口蒸汽为超高压蒸汽（SS），原设计温度为 515℃，压力为 11.2MPa，当蒸汽温度降低时，蒸汽在汽轮机各级的反动度增大，转子的轴向力逐步增大，轴瓦与推力盘之间的间隙变小，润滑油流通量降低，轴瓦温度升高，轴位移随之上涨。

通过查询入口蒸汽温度趋势，发现装置在裂解炉切换时，SS 蒸汽温度波动较大，当蒸汽温度低于 500℃时，轴位移随之出现快速上涨。由于 GB501 位于 SS 管网的末端，SS 温度波动较大时，SS 品质随之下降，蒸汽品质对 GB501 轴位移有一定影响。

3.8 汽轮机各项蒸汽参数对轴位移的影响

比对轴位移 ZI5011A 与汽轮机抽汽、复水之间的关系。2017 年 9 月后通过提高复水量来提高蒸汽利用率、降低 SS 总进汽量，轴位移上涨趋势放缓。

2017 年检修更换 GT501 转子，自开机以来汽轮机一级后蒸汽压力、抽汽压力、抽汽温度、高压侧轴振动趋势较为平稳，排除转子结垢因素。

3.9 抢修及检修情况检查

考虑到汽轮机位移自检修开机后持续上涨，核查 2017 年大检修期间拆除的旧止推瓦的相关数据及照片资料，同时排查 2017 年大检修之前，上一周期的位移运行情况。

2014 年 1 月至 2018 年 12 月份 ZI5011A 的趋势，自 2014 年"12·19"蒸汽带液事故以来，GT501 位移开始缓慢恶化，数值同样是负向增大，至 2017 年大检修时数值达到 -0.37mm。"12·19"事故之前的位移趋势运行平稳。在"12·19"事故发生后，GT501 除止推瓦块严重损伤并更换外，瓦座也受到不同程度损伤。2017 年大检修期间更换新的止推瓦块，受损瓦座未更换，可能对轴位移持续增大造成一定影响；机组抗波动能力不断减弱，受负荷的影响尤为敏感。

2014 年 12 月 19 日 GB501 机组因蒸汽带液造成轴位移联锁停机，抢修过程中主要检查汽轮机止推瓦情况，拆解后发现主止推瓦磨损情况严重，副瓦无明显磨损，止推盘主瓦侧有轻微划痕。针对检查情况对主瓦全部更新，止推盘研磨，副瓦继续使用。安装后对各部位间隙进行了检测，扣轴承箱上盖后，实测窜量为0.48mm。

3.10　GT501轴位移过大对设备本体的风险分析

当轴位移较大时，转子向排气侧移动，各处轴封发生磨损，导致梳齿倒伏，致使轴封漏气，或引起转子振动变大，同时转子的叶片和隔板喷嘴间隙变大，汽轮机效率大幅降低。

4　目前采取的措施

针对GT501轴位移持续上涨，制定了一系列应对措施，主要从稳定或降低GB501负荷和确保生产调整时不发生剧烈波动的方向考虑，具体如下。

4.1　机组运行参数调整

加强机组润滑系统管理。润滑油温度由38~42℃提高到40~44℃，同时关注轴瓦后温度变化趋势，根据轴位移上涨前轴瓦后温度提前1~1.5h骤降现象，提前预判轴位移上涨。

2019年3月对GT501调整控油杆进行调整，加大止推轴承进油量，提高止推轴瓦润滑，7月对轴电压进行检测，发现GT501轴电压18V，对电刷进行排查整改，轴电压降为零。

11月检查发现GT501轴电压检测超标，轴电压得不到有效释放，会破坏止推轴承处油膜稳定，击穿油膜，电蚀巴氏合金及止推盘。烯烃厂在打磨处理原设计电刷后，发现转子仍存在带电现象，利用铜锡合金自制全新外挂电刷，安装后实测电压均<1V。

2018年11月初将润滑油压力由147kPa提高至167kPa。增加润滑油铁谱分析，发现检测数据中发现润滑油样中含有铁离子，2019年3月份在对机组油过滤器进行检查是发现金属磨损碎屑，验证GT501推力瓦出现磨损。

4.2　工艺操作调整措施

合理降低GB501转速。在确保装置稳定运行和其余机组稳定的前提下，通过降低转速、提高GB501一段吸入压力，进而降低汽轮机总蒸汽用量。目前一段吸入压力由32kPa提高至

40kkPa以上，转速的降低对位移的影响效果比较明显。

通过裂解气量冷箱分配，将三元制冷压缩机组GB801提至满负荷运行，降低丙烯制冷压缩机组负荷，保证GB501平稳运行；在装置满负荷运行时，将3#冷箱裂解气量提至最大120kNm³/h，负荷向GB801转移。

利用装置现有氨制冷压缩机。将氨制冷压缩机启动，通过DA402至球罐平衡线为该塔提供冷量，分担EA405部分负荷（EA405为DA402塔顶冷凝器，是GB501最大的用户，其用冷负荷占GB501总用冷负荷的50%以上，其丙烯汽化量直接影响GB501工艺负荷）。氨制冷压缩机功率为355kW，制冷量为434kW。2019年2月14日调试完成并投用，该机组冷却乙烯量为36t/d。

通过技术改造，将乙烯装置1#乙烯精馏塔DA402塔顶部分气相乙烯作为原料直接送至塑料厂2#高密度装置，分担EA405部分负荷，设计流量为120t/d，操作温度为-29℃，操作压力为1.9MPa，增设循环水换热器一台加热至10℃外送。2019年10月16日投用，最大外送粗乙烯为30t/d，效果明显，受塑料厂产品牌号影响，目前间歇式投用。

4.3　降低GB501运行负荷

尽可能保证GB501回收冷量，一是在满负荷运行时申请将下游新PE装置增压机开至最大负荷；二是低压乙烯尽可能为GB501提供冷量，少走GB801流程；三是确保下游装置不波动，下游乙烯用户波动会影响GB501冷量的回收，如氯乙烯停工检修时，对位移影响较大。

本装置共有两套乙烯精馏塔DA402/2402，制定两套乙烯精馏塔联合操作方案，一是DA402塔压尽可能靠近上限控制，降低GB501冷量消耗；二是DA2402尽可能多地承担负荷，保证DA402负荷不超高（DA2402冷量由三元制冷压缩机组GB801提供）。

4.4　突破夏季高温生产负荷瓶颈

GB501四段排出压力高历年来是夏季高负荷生产的一大瓶颈，2018年夏季该情况尤其严重，为保证GB501机组运行平稳及装置产量不降低，对出口冷却器组流量、流速进行多点测

量，解决偏流问题，消除夏季高温瓶颈。

如图 2 所示，EA550B 于 2006 年新增，2017 年进行了扩能改造。GB501 四段排出气相丙烯共有三股走向：EA501～502A/B，EA550，EA550B，三股并联，冷凝后汇合一起进入 FA506。其中，EA501～502A/B 冷却负荷最大，气相丙烯的流量也最大。通过测量，EA501～502A/B 气相丙烯流通量过小，存在一定偏流，与 EA550 和 EA550B 丙烯侧截止阀开度增大有一定关系。后来对 EA550/550B 丙烯侧出口阀门进行摸索调整后，GB501 出口压力回复正常，基本维持在 1.8MPa 以下，问题解决。

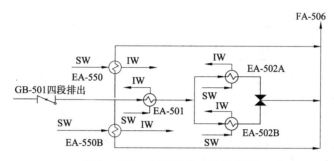

图 2　GB501 四段排出工艺流程图

4.5　公用工程及生产调度指令调整

蒸汽品质对汽轮机的运行能力和效率影响较大。公司内部统筹协调，要求 SS 蒸汽压力稳定在 11MPa 以上，同时要求动力锅炉 SS 温度控制在 525℃。

优化裂解炉操作，加强蒸汽品质管理。确保在裂解炉切换时 GT501 汽轮机 SS 蒸汽温度控制在 500℃ 以上，压力不低于 11MPa，针对裂解炉无磷水阀泄漏问题进行全面排查，根据裂解炉检修周期，对存在泄漏的无磷水阀进行逐一维修或更换，彻底解决裂解炉切换时 SS 温度波动影响机组稳定运行问题。

加强原料品质管理。要求上游原料石脑油中烷烃含量提至 68%～70%，裂解炉投油量降低，乙烯收率提升，有利于降低 GB501 负荷，缓解 GT501 轴位移上涨趋势。加强上下游装置沟通，优化裂解装置下游装置开停工方案，保障丙烯制冷机组在下游装置生产负荷变化时运行平稳。

4.6　做好"五位一体"特护包机工作，落实车间考核制度

加强"五位一体"特护包机工作。区域机、电、仪、操、管要切实做好大型机组"五位一体"特护包机工作，各专业之间利用包机小组平台深度交流，及时消除机组隐患；进一步探索、创新"五位一体"特护包机制度，提高包机管理水平。

强化车间管理考核，制定 GB501 操作注意事项，将工艺操作措施下发至各个班组并进行培训交底，并制定《GT501 轴位移高特护方案》和《GT501 轴位移高特护记录表》加强监护。

4.7　做好紧急抢修准备工作

按照 GT501 透平中修、大修两套方案准备机组检修方案。同时梳理、准备相关检修项目，利用检修时机一并解决乙烯装置设备存在的问题。机、电、仪专业提前对接抢修备件安装细节、重要质量控制参数、抢修工器具现场存放等工作，重点工作安排到相关责任人。本次机组检修，要更换 GT501 透平止推瓦架，检查透平瓦座有无变形，检查透平滑销系统情况，检查透平管线应力情况，检查静电刷电阻值情况，如果时间允许应检查透平隔板喷嘴流道情况。

开展紧急演练，应对突发状况。维保单位连同乙烯装置相关专业根据应急演练暴露出的问题继续完善机组紧急预案，同时各专业通过岗位练兵、精准培训，落实好基层班组丙烯制冷机组紧急预案演练工作，紧密配合、联合运作。

5　结束语

自 2017 年检修后开车至今，汽轮机轴位移仍处于三者同步上涨趋势，通过多项技术措施，2018 年透平轴位移三个测点数值平均上涨 0.133mm；2019 年透平轴位移三个测点数值平均上涨 0.054mm，同比上涨速度下降 60%。丙

烯机透平 GT501 轴位移增长趋势基本可控。按照 2018 年增长趋势，轴位移 ZI5011A 将在 2020 年 3 月达到联锁值-0.75mm；按照 2019 年增长趋势，轴位移 ZI5011A 将在 2021 年 6 月达到联锁值-0.75mm（见表 1）。

表 1　轴位移增长趋势

序号	轴位移测点	2018 年趋势达到联锁值时间	2019 年趋势达到联锁值时间	2020 年趋势达到联锁值时间
1	ZI5011A	2020 年 3 月	2021 年 6 月	2022 年以后
2	ZI5011B	2020 年 8 月	2021 年 11 月	2022 年以后
3	ZI5011C	2021 年 8 月	2022 年以后	2022 年以后

从 2019 年 3 月 23 日至今，轴位移上涨趋势明显放缓，3 月份技术攻关比较有效的措施主要有：

（1）提高润滑油温度及推力瓦润滑油量。前期考虑到增大油膜刚性，保证推力瓦润滑效果，将润滑油温度控制范围降低至下限操作，通过多次轴位移快速上涨及轴瓦后回油温度变化趋势分析，认为轴位移增大时，推力瓦与止推盘之间间隙变小，在降低油温增大油膜刚度的同时，润滑油的流通量明显降低，轴瓦产生的热量不能被有效带出，造成推力瓦磨损。3 月份之后改变思路，调整润滑油控油杆，增大推力瓦润滑油流通量，同时将润滑油温度提至 40~44℃，降低润滑油黏度，保证推力瓦与止推盘之间润滑油有足够的流通量。

（2）提高 SS 蒸汽品质。自 2020 年 4 月，SS 蒸汽温度由 501℃提高至 508℃以上，GT501 入口蒸汽 SS 蒸汽中的热焓值增大，从而使机组在最大负荷工况下减少机组总进汽量，保证机组最大功率时总进汽量最低，减小汽轮机轴向推力。

（3）在确保年度装置乙烯产量前提下，通过公司整体效益核算，提高上游原料石脑油中烷烃含量，降低乙烯装置整体负荷，使 GB501 稳定在设计工况下运行，以保证乙烯装置乙烯产量目标。

参　考　文　献

1　王学义. 工业汽轮机设备及运行技术问答. 北京：中国石化出版社，2012.
2　王松汗. 乙烯装置技术与运行. 北京：中国石化出版社，2009.

乙烯裂解炉辐射段炉管破裂原因探讨

吴建平

（中韩（武汉）石油化工有限公司，湖北武汉　430082）

摘　要　乙烯裂解炉辐射段炉管是制约乙烯装置长周期安全运行的主要因素之一。中韩石化裂解炉运行后烧焦过程中发生了炉管破裂故障。通过裂解炉管的常量元素检测、痕量杂质元素检测、碳含量检测、光学及电子金相组织观察、微区 EDS 能谱检测、微区 WDS 波谱检测，经讨论认为：裂解炉管运行中材料发生了渗碳，碳原子扩散到基体金属中，生成金属碳化物，碳化物在晶界长大、增多，晶界的连续性遭到了破坏，炉管高温蠕变断裂强度和中低温韧性降低，这是造成炉管破裂的主要因素之一。同时，渗碳层体积膨胀，产生很强的附加应力，这是导致炉管破裂的另一个因素。根据上述结论，提出了裂解炉管渗碳失效的防护措施：合理布置燃烧器，确保热量均匀分布；严格避免炉管升温或降温速度太快；保证裂解炉定期清焦质量。

关键词　乙烯裂解炉；辐射段炉管；破裂；渗碳；原因分析；对策

乙烯裂解炉是乙烯装置的主要设备，而裂解炉辐射段炉管（以下简称裂解炉管）又是裂解炉的关键部件，裂解炉管是制约乙烯装置长周期安全运行的主要因素。中韩石化某台裂解炉的炉管材质为 35Cr-45Ni-Nb+MA，在运行 32 个月的时间后，即发生了破裂情况，导致局部炉管提前更换，这是一种非正常失效情况，给工厂带来较大的经济损失。为从技术上杜绝类似情况再次出现，开展了以下失效分析工作，以期寻求相应的防护对策。

1　裂解炉管裂纹形貌观察

对破裂的裂解炉管（见图 1）进行 RT 无损检测，底片显示为线型裂纹。然后，对破裂的裂解炉管纵向切割以进一步观察（见图 2），发现炉管内表面裂纹长度约 30mm，外表面裂纹长度约 20mm。由此可判断，裂纹为发源于内表面，由内向外扩展而形成。

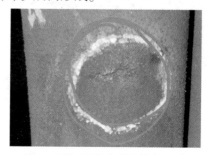

图 1　裂解炉管破裂处外部形貌

图 2　裂解炉管破裂处剖面形貌

2　裂解炉管成分检测

2.1　裂解炉管常量元素检验

对炉管外壁取样，进行 Cr、Ni、Nb、W、Si、C、Mn、S、P、Mo、Cu、Al 等常量元素检验。试验方法依据的标准为 GB/T 14203《火花放电原子发射光谱分析法通则》和 GB/T 11170《不锈钢多元素含量的测定　火花放电原子发射光谱法（常规法）》。结果显示，裂解炉管各项常量元素含量符合技术规定的要求（见表 1）。

表 1　裂解炉管常量元素检验结果

序号	合金元素	技术规定值/%	检测值/%
1	Cr	30~37	34.14
2	Ni	40~47	43.24
3	Nb	0.5~1.5	0.86

续表

序号	合金元素	技术规定值/%	检测值/%
4	W	≤0.3	0.057
5	Si	1.2~1.8	1.37
6	C	0.4~0.6	0.54
7	Mn	≤1.5	0.87
8	S	≤0.03	0.0091
9	P	≤0.03	0.022
10	Mo	≤0.5	0.080
11	Cu	≤0.25	0.011
12	Al	≤0.05	<0.0010

2.2　裂解炉管痕量杂质元素检验

对炉管外壁取样，分析 As、Sn、Pb 和 Bi 元素成分，检验方法为 GB/T 8647.7—2006《镍化学分析方法砷、锑、锡、铅量的测定电热原子吸收光谱法》。结果显示，裂解炉管各项痕量杂质元素含量符合技术规定的要求(见表2)。

表2　裂解炉管痕量杂质元素检验结果

序号	合金元素	技术规定值/(mg/kg)	检测值/(mg/kg)
1	As	100	17.72
2	Sn	100	26.54
3	Pb	100	10.11
4	Bi	100	0.19

3　裂解炉管碳含量检测

对炉管取样，分别检测炉管内壁和中间壁厚的碳含量。检验方法为 NACE TM0498《用于乙烯生产中合金钢管的渗碳评估试验方法标准》。结果显示，裂解炉管内壁已发生了严重的渗碳(见表3)。

表3　裂解炉管碳含量检验结果

内壁碳含量/%	中间壁厚碳含量/%
3.72	1.15

4　裂解炉管金相组织观察

4.1　裂解炉管光学显微镜观察

取炉管制作试样，进行光学显微镜观察，检测炉管服役后组织变化情况。检验方法为 GB/T 13298《金属显微组织检验方法》。发现：

靠近外表面部位，奥氏体晶界碳化物呈离散块状分布(见图3)；中间部位，晶界碳化物呈断续链状和粗大块状分布(见图4)；靠近内表面部位，晶界碳化物呈断续链状分布，M_7C_3 状态的碳化物大量析出，局部渗碳损伤严重(见图5)。炉管截面由外表面至内表面，渗碳损伤遵循由轻微到严重的趋势(见图6)。

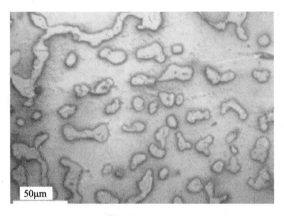

50μm

图3　靠近外表面金相组织

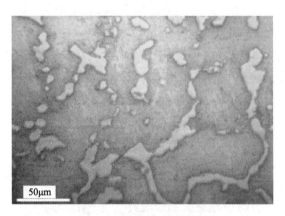

50μm

图4　中间部位金相组织

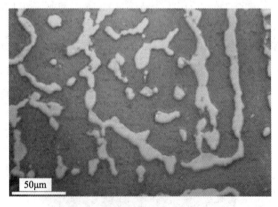

50μm

图5　靠近内表面金相组织

内表面

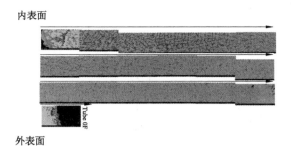

外表面

图6 炉管光学金相组织

4.2 裂解炉管扫描电镜观察

取炉管制作试样，进行扫描电镜观察。发现：该试样内外壁发生明显氧化，且氧化不均匀；试样发生明显渗碳，渗碳层厚度约为2mm，内表面附近渗碳区组织中晶界碳化物以粗短链状分布(见图7)，晶界碳化物中心有白色颗粒状析出物(见图8)；中间部位组织和外壁附近组织形态相同，晶界碳化物以块状、短链状分布(见图9)，晶界碳化物上分布白色块状析出物(见图10)。

图7 内表面附近渗碳组织

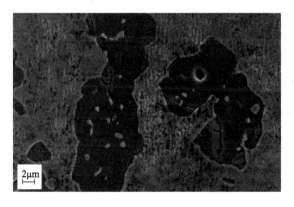

图8 内表面附近晶界析出物

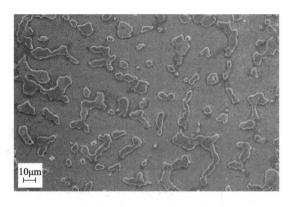

图9 外表面附近渗碳组织

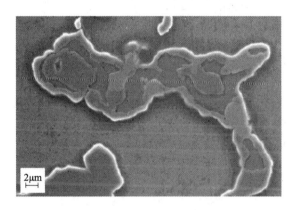

图10 外表面附近晶界析出物

5 裂解炉管微区EDS能谱检测

取炉管制作试样，对炉管组织中不同区域的析出物进行能谱分析。检验方法为 GB/T 17359《微束分析 能谱法定量分析》。

检测发现：试样内表面氧化物以氧化铬和氧化硅为主，靠近基体氧化物以氧化硅为主；由于试样发生渗碳，在内表面氧化层中有大量的C元素(见图11)。

试样内表面渗碳区组织中晶界碳化物主要为 M_7C_3，晶界碳化物中心白色颗粒状析出物为NbC，该组织类型为典型渗碳组织(见图12)。

随着离内表面距离增加，渗碳程度逐渐减轻，内表面轻微渗碳区组织中晶界碳化物主要为 $M_{23}C_6$，晶界碳化物上分布的白色块状析出物为 G 相($Ni_{16}Nb_6Si_7$)，白色颗粒状析出物为NbC。在渗碳过程中，$M_{23}C_6$ 逐渐转变为 M_7C_3，G 相逐渐转变为NbC(见图13)。

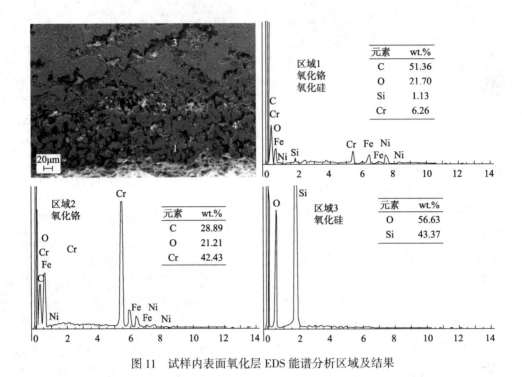

区域1 氧化铬 氧化硅	元素	wt.%
	C	51.36
	O	21.70
	Si	1.13
	Cr	6.26

区域2 氧化铬	元素	wt.%
	C	28.89
	O	21.21
	Cr	42.43

区域3 氧化硅	元素	wt.%
	O	56.63
	Si	43.37

图 11　试样内表面氧化层 EDS 能谱分析区域及结果

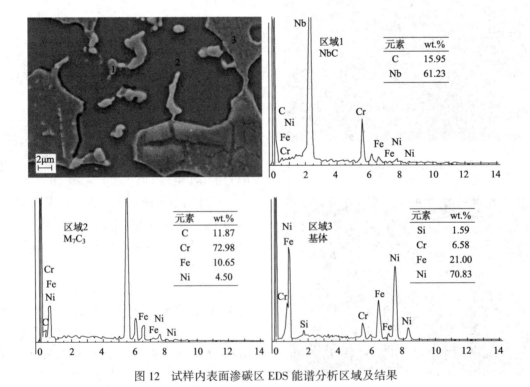

区域1 NbC	元素	wt.%
	C	15.95
	Nb	61.23

区域2 M_7C_3	元素	wt.%
	C	11.87
	Cr	72.98
	Fe	10.65
	Ni	4.50

区域3 基体	元素	wt.%
	Si	1.59
	Cr	6.58
	Fe	21.00
	Ni	70.83

图 12　试样内表面渗碳区 EDS 能谱分析区域及结果

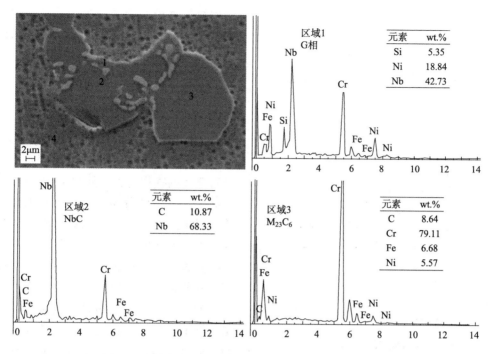

图13　试样内表面轻微渗碳区 EDS 能谱分析区域及结果

试样中间壁厚组织中晶界碳化物主要为 $M_{23}C_6$，晶界碳化物上白色块状析出物为 G 相。试样外表面附近组织中晶界碳化物主要为 $M_{23}C_6$，晶界碳化物上白色块状析出物为 G 相（见图14）。试样靠近外表面氧化物以氧化铬为主，靠近基体氧化物以氧化硅为主，两者之间为氧化铬和氧化硅。

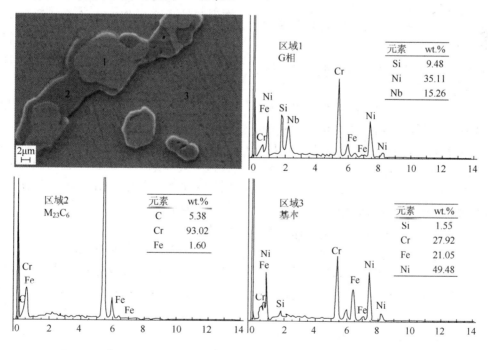

图14　试样外表面附近组织 EDS 能谱分析区域及结果

6　裂解炉管微区 WDS 波谱检测

取炉管制作试样，对炉管组织中不同区域进行波谱分析。检验方法为 GB/T 28634《微束分析　电子探针显微分析块状试样波谱法定量点分析》。

　　通过检验，发现：炉管厚度方向截面上的碳含量从内表面至外表面呈由高到低的分部规律，炉管内部部分区域渗透的碳含量接近4%（见图15）。

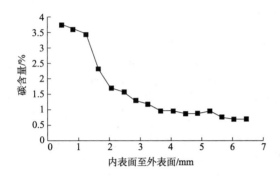

图15　炉管壁厚方向上碳含量的分布

7　裂解炉管破裂原因分析

7.1　炉管材质符合技术要求

　　炉管的材质为非标准材料，由表1、表2知，其各项常量元素含量和痕量杂质元素含量均符合技术要求。Cr、Ni的含量匹配，未产生δ相的析出。痕量杂质元素也未对材料质量产生不良影响，炉管材质符合技术要求。

7.2　裂解炉管材质渗碳

　　由表3、图15可知，炉管内表面的碳含量明显高于中间层和外表面，壁厚方向上从内表面至外表面碳含量呈从高到低的分布。由微区EDS能谱检测可知，在内表面氧化层中有大量的C元素；试样内表面渗碳区组织中晶界碳化物主要为M_7C_3，晶界碳化物中心白色颗粒状析出物为NbC，为典型渗碳组织。在渗碳过程中，$M_{23}C_6$逐渐转变为M_7C_3，G相逐渐转变为NbC。综上所述，炉管材料运行期间发生了渗碳。

8　炉管材质渗碳的危害及防护措施

　　炉管发生渗碳后，碳原子扩散到基体金属中，生成铬的碳化物，碳化物在晶界长大、增多，形成大量的块状碳化物，晶界的连续性遭到了破坏，炉管高温蠕变断裂强度和中低温韧性均会降低，这是造成炉管破裂的主要原因之一。同时，渗碳层体积膨胀，产生很强的附加应力。由于材料渗碳，渗碳层比相应基体金属密度小，体积发生膨胀，渗碳层处于受压状态，基体金属处于拉伸状态。在装置清焦时，炉体温度降到常温，基体金属处于张应力状态，这

是导致炉管破裂的另一个因素。一般地，内表面出现沿晶裂纹，在内表面张应力的作用下，颗粒状碳化物之间形成裂纹源并逐步向外壁扩展，最后穿透管壁而导致失效。

　　需要指出的是，炉管渗碳对炉管相关力学性能的损害，金属组织中较高的碳含量固然是重要的影响因素，但影响更大的是碳浓度梯度。在炉管厚度方向上，碳浓度梯度越大，渗碳对炉管金属的损伤越大。如图15所示的炉管壁厚方向上碳含量的分布，由炉管外壁到内壁，炉管材料中的碳含量由低向高分布，并且碳浓度梯度大，因而炉管受损伤严重。

　　渗碳作为一种腐蚀，会引起材料贫铬及抗氧化性能降低，裂解炉管的渗碳和壁温超温是其失效的主要因素。防止炉管发生渗碳，要确保炉管不要超温，超温对炉管的损伤是不可逆的，材料长期处于高温运行一般会导致材料变脆。因此提出以下防护措施：

　　（1）合理布置底部燃烧器和侧壁燃烧器，应确保炉膛烟气热量均匀分布。这种均匀分布，是指尽量拟合物料进行裂解反应所需的热量，而并非指温度数值或热通量数值的平均一致。在裂解炉生产操作中，随着裂解反应的进程，炉管各部位的温度和热通量都是不一致的。

　　（2）严格按规程进行裂解炉的开停车操作，应严格避免升温或降温速度太快，应特别注意的是，一定要控制好裂解炉COT（裂解炉出口温度）。

　　（3）保证裂解炉定期清焦质量。去除炉管内表面的焦炭层，防止炉管超温及表面渗碳。因为在生产过程中，由于清焦不彻底，往往短时间内就会造成炉管局部过热超温。

9　结论

　　（1）本文对中韩石化乙烯装置某裂解炉炉管的破裂进行了失效分析工作。在对炉管成分检测、金相组织观察、扫描电镜微区成分分析等一系列检测和检验的基础上，通过分析和论证，认为：裂解炉管破裂失效的根本原因是由于炉管在工作期间发生超温运行，发生渗碳，引起材质劣化，碳原子扩散到基体金属中，生成金属碳化物，碳化物在晶界长大、增多，晶界的连续性遭到了破坏，炉管高温蠕变断裂强

度和中低温韧性降低，这是造成炉管破裂的主要因素之一。同时，渗碳层体积膨胀，产生很强的附加应力，这是导致炉管破裂的另一个因素。

（2）提出了裂解炉管渗碳失效的防护措施。第一，合理布置燃烧器，确保热量均匀分布；第二，严格控制裂解炉的COT，确保其在合理的范围内运行；第三，裂解炉停炉烧焦及投用时，严格避免炉管降温或升温速度太快。同时，保证裂解炉定期清焦质量，确保炉管内壁焦炭清除干净。

参 考 文 献

1　Nace TM 0498—2002. Standard test methods for measuring the carburization of alloys for ethylene cracking turnace tubes[S].

2　耿鲁阳，等.对多起乙烯裂解炉HP型炉管失效原因的分析总结[J].压力容器，2011，28（12）：48-50.

3　董玉群.乙烯裂解炉辐射炉管破坏的原因及预防措施[J].石油化工设备技术，2008，29(6)：2-3.

4　王江源，张树萍，王杜娟.裂解炉炉管开裂失效分析[J].石油化工设备技术，2007.28(3)：57.

5　尤兆宏.乙烯裂解炉炉管失效分析[J].化工机械，2007，34(6)：346-348.

6　张照，等.炉管壁面热通量对裂解反应影响的数值模拟[J].石油学报（石油加工），2010.26（1）：69-70.

7　王来，等.HP乙烯裂解炉管弯头破裂原因的分析[J].大连理工大学学报，1990，30(4)：443-447.

8　吴建平.乙烯裂解炉辐射段炉管失效原因分析及对策[J].石油和化工设备[J].2013，16(8)：30-33.

电厂锅炉三管泄漏原因分析及对策

岳　巍　宋兆华　何鹏羽

（中国石化洛阳分公司，河南洛阳　471012）

摘　要　本文从某热电联产企业实际出发，总结了两台煤粉炉、一台CFB锅炉水冷壁、过热器、省煤器泄漏（简称"三管"泄漏）情况，并从工艺流程、运行参数、设备现状等方面，着重对出现过热器、省煤器泄漏的原因进行分析，提出合理控制金属壁温防止蠕变、改善流场减少冲刷、改良设备适应现状、强化喷氨系统运行管理降低氨逃逸减少尾部烟道铵盐结晶等改进措施，并在实践中加以验证，为同类企业锅炉长周期稳定运行提供参考。

关键词　三管泄漏；流场优化；过热蠕变；露点腐蚀

1　概况

某炼化企业自备电厂，共有 3 台高压锅炉，额定产汽量为 750t/h，匹配汽轮发电机组 3 台，总装机容量为 113MW，如表 1 所示。该电厂采用热电联产生产模式，主要供应 9.0MPa、3.5MPa、1.0MPa 三个压力等级的高温蒸汽及部分电力。

2017～2019 年，该自备电厂共发生异常停炉 27 次，其中因"三管"泄漏停炉 22 次，占81.5%，表 2 所示。

表 1　某自备电厂炉机配置

类别	额定负荷	规格型号	制造厂	类型	投产时间
1#炉	220t/h	B&WB-220/9.81-M	北京巴威锅炉厂	煤粉炉	1999
2#炉	220t/h	B&WB-220/9.81-M	北京巴威锅炉厂	煤粉炉	1999
3#炉	310t/h	HM310-9.8/540-A	烟台现代冰轮	CFB	2009
1#机	50MW	C50-8.83/1.27-Ⅱ	上海汽轮机有限公司	单抽凝机组	1999
2#机	13MW	CB13-8.83/4.02/1.25	北京重型电机厂	单抽背机组	1999
3#机	50MW	CC50-8.83/4.02/1.27	武汉汽轮发电机厂	双抽凝机组	2009

表 2　三年内异常停炉情况统计

年份	"三管"泄漏	动设备故障	静设备故障	电仪故障	年合计
2017 年	4	2	1	0	7
2018 年	6	0	1	1	8
2019 年	12	0	0	0	12
类合计	22	2	2	1	27
占比/%	81.5	7.4	7.4	3.7	/

在 22 次"三管"泄漏中，水冷壁泄漏 5 次，过热器泄漏 4 次，省煤器泄漏 13 次，分别占比22.7%、18.2%和59.1%，如表 3 所示。

作者简介：岳巍（1982—）男，2006 年毕业于郑州大学西亚斯国际学院化学工程与工艺，工学学士，工程师，主要从事热电设备管理和研究工作。

表3 "三管"泄漏情况

"三管"泄漏	水冷壁	过热器	省煤器	备 注
2017 年	2	1	1	上级省煤器
2018 年	3	0	3	3 次均为下级省煤器
2019 年	0	3	9	3 次上级省煤器，6 次下级省煤器
次数	5	4	13	—
占比/%	22.7	18.2	59.1	—

由于该自备电厂无备用锅炉，在出现"三管"泄漏时，全厂的供热与供电需重新调整，易造成较大生产异常事故。

2 水冷壁及过热器泄漏

三年间，水冷壁与过热器泄漏占比 40.9%，水冷壁泄漏集中在 2017~2018 年，过热器泄漏集中在 2019 年，如表 3 所示。

2.1 水冷壁泄漏原因分析及措施

2017 年之前，因垢下腐蚀及扫膛过热，多次引起水冷壁泄漏异常停炉。采取的主要措施为：一是加强炉水水质管理，提升合格率和调整精准度；二是提高燃烧器检修质量，增上火焰监测，四角切圆燃烧受控，避免扫膛过热；三是实施 8.5~16m 的锅炉让管和中部水冷壁管屏的更新。2019 年，全年未发生水冷壁泄漏。

2.2 过热器泄漏

该电厂锅炉过热器泄漏集中发生在 2019 年装置大修后，逐步开工投运阶段，其中煤粉炉过热器泄漏 2 次（1 次高温过热器，一次屏式过热器），CFB 炉过热器泄漏 1 次（屏式过热器），基本情况如表 4 所示。

表4 过热器泄漏基本情况

类 别	结 构	材质及规格	壁温及工质温度	现 象
CFB 炉屏式过热器	7 片翼屏过热器，垂直、错列布置在前墙附近的炉膛上部	材质：12Cr2MoG 规格：φ45×5.5mm	壁温≤600 工质≤484℃，最高 502℃（30%MCR）	异常声响；炉顶有透明热浪涌出；汽水系统不平衡；给水量严重大于产气量；烟气含水量升高，烟囱冒白烟
煤粉炉屏式过热器	12 片屏式过热器，顺序布置在前墙附近的炉膛上部	材质：12Cr1MoG，外四圈钢研 102（12Cr2MoWVTiB）规格：φ42×5mm	壁温≤580℃ 工质≤425℃	异常声响；汽水系统不平衡；烟气含水量升高，烟囱冒白烟；炉膛负压维持困难；除尘系统压降升高
煤粉炉高温过热器	74 屏悬挂在出口的水平烟道，冷段 18×2 屏，热段 38 屏	材质：12Cr1MoVG+12Cr2MoWVTiB 规格：φ42×5mm	壁温≤580 工质≤530℃	炉顶声音异常，尖锐刺耳

2.2.1 过热器泄漏原因分析

2019 年装置大修之后，锅炉装置开车期间，出现 CFB 炉屏式过热器泄漏、煤粉炉屏式过热器泄漏和煤粉炉高温过热器泄漏。

装置大修后开工初期，全厂用汽负荷较低，结合物理测量、工艺参数趋势分析及割管金相分析，判定过热器泄漏均为超温运行，金属在高温下蠕变失效，导致泄漏。

金相分析评定，煤粉炉屏过爆口附近管道珠光体完全球化，高过珠光体及晶粒度已经不

规则，无法评级，验证过热失效结论。

2.2.2 控制措施

一是严格按照升温、升压曲线进行点炉操作；二是尽量减少低负荷运行时长，稳定控制过热器壁温在规定范围内。

3 省煤器泄漏

煤粉炉省煤器位于尾部烟道，分上级省煤器和下级省煤器两个部分，设计基本参数如表 5 所示。

表5 省煤器设计参数

类别	规格及型号	烟气入口温度	烟气出口温度	阻力	烟气流速	
					100%负荷	70%负荷
上级省煤器	蛇形管式，$\phi32\times4mm$，材质为20G	542℃	410℃	106Pa	7.7m/s	5.4m/s
下级省煤器	蛇形管式，$\phi32\times4mm$，材质为20G	292℃	256℃	246Pa	7.2m/s	5.2m/s

统计数据显示，省煤器泄漏占三管泄漏总量的59.1%；其中，上级省煤器泄漏次数占省煤器泄漏总次数的30.77%，下级占69.23%；时间上，省煤器泄漏集中分布在2018年和2019年，具体见表3。

3.1 上级省煤器泄漏原因分析及措施

上级省煤器位于煤粉炉顶部水平烟道与垂直烟道间转角处，错列布置。因该区域烟气不含脱硝、脱硫剂及相应副产物，烟气中粉尘黏度及腐蚀性较低，泄漏情况基本可控。2019年以来，在工况无较大变化前提下，2#炉上级省煤器开始频繁泄漏，全年达到3次，等于2014~2018年的总和，占2019年三管泄漏停工总数的27%。

两台煤粉炉上级省煤器自2000年开工使用至今已近20年，受热应力影响，蛇形管屏及管卡都有不同程度变形情况，管间距不均，且个别区域形成直通的烟气走廊，加剧对斜45°方向管屏的磨损。

根据近年上级省煤器泄漏后停炉检查的情况来看，上级省煤器的泄漏原因全部为外壁受烟气磨损冲刷减薄泄漏。

考虑使用年限及泄漏现状，在2020年装置改造及消缺中，对泄漏有加重趋势的2#炉上级省煤器进行更新。本次更新，对防磨瓦的安装及间距调整进行了优化。一是对容易出现磨损的西墙、东墙，选取一定数量的管屏，防磨瓦满铺；二是在省煤器管屏的弯头处，增加6mm厚扁钢，固定管屏、控制间距，如图1所示。

(a)   (b)

图1 省煤器间距调整及防磨瓦设置

3.2 下级省煤器泄漏原因分析及措施

下级省煤器原设计位于煤粉炉尾部烟道中，在烟道宽度方向上分左右对称两部分；由于空气通道的原因，下级省煤器又分为前后对称的两部分。2014年7月1日，为实现超低排放，清华同方环境设计新上的SNCR+SCR脱硝系统项目，对尾部烟道结构进行改造，从垂直布置改为"背包式"。改造后，两台煤粉炉下级省煤器泄漏频次及位置均发生较大改变。改造前，下级省煤器泄漏频率基本可维持在1次/年，磨损区域集中在下级两侧管箱的8个靠墙侧，主要磨损原因为靠墙侧形成的低压降、高流速的烟气走廊。改造后，平均每2月/次，如表6所示。

表 6 下级省煤器泄漏情况

年份	1#炉下级省煤器	2#炉下级省煤器
2011 至 2014 年	无泄漏	无泄漏
2014 年 7 月 1 日 脱硝系统改造结束开工		
2015 年	泄漏 2 次	泄漏 3 次
2016 年	泄漏 3 次（9 月 19 日更新）	泄漏 2 次（10 月 16 日更新）
2017 年	泄漏 0 次	泄漏 0 次 11 月 2 日 SCR 优化改造
2018 年	泄漏 0 次	泄漏 3 次
2019 年	泄漏 1 次	泄漏 4 次

由统计数据分析，下级省煤器的泄漏，主要集中在两次脱硝系统改造之后；第一次改造为尾部烟道结构改变，第二次为 SCR 入口流场及喷氨分区方式改变。

3.2.1 原因分析

1）尾部烟道导流设置不合理，烟气偏流

2020 年改造消缺之前，对 SCR 进出口、空预器进出口氧含量、烟温、烟速进行测量，数据如表 7 所示。

由测试数据可知，下级省煤器入口烟速分布均匀性差，东、西两侧烟道内烟气流速存在较大偏差，以 2#炉为例，下省入口西侧管箱实测烟速高达 10~14m/s（设计 100% 负荷时烟速 7.2m/s），东侧烟速只有 4~6m/s。结合 2#炉近几年下级省煤器磨损泄漏情况，所有漏点都分布在西侧，泄漏高发区正是烟气流速高的区域。

2）尾部烟道漏风，烟气流速进加大

2019 年装置大修前后，对煤粉炉进行了炉效测试，空预器漏风系数及漏风率如表 8 所示。

表 7 下级省煤器烟温烟速情况

名 称		氧含量/%	烟气温度/℃		烟气速度/（m/s）	
			实测	设计	实测	设计
1#炉	SCR 入口	5.70	355	292~453	9~10	9.0
	SCR 出口甲侧	8.00	230	292	12（西侧）	7.2
	SCR 出口乙侧	5.70	223	292	14（西侧）	7.2
	下级空预器出口	7.70	142	141	17	10.2
2#炉	SCR 入口	4.70	382	292~453	4~5（东侧）	9.0
	SCR 出口甲侧	5.40	284	292	10（下省入口西侧）	7.2
	SCR 出口乙侧	6.20	295	292	6（下省入口东侧）	7.2
	下级空预器出口	10.50	138	141	6.3（下省出口东侧）	10.2

表 8 煤粉炉漏风测试情况

位置	1#锅炉			2#锅炉		
	过剩空气系数	漏风系数	漏风率%	过剩空气系数	漏风系数	漏风率%
SCR 入口	1.255	—	—	1.342	—	—
SCR 出口甲侧	1.285	0.03	2.3	1.553	0.211	13.8
SCR 出口乙侧	1.441	0.186	12.9	1.383	0.041	3.0
下级空预器出口	1.531	0.168	11.0	2.094	0.626	29.9

电站锅炉管式空气预热器漏风率 ≤3%（DL/T 1052—2016《电力节能技术监督导则》），实测 29.9%（2#炉下级空预器出口）；设计过剩空气系数为 1.25，实测高达 2.09。煤粉炉尾部烟道漏风严重，尤其是 SCR 出口至下级空预器（中间为下级省煤器），导致烟气流速过高，对

水冷壁管屏冲刷磨损严重。

3）给水温度阶段性过低，导致低温硫腐蚀，管束减薄

进入 2020 年，省煤器泄漏现象较之前有较大变化，除管子穿孔位置周围有明显减薄外，一是泄漏管束上包裹一层灰白色垢类；二是穿孔位置周围有较多腐蚀坑，腐蚀坑沿壁一侧呈轴向分布，管子内壁无明显腐蚀现象；三是远离穿孔位置省煤器管未发生减薄。

割管外送分析显示，金相组织及硬度正常。通过 X 射线衍射以及能谱分析，白色垢层的主要成分为 $CaSO_4$、SiO_2 等，腐蚀坑内主要成分为 O、Ca、Si、Al、S 等，与垢层成分类似，说明省煤器管的腐蚀与硫酸盐的生成密切相关。

根据工况分析，省煤器管外壁接触烟气中含有 SO_2，SO_2 在烟气中部分被催化氧化生成 SO_3，SO_3 与烟气中水蒸气结合会生成硫酸蒸气，当管外壁受热面温度低于烟气中硫酸蒸气的露点时，硫酸蒸气将会在管外壁凝结生成液态硫酸，对管壁产生腐蚀，即硫酸露点腐蚀。一般烟气中硫酸蒸气的热力学露点为 140～160℃，2019 年受高加旁通阀内漏、锅炉泄漏频繁机组低负荷影响，给水温度阶段性出现 150～160℃工况（设计 208℃），导致低温露点腐蚀，管束减薄泄漏。

垢层中的 $CaSO_4$ 是硫酸露点腐蚀与管壁积灰交互作用的结果，管外壁积灰能够吸附更多硫酸蒸气，积灰也会影响管壁传热从而导致受热面的温度降低，更有利于硫酸蒸气的凝结，同时积灰垢层的生成不利于垢层中酸性物质向外扩散，从而加剧垢层下腐蚀的进行。因而露点腐蚀与积灰造成的恶性循环使腐蚀不断进行，最终腐蚀洞穿管壁造成穿孔泄漏。

4）脱硝系统过量喷氨

在超低排放的环保管控背景下，由于缺少相应的调整手段，煤粉炉 SCR 采用手动喷氨，存在喷氨过量、氨逃逸量过大情况，在尾部烟道生成的硫酸氢铵（相变温度约 147℃）堵塞管屏间流通通道，导致局部磨损加剧。

3.2.2 改进措施

1）更改省煤器型式

经调研，将 2#炉下级省煤器由蛇形管式更

新为双"H"型鳍片式，如图 2 所示。

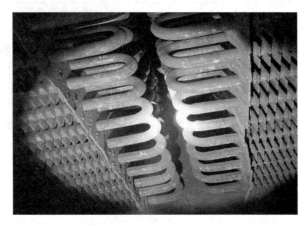

图 2　省煤器更新

"H"型鳍片式省煤器，在换热效果不变的情况下，通过增加鳍片来减少换热管束，使得整体高度比原两级蛇形管式降低 860mm，为烟气提供更多均流流空间；同时，管屏由错列改为顺列，管间烟气流向由斜向 45°变为垂直，减少管屏各层迎风面的磨损。从上海石化、扬子石化等单位调研情况看，能够延长省煤器使用寿命 2～3 倍。

2）导流板改造

在本次 2#炉下级省煤器由光管式改为"H"型鳍片式项目中，增加了省煤器入口导流板设计。将烟气和烟尘通过导流板，均匀分布至下级省煤器的东西两侧管箱，实现一定程度的均流，如图 3 所示。

3）增加沉降灰收集灰斗

学习巴陵石化经验，在 SCR 和上级空预器下层出口，设置 4 个沉降灰斗，通过 2 个锁气器和 2 个金属波纹膨胀节，将灰沉降至零米的尾部烟道，进入电除尘器。灰斗内部边缘设置挡灰板，阻挡底部烟气，收集沉降灰，如图 4 所示。

因 SCR 改造后紧凑的空间限制，烟气在较短且狭窄的空间内进行了近 360°转向。颗粒较大和较多的沉降灰在离心力和惯性的作用下，通过烟道底部导流板进入了近端的西侧管箱，加剧了西侧省煤器管屏的磨损。项目实施后，可在一定程度上降低省煤器入口，尤其是直接进入西侧管箱的粉尘浓度和颗粒。

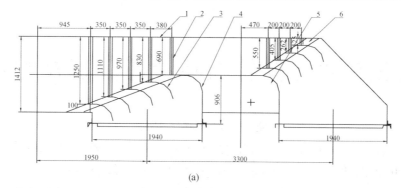

(a)

(b)

图 3 下级省煤器入口导流设置

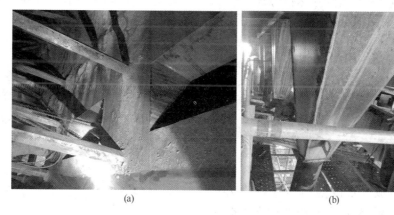

(a)   (b)

图 4 加装沉降灰斗

4）尾部烟道流场优化

煤粉炉脱硝改造烟道结构不合理造成烟气偏流，省煤器磨损的问题十分突出和明显，已严重制约着装置的长周期稳定运行。建议尽快邀请专业研究机构对锅炉尾部烟道进行流场优化工作。

5）喷氨调平

购买一套便携式分析仪（20～30 万元）或邀请专业厂家（2～3 万元/次），每季度进行一次调平试验，降低喷氨量，减少氨逃逸，遏制尾部烟道铵盐结晶。

4 结论

（1）工艺参数的合理控制，是设备设施得以长周期、平稳运行的前提和保证，表现在热电装置上为喷氨量的合理控制避免铵盐结晶、金属壁温的合理控制避免高温蠕变失效等。

（2）受工艺性质影响，省煤器的磨损不可避免，只能采取措施来最大限度延缓，合理的烟气流场、喷氨调平对于省煤器的长周期运行至关重要。

（3）热电装置各单元息息相关及相互影响，省煤器磨损泄漏导致给水温度阶段性低于烟气露点，露点腐蚀加剧省煤器泄漏，交互作用，恶性循环。

（4）热电装置的运行需要科学性与系统性，新技术的应用要综合考虑与实际工况的匹配性，避免引发次生问题。

气化炉水冷壁管损坏故障分析及对策

赵　杰[1]　赵宇培[2]

(1. 中安联合煤化有限责任公司，安徽淮南　232000；
2. 联合化学反应工程研究所常州大学分所，江苏常州　213164)

摘　要　某粉煤下行气化炉在试车初期，同时出现多台水冷壁锥管泄漏事故，检查发现锥管上部管道内壁腐蚀严重，取样检测，确认管内壁腐蚀产物为铁氧混合物，综合分析是由于管壁超温产生了高温氧腐蚀。经过与同类型气化炉的给水流量比较分析，采取了提高流量的技术改造，改进后，设备运行正常。

关键词　气化炉；水冷壁管；高温腐蚀

1　设备简介

某公司煤制甲醇及转化烯烃项目的煤气化装置采用粉煤下行气化炉技术。该技术采用粉煤密相气力输送(CO_2载气)、单喷嘴水冷壁、气体水激冷流程。气化炉主要由气化段和激冷段组成，气化段为立管膜式水冷壁+渣钉+SiC耐火层+渣层的水冷壁结构，顶置单烧嘴气化炉，激冷段是由洗涤冷却水环和破泡条组成的复合床。

气化炉水冷壁由烧嘴座、主体段、锥体段和渣口段四部分组成。水冷壁换热管材质为15CrMo、管径均为38*8mm。水冷壁供水由循环热水泵提供。

烧嘴座水冷壁入口管线管径为DN50，出口管线管径DN50转DN80进入汽包。

主体和锥体水冷壁共用一根DN300管线分8根DN200的管线进入气化炉环形空间，经两个分配环(管径分别为273mm、168mm)进入主体段水冷壁，主体段水冷壁出口分4根DN150的管线汇合于DN400的管线进入汽包。

两个分配环连接段(管径分别为114mm)为锥段水冷壁供水，锥段水冷壁总共12块盘管水冷壁，3块一扇，总共4扇，四扇锥段水冷壁两两汇集于DN50线后，最终汇集DN100管线进入汽包。

渣口水冷壁入口管线管径DN80，进入环形空间后分3路，换热后3路汇集DN100管线进入汽包。

气化炉锥段的盘管简图如图1所示。

图1　气化炉锥段的盘管简图

2　故障经过

该装置共有7套气化炉，2019年6月，从大数编号开始试车，2019年10月4、3、6、7系列先后出现汽包补水与蒸汽产量不匹配的工况，停车检查发现下锥段水冷壁管的最上层盘管水入口附近都存在不同程度的破裂。试车期间，合成气产品中甲烷含量均在10^{-4}左右，汽包蒸汽产量比设计值偏高。

(1)10月1日泄漏停车，4号炉上锥盘管第一根有缺口，另外两组上锥有疑似漏点(见图2)。

作者简介：赵杰(1989—)，男，江苏泰州人，2019年毕业于常州大学化学工程专业，在职工程硕士，工程师，现主要从事煤化工方面的工作。

（2）10月15日，3号炉停车，上锥盘管有缺口（见图3）。

（3）10月18日，7号炉停车，上锥一组盘管管壁破损较多，另两组盘管有疑似漏点（见图4）。

（4）10月27日，6号炉停车，上锥一组盘管穿孔泄漏，中锥盘管同样发现管子内外壁均有氧化层，下锥盘管氧化现象轻微（见图5）。

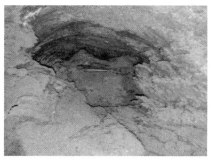

图2　4号炉故障图

图3　3号炉故障图

图4　7号炉故障图

图5　6号炉故障图

3 原因分析

3.1 水冷壁剖面分析

材质分析,成分符合 15CrMo 相关材料标准。

切割破损的水冷壁管,检查发现水冷壁管内壁整圈存在不均匀腐蚀产物堆积现象,向火面堆积最严重,背火面最轻微(见图6)。与此同时,直段水冷管、中间盘管等管路均未发现黑色淬硬组织。

硬度检查表明,水冷壁管向火面硬度显著偏高,见表1。

水冷壁管向火面开裂部位附近存在疑似过烧现象,表现为晶粒粗大、沿晶开裂、晶界氧化。

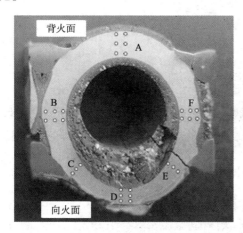

图6 水冷壁剖面图

表1 水冷壁硬度表   HB

测试位置	近外壁	1/2 壁厚	近内壁
A	260.8、266.0	226.2、228.2	250.2、240.8
B	234.0、245.2	234.9、242.4	240.9、249.1
C(向火面)	413.3	423.0	428.7
D(向火面)	386.9、395.9	362.7、396.6	401.8、395.9
E(向火面)	454.1	449.5	461.9
F	247.6、257.3	240.8、242.2	252.9

3.2 X 射线衍射分析

对水冷壁管内壁腐蚀产物进行取样,制成粉末状样品,并对样品进行分析。检测设备为日本理学 D/MAX2500 X 射线粉末衍射仪(XRD),检测条件为 Cu-Ka 靶,20kV,10mV,结果如图7所示。经 jade 检索,可知该晶相主要为 Fe_3O_4 和 FeO 等铁氧结构混合物。

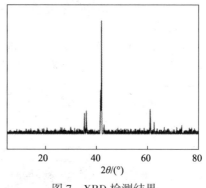

图7 XRD 检测结果

3.3 SEM+EDS 分析

如图8所示,以场发射扫描电镜(SEM)观察相关试样的表面形貌,并同步得到能谱(EDS)结果。检测设备为德国蔡司的 SUPRA55。通过 EDS 可知,所分析的样品表面主要包括 52.64%(质量比)的 Fe 元素、38.03% 的 O 元素、8.95% 的 C 元素和 0.37% 的 Mn 元素。鉴于 EDS 不能很好地分析 C 和 O 等轻元素,结合 XRD 结果,故判断样品表面主要为铁的氧化物。

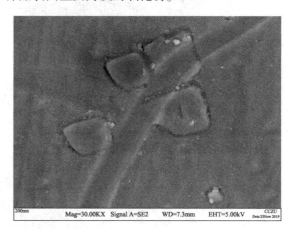

图8 SEM 检测结果

3.4 XRF 分析

将黑色类金属氧化物制备出的粉末样品送至 X 射线荧光光谱分析(XRF)。检测设备为德国布鲁克 AXS 公司的 S8 Tiger,主要结果见表2。

表2 XRF 检测结果

元素	Fe	Cr	Mo	Si	Mn	Al	P
含量	57.66	10.98	4.40	3.15	2.26	1.35	0.59

注: 未标注含量低于 0.5% 的元素。

从 XRF 结果可以看出,该材料主要由 Fe、Cr、Mo 等元素组成,而水冷壁管的原始材质为高 Cr、Mo 的合金钢(15CrMoG)，即两者相符。
同时注意到在 XRD、EDS 结果中均未检测出
Cr、Mo 元素，我们猜测这是因为相关元素并非
以晶体形态，而是以非晶态存在于样品粉末中，
又或者相关元素含量较低，被铁的氧化物覆盖，
故仅能在 XRF 中检出 Fe、Cr、Mo 等主元素。

3.5　XPS 分析

对样品进行 X 射线光电子能谱(XPS)检测。
检测设备为 Thermo Scientific 公司的
ESCALab250 型 X 射线光电子能谱仪。激发源
为单色化 Al KαX 射线，功率为 150W，最后以
XPSPeak 软件处理数据，主要结果如图 9 所示。

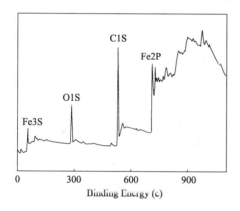

图 9　XPS 检测结果

XPS 结果经分峰后，发现样品上主要包括+
2 和+3 价态的 Fe 元素，与前文检测结果相符。

3.6　锅炉给水流量分析

壳牌气化炉水冷壁管均设置了孔板，流速
设计值(2.22m/s)实测大部分在 2.5m/s 以上，
锥管部分流速高于直管。

3.7　炉温分析

炉内流场分布和水冷壁壁面温度分布分别
如图 10 和图 11 所示。

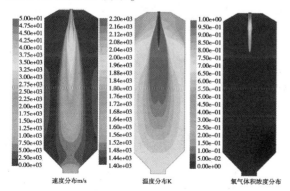

图 10　炉内流场分布

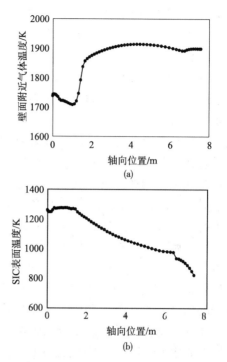

图 11　水冷壁壁面温度分布图

直段壁面温度先升高后降低，其中在约 4m
处达到最大；下锥处的温度相对于其他区域较
为温和；碳化硅表面温度逐渐降低，其中在下
锥处衰减速度加快。

结合前期在线数据，对故障前气化炉运行
的炉温进行计算，结果如表 3 所示。

表 3　气化炉计算炉温

序列	氧量	甲烷含量	蒸汽产量	计算炉温
单位	kg/h	10^{-6}	kg/h	℃
1	43259	53	7811	1593
2	43483	53	8328	1602
3	42036	43	13655	1668
4	41983	55	16512	1699
5	45966	91.3	7820	1597
6	43332	76.5	13355	1669
7	43342	72.2	15458	1688

结果表明，在实际运行条件下，理论计算
炉温均在 1660℃ 以上，比设计炉温的 1600℃ 高
出约 60~100℃；出现水冷壁管损坏的 4 和 7 号
系列气化炉的炉温更是达到 1685℃ 以上。

3.8　故障机理

该装置的气化技术采用干煤粉加压气化加
激冷流程，是在已应用成熟的壳牌粉煤气化和

水煤浆气化基础上的组合创新技术，15CrMo 材质的安全性和有效性更是在类似装置和系统上得到了证实。

一般而言，根据水冷壁管失效的原因不同，水冷壁管的失效原因可以划分为四类：材质原因、管道腐烛、管内原因、管外原因。根据水冷壁管的管材是否变化，又可以分为力学破坏和超温破坏。通常来说，水冷壁的腐蚀往往出现在管路外侧，例如因为煤炭质量问题，导致水冷壁局部出现还原性气氛，产生硫化物，由此产生高温腐蚀。而本次故障出现在水冷壁管内侧，因此需要从其他方面进行考虑。

鉴于同批次同条件的气化炉有的正常，有的损坏，又参考表5 的气化炉炉温计算值，我们判断故障设备在运行过程中，水冷壁管长时间高温运行，超温导致水冷壁管组织结构的改变，进而造成力学性能下降和管路的最终损坏。同时由于装置进水的水质含有高含量的氧，遇到高温条件，更容易破坏 CrMo 钢材料表面的保护层，最终引起水冷壁管的损坏。

结合宏观检查，还发现腐蚀面的向火面比背火面厚度更大，厚度沿周边梯度递减，而同等水质下，不同管路区域因此时温度较低不出现腐蚀。相关腐蚀结果进一步证实，长时间超温操作，是水冷壁管破坏的主要原因。

猜测主要的腐蚀破坏过程为：高温条件下，水中的高含量的氧与金属反应生成氢气，氢气不能被快速释放，会渗入金属内部与碳化物发生反应，造成金属脱碳，材料脆化，力学性能下降；高温条件下，水中混有的氧气与 Fe 生成相应的铁氧混合物。

4 改进措施

4.1 设备维护和更换

根据相关要求，更换损坏的水冷壁管。同时考虑到由于直段和锥段水冷壁进水共用一根管道，适当增加直段水冷壁阻力有利于增大锥段水冷壁供水。具体方案为在直段水冷壁出水管线增设一块限流孔板，从增设后的水冷壁测速数据来看，在保证了直段供水量的前提下，锥段水冷壁流速有所增加。

4.2 切实改进工艺条件

本故障最核心的问题为锥体盘管水流速偏小，导致盘管高温腐蚀。

鉴于目前入炉煤灰熔点仅在 1300℃ 左右，而 1600℃ 以上高炉温运行风险较大，因此需要适当降低炉温。通过控制合成气中甲烷含量在 $(100\sim150)\times10^6$，汽包蒸汽产量不高于 10t/h；汽包水冷壁循环热水泵由两开一备更改为三台泵运行，汽包水冷壁循环热水流量增加至不低于 400t/h；增加流量调节孔板，提高锥体盘管流量；汽包压力控制设定值修改为 5.0MPa，汽包定排水流量维持在 1t/h。最终炉温降低至 1500℃ 以下，确保了装置的安全稳定运行。

4.3 加强氧含量的监测

由于该煤气化装置水冷壁中的冷却水来自甲醇装置变换单元，建议在出甲醇装置或者进气化装置的界区增加氧含量在线分析仪器，对氧含量进行实时监控，保障水冷壁循环热水的水质。

4.4 煤质控制

加强入炉煤质监控。在不影响粉下料及输送的前提下，适当提高粉煤粒度，减少细灰颗粒的产生，稳定入炉煤的灰分及熔点，减少炉温波动。

5 结束语

煤气化技术对我国的能源安全具有重要意义。煤气化装置水冷壁管出现故障后，经取样检测，确认管内壁腐蚀产物为铁氧混合物，证实水冷壁管的基本结构遭到了破坏，综合分析是由于管壁超温产生了高温氧腐蚀。经过同类型气化炉的给水流量比较分析，采取了提高流量的技术改造，改进后，设备运行正常。本工作可以为相关装置和工艺的正常运行提供参考和借鉴。

参 考 文 献

1 徐延梅. 水煤浆气化炉关键部件的改进研究. 山东大学，2015.
2 汪宝林. 煤气化化学与技术进展. 燃料化工，2014，20(3)：69-74.
3 毛晓飞，左志雄，汪正海，等. 燃用高硫煤四角切圆锅炉水冷壁高温腐蚀治理. 热力发电，2019，48(04)：96-103.
4 宋文明，薛小强，杨贵荣，等. 壳牌气化炉失效特性分析. 中国腐蚀与防护学报，2013，41(6)：

53-57.

5　郭巍.电厂煤粉锅炉水冷壁管爆管分析与防护措施研究.华东理工大学,2015.

6　朱志平,陆海伟,汤雪颖,等.不同水工况下超临界机组水冷壁管材料的腐蚀特性研究.中国腐蚀与防护学报,2014,34(3):243-248.

7　彭哲言.热电站煤粉锅炉水冷壁爆管原因分析及预防措施研究.华东理工大学,2014.

8　周颖驰.锅炉水冷壁高温腐蚀原因分析及对策.热力发电,2013,42(7):138-141.

9　高劲松.锅炉受热面管的失效机理及预防措施研究.南昌大学,2007.

10　田群伟,周金英.循环流化床锅炉水冷壁磨损原因浅析及措施.大氮肥,2012,35(2):121-124.

11　杨保江.鲁奇气化炉用褐煤产生腐蚀原因分析及预防措施.化肥设计,2019,57(3):54-57.

12　张娈.水冷壁式气化炉设计制造要点.石油和化工设备,2019,(6):44-48.

高压换热器管束泄漏分析及建议措施

贾振卿 李武荣

（中国石化洛阳分公司，河南洛阳 471012）

摘 要 柴油加氢装置高压换热器 E3402 频繁出现腐蚀内漏，对生产影响较大，针对该情况，抢修期间，采样分析了管束内外部的腐蚀物质组分，从腐蚀状态、铵盐结晶的成因及腐蚀机理、生产操作方面进行了原因分析，提出了建议措施。

关键词 换热器管束泄漏；铵盐腐蚀原因分析；建议措施

260 万吨/年柴油加氢装置热高分油气/混合氢换热器 E3402 于 2018 年 6 月因管束腐蚀内漏，造成装置停工抢修，换热器管束堵管 3 根。装置开工运行仅仅半年后，2019 年 1 月再次发生腐蚀内漏，被迫再次停工抢修，对生产影响较大。针对该换热器管束的腐蚀情况，抢修期间，采样分析了管束内外部的腐蚀物质组分，对管束进行测厚检查，从腐蚀部位、腐蚀状态、腐蚀机理、生产操作方面进行了分析，提出了应对措施。

1 工艺流程及换热器参数

1.1 工艺流程

如图 1 所示，来自加氢反应器的流出物，富

含氢气、油气及其他杂质组分，温度高达 370℃，与原料油换热后温度降低到 210℃左右进入热高压分离器（V3402），进行油气分离。热高分顶部油气经过换热器（E3402）管程与壳程的混合氢气进行换热，换热后的热高分气体经管程出口去空冷 A3401 继续降温，来自循环氢压缩机出口和新氢压缩机出口的混合氢气，经与反应流出物换热提高温度后与原料油混合进入反应系统。热高分底部高压热油经调节阀后去液力透平做工，驱动装置进料泵，回收压力能量后进入热低压分离器（V3404），再次进行油气分离，热低分顶部油气去空冷 A3402 降温后进入冷低压分离器（V3405），热低分底部热

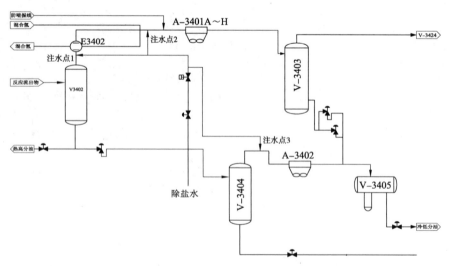

图 1 E3402 工艺流程示意图

作者简介：贾振卿（1965—），1988 年毕业于西安石油学院化工机械专业，工程师，一直从事石油化工设备管理工作。

油去分馏系统。热高分顶部油气和热低分顶部油气富含氢气、H₂S、NH₃、NH₄HS、NH₄Cl、轻油等组分，随着温度降低，NH₄HS、NH₄Cl易于在换热器 E3402、空冷 A3401、A3402 部位结晶，为防止 NH₄Cl、NH₄HS 结晶腐蚀、堵塞空冷和换热器管束，共设置有三路注水对结晶铵盐进行冲洗，第一路注在 E3402 换热器之前（注水点1），第二路注在空冷器 A3401 之前（注水点2），第三路注在 A3402 之前（注水点3），注水型式分间断注水和连续注水两种。

1.2　换热器参数

热高分油气/混合氢换热器（E3402）型号为 BFU800-7.6/9.14-102-3.1/19-2/2，U 形管，ϕ19 管子，$B=300$，管束材质为 15CrMo，壳体材质为 Q245R/15CrMoR。设计及运行参数见表1。

表1　换热器设计及运行参数

部位	介质	压力/MPa		温度/℃	
		设计	运行	设计	运行
管程	热高分气	7.6	7.2	230/148	192/149
壳程	混合氢	9.1	8.7	75/145	75/132

2　换热器泄漏情况判断

2018 年 8 月初至 2019 年 1 月初，柴油加氢装置出现以下操作异常情况：

（1）循环氢压缩机转速不变的情况下，循环氢流量逐步增加，压缩机入口流量由 110000m³/h 增加至 140000m³/h。

（2）脱硫前循环氢硫化氢含量由 7000mg/m³ 降低至 2000mg/m³，大幅度下降。

（3）E3402 管程入口温度为 190℃，基本未发生变化，管程出口温度由 145℃ 下降至 100℃，下降 45℃，降低幅度较大。

（4）反应器出入口压差开始降低，由原 0.24MPa 降低至 0.09MPa。

以上现象说明，E3402 壳程侧高压低温的混合氢气窜入热高分油气中，造成管程热高分油气出口温度降低，同时大量新氢及脱硫后循环氢经 E3402 内漏进入 V3403，造成脱硫前循环氢硫化氢含量明显下降，而且大量循环氢窜入热高分油气中进入空冷 A3401，导致进入反应系统中循环氢量减少，反应器压降减小，据

此判断 E3402 出现内漏，严重影响装置运行，于 2019 年 1 月 13 日装置停工抢修。

3　换热器腐蚀状况分析

3.1　宏观检查

拆开换热器后发现换热器管束外壁被一层厚厚的黑色污垢覆盖（见图2、图3），管板端面、管子内部也都附着有较多的黑色污垢，临近防冲板（壳程入口）位置许多管束被腐蚀掉一段，U 型弯处外侧有几根管束被腐蚀穿孔，穿孔位置都位于管束的外弯管壁。现场观察，腐蚀部位为壳体入口（管程出口）、U 型弯处，都集中在管程低温段及应力集中段，管子断口部位明显减薄，从断口形状看，应为内部垢下腐蚀及冲刷造成管壁减薄，从而开裂断裂。

图2　壳程入口

图3　U 型弯处

3.2　管束的内外壁检查

从换热器芯子上切割8根管束，剖开其中6#、7#和8#三根管束，观察其内外壁。三根管束的位置如图4所示。

图4　管束取样位置

从管程入口端看，三根管束的位置依次位于从下至上第二排、第五排、第十一排，8#管束腐蚀最为严重，已经腐蚀破损，7#管束其次，局部有孔，6#管束腐蚀最轻，整体保持完整。

检查6#、7#、8#三根管束剖开情况可以发现，三根管束管程入口侧靠近弯头之前的直管段内外壁腐蚀都不严重，但大约从管程入口侧U型弯管开始管束内外壁腐蚀逐渐加重，且管束壁一侧明显比另一侧腐蚀严重，紧邻管卡或者管卡底部的管束外壁明显腐蚀严重，三根管束内外壁都有黑色污垢，其中腐蚀破损严重的8#管束内部黑色污垢最厚。

分别截取6#管束和7#管束一小段试样，两段试样都位于管程出口侧靠近管板的位置，清洗后观察其宏观形貌，可以看出：两个管束内壁在环向上存在偏腐蚀，管束内壁一侧明显比另一侧腐蚀严重，管束外壁比内壁粗糙，即管束内壁比外壁腐蚀均匀。

以上现象表明，换热器E3402自管程入口侧接近U型弯处的位置管束内外壁腐蚀开始逐渐加重，最严重的区域出现在壳程入口位置，内壁腐蚀沿环向不均匀。

3.3　管束测厚

选择3处腐蚀严重部位的管束(见图4中6#、7#、8#)，采用超声波测厚仪沿管程流动方向对管束进行测厚，测厚数据见图5。从测厚数据可以看出，三根管束从距离管程进口大约3m左右剩余壁厚开始变小，大约4m处急剧下降。换热器管束在距离出口1m处出现破损，对应换热器壳程入口缓冲挡板位置，该现象与管束壁厚相对应。管束测厚再次验证了宏观检查的判断，易腐蚀部位出现在换热器管程的低温段。

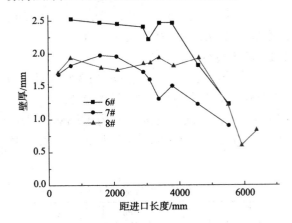

图5　管束壁厚(椭圆部分表示有管束被腐蚀掉)

3.4　垢样分析

从换热器管束外壁采集了3个垢样(取样位置见图6)，从管束内部采集了1个试样。垢样信息见表2。

图6　垢样取样位置

表2　垢样信息

样品名称	取样部位	样品形态
样品1	靠近壳程出口，管束与管束之间	粉末状，干燥
样品2	换热器壳程中部，管束与管束之间	粉末状，干燥
样品3	U型管束弯曲处，管束与管束之间	粉末状，干燥
样品4	管束内部，靠近U型弯曲处	粉末状或块状，干燥

所有垢样都为黑色，呈粉末状或块状，采用电子能谱分析仪（EDS）进行元素分析，数据见表3。

表3　垢样元素分析结果

元素	含量/%			
	样品1	样品2	样品3	样品4
Fe	57.37	53.37	59.27	53.70
S	12.47	17.36	18.08	20.78
C	6.18	8.00	5.37	9.08
O	21.68	18.83	14.83	14.48
Cl	1.69	1.85	1.58	0.59
Cr	0.61	0.59	0.87	1.37

从分析结果看，四个垢样都含有 S、Cl 两种元素，管束内部 Cl 元素明显低于其他三个垢样。这说明垢样中都含有含硫化合物和含氯化合物。至于内部垢样中 Cl 元素含量少，可能是由于原先垢样中的氯盐在停工过程水洗溶解了。

对 4 个垢样进行成分分析，发现管束内外的污垢成分均主要为 FeS 和 Fe_2O_3。再进一步对垢样进行离子分析，结果表明：换热器壳程和管程的垢样中都含 Cl^- 和 NH_4^+，样品 1 和样品 4 中还含有 SO_2^{2-}。这说明垢样中都含有水溶性的氯盐与或水溶性铵盐，样品 1 和样品 4 还含有水溶性硫酸盐，结合工艺可知硫酸盐来自 FeS 与空气接触之后的产物。

从以上分析结果看，垢样成分主要为：FeS_2、FeS_3、Fe_2O_3、NH_4Cl，其中 FeS_2、FeS_3、Fe_2O_3 占比达 35% 左右，NH_4Cl 最高占比达 1.85% 左右。

4　腐蚀机理分析

4.1　NH_4Cl 腐蚀机理分析

柴油加氢装置原料来源有直馏柴油、催化柴油、焦化汽、柴油，尤其是焦化汽、柴油杂质含量较高，其中的有机硫、有机氮、有机氯在加氢反应器中，在催化剂的作用下与氢发生反应，分别转化为 H_2S、NH_3、HCl，而 H_2S、NH_3 在气相中又与 HCl 发生以下反应：

$$H_2S+NH_3 \longrightarrow NH_4HS \quad HCl+NH_3 \longrightarrow NH_4Cl$$

NH_4HS 和 NH_4Cl 会直接由气相冷凝为固态晶体，在加氢工艺条件下，NH_4HS 的结晶温度一般为 66~121℃，NH_4HS 的结晶常发生在高压空冷器中，NH_4Cl 的结晶温度一般为 130~220℃，结晶常发生在高压换热器中。

E3402 管程入口温度一般控制在 190℃ 左右，刚好处于铵盐结晶的温度范围内，结晶铵盐具有吸湿性，与油气中的水分子发生以下反应：

$$NH_4Cl+H_2O \longrightarrow NH_3 \cdot H_2O+HCl$$

HCl 属强酸物质，腐蚀管材金属。

铵盐初始结晶温度一般与原料中的 S、N、Cl 的质量分数、系统压力的平方成正比关系，原料劣质化程度越高（N、Cl 含量越高），铵盐结晶沉积初始温度越高，结晶可能性越大，结晶温度区域越宽，发生铵盐垢下腐蚀的概率就越高。

4.2　注水情况分析

柴油加氢装置注水采用除盐水，符合《炼油生产装置工艺防腐蚀管理规定》的要求。换热器 E3402 管程入口前（注水点1）每周一次注水冲洗 NH_4Cl 铵盐，注水时其他两路全关，正常运行时注水点 1 有微量开启。注水总量原设计值为 8.44t/h，实际注水量小于 5.00t/h（换热器发生内漏前数据）。

注水量应根据 API 932-B 和《炼油工艺防腐蚀管理规定》实施细则的要求，注入点剩余液态水的量不小于 25%，才能确保换热器氯化铵结晶被充分洗涤，并控制高分水 NH_4HS 浓度小于 4%、冷高分入口温度为 40~55℃。

采用 PROII（注水模拟）建模模拟工艺计算，不同注水量下的温度和剩余液态水量见表4。

表4　不同温度下的注水量模拟计算

注水量/ （t/h）	192℃		198℃		200℃	
	液态水	温度	液态水	温度	液态水	温度
1	0	179.46	0	185.01	0	187.08
2	0	167.51	0	172.33	0	174.47
3	0	156.08	0	159.90	0	162.10
4	8.02%	150.62	0	147.75	0	150.01
5	21.83%	149.26	6.61%	138.96	3.85%	139.92
5.60	25.01%	148.90	17.98%	138.41	15.54%	139.38
6.05	31.42%	135.07	25.02%	138.00	22.78%	138.97
6.20	33.43%	134.93	27.13%	137.86	25.01%	138.83

从表 4 中数据可以看出，管程入口温度

192℃时，满足注水后剩余液态水的量25%，注水量应不小于5.60t/h。

操作方面，正常运行时注水点1有微量开启，少量水注入管程入口，与铵盐晶体结合在换热器低温部位形成高浓度酸性溶液。

换热器E3402管程入口注水量（注水点1）不足，操作不当，氯化铵晶体冲洗不彻底，垢下腐蚀与高浓度酸性溶液共同作用，加剧了换热器低温部位的腐蚀。

4.3 管束失效原因分析

通过以上分析可以看出E3402换热器腐蚀有如下规律：

（1）E3402换热器管束失效是由于管束腐蚀破损引起，腐蚀最严重的区域临近壳程入口位置，但是壳程入口防冲板板腐蚀并不严重。

（2）管束内外壁都发生了腐蚀，管束内壁表面明显比外壁表面平整。沿管程流动方向接近U型弯位置，管束内外壁腐蚀开始逐渐加强，最严重的区域在壳程入口位置。

（3）在管束内壁有明显腐蚀的区域，沿内壁环向腐蚀减薄不均匀。

（4）不但管束内部的污垢含有氯化铵，外部的污垢也含有氯化铵。

结合腐蚀环境和腐蚀形貌分析，从工艺过程可知，E3402管程的主要腐蚀介质有 H_2、H_2S、NH_3、HCl，壳程侧的腐蚀介质主要为 H_2，还有可能含有补充氢带来的 HCl。

管程介质可能形成的腐蚀有高温氢腐蚀、高温 H_2/H_2S 腐蚀、NH_4Cl 腐蚀、NH_4HS 腐蚀等腐蚀类型。其中高温氢腐蚀温度下限为230℃，高温 H_2/H_2S 腐蚀温度下限为260℃，

这两个温度都超过了换热器正常操作温度的上限，同时检查结果也表明换热器的高温侧腐蚀并不严重，说明这两种腐蚀不是引起腐蚀失效的直接原因。NH_4HS 从工艺介质中析出的温度一般小于66℃，这个温度远小于换热器的管程出口温度，因而可以排除 NH_4HS 腐蚀是引起失效的原因。从运行参数分析，该换热器管程的进出口温度为190～149℃，可以确定 NH_4Cl 在换热器E3402结盐几乎不可避免，因而可以判断 NH_4Cl 是引起管程内部腐蚀的主要物质。

NH_4Cl 可以通过两种方式腐蚀管束：一是注水冲洗时溶解形成酸性 NH_4Cl 水溶液腐蚀设备，尤其在冲洗初期形成高浓度氯化铵水溶液对碳钢、低合金钢等材料腐蚀速率很大（见图7），腐蚀类型为均匀腐蚀，同时在流速（冲蚀）作用下对 15CrMo 管束的腐蚀速率最高可达28.67mm/a（见表5）；二是环境湿度足够大，吸潮引起垢下腐蚀，腐蚀形态为坑蚀或者点蚀。根据管束内部形貌，可以判断氯化铵腐蚀主要以第一种方式腐蚀设备。

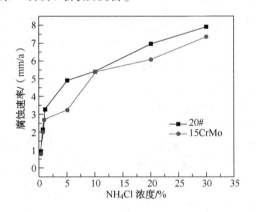

图7　温度80℃时腐蚀速率和氯化铵浓度的关系曲线

表5　不同流速条件下不同材料在20%氯化铵水溶液中耐蚀性能

材质	温度/℃	NH₄Cl浓度/%	不同流速下腐蚀速率/（mm/a）			
			0m/s	0.4m/s	1.1m/s	2.5m/s
20#	80	20	6.943	17.81	25.29	94.58
15CrMo	80	20	6.088	8.49	11.11	28.67
2205	80	20	0.0050	—	—	0.0060
825	80	20	0.0014	—	—	0.0055

壳程侧腐蚀介质可能有两种：一是高温氢腐蚀；二是当重整氢脱氯效果不好时，还会产生 HCl 腐蚀。正如管程侧一样，高温氢腐蚀不会引起管束外壁严重腐蚀，如果 HCl 是外部腐

蚀的主要介质，那么应该有以下两个结果：一是壳程入口防冲板也会发生严重腐蚀；二是在一定的区域管束外壁温度越高，腐蚀越严重，即在壳程流动方向上一段距离，管束会因氯化氢溶液的浓缩而腐蚀会越来越严重，但从腐蚀情况看，这两种现象都没有出现，说明壳程侧的腐蚀介质不是来自混合氢。

根据壳程侧垢样的分析结果，可知壳程侧的主要腐蚀介质也是 NH_4Cl。根据对工艺过程分析可以判断，NH_4Cl 结晶在换热管束不泄漏的情况下不可能在壳程侧存在，也就是说 NH_4Cl 应该来自管程侧，是管束泄漏后从管程进入到壳程侧的。

综上分析可知，换热器管束失效的直接原因是管程侧的 NH_4Cl 腐蚀，腐蚀过程分以下两个阶段：

（1）管束内部腐蚀阶段：这个阶段终点为某一管束因内部腐蚀穿孔，在这个阶段，腐蚀主要发生在注水冲洗过程，壁温低的管束 NH_4Cl 结晶量大，需要冲洗时间越长，腐蚀越严重。

（2）管束内外腐蚀阶段：某一管束穿孔之后，再次注水时氯化铵溶液从管程进入到壳程，然后沿壳程流动方向移动，受热蒸发浓缩后氯化铵附着在管束外壁，与混合氢的水蒸气共同作用产生 NH_4Cl 垢下腐蚀，这种垢下腐蚀就一直在外壁存在，腐蚀速率远远超过第一阶段。

5　建议采取措施

（1）尽可能控制原料柴油和重整氢气的 Cl^- 及杂质含量，减轻对加氢装置的腐蚀影响。

（2）尽可能提高换热器管程入口温度至不大于230℃，减少管程 NH_4Cl 结晶。

（3）加大注水量，并根据换热器管程入口温度变化情况实时调整，间歇注水的停注期间应完全关闭阀门。

（4）实时监控注水效果，收集换热器 E3402 注水后热高分油气温度下降数据，当 NH_4Cl 结晶换热效果差时应及时进行处理，加大注水量。

（5）可随高压注水在换热器管程入口加注加氢专用高温缓释阻垢剂，该缓蚀剂是水溶性的，可以有效分散黏附在管壁上的 NH_4Cl 盐垢，阻止新的盐垢形成，防止垢下腐蚀的发生，加注量一般为处理量的 $10\sim15\mu g/g$。

6　结语

高压换热器 E3402 更换管束后，经过改善注水，将注水量提高到7t/h以上，并加强生产管理等措施，铵盐结晶腐蚀情况得到了有效缓解，从2019年4月底全厂停工大检修该换热器打开检查情况看，管束结垢明显减少，腐蚀情况减轻，2019年7月份检修结束装置开工，已连续安全运行至今。

加氢装置的高压换热器和高压空冷的铵盐结晶腐蚀对设备损伤严重，容易造成设备的腐蚀泄漏，对生产影响较大，因此应规范原料油管理和注水控制，加强装置的运行管控，保证加氢装置的安全稳定长周期运行。

参　考　文　献

1　熊卫国，李方杰，王小平．柴油加氢精制装置热高分气/混合氢换热器腐蚀分析[J]．石油化工腐蚀与防护，2018(3)：61-64.

2　吴振华．加氢高压换热器腐蚀泄漏分析及对策[J]．石油化工安全环保技术，2016，32(2)：20-22.

磁力泵隔离套频繁泄漏原因分析及对策

弭光柱

（中石油大庆石化分公司，黑龙江大庆　163714）

摘　要　本文介绍了大庆石化公司化工一厂芳烃联合车间磁力泵隔离套多次发生泄漏，通过工艺操作、机泵拆检、泄漏迹象等方面分析，得出导致泄漏的主要原因是由隔离套底部中心被物料涡旋运动冲刷减薄所致。采取更改隔离套形式结构、破坏涡旋形成、增加底部中心孔厚度的方式来解决。

关键词　磁力泵；隔离套；中心穿孔；泄漏；解决方案

大庆石化公司化工一厂芳烃联合车间芳烃装置于2012年6月建成投产，装置内共使用海密梯克磁力泵22台，其中FP-3214A/B干苯塔底泵多次发生隔离套底板中心穿孔，介质外漏。隔离套泄漏介质进入封闭轴承内将轴承内油脂吹出，使轴承缺乏润滑而抱死，严重时会导致外磁转子缺乏定位与隔离套剐蹭，造成介质大面积泄漏，甚至会导致着火爆炸事故的发生。

1　基本情况

磁力泵工作原理：电机带动外磁转子旋转时，通过磁场的作用磁力线穿过隔离套带动内磁转子和叶轮同步旋转，以达到输送介质的目的（见图1和图2）。

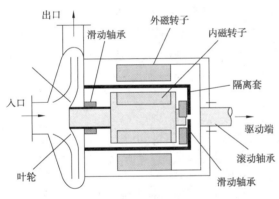

图1　磁力泵结构简图

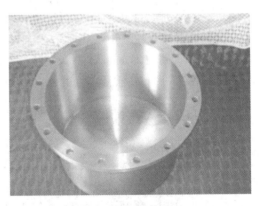

图2　隔离套实物图

FP-3214A/B是海密梯克生产的卧式多级磁力泵，其型号为MCAM50/6/E3，主要输送介质为苯（含量99.98%），入口设计温度为98℃，入口设计压力为0.07MPa，出口设计流量为36.53t/h，出口压力为2.1MPa。该泵自2012年6月装置投产以来，多次发生隔离套底部穿孔泄漏（见图3）。

由泄漏部位可以看出，泄漏点一般发生在隔离套底板中心位置，从该泵内循环流程可以看出（见图4），介质由泵出口管路引入内磁转子，经过内磁转子、隔离套、空心轴后返回二级叶轮入口。内循环的主要作用是给内磁转子内的石墨轴承进行润滑和冷却。

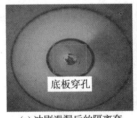

(a) 冲刷泄漏后的隔离套　　(b) 新隔离套

图3　隔离套底部穿孔泄漏

作者简介：弭光柱，男，工程师，2007年毕业于东北石油大学过程装备与控制工程专业，现从事化工设备管理工作。

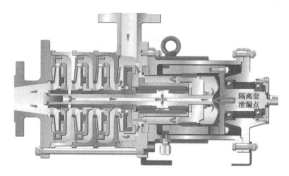

图 4　磁力泵内循环系统

2　泄漏原因分析

机泵泄漏原因一般有腐蚀、冲刷、汽蚀、摩擦几种，我们采取排出法对进行分析。

2.1　腐蚀（含腐蚀性物质对材质造成的腐蚀减薄）

磁力泵隔离套筒体材质为 Hastelloy C4 合金，底板材质为 304。该泵输送介质为 99% 的纯苯，纯苯对碳钢及白钢材质均无腐蚀，通过拆检叶轮和隔离套也未发现腐蚀迹象，故可排除腐蚀原因造成减薄泄漏的可能性。

2.2　汽蚀（低于饱和蒸气压析出气体造成的汽蚀）

苯在 100℃ 时其饱和蒸气压为 179.2kPa（0.179MPa），通过图 4 可以看出，隔离套内的压力是由机泵出口直接提供的，机泵出口压力为 2.1MPa。

（1）塔顶压力控制在 0.08MPa 左右，液位控制在 80% 左右实际高度，通过 $P = P_0 + \rho g h = 0.08 + (0.878 \times 9.8 \times 13)/1000 = 0.08 + 0.111 = 0.191$MPa，即机泵入口处不存在液体汽化的可能。同时入口管线有一个 II 型弯（见图 5）存在，如在此处易聚集管路气，叶轮入口处低压区也会造成气蚀现象发生。为了验证结论，我们对机泵入口一级叶轮进行了拆检，叶轮入口及流道内光滑，未见汽蚀痕迹。

图 5　泵入口存在的 II 型弯

（2）内循环经过隔离套后返回二级入口，证明隔离套压力>返回压力>二级入口压力>一级出口压力>一级入口压力，一级入口压力已高于饱和蒸气压，则隔离套处压力必然也远高于饱和蒸气压，否则循环无法建立，SSIC 轴承会因热量无法散去而润滑不良造成损坏。

（3）对损坏的隔离套进行检查，底板及筒体侧板未发现汽蚀痕迹。

综上几点可排除介质汽蚀造成隔离套底板穿孔的可能性。

2.3　冲刷（介质对隔离套本身进行冲刷减薄）

磁力泵对隔离套的材质及制造工艺要求较高，材料选择不当或者制造质量较差时，隔离套会经不起冲刷，内外磁转子磨损而产生损坏，输送的介质就会外漏。FP-3214AB 隔离套筒体是在数控设备上采用特殊工艺将厚钢板 Hastelloy C4 合金焊接后滚压成型（由 3mm 钢板加工成 1mm），具有较强的耐冲刷、耐腐蚀性，其底板材质为 304。但通过拆检发现底板仍有明显减薄。通过磁力泵工作原理和流体力学分析，隔离套内高速旋转的内磁转子带动介质在流场内呈紊流流动，导致隔离套底板不断承受着涡旋冲刷，尤其是处于最高压力的底板中心位置，长期冲刷导致该处减薄后穿孔泄漏。

通过以上分析可知，造成磁力泵 FP-3214AB 隔离套泄漏的主要原因是高速、高压流体对底板的涡旋冲刷。

3　解决措施

3.1　底板增加横筋

经过与厂家探讨，对隔离套泄漏原因达成基本共识，对隔离套进行了第一次改进，在隔离套底板增加横筋（见图 6），利用横筋打乱介质在隔离套底部形成的稳定高速旋转流场，降低介质涡旋对底板的冲刷。实践证明，增加横筋能够有效延长隔离套的使用寿命，但经过拆检发现（见图 7），隔离套底板中心部位仍存轻微减薄现象，没有彻底解决泄漏问题。

3.2　改变原设计的底板沉孔结构

与厂家咨询，设计沉孔的目的是易于汇集流体返回空心轴，我们认为此沉孔的存在意义不大，并且观察沉孔结构发现，其厚度较底板其他部分偏薄，流体更易在此处汇集冲刷，并

图6 隔离套增加横筋

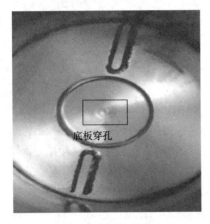

图7 改型后拆检

图8 隔离套底板沉孔改型

4 结论

通过以上一系列改造尝试，改善了磁力泵隔离套运行环境，延长了设备使用寿命。改型隔离套安装使用后，至今连续运行3年，未再发生类似泄漏，真正意义上实现了"无泄漏"运行。此次改造从根本上解决了磁力泵 FP－3214AB 运行瓶颈，节省了大量备件，降低了有害物质泄漏对人与环境的影响，同时对同类型机泵的改造和选型有一定的指导意义。

且流体在沉孔处减压，容易形成汽蚀，尤其是中心位置。因此，决定改变原设计底板沉孔型式，并对其加厚，将沉孔凹进结构改为半球形凸出结构（见图8），此种结构可以有效避免流体力的集中。

参 考 文 献

1 王鸿睿，刘建瑞，滕人博，肖志杰. 磁力泵金属隔离套不同结构的设计比较［D］. 水泵技术，2008（1）：20-23.

2 黄卫星，陈文梅. 工程流体力学［J］. 化学工业出版社，2001.

3 API 685—2011 石油、石化和天然气工业用无密封离心泵.

4 SHS 03060—2004 磁力泵维护检修规程.

空压机长周期运行故障分析及对策

钱广华　刘剑锋

（中国石化天津分公司化工部，天津　300271）

摘　要　针对空压机机组叶轮结垢、振动高及级间冷却器结垢的现状，找出存在的问题并结合实际运行工况进行综合分析，通过解体验证排除法，确定机组结垢、振动上升的主要原因为入口过滤器过滤效果差，级间冷却器结构严重。采取改进压缩机入口过滤器的精度，增加围挡，机组叶轮结垢现象得到解决；循环水总管增加超声波防垢器，级间冷却器从 4 个月延长到了 24 个月。采取措施后，机组的运行周期从 6 个月延长到了 12 个月以上。十几年可省备件费、检修费和人工费 400 多万元。

关键词　空压机；叶轮；结垢；振动高；超声波防垢器

某炼化装置公用工程装置空压机站安装五台美国英格索兰机组，为三级压缩，提供压力 1.0MPa、流量 12000Nm³/h 的压缩空气，正常运行两开三备。该压缩机供给炼油和化工等八套装置提供工艺及仪表用净化风、伺服风等。压缩机经常出现振动、温度高的故障，直接影响主要装置运行的稳定性。该空气压缩机频繁出现三级轴振动高、叶轮、扩压器结垢等故障，还出现级间冷却器结垢严重、造成压缩空气温度高的问题，不仅维修频繁，浪费人力物力，而且形成了影响装置生产的安全隐患。通过现象分析和检修解体验证，找出了机组结垢、振动高的原因，将过滤筒精度由 10μm 提高到 1μm，外加 50μm 的过滤围挡，经过半年多的运行验证，机组的运行平稳，级间温变和振值在良好的范围内，既降低了检修费用，减少了机组检修次数，又提高了机组的稳定运行周期。

1　机组简介及存在问题

1.1　机组结构及工艺作用

1.1.1　机组结构简介

公用工程装置空压机站是 1999 年引进美国英格索兰公司制造的 C90M×3 型离心式空压机，第一级叶轮转速为 19370r/min，第二级叶轮转速为 27671r/min，第三级叶轮转速为 38740r/min，输出压力为 1.0MPa，压缩机轴功率为 1286kW。共四台机组，两开两备。该机组系三级压缩微机自动控制，它主要包括吸入过滤器、压缩机本体、电机及仪表控制系统。空压机入

口配有五台自洁式空气过滤器，出口配有四台空气干燥器。级间采用循环水冷却。机组设定报警和联锁值见表1。

空压机所产生的压缩风主要是供给 PTA、1#芳烃、PET、2#芳烃、油品艺及仪表用净化风、公用工程用非净化风等。

表1　机组轴承振动控制值

名称	一级	二级	三级
报警值/mil	1.1	0.95	0.9
联锁值/mil	1.3	1.15	1.1

1.1.2　工艺流程及作用

1）气路工艺流程

室外空气经空气过滤器后，由管道送入离心式空压机依次进行一级压缩、冷却，然后二级压缩、冷却，最后三级压缩、冷却，此时压力为 1.0MPa。这些压缩空气经后冷却器冷却后，使其温度降至40℃左右，一部分进入非净化压缩空气分配器，经管道送至各用气装置；另一部分依次进入气水分离器、微热再生干燥器和除尘器，此时压缩空气露点为-40℃，这部分净化压缩空气进入净化压缩空气分配器，经管网送至各用户。多余的压缩气体经旁通阀放空（见图1）。

作者简介：钱广华（1960—），男，天津人，1982年毕业于华东石油学院化工机械专业，工学学士，教授级高工，已出版六部专著，现在从事设备管理工作。

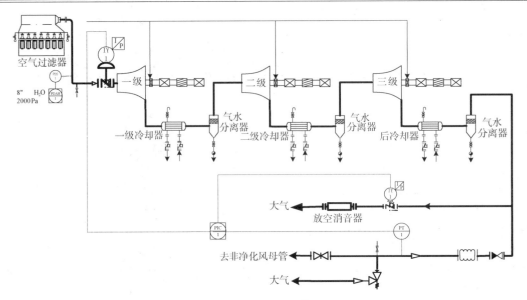

图1   气路工艺流程简图

2）压缩机控制系统

离心式空压机的全部运行过程，采用 CMC 英格索兰计算机软件控制系统的监视和控制，CMC 控制系统按照设定值，将自动调整入口阀和放空阀的开度，以防因外界需用风量过大而引起电机超载或因外界需用风量减少而引起空压机喘振。

3）MFS-400 型脉冲反吹自洁式空气过滤器

MFS 空气过滤系统由 35 个过滤组件组成，原过滤精度为 10μm。过滤器组件，由内外护网、上下端盖、滤纸筒、密封垫、拉杆螺丝等组成。自洁系统由文氏管、喷嘴、电磁阀、和输储气管道等组成。

过滤原理：当空气流经滤筒时，空气中的尘埃、固体粒子、烟尘碳粒、微小的液滴等各种悬浮物，随气流运动时与滤纸纤维发生碰撞而被阻拦；较小的微粒在随空气作布朗运动时因扩散被截留；流动产生摩擦，摩擦产生静电而被吸附等物理作用，将空气滤清。

自洁原理：当电磁阀接受 PC 指令，阀门开通。压缩空气经气管到达喷嘴，按设定的流线形状调整射出；射流经文氏管时产生低压环，形成卷吸作用，使气流量增大气流进入滤清器筒内腔冲击筒壁，使吸附物脱离筒壁；附着的尘埃，因堆积增加了相互间的引力使质量增加失去了悬浮性跌落；同时反吹的气流由内向筒外以大大高于过滤气流的速度，向外扩散，将

填嵌在滤纸微孔中的杂质剔出；完成元件的自洁，恢复过滤功能。

1.2 机组存在问题及分析

1.2.1 机组三级轴振动偏高

四台机组每一级均出现过振动高的现象。主要是机组三级轴振动值逐渐升高的频率占大多数，达到了报警值 0.9mil，然后机组进行解体检修。解体检查各级轴瓦均未见异常，检查叶轮发现一至三级叶轮及扩压器表面均有结垢现象（见图2、图3）。本次将一、二、三级转子叶轮组件进行喷砂除垢、消磁、动平衡试验，并更换三级前径向轴瓦、油封、气封以及后径向止推组合轴瓦。检修后，经过润滑油循环合格后，机组启动运行，每一级的振动均在良好范围内，特别是三级振动值在 0.24mil。

图2   三级叶轮正面结垢

图3　三级叶轮背面结垢

1.2.2　机组级间冷却器结垢严重

某日发现三号机组二级轴振动值上升达到了0.79mil。解体检查发现，二级叶轮结垢。经过一段时间运行后发现三级轴振动值达0.74mil，检查叶轮叶片表面结垢比较严重，三级径向止推轴瓦推力面磨损局部有变形，轴瓦推力面轻微结焦（见图4），叶轮锁紧螺栓内六方孔锈蚀严重，清洗叶轮叶片表面结垢，更换叶轮锁紧螺栓，修整叶轮短轴拉毛部位，投用运转良好。

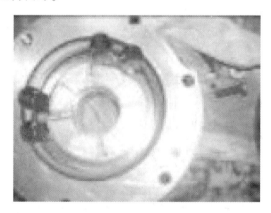

图4　三级轴瓦结焦

某日，发现二级冷器后气体温度升高，抽出油冷器芯检查门口垫正常，打开护板检查管束，发现部分管束之间有水垢及小石子无法清洗（见图5），换热效率明显降低。

1.2.3　机组级间冷却器泄漏和筒体防腐层脱落

（1）某日空压机停机状态，发现三级冷却器的气体侧有大量的水排出，关闭循环水进出口阀后水量逐渐停止，解体检修发现管束有泄漏，更换为国内取代的高效冷却器，试车情况良好。

图5　三级冷却器结垢及异物

通过机组拆卸，检查一、二级叶轮的外三角弧键轴表面与齿轮轴的内三角弧键轴表面光滑无拉痕；三级叶轮的外三角弧键轴表面与齿轮轴的内三角弧键轴表面严重拉伤。一、二、三级转子修复拉伤部位，并进行喷砂除垢、消磁、做动平衡。同时对三级前径向轴瓦、油封、气封、后径向止推组合轴瓦进行了更换。更换润滑过滤器油滤芯。

（2）解体检修发现空压机空气流道及冷却器筒体内壁防腐层脱落严重（见图6和图7）。

图6　空气流道防腐层脱落

图7　冷却器筒体防腐层脱落

1.2.4 冷却器护板及门形垫损坏

三级冷却器后气体温度突然升高，抽出油冷器芯检查门口垫错位，三级冷却器护板及门形垫损坏。这属于偶发事件。

2 叶轮表面结垢成因分析及采取的措施

2.1 形成结垢物质的来源

（1）空气中杂质、灰尘；

（2）内壁防腐层；

（3）各级叶轮外壳内壁锈蚀物；

（4）附近空气中的物料（PET、PTA、煤灰粉等）；

（5）循环水中的钙镁等杂质。

2.2 湿气的来源

（1）空气湿度大，夹带的水分；

（2）冷却器泄漏；

（3）空气压缩后的凝结水。

2.3 机组结垢问题排查

2.3.1 叶轮、扩压器表面光洁度不够，造成表面吸附

由于三级振动高，机组解体检修，叶轮、扩压器除垢后，对其表面进行检查，并没有明显腐蚀痕迹，为保证表面光洁度，检修时对叶轮、扩压器重新进行喷砂处理（见图8），并重新对叶轮做动平衡。

图8　喷砂处理后的三级叶轮

经过喷砂处理后，表面更光滑，减少了结垢的可能性。经过对形成垢片的化学分析，主要是灰尘、钙等离子。

2.3.2 级间冷却器疏水效果差

在压缩机检修，对一至三级疏水器进行检查，疏水器形式为倒吊桶式结构，解体检查内

部未见损坏（见图9）。为保证空气凝结水完全排出，在机组投用时，将疏水器的旁路微开。

图9　疏水器内部结构

2.3.3 级间冷却器内气液分离器分离效果差

在机组检修时，对气液分离器进行检查，发现分离器上结垢严重（见图10），分离器内部呈颗粒状物体较多，影响分离效果，从图10上可以看出分离器网上结垢，说明它是叶轮结垢的根本原因。检修时对其进行酸洗处理，处理后效果明显。通过本次检查发现分离器结垢现象，规定在今后的检修中，把分离器的酸洗列入机组检修项目中。

图10　气液分离器结垢情况

2.3.4 环境空气质量差，空气中湿度高

为了进一步确认机组工作环境，对比空气质量，在11~12月期间，分别在具有同样机组类型的环境的空气入口处挂温湿度计进行监测，经过数据对比（见表2），温度变化基本相同，但是湿度还有较大差别，所以对于进气的影响还是存在的。

表2　不同环境压缩机吸入口温湿度对比

日期	11月26日		11月27日		11月28日		11月29日		12月3日		12月8日	
	上	下	上	下	上	下	上	下	上	下	上	下
A 温度/℃	4	5	3	4	2	2	3	4	4	4	3	6
B 温度/℃	4	5	3	4	2	2	3	5	5	4	3	6
A 湿度/%Rh	54	51	63	55	49	46	49	46	60	56	60	53
B 湿度/%Rh	44	46	50	51	45	37	40	41	40	39	43	42

注：A 代表公用工程车间的压缩机入口；B 代表炼油装置同型号的压缩机入口。

2.3.5　空压机入口过滤器精度偏低，过滤效果差

四台机组的过滤器，其形式为自洁式，过滤桶的过滤精度为 $10\mu m$。对于空压机叶轮结垢问题，入口过滤器的影响占主导因素，并且过滤器的安装、质量、精度都会直接影响到过滤的过滤效果。

1）安装问题

现场检查过滤器，各个过滤桶固定螺栓无松动，拆下后发现有个别密封面有灰尘，说明有微量泄漏现象。

2）过滤器滤筒确认

检查过滤筒外表面检查均没有破损，但有少量积灰，反吹效果不好，会影响空气入口压差，但不会影响过滤精度（见图11）。

图11　过滤桶检查

3）精度问题

针对过滤器精度问题，英格索兰压缩机操作手册要求入口过滤器安装在一个高于厂房 2m 的位置，保证吸入空气的不受地面环境干扰，实际安装距地面 4m 的空间上。空气过滤器应当是一台高效率2级过滤设备，可以将 99.97% 的大于 $2\mu m$ 的颗粒和 90% 的大于 $0.4\mu m$ 的颗粒滤除掉，而实际是一级过滤桶。

对于压缩机叶轮结垢、振动高的整个过程，综合分析是细小的杂质随气流进入一级导叶和一级叶轮，由于进气湿度大，机械杂质容易在一级导叶及一级叶轮表面形成垢块，比较均匀地附着在一级导叶和一级叶轮的表面。随着高速气流未附着的细小尘粒增加再加之级间凝液疏水不彻底，在二级和三级叶轮表面和导叶附着。潮湿的灰尘颗粒接触到高温的二、三级叶轮，极易在其表面形成坚固的垢块；同时垢块的表面相对于叶轮和导叶的表面要粗糙，有利于灰尘颗粒在原有垢块的表面积聚，造成垢块不断增大，有时垢块会局部脱落，对二、三级叶轮动平衡的破坏也越来越大。而且由于垢块的存在，改变了气体的流动通道，增加了气流扰动，使二、三级振动值不断上升。小颗粒粉尘（粒径<$2\mu m$）设备内部形成坚实结垢，影响气流运动，降低设备运行效率，使"喘振曲线"漂移，破坏叶轮平衡，使转子轴振动升高。

3　解决对策

3.1　提高滤筒精度

针对机组叶轮结垢的成因分析，主要是入口过滤器精度低和进气湿度大所致。采取增加过滤器的过滤网精度，从 $10\mu m$ 提高到 $1\mu m$，在整个过滤箱体外面增加一层 $50\mu m$ 过滤围挡。过滤围挡不仅起到了挡住较大的灰尘的作用，还起到了挡住冷却水塔随风刮过来的湿气。

3.2　提高检修质量

对于滤筒安装不到位、疏水效果差、分离网结垢及冷却器护板及门形垫损坏等问题，需要进一步加强工序的检查和确认。

3.3　定期更换围挡和滤筒

根据滤筒的压差在确保自洁功能的基础上，定期进行检查，发现问题及时进行维护，定期

进行更换滤筒和围挡滤布。

3.4 增加超声波防垢器

由于压缩机级间冷却器采用的是循环水作冷却剂，而使用的补充水经过不断浓缩之后，其硬度比较高，添加阻垢剂并不能完全解决结垢问题，结垢的速度一般呈级数增长，所以一旦有沉积物产生，就能在很短的时间内发生沉积附着，严重影响冷却效果。超声波防垢器具有空化作用、活化作用、剪切作用，依靠其强声场处理流速达到防垢阻垢的作用。垢物在强声场的作用下，其物理形态和物化性能发生一系列变化，使之分散、粉碎、松散、松脱而不易附着管壁形成积垢。在五台机组循环水总管上增加了一台长声波防垢器，较好地解决了压缩机级间冷却器的结垢问题。由原来 4 个多月

就要就行停机酸洗冷却器，变成使用周期已延长至 24 个月，使用效率足足提升了 6 倍。冷却器的寿命由 1 年延长到了 5 年以上。

4 效果与建议

4.1 效果及效益

4.1.1 效果

按照制定的解决对策，对四台空压机入口过滤器进行了整体改造，以三级转子振动趋势为例，对改造前的运转数据观察，改善前 6 个月运行时振动值逐渐上升，达到了必须进行停机解体检修除垢的状态，对转子重新进行动平衡试验；改善后 6 个月运行时振动值基本未变，改善效果明显，振动趋势平稳（见图 12 和图 13），6 个月时振值比改善前下降了 50% 左右（见表 3）。

表 3　压缩机三级改善前振动趋势数据表

改善前		改善后	
日期	振值/mil	日期	振值/mil
2013 年 10 月 8 日	0.30	2014 年 5 月 10 日	0.3
2013 年 10 月 23 日	0.30	2014 年 5 月 25 日	0.29
2013 年 11 月 8 日	0.32	2014 年 6 月 10 日	0.29
2013 年 11 月 23 日	0.35	2014 年 6 月 25 日	0.31
2013 年 12 月 8 日	0.33	2014 年 7 月 10 日	0.3
2013 年 12 月 23 日	0.40	2014 年 7 月 25 日	0.29
2014 年 1 月 8 日	0.43	2014 年 8 月 10 日	0.31
2014 年 1 月 23 日	0.44	2014 年 8 月 25 日	0.3
2014 年 2 月 8 日	0.45	2014 年 9 月 10 日	0.3
2014 年 2 月 23 日	0.47	2014 年 9 月 25 日	0.31
2014 年 3 月 8 日	0.50	2014 年 10 月 10 日	0.31
2014 年 3 月 23 日	0.58	2014 年 10 月 25 日	0.36
2014 年 4 月 8 日	0.67	2014 年 11 月 10 日	0.35
2014 年 4 月 23 日	0.67	2014 年 11 月 25 日	0.35

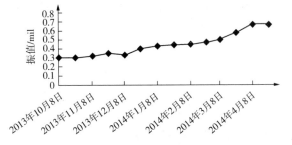

图 12　压缩机三级改善前振动趋势图

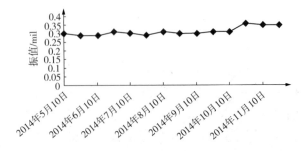

图 13　压缩机三级改善后趋势振动图

4.1.2 防垢器延长了设备的寿命和使用周期

增加防垢器后，十几年来，减少机组的停机次数达到了 50 次以上，由原来 4 个多月就要就停机拆卸冷却器进行酸洗除垢，变成使用周期已延长至 24 个月才拆洗一次，使用效率足足提升了 6 倍。冷却器的寿命由 1 年延长到了 5 年以上。

4.1.3 效益

通过多入口过滤器的改进，每年可以减少至少一次机组大修，使机组的运行状态得到了改善；维护费用每台每年可节省一半以上，经测算可节省叶轮（三角轴）修复、流道及冷却筒防腐层修复、轴瓦更换、密封圈更换、级间冷却器修复及修复的人工费用等 23 万元左右，十几年节省费用可节省 300 万元以上。增加防垢器后，十几年节省停机、拆卸、酸洗、安装等费用达 100 多万元。

4.2 建议

通过本次分析与处理，机组叶轮结垢、振动问题得到明显改善。需要今后从滤筒安装、机组振动趋势分析和检修质量控制三方面加强管理。建议提高入口过滤器吸入高度，保证吸入口空气质量；同时做到根据使用压差值的变化定期更换过滤器围挡和滤筒。对防垢器要定期检查维护，确保发挥它最大的功效。

中韩石化地面火炬频繁升降级的原因分析

康世伟

（中韩（武汉）石油化工有限公司，湖北武汉　430082）

摘　要　中韩石化高压火炬是国内第二套大型多点式地面火炬，和高架火炬相比，具有安全稳定性能高、燃烧充分、周边环境影响小的优势。然而自 2013 年运行 7 年以来，多次出现频繁升降级的情况，频繁的升降级大大增加了分级阀的开关频率，对分级阀的寿命产生不利影响，同时加大了火炬气的燃烧量，降低了火炬气的回收利用率。本文将通过实际操作经验和对升降级过程进行初步数学建模的方式来分析其原因，并据此探讨解决问题的方法。

关键词　地面火炬；升降级；分级阀；排放流量；流量区间；压力

1　中韩石化地面火炬简介

中韩乙烯多点式地面高压火炬系统包括两套地面火炬，其中烯烃火炬处理乙烯、汽油加氢、芳烃等装置排放的火炬气，处理能力为 1620t/h，共 19 级燃烧器，聚烯烃火炬处理 HDPE、LLDPE、PP 装置及罐区排放的火炬气，处理能力为 670t/h，共 12 级燃烧器，根据火炬气泄放量（压力）进行升降级控制。每一级延伸管上分布一定数量的莲花型烧嘴，如图 1 所示。

图 1　莲花型烧嘴

1.1　聚烯烃火炬烧嘴个数分布（见表 1）

表 1　聚烯烃火炬烧嘴个数分布

第 1 级	2	第 7 级	30	第 4 级	12	第 10 级	63
第 2 级	3	第 8 级	32	第 5 级	17	第 11 级	63
第 3 级	5	第 9 级	63	第 6 级	22	第 12 级	63

1.2　烯烃火炬烧嘴个数分布（见表 2）

表 2　烯烃火炬烧嘴个数分布

第 1 级	2	第 6 级	22	第 11 级	22	第 16 级	63
第 2 级	3	第 7 级	30	第 12 级	30	第 17 级	63
第 3 级	5	第 8 级	32	第 13 级	32	第 18 级	63
第 4 级	12	第 9 级	63	第 14 级	63	第 19 级	63
第 5 级	17	第 10 级	63	第 15 级	63		

2　中韩石化地面火炬升降级说明

2.1　升级控制

烯烃火炬和聚烯烃火炬两个系统是基于顺序分级技术的。火炬系统通过此技术一排排连续打开以降低火炬头压力。火炬头装有三个压力变送器用于检测泄压。火炬头压力上升时分级开始工作。

2.1.1　聚烯烃火炬

当压力 $P<10\text{kPa}$，第一级分级阀关闭保持系统正压。

当压力 $10<P<50\text{kPa}$，第一级根据压力调节直至全开。

当压力 $P\geqslant50\text{kPa}$，第二级开启；延时 5s，当压力 $P\geqslant50\text{kPa}$，第三级开启，直至第六级。

当压力 $P\geqslant90\text{kPa}$，第七级开启；延时 5s，当压力高于 90kPa，继续开下一级直至最后一级。

当压力至 100kPa，同时以 2~6 级的方式进行泄压，延时 5s，压力依然高于 100kPa 时继续打开后 6 级。

当压力至 121kPa，爆破针型阀门打开泄压。

升级控制的同时，必须确保长明灯正常工作，否则升级控制自动跳至下一级。

2.1.2　烯烃火炬

当压力 $P<40$kPa，第一级分级阀关闭保持系统正压。

当压力 $40<P<50$kPa，第一级根据压力调节直至全开；

当压力 $P\geqslant50$kPa，第二级开启；延时 5s，当压力 $P\geqslant50$kPa，第三级开启，直至第六级。

当压力 $P\geqslant90$kPa，第七级开启；延时 5s，当压力高于 90kPa，继续开下一级直至最后一级。

当压力至 100kPa，同时以 2～10 级的方式进行泄压，延时 5s，压力依然高于 100kPa 时继续打开后 9 级。

当压力至 121kPa，爆破针型阀门打开泄压。

升级控制的同时，必须确保长明灯正常工作，否则升级控制自动跳至下一级。

2.2　降级控制

多点分级火炬的降级是基于传到 DCS 同一火炬头，且通过筛选进行分级步骤的压力信号发生的。每一级有它的降级或关闭预设值。如果火炬头的压力小于降级压力，按顺序最后打开的一级会关闭。这会使得火炬头的压力回升，但应该不会升到升级压力值。降级继续进行直至到达最后的降级阀。当从第二级降到第一级时，控制阀将接管下来并要保持火炬头压力为 10kPaG(聚烯烃)和 40kPaG(烯烃)。

1）烯烃火炬降级控制参数(见表 3)

2）聚烯烃火炬降级控制参数(见表 4)

表 3　烯烃火炬降级控制参数

级数	降级压力/kPa	级数	降级压力/kPa	级数	降级压力/kPa	级数	降级压力/kPa
1	<40	6	64	11	55	16	79
2	16	7	62	12	63	17	81
3	25	8	65	13	69	18	82
4	21	9	54	14	73	19	84
5	30	10	62	15	76		

表 4　聚烯烃火炬降级控制参数

级数	降级压力/kPa	级数	降级压力/kPa	级数	降级压力/kPa
1	<10	5	30	9	47
2	16	6	68	10	58
3	20	7	53	11	65
4	20	8	55	12	70

2.3　升降级转换

在分级火炬操作的任何时候，视释放到泄放火炬的气量的大小，升级与降级的过程可以互相转换。

3　火炬频繁升降级原因分析

3.1　火炬气源头分析

火炬气来自装置的非正常排放，如果装置正常运行无排放，或正常的微量排放，那么第一级火炬就足够满足排放条件，不需要升降级。所以火炬升降级频繁的根本原因就是装置非正常排放频繁。要想根本地解决问题，并从节能考虑，首先要从各个装置入手，减少火炬气的排放。

3.2　火炬升降级过程分析

虽然减少装置的排放量是根本，但作为火炬装置就是要消化装置的排放，在此过程中，出现频繁的升降级也并不正常，所以从升降级过程中分析，看是否存在设置不合理的情况。

（1）频繁的升降级主要出现在2~4级，所以不考虑5级以后的情况，那么跳级力为50kPa。

（2）假设火炬气来源均匀恒定流量为 Q_0 （ $\mathrm{Nm^3/s}$ ），排放的流量为 Q（ $\mathrm{Nm^3/s}$ ），在某一级时，火炬气从火嘴小孔喷射而出，则

$Q \propto S \times P$（ S 为排放面积， P 为排放压力–表压）

由 $PV=nRT$ 可得，压力变化的速率 $P'\mid t \propto RT(Q_0-Q)/V$

某一级时， S 、 V 、 T 和 Q_0 可作常量考虑，得

$Q'\mid t \propto K(Q_0-Q)$（ K 为常数，与 S 、 V 有关）

$S=S_1+S_2+S_3+\cdots+S_n$（ S_n 指第 n 级的排放面积）

当 $Q_0>Q$ 时， $Q'>0$ ， Q 上升，上升时 Q_0-Q 变小，故 Q 上升速率逐渐变小。

当 $Q_0=Q$ 时， $Q'=0$ ， Q 不变，压力和流量均达到稳定。

当 $Q_0<Q$ 时， $Q'<0$ ， Q 下降，下降时 Q_0-Q 变大，故 Q 下降速率逐渐变小。

由于跳级时，快切阀动作非常快，所以 S 突然加大， Q 在一瞬间跳跃。

以升到4级为例，可得流量 Q 和时间 t 近似关系曲线如图2所示。

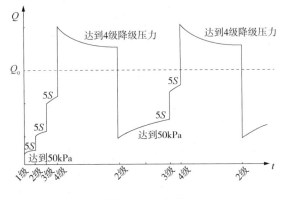

图2　 Q-t 曲线

在连续排放过程中，最终如果要达到一个平衡，就要停留在某一级上，使 $Q=Q_0$ 。但是如图2所示，由于 S 的跳跃，使得流量 Q 跳跃，那么 Q 就变得不连续了，当 Q_0 等于图中位置时，无对应的 Q ，此时便会造成火炬在第2级到第4级之间跳跃。

通过以上分析可知，火炬的降级压力设置不合理。特别是在第3级比第4级的降级压力设置低，当达到第4级降级压力时会直接关闭第4级和第3级，导致流量跳动幅度太大，当 Q 处于跳跃期间时，就会在第2级到第4级之间频繁升降。

4　火炬频繁升降级改进措施探讨

4.1　从火炬气来源解决

优化装置的工艺流程，在正常运行状态下，减少排放，此项需各装置自我优化，本文不予讨论。

4.2　适当提高升级压力

在设计之初，升级压力为90kPa，在运行后，由于装置反映背压高不易排放，故调整前5级升级压力为50kPa，由 $Q \propto S \times P$（ S 为排放面积， P 为排放压力）可知，此举降低了 Q ，降低了延迟时间内的排放量，导致升级数增多（例如原本升到3级就能满足的条件，变为升到4级甚至5级才会降级），也就增加了升降级的频繁度。

所以在此建议在满足装置排放的条件下，适当提高升级压力（50kPa并不是最优值，当初设置为50kPa也是在实践），就相当于延长了每一级的 Q 区间，减少了升级数，提高了 Q_0 处于某一级区间内的可能性，从而减少了升降级的频次。

4.3　适当延长升级延迟时间

同理，延长升级的延迟时间也能延长升级时的每一级的 Q 区间，就能减低升级数，减少升降级频次，但是必然增大压力回落时间，所以必须考虑满足在最大排放工况时，在压力达到爆破针型阀起跳压力之前，最后一级能打开。

4.4　适当调整降级压力

在满足火炬火嘴正常充分燃烧的情况下，适当减低降级压力，使两级之间的跳跃区间变

短或消失，提高 Q 的连续性，提高了 Q_0 处于某一级区间内的可能性，从而减少了升降级的频次。

在设计时，考虑到第 4 级关闭后，压力会回升，所以设置了第 3 级的降级压力高于第 4 级，但是在火炬运行过程中，并未出现压力回升的情况，而是两级依次关闭，导致 Q 跳跃区间大，造成升降级频次高。所以建议合理调整第 3、4 级降级压力。

5　结束语

中韩石化地面火炬自 2013 年投用以来，在安全稳定性、燃烧充分度、对周边环境的影响各方面，都比高架火炬有明显的优势，给公司提供了稳定生产、安全和环保多重保障。但是在运行的过程中，也出现多个问题，频繁启跳、热电偶故障、长明灯线堵塞、火炬烧嘴结焦堵塞等，这就需要我们认真地去分析研究，找出解决的办法，让它成为真正的蓝天卫士。

沈鼓云在线监测系统在设备管理中的应用

王 慧

（沈阳鼓风机集团测控技术有限公司，辽宁沈阳 110869）

摘 要 针对某甲醇装置合成气压缩机运行中存在振动异常的实际情况，利用大机组在线监测系统，从产生异常的机理分析入手，分析出气流扰动是引起振动异常的因素，认为转速、密封等对气流扰动引起的振动异常影响较大，并得出机组发生气流扰动时，振动波形和轴心轨迹不稳定，且低频是主要成分。在机组不停机检修情况下采取一些切实可行的措施，对降低振动幅值、减少振值波动的发生有指导意义，从而保证了机机运行的稳定性。

关键词 在线监测；预知性；故障分析；设备管理；故障诊断

当今，随着信息化技术的不断发展，云计算、人工智能、大数据、物联网等成为技术变革中的主力军，这些技术手段的广泛应用，使得国家信息技术有了质的飞跃。信息技术在制造业的投用，更加推动了传统制造业转型的脚步。近几年，制造业加速向数字化、网络化、智能化发展，可以说给大型企业的设备管理提出了一个新的管理思路，同时也带来了巨大的挑战。

近几年，各企业设备管理不断升级企业内设备状态在线监测系统，维修模式由传统的故障事后维修、计划性维修向设备预知性诊断发展。可以保障设备的平稳运行，减少不必要的非计划停机次数，能有效地为企业减少因非计划停机带来的损失，随着在线监测平台中数据的积累及平台算法的完善，最终可以整体提升企业的设备管理水平。

1 在线监测系统简介

沈鼓云大机组在线监测系统主要由现场监测分站 DA8000 及中心服务器 DS8000 组成。系统主要采集现场机组的原始振动信号，通过 FFT 等一系列算法对振动信号进行计算，将杂乱无章的时域信号变换为有一定规律可循的频域信号，并可以生成一系列可供分析诊断的专业图谱，最终将信号通过中心服务器 DS8000 经由 Internet 进行传输及发布。同时，云端服务器会进行数据的接收及同步发布，设备管理人员即可不受地域、时间限制的进行机组运行状态的查看、分析、诊断。

近年来，更多的企业将除了振动信号以外的工艺量信号接入到平台进行统一监测，这将不同于以往的单一分析设备本体机械振动，可以从传统的分析振动故障现象，到现在的综合分析设备管理状态，可以更多地参与到工业流程当中，对提升设备管理水平起到了重要的推动作用。

2 在线监测系统应用实例

2.1 背景介绍

某厂全厂安装了大机组在线监测系统，并开通网络可将数据上传至云端供专业团队分析。该厂甲醇装置在使用过程中，监测系统的使用效果获得了全厂的认可。甲醇装置利用上游净化装置提供的合格合成气为下游 MTO 装置生产出合格的生产原料 MTO 级甲醇，同时也可根据实际生产需要抽出部分粗甲醇生产精甲醇。设计日产 5500t MTO 级甲醇，产量为 229t/h。合成气及循环气压缩机是装置的关键设备，因此对设备的稳定运行有着较高的要求。

甲醇合成气压缩机组属于离心机，采用垂直剖分结构，叶轮级为 5+2。驱动机为四冲动四反动凝汽式汽轮机。压缩机型号为 7V-7B，额定功率为 9778kW/9821kW，额定转速为 5144r/min，

作者简介：王慧，女，工程师，主要从事大型旋转机械设备故障诊断研究，现任沈阳鼓风机集团测控技术有限公司诊断服务工程师。

一阶临界转速为 1350r/min，入口压力为 7.22MPa，出口压力为 8.14MPa，振动报警值为 57μm，联锁值 85μm。甲醇合成气压缩机轴承振动测点如图 1 所示。

图 1 合成气压缩机轴承振动测点图

2.2 机组运行状态描述及分析

机组在运行过程中，各设备振动趋势均比较稳定，其中汽轮机整体振动低于 25μm，压缩机整体振动低于 25μm。总体来说机组振动幅值相对平稳。但近期，监测得到的振动趋势数据见图 2，在年 6 月 1 日～6 月 4 日期间压缩机四个通道振值均出现不同程度波动(小于 5μm)。在此期间，汽轮机振动正常，现场工艺未做调整。

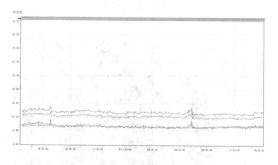

图 2 合成气压缩机振动趋势图

6 月 5 日现场调整负荷，下午发现，压缩机振动出现上涨的趋势(4μm)，且振动幅值随负荷的增加而升高。由于该上涨趋势较缓慢且表征不明显，现场对该机组再一次进行了负荷调整，随即压缩机四个通道振值出现大幅度波动，见图 3。振值出现异常波动时刻的时域和频域图谱见图 4，振动成分主要为 0.47～0.56 倍频。以上振值波动、上升都是由低频成分引起，在压缩机振动异常时，其前后轴承的轴心轨迹也非常杂乱，不规则(见图 5)。

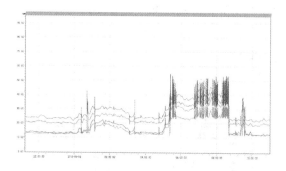

图 3 压缩机振动趋势图-通频值

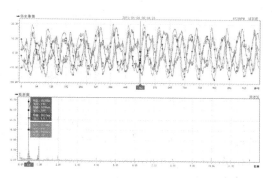

图 4 压缩机波形频谱图

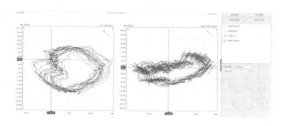

图 5 压缩机轴心轨迹图

工作转速下压缩机轴振 0.47～0.56 倍频占主导，引起此频段异常波动的因素主要有压缩机喘振、油膜、气流。机组在高负荷运行时，压缩机喘振曲线可能发生改变，高负荷运行时的调整裕量小，在负荷调整过程中操作没有跟上，出现转速上升、循环量下降的工况，导致压缩机进入旋转分离状态运行，可能短时产生了喘振。检查压缩机振值异常波动时间段控制系统防喘振阀动作，发现防喘振阀无动作。同时将压缩机振值异常波动时刻性能曲线及喘振曲线进行对比，发现二者相离很远，见图 6。说明防喘振阀未出现故障、喘振曲线未发生改变，压缩机未进入喘振区。从频谱图可知，低频成分虽占主导，但远超过油膜振荡的特征频率，且现场改变润滑油油压及黏度，压缩机振值依旧出现波动情况。由此，更倾向于认为压缩机振值异常波动是和气流有关。

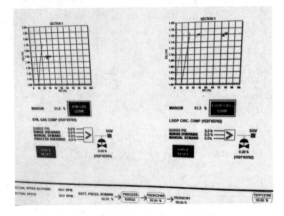

图6　压缩机运行期间放喘振曲线图

结合合成气压缩机以往停机大修情况及实际运行状态，压缩机一段入口处结蜡频繁，并伴随着介质一同进入密封，会使防平衡盘外缘的气封通孔堵塞，当气体以一定的速度进入密封时会随着转子的旋转产生一定的周向速度，导致气体在密封腔中形成了不均匀的压力分布，分布压力的合力形成了一个与位移相垂直的切向合力，引起转子的失稳振动。故判定压缩机振动幅值不定期且无规则波动是由压缩机内气流扰动影响压缩机转子状态造成。这种扰动随着转速的增加会被逐级放大，最后导致压缩机振值联锁停车。故建议现场检查压缩机出口密封处是否正常。

经现场检查，压缩机出口密封器有液体排出。当压缩机运行时，干气密封运转，静环和动环之间形成了间隙很小的气膜，此时如果有液体进入密封面的间隙内，就会改变干气密封的工作条件，密封面就会发热，由于密封面的温度差，导致密封面产生热变形，就会造成密封的动、静环端面黏合，从而改变气膜的刚度。

由于现场不具备停机条件，无法停车检修，故建议现场对压缩机出口密封器连续排液，如现场必须调整负荷，则尽可能缓慢地调整，并将该机组列为特护监控机组，提前做好检修准备。

2.3　现场处理反馈

综合分析，为了保证工厂核心设备稳定生产，现场决定加大对甲醇合成水冷却器在线除蜡密度、加强对合成段密封器系统的排液，每次需要改变运行状态时缓慢操作，并在升减负荷的时候缓慢进行。2015年6月9日除蜡后，合成气压缩机的振动幅值没有异常的波动，至6月23日，经过2次升降转速后，压缩机振动幅值最高不超过35μm，见图7。6月30日再一次除蜡后，压缩机的振动出现振动缓慢上升的情况，至7月13日，压缩机振动幅值最高不超过30μm，见图8。机组在未停机的状态通过以上处理，可满负荷运行，保证生产。直至平稳运行三月后，机组停机，拆解检修，见图9。

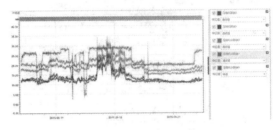

图7　压缩机振动趋势图

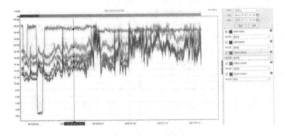

图8　压缩机振动趋势图

图9　拆解检修图

3　结束语

在工厂设备管理中，尤其在机组运行异常期间，沈鼓云大机组远程监测系统实现了对设备的预知性维修。通过对平台数据的分析并结合现场实际情况对合成气压缩机组振动异常波动故障进行了分析，通过对转子振值不同波动程度和机组不同负荷下频域特征的分析，判明该压缩机振值异常波动是由于气流扰动引起压缩机转子状态失稳造成的。在不停机的情况下，通过加大对压缩机一段入口处除蜡密度，改善了压缩机组振值异常波动的情况。同时加强对合成段密封器系统的排液，确保连续排液并尽量减少排放腔体内的液体。自 6 月处理以来，通过长期监测该机组的振值情况，验证压缩机振动异常波动故障原因正确。在保证了机组不停机的前提下，找到了故障的原因是平衡盘气流扰动所致，并提出了现场切实可行的解决方案，保证了工厂的稳定生产，使企业的积极效益达到了最大化。

大机组在线监测系统已在石油、化工、电力、冶金等行业得到大量应用，为企业实现"安、稳、长、满、优"的可靠运行提供了保障和技术手段。实施应用大机组在线监测系统，可有效帮助企业提升设备管理水平，提高经济效益。

参 考 文 献

1 Pinsley. Active Stabilization of Centrifugal Compressorsurge [J]. Journal of Turbo Machinery, 1990, 1 (113): 723-732.

2 刘昕. 离心压缩机干气密封的故障处理[J]. 流体机械, 2004(32): 41-56.

炼化装置卓越大修新模式的探索与实践

索　涛

（中国石油长庆石化分公司机动处，陕西咸阳　712000）

摘　要　本文介绍了中国石油长庆石化分公司 2019 年大检修采取"卓越大修"新模式取得的成功经验。"卓越大修"带动了设备系统性体系化管理的深化建立，夯实了安全环保工作，为确保装置长周期运行，提升企业生产经营效益，打下了可靠的基础。

关键词　卓越大修；新模式；探索；实践

1　检修概况

长庆石化公司于 2019 年 7 月 5 日至 8 月 24 日进行大检修，历时 50 天，完成检修项目 1041 项，大型改造工程项目 8 项。此次大修是建厂以来检修装置最多、工期最紧、技改技措项目最多、组织难度最大、安全环保风险防控等级最高的一次全厂性检修。大检修采用全生命周期管理，全面科学的计划性是公司此次大修的最大亮点，主要包括：大修技改里程碑计划、大修技改管理计划与任务清单、专项工作进度计划、大修技改排程计划。其中，排程计划经过多方参与，历时半年，由装置级、部门级、公司级，逐级编制、审核与优化，最终形成了包含大修 34000 余步工序、技改 6000 余步工序的庞大和科学的施工计划，大修技改排程关键路径执行率达到 99%，一般路径执行率达到 97.1%。

本着"上次检修的结束就是下次检修准备的开始"和"八分准备、二分实施"的理念，为了对本次检修成果进行评估，并为下次检修积累宝贵经验，开工后半年，公司组织各相关单位对检修工作进行回头看，开展项目量化后评估工作。根据项目类型、预算金额、重要性等要求，确定了具备代表性的 71 个项目进行评价，进而总结大修技改的整体情况。总体评分为 92.2 分（满分 100 分）。七项评价内容的评分分别为：项目投资评分 88.39、项目工期评分 84.47、项目质量评分 94.79、项目范围评分 87.92、项目技术评分 96.25、项目 HSE 评分 97.32、项目投运评分 92.79。

本次大修技改，是公司历次检修中质量最高、效果最好的一次。在短短 50 天的时间内，如期完成了有史以来规模最大的一次大修技改任务，消除了装置运行瓶颈，为下一个四年长周期运行奠定了坚实基础，创造了长庆石化新的奇迹。

2　新模式简介及优势分析

2.1　新模式简介

"卓越大修"是长庆石化公司按照中石油炼化板块大检修全生命周期管理要求，着眼于"示范型城市炼厂"建设，运用项目管理的思路、方法和工具，结合石油炼化领域大修项目的特点，建立了系统性的大修项目管理体系。其主要特征包括：计划性、程序性、整合管理和文档控制。将管理的重点放在准备阶段，提高大修技改各项工作的计划性，保证实施过程的可控性。

2.2　全过程管理流程

卓越大修全过程管理流程按照时间维度划分，分为六个阶段，如图 1 所示。

工作包和排程是卓越大修两个关键管控工具。在完成工作包编制的基础上，用 project 软件完成装置级、部门级、公司级排程，全面统筹项目、时间、人力资源和大型工机具，科学安排日工作计划的实施与统计分析，实现项目资源的多维度整合。

每个工作包都包括五个方面的内容：工作方案、资源清单、技术文件、质量保证、风险应对，共 13 个文件夹、62 类资料文件。审核后的工作包将作为大修排程的主要输入数据，并成为检修现场施工作业的技术文件，项目完善后的工作包将作为装置运行基础文件资料。

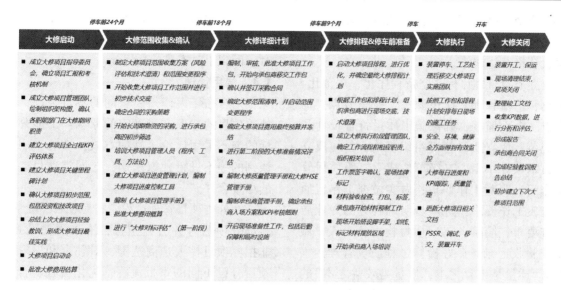

图1 卓越大修全过程管理流程

项目排程是一个高效的组织管理工具，它将涉及检修项目的施工人力、机具、材料、管理技术人员、专业技术服务等项目实施必需的资源，根据项目实施的逻辑顺序，按照任务优先级别进行有效多维度整合，进而科学合理地判定检修计划各项任务具体执行的时间表及资源加载，并一目了然地展现出主线项目资源排程，实现了项目安全、质量、进度及费用统筹管理。

2.3 优势分析

2.3.1 系统的大修项目管理体系

卓越大修通过建立完善的大修项目管理体系，用科学的项目管理方法和工具来管理大修项目，实现大修项目的高质量完成。

2.3.2 高效的组织管理与沟通

卓越大修强调需根据大修不同阶段的主要任务类型，建立和完善针对性的大修管理组织架构，始终积极致力于项目信息沟通，资源协调，以保障大修项目各项工作按照预定计划有序推进。

2.3.3 科学的规划与计划

核心要义在于"早"，因炼化装置检修往往涉及百万工时以上的检修内容，检修规模大，项目涉及面广，需要根据项目类型，提前两年甚至更长时间针对性地开展项目计划性工作，前期计划做得越扎实，对大修影响越积极。

3 过程控制

3.1 安全环保控制

本次大修安全环保管理以风险管控为核心，全面辨识大检修风险，细化各类管控方案并落实，确保大检修安全环保受控。

以风险管控为核心，全面辨识大检修风险，明确各层级管控责任人，制定管控措施，形成管理清单；强化安全环保主体责任落实，促进施工单位加强自主管理水平，项目各级负责人、管理人员每天在现场时间不得低于5小时；强化三方四级现场监督，严格落实过程监督责任，严格执行大检修HSE考核细则，及时沟通纠正承包商违章问题，随时发出现场安全风险警示；紧盯现场，多维度确保检修作业安全，针对不同类型的检修作业，采取走动式与旁站式监督相结合，确保作业风险监管到位；建立专职监护队伍保障作业安全，严格执行板块作业预约登记要求，建立属地单位监护队伍，监护人签到，检查现场工作情况，同时督促承包商抓好监护管理；强化环保监管，坚持绿色检修，公司以"气不上天，油不落地，声不扰民"为目标，高标准、严要求，践行绿水青山就是金山银山的环保理念，重点加强检修中的环保监管，确保环保管理受控。

3.2 质量管控

公司建立质量督导机制，严格抓好质量程序控制，重点突出设计、设备原材料、施工过程三大环节，引入第三方检修质量监理，大检修无损检测一次检测合格率达99.93%，设备检修验收合格率达99%。

建立质量管理目标，坚持程序化、规范化、标准化，严格管理、抓住源头、控制节点、抽查重点、全面监督，确保施工质量符合设计和标准规范；成立质量管理组织机构，公司成立质量技术领导小组，二级单位成立二级质量管控工作组，明确工作职责；做实做细工作包质量检查表工作要求，进一步明确各方的专业质量检查要求，明确各工序质量检查负责人，做好检查验收记录；抓好检修过程质量管理，牢固树立"质量是生存之本，质量是效益之本"的理念，"谁分管、谁负责"，严把材料和检修质量关，明确工作要求及技术要求，为检修开工检修质量奠定基础；重视检修设备投用后质量管理，明确启动前安全检查、启动后质量检查、投用后异常原因及可靠性分析和检修记录归档要求。

3.3　进度管理

为保证大修进度受控，公司一方面加大项目预制深度，另一方面应用排程工具，对施工工序、资源投入进行细致的安排。执行过程中严格按照每天排程计划进行施工，各属地及时收集和调整排程计划，整体平均执行率为97.1%，保证了大修技改施工进度得到有效管控，保证了各装置的开车节点。

第一，大修准备阶段的工期控制。制定《长庆石化公司2019年大修技改关键里程碑计划》，明确规定重大工作任务必须完成的时间节点。确定《长庆石化2019年大修技改项目管理计划》，明确大修技改准备和实施阶段需要做的具体工作，进行RACI职责分工，过程跟踪考核。第二，大修技改实施阶段的工期控制主要依靠排程管理。对33项重点项目进行管控，每天汇总完成情况并进行纠偏。编制大修技改项目进度网络图，在施工现场进行公示，每日更新。建立进度滞后预警和未开工项目预警机制，每日公示。提醒相关项目负责人及时采取纠偏措施，最大限度地减小进度滞后影响。第三，强化大修排程计划的执行率。对前期的排程资源安排控制不到位和现场实际施工步骤与排程计划偏差问题进行重点写实协调，确保排程计划的高执行率。根据施工资源的多少动态调整工时，做到工时安排的最优化。

3.4　费用管理

结合往年大修外委合同的签订情况，确定外委项目的选商方式确定的原则：①能公开招标的绝不采用比价谈判的方式；②能采用比价谈判的绝不进行独家采购；③同类项目能合并的尽量合并。

在外委项目管理过程中，对项目整合打包，将部分项目合并公开招标，不采用邀请招标。非招标项目扩大选商范围，对独家和三家询价项目分设不同的审批流程，优化流程、合理选商。与往年相比，不再采用邀请招标方式，达到招标限额的全部公开招标，在更大的范围内选择服务优、业绩好、价格合理的中标单位。

此次大修外委合同签订工作提前策划，统筹实施，坚持公开招标是常态，非招标项目严比价的原则，对于物资采购项目尽量减少代理环节，在保证服务质量、材料质量的前提下，充分发挥竞价和谈判的作用，规范了程序、节约了成本，实现公司利益最大化。合同金额相比预算金额节约了1080万元，资金节约率为3.1%；物资采购节约资金2728.29万元，资金节约率为6.7%。

4　经验与不足

4.1　经验

本次大修的成功，总结经验，主要有以下几个方面：

（1）甲方的主导作用得到充分发挥。本次大修强化了甲方全过程主导作用，在强大的排程数据指导下，乙方按照甲方下达的施工计划及时落实资源，并进行施工安排，施工组织效率明显提高。此外，大修例会组织形式进行了改变，主要由属地单位汇报施工偏差，包括进度偏差、安全管控偏差、质量偏差及费用偏差，并提出协调及管理要求，施工单位针对性答复问题，会议提出进一步管控措施，大大减少了推诿扯皮问题的出现，会议时间大幅缩短，效率大幅提高。

（2）物资保障科学有效，大修资源投入科学合理，检修效率明显提高。一是充分利用三维模型，合理绘制大修功能场地布置图，对检修材料、检修废料、检修垃圾及检修场地等进行了合理布置，确保了检修材料就近使用、检修废料及时拉运，检修垃圾随时处置，有效地减少了二次倒运；二是对工机具投入进行最大程度的优化，使得施工单位有计划地准备人力、物力；三是通过应用排程工具，对检修计划进行科学排布，2019 年大修技改现场工作效率为 56%，比 2016 年大修工作效率 41% 提高了 36.6%，接近国际企业 60% 的现场工作效率。

（3）奖惩机制有效发挥作用。公司结合杜邦评价方法，在准备阶段制定了全过程 KPI 考核细则，分立项阶段、详细设计阶段、排程阶段、实施阶段、后评估五个阶段进行考核与管控；适时推出各项专项奖励，在理念推广阶段，对工作包学习及使用表现突出的个人进行了奖励，在检修过程中对项目推进、工作表现积极的单位及个人及时进行即时奖励。

4.2 不足

为进一步提升下一轮大检修准备工作质量，严肃项目计划、实施及投运全过程管理，对本次大修进行了后评估及经验总结。本次大修技改在项目质量管理、技术管理、HSE 管理以及投运管理上表现突出，而投资管理、工期管理和范围管理依然有较大的提升空间。

项目的投资、工期、范围得分相对不高，有一定的主观原因：一是部分项目是整体结算，难以拆分，导致投资内容缺少评价数据，因此得分较低；二是投资、工期和范围的评价内容进行了充分的量化，相较于质量、技术、HSE 和投运更易扣分；三是得分客观上说明部分项目负责人的项目管理专业能力以及项目管理工具方法的应用水平还需进一步提升。

公司对 13 个因费用偏差大、立项不严谨、管控不到位的项目进行追责，共对八个单位相关责任人追责 9000 元，进一步严肃项目全过程管理。

5 总结

卓越大修是一个系统的工作方法，公司将以此为基础，带动设备系统性体系化管理的深化建立，夯实安全环保工作的基础，确保装置长周期运行，提升企业生产经营效益。一是全面固化总结卓越大修工作经验，吸取教训，加强过程考核经验的固化推广。二是将卓越大修体系深化，将前期固化好的工作经验，作为后期工作推进的基础，按照板块大检修全生命周期管理要求，重点关注项目立项的问题，用卓越大修的工具将过程控制好，使每一项费用实实在在发挥出效益。三是分装置、分专业编制大修策略，进一步解决好利用大修干什么的问题，不断提升公司大检修管理水平。四是通过信息化手段辅助大检修管理工作，完成检修现场数据采集和自动汇总统计，大检修数字化管理，促进卓越大修理念的落地执行。

激光修复技术在石化设备上的应用

崔殿杰

(中韩(武汉)石油化工有限公司设备工程部,湖北武汉　430082)

摘　要　乙烯装置投产后,裂解气压缩机组润滑油泵振动逐渐加大,解体后检查发现轴颈磨损严重,通过激光显微仿形熔铸技术,使合金激光化,进行激光修复,快速成型,达到设计要求,具有科技含量高、经济效益好、资源消耗低、环境污染少的特点,提高了设备运行安全可靠度,为装置安全、稳定运行奠定了基础。

关键词　汽轮机;转子;磨损;激光修复

裂解气压缩机组润滑油泵是裂解装置的重要设备,在正常情况下两开一备,备用泵有润滑油出口压力低自启动联锁功能,保证油系统的正常运行。因此润滑油泵对维持裂解气压缩机组正常工作至关重要,机泵能否正常运行,直接关系到整套装置安全、稳定运行。武汉乙烯自2013年8月投料后,该设备振动逐渐增大,2013年10月8日,解体捡查透平发现轴承和轴径严重磨损,对装置安全、稳定生产构成了严重威胁,是装置安全生产的重大设备隐患。选择激光修复优点是,激光束易于聚焦、对准及受光学仪器所导引,可放置在离工件适当之距离,且可在工件周围的机具或障碍间再导引,其他焊接法则因受到上述的空间限制而无法发挥。

1　裂解气压缩机润滑油泵在装置运行中的作用

油系统中设置了相同流量及压力的油泵,分主油泵、辅助油泵、备用油泵三台。主油泵由透平驱动,辅油泵/备用泵由电机驱动,正常工作时开一台透平(透平由日本日立公司制造)油泵,即可满足整个机组所需的润滑油、控制油油量要求。主油泵为小汽轮机驱动,主/辅及备用油泵吸入口至油箱之间装有截止阀和泵吸入过滤器(粗滤器),在主/辅和备油泵排油口设有止回阀以防止压力油经空载泵回流;在上述止回阀的下游设有截止阀,维修油泵时首先关闭油泵进出口的截止阀。此外,润滑油系统中还设置了低压联锁报警装置,当润滑油总管的油压下降到联锁报警整定值时,联锁报警装置发出报警信号并自动启动备用油泵,当系统油压恢复正常值后,停止备用油泵。

2　润滑油泵驱动透平主轴损坏情况

裂解气压缩机组自2013年8月运行以来,由小汽轮机驱动的主油泵振动逐渐加大,主油泵出现问题后,只能启动电动油泵运行,如果出现晃电现象,就会造成机组润滑油中断。汽轮机机组不能与润滑油泵同步停车,润滑油泵停车时,汽轮机机组无润滑油运行,对机组的安全运行构成隐患。

通过对小汽轮机的解体检查发现轴承箱内润滑油中带有水分,且润滑油已乳化,油箱底部有铁屑,同时轴颈磨损严重,转子与油泵端主轴径呈环状拉伤沟槽,损伤长65mm×深0.2mm,最大磨损达0.20mm,如图1所示。

图1　修前损伤全貌图

3　润滑油泵驱动透平转子损坏的原因

经检查可知(见图2)：油箱内进入的水分是由汽轮机的蒸汽沿轴向，经由汽封(5)和轴套(8)向两端轴承箱泄漏(见图中A)，在轴端形成水膜；轴承箱轴封与轴间隙过大时，润滑油在甩油环的搅动下，将热量从轴承箱的呼吸帽中带走，同时将轴端的水膜吸入轴承箱中，使水分不断增多，润滑油和水分在甩油环的作用下，充分搅拌使润滑油乳化成乳浊液，转子运转时形成的油膜被破坏，使轴和轴瓦之间磨损，产生铁削随乳浊液进入油箱沉积于油箱底部(见图中B)。

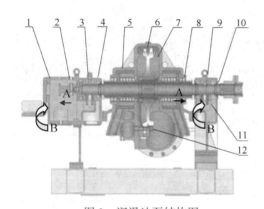

图2　润滑油泵结构图

1—前轴承座；2—危急保安系统；3—滑动轴承；
4—挡油圈；5—汽封；6—叶轮叶片；7—汽缸；8—轴套；
9—甩油环；10—主轴；11—后轴承座；12—喷嘴叶片

4　润滑油泵驱动透平转子修复

石化设备修复方法有很多，如电弧堆焊、氩弧堆焊、等离子弧堆焊、等离子弧喷涂和电镀等。

4.1　设备磨损表面的几种修复方法及特点

(1) 电弧堆焊的优点是能充分发挥材料的性能优势，节约用材和延长零部件使用寿命。缺点是生产率低，稀释率较高，不易获得薄而均匀的堆焊层，生产条件差。

(2) 电弧堆焊、氩弧焊，效率高，成本低，操作灵活，是目前工厂使用最广的一种堆焊修复工艺。为了防止手工电弧堆焊修复时基体材料和堆焊层开裂，会造成零件很大的残余拉应力，所以堆焊完后要马上进行去应力退火。手工电弧氩弧堆焊是由人进行操作，堆焊质量易受操作人员的影响，偶然的影响因素比较多。手工电弧氩弧堆焊时的引弧和熄弧也会对堆焊质量带来影响。

(3) 采用等离子粉末堆焊工艺，基体材料和堆焊材料之间形成熔合界面，结合强度高；堆焊层组织致密，耐蚀及耐磨性好，当保护气量低于标准参数时，焊层表面呈黑色，表明氧化严重；高于标准参数时，由于保护气出现紊流层，造成空气卷入，堆焊层出现蜂窝状气孔。

(4) 电镀的优点：可得到任意成分的合金镀层；可以在形状复杂的零部件表面上获得合金镀层；消耗能量低、方法简便、可规模生产。缺点：在结晶器浇注时频繁的冷热疲劳、钢水及钢坯的冲击和摩擦经常引起涂层起皮剥落；镀层硬度低，耐磨性差，工艺不好掌握。

(5) 激光堆焊可以实现热输入的准确控制，热变形小，堆焊金属的化学成分和稀释率易控制，可以获得组织致密、性能良好的堆焊层。电子束堆焊的能源利用率高，机械熔敷金属冷却速度快，堆焊层的耐磨性好。

对比以上几种焊接修复工艺，激光熔覆技术解决了传统电焊、氩弧焊等热加工过程中不可避免的热变形、热疲劳损伤等一系列技术难题，同时也解决了传统电镀、喷涂等冷加工过程中覆层与基体结合强度差的矛盾，这就为表面修复提供了一个很好的途径，因此我们选用了激光熔覆技术对汽轮机转子进行修复。

4.2　激光熔覆技术的特点

(1) 激光熔覆层与基体为致密冶金结合，结合强度高，不脱落。

(2) 加工过程热影响区和热变形小，不改变基材内部金属性能。

(3) 可实现工件表面性能的定制，熔覆耐磨损、耐腐蚀、耐高温等特殊功能层。

(4) 可制备由底层、中间层及表层组成的各具特点的梯度功能熔覆层。

(5) 适合的材料广泛，常见的各类钢、合金钢及铸铁均可加工。

(6) 加工过程自动化控制，工期短，质量稳定。

(7) 低碳环保，无废气废水排放。

4.3　转子磨损表面的修复

4.3.1　转子修复前进行无损探伤检验

表面经着色渗透探伤检测，除待修复轴径部

位有磨损外，未见其他明显超标缺陷(见图3)。

(a)渗透图

(b)显像图

图3 转子修复前渗透探伤检测

4.3.2 转子的修复

对基体表面粗化处理，根据要求，采用溶剂清洗、脱脂、机械及加热等方式，除去待喷涂表面上的所有污物；选择合适熔覆材料，根据对涂层的功能尺寸要求；确定合适的粒度及粒度分布；根据基体的形状和尺寸，选用夹具、机械转台及移动装置；调节送粉装置，将粉末装入送粉器粉斗或喷斗中，保证送粉装置正常工作。

编写激光熔覆程序，根据工件激光熔覆面积，编写数控程序，并试运行激光熔覆，根据基体的热敏性、涂层特性及厚度，选择适当的激光熔覆工艺参数进行激光熔覆修复加工，转子一端主轴径损伤部位经激光熔覆、激光显微仿形熔铸快速成型、激光合金化、激光强化技术，进行激光修复达到设计要求，通过在基材表面添加不同成分、性能的熔覆材料，并利用高能密度的激光束使之与基材表面薄层一起熔凝的方法，在基材表面形成与其为冶金结合的具有特殊物理、化学或力学性能的添料熔覆

层。然后经机械加工后复型，恢复原有尺寸和形状。

4.3.3 转子修复后的检查

A轴径修复后尺寸为 φ49.065×66，粗糙度为 0.8μm。

4.3.4 转子修复后硬度值

转子修复后的硬度值为 HB 2609(修复前硬度值为 HB 230~240)。

4.3.5 修复后无损探伤检验报告

表面经着色渗透探伤及超声波检测，未发现夹渣、气孔、裂纹等超标缺陷(见图4)。

(a)渗透图

(b)显像图

图4 转子修复后渗透探伤检测

4.3.6 转子修复前、后的轴跳动值对照

1) 入厂跳动值检测记录(见图5)
2) 出厂跳动值检测记录(见图6)

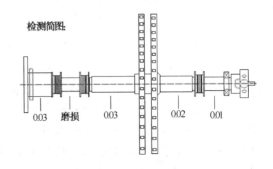

检测简图:

0.03 磨损 0.03 0.02 0.01

图5 转子入厂跳动值检测

检测简图：

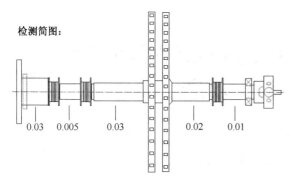

图6　转子出厂跳动值检测

转子经过入厂前和入厂后的对比：一端主轴径损伤部位均已激光熔覆、机械加工后复型，恢复且优于原有尺寸和形状。

5　汽轮机转子修复后的组装和运行

汽轮机修复后，经检查达到技术要求，更换超标的汽封，按技术标准回装完毕后，考虑到机组的长周期运行，避免轴承箱进水的可能性，我们在轴封加一氮气密封，其目的是将润滑油与蒸汽(或水)隔离，防止互窜。投用时确认 N_2 管线吹扫合格，然后调节 N_2 减压阀，将 N_2 压力调节在 1kPa 左右。开车前将 N_2 投上(见图7)。

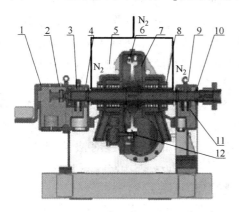

图7　润滑油泵修复后结构图
1—前轴承座；2—危急保安系统；3—滑动轴承；
4—挡油圈；5—汽封；6—叶轮叶片；7—汽缸；8—轴套；
9—甩油环；10—主轴；11—后轴承座；12—喷嘴叶片

6　效果评估

润滑油泵经过此次修复后，从 2013 年 9 月投用，连续运行多月，设备运行状况良好，使设备的使用寿命由 2 个月提高到 1 年以上，消除了装置重大设备隐患，为装置安全长、满、优、稳定生产奠定了良好基础。

7　结束语

润滑油泵轴颈的修复成功，提高了设备局部损坏修复的可靠性，有效消除了故障部位再次发生事故的隐患，保证了设备的使用寿命。同时，为设备局部损坏修复提供了可靠的经验。

参 考 文 献

1　李文科．工程流体力学．合肥：中国科学技术大学出版社，2008.

2　徐卫东．焊接检验与质量管理．北京：机械工业出版社，2008.

3　安毓英，曹长庆．激光原理与技术．北京：科学出版社出版，2010.

4　张永康．激光加工技术．北京：化学工业出版社，2004.

烯烃装置法兰定力矩紧固技术实施的过程控制和质量管理

位卫卫

（中国石化天津分公司烯烃部，天津　300271）

摘　要　介绍了 2020 年大修期间烯烃装置现场法兰定力矩紧固技术实施的过程控制和质量管理，阐述了法兰定力矩紧固工作实施前的技术准备，如法兰密封点的选定、培训教具制作、实操人员培训，施工过程中的人机协调安排、施工质量的控制、检查和验收以及施工后完工报告的编制和验收，现场法兰静密封点泄漏检测情况等，为烯烃装置现场大修后的开工过程以及正常运行后减少或避免泄漏情况发生提供了有力保障。

关键词　法兰密封；定力矩紧固；过程控制；质量管理

天津石化公司烯烃部在 2020 年装置大修中首次较大范围采用法兰密封定力矩紧固技术。法兰密封定力矩紧固技术通过施工前的法兰技术数据收集、现场复核、专业计算施工扭矩、人员培训、设备挂牌和施工过程实施的法兰及密封面检查、紧固件清洗检查、密封垫片完好性检查、紧固件润滑检查、法兰回装施工过程监督、力矩抽检等六步骤，对施工力矩最终校检，校检合格后三方签字确认等工作流程，执行表单化、可视化管理，实现质量管控可追溯。施工完成后，现场进行气密测试、交装置开车，开车运行一段时间后进行 LDAR 跟踪检测，定期进行数据对比；同时，整理完工报告，为日后运行中出现异常或者下次检修准备提供基础依据。

本次大修，烯烃部共有 640 个法兰密封点使用了定力矩紧固技术，开车过程和运行后未发现泄漏现象。

1　施工前的技术准备工作（见图 1）

大修前一年，开始着手组织法兰密封面技术参数的收集工作，将低温工况法兰以及易泄漏高风险部位法兰作为重点对象，将法兰位置、螺栓规格、螺栓材质、螺栓强度等级、螺栓屈服强度、密封垫类型、密封形式等作为重要参数。准确的工况数据是计算紧固力矩的关键，因而数据收集是从装置 PID 图、管道等级表和设备设计文件中查询；精确的力矩是保证法兰密封的基础。在重要参数统计后，由技术支持单位专业人员对这些数据进行现场复核，然后计算出每一对法兰的扭矩。

数据整理完成后，根据设备的法兰参数，编制《法兰紧固作业螺栓工况数据表》统计清单，同时在 PID 上对法兰进行编号。

实际施工人员的操作是法兰定力矩紧固技术的重要环节，因而在施工前对施工人员进行定力矩理论和实操培训［见图 1（a）和图 1（b）］。分三个批次对检修现场操作人员进行法兰定力矩理论培训和实际操作培训。培训合格后配发合格帽签［见图 1（c）］，待装置停车具备条件后由专业技术人员去现场逐对法兰调研［见图 1（d）］，复核数据，现场法兰密封面挂牌，实现可视化管理［见图 1（e）］。

在定力矩紧固实施前，要对每个螺栓依照施工方案进行编号，便于紧固时工具的放置。

2　大修施工期间过程控制与质量管理

在施工过程实施监管指导（QCS 质量控制点重点把控），专业技术人员负责对法兰施工的全过程进行监督指导，确保施工过程标准化、规范化。

作者简介：位卫卫，女，2004 年毕业于天津科技大学过程装备与控制工程专业，主要从事静设备管理工作，高级工程师，已发表论文十余篇。

(a)定力矩紧固理论培训　　　　　　(b)定力矩紧固实操培训　　　　　　(c)考试合格发帽签

　　　　　　　　　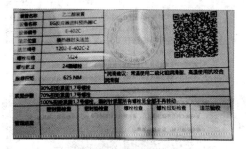

(d)现场核对法兰数据　　　　　　　　　　(e)现场法兰密封面挂牌

图1　施工前的技术准备

2.1　建立专人负责制

设备科专人协调设备拆卸检修以及回装进度安排,协调施工单位和技术支持单位根据实际检修状况来安排施工力量、法兰定力矩紧固所需专用工具以及技术指导人员。技术支持单位固定几个专业技术人员专门在现场进行技术支持,施工单位安排培训合格的人员进行操作。每一个法兰密封点拆开后,专业技术人员去现场检查法兰及密封面完好性、检查密封垫完好性、检查紧固件及清洗润滑情况、指导施工人员对法兰对中回装和定力矩紧固,最终校检施工力矩。

2.2　建立信息沟通平台

设备科建立大修期间定力矩紧固信息沟通工作群,将技术支持单位、施工单位、车间以及设备科相关人员集中到一起,实现信息共享、问题共商、质量共管。基本实现当天的问题当天协调解决,对于实在无法及时解决的问题,通过召开专题会的形式解决。

2.3　实施施工日报管理制

由技术支持单位每天编写定力矩紧固日报(见图2),每天在信息沟通平台共享,日报内容涵盖当天的工作内容、检查问题、问题解决情况、施工人员力量、专用工具数量以及转天

的工作计划。

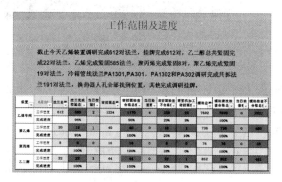

图2　定力矩紧固日报

2.4　现场施工质量管控

施工质量管控是定力矩紧固工作的重中之重。施工质量管控中实施逐步检查验收,逐步验收合格后在现场牌上贴上合格标签(见图3),然后实施下一步操作。严格按规范要求对密封面、垫片、螺栓进行检查(见图4~图6)。经专业技术人员自查、车间和专业技术人员共查,设备科专业管理人员抽查等方法,共发现48项问题,其中密封面问题33项,螺栓问题14项,密封垫问题1项。问题出现后,设备科及时组织召开专题会,对问题进行归类。尤其是比较集中的密封面缺陷问题,实施专项治理,及时找专业施工单位根据缺陷的程度制定有效的修

复方案，直接在现场集中修复，根据装置整体检修情况安排修复进度计划，每修复完成一台，经专业技术人员和车间共同检查验收，合格后方可进行回装。

装置名称	乙二醇装置	
设备名称	EG反应器进料预热器1B	
设备编号	E-402B	
法兰位置	换热器封头法兰	
法兰编号	1202-E-402B-1	
螺栓规格	M20	
螺栓数量	28颗螺栓	
推荐扭矩	362 NM	*润滑建议：常温使用二硫化钼润滑脂，高温使用抗润滑脂
紧固步骤	30%扭矩紧固1,8号螺栓 70%扭矩紧固1,8号螺栓 100%扭矩紧固1,8号螺栓，顺时针紧固所有螺栓至全部不再转动	
管理进度	密封面检查 密封垫检查 螺栓检查 螺栓扭矩检查 法兰 合格 合格 合格 合格 合 202 月 日 2020年 月 日 2020年 月 日 2020年 月 日 2020年	

图3 逐步验收合格后贴签

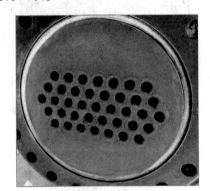

图4 密封面检查

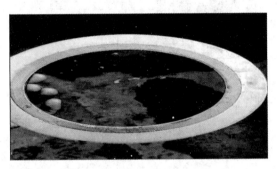

图5 垫片检查

图6 螺栓检查

定力矩紧固施工时必须按照现场挂牌上要求的力矩值、紧固步骤进行紧固，遵循同步紧固、顺序紧固、分步紧固的基本原则，采用多同步的紧固方式对法兰进行紧固，保证法兰平行闭合（见图7）。现场施工时，法兰螺栓数量在32颗以上（包括32颗）的必须使用四同步紧

固，紧固必须配备5名施工人员。法兰螺栓数量在32颗以下的使用两同步紧固（见图8），并配备3名施工人员，小于M22规格的螺栓使用手动力矩扳手紧固的除外。不允许单部工具现场施工。

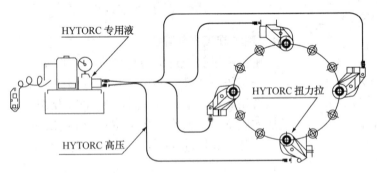

图7 多同步紧固

图8 两同步紧固施工

定力矩紧固施工，必须使用能精确控制输出扭矩精度的工具，如液压扭矩扳手、气动扭矩紧固枪等。使用的紧固工具，必须有输出扭矩校验证明并配置相关型号扳手的扭矩对照表。整个紧固过程，专业技术人员全程在现场进行

技术指导和质量监督，并负责数据记录工作，对法兰密封面、密封垫片、螺栓润滑情况以及紧固过程进行拍照记录。在数据记录表格中，应包含法兰的基本信息，以便施工完成后进行整理竣工资料。

法兰紧固施工完成后,由专业技术人员使用经过校验合格的机具,对法兰进行抽检,抽检数量为每单对法兰螺栓数量的20%,最小抽检数量每单对法兰不少于4颗螺栓。校验合格以后由施工方、技术支持单位、车间三方签字确认(见图9)。

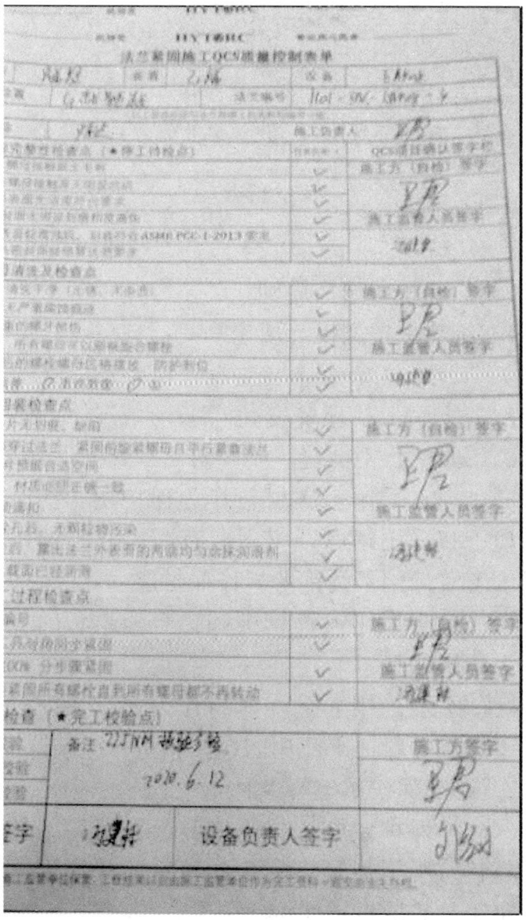

图9　施工质量控制单

3　施工后竣工资料整理

现场施工完成后,由技术支持单位逐个法兰密封点整理完工报告(见图10),内容涵盖密封点基础数据、施工步骤、过程管理关键要素图片、施工人员、施工时间等,记录完善,有迹可查,为日后运行中出现异常或者下一次检修准备提供基础依据。

4　存在的不足

由于大修期间静设备开盖时间比较集中,开盖后需要集中人员检查密封面、螺栓等的完好性,发现密封面缺陷、螺栓问题也是集中暴露出来,为了确保施工质量和施工工期,必须

立即组织修复,给修复工作带来一定的压力。

图10　完工报告

5　解决措施

针对现场检查发现的各种问题,及时组织召开问题协调专题会,安排有资质的单位现场修复缺陷密封面、根据检修整体进度合理安排修复计划,协调施工单位调配人员清洗问题螺栓,对于清洗后仍无法解决的问题螺栓,立即上报物资采购紧急计划。严格控制密封面缺陷修复质量,确保修必修好,每修复完成一台立即组织三方验收。验收合格后立即进行回装,紧跟大修整体进度安排步伐。

6　结束语

大修期间,法兰定力矩紧固技术首次在烯烃装置较大规模实施,施工前做好了基础数据收集、核算、现场调研;施工期间,实施专人负责,建立信息共享平台,实时协调沟通,及时解决问题,严格按照施工步骤实施,分步进行施工质量检查和验收;施工后,在设备打压和装置投物料后及时进行泄漏检测,未发现法兰定力矩紧固部位泄漏情况,正常运行一段时间后,组织LDAR检测小组对做过定力矩紧固的法兰逐个进行检测,以验证定力矩紧固技术实施的效果。为烯烃装置现场大修后的开工过程以及正常运行后减少或避免泄漏情况发生提供了有力保障,为今后大修期间以及新建装置实施法兰定力矩紧固技术提供了借鉴。

绝热工程保护层选用及施工应用

李宝春

（中国石油大庆石化分公司化工一厂，黑龙江大庆　163714）

摘　要　本文概括讲述了绝热工程保护层材料性能指标，并且着重讲述了保护层设计要求、厚度选用原则、安装标准、牌号命名原则，并对常用金属保护层材料进行性价对比，为规范绝热工程正确施工及经济和合理选用保护层提供了依据。

关键词　保护层；绝热工程；铝及铝合金板；铝皮；镀锌钢板；铁皮

镀锌钢板（铁皮）属绝热工程主导保护层材料，应用范围极广。但随着纯铝（铝皮）制造技术的进步，材料价格得到大幅下降，加之保温后外形光亮美观，并且可以适用腐蚀性环境安装要求，近年来在保温行业得到大面积推广。目前我厂裂解车间 ATK-102B 球罐大修理项目已应用铝皮材料，施工后效果良好。

1　绝热概述

1.1　定义

《石油化工设备和管道绝热工程设计规范》（SH/T 3010）和《工业设备及管道绝热工程设计规范》（GB 50264）定义绝热为保温和保冷统称。保温定义为了减少设备、管道及其附件向周围环境散热或降低表面温度，在其外表面采用的包裹措施。保冷定义为了减少周围环境中的热量传入低温设备和管道内部，防止低温设备和管道外壁表面凝露，在其外表面采取的包裹措施。保温和保冷均属绝热工程范畴。

1.2　绝热结构

绝热工程中规定绝热结构是由绝热层、防潮层、保护层等组成的绝热综合体。

（1）绝热层是为减少热传导、在管道或设备外壁或内部设置的绝热体。绝热层分为保温层和保冷层。

（2）防潮层是防止水或潮气进入绝热层，在其外部设置的防潮结构。

（3）保护层是为防止绝热层或防潮层受到外界损伤在其外部设置的一层保护结构。常用保护层材料有镀锌钢板（铁皮）、铝及铝合金板（俗称铝皮）、不锈钢薄板。

2　绝热保护层选择原则

2.1　绝热保护层设计要求

（1）绝热结构外层应设置保护层，保护层应严密牢固，在环境变化与振动情况下，不渗水、不开裂、不散缝、不坠落。

（2）宜采用金属材料作为保护层，在腐蚀环境下宜采用耐腐蚀材料。有防火要求的设备或管道宜选用不锈钢薄板作保护层。

（3）当采用镀锌钢板和铝合金钢板时，不需涂防腐涂料。

（4）当采用非金属材料作为保护层时，应用不燃烧材料抹平或用防腐涂料进行涂装。

2.2　绝热保护层选择条件

（1）保护层应选择强度高，在使用条件下不软化、不脆裂且抗老化的材料。其使用寿命不小于绝热层设计使用年限。

（2）保护层材料应具有防水、防潮、不然、抗大气腐蚀的性能，且化学性能稳定，不腐蚀绝热层或防潮层。

（3）保护层材料应选用不低于国家标准《建筑材料及制品燃烧性能分级》（GB 8624）中规定的 C 级材料。

（4）对储存或输送管易燃、易爆物料的设备及管道，以及与其邻近的管道，其保护层必须采用符合国家标准《建筑材料及制品燃烧性能分级》（GB 8624）中规定的 A2 级材料。

3　绝热保护层防腐原理及牌号命名

3.1　常用金属保护层防腐原理

3.1.1　镀锌钢板防腐原理

薄钢板经过镀锌处理后，镀层中锌与钢板

中的铁在潮湿环境中组成原电池，由于锌的标准电位只有 $-1.05V$，低于铁的 $-0.036V$，因而锌作为阳极被氧化，而铁作为阴极得到保护，因而起到耐腐蚀作用。

3.1.2 铝及铝合金板防腐原理

保温用铝及铝合金板现场安装后会与空气中的氧气接触发生氧化反应，铝及铝合金板中含铝量越大（纯度高），反应越易发生，并且在铝及铝合金板表面生成一种薄且致密的钝化氧化膜，能够避免内部组织与空气中的微生物和水分进行接触，因而起到耐腐蚀作用。

3.2 常用金属保护层牌号

3.2.1 镀锌钢板牌号

钢板及钢带的牌号由产品用途代号、纲级代号（或序列号）、钢种特性（如有）、热镀代号（D）和镀层种类代号五部分构成，其中热镀代号（D）和镀层种类代号之间用加号"+"连接。具体规定如下：

1）用途代号

DX：第一位字母 D 表示冷成形用扁平钢材。第二字母如果是 X，代表基板的轧制状态不规定；第二字母如果为 C，则代表基板规定为冷轧基板；第二字母如果为 D，则代表基板规定为热轧基板。

S：表示结构用钢。

HX：第一字母 H 代表冷成形用高强度扁平钢材。第二字母如果是 X，代表基板的轧制状态不规定；第二字母如果为 C，则代表基板规定为冷轧基板；第二字母如果为 D，则代表基板规定为热轧基板。

2）钢级代号（或序号）

51~57：2 位数字，用以代表钢级序号。

180~980：3 位数字，用以代表钢级代号，根据牌号命名方法的不同，一般为规定的最小屈服强度或最小屈服强度和最小抗拉强度，单位为 MPa。

3）钢种特性

钢种特性通常用 1~2 位字母表示，其中：

Y 表示刚种类为无间隙原子钢；

LA 表示钢种类型为低合金钢；

B 表示钢种类型为烘烤硬化钢；

DP 表示钢种类型为双相钢；

TR 表示钢种类型为相变诱导塑性钢；

CP 表示钢种类型为复相钢；

G 表示刚钢种特性不规定。

4）热镀代号

热镀代号表示为 D。

5）镀层代号

纯锌镀层表示为 ZXX 或 ZSXXX，XX 和 XXX 表示等差镀锌厚度，锌铁合金表示为 ZF，见表1。

表 1 镀锌钢板等厚镀层厚度范围

镀层种类	镀层形式	推荐的公称镀层厚度/(g/m^2)	镀层代号
Z	等厚镀层	60	60
		80	80
		100	100
		120	120
		150	150
		180	180
		200	200
		220	220
		250	250
		275	275
		350	350
		450	450
		600	600

目前我厂选用的保温铁皮型号为 DX51D+Z220。

3.2.2 铝及铝合金板牌号

目前市场上常有铝材制品有两种形式，一种是纯铝制品，一种是铝合金制品。铝含量不低于 99.00% 时为纯铝，其牌号系列用 1XXX 系列表示。牌号的最后两位数字表示最低铝百分含量。当最低铝百分含量精确到 0.01% 时，牌号的最后两位数值就是最低铝百分含量中小数点后面的两位。牌号第二位的字母表示原始纯铝的改型情况。如果第二位字母为 A，则表示为原始纯铝，如果是 B-Y 的其他字母，则表示为原始纯铝的改型，与原始纯铝相比，其元素含量略有改变。

铝合金的牌号用 2XXX~9XXX 系列表示。2XXX~9XXX 系列分别代表以铜、锰、硅、镁、镁和硅、锌、其他合金元素作为核心元素的合金。9XXX 系列为备用合金组。铝合金规定铝的质量分数大于 50% 及以上。

目前市场上保温用铝皮以 1050 和 1060 系列流通量最大，具体选用那种铝皮还需根据设计要求、使用环境、铝皮厚度、铝皮供货状态等多种因素综合进行考虑。目前我厂选用铝皮型号为 1060H18-厚度×宽度×长度。

4 绝热常用金属保护层选用原则

常用金属保护层应按照表 2 选用。

表 2　常用金属保护层

类别	绝热层外径 D/mm	保护层			
		材料	标准	型式	厚度/mm
管道	<760	铝及铝合金薄板	GB/T 3880	平板	0.6
		不锈钢薄板	GB/T 3280	平板	0.3
		镀锌薄板	GB/T 2518	平板	0.5
	≥760	铝及铝合金薄板	GB/T 3880	平板	0.8
		不锈钢薄板	GB/T 3280	平板	0.4
		镀锌薄板	GB/T 2518	平板	0.5
设备	<760	铝及铝合金薄板	GB/T 3880	平板	0.6
		不锈钢薄板	GB/T 3280	平板	0.3
		镀锌薄板	GB/T 2518	平板	0.5
	≥760	铝及铝合金薄板	GB/T 3880	平板	0.8~1.0
		不锈钢薄板	GB/T 3280	平板	0.4~0.6
		镀锌薄板	GB/T 2518	平板	0.5~0.7
立式储罐	≥3000	铝及铝合金薄板	GB/T 3880	压型板	0.6~1.0
		不锈钢薄板	GB/T 3280	压型板	0.4~0.6
		镀锌薄板	GB/T 2518	压型板	0.5~0.7
不规则表面(泵、阀门和法兰可拆卸保温)	所有	铝及铝合金薄板	GB/T 3880	平板	0.6~0.8
		不锈钢薄板	GB/T 3280	平板	0.4~0.6
		镀锌薄板	GB/T 2518	平板	0.5~0.7

5 保护层施工要求

金属保护层接缝形式可根据具体情况，选用搭接、插接、咬接及嵌接形式，并符合下列规定：

(1) 硬质绝热制品金属保护层纵缝，在不损坏里面及防潮层前提下可采用咬接。半硬质和软质绝热制品的绝热保护层的纵缝可采用插接或搭接，搭接尺寸不得少于 30mm。插接缝可用自攻螺钉或抽芯铆钉连接，搭接缝宜用抽芯铆钉连接。钉的间距宜为 150~200mm。

(2) 金属保护层的环缝，可采用搭接或插接。搭接时一端应压出凸筋，搭接尺寸不得小于 50mm。水平设备及管道上的纵向搭接应在水平中心线下方 15~45℃ 的范围内顺水搭接。除有防坠落的垂直安装的保护层外，在保护层搭接或插接的环缝上，不宜使用自攻钉或抽芯铆钉固定。硬质绝热制品金属保护层纵缝，在不损坏里面及防潮层前提下可采用咬接。半硬质和软质绝热制品的绝热保护层的纵缝可采用插接或搭接，搭接尺寸不得少于 30mm。插接缝可采用自攻螺钉或抽芯铆钉连接，搭接缝宜用抽芯铆钉连接。钉的间距宜为 150~200mm。

(3) 直管段上为应对热膨胀而设置的金属保护层环向接缝，应采用活动搭接形式。活动搭接余量应能满足热膨胀的要求，且不应小于 100mm，其间距应符合下列规定：

① 硬质保温制品，活动环向接缝应与保温层的伸缩缝设置相一致。

② 软质及半硬质保温制品，介质温度小于或等于 350℃ 时的活动环向接缝间距为 4~

6m，介质温度大于 350℃时的活动接缝间距为 3～4m。

③ 管道弯头起弧处的金属保护层宜布置一道搭接形式的环向接缝。

④ 保冷结构的金属保护层接缝宜用咬接或钢带绑扎结构，不宜使用螺钉或铆钉连接，使用螺钉或铆钉连接时，应采取保护措施。

⑤ 保护层应有整体防水功能，应能防止水和水汽进入绝热层。对水和水汽易渗进绝热层的部位应用马蹄脂或密封胶严缝。

⑥ 大型立式设备、储罐及振动设备的金属保护层，宜设置固定支撑结构。

6 金属保护层性价比

6.1 防腐原理对比

镀锌钢板（铁皮）镀锌层与钢基的电极电位不同，形成原电池，镀锌层失去电子作为阳极被氧化，而钢基得到电子作为阴极被保护。锌的氧化物不是很致密，这种牺牲防腐作用较强，能一直保护钢基，直至镀锌层全部被腐蚀掉。镀锌钢板（铁皮）不适用于有酸、碱、氨等物料的环境中。

铝皮表面氧化可形成致密的三氧化二铝钝化氧化膜，该氧化膜和绝大多数物质不反应，适用于有酸、碱、氨等物料的环境中。

6.2 标准化对比

镀锌钢板（铁皮）使用过程中镀锌层逐渐氧化消耗，铁皮外表面陈旧甚至生锈。铝皮使用过程中生成致密钝化氧化膜，颜色光亮，现场施工后目视效果优于镀锌钢板。

6.3 强度对比

同等厚度镀锌钢板（铁皮）强度大于铝皮，纯铝纯度越高强度越低，耐腐蚀性能越好。

6.4 价格对比

（1）目前铝皮 15700 元/t（1060H18 型，2018 年 8 月物供结算价格），0.75mm 铝皮理论计算可保温 492m²，折算 32 元/m²；0.5mm 铝皮理论计算可保温 738m²，折算 22 元/m²。铝皮材料价格受市场波动影响较大，如需选用铝皮时需考虑价格变化因素。

（2）目前镀锌钢板（铁皮）5849 元/t（DX51D+Z220 型），0.5mm 铁皮理论计算可保温 254m²，折算 23 元/m²。

7 结论

本文对绝热保护层材料防腐原理、设计要求、牌号命名以及安装标准进行了详细阐述，并对常用金属保护层材料进行了性价对比，为绝热保护层材料在化工装置上正确选用和施工提供作出了合理分析，并提供了技术支持。

螺纹锁紧环换热器检修出现的问题及措施

倪元凯　贾振卿　李武荣

（中国石化洛阳分公司，河南洛阳　471012）

摘　要　对螺纹锁紧环换热器的结构特点及密封原理进行简要介绍，结合某石化企业近几年螺纹锁紧环换热器的检修，针对检修过程中出现的问题，进行了总结分析，提出了解决措施，给出了检修的注意事项和建议。

关键词　螺纹锁紧环换热器；结构特点及密封原理；检修出现的问题；解决措施

1　前言

螺纹锁紧环换热器是加氢装置的核心设备，具有密封泄漏点少，设备在运行期间发生内漏无需停工，只需紧固内压紧螺栓即可达到密封要求的优点，近十几年来，在加氢装置上得到了普遍应用。由于该型换热器结构复杂，检修要求较高，国内不少炼厂在检修过程中出现了较多的问题。本文结合某石化企业该类型换热器检修过程中出现的问题，进行总结分析，提出了解决措施、注意事项和建议，为今后的检修提供参考。

2　结构特点及密封原理

螺纹锁紧环换热器主要应用于加氢装置的临氢系统，操作压力一般为 8.0~20.0MPa，温度 300℃以上，介质组分为氢气、富含硫化氢的油气，运行条件苛刻，危险程度高。不同于一般的管壳式换热器，螺纹锁紧环换热器具有较好的管箱自密封性能，结构复杂，有其特殊的结构特点和密封原理。

2.1　结构特点

螺纹锁紧环换热器的结构特点主要体现在管箱密封部位，主要部件为螺纹锁紧环、内外压紧螺栓、密封盘、分合环、定位环，如图1所示。

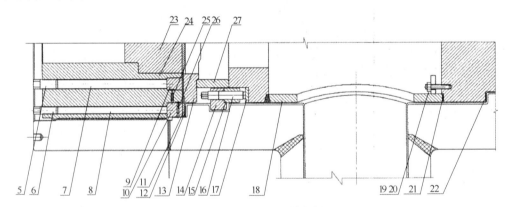

图1　螺纹锁紧环换热器结构剖视图

1—壳体；2—管束；3—活动鞍座；4—固定鞍座；5—内压紧螺栓；6—外压紧螺栓；7—顶销；8—顶销；9—内圈压环；
10—外圈压环；11—密封盘；12—波齿复合垫片；13—压环；14—分合环；15—定位环；16—内部螺栓；
17—环垫；18—分程箱；19—螺柱；20—螺母；21—波齿复合垫片；22—波齿复合垫片；23—管箱盖板；
24—螺纹锁紧环；25—定位销（一）；26—定位销（二）；27—内套筒

2.2　密封原理

螺纹锁紧环换热器的技术特点主要体现在管箱自密封上，分为管程密封和壳程密封。

作者简介：倪元凯，男，汉，河南偃师人，工程师，现在中国石化洛阳分公司设备工程部长期从事静设备管理工作，已发表论文5篇。

管程密封：拧紧外压紧螺栓（6）后，通过外顶销（8）、外圈压环（10）、密封盘（11）、压紧外密封垫片，实现管程与外界的密封。

壳程密封：拧紧内压紧螺栓（5）后，通过内顶销（7）、内圈压环（9）、密封盘（11）、压环（13）、内套筒（27）、分程箱（18）作用在管板上；由卡在壳体沟槽内的分合环（14）以及穿过分合环的内部螺栓（16），通过分程箱（18）再次作用在管板上。两种作用在管板上的力传递到管板内密封垫片，使垫片获得足够的压紧力，实现管程与壳程间的密封。

内、外圈压紧螺栓都具有压紧垫片并传递垫片反作用力的作用，而垫片的反作用力最终由螺纹锁紧环承担。

3　检修流程

螺纹锁紧环换热器的检修主要分为检修前的准备、拆除螺纹锁紧环、拆装管束、气压试验、回装螺纹锁紧环，具体的检修流程如图2所示。

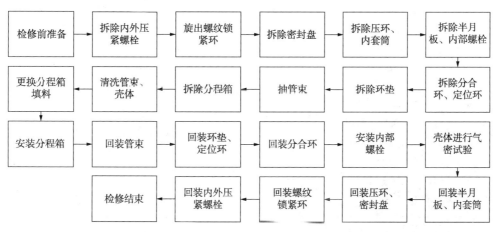

图2　检修流程

4　检修中出现的问题、原因分析及解决措施

某石化企业自2010年以来先后建设了蜡油加氢和柴油加氢装置，其临氢系统共有9台螺纹锁紧环换热器。运行六年后，先后进行了几次检修，虽然制造厂家给出了该类型换热器的检修方案，但受制于现场环境、作业条件、检修经验少等因素的影响，其管箱密封部件在几次检修过程中都出现了一些问题，并且有些问题解决起来也较为困难，对检修进度和质量造成了不同程度的影响。

4.1　内外压紧螺栓拆不出来

4.1.1　原因分析

（1）上次检修时，部分内外压紧螺栓螺孔处螺牙损坏，未进行二锥过丝修复，此外螺孔处的杂质未清理干净及螺栓未涂抹防高温咬合剂都是导致螺栓咬死的原因。

（2）停工过程中，对内外压紧螺栓未进行热态预拆，停工后，材料热胀冷缩造成螺栓咬死；对内外压紧螺栓的浸泡程度不达标，内外压紧螺栓及螺纹锁紧环未被完全浸泡。

（3）检修过程中，未对称拆卸内外压紧螺栓，导致螺栓局部受力。

4.1.2　解决措施

用磁力钻钻出并对螺孔重新扩孔、车丝，更换与之配套的螺栓。

4.2　螺纹锁紧环拆卸困难

4.2.1　原因分析

（1）上次检修时，螺纹锁紧环螺纹的修复效果不好，部分变形、毛刺等未打磨干净；螺纹锁紧环螺纹、管箱螺纹杂质未清理干净，杂质长期在高温高压情况下与螺纹融合到一起导致咬死；螺纹锁紧环未涂抹防高温咬合剂或者涂抹效果不好。

（2）检修时，部分咬死的内外压紧螺栓未钻干净，导致螺纹锁紧环局部受力；拆卸工装与螺纹锁紧环同心度不好，导致螺纹锁紧环径向受力不均匀。

4.2.2　解决措施

（1）检查确认咬死的内外压紧螺栓已经全部钻出并清理彻底，不存在未钻干净导致螺纹锁紧环局部承受轴向力的情况。

（2）调整工装杠杆上的配重，在工装与螺纹锁紧环保持相同同心度的情况下，反复、不断地增加吊车用力，将其强力旋出。

4.3　部分内部螺栓拆不出来

4.3.1　原因分析

上次检修时，紧固内部螺栓的力矩过大，超过了额定力矩，导致螺栓头部变形（见图3）；更换的内部螺栓未按照图纸进行45°倒角，螺栓头在过大的紧固力矩下径向发生变形，导致内部螺栓拆不出来。如果螺栓严格按照图纸进行45°倒角（见图4），即使螺栓头变形，45°倒角也能抵消部分的变形量，不会阻碍内部螺栓的拆卸。

图3　变形的螺栓头

图4　倒过角的内部螺栓

4.3.2　解决措施

（1）用切割机把拆不下来的内部螺栓切断，取出分合环、定位环。

（2）给分合环做好编号，外委制造厂加工，把割断的内部螺栓钻出，对螺孔扩孔，并配备与之配套的螺栓。

（3）对新采购的螺栓重新返回制造厂并按照图纸进行45°倒角。

4.4　螺栓断在管板上

4.4.1　原因分析

（1）上次检修时螺孔内杂质未清理，螺栓未涂抹防高温咬合剂，导致螺栓咬死。

（2）检修时，用风动扳手拆卸螺栓，螺栓受力不均匀，导致螺栓断裂。

（3）换热器运行至今，管板螺栓未进行更换，达到了使用寿命。

4.4.2　解决措施

（1）紧急采购新的螺栓（材质321），对旧螺栓全部更换。

（2）考虑到断裂螺栓的螺孔与管束的间距过小，把螺栓钻出来重新扩孔车丝可能会引起管束内漏，此处螺栓不再进行安装。

4.5　管束发生变形

4.5.1　原因分析

抽管束时，抽芯机与管束不同心，在水平方向偏离，导致吊装抽芯机的钢丝绳勒到管束发生变形；在管束即将从管箱抽出时，吊装管束尾部的吊带松得过早，导致管束尾部碰到管箱端面发生变形。

4.5.2　解决措施

对变形严重的管束进行堵管，对变形轻微的管束进行着色，检查确认是否影响使用。

4.6　管程、壳程密封面变形

4.6.1　原因分析

抽芯时，管束与壳体上、下、左、右四个方位未保持相同的间隙，管束提得过高或过低而把密封面刮变形。

4.6.2　解决措施

用磨光机把变形部位打磨掉，用工业修复剂（高温）对凹陷部位进行修复。

4.7　壳体被刮花

4.7.1　原因分析

上次检修回装管束时，管束、抽芯机、壳

体不同心，在水平方向存在偏差，当抽芯机把管束推入壳体一定深度后，滑道蹭着壳体从而刮花壳体（见图5）。在管束推不进去的情况下被迫再次把管束抽出，调整同心度后再次推入。

4.7.2　解决措施

对刮花部位进行着色处理，确认刮花部位不存在延展性裂纹；对刮花部位进行测厚，确认凹坑深度不影响安全使用；用磨光机把凹坑打磨圆滑（见图6），减轻壳体的不连续应力。

图5　刮花的壳体

图6　打磨圆滑的凹坑

5　注意事项

5.1　检修前

（1）在装置停工前，测量螺纹锁紧环端面到管箱端面的距离，为回装提供理论依据；计算好力矩，在工装杠杆上安装合适的配重，以便检修时工装与螺纹锁紧环保持相同的同心度；新采购的内部螺栓要做好验收，严格按照图纸制造，保证螺栓头有45°倒角。

（2）在装置停工过程中，当螺纹锁紧环换热器入口温度降至180℃时，从注油孔注入润滑油，保证内外压紧螺栓、螺纹锁紧环都被浸泡到且浸泡时间大于8h；当换热器的温度、压力降至合适值时，对内外压紧螺栓进行热态预拆，方便螺栓拆卸。

5.2　检修中

5.2.1　螺纹锁紧环及其附属零部件拆除

（1）拆除内外压紧螺栓时应该对称拆卸，防止螺纹锁紧环局部受力。

（2）旋出螺纹锁紧环时，保证螺纹锁紧环与工装连杆保持相同的同心度，使螺纹锁紧环受力均匀。

（3）旋出螺纹锁紧环后要用毛毡挡住管程出口，防止工具或者脏东西掉进管道而带入后面的换热器。

（4）要及时对拆卸下来的密封盘进行渗透检测，检测密封盘表面是否存在缺陷。

（5）拆卸分合环前要测量分合环距壳体密封面的距离，同时标记好分合环的位置，为回装提供理论依据。

（6）拆卸下来的螺纹锁紧环、定位环要送至加工中心，对损坏的内外压紧螺栓及定位环的螺孔进行扩孔处理，同时对所有螺孔用二锥过丝，并将螺纹锁紧环变形的螺纹打磨平整。

5.2.2　管束拆装

（1）抽装管束时要保证抽心机、管束、壳体保持相同的同心度，并保证管束与壳体密封面在上下左右四个方位都有一定间隙，防止刮坏管束、壳体、密封面和垫片。如果遇到稍有卡住的情况，应该果断退出，重新调整同心度后再次安装。

（2）芯子抽出后要及时检查管程、壳程密封面，发现密封面变形及时修复。

5.2.3　螺纹锁紧环及附属零部件回装

（1）回装定位环、螺纹锁紧环之前，要对定位环、螺纹锁紧环的螺孔及螺纹内杂质进行清理。

（2）回装管板螺栓、内部螺栓、内外压紧

螺栓及螺纹锁紧环时，必须在螺纹上涂抹均匀防高温咬合剂，方便下次拆卸。

（3）在紧固螺栓时，外压紧螺栓、内部螺栓必须对称上紧，并且按上紧扭矩的60%、80%、100%、100%、100%共5次上紧，以确保垫片受力均匀；内压紧螺栓轻微上紧即可，保证垫片的回弹裕量，发生内漏时，再按规定力矩进行紧固；要严格按照技术要求进行螺栓的紧固，严禁超力矩紧固。

6 建议

（1）该类型换热器管箱结构复杂，各部件在冷热态状况下受力变化较大，建议制造厂家提供详实的各部件在冷态状况下的安装数据，尤其是定位环与壳程密封面、螺纹锁紧环端面与管箱端面的距离，更好地指导检修。

（2）为了减轻长周期高温运行对螺纹锁紧环、内外压紧螺栓的性能影响，建议去除管箱末端的外部保温，降低其运行温度，并在其上部搭设防雨罩，避免雨雪天气造成零部件骤冷，引发换热器泄漏。

（3）建议选用密封性能更好的双金属自密封垫片，它是根据"压力自密封"原理设计产生的新型垫片，它不但继承了以往各种垫片的优异性能，而且具有较好的压力、温度均布性和追随补偿性，为螺纹锁紧环的可靠密封提供了一种保障。

（4）该型换热器结构复杂，装配技术要求高，此外它又是加氢装置的核心设备，因此要做到对该型换热器的精细检修，确保该类型换热器的长周期、安全、稳定运行。

参 考 文 献

1　张波，赫莉. 螺纹锁紧环换热器的制造[J]. 辽宁化工，2015，44(5)：532-535.
2　支纪成，杨谦，单晓亮，赵海兰. 螺纹锁紧环换热器检修注意事项及控制措施[J]. 石油和化工设备，2018(21)：102-105.
3　南哲. 螺纹锁紧环换热器内漏失效分析及检修[J]. 化工管理，2014(12)：147-148.

催化装置汽轮机通流部分带负荷在线清洗技术的应用

丁一刚

（中韩(武汉)石油化工有限公司，湖北武汉　430082）

摘　要　炼化企业催化裂化装置生产周期通常要求四年连续生产，富气压缩机的汽轮机长周期运行过程中，因蒸汽品质偏差导致钠盐易沉积在汽轮机通流部件上，使汽轮机通流面积减小、内效率下降、输出功率不足，严重时机组无法正常运行。文章分析汽轮机实际工况，利用钠盐可溶于湿蒸汽的物理性质，实施汽轮机在线带负荷清洗除垢，取得明显效果。

关键词　汽轮机；积垢；在线清洗

1　概况

某炼化企业 100 万吨/年重油催化裂化装置于 1995 年投产，主要以精制蜡油、减四线油为原料，生产干气、汽油、柴油、液化气、油浆等。装置有富气压缩机组 1 台，作用是将分馏富气压缩至吸收稳定系统进行精制。机组由美国 DRESSER-RAND 的型号为 3M8-9 离心式压缩机与型号为 STMG-4U 背压式汽轮机组成，参数见表 1。

表 1　汽轮机及蒸汽的设计参数

额定功率/kW	2985	额定转速/(r/min)	7592
速度范围/(r/min)	5061~7592	超速自保/(r/min)	8351
蒸汽流量/(t/h)	60	入口蒸汽温度/℃	435
入口压力/MPa(G)	3.5	出口温度/℃	316

该装置于 2016 年 4 月停工检修，开工后运行至 2019 年 1 月开始出现异常，汽轮机耗汽量降低，转速无法提升、无法调节，装置生产被迫降量。组织技术分析，判断通流部件存在结垢减少了流通面积，需尽快处理，否则按蒸汽结垢原理分析，结垢会进一步快速加剧，生产难以维持。

2　故障现象及分析

2.1　汽轮机运行异常现象

在蒸汽参数与压缩机负荷变化不大的情况下，汽轮机调节汽阀不断开大，直至全开，随后出现蒸汽耗量不断下滑，从正常的 60t/h 逐渐下滑至 43t/h。汽轮机输出功率严重不足，压缩机转速无法提高，前部岗位憋压，装置降低处理量维持。

2.2　汽轮机通流部分结垢技术分析

结合汽轮机异常现象，逐项排查。由于主调节气阀控制系统阀位信号全开、现场机械位置全开，且全行程可曲线对应，可排除控制系统异常、主调节气阀机械卡涩等原因。着重从蒸汽品质、汽轮机通流部分的压降和堵塞进行分析。

从图 1 蒸汽透平入口蒸汽流量与机组转速的趋势看，蒸汽消耗量趋势异常趋势看，主蒸汽量连续下滑，如果是阀碟脱落等一般会造成蒸汽量的突变。轮室压力较正常蒸汽参数升高 0.3MPa，速关阀压降为 0.4MPa，通流部件缓慢结垢导致级间压降增大可能性大。

从图 2 汽轮机蒸汽进出口温度趋势看，在进汽温度维持 435℃ 的情况下，出口蒸汽温度逐渐升高了 10℃，说明单位蒸汽焓降逐渐降低，机组内效率在降低。从蒸汽品质分析看，该机组中压蒸汽全部来自 3# 余热锅炉，汽水采样合格率仅为 80%，其中钠离子浓度超标最多。

综上：汽轮机的通流部分存在结盐，导致机组内效率下降、通流面积减小蒸汽耗量减少和机组输出功率严重不足。

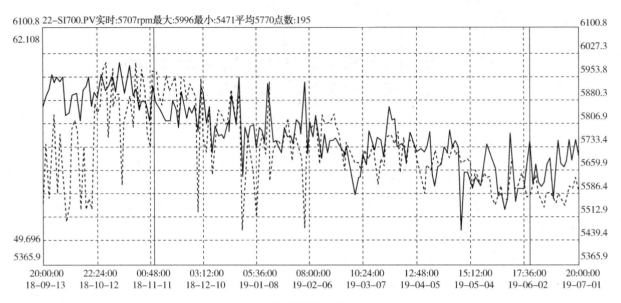

图1 透平蒸汽消耗量变化趋势

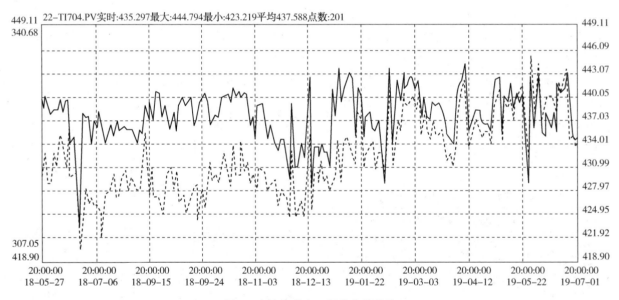

图2 汽轮机进出口温差变化趋势

3 制定在线清洗方案

3.1 在线清洗的可行性

通常处理方式为揭缸体进行检查维修,按机组开停、工艺切除和维修,至少需72h。工艺生产将带来经济效益损失和环保风险,仅经济损失一项约为480万元。

查阅相关资料,凝汽式汽轮机湿蒸汽在线清洗在电厂应用较多,但炼化企业背压式汽轮机带负荷在线清洗应用较少,因拖动的富气压缩机与工艺操作关联性高,既要控制负荷及转速确保机组安全,还要控制操作中干气密封安全和工艺安全等,操作上具有一定难度。结合现场情况,该机组蒸汽流程具备制备新蒸汽的条件,可通过专供锅炉调节蒸汽压力,注入除氧水调节蒸汽温度。同时,工艺具备配合调整条件。

3.2 在线清洗的基本原理

利用沉积在过流部件上盐垢可溶解于湿蒸汽的物理性质,通过降低机组负荷控制机组在安全转速下运行,将过热度很低的蒸汽导入汽缸,蒸汽做功后,汽轮机通流部分在湿饱和蒸汽区域运行,盐垢被冲刷溶解、带走。根据过热蒸汽饱和度以及机组实际运行情况，制定在线清洗机组及蒸汽的参数，见表2。

表2　压缩机及蒸汽控制指标

压缩机转速/(r/min)	2000~2200
入口压力/MPa	1.8
入口蒸汽过热度/℃	20~25
入口蒸汽温度/℃	230
蒸汽温度变化率/(℃/min)	≥2

根据以上两种方案的比较，选用带负荷在线清洗，可减少损失，对工艺操作影响最小。

4　在线清洗过程与注意事项

（1）确定方案，成立在线清洗指挥小组，对参与人员进行专项培训。于2020年4月10日，经过6h的有效清洗，使生产恢复正常。

（2）操作过程中，应关注排汽（凝结水）采样分析趋势，特别是具有代表性的钠离子浓度的变化趋势，见图3。

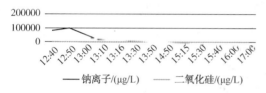

图3　蒸汽凝结水钠离子与硅酸根浓度变化趋势

清洗过程中注意轮室压力、速关阀压降变化，在沉积的钠盐清除过程中，轮室压力会因后部叶轮盐垢被清除压力上升，速关阀压降会降低，表明清洗有效，见表3。

表3　清洗前后蒸汽对比

项目	清洗开始	清洗结束
钠离子/(μg/L)	636×10^4	210
二氧化硅/(μg/L)	>200	16
轮室压力/MPa	2.2	1.8
速关阀压降/MPa	0.4	0.2

（3）注意事项：

① 带负荷清洗时，应先降低机组负荷，与降低参数后新蒸汽能够输出的功率适应，逐渐调整入口蒸汽参数。因机组临界转速的限制，宜将转速控制在额定转速的1/4~1/5之间。

② 新蒸汽的压力不宜过低，应有20~25℃的过热度。避免汽缸与新蒸汽温度差过大，温度变化速率≥2℃/min。注意蒸汽调整顺序，先调压再调温。

③ 在清洗过程中，不得解除任何联锁，应时刻关注机组轴系状态、汽轮机现场运行状况等，确保机组运行安全。

④ 防止清洗出的"污水"污染后路蒸汽系统，背压蒸汽应切除放空。

5　实施效果

通过带负荷在线清洗，从调节阀开度对应的蒸汽耗量和转速控制看，机组恢复了性能。汽轮机内效率提升约10%，装置恢复正常生产，见表4。

表4　清洗前后机组运行参数对比

项　目	清洗前	清洗后
调节汽阀开度/%	100	50
蒸汽耗量/(t/h)	43	44
相同蒸汽耗量下的转速/(r/min)	5400	6404
汽轮机蒸汽出口温度/℃	330	30

因汽轮机输出功率不够，导致生产处理量降量操作，每月的加工损失费用约为785万元。汽轮机因通流部件结垢导致效率下降，每月多损耗中压汽约为15万元。合计避免每月造成损失约为800万元。同时，在线带负荷清洗相比停机检修，节约损失约为430万元。

6　结语

通过实施在线清洗，恢复了机组性能。实践表明，拖动背压汽轮机操作得当，在线清洗是优选方案。

避免汽轮机结垢，关键在于控制蒸汽品质。同时，本次清洗还存在手阀控制注水降温的不精确问题，以后可通过完善蒸汽配置流程进行改善。

本次实践，为控制压缩机的复杂工艺相关操作提供了经验，在线带负荷清洗的方式具有一定推广意义。

参 考 文 献

1　张克舫. 汽轮机技术问答[M]. 北京：中国石化出版社，2009.

催化装置反再系统衬里常见问题及控制措施

何超辉[1] 王 亮[2]

(1. 岳阳长岭设备研究所有限公司，湖南岳阳 414000；

2. 青岛钢研纳克检测防护技术有限公司，山东青岛 266071)

摘 要 本文总结了催化裂化装置反再系统衬里常见的问题，分析了衬里破损的原因，并提出了相应的控制建议。

关键词 催化裂化；反再系统；衬里；腐蚀

催化裂化装置是最重要的石化加工装置之一，按照工艺流程整个装置可以分为反应-再生系统(以下简称反再系统)、分馏系统、吸收稳定系统和能量回收系统，它是以重油或渣油为原料，使之与流态化的催化剂微粒接触而发生反应，生成高附加值的汽油、柴油、煤油以及重要的化工原料石脑油。随着国内催化裂化工艺的日益成熟完善，催化装置检修周期不断的延长，追求装置长周期运行已成为各炼油厂普遍的目标。目前催化装置运行通常以 3 年为 1 周期，部分炼厂催化装置运行周期延长至 4 年，装置长周期的运行，对设备安全提出了更高的要求。近年来，由于常减压装置的减压深拔，使得重油催化装置的原料更重，导致再生温度提高，再生器内及其主要斜管衬里破坏也日趋严重，每次装置检修都要投入大量的人力、财力修补损坏的衬里，在生产中期有时就出现局部外壁过热现象，严重威胁着装置的安全生产。

1 反再系统衬里损坏常见的原因

1.1 衬里质量控制不严格

1.1.1 衬里材料不合格

催化反再系统衬里材料一般分为双层衬里(隔热层、耐磨层)和单层耐磨衬里材料。无论哪种衬里材料，其容重、抗压强度、抗折强度、线变化率等性能指标均要符合 SH 3531 等相关的技术要求。

某炼厂催化装置再生器衬里施工所用衬里料容重超标，来料成型的试块和厂家送检的试块经抗折、抗压后集料差别很大，从图 1 可以看出，厂家送检试块的集料是封闭式水洗陶粒，试块中陶粒分布均匀，试块断裂时均是陶粒本身断裂，而来料试块成型面上的断裂，多为陶粒和水泥之间的断裂。对送检的衬里料进行了水洗实验，发现其集料中的陶粒有 50% 以上是沉在水下，其中片状页岩较多。这说明来料成型的试块和厂家送检的试块不是同一批材料，来料成型的试块中陶粒偏少而且陶粒合格率偏低，这样的衬里料容重偏高，施工完成后会增加设备运行负荷，严重威胁装置安全生产。

1.1.2 施衬前表面处理不合格

在衬里施工前，应参照设计文件及施工方案对需施衬部位进行除锈，金属表面应采用喷砂(丸)除锈，局部可采用动力工具除锈。除锈后的金属表面应防止雨淋和受潮，并尽快施衬。在实际施工过程中，部分设备存在除锈不彻底(表面存在氧化皮、铁锈等附着物)或除锈后未及时施衬的情况，这易导致衬里附着力较差，在烘炉和运行过程中温度较大变化时，局部衬里易发生整体剥离、脱落。

1.1.3 施工质量较差

1) 保温钉及龟甲网焊接不规范

保温钉是直接垂直焊接在器壁上的，顶部焊接端板，龟甲网又是焊在端板上，所以龟甲网的完好不仅仅取决于自身的焊接，还受保温

作者简介：何超辉(1984—)，男，湖南岳阳人，现任岳阳长岭设备研究所监测分公司副经理，工程师，主要从事腐蚀与防护工作。

钉端板焊接质量的影响。如果保温钉与器壁的垂直度及焊接牢固程度(图2柱形保温钉与器壁焊接不牢固)、保温钉与端板的垂直度及焊接牢固程度不好,均会直接影响龟甲网的使用状态,会导致龟甲网应力过大或直接脱落。

龟甲网焊接的好坏直接影响衬里的质量。龟甲网焊接不规范(见图3),受热后膨胀不均匀,使龟甲网与耐磨衬里间互相挤压或分离,导致出现鼓包或裂纹,进而串气超温,并逐渐冲刷掉耐磨衬里,进而引起大面积脱落。

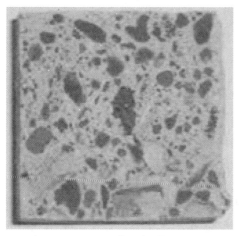
(a)厂家送检试块

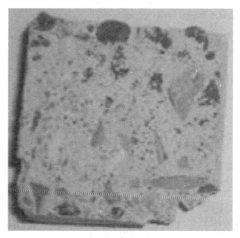
(b)来料成型试块

图1　来料成型试块和厂家送检试块对比图

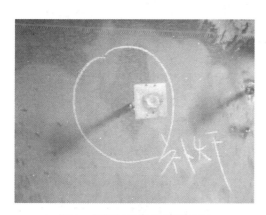
图2　保温钉与器壁焊接不牢

图3　龟甲网焊接不规范引起衬里鼓包

2)衬里料涂抹不实

在反再系统衬里施工中,目前用得较多的仍然是手动捣打法。它具有施工简易、方便、灵活性强,材料损耗率低等的优点,但也存在一定的缺陷,如施工质量不稳定、整体成型质量一般、受施工人员个人技术水平影响大等。

在某再生器封头衬里施工过程中,采用手工捣打的施工方法。在施工过程中,采用逐个捣实的施工方法,见图4,施工完成后在衬里表面撒干水泥细分抹光。这种方法易出现不实、空洞,衬里抗冲刷、抗应力拉伸的强度下降,

在外界条件恶劣的情况下,衬里极易损坏,高温催化剂烟气进入其中,进而加速破坏。

1.2　烘炉控制不当

现在的耐磨衬里料中均含有添加剂,使耐磨层透气率变低,如果升温过快,水汽难以排出,尤其是在110℃脱表面水和350℃脱结晶水时,一定要保证足够的时间和平缓的速度,因为这两个时间段里衬里内部蒸发出大量水蒸气,如果烘干的速度不稳定、时间不够长,很容易造成衬里的脱落、鼓包和开裂。

 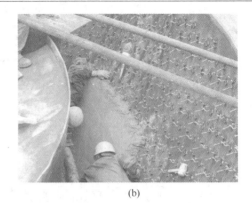

(a) (b)

图4　手工捣打施工情况

1.3　运行不平稳

操作平稳是衬里寿命的保障条件，如果操作不平稳或造成事故状态，经常开停工，温度骤升骤降，会使衬里急剧膨胀和收缩，衬里就容易产生裂缝，并不断扩展，到了一定程度衬里就会脱落。

1.4　碳的侵入

在石油炼制过程中，不饱和碳氢化合物会渗透进衬里以及衬里与金属壳体之间的空隙中，缩合生成焦炭并逐步累积，从而造成衬里的剥落，或使锚固钉与金属壳体间的焊接处断裂以及衬里鼓包。这类损坏大多发生在反应器、沉降器、提升管等部位(见图5、图6)。

1.5　催化剂流动冲刷磨损

催化剂在反再系统中始终处于流动状态，不断地冲刷着衬里，衬里在催化剂的冲刷作用下，轻者表面被磨蚀几毫米到十几毫米，重者整个衬里被全部磨蚀而露出金属壳体。这类损坏大多出现在催化剂流速高的部位，如旋风分离器的入口(见图7)、锥部和提升管(见图8)等部位。

图5　沉降器器壁结焦积累引起衬里鼓包形貌　　图6　提升管器壁结焦积累引起衬里脱落

 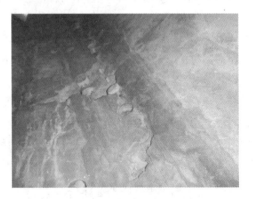

图7　旋风器入口衬里冲刷形貌　　图8　提升管衬里冲刷形貌

2　控制措施

2.1　原材料的选择和质量控制

（1）根据不同设备、不同的操作条件和不同的部位选择不同的衬里结构。如再生器选用无龟甲网单层衬里，沉降器、三旋、烟道等选龟甲网隔热耐磨双层衬里。衬里料的选择主要是选择材料的物体性能，在达到设计要求的情况下考虑材料的经济性，不要盲目地追求高的牌号和价格相对较贵的衬里。

（2）加强原材料质量控制。严把进场原材料、半成品、成品质量关，确保合格材料用在工程中，材料进场时除严格审核合格证外，按规定的频率进行现场见证取样、送检，对不符合要求的材料坚决做退场处理。

2.2　施工方案及过程控制

（1）严格审查施工方案，加强过程质量控制。对方案中的施工方法、施工工艺、工序控制点、质量标准、质量保证体系等一一审查。对施工过程的关键工序、特殊工序施工完成以后难以检查、存在问题难以返工或返工影响大的重点部位，采取现场旁站监督的办法。

（2）加强设备内壁表面处理的管理。表面处理是否符合要求是衬里施工的成败关键因素之一，除锈后的钢材内壁除锈标准应达到 GB/T 8923.1—2011《涂装前钢材表面锈蚀等级和除锈等级》中的要求。对设备死角处要加强检查，在表面处理后，施衬不及时出现返锈时，应重新进行表面处理，确保钢表面处理符合施工要求。

（3）提高锚固钉及龟甲网的焊接质量。在设备异型部位、衬里易损坏的部位，锚固钉应适当加密，龟甲网双层衬里的柱形锚固钉应先与端板焊接，并采用双面焊。

（4）严格按照配合比配料，搅拌好的料要及时运到现场成型，已硬化的衬里料严禁二次加水使用。搅拌衬里料时采用强制搅拌，可有效地提高搅拌均匀度，减小加水量，从而改善衬里的物理性能。

（5）设备过渡段、异型部位、提升管 Y 形部位等衬里容易损坏的特殊部位，锚固钉应适当加密。

2.3　运行和维护

（1）衬里施工完成后，应按照相关规范及时进行衬里烘炉。在烘炉时适当降低升温速率，延长恒温时间，以提高衬里的初次烘干质量。

（2）提高装置运行的稳定性，避免在运行过程中装置的温度急剧变化。

（3）加强运行监控，及时了解设备运行状态，防止衬里破坏、脱落而影响生产。对于重要的位置的器壁温度应进行定期的热点检查和壁温检测，建立数据库，为检修计划提供可靠根据。

3　结语

催化裂化装置两器衬里的施工好坏直接影响到整个装置的操作和运行寿命，因此，要从衬里结构、材料的选用、衬里施工过程的质量控制、养护、生产操作等过程中采取严格的控制措施，采用先进的检验手段和科学的施工方法，同时还要稳定工艺操作，避免超温，从而实现催化裂化装置平稳长周期安全运行。

参　考　文　献

1　雷亚军．重油催化装置衬里损坏原因分析及整改措施[J]．应用科学，2009(12)：40-41.

2　SH 3531　隔热耐磨衬里技术规范．

3　闫爱忠．重油催化裂化装置设备衬里运行状况及质量控制[J]．石油化工设备技术，2009，30(1)：30-32，72-73.

4　雷永飞，于进波．催化裂化装置中衬里全过程的质量控制．高桥石化，2003，18(4)：27-29.

5　严云，胡志华．催化裂化装置衬里的损坏形式及其修补方法[J]．耐火材料，2005(4)：310-311.

6　马颖光．重油催化裂化装置衬里施工与长周期运行[J]．中国科技信息，2004(24)：124.

在线扫描与修理技术在催化装置滑阀故障处理中的应用

钟 杰

（中国石化北京燕山分公司炼油厂，北京　102500）

摘　要　再生滑阀是催化裂化装置关键设备，其作用是调节再生后的高温平衡催化剂循环量，控制两器压差和反应器温度，再生滑阀一旦出现故障，往往造成装置停工。针对国内某催化裂化装置运行期间再生滑阀出现的故障，通过在线射线扫描对故障进行判断并成功对滑阀进行在线修理，既是在线射线扫描技术的成功应用，也是在线处理催化裂化滑阀故障的成功实践。本文结合滑阀故障现象，描述在线射线扫描与修理技术应用过程，对催化裂化装置再生滑阀故障在线处理提供了成功案例，具有一定的借鉴意义与参考价值。

关键词　再生滑阀；射线扫描；在线处理

1　概述

再生滑阀是催化裂化装置催化剂循环流程中的关键设备，在反应再生流程中，对催化裂化反应温度控制、物料调节以及压力控制起到关键作用。在紧急情况下，还起到自保切断两器的安全作用。若再生滑阀出现故障将会直接影响到整个装置的长周期平稳运行。国内某80万吨/年催化裂化装置于2017年8月停工检修，开工运行4个月后发现再生滑阀无法调节，该故障制约了催化裂化装置反再系统的正常调节，当装置发生异常时，由于滑阀无法及时关闭，将导致装置非计划停工，国内曾多次发生因滑阀故障导致的非计划停工，所以该故障是影响装置安全平稳运行的重大隐患。通过工艺调整判断、在线射线扫描检测等手段，判断滑阀阀杆发生断裂（阀杆与阀板脱开），在做好安全风险评估的前提下，通过在线在阀体上增加手动执行机构，实现再生滑阀可以正常开关，消除影响正常生产的重大隐患。

2　再生滑阀失效形式

80万吨/年催化裂化装置再生滑阀为电液单动冷壁滑阀，由美国TAPCO公司生产，公称直径为DN1000，工作介质为催化剂，工作温度为680℃，压力<0.25MPa，材质为16Mn+衬里+硅交网；阀体金属壁厚19mm，内部隔热衬里+耐磨衬里厚92mm。

再生滑阀在装置运行期间，当滑阀阀位在28%~85%之间调节时，滑阀压降没有变化，反应温度没有明显变化，说明滑阀实际阀位并没有随着执行机构的输出发生变化。在这期间为了分析滑阀故障，尝试调节阀门开度，发现滑阀可以关小，但不能开大，初步怀疑阀杆断裂或者阀板脱离滑道。在这种情况下，反应器的反应温度调整只能通过反应器和再生器压差、再生密相温度、原料预热温度进行微调，而反应温度在上述三种调节方法均接近调整上限（再生温度675℃，两器压差45kPa，原料油预热温度230℃）条件下，装置处理量为105t/h，LTAG回炼量为11t/h，油浆回炼为20t/h，反应温度（外集气室测点）最高可调整至510~512℃。由此可见，装置的正常运行受到再生滑阀故障的严重制约。

3　在线射线扫描技术的应用

通过对再生滑阀调整，分析反再系统参数变化情况，初步判断滑阀阀杆断裂或者滑阀闸板脱离滑道。为了进一步验证滑阀故障情况，决定采用在线射线扫描方式对滑阀进行监测，

作者简介：钟杰（1989—），男，2014年毕业于北京化工大学过程装备与控制工程专业，大学本科，工程师，现任职于北京燕山石化炼油厂二催化装置，主要从事装置设备运行及检修管理、设备技术改造等工作。

判断滑阀具体故障状况。

3.1　检测原理及方法

　　γ射线透过物体后的强度，与物体的厚度、密度及物质对射线的吸收系数有关，射线的吸收量是介质的密度和厚度的乘积函数。在线检测就是利用γ射线这个特性进行扫描分析的。通过扫描可以测出设备内部相应部位的密度的变化，从而分析设备内部机械故障情况。

　　γ射线在物质中的衰减服从指数规律：

$$I = I_0 e^{-\mu_m \rho l}$$

式中　ρ——介质(指吸收物质)密度；

　　　　l——透过介质的厚度；

　　　　μ——物质的质量吸收系数；

　　　　I——射线透过吸收物质后的强度；

　　　　I_0——初始(γ射线)强度。

　　根据再生滑阀的结构，采用直线扫描方式，沿着滑阀阀板的平行方向从上到下进行直线扫描，得到不同位置的密度分布曲线；调节滑阀后，再进行同样的直线扫描检测。滑阀调节2次，分别为阀位43%和75%两种状态下扫描得到6条密度分布曲线，对比这6条曲线，判断滑阀阀板是否随调节而移动，从而分析该滑阀内部的机械故障情况。扫描方位如图1和图2所示。

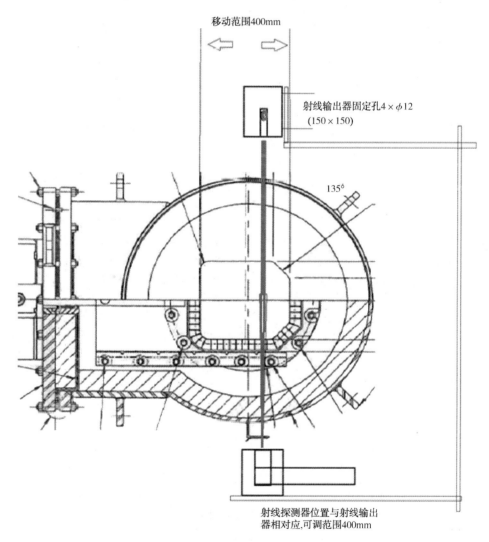

图1　再生滑阀射线扫描示意图

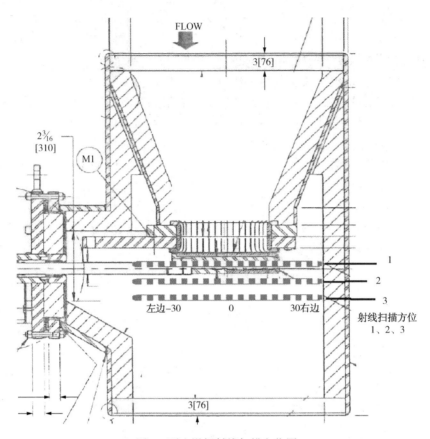

图2　再生滑阀射线扫描方位图

3.2　检测数据分析

全部检测扫描线数总共有6条，分别是调整前43%阀位状态下的3条曲线（1-43%，2-43%，3-43%），调整滑阀到75%阀位状态下的2条曲线（3-75%，1-75%），最后调回到43%流量状态下的一条曲线（1-43%R）。每条扫描曲线的长度为60cm，扫描间隔为3cm。扫描线数见表1，检测数据见表2，检测结果综合分析图如图3所示。

表1　扫描线代号和方位

序号	扫描线代号	滑阀流量	扫描位置	扫描方向
1	1-43%	43%（原始状态）	平行穿过阀板中心位置	自西向东，管道中心位置为0，左边为负，右边为正
2	2-43%	43%（原始状态）	平行穿过距阀板中心4cm位置	
3	3-43%	43%（原始状态）	平行穿过距阀板中心8cm位置	
4	3-75%	75%（调节到75%阀位）	平行穿过距阀板中心8cm位置	
5	1-75%	75%（保持75%阀位）	平行穿过距阀板中心8cm位置	
6	1-43%R	43%（调回到43%阀位）	平行穿过距阀板中心位置	

表2　在线射线检测数据

位置	1-43%	2-43%	3-43%	3-75%	1-75%	1-43%R
-30	126	346	1482	1503	22	67
-27	119	341	1384	1379	6	71
-24	112	337	1362	1326	12	44
-21	100	339	1434	1363	27	62

续表

位置	1-43%	2-43%	3-43%	3-75%	1-75%	1-43%R
-18	108	347	1546	1402	34	64
-15	128	373	1673	1542	45	85
-12	148	399	1672	1586	56	101
-9	133	406	1720	1672	53	121
-6	144	402	1756	1678	75	132
-3	172	402	1731	1653	92	158
0	192	444	1660	1678	126	170
3	232	730	1568	1607	176	243
6	283	875	1353	1459	274	330
9	321	553	980	1124	233	360
12	427	538	763	763	383	506
15	546	569	740	771	513	727
18	699	662	875	862	510	659
21	601	614	887	877	445	598
24	551	609	782	855	422	620
27	512	654	825	795	370	521
30	531	778	912	820	451	523

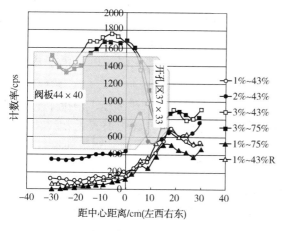

图3　扫描结果综合图

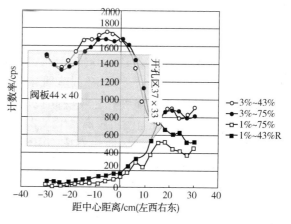

图4　滑阀调节前后扫描曲线对比

图4中显示两组对比曲线（3-43%，3-75%；1-75%，1-43%R）分别是43%和75%阀位显示状态下，平行穿过阀板中心位置和平行穿过距阀板中心8cm位置时的扫描曲线。

从图中可以看出，滑阀调节前后，扫描曲线没有发生明显的变化，说明阀板位置基本未变，判断滑阀阀杆与阀板的连接断开，阀门调节无效，阀门打开宽度在10cm左右。

根据射线强度（计数率）与密度成反比例的关系，计算出不同位置的相对密度分布，距离

阀板不同位置密度分布如图5所示。据此判断：

（1）绿色的扫描曲线（1-43%）平行穿过阀板中心位置，射线全部被屏蔽，但是部分散射射线被接收，因此形成左侧相对密度较高，打开窗口的位置密度较低。

（2）棕红色的扫描曲线（2-43%）平行穿过距离阀板中心4cm位置，此处位于阀板的边缘部位，由于射线束和射线探测器具有3cm的尺寸大小，因此一部分射线被屏蔽，另一部分射线穿过被接收。另外，在中心偏右的6cm位置，

密度偏低。

（3）蓝色的扫描曲线（3-43%）平行穿过距阀板8cm位置，射线未穿过阀板，总体密度较低，由于阀板的屏风效应，阀板后面的固体催化剂颗粒数量较少，形成一个相对密度较低区域。

（4）根据图5判断，阀板位置没有向下发生明显偏移。

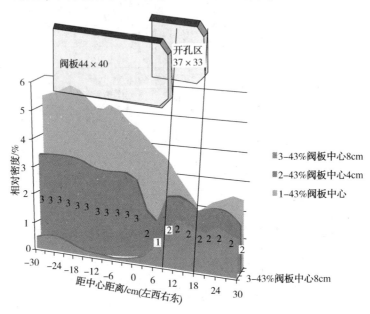

图5　距离阀板不同位置密度分布图

3.3　在线扫描检测结果

通过射线扫描检测，可以判断：

（1）再生滑阀打开宽度在10cm左右，滑阀阀位从43%调节到75%，然后又调节回43%，扫描曲线形态未发生明显变化，说明阀板位置未发生变化，滑阀阀杆与阀板脱离。

（2）阀板不同位置扫描曲线对比，表明阀板位置没有向下发生明显偏移。

4　再生滑阀故障在线处理

4.1　在线处理方案的确定

根据实际调节，再生滑阀在现有位置上无法打开。通过线扫描，判断滑阀阀板和阀杆已脱离，阀板仍保留在滑轨上，没有发生偏离，这就为下一步在线处理阀门故障提供了技术和安全依据。

2019年1月3日，在不停工情况下对再生滑阀进行在线修理，具体方案是：在再生滑阀执行机构的对面阀体上增加一套手动执行机构，当需要开大滑阀时，通过手动机构，用辅助阀杆将阀板推开，推到指定位置后，将阀杆退出，当需要关小滑阀时，仍利用原液动执行机构调节（见图8）。

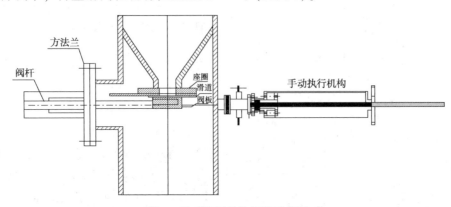

图6　手动执行机构安装示意图

4.2　在线修理技术的应用及经验效果

在线射线扫描与修理技术成功应用后一直到 2020 年 3 月 25 日装置停工检修，滑阀调节功能正常，运行平稳。本次成功对滑阀故障进行在线处理，既解决了装置平稳运行的一大隐患，同时也为催化裂化装置再生滑阀的在线处理提供了实践案例，积累了成功经验，主要经验包括：

（1）本次故障处理方案具有创新性，包括开孔定位、阀杆加长方案以及在线射线检测技术在催化裂化滑阀故障处理中的应用。

（2）处理过程中的难点包括：阀体内部故障现象的分析判断，辅助阀杆作用点带压开孔位置定位的准确性，开孔接管法兰焊接过程中与主阀杆同心度的保证，主阀杆加长方案的可靠性分析以及主阀杆和加长段的焊接与定位，投用后滑阀阀位开度的重新校核与定位。

（3）处理过程的风险包括：开孔过程中钻头断裂，衍生二次故障的风险，开孔对滑阀衬里的损坏，造成衬里局部脱落，导致器壁超温的风险，开孔完成后辅助阀杆退出过程中介质泄漏的风险。

（4）再生滑阀运行期间，要加强对滑阀运行状态的监测，做好停工期间滑阀拆检计划，对滑阀具体故障情况进行根本原因分析，对其制定针对性的预知维修方案与维护策略，保证滑阀设备的完整性运行。

（5）在线处理后运行期间，再生滑阀主阀杆发生多次断裂，为保障装置平稳运行，多次成功在线加长主阀杆，且总结出快速、安全阀杆加长方案，验证了在线修理技术的可持续性，实现施工技术创新，为同类故障在线处理积累了宝贵的经验。

5　结论

再生滑阀是催化裂化装置关键设备，针对催化裂化装置运行期间再生滑阀出现无法调节的故障：

（1）通过增加手动执行机构，成功在线解决了催化裂化装置再生滑阀无法调节的问题，同时，证明了前期对滑阀故障判断的准确性以及在线处理方案的可操作性。

（2）通过在线射线扫描对滑阀进行射线监测分析，对确定滑阀的具体故障状态有决定性的作用，是在线射线扫描在催化裂化装置滑阀故障判断的成功实践，具有创新性，对催化装置再生滑阀故障在线处理提供了成功案例，具有一定的借鉴意义与参考价值。

参 考 文 献

1　马亚斌，李新明，赵佳磊.再生滑阀在线修复技术在催化裂化装置的应用[J].设备管理与维修.2017（3）：67-69.

连续重整装置四合一炉衬里技术改造

刘志锋　贾海彪　李永健
（中国石油华北石化公司，河北任丘　062552）

摘　要　连续重整装置四合一炉进行监测，炉体表面温度为 66.5℃，高于企业标准 6.5℃，主要原因为辐射段炉壁温度超高。通过对四合一炉辐射段炉膛拆除原衬里，焊接保温钉，喷涂高铝纤维，进行衬里改造，辐射段炉壁温度下降，满足了 Q/SY 1066—2010《石油化工工艺加热炉节能监测方法》中炉壁温度≤60℃、炉底温度≤70℃的要求，加热炉节能优化改造取得成功。

关键词　加热炉；辐射段；衬里改造；节能

1　前言

我公司 60 万吨/年连续重整装置于 2006 年 3 月设计，2007 年 11 月建成投产。其中重整四合一加热炉为方箱式加热炉，四段 U 形炉管共用一个炉体，中间有火墙隔开，设计热负荷为 36.33MW。随着近些年节能减排要求越来越高，对加热炉的壁温要求更加苛刻，四合一加热炉存在炉壁温度超标的问题，经监测炉体表面平均温度为 66.5℃，标准要求≤60℃，其中辐射段炉体表面温度为 68.2℃（折算温度），是造成加热炉炉壁温度超标的主要原因。同时，炉底外壁温度实测为 97.5℃，标准要求≤70℃，也存在超标问题。

为解决重整四合一加热炉炉壁表面温度超标问题，提高加热炉热效率，我公司于 2018 年 8 月检修期间对四合一加热炉辐射段衬里进行改造。

2　改造方案的确定

2.1　原辐射段炉衬设计方案及核算

四合一加热炉 F-201/F-202/F-203/F-204 为重整进料加热炉，加热炉基础数据及检测结果如下：加热炉设计热负荷为 36.33MW；炉管内受热介质流量的设计值为 119014kg/h，实测值为 110162kg/h；实测时燃料耗量为 4621.1kg/h；燃料低热值为 36010.87kJ/kg。

四合一加热炉辐射室侧墙原设计炉衬总厚度为 200mm，其中向火面衬里为 60mm 厚的纤维可塑料 CNK-12，背衬层衬里为 140mm 厚的纤维可塑料 CNK-11，保温钉长度为 180mm；

端墙炉衬位于 F-201 和 F-204 辐射管后面约为 600mm，原设计炉衬总厚度为 180mm，其中向火面衬里为 60mm 厚的纤维可塑料 CNK-12，背衬层衬里为 120mm 厚的纤维可塑料 CNK-11，保温钉长度为 160mm；原设计炉底衬里总厚度为 220mm，其中向火面衬里为 65mm 厚的轻质耐火砖 NG-1.0，背衬层衬里为 155mm 厚的浇注料 JM-100。衬里结构如图 1 所示。

原设计四台加热炉烟气出辐射段温度：F-201 为 804℃，F-202 为 821℃，F-203 为 772℃，F-204 为 713℃。辐射段端墙、侧墙靠近燃烧器部位炉衬热面温度一般均高于烟气出辐射段温度且无法根据烟气出辐射段温度准确确定，故采用固定炉外壁温度为标定温度的方法来反算其热面温度；炉底衬里绝大部分在辐射管背后，因此其热面温度采用辐射段侧墙热面温度来计算。核算基准为环境温度为 20℃无风条件，核算结果见表 1。

表 1　原设计辐射室炉衬传热计算汇总表

炉膛部位	端墙	侧墙	炉底
热面温度/℃	922	865	865
炉壁温度/℃	66.5	66.5	97.5
散热强度/(W/m²)	581.1	580.3	898.8
外壁面积/m²	372	908	340
散热量/kW	216.2	526.9	305.6

作者简介：刘志锋（1984—），男，2007 年毕业于河北工业大学，工学学士，现在中国石油华北石化公司从事设备管理工作，工程师。

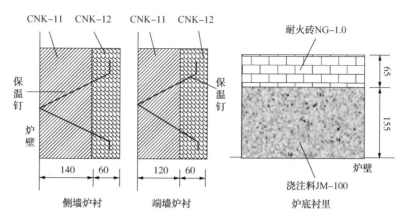

图 1　原设计辐射室衬里结构示意图

2.2　改造可行性研究

因整体更换炉衬施工难度较大，周期较长，炉衬加厚改造原则为在满足节能达标效果前提下，改动尽可能小，检修绝对工期控制在 30 天以内。炉衬加厚采用喷涂纤维结构最为简便易行，此衬里结构具有科学合理、节能高效、施工灵活方便、整体性好等优点，而且喷涂纤维衬里本身在使用前不需烘炉，可有效减少装置开工时升温时间。

经计算，本加热炉侧墙和端墙在原设计基础上均需至少加厚 50mm 以上喷涂纤维方可将炉外壁温度降至 60℃以下，并且必须要设置保温钉方可将增厚部分的喷涂纤维固定住。炉底衬里改造方案为在原耐火砖和浇注料中间增设

25mm 厚的陶瓷纤维板和 25mm 厚的纳米微孔板。

为保证炉衬加厚改造项目实施效果，最终改造方案确定为在炉壁端墙上按照 350mm × 350mm 的间距打上 T 型不锈钢保温钉，将侧墙原炉衬铲除 20mm 厚纤维可塑料露出原保温钉 VA-5 型，在原保温钉上新焊接 VB-2 保温钉，按施工技术要求在炉壁端墙和侧墙上分两层喷涂至总厚度增加 80mm 的致密型高铝耐火纤维，即加热炉端墙衬里总厚度不小于 280mm，侧墙衬里厚度不小于 260mm。炉底衬里改造方案为在原耐火砖和浇注料中间增设 25mm 厚的陶瓷纤维板和 25mm 厚的纳米微孔板。改造后衬里结构如图 2 所示。

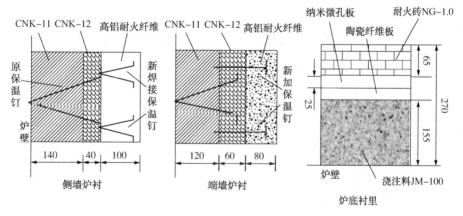

图 2　改造后衬里结构示意图

3　改造实施具体过程

3.1　辐射室炉墙衬里的改造

炉壁衬里改造采用在原有炉衬基础上喷涂高铝耐火纤维的方式加厚炉衬。衬里修复之前

先对整个炉衬情况进行全面评估，若现有炉衬整体强度满足新增保温钉的固定要求(该项工作由专业施工单位完成)，采用在现有衬里表面打不锈钢锚固钉，然后在原衬里表面加喷 80mm

厚高铝耐火纤维的施工方式。具体步骤如下：

（1）首先对整个炉墙衬里进行分块分片检查，对大于3mm的裂缝和由于交叉裂缝局部集中而可能引起的松动部位以及面积超过20mm×20mm、深度超过10mm的气孔，先用小锤进行敲击检查，确认该部位不可能脱落时，用耐火纤维或耐火纤维拌合耐火水泥填塞裂缝。

（2）衬里已脱落或有可能脱落时，应将该范围的浇注料清除。局部面积不超过100mm×100mm时，可挖成深度不小于50mm的倒锥形孔。将孔壁清理干净并湿润后，用同种材质浇注料补平。

（3）当脱落面积超过100mm×100mm时，则应将该衬里层挖至炉壁，然后按上述方法用同种材质可塑料或浇注料修补，修补的范围内至少应有两个锚固件。

（4）处理过的衬里表面按照350mm×350mm的间距打上不锈钢锚固钉，然后进行纤维喷涂，考虑原有衬里强度，喷涂衬里厚度按80mm计算，分两层，每层喷涂厚度以50mm压缩至40mm，应压实拉一层不锈钢丝网固定，再继续喷涂50mm压缩至40mm，总厚度达80mm。

（5）若通过整体检测后，发现整个炉墙表面层炉衬酥松没有强度，则将端墙与侧墙原炉衬均铲除20mm厚纤维可塑料露出原保温钉，在原保温钉上新焊接V型保温钉，并按要求分两层喷涂至总厚度增加80mm厚的耐火纤维。

3.2　辐射室炉底衬里的改造

炉底向火面的耐火砖是干砌的，炉底衬里改造方法是在原耐火砖和浇注料中间增设25mm厚的陶瓷纤维板和25mm厚的纳米微孔板。先保护性拿掉耐火砖，对下部的浇注料层适当地平整后依次铺设陶瓷纤维板和纳米微孔板，最后恢复耐火砖的铺设。

3.3　改造中遇到的具体情况

（1）炉壁衬里检查评估时发现除端墙强度满足新增保温钉的固定要求外，侧墙表面层炉衬普遍酥松没有强度，需铲除20mm以上厚纤维可塑料露出原保温钉，在原保温钉上新焊接V型保温钉后进行喷涂。辐射室衬里拆除施工时环境恶劣，要注意通风换气，并洒水降尘。

（2）施工过程应做好炉体上不动改部分的保护措施，特别是炉体上的开孔，如燃烧器火嘴、消防蒸汽管口等，避免在炉衬喷涂时覆盖开孔，造成开工时出现问题。

（3）炉壁衬里进行铲除时并不均匀，原要求为铲除20mm原衬里露出保温钉，实施时局部衬里因酥松铲除厚度达到70mm，因此第一层衬里喷涂厚度超过50mm，该停检节点验收时，重点检查锚固钉的强度和第一层衬里喷涂完后钢丝盖面捆扎是否全面，不得有漏缺，防止出现局部衬里掉落。

（4）关于炉衬加厚厚度，设计为在原炉衬厚度基础上加厚80mm，由于侧墙因炉衬酥松进行了铲除，所以喷涂厚度应注意进行调整，喷涂压实后总厚度为铲除厚度加上80mm，即改造后衬里总厚度在280mm以上。

（5）掌握好各个施工节点的检查，做到有记录，有验收。包括前期脚手架搭设工程量，拆除衬里及安装锚固钉工作量，炉壁喷涂第一层高铝纤维棉衬里完毕后压实绑扎一层钢丝网固定的安装质量检查，喷涂第二层高铝纤维棉衬里完毕后总厚度的核算等。

（6）炉底耐火砖保护性拆除过程中，部分炉底耐火砖损坏，临时补充了施工材料计划。

（7）脚手架拆除过程中局部炉壁衬里被剐蹭破损，及时进行了修补。

4　改造实施效果

重整装置四合一加热炉炉壁衬里改造，从2018年7月10日停产检修开始，至8月7日检修完毕，历时28天，比原计划提前2天完工。装置10月份开工运行平稳后，对加热炉各部位进行了测温，数据见表2。

表2　改造后炉壁测温数据表

装置	加热炉名称	位号	加热介质	燃料	炉壁测温值/℃	环境温度/℃	测温日期
重整	四合一加热炉	F201	汽油、氢气	瓦斯	底温：58　57　52　一层：47　43　47 二、三层：50　48　45　四层：39　38　34	23	2018.10.8

续表

装置	加热炉名称	位号	加热介质	燃料	炉壁测温值/℃		环境温度/℃	测温日期
重整	四合一加热炉	F202	汽油、氢气	瓦斯	底温：59 58 55 一层：54 4450	二、三层：55 53 50 四层：48 39 40	23	2018.10.8
重整	四合一加热炉	F203	汽油、氢气	瓦斯	底温：50 51 50 一层：59 46 45	二、三层：54 46 45 四层：53 45 44	23	2018.10.8
重整	四合一加热炉	F204	汽油、氢气	瓦斯	底温：51 49 48 一层：43 48 47	二、三层：55 46 50 四层：48 47 46	23	2018.10.8

2018 年 12 月，中国石油天然气集团公司石油化工节能技术监测中心对重整装置四合一加热炉进行监测，辐射段表面平均温度为 57.2℃(折算温度)，炉底温度检测各部位均小于 60℃，炉壁温度满足了 Q/SY 1066—2010《石油化工工艺加热炉节能监测方法》的要求，此次衬里改造完全达到了项目预期目标。

改造后炉衬传热计算结果见表 3。炉衬改造后辐射段侧墙、端墙及炉底共减少散热损失为 379.4kW，按年操作 8400h 计算每年节省的热量为 1.1473×10^{10} kJ，折合燃料气约为 3.425×10^{5} kg(燃料气热值按 33500kJ/kg)。目前燃料气价格(根据天然气和瓦斯的热值换算)为 2.07 元/kg 计算，炉衬改造后每年可节省费用约为 70.9 万元。

表 3　改造后炉衬传热计算汇总表

炉膛部位	端墙	侧墙	炉底
热面温度/℃	922	865	865
炉壁温度/℃	57.2	57.2	53.1
散热强度/(W/m²)	440.2	435.9	322.8
外壁面积/m²	372	908	340
散热量/kW	163.8	395.8	109.8

5　结束语

随着近些年对企业节能减排的要求越来越高，不少企业面临老装置加热炉节能指标不达标的情况，如何在现有加热炉基础上进行改造，提高加热炉效率，降低能耗，是众多企业将来面临的迫切要求。

本次重整装置四合一加热炉衬里改造通过在加热炉原有衬里基础上喷涂高铝纤维结构的方式，将原有单一衬里结构改造成复合衬里结构，改动小，工期短。通过一年多运行检查，复合衬里结合强度完全符合要求，有效降低了加热炉的炉壁温度，提高了加热炉整体热效率，减少了燃料消耗，为同类加热炉衬里改造提供了行之有效的借鉴。

往复增压机综合治理缺陷确保安稳运行

杨　超　钱广华

（中国石化天津分公司，天津　300271）

摘　要　针对影响重整4M-40型氢气增压机长周期运行因素，从机组系统影响和机组本体存在问题两个方面进行了分析，针对活塞环偏磨、缸头轴向振值高、管系振动超标严重、曲轴箱刚度不足及曲轴箱体内可燃气超标引起闪爆等方面揭示了产生问题的原因，并通过管系核算加固支架降低了管系振值、增加高效叶片气液分离器减少带液和增加曲轴箱支撑梁、改进刮油环结构增加隔离氮气消除曲轴箱闪爆的可能性等措施，检修周期由3个月延长到了8个月以上，节省各种费用在200万元/年以上，消除了影响装置运行的一大安全隐患。综合治理的过程为同类机型的往复压缩机组的维护提供了可借鉴的经验。

关键词　管系；刚度；闪爆；排气阀；偏磨；瓦窝

重整装置氢气增压机K-202A/B/C（两开一备）能否长周期安全稳定运行，直接影响到炼油汽柴加氢、乙烯和芳烃等六套关键装置的长周期稳定安全运行。通过对机组振动超标、管系脉动、机体及连接件漏油、刮油环串气、活塞杆断裂、曲轴箱闪爆等问题的分析，进行系列的综合治理，采用刚性强且带加强拉杆的曲轴箱、增加刮油环的防渗漏隔离气、采用偏心主轴瓦调整偏差及高效叶片气液分离器等措施，使机组的运行周期由3个月延长到了8个月，安全稳定性得到了提升，每年可创效200万元以上。综合治理的过程为同类机型的往复压缩机组提供了可借鉴的经验。

1　机组简介及工艺作用

1.1　往复压缩机4M-40简介

芳烃重整装置氢气增压机（见图1）是4M-40系列往复式压缩机，为四列二级对称平衡型，二级进行压缩，其中I级为低压段，II级为高压段。该往复式压缩机的型式为二级双作用、无油润滑；轴功率为2465kW；转速为300r/min；输送介质为H_2（87%）；传动方式采用刚性联轴节直接驱动（见图1）。其工艺参数见表1。

表1　氢气增压往复压缩机参数

级数	气体压力/MPa		气体温度/℃		入口流量/(m³/min)	
	进口	出口	进口	出口	正常	最大
I	0.23	0.88	44	132	142.7	157
II	0.81	2.55	38	124	52.4	57.6

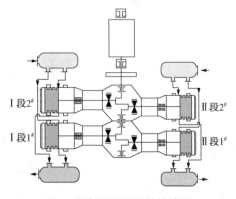

图1　往复压缩机的结构简图

（图中标注：I段2#、I段1#、II段2#、II段1#）

1.2　工艺作用

氢气增压机把重整反应产生的氢气，经过压缩增压送给联合装置的预加氢单元、歧化异构化单元使用，还有部分氢气经过压缩增压送给炼油部加氢裂化等装置使用。该机组运行的稳定决定着其他几套装置生产负荷的稳定性，

作者简介：杨超（1978—），男，吉林人，2003年毕业于吉林化工学院过程装备与控制工程专业，设备科长，高级工程师，现工作从事炼化装置设备管理。

所以该机组是芳烃联合装置的关键设备。

2 影响压缩机安全稳定运行的主要问题

2.1 系统问题对机组的影响

2.1.1 管系振动超标

由于压缩机组管系脉动引起振动值偏大，使压缩易燃易爆介质氢气的机组给稳定生产构成很大威胁。外部附加力的影响是造成缓冲罐管口撕裂、活塞杆断裂、气阀损坏等零部件频繁损坏的因素之一。强烈的脉动不但降低压缩机的容积效率，引起额外的功率消耗，而且引起设备及管道的连接部位处发生松动和断裂，造成连接部位泄漏、零部件损坏等诸多问题，在其他装置已经引起多起爆炸等安全事故。通过监测，发现进出缓冲罐的管线振值从投用以来居高不下，振值最高达 0.6mm，直观感觉管线在跳动，缓冲罐的管嘴发生过撕裂。通过全面检查发现管托、管架、管卡不牢固，部分混凝土基础碎裂。管系的脉动带动机体振动加剧，使曲轴箱本来刚度不足的问题更加突出。

2.1.2 进气分离效果差部分液体进入气缸结焦

2004 年重整装置由 60 万吨/年扩产到了 80 万吨/年后，增压机外供氢气流量从 25000Nm³/h 增加到 33000Nm³/h。在总管上设置了高效旋分式破沫网的除液罐，气体停留时间由原设计 11.87s 减低到 4.5s。将进入压缩机前的过滤器改成了丝网式除液器，每 10min 进行一次排液，一级排液量为 1000mL，二级排液量为 3000mL。由于是间歇排液，部分液体直接进入了缸体内。

压缩机长期存在带液运转（见图 2），这种特殊的工况明显加大了对压缩机各个连接部件的损伤。三台机组均发生过活塞杆断裂。

图 2 缸体内积液情况

在机组进行装配时，活塞杆进行拉伸试验，150MPa 压力下活塞杆伸长量为 0.61mm（标准为 0.5~0.7mm），预拉伸伸长量符合标准要求。着色探伤也未发现裂纹或其他缺陷。通过断口宏观检验可知，断面明显分为两个不同的区域，粗糙区和平坦区。前者为裂纹扩展区，后者为瞬断区，是典型的疲劳断裂特征。在气缸内经过压缩气体中的液体随着压缩升温碳化，聚集黏连在气缸内壁表面增加了活塞的推力，同时传导到活塞杆、十字头销、连杆（包括连杆螺栓）及曲轴导致应力增大，引起活塞杆等零部件断裂（见图 3）。

图 3 活塞杆断裂图片

2.2 机组本身存在的问题

2.2.1 曲轴箱刚度差，振动超高

机组运行过程中发现曲轴箱存在扭动，一级一列缸头水平振值高达 16.7mm/s，在机组的平台振感强烈，同时能够用眼睛观察到曲轴箱与转动频率相同频率的扭动。曲轴箱振动值高导致曲轴箱主油泵不能运行（增加独立润滑油

站）；曲轴箱顶、侧盖长期漏油严重，顶部大盖的螺栓经常发生扭断；由于曲轴箱振动大，加剧了运动部件的损坏如填料磨损泄漏、连杆断裂、活塞杆断裂，大修频度低到80天；曲轴箱盖虽然采取加厚加固措施，捆绑消振未起作用。由于往复式压缩机的机身须承受气缸传递过来的激振力和管系的脉动，要求机身应具有足够的强度和刚度。该机组机身采用垂直竖壁开口，封口的上盖板是一块整体钢板，与机身间通过螺栓预紧力紧固成一个整体，来达到承受和传递力的作用，工作时扭动受力机身与盖板"张口"，产生相对运动，时常将螺栓剪断。

2.2.2　填料漏气串气，引起闪爆

活塞杆填料漏气，又通过刮油环串到曲轴箱，曾发生两次闪爆，均造成Ⅰ级十字头部位润滑油视窗崩碎，进油管线断裂，同时发生着火。发生闪爆后，对曲轴箱内进行了可燃气体检测，确认可燃气（主要是H_2）超标。

2.2.3　活塞环偏磨严重

其中一台安装了在线监测系统，为了在排气阀取压力和温度信号，改造时更换了每个缸一侧2个KOOP排气阀，而其他仍然使用的是赫尔碧格进排气阀，试运行12h后缸体振动值逐渐增大且趋势明显，主要表现在气缸轴向振动均较高，尤其是二级一号缸轴向振动达到9.0mm/s，曲轴箱内部运行声音杂且较大。解体发现二级一列活塞环水平方向磨损严重，磨损掉原来厚度的50%以上，已经形成气缸内串气（见图6）。

2.2.4　主轴瓦2#和3#瓦窝偏低

机组安装后进行试运，正常负荷运行5h后，从监测系统的曲线上发现曲轴箱两端振动值偏高，气缸振动值也明显上升。初步分析可能是曲轴变形或找正存在偏差，但从2#和3#上瓦磨损严重情况看，明显地存在位置偏低的问题。

3　解决措施及实施

3.1　系统问题治理

3.1.1　治理管系脉动，降低振值

往复式压缩机的吸排气过程工作的特点是气流呈脉动状态，气流脉动是引起管线振动的主要原因。气流脉动引起的管道振动时，将遇到两个同时存在的振动系统：一是气柱振动系统；二是机械振动系统，由管道（包括管道本身、管道附件和支架等）结构系统构成。这部分引起的振动，采取添加支承和改变支承方式来消除。由气流脉动引起的管道振动的问题从两方面来解决：一是合理地设计管系；二是现场采取适当的消振措施。已存在的压缩机系统无法彻底改造，经过对气流脉动和管系核算，可以设置缓冲器；在管道中的特定位置设置阻力元件——孔板。

一是气柱引起的振动通过加大进排气缓冲罐，一、二级进气缓冲罐容积分别由4.0m³和1.83m³加到了5.22m³和1.93m³，进气管口由DN250扩大到了DN350；同时在出口设置孔板进行适当节流，管系振动明显下降。

二是对于进出口6个支架重新加大加强，4个混凝土基础重新加固，同时对1、2级进排气缓冲罐进行定位加固，减少相互影响和振动传递，最大限度地减少管系脉动对整个机组系统的影响。

3.1.2　解决进气带液问题

1）增加高效叶片式气液分离器，提高气液分离效率

在压缩机进气前增加高效叶片式气液分离器。高效叶片式气液分离器使夹带液滴的气体进入高效分离叶片的通道，将被叶片立即分隔成多个区域，气体在通过各个区域的过程中将被叶片强制进行多次快速的流向转变。气体在进行多次快速的流向转变过程中，在惯性力和离心力的作用下，液滴将与叶片发生动能碰撞，液滴之间通过吸附聚结效应附着在叶片表面。

附着在叶片表面聚结成膜的液体在自身重力、液体表面张力和气体动能的联合作用下进入叶片的夹层，并在夹层中汇流成股，流入到叶片下方的积液槽中进行收集排出。最终得到经过完全净化处理的，不再含有夹带液滴的干净气体。在机组一、二级进气采用高效叶片式气液分离器分别替换了丝网式分离器，较好地解决进气带液问题，带液量减少了90%以上，避免由于气缸内高温碳化结焦导致导向环、活塞环磨损严重引起活塞杆下沉造成的受力不匀现象发生。

2）加强工艺操作

一是控制重整反应空冷后温度 38℃ 以下，确保重整循环氢纯度>87%，实现从源头上控制带液量；二是实现连续排液，保证进气少带液或不带液，经检测每 10min 一级排液量为100mL，二级排液量为 260mL。

3.2 解决本体问题措施

3.2.1 增加曲轴箱支撑，提高刚度

（1）在曲轴箱上端(每个主轴承上方)加一个方梁，中间穿过一根长螺栓进行固定，结构受力更为合理。通过增加横梁的机身在开口处进行改进设计，同时增加了加强筋的数量，使刚度得到了加强(见图4)。

图4 曲轴箱每个轴承上方加一个方梁的改进型结构

（2）横梁与机身凹槽处的配合采用过盈配合，过盈量及横梁螺栓的紧固力矩经过计算，在设计上保证机身承受气体力作用之后仍保持微量过盈，对此处的变形做到了有效控制。

3.2.2 改变刮油环结构，防止串气

曲轴箱中氢气超标是发生闪爆的直接原因。曲轴箱内可燃气可确定为氢气和润滑油气。压缩机活塞杆与缸体由于采用填料密封，存在部分氢气泄漏，泄漏出的氢气大部分与填料密封隔离氮气一起排入大气，少部分泄漏出的氢气通过中间隔板的刮油环串入曲轴箱。曲轴箱设计为非完全密闭环境，加之曲轴箱刚度不足，机组振动大，空气可以从盖板、视窗的缝隙中进入曲轴箱中。因此，在曲轴箱中可能会形成氢气与空气的混合气体，遇引火源而发生闪爆。

为了避免泄漏的压缩氢气通过中间隔板的刮油环进入曲轴箱，在原一组两道刮油环的基础上变成了一组刮油环+一组密封，刮油环和密封填料之间形成隔离氮气的空腔，并引入火炬线，彻底避免了可燃气进入曲轴箱引起闪爆的可能性(见图5)。通过结构的改进和优化氮气量，三台机组在原来保护氮气 $500Nm^3/h$ 的基础上，减少到目前的 $80Nm^3/h$。每日增加一次对曲轴箱体内可燃气体的浓度分析。

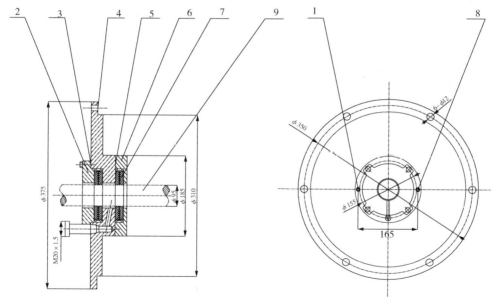

图5 中间隔板的刮油环填料密封结构改造图

1，8—氮气进口；2—刮油环压盖；3—刮油环；4—紧固螺栓；5—密封圈；

6—填料压盖；7—密封填料；9—活塞杆

3.2.3 排气阀开启不同步解决措施

对于振动值高点与转速频率同步问题，抽取活塞发现活塞环存在严重偏磨（见图6），排除了曲轴变形和找正偏差大的问题。正常运行时，一般情况下活塞环磨损是在活塞的底部，不可能会出现侧面磨损的情况。活塞环出现侧面磨损严重，可以判断是由于外力或不平衡力影响造成的。在机组进行曲轴箱更新时，增上了一套往复压缩机在线状态监测和故障诊断系统，需要在排气阀上取温度和压力等信号，以便为检测系统提供机组的运行变化状态，因此更换了两个带引温引压孔的非赫尔碧格公司制造的排气阀。

图6 磨损的活塞环与新的活塞环比较

以二级一列气缸为例，进气阀和排气阀各4个对称排列。原来进排气阀使用的是赫尔碧格公司制造的阀，本次增上状态监测和故障诊断系统只更换了一侧的两个采集信号的COOK公司排气阀。

通过截取状态监测和故障诊断系统对气阀开启和关闭的振动监测曲线图（见图7和图8），从曲线图中可以看出，2号缸（图7中即从上到下第三条曲线）曲轴段排气阀存在严重的延迟开启（见图7椭圆内曲线）。

经过对产生问题原因的详细分析，对监测数据及曲线进行分析，发现往复压缩机在线监测与故障诊断系统所使用的COOK排气阀开启时间存在滞后，比原来使用的赫尔碧格公司排气阀晚开启10°，形成了一个侧推力，是造成十字头偏心及活塞环偏磨的主要原因。找出发生问题的原因之后，拆下了COOK公司排气阀，重新更换为赫尔碧格提供的不带检测孔的排气阀，经试运行一段时间后解体检查，偏磨现象消失（见图8椭圆内曲线）。

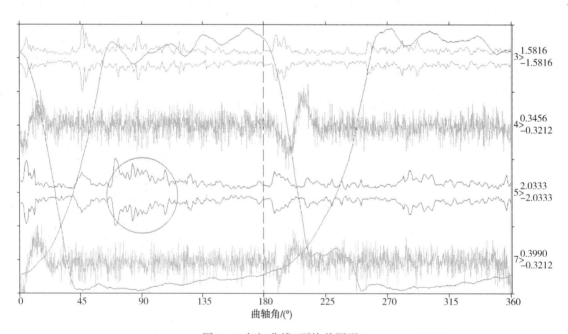

图7 2#气缸曲线（更换前图形）

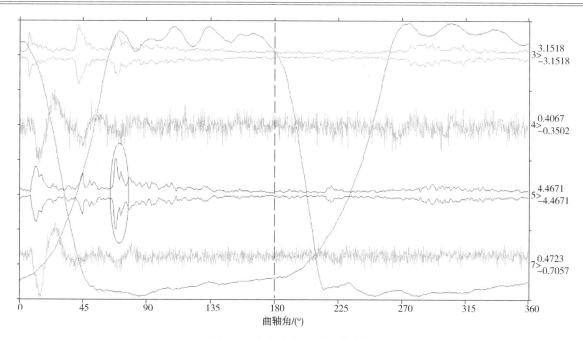

曲轴角/(°)

图8　2#气缸曲线(更换后图形)

3.2.4　主轴瓦窝偏低不同心采取的措施

在解体检查曲轴四个主轴瓦同心度时，根据曲轴与四个主轴瓦接触面积进行判断，发现1#及4#上轴瓦与主轴之间接触面良好，2#及3#主轴下瓦与主轴之间存在明显的间隙，经过测量得知2#、3#主轴瓦中心比1#、4#主轴瓦中心低0.3mm(见图9)，2#及3#主轴瓦处于下悬上顶的状态，轴瓦上部无间隙，不能形成有效的油膜，是造成润滑不良的主因，轴瓦、轴颈出现严重的磨损(见图10)。在对十字头滑履间隙进行检测时，发现东西两侧的间隙一大一小，也证明十字头与滑道不同心，形成扭动运动。确认主因是安装曲轴箱时，箱体两部分在制造厂组装合格后运输到安装现场直接放在了基础上找正灌浆，未进行四个主轴瓦窝的水平校验。

解决主轴瓦2#、3#瓦窝低的问题，现场测绘瓦窝与主轴的相对配合尺寸，制作非标偏心瓦，解决瓦窝低问题。新的偏心瓦安装后，有效地降低了机组运行时的振动。以后有机会时将重新解体找正调心，彻底解决瓦窝不在一个水平线问题。

运行两年后，利用大修机会，将二次灌浆打掉，重新对曲轴箱进行找正，四个轴瓦窝找水平，彻底地解决了采用非标偏心瓦的问题，为机组的安稳运行又创造了一个条件。

图9　2#、3#主轴瓦不同心的位置图

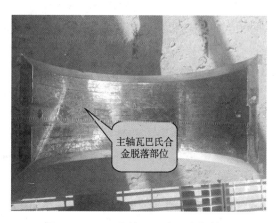

图10　2#、3#主轴瓦上半瓦磨损情况

4 效果检验

4.1 机组振值明显降低

通过机组出入口管系支架加固、偏心瓦调中心(后来曲轴箱重新找平)、入口叶片式气液分离器高效气液分离、刮油环增加隔离氮气防串气及采用新型的高刚度曲轴箱体等综合治理措施，四个缸体的轴向振动明显降低，连续运行达到了240天以上，往复压缩机的综合治理取得了较理想的效果(见表2)。

表2 机组综合治理前后的振动检测值比较表

序号	机组位号	名称	治理前数/(mm/s)	治理后数据/(mm/s)
1		一级1#缸水平振动	16.7	4.1
2		一级1#缸垂直振动	9.3	5
3		一级1#缸轴向振动	7.6	5
4		一级2#缸水平振动	15.8	5.8
5		一级2#缸垂直振动	8.7	4
6		一级2#缸轴向振动	8.2	5.6
7		二级1#缸水平振动	11.7	5.5
8	K-202A	二级1#缸垂直振动	8.4	4.3
9		二级1#缸轴向振动	10.1	6.3
10		二级2#缸水平振动	13.7	5.2
11		二级2#缸垂直振动	8.5	3.6
12		二级2#缸轴向振动	8.7	5.3
13		曲轴箱水平振动	7.6	2.3
14		曲轴箱垂直振动	5.8	1.5
15		曲轴箱轴向振动	6.9	2.6

4.2 效果分析

通过对机组的缺陷综合治理，机组运行状态得到明显改善，振动值降低幅度达50%以上，确保了机组的安全稳定运行。机组检修周期由改善前的3个多月延长到改善后的8个月，检修费用、备件费用节省30%以上，经初步统计计算每年可节省100万元以上；通过优化隔离气量，每年减少氮气保护在100万标立左右；减少润滑油泄漏和频繁检修更换的费用30万元左右；综合效益每年在200万元以上。

4.3 安全运行可靠性提高

通过改进刮油环的结构，在保证原来刮油环作用的前提下，增加一组填料和隔离氮气，彻底避免了氢气体串入曲轴箱引起闪爆的可能性，机组安全运行可靠性得到了较大幅度的提高，消除了影响机组安全运行的一大隐患。

5 结论

通过对机组缺陷的综合治理，经检验取得了较好的效果，为机组的稳定安全运行提供了保证。但是，还需要进一步从机组的安装和管理上查找引起机组振动值高的原因。偏心瓦的应用只是暂时解决了运行问题，为同行业机组提供了可借鉴的经验，后来虽然在大检修中对机组中心两个主轴瓦窝偏低的问题进行了彻底解决，但建议能创造条件的越快解决越好，避免带病运行。针对进气带液问题，要从工艺控制上研究解决方案。

往复压缩机进排气阀组件更新时一定要对称更换，采用一个厂商提供的进排气阀，避免造成开启不同步、活塞产生侧向推力、气缸活塞偏磨，防止托瓦、活塞环或活塞不必要的磨损、活塞杆受力不均损坏。该机组的故障综合治理为炼化企业同类机组提供了可借鉴的经验。

加氢装置 TP347H 不锈钢管道焊缝再热裂纹的处置

李俊涛

（中海油气(泰州)石化有限公司，江苏泰州 225300）

摘 要 近年来石化企业中加氢装置临氢高压管道普遍选用奥氏体不锈钢 TP347H 材质材料，然而在工程实践中 TP347H 材质出现焊接裂纹质量问题非常普遍。本文引用国内某加氢装置 TP347H 不锈钢管道投用一个生产周期后发现焊缝再热裂纹及返修处置的实例，对加氢装置奥氏体不锈钢 TP347H 材质压力管道在全生命周期管理过程中可能出问题的一系列环节进行反思和总结。

关键词 TP347H；无损检测；焊后热处理

近些年，随着炼油原料劣质化及加工规模不断扩大，加氢装置临氢高压管道选材大量使用 TP347H 奥氏体不锈钢。ASME SA312 TP347H 材料耐晶间腐蚀性能良好，同样这种材料也存在焊接裂纹和再热裂纹倾向。随着加氢装置规模大型化，临氢管道壁厚随之增大，管道施工过程中焊接裂纹问题越来越成为工程建设和生产运行的困扰难题。

国内某加氢装置在第一个运行周期检修(首检)中，发现反应系统 TP347H 管道多处焊缝存在重大裂纹缺陷。通过对所有 TP347H 管道焊缝进行系统排查，重点对存在明显裂纹的焊缝进行机加车削和返焊处理，历经 14 天返修(PT+UT 检测 I 级合格)，装置正常投产。

1 焊缝裂纹基本情况

1.1 焊缝裂纹分布情况

该装置通过对 TP347H 不锈钢管道焊缝(共计 356 道)全面系统排查，结果显示：246 道焊缝复检合格；存在重大裂纹缺陷焊缝有 17 道；焊缝表面存在微裂纹缺陷共计 104 道。重大裂纹缺陷焊缝主要集中在公称直径 $DN400 \sim DN500$ 高压厚壁管道弯头部位，这些管道壁厚均在 40mm 以上。重大缺陷焊缝分布如图 1 所示。

1.2 焊缝缺陷无损检测复检

1.2.1 着色(PT)无损检测

对装置所有 TP347H 管道焊缝进行 100%着色(PT)无损检测，参照《管道安装焊接记录》原始竣工资料的编号，对所有焊缝统计记录并编

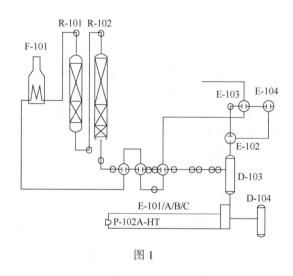

图 1

制《复测记录台账》，防止出现遗漏。

1.2.2 超声(UT)无损检测

采用超声(UT)方法，对存在明显裂纹的 14 个弯头的另一端焊缝进行超声(UT)复检，多处发现存在内部裂纹。对表面微裂纹焊缝采用打磨 3~5mm 深仍无法消除的焊缝进行超声(UT)检测，确认该裂纹是否存在深度缺陷，有些可通过打磨或车削方式消除浅在微裂纹，待裂纹消除后根据需要可进行氩弧焊填充补焊，采用这种处置方式不影响运行本质安全。

1.2.3 铁素体含量检测

为查明焊缝裂纹产生机理，通过对有重大裂纹的 3 条焊缝进行铁素体含量检测。检测结果显示，该焊缝金相组织中铁素体含量偏低，含量在 1.3%~3.7%之间。

1.2.4 金相分析

对重大缺陷焊缝裂纹进行现场打磨取样进行金相分析，判断裂纹属于沿晶裂纹（如图2、图3所示）。

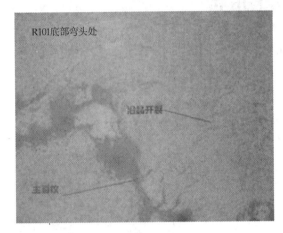

图2

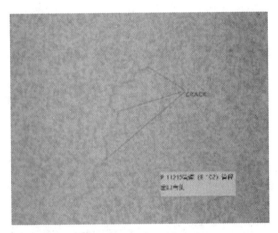

图3

1.2.5 相控阵超声检测

采用相控阵超声检测作为辅助手段，对反应器出入口、加热炉出入口等 DN400 管径以上的关键管道进行检测。结果显示：反应器入口弯头焊缝存在重大内部缺陷（如图4、图5所示）。分析判断："焊缝在深度为 10~20mm 范围内存在长度约 600mm 夹渣、气孔等缺陷，无法判断是否为裂纹"。经车削 5mm 深度后 PT 检测实际验证，焊口存在 630mm 长度的隐藏裂纹。目前相控阵超声检测结果仅仅作为判断缺陷的辅助参考性依据，不能作为缺陷判定的标准。（国家相关管道安装质量验收规范并没有将该技术纳入其中。）

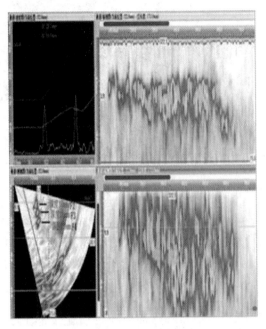

图4

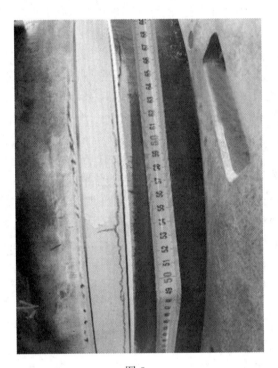

图5

1.3 焊缝裂纹表现形式

所有缺陷焊缝检查结果显示，焊缝裂纹主要分两大类：内部隐性裂纹、外部表面裂纹。最具代表性的是：①反应器出口管线焊口，主要表现为外部显性裂纹；②反应器入口管线焊口，主要表现为外部无明显裂纹而内部有连续裂纹（枝状延展）以及伴有夹渣、气孔。裂纹表现具体有以下五种特征。

1.3.1　焊缝表面单点轻微损伤缺陷

拥有此类特征焊缝数量最多，主要表现：焊缝外表面 PT 检测，单点微裂纹，多数表现为柱状，长度<3mm，深度在 1~2mm 之间。此类缺陷具有生长特性，通过现场打磨即可消除。

1.3.2　焊缝表面非连续裂纹缺陷

例如：高压换热器管程出口 90°弯头焊缝缺陷，表面 PT 呈现多点、非连续裂纹，由外向内，深度在 3~5mm 之间，内部裂纹呈现多处连续裂纹。由于缺陷深度较浅（深度在 10mm 以内），通过机加车削方式可消除（见图 6）。

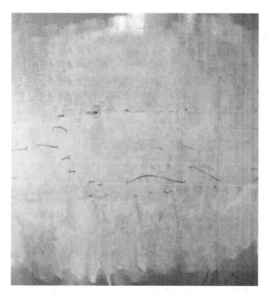

图 6

1.3.3　焊缝外表面严重连续裂纹

反应器底部出口管线第一个弯头前焊缝表面呈现肉眼可见裂纹（见图 7），对该焊口进行 UT（超声）检测，检测结果显示：该缺陷在 10~2 点钟方向存在 730mm 的内部连续性裂纹。

1.3.4　焊缝外表面无明显缺陷，中间层存在连续裂纹

例如：反应器顶部入口第一个弯头焊缝（见图 4、图 5）缺陷。此类焊缝缺陷不易发现，安全隐患风险最大，需要依靠多种技术方式进行检测、分析、判断，缺陷很容易出现误判而疏漏。

1.3.5　焊缝表面密集点状缺陷

此类缺陷表现为：表面 PT 检测焊缝表面微裂纹密集分布（见图 8），呈现单点集簇状态，

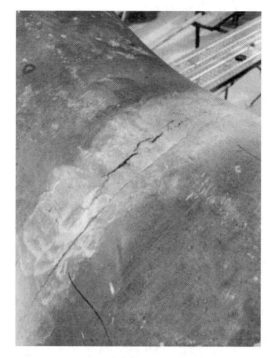

图 7

具有生长特性，表面观察裂纹呈枝状扩展态势。经过深度车削检查发现，该类缺陷无内部环状连续裂纹，呈现单点由外向内、径向纵深扩展态势，内部微裂纹没有连接成线。该焊缝缺陷通过车削，深度达到 24.5mm 方可消除。

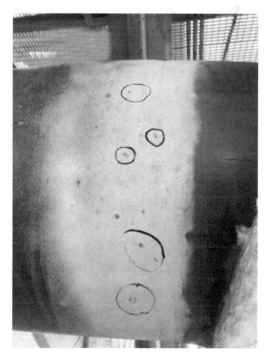

图 8

2　管道材质质量复查

2.1　管道材料入库验收检测

通过对 TP347H 管道材料质量复查，高压厚壁管道制造资料（规格 DN500）的《产品质量证明书》显示管道材料交货状态为：固溶+稳定化处理+酸洗钝化，管材外径 508mm，壁厚 50.01mm，规格与 ASTM 312 TP347H SCH160 DN500 标准要求一致。

管道材料入库检验记录显示，通过半定量光谱分析管道金属材料化学成分，各元素含量（%）符合 ASTM 312 标准要求，管道材质硬度检测符合标准要求。通过超声波测厚检查管道实际壁厚为 57.26～62.08mm，与 ASTM 312 标准要求相比较，偏差范围在+14.5%～+24.1%之间，超过标准偏差允许范围。

2.2　管道壁厚对设计影响

依据《管道应力设计规定》中关于管道应力计算要求：①计算有持续载荷引起的管道纵向应力时，计算壁厚中应删除腐蚀裕量，计算热应力变化范围时，计算壁厚取管道名义壁厚；②管道应力校核标准规定，由重力、应力引起的管道纵向应力之和不得超过材料在最高操作温度下的许用应力；③由热位移引起的应力变化范围不得超过许用范围，而影响该公式计算结果的主要影响因素主要有由重力、应力等持续载荷引起的管道纵向应力之和以及管道应力许用范围减小系数的取值；④对于管道柔性分析明确要求：对于操作温度达到300℃以上的不锈钢管道，管径≥DN80 以上的管道都要进行详细计算，不允许通过经验目测的方法代替管道柔性计算。因此，管道材料壁厚的偏差将严重影响管道应力、柔性的计算结果。

2.3　焊缝缺陷处置与预防

结合近些年国内 TP347H 管道同类实例，依据现场焊缝普查现状，各部门、焊接及行业专家对导致焊缝裂纹成因以及影响因素进行了深入分析、讨论，并对后续返修过程中关键控制质量节点提出合理建议。对不同类型缺陷制定有针对性的返修策略及返修方案。为避免 TP347H 管道焊缝返修热处理引起再热裂纹，不再进行焊后稳定化热处理处置。

生产装置后续开展以下几方面工作：①对

规格 DN400 以上的管道重新开展应力、柔性复核计算；②建立部门在用高压管道隐患监测管理制度；③加强管道所属附件（如弹簧支吊架等）检查与维护；④制定未来缺陷管道的更换原则及实施计划。

3　焊后热处理措施的选择性

3.1　稳定化热处理衍生问题

稳定化热处理目的是为了消除 TP347H 奥氏体不锈钢在使用中如连多硫酸腐蚀等带来的安全隐患，有效地消除晶间腐蚀倾向。但在实际生产操作中，近年来随着催化剂更换队伍专业化及停工保护措施日益改进、优化，行业内已经很少出现奥氏体不锈钢连多硫酸腐蚀问题，稳定化热处理工序已失去意义。因为工程单位依据有关规范执行作业，项目建设中因稳定化热处理带来的再热裂纹问题仍然屡见不鲜。

3.2　稳定化热处理实施依据

在工业管道焊接施工作业中，通常业主、设计方、施工方依据以下几个国家标准、行业规范、规定来开展稳定化热处理工作。

3.2.1　《现场设备、工业管道焊接工程施工质量验收规范》(GB 50683)

该规范对焊后热处理的主控项目(7.0.1)明确规定：现场设备和管道焊后热处理应符合设计文件、现行国家标准《现场设备、工业管道焊接工程施工规范》(GB 50236)、热处理工艺文件的要求。同时(7.0.2)要求：对于现场设备、工业管道焊后热处理的效果检查要符合设计文件、现行国家标准《现场设备、工业管道焊接工程施工规范》(GB 50236)、热处理工艺文件的要求。该规范对焊后热处理质量标准方面仅对铬钼钢和马氏体不锈钢进行主控项目规定，而对奥氏体不锈钢没有明确提出关于焊后热处理方面质量规定。

3.2.2　《现场设备、工业管道焊接工程施工规范》(GB 50236)

该规范对于焊前预热和焊后热处理(7.4条)规定：是否进行预热和焊后热处理不仅要考虑钢材的淬硬性和焊件厚度，还应考虑结构刚性、介质、母材的供货状态，焊接方法及环境温度等条件。焊后温度过高，或保温时间过长，反而会使焊缝金属的结晶粗化，碳化物聚集或脱碳层厚度增加，从而造成力学性能、蠕变强度及缺口韧性下降。因此，焊后热处理的关键参数是热处理温度和保温时间（7.4.6）。对有再热裂纹倾向的材料，在焊接和热处理之后，都有出现再热裂纹的可能，无损检测应在热处理之后进行（13.3.2）。

尽管该规范没有明确、详细说明，但在条款中，对可能产生裂纹因素予以明确提示，如焊后热处理时间、温度、焊件厚度、供货状态和无损检测的必要性都有重点提示。尽管规范没有规定奥氏体不锈钢焊接接头要在热处理后进行无损检测，检查焊缝是否存在裂纹，但奥氏体不锈钢属于有再热裂纹倾向材料，本文应包含热处理后的无损检测措施。

3.2.3　《石油化工铬镍奥氏体钢、铁镍合金和镍合金管道焊接规程》（SH/T 3523）

该规程对于焊后处理规定中，要求焊后热处理应按设计文件的规定执行（7.6.1）。该规程对奥氏体不锈钢焊后热处理的选择性方面没有提及，也没有对焊后热处理效果检查予以明确规定和要求。焊缝是否焊后热处理最终由设计文件决定。

3.2.4　《含稳定化元素不锈钢管道焊后热处理规范》（NB/T 10068）

在 2018 年以前的设计文件中，尽管在工程实践中出现大量问题，设计方对含有稳定化元素不锈钢管道仍然规定要求增加稳定化热处理措施。通过实践总结，业内普遍认为奥氏体不锈钢应对不同壁厚有针对性地选择稳定化热处理措施。尽管这已成为行业共识，但因为缺少权威规范依据，大家都没有明确定论。

2020 年由中国特种设备检测研究院负责起草，国家能源局颁布了《含稳定化元素不锈钢管道焊后热处理规范》（NB/T 10068—2018）。该规范是针对奥氏体不锈钢焊后热处理工艺最新的指导性规范，规范明确说明稳定化热处理的目的是防止连多硫酸应力腐蚀裂纹。规范明确界定焊后稳定化热处理的选择条件。焊后稳定化热处理应符合表 1 提出的条件。不进行焊后热处理的，在焊接工艺评定中应增加晶间腐蚀试验。

表 1　含稳定化元素不锈钢管道焊后热处理条件

材质	操作温度/℃	壁厚/mm
TP321/TP321H	$425 < t < 500$	<40[b]
TP347H/347H	$450 < t < 500$	
TP321[a]/TP321H/ TP347H/347H	$t \geqslant 500$	任意壁厚

[a] TP321 经焊后热处理后机械性能可能下降。

[b] 壁厚大于等于 40mm 的管道，为避免热处理过程中产生再热裂纹的风险，一般不进行焊后热处理。

从此，对于奥氏体不锈钢是否进行稳定化热处理在规范上有了明确界定。

4　焊口返修工作反思

通过本文实例，从压力管道全生命周期管理角度对 TP347H 管道再热裂纹问题进行反思、总结，有以下几个方面值得关注。

4.1　项目建设阶段

4.1.1　材料质量信息及时沟通

物资材料采购应注重质量管控。本文对于 TP347H 管道质量按照 ASTM 312 TP347H SCH160 标准执行，实际到货材料 DN500 SCH160 管道壁厚偏差大，对于其他材质材料或许有利，而对于 TP347H 管道后续安装却存在极大变数。对这种技术超标准情况，各部门应相互有效沟通并获得有关方面及时确认，避免后续出现质量问题。

4.1.2　材料入库验收及时全面

材料入库验收环节，各部门专项负责人应全面跟踪、落实、掌握材料实际到货质量情况。入库检验单位对材料检验项目应全面、及时，不得发生缺项、资料遗失等问题。入库验收结果信息应及时通过有效渠道告知专项负责人，这些都有利于隐患问题及时发现与解决。

4.1.3　设计联络工作及时、细致

设计方在管道应力计算时通常计算参数选用公称壁厚（50.01mm），而管道实际壁厚参数变化增大 24%，这种变化会严重影响管道应力和柔性的计算结果，最终造成计算结果出现偏差。对这种实物技术变化，设计方通常要对相关管道重新进行有关应力和柔性计算和校核。依据核算结果，确定是否需要重新设计调整。因此项目设计联络人应及时掌握材料技术参数变化信息，与设计方沟通确认。

4.1.4 工程施工前风险评估

2013 年国内某加氢项目在 TP347H 厚壁管道(大于 25mm)安装焊接热处理过程中出现多处严重的再热裂纹问题,这些焊缝经返修、热处理后裂纹仍然存在,严重影响了装置建设进度。再热裂纹问题在行业中有普遍共识,因此在管道安装建设阶段,应对该类问题出现可能性系统分析与论证,并有针对性地制定相应质量控制实施检查方案,保证全过程焊接质量可控。

4.1.5 工程质量管理全环节覆盖

依据《现场设备、工业管道焊接工程施工规范》(GB 50236)中关于焊后热处理(13.3.2)规定,对有再热裂纹倾向的材料,在焊接和热处理之后,都有出现再热裂纹的可能,无损检测应在热处理之后进行。因此,加氢装置高压管道安装焊接施工过程中,应制定焊缝热处理后最终质量确认方案及无损检测措施。

4.2 生产运行影响因素

4.2.1 生产操作波动隐患

事例中加氢装置自投产以来,共计发生温度、压力变化较大的紧急停工等生产波动 9 次,这些异常工况都会对管道裂纹及内部微裂纹的延展、扩散起到促进作用。因此,装置要保证生产操作稳定,尽量不要造成工况条件剧烈变化。

4.2.2 健全管道隐患排查管理细则

加氢装置对临氢压力管道的各类安全风险应给予充分认识和重视,并在执行国家、行业相关法律、法规、规范要求基础上,进一步建立有针对性的《高压管道在线监测检查管理制度》及有效检查措施。管理部门应制定合理检查周期,依据现场实际条件,选择性地通过外观检查、着色、相控阵超声等检测手段,分批次对所有 TP347H 厚壁管道焊缝、附属部件监测。在检修期间,依据《TP347H 高压管道焊缝普查台账》,对所有焊缝开展周期性全面普查工作。

4.3 其他完善环节

4.3.1 无损检测质量保证

随着炼化设备不断大型化、复杂化,相应对无损检测单位的经验、技术、设备都提出了更高的要求,同时压力管道检测工作具有范围广、周期长、作业区域大、风险因素多、技术要求高的特点。因此,管道定期检验(尤其是首检)应选择针对性业绩强、技术队伍强、效率高的检测单位承担。有经验的检测单位能够高效完成工作,同时对重点区域、重点部位、疑似问题能够依据经验及时作出准确判断并提出科学、合理的处置意见,不会出现漏检、返工等问题,为装置及早开工赢得时间。

4.3.2 返修力量组织到位

对于开展焊缝返修工作,业主应及时果断地选择组织力量强、技术力量过硬的工程单位。返修实施单位应派遣有经验、有管理能力的现场负责人全面组织工作,对返修过程中各种难题能做到果断决策,保证质量和进度,避免延误开工时间。

5 结束语

通过对设计、施工、质量验收、裂纹处置等压力管道全生命周期各个环节进行总结与反思,只要汲取经验、总结教训、预先采取防范措施,TP347H 材质再热裂纹问题就能够有效避免。

煤液化加热炉管结焦分析及清焦优化改进

乔 元

（中国神华鄂尔多斯煤制油分公司，内蒙古鄂尔多斯 017209）

摘 要 本文从实际出发，重点对煤液化加热炉的结焦机理及如何减缓结焦进行了详细的分析，通过一系列工程改造及优化操作后，取得了明显的成效，加热炉的结焦周期由原来的不到两个月延长至半年；不仅有效延长了装置的运行周期，同时也创造了可观的经济效益。再通过清焦的工程实践进一步改进清焦技术，优化组合改进，加热炉结焦所需的处理时间由以前的 1 个月缩短至 1 周，提高了处理效率，从减少维修费用以及降低生产费用两方面都取得了较高的收益。同时对煤液化加热炉的设计选型和后期运行提供了一些参考经验。

关键词 加热炉；煤液化；结焦；清焦；优化应用

煤液化是把固体煤炭通过化学加工过程使其转化成为液体燃料和产品的先进洁净煤技术。其工艺中的加热炉的主要作用是将煤浆和氢气的温度加热至器（或塔）要求的入口的温度，在此期间大部分煤发生溶解。煤液化装置生产运行过程中，加热炉炉管多次产生结焦，严重者甚至堵塞炉管造成停工。因此通过炉管结焦分析及清焦技术研究，以确保煤液化装置长周期稳定运行具有重大意义。

1 煤液化加热炉简介

煤液化加热炉炉型设计为纯辐射室双面辐射加热炉，由于介质中含有大量的固体颗粒且为混相流的三相介质，为防止冲蚀采用卧管排列方式的大半径弯管；因为只有采用足够的管内流速时才不会发生气液分层流，且可避免如立管排列每根炉管都要通过高温区，而卧管排列设计每根炉管不一定都经过高温区，可避免结焦，如图 1 和图 2 所示。

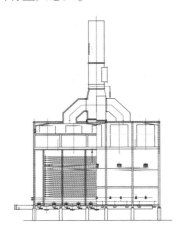

图 1 煤浆加热炉炉型

图 2 煤浆加热炉炉管

2 加热炉结焦问题描述

由于煤浆加热炉加热的煤浆组成复杂，伴随着油品的汽化和裂解反应的发生，同时发生部分缩合反应，生成焦核沉积在炉管内表面形成垢层，逐渐脱氢缩合形成焦炭。再加上运行过程中工艺控制、生产波动及介质组分等条件的影响，煤浆加热炉运行过程中炉管发生多次

作者简介：乔元（1983—），男，陕西榆林人，工程硕士，高级工程师，现工作于国家能源集团鄂尔多斯煤制油分公司，现任煤液化生产中心经理，从事煤直接液化管理。

结焦。2010年2月煤液化减压炉结焦严重，一根炉管堵塞，如图3所示；2010年7月再次发生炉管结焦现象；运行一年后，2011年4月第三次发生炉管结焦。因此从结焦根源分析和处理，以保证加热炉长周期安全运转十分必要。

图3　炉管结焦形貌

3　结焦的原因分析研究

3.1　结焦因素分析

影响加热炉煤浆结焦倾向的主要因素有：

（1）煤浆性质及浓度：浓度高容易结焦；根据美国试验结果，结焦的倾向性依次为：次烟煤>褐煤>烟煤。

（2）炉管内介质流动状态：介质流速慢，边界层过厚，易产生结焦。

（3）管壁温度与加热强度：预热管壁温ΔT不能太高，在高温下物料易结焦；加热强度大导致过度气化和闪蒸。

（4）炉管设计型式和偏流：炉管对称分布设计存在缺陷，易出现偏流。

（5）加热炉控制方案：温度控制、流速控制影响结焦。

3.2　综合分析

结焦是炉管内油品温度超过一定界限后发生热裂解，变成游离碳，堆积到炉管内壁上的现象。因煤浆加热炉管单根长度可达450多米，常常会因为管线过长导致炉入口和出口流型不同的情况，甚至出现气液分层现象。如流速较

低，边界较厚，热量不能带走，结焦就会加速。结焦可能性大的流态是层流，在这种流态下气、液两相分开流动，管子上部是气体，下部是液体。对煤液化减压炉的物料性质来说，由于含有较多的沥青稀和前沥青稀，结焦倾向较其他的物料严重，为易结焦物料；再加上由于生产波动，偏流等原因，引起局部受热过大，极易导致炉管结焦。所以，为了尽可能减少高温煤浆在炉管内发生缩合反应，要保证介质在最短的时间内以较高的流速通过炉管。另外应控制加热强度和控制进入加热炉中轻组分含量，尽量减少炉管内出现汽化现象。

4　预防及优化改进

4.1　设计预防

（1）防止结焦的第一要素是管内界膜温度，这是美日德等国在百吨级工业性试验装置得出的结论，日本原来的设计原则：为防止结焦，界膜温度应低于470℃且在设计加热炉时对不同段的加热强度，采取不同的炉管直径；德国经验对煤浆加热采用对流室，不用辐射式加热炉。

（2）各流路水力学对称。采用盘管水力学对称和分支流控能很好地防止偏流。

（3）炉前分别采用分支独立流量控制，即在每个入口支路上设置流量变送器和控制阀，保持各流路流量均匀如图4所示。

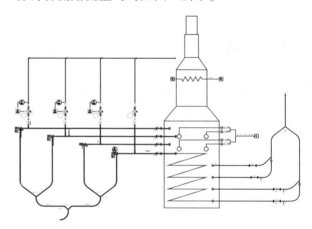

图4　加热炉工艺控制图

4.2　优化控制

（1）防止炉管结焦；加热炉各路流量应保持均匀，尽量避免低流量炉管偏流，同时应稳定加热炉各分支炉管进料流量。

（2）严格加热炉管理，平稳瓦斯的控制压力，强化加热炉火嘴调节和维护，保持加热炉燃烧状态良好；严格控制加热炉出口温度。

（3）要定期分析原料性质，特别是组分组成和残炭值，如能在生产中对煤液化原料及时跟踪分析，不仅可达到减缓炉管结焦的目的，也实现了节能降耗。

4.3 改进措施

4.3.1 炉管增设管壁热偶监控

增加炉管管壁热偶，实现对每根炉管的各个管段部分的温度有效监控，更好地控制局部温度及火焰的控制，有效地防止结焦。在炉管靠近出口上部区域处设热偶检测，以便更好检测炉管结焦状况，更好地控制炉管温度。

4.3.2 注汽改善流动状态

炉管长和流速低时管内线速低，在管入口和出口常常会出现流型不同的情况，甚至出现气液分层现象。从配管设计上对炉前每一路分支配置扰动介质，扰动介质可有效改变煤浆流动特性，增加湍流程度，降低结焦速度。同时，为了尽可能减少高温煤浆在炉管内发生缩合反应，有选择地在炉管适当部位注水（汽），以增加管内湍流流速，破坏介质在炉管内的边界层流层，从而降低结焦速度。

4.3.3 改变介质组分，减缓介质结焦倾向

通过技术改造改变进入加热炉炉管内工艺介质组分，从而有效减缓介质结焦倾向；通过改变对炉前常压塔的技术改造和工艺参数调整，使得轻质组分从塔侧线多抽出，减少轻组分在炉管内的闪蒸，塔底流入加热炉组分多为重质组分，使介质在管内均匀加热；避免轻质组分在炉管内快速蒸出而导致重质组分在炉管内结焦。

4.3.4 注入抑焦剂

此外，确保在加热炉进料中注入抑焦剂阻止和减少大分子有机聚合物的生成，其本身具有一定清洁作用，能对设备表面形成的焦垢有清除作用。故科学注入抑焦剂不仅可以优化加热炉进料性质而改变介质的结焦倾向，而且可以缓减加热炉炉管的结焦速率。

从改造后的运行情况来看，煤液化减压加热炉2011年9月10日投煤生产运行，到2012年2月28日由于减底泵故障导致减压加热炉炉管壁温出现异常，其连续运行时间从原来的1000多小时延长到4032小时，成功突破连续运行4000小时大关，标志着煤液化常压塔降压技术改造对缓减减压加热炉结焦取得了重大突破。再经过注汽以及其他措施的优化，减压加热炉从2012年9月23日投煤到2013年4月25日检修，运行超过5000小时，充分说明了煤液化装置常压塔降压技术改造对缓减减压加热炉结焦起到了很好的效果，改造十分成功，经工程优化改进有效延缓了结焦的周期。

5 加热炉清焦技术优化应用研究

加热炉发生结焦后需及时对炉管进行除焦，防止炉管结焦堵塞。这就需及时有效清除结焦物，保证装置长周期稳定运行。目前国内外主要有以下除焦技术：水力清焦（hydraulic decoking）、蒸汽–空气烧焦（steam – air decoking/steam&Air Burn）、在线清焦（On–Line Spalling）和在线机械清焦（Mechanical/Pigging）。

5.1 停工或在线烧焦

烧焦技术就是将空气和蒸汽交替反复进行多次通入炉管的烧焦过程，使炉管的焦炭层完全剥落下来。烧焦技术有两种原理：一是水煤气反应，二是急冷急热。在高温下通入水蒸气，使之与焦炭反应完成除焦目的；再靠钢管的急剧冷缩将焦炭剥离，再用蒸汽吹出。

5.2 高压水射流清焦

高压水射流清焦的机理就是射流对被清洗物体表面垢层破坏和清除过程机理，清洗装置如图5所示。高压水射流在清洗管道时，在自进式喷头的拖动下逐步进入管道内部，从而实现对管道内壁的清洗，清洗用的旋转喷头种类繁多，根据其使用场合选用不同的型式的喷头，如图6所示。

图5 高压水射流清洗装置

图6　喷头

　　加热炉机械清焦(清焦猪 Pig)能完全除去所有的焦和垢,且能有效减少停车时间和费用。机械清焦原理如图7所示,机械清焦是以有挠曲性和弹性的橡胶体组成的清管器沿着管道系统反复流通实现清焦。清管器有各种结构及尺寸,根据不同的场合和清洗阶段,需要不同的弹性清管器来进行清焦,也可以双向驱动反复清理。清管器的尺寸以及螺钉长度逐渐增加直至所有焦块被移出为止,如图8所示。

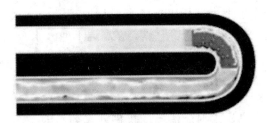

图7　机械清焦原理图

图8　清管器

5.3　优化应用

5.3.1　优缺比较

　　烧焦、机械清焦及高压水射流清焦各有其优势及缺点。水力清焦适合于炉管堵塞,无法

用烧焦和机械清焦来处理的工况;机械清焦适用于长管道及弯道较多的工况;烧焦控制不好可能损坏炉管。炉管太长、弯道较多炉管或 U 形管用高压水枪清焦费时且耗力,且对炉管局部挂壁,一般高压水枪喷头难以保证清焦彻底。机械清焦本身也存在一些不足,如通球周身安装的螺钉硬度大于炉管材质的表面硬度,长时间的运动会对炉管表面产生较强的机械损伤;管路也要求不能有三通热偶等。对于炉管堵塞工况,烧焦和机械清焦均不能实现清焦。

5.3.2　结构改进,优化清焦作业

　　对于水力清焦和机械清焦应针对炉管结焦状况与特征有针对性采取措施进行详细研究,针对不同的结焦状况及程度,采用并改进不同的清焦喷头,以利于更快更彻底地清焦,如采取不同形状、大小以及不同喷射的喷嘴组合体来实现;根据不同的结焦程度应考虑选用不同的机械清焦球和推进距离及方式来优化清焦。对于多次进行机械清焦炉管应对通球周身安装的螺钉材质或结构进行适当改进,使其既能将炉管内结焦清除干净,又可以有效地降低通球对炉管的损伤。

5.3.3　组合应用

　　对于炉管结焦堵塞,以及硬焦或在线烧焦不完全情况下采用高压水清焦;由于水力清焦的长度限制以及水力清焦存在死角和清理不彻底现象,水力清焦与机械清焦配合使用,如水力清焦后用机械清焦,保证炉管彻底清理彻底。针对煤液化结焦快、易脱落堵塞炉管的特点,尽量选取泡沫球由小及大反复携带,最后再用清焦球清理,方可保证机械清焦的有效应用。

　　2012 年 5 月加热炉清焦检修,由于炉管结焦严重烧焦时炉管堵塞,只能进行水力清焦,由于水力清焦清焦距离较短,只能对炉管切割焊口清焦一段,焊接后再继续清理下一段,致使炉管反复清焦,大大地耗费了时间,且由于清焦不彻底,导致反复多次清理,从检修之初到清焦结束,耗时一月之多;2012 年 7 月改用机械清焦方法清焦,由于结焦严重,清管器多次堵在炉管里,导致清焦耗时达 20 多天;2012年 12 月通过对加热炉清焦的工程实践进一步改进,总结经验,并优化组合改进,针对不同程

度的结焦状况，通过机械清焦和水力清焦的组合应用，仅用一周时间即完成了全部清焦工作。

6 总结

本文从实际出发，结合实际运行经验和现场清焦处理经验和方法的研究，针对煤液化加热炉运转周期短、频繁结焦导致装置停工检修处理的现状，重点对煤液化加热炉的结焦机理及减缓结焦进行了详细的研究，并实施一系列工程优化措施，取得了明显的成效，改造及优化操作后，加热炉的结焦周期由原来的不到两月延长至半年之久，不仅有效延长了装置的运行周期，同时也创造了可观的经济效益。再通过清焦的工程实践进一步改进清焦技术，总结经验，并优化组合改进，加热炉结焦的处理由以前的处理时间需 1 个月之久大大缩短至 1 周内，不仅缩短了处理时间、提高了结焦的处理效率，同时为装置高负荷运行赢得了时间，从维修费用以及装置生产费用都取得了较高的效益；确保了加热炉长周期稳定运行。同时对煤液化加热炉从设计选型到后期运行提出了许多参考经验。

参 考 文 献

1 高晋生，张德祥.煤液化技术[M].北京：化学工业出版社，2005.

2 闫西祥.焦化加热炉炉管结焦与控制[J].石油化工设备技术.2003(24)：32-34，36.

3 林肖，张万河，王志军，等.延迟焦化装置加热炉炉管在线烧焦技术应用[J].中外能源，2011(16).

4 王正钦，管华，刘庭成.高压水射流清洗技术中的旋转喷头[J].清洗世界，2007(1)：31-34.

5 李宝斌.加热炉炉管的清焦新技术[J].现代化工，2007(1)：337-339.

回转式焙烧炉筒体断裂修复

闫俊杰

（中国石化催化剂有限公司长岭分公司，湖南岳阳　414012）

摘　要　为了高质量、高效率修复断裂后的焙烧炉筒体，及时恢复生产，降低设备故障对生产造成的影响。通过采用激光束找正的方法对断裂后筒体找同轴度，采用手砂轮机割除部分旧筒体进行局部更换，采用手工电弧焊的技术焊接新旧筒体，成功修复了断裂筒体。结果表明：此方案能够快速、高效、高质、经济地解决焙烧炉筒体断裂故障，缩短设备故障停机时间，将经济损失降到最低。

关键词　焙烧炉筒体；断裂修复；激光束找正；局部更换

催化裂化（FCC）催化剂作为炼油催化剂的主要产品，占比80%以上。焙烧是FCC催化剂的主要活性组分（分子筛）生产过程中最关键的制备工艺，其作用是使分子筛发生脱铝、脱羟基、硅迁移、脱氨、结晶重排反应，并导致部分Al-O-Al被Si-O-Si取代，从而使晶胞收缩、硅铝比提高、结构稳定性增强，同时使Na+由难交换的位置迁移至易交换的位置。因此，焙烧效果直接影响分子筛性能的好坏。催化剂制备过程中普遍使用的是回转式焙烧炉，通常采用燃气直接加热和电间接加热两种加热方式。该种炉具有连续生产、处理能力大、构造简单

的优点。

中国石化催化剂有限公司长岭分公司（下称长岭分公司）分子筛车间3#焙烧炉，主要由筒体、炉膛、滚圈、托轮、大小桥齿、火嘴、烟道、驱动减速机等组成（见图1），其规格为φ1400×12mm×25000mm，筒体材质为Cr25Ni20耐高温不锈钢，筒体采用三点支撑。2017年9月，焙烧炉发生运行故障，开炉检查发现后段筒体环焊缝处断裂（断裂位置见图1），不能正常运行。本文详细介绍了焙烧炉筒体修复的全过程。

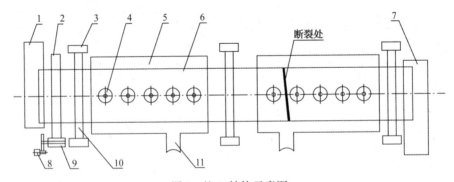

图1　炉3#结构示意图

1—进料箱；2—大齿轮；3—托轮；4—火嘴；5—炉膛；6—筒体；7—下料箱；
8—驱动电机；9—小齿轮；10—滚圈；11—烟道

1　修复准备工作

1.1　修复难点和重点

（1）工期短。由于公司FCC催化剂生产订单多，装置不能长时间停工，本次修复所给工期为一周；

（2）为保证焊接质量，旧筒体切割线必须与筒体垂直；

（3）新旧筒体对接后必须保证在一条轴线上；

（4）两条环焊缝长度较长（4396mm），焊接

难度大。

1.2　检修方案确定

焙烧炉筒体运行中由三组托轮支撑，滚圈与托轮的接触效果直接影响着修复后炉子运行的平稳性和筒体的使用寿命，同时筒体的倾斜角度对产品质量有着重要影响。为保证检修后焙烧炉运行效果，必须确保滚圈与托轮接触时间在95%以上及筒体的倾斜角度在标准范围1°±6′内。

3#炉炉膛已安装固定，本次检修拟以炉膛为基准，对筒体进行检修。

1.2.1　方案可行性论证

1.2.1.1　方案比选

焙烧炉常见检修方案有两种：线下修复和在线修复。

线下修复为常规检修方案，先将筒体整体拆出送外委单位（岳阳市恒忠机械厂）进行修复，再进行安装。其优点是：修复彻底（可对筒体其他缺陷进行检查修复），修复质量高，修复后炉子运行平稳；缺点是：周期长（40天左右），费用高，对生产影响大。

在线修复是在设备现场直接对断裂筒体进行修复。其优点是：周期短（5~7天），费用低，对生产影响小；缺点是：难度大，对作业人员业务素质要求高。

根据生产要求，决定采用在线修复方案。同时根据炉子后期运行状况，择机对筒体进行整体更新（该筒体为2006年投用）。

1.2.1.2　炉膛倾斜角度测量

用标高仪测出炉头、炉中及炉尾托轮座的相对标高（见表1）。因场地限制，托轮被炉膛挡住不能直接测量，通过架桥（见图2）引出托轮座高度到方便测量点，并通过水平尺调整测量点高度与托轮座高度一致。

表1　托轮座相对标高

	炉头托轮座 h_1	炉中部托轮座 h_2	炉尾托轮座 h_3
标高/mm	530	650	890

炉头到炉尾托轮座标高差：$\Delta h_1 = 890 - 530 = 360$mm。

用测距仪测出炉头托轮到炉尾托轮距离

图2　标高测量架桥示意图

$L_1 = 21229$mm，炉头托轮到炉中部托轮距离 $L_2 = 10637$mm。

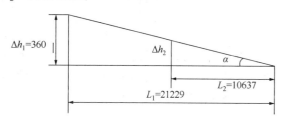

图3　三角函数示意图

根据反正切三角函数算出炉膛安装角度：

$$A = \arctan(\Delta h_1/L_1) = \arctan(360/21229) = 0.97°$$

计算结果显示炉膛实际安装角度在标准范围内，本次检修以炉膛为基准制定的检修方案是可行的。

1.3　保温拆除

为保证检修空间、方便施工，保护性拆除裂纹处上部箱体盖板两块和内部3000mm范围内的保温层。

1.4　旧筒体更换尺寸确定

对裂纹附近的筒体内部表面进行检查，确定筒体裂纹扩散位置，以彻底消除筒体缺陷。经检查，发现裂纹左端（靠炉头端）300mm、后端（靠炉尾端）400mm范围内存在腐蚀缺陷，确定更换前端600mm，后端900mm，共1500mm筒体。

1.5　旧筒体切割

筒体采用三点支撑，断裂后前段筒体由炉头、炉中两组托轮支撑，在一条直线上，后段筒体脱落。为保证两侧切口与筒体垂直，为后续焊接工作提供保障，需调整前后两段筒体在一条直线上。

将后段筒体用导链吊起至与前段筒体裂纹接口重合，在炉头筒体中心处打激光束贯穿整个筒体，通过导链调整后段筒体内壁四周到激光束距离相等，此时整个筒体在一条直线上，然后将筒体固定。

在筒体切割处画切割线，保证切割线与筒体垂直（见图4）。准备工作完毕后，用手动砂轮机对旧筒体进行割除，割除缓慢进行，保证切口与画线重合。

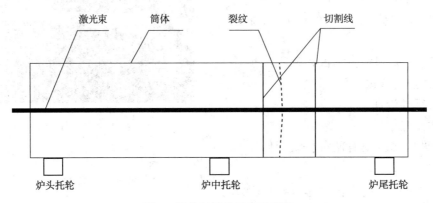

图4   筒体切割线确定示意图

切割完后，用角磨机对筒体两侧切口进行打磨，在尖端处打磨出圆角至平滑过渡，两端开50°的V形坡口。

1.6   新筒体制作

用Cr25Ni20钢板，卷制1400mm×12mm×1500mm的筒体并焊接，焊接后筒体在卷板机上滚圆。检测筒体椭圆度小于10mm，用角磨机对筒体进行打磨抛光，两端开50°的V形坡口。焊缝进行超声波探伤，符合检验标准后备用。

2   在线修复过程

2.1   新筒体与前段筒体对接

将切割后的旧筒体吊出，新筒体吊入炉膛内。吊入后的新筒体利用导链调整至与旧筒体接口基本重合。

2.1.1   新筒体与前段筒体找同心

根据两点确定一条直线的原理找新旧筒体的同心度，保证焊接后新旧筒体的同轴度。

首先在新旧筒体接缝处均布4个长120mm的不锈钢（Cr25Ni20）挡板，其中60mm焊接在旧筒体上，剩余60mm位于新炉筒部位暂不焊接。然后在接缝处均布4个拉马，基座分别焊接在新旧筒体上，调整焊缝间隙在7mm内。接着在两端对接处均匀安装4个顶丝，顶丝基座焊接在旧筒体上，顶丝顶在新筒体上，调整接口错变量在3mm内。最后将剩余60mm挡板与新炉筒焊接，拆除所有拉马和顶丝，并将筒体表面抛光。图5为筒体对接定位图。

(a)   (b)

图5   筒体对接定位图

2.1.2　新筒体与前段筒体焊接

筒体材质 Cr25Ni20 耐热不锈钢是高铬镍奥氏体不锈钢，能承受 1000℃ 以下反复加热，在高温条件下，具有抗氧化性和足够的高温强度以及良好的耐热性能。针对筒体材质，选用合理的焊接工艺，对焊缝质量和焊后筒体的使用寿命有重要的影响。

2.1.2.1　焊接工艺选择

1）筒体和常用焊条成分

筒体（光谱测量）和常用焊条成分见表 2。

表 2　筒体和常用焊条成分表　%

	C	Cr	Ni	Mo
筒体	0.05	24.5	19.3	—
A132	0.08	18~21	18~21	—
A022	0.04	17~21	11~14	2~2.5
A407	0.05	25~28	20~22	—

2）焊接工艺

因焊接过程在现场进行，采用手工电弧焊。焊接工艺见表 3。

表 3　焊接工艺

焊条型号	焊条直接/mm	电流种类	极性接法	焊接速度/(m/h)	焊接层数	道数	检验方法
A407	φ3.2	直流	反极性	10.8~13.2	3	3	X 射线

针对 Cr25Ni20 耐热不锈钢焊接的特点，焊缝金属焊接时不需要预热，快速冷却，选择焊接材料时因考虑其化学成分是否与母材化学成分相匹配。

由表 2 可知 A407 焊条成分与筒体成分基本吻合。A407 系 Cr26Ni21 的纯奥氏体不锈钢焊条，熔敷金属在 800~1100℃ 高温条件下具有优良的抗氧化性，且低氢型碱性焊条焊缝中氧含量较低，焊缝金属合金化效果好，合金元素烧损少，脱氧、脱硫、脱磷能力强，焊缝金属的韧性和抗热裂性较高，因此选用 A407 焊条进行焊接。

焊条直接规格有 φ2.5mm、φ3.2mm、φ4mm 三种。选用 φ2.5mm 焊条，修复工作效率低；选 φ4mm 焊条，其所使用焊接电流较大，造成焊接能量的增大，使合金元素 Cr、Ni 烧损过多，降低焊缝抗腐蚀能力。综上，选 φ3.2mm 焊条。焊条使用前经 200~300℃ 烘干，保温 2h，随取随用。

由于不锈钢焊芯电阻大，使用交流弧焊机更容易发红，且电弧不稳定，影响焊接质量，因此选用直流电。利用正极温度高于负极的特性，采用反极性接法（焊钳接正极），能获得良好的熔滴过度形式（短路过渡），同时可减少熔滴飞溅。

2.1.2.2　辅助工具选择

为避免焊接时碳和杂志混入焊缝，角向磨光机砂轮片必须只限于 Cr25Ni20 材质筒体，刨锤、钢丝刷、扁铲等工都选用不锈钢材质。

2.1.2.3　焊接修复

采用小电流焊接，第二层和第三层焊口采用快速焊，焊条不做横向摆动，电弧不宜过长。表 4 为各层焊接施工工艺参数，图 6 为焊道顺序示意图。

表 4　各层焊接施工工艺参数

	焊条直接/mm	焊接电流/A	电弧电压/V	弧长/mm
第一层	3.2	100	26	0.5d
第二层	3.2	120	26	0.5-1.0d
第三层	3.2	110	26	0.5-1.0d

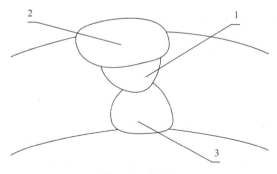

图 6　焊道顺序

为减少收缩应力，防止热裂纹产生，修复过程中，第一层焊缝采用短弧间歇跳跃焊，焊完 50~70mm 后隔段再焊，间距 80~100mm，以缩短高温停留时间。焊完第一层再焊第二层时必须等焊缝金属冷却至 60℃ 左右再焊，以免头道焊缝金属过热和避免近缝区晶粒粗化产生再热裂纹，与物料接触的一面焊缝最后施焊，防止重复焊接热循环。

为减少 S、P 等杂质侵入焊缝金属，每层焊缝施焊完后，必须用角向磨光机将焊缝金属正反面的熔渣等杂质清除干净，使其光亮，同时在施焊过程中，杜绝焊口外有电弧擦伤痕迹。

2.1.2.4　焊后处理及检查

焊接完成后，第二层和第三层焊缝金属表面用角向磨光机打磨使焊缝金属与筒体表面平齐圆滑，避免筒体在运转中造成焊缝应力集中。

2.2　新筒体与后段筒体对接

将炉中托轮组断开，通过两点确定一条直线的原理，用相同方法确定后段筒体位置，复查对接处筒体的直线度，合格后采用相同的焊接工艺焊接新筒体与后段筒体间环向焊缝，焊接完成后拆除所有挡板。最后，在新旧筒体接口处各均匀满焊 8 块 Cr25Ni20 钢板，规格为 250mm×100mm×φ12mm，做加强固定用。

2.3　焊缝检测和验收

采用 X 射线对两条环焊缝进行探伤检验，检验量 100%，若存在缺陷及时进行返修。探伤在凌晨 12 点进行，探伤时要注意人员隔离，做好安全防护工作。经检验，焊缝质量符合要求。

3　筒体倾斜角度调整

炉膛倾角在标准范围内，筒体只要保持跟炉膛平行，即可满足生产需要。通过托轮调整筒体与炉膛上下和左右间隙分别相等，可使筒体倾角达到要求。调整后间隙值见表 5。

表 5　调整后筒体与箱体间隙值　mm

	上	下	左	右
炉头处间隙值	43	42	42	43
炉尾处间隙值	20	19	22	23

4　中部滚圈的调整

本次检修过程中，筒体的相对位置发生了变化，必须对中部滚圈重新找正。

首先通过千斤顶对称将大滚圈顶到位，然后对称安装 8 组斜铁（斜铁弧度和筒体弧度相同，保证面接触），保证滚圈不会左右摆动，同时该斜铁用于滚圈径向跳动量的调整。接着在炉体圆周上均匀焊接 6~8 组顶丝（见图 7），调

整滚圈轴向窜量。在轴向窜量与径向跳动量达到要求后在补齐剩余 4 组斜铁。

图 7　滚圈找正顶丝示意图

通过双表法测量调整大滚圈的轴向窜量与径向跳动量至标准范围内（轴向窜量≤3mm，径向跳动量≤2mm），如图 8 所示。经调整：大滚圈径向跳动最大值为 1.4mm，轴向窜量最大为 1.6mm，符合相关技术要求。

图 8　百分表找正示意图

5　运行前准备工作

（1）将所有托轮就位，保证托轮与滚圈成面接触。

（2）恢复油管、石墨板、保温和箱体等附属设施。

（3）炉子冷运 8h 消除焊接应力。

6　结论

（1）该方法可快速、高效、高质地完成筒体断裂修复工作，大幅缩短了检修时间和强度，节约了大量维修费用，降低了设备故障对生产造成的影响。设备修复后连续运行1年以上无异常，为企业的正常生产创造了条件。

（2）采用手工电弧焊，并通过合适的焊接工艺，可以很好地完成Cr25Ni20耐热不锈钢的焊接工作。

（3）该方法的成功应用填补了催化剂行业炉类设备在线修复技术的空白，为该类设备的修复提供了可靠的技术依据，同时为其他大型转动类设备的检修提供了检修思路。

参 考 文 献

1　张继光.催化剂制备过程技术[M].北京：中国石化出版社，2011.

2　史建公，谈文芳，李沂濛.工业催化剂及其载体焙烧设备进展[J].中外能源.2014(11).

3　张传杰，王永花，何德强.回转焙烧炉在催化裂化催化剂行业的应用及其结构优化[J].化工机械.2009(6).

4　马允.制备条件对氧化锆表面酸性的影响[J].应用化工，2009，38(9).

5　罗建民，秦云龙，赵旭.高温焙烧炉筒体的设计[J].化工机械.2011(4).

6　《数学辞海(第一卷)》编辑委员会.《数学辞海(第一卷)》[M].太原：山西教育出版社，1998：205.

7　刘旭东，刘冬，李超等.同轴激光束在圆柱类零件圆柱度检测方面的应用[J].长春大学学报，2013(4).

8　中华人民共和国国家质量监督检验检疫总局，中国国家标准管理化委员会.直向砂轮机：GB 22682-2008-T[S].北京：中国标准出版社，2008.

9　哈尔滨焊接研究所.钢焊缝手工超声波探伤方法和探伤结果分级：GB 11345—89[S].北京：中国标准出版社，2008.

10　湖北省计划委员会.钢结构工程施工及验收规范：GB 50205—95[S].北京：中国标准出版社，1995.

11　王洪光.实用焊接工艺手册(第二版)[M].北京：化学工业出版社，2017：11-112.

12　李荣雪.金属材料焊接工艺[M].北京：机械工业出版社，2016：96-116.

13　王秋红.耐热不锈钢焊接缺陷产生的原因及防止措施[J].科技创新与应用，2013(24).

14　李传新，扈如俊.S31008(06Cr25Ni20)耐热不锈钢的焊接工艺[J].石油化工设备，2014(1).

15　单利，周海会，刘志胜.0Cr25Ni20不锈钢的焊接工艺[J].焊接技术，2005(8).

16　王红梅，王秀芹，李建国.0Cr25Ni20不锈钢炉管焊接工艺[J].石油化工设备，2007(5).

17　杨文光，陆益锋.0Cr25Ni20不锈钢的焊接工艺探讨[A].2004年全国化工、石化装备国产化暨设备管理技术交流会会议论文集[C].2004(11).

18　中华人民共和国国家质量监督检验检疫总局，中国国家标准管理化委员会.无损检测 金属材料X和伽玛射线 照相检测 基本规则：GB/T 19943—2005[S].北京：中国标准出版社，2005.

19　闫俊杰.双表法找正在设备检修中的应用[J].中国石油和化工标准与质量，2019(1).

石油和天然气化工装置空冷器检维修技术探讨

潘向东[1] **黄 斌**[1] **陶一男**[2] **亚伦·哈腾**[3]

(1. 中国石油天然气股份有限公司西南油气田分公司，四川成都 610051；

2. 中国石油吉林石化公司建修公司，吉林吉林 132021；

3. 中国石油川东北天然气项目，四川达州 636164)

摘 要 换热器是石油和天然气化工等过程工业中重要的能量传递设备。在天然气处理装置停车大检修过程中，换热器检修的工程量占装置静设备检修总工程量的50%以上，而空冷器又是换热器检维修中程序较为复杂的重要检修工作。在高含硫的天然气净化装置中，空冷器介质具有易燃易爆、剧毒、腐蚀等复杂特性，为此需要对空冷器检维修规范中的关键点进行概括，同时对现场检维修经验进行总结，形成系统化的空冷器检维修作业程序。

关键词 空冷器；清洗；检测；试压；堵漏

天然气作为清洁能源，具有安全可靠、绿色环保、利用率高、经济等特点，广泛应用于工业领域和居民日常生活中。随着天然气的需求越来越旺盛，国内新建或改扩建大量的天然气处理装置以保证城市居民和工业需要的大量天然气。国内天然气处理一般经过脱硫和脱水后输送到天然气站。石油和天然气处理装置为了安全环保和节能需要，在装置的多个单元均采用了大量的空冷器，以保证设备及装置的长、满、稳、优、安运行。本文以国内某大型石油公司的天然气采输及处理装置为例，对空冷器检修进行了系统分析研究，并对空冷器检修技术的关键节点进行了较详细的阐述。

1 空冷器概况

在天然气处理装置中空冷器应用较为普遍，如回注泵（P-072502）油冷却器、空压机油冷却器、高低压泵及半贫泵的机械密封冲洗方案中封水冷却器等均采用空气进行换热。本文主要介绍的是脱硫单元及尾气单元生产用60台套大型空冷器检维技术。60台套空冷器分三个系列布置，在每个系列的脱硫单元和尾气单元空冷平台上有20台套空冷器。

空冷器检修的主要目的是对换热器进行清洗、壁厚检测以及试压查漏。天然处理装置一般每年进行一次停车检修，需要对各塔器、灼烧炉、空冷器等设备进行拆检维修，因此需要对空冷器检修技术进行系统的分析总结，控制检修重要节点，以期形成标准化的检修程序。

2 检修技术

2.1 拆检

丝堵式空冷设备是较为普遍的空冷器型式之一（见图1、图2），性能优良，但经常受到拆检、清洗、检测、试压、查漏、堵漏工作等产生严重的不良影响或者后果，稍有误差极可能导致整个设备运转不畅，有时还会影响生产，个别时候会影响生产运行等。丝堵式空冷器拆检时，主要根据要求对丝堵进行拆检。为此，使用专用拆检工具（定力矩扳手和液压扳手）具有较大的应用价值，极大程度地降低了检验难度，提高了检修工作的精度、质量，需要注意的是拆卸清理垫片时不要损坏设备和丝堵上的密封面。然后按照技术部门的拆检百分比要求进行堵头拆检，根据检查结果进行下一步工作。

作者简介： 潘向东（1981—），男，四川简阳人，西南石油大学过程装备与控制工程专业毕业，工学学士，工程师，长期从事石油和天然气化工设备管理与检维修工作。

图1 空冷器管箱堵头

图2 空冷器管束翅片

2.2 清洗方法

停车检修时,对空冷器进行拆检的目的是为了清洗、管束检测。由于石油和天然气化工装置的生产特点和设备状况,空冷器检修的主要目的之一是为了清洗。空冷器管束内部运行一段时间后产生一定的污垢是极为广泛的故障现象,普遍存在脱硫和尾气单元等各个传热过程中,是影响装置整体运行周期的瓶颈。污垢沉积物热阻较高,将严重影响空冷器换热效果,有时换热效率将会降低30%以上;即使是工艺控制较为平稳、无生产波动等,一个运行周期后个别空冷器结垢物最厚可达2mm。空冷器结垢将影响运行平稳率和产品产量,严重时不仅会造成装置停车,还会引起垢下腐蚀,缩短设备使用寿命,造成严重的设备泄漏事故。

2.2.1 高压水清洗

高压水清洗是一种物理清洗技术。通过柱塞泵产生高压水,利用高压水的流速等机械性能去除管束内部的垢质。高压水清洗可以把人孔中无法清除的垢质彻底去除,能够见到管束

及管板的本色。高压水清技术效率较高、清洗质量较好,且成本低廉速度快、效率高;同时除了垢质外不会产生新污染物,对设备无腐蚀作用;在易燃易爆环境中也可使用;高压水清洗技术不但适用于结垢的管束,对于完全堵塞的管束也具有较好的清洗效果并且易于实现机械化和自动化。因此空冷器管束内表面采用高压水清洗可以较彻底和高效地完成检修任务。同时如果拆检丝堵的比例较高,虽然高压水清洗的效率和质量不会降低,但是丝堵拆检后重新回装的工作量将会增大很多,同时密封点较多也是泄漏的因素。

2.2.2 化学清洗

化学清洗是用一种或数种化学药剂及其水溶液,按现场取样的结垢物清洗实验结果确定的工艺条件、配比和程序,通过清洗泵、管道及阀组等与被清洗装置构成临时系统。化学清洗过程控制需要重点监控腐蚀速率、腐蚀量、除垢率、洗净率等四个指标。工程验收按行业标准 HG/T 2387—2007《工业设备化学清洗质量标准》规定的质量指标和交工验收内容进行,主要内容有:①化学清洗工程验收时,施工方应向用户方提交化学清洗方案、施工记录及各种分析化验数据;②由施工方和用户方质量检验员共同对设备进行化学清洗质量检验,清洗质量符合本标准规定。

2.3 检测、查漏与堵漏

2.3.1 管束检测

石油及天然气化工装置出于节能和环保等方面考虑采用了大量的空冷器,其换热主要依靠带有翅片的换热管。由于流体的冲蚀或介质的腐蚀等多方面的原因,可能造成换热管腐蚀减薄,严重时可能造成管束爆破等严重的设备及生产事故。鉴于空冷器管束翅片的结构特性,采用远场涡流检测技术与常规涡流检测相结合,碳钢管束上采用远场涡流测厚技术。远场检测技术对碳钢管道检测十分有效,尤其是对体积型缺陷。

2.3.2 查漏、堵漏

丝堵式空冷器查漏与堵漏是空冷器检修中的关键控制节点。空冷器管束的分布广泛,采用错列式布置的方法将管束分为六层,可以有

效地提高换热器效果。但在空冷器运行后，如某根管束出现泄漏，不能一次性找到具体泄漏管束。寻找泄漏管束将消耗大量人力和物力，同时还浪费时间，耽误检修进度。即使找到泄漏管束，进行堵漏也比一般的固定管板式换热器堵管麻烦得多。

在空冷器清洗检测结束后，首先采用如图3所示管束整体试漏工装对空冷器整体进行试压查找漏点。如果管束存在漏点，在大致确定泄漏管束后采用新型查漏套装。见图4，根据空冷器的管束大小及丝堵大小等制作相应的单根管束试漏工装，即可很快找出具体的泄漏管束。

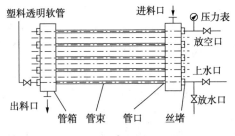

图3　管束整体试漏工装

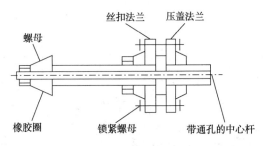

图4　单根管束试漏工装

空冷器查找到漏点后进行堵漏工作是一项比较有难度的工作。在找到泄漏管束后，取出试漏工装，直接在泄漏管束的两端安装上如图5所示堵漏工装。在定位丝堵的导向下中心顶杆通过锥形丝堵的螺纹将锥形丝堵顶紧。之后取下工装，仅留下锥形丝堵，待整台空冷器堵漏完毕后，统一进行试压即可。

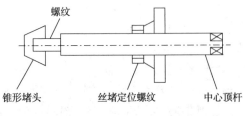

图5　管束堵漏工装

2.4　丝堵回装

在丝堵回装前必须对丝堵和丝孔螺纹进行清洗或者用丝锥过一遍，并且检查垫片密封面是否存在缺陷，如果存在缺陷需要彻底进行修复。同时根据表1所示金属垫片的选取依据及介质的化学性质和工艺操作工况等确定需要选取的金属垫片，并确定扭矩值。

表1　金属垫片选取依据

序号	材料	最高温度/℃	参考硬度 HBW	备注
1	碳钢	538	120	
2	304L	760	160	
3	304	760	140	
4	316	760	160	
5	316L	815	140	
6	20合金	815	160	具体适用于何种介质需要根据介质的化学特定查阅相关材料手册
7	铝	426	35	
8	紫铜	260	80	
9	黄铜	260	58	
10	哈氏B-2	1093	230	
11	哈氏C-276	1093	210	
12	英科耐尔600	1093	150	
13	蒙乃尔400	815	120	
14	钛	1093	216	

3　结论

本文系统介绍了石油天然气处理装置空冷器的检修程序和检修技术，分析了天然气处理装置空冷器堵头垫片选取原则以及换热器管程常用清洗方式，并对试压、堵漏较复杂的换热器检修技术关键点进行了技术分析。本文从空冷堵漏拆卸、垫片选取原则、堵头紧固方法、管束检测以及试漏和堵漏等多方面对换热器检修的关键点进行了系统分析。在换热器检修质量管理、进度控制、安全受控等三方面进行了探索，使天然气处理装置空冷器检修技术在整体上有较全面的总结，可供相关技术人员参考借鉴。

参　考　文　献

1　潘向东，王绍华，刁池，等.丙烯腈装置换热器检修技术探讨[J].石油和化工设备，2017，20(10)：43-46.

2　密封垫片材料的选择（Ⅰ）—金属垫片材料[J].润滑与密封，2011(3)：77.

3　高原，张荣仁.加氢裂化在役高压空冷器翅片管束涡流检测[J].石油化工设备，2010，39（1）：64-67.

4　吴同锋，蔡晓君，刘湘晨，等.常用换热器清洗技术及选用[J].化工机械，2016，43(3)：268-271.

5　王明礼.一种安全快捷的空冷器管束现场堵漏技术[J].石油化工设备，2011，40(增刊1)：80-82.

6　蔡暖姝，蔡仁良，应道宴.螺栓法兰接头安全密封技术(五)—安装[J].化工设备与管道，2013，50

（5）：1-7.

7　潘向东，等.丙烯腈装置泵用机械密封优化措施[A].《石油化工设备维护检修技术》编委会.石油化工设备维护检修技术（2017版）[C].北京：中国石化出版社，2017：340-344.

8　张凤娟，姚田绪.表面蒸发式空冷器管箱管束试漏堵漏工装[J].石油化工设备，2008，37（6）：68-69.

9　赵传明，胡锡章，赵伟.高压甲铵冷凝器换热列管束的涡流检测[J].无损检测，2001，23(5)：215-218，220.

炼油装置高温硫腐蚀和环烷酸腐蚀及其交互作用

屈定荣

（中国石化安全工程研究院，山东青岛 266000）

摘　要　为了阐明炼油环境下的高温环烷酸腐蚀和硫腐蚀及其交互作用机理，分析表征了五种不同类型的环烷酸，并研究了它们的腐蚀性差异。采用静态腐蚀试验，研究了环烷酸腐蚀和硫腐蚀的热力学及动力学规律，对比加入1.0%（质量）前后环烷酸腐蚀速率变化。研究发现：对于Cr5Mo，硫腐蚀能够在一定酸值范围内抑制环烷酸腐蚀；而对于Q235，没有发现硫腐蚀对环烷酸腐蚀的抑制作用。

关键词　硫腐蚀；环烷酸；腐蚀；交互作用

1　前言

高酸原油中的酸值随馏分温度变化规律基本相同，200℃以前的馏分酸值很低，随馏出温度升高，窄馏分油酸值逐渐增加，当温度达到395~425℃时酸值下降明显，随后趋于平稳或逐渐升高至450~500℃左右出现极大点（见图1）。

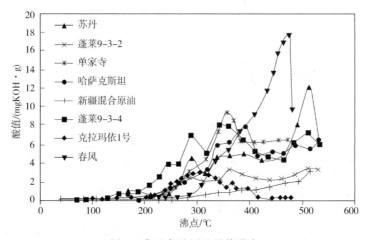

图1　典型高酸原油酸值分布

硫在馏分油中的分布是随沸点的升高而升高，原油中约70%的硫集中在常压渣油中。常压装置中，240℃以上的柴油、蜡油、渣油组分中有大量硫及硫的化合物存在，形成高温硫腐蚀环境。350℃的常底渣油经过减压加热炉对流段升温到360℃进入减压炉辐射段，加热至约400℃，经减压炉出口低、高速转油线进入减压塔。随着温度的升高和在高温段停留时间增长，活性硫化物数量增加，金属腐蚀加剧。经过升温后的常底渣油进入减压塔后被切割为减顶油和瓦斯、减一、减二、减三、减四、减五、减底油。与常压塔侧线不同的是，减压塔各馏分中的硫经过了较长时间的高温段，分解出来的单质硫和硫醇等活性硫含量上升，腐蚀性较强。从历年腐蚀事例可看出，减四、减五、减底线300℃以上的设备管线腐蚀严重。热裂化、催化裂化、延迟焦化等装置通常采用减压渣油为原料，硫含量较高，高温硫腐蚀严重。

从以上讨论可知，环烷酸和硫总是同时存在，环烷酸腐蚀和硫腐蚀会相互影响。一般认为，硫腐蚀形成的FeS膜具有一定保护作用，能减缓环烷酸腐蚀。然而，FeS膜并不能完全阻止环烷酸腐蚀，膜的形成和破坏交替进行，使钢铁不断受到腐蚀。另外，环烷酸还能与FeS按下式反应：

$$2RCOOH+FeS=Fe(RCOO)_2+H_2S$$

使保护膜破坏而生成油溶性的环烷酸铁，同时产生 H_2S 继续腐蚀金属。因此，炼油过程中始终存在着硫腐蚀在金属表面形成硫化铁膜和环烷酸溶解硫化铁膜之间的竞争，并且由此决定了环烷酸腐蚀和硫腐蚀之间的交互作用。

2 环烷酸种类对环烷酸腐蚀的影响

2.1 不同牌号环烷酸的分析表征

采用 Nicolet 公司的 Magna-IR 560 红外光谱仪和 JMS-D300 EIMS 色谱-质谱联用系统，对五种环烷酸进行了分子结构及相对分子质量表征。

五种不同环烷酸的红外谱图(见图 2)在几个不同位置都同时具有较强的吸收峰，比如 $2920cm^{-1}$、$1700cm^{-1}$、$1500 \sim 930cm^{-1}$ 处都有特征吸收谱带，这是典型的羧酸(脂肪酸和环烷酸)类化合物。从峰形来看，主要是五元环和六元环环烷一元酸。芳香族化合物的特征在于 $3030cm^{-1}$ 附近以及 $1600cm^{-1}$ 和 $1500cm^{-1}$ 附近弱的 C—H 伸缩吸收带，而在此红外谱图中均没有出现。因此可以断定，环烷酸中芳环族化合物含量非常低。红外谱图中也没有出现 $C\equiv C$、$C=C$ 特征吸收峰，表明有机羧酸主要是饱和酸，不饱和酸含量很低。

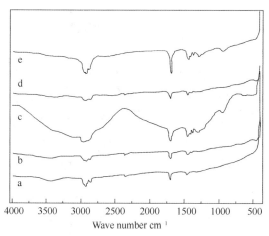

图 2 五种不同环烷酸的红外谱图

a—120#；b—140#；c—192#；d—143#；e—173#

比较五种环烷酸的平均碳数和平均环结构数(见图 3 和图 4)得知，大体上，平均碳数较多的环烷酸其平均环结构数也较多。比如，140#环烷酸的平均碳数和平均环结构数在五种环烷酸中均为最少。但 120#和 173#环烷酸的平均环结构数基本相同，但 173#比 120#平均每个分子多 1.17 个碳原子，差异略大。

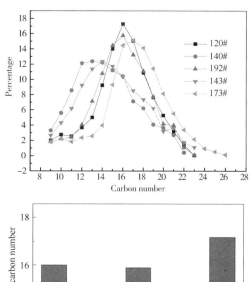

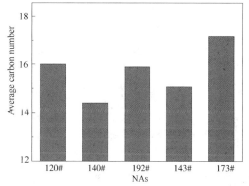

图 3 五种环烷酸含碳原子的分布情况及平均碳数

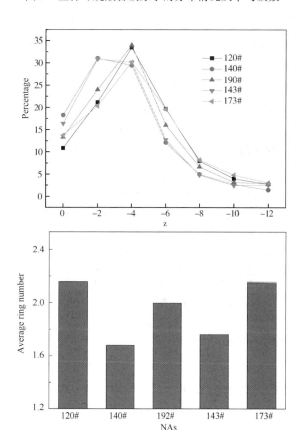

图 4 五种环烷酸含碳环数的情况

总体来讲，环烷酸以脂肪酸、一环羧酸、二环羧酸为主；随着碳数的增加，环结构少的羧酸所占的比例相对减少，而多环结构的羧酸所占比例相对增加。这种分布规律同相应的烷烃分布相似。

120#、192#、173#大致代表了高沸点、高相对分子质量的环烷酸，而140#、143#大致代表了较低沸点、较低相对分子质量的环烷酸。

2.2　不同种类环烷酸的静态腐蚀

图5是酸值分别为100mgKOH/g和20mgKOH/g油溶液中的Cr5Mo和Q235的环烷酸腐蚀情况。一般认为，高于220℃才会出现明显的环烷酸腐蚀。图5（a）表明，即使酸值高达100mgKOH/g，180℃时，环烷酸腐蚀速度还是很低的。在此温度下，不同种类的环烷酸对环烷酸腐蚀速度的影响并不明显。Cr5Mo和Q235在140#和173#环烷酸中的腐蚀速度略高，而在120#、192#及173#环烷酸中腐蚀速度较低。220℃时，不同种类的环烷酸对环烷酸腐蚀速度的影响十分显著。可粗略地将五种环烷酸根据其腐蚀性分成两类：143#和140#环烷酸的腐蚀性较强，120#、192#和173#环烷酸的腐蚀性略低。由于酸值为100mgKOH/g油溶液在较高温度下（>230℃），长时间加热后会沸腾，因此没有测定更高温度下的腐蚀速度。图5（b）是酸值为20mgKOH/g油溶液中260℃下Cr5Mo和Q235的环烷酸腐蚀情况，同样可以发现143#和140#环烷酸比120#、192#和173#环烷酸的腐蚀性更强。

3　高温环烷酸腐蚀

3.1　环烷酸腐蚀热力学规律

在液相中，环烷酸腐蚀速度随着温度的增加而增加。温度对环烷酸腐蚀的影响符合Arrhenius方程，如图6所示。据此可以计算出环烷酸腐蚀反应活化能。对于Cr5Mo和Q235，活化能分别为63.2kJ·mol^{-1}和54.0kJ·mol^{-1}，与Gutzeit的研究结果（68.88kJ·mol^{-1}）相当，表明化学吸附过程控制环烷酸腐蚀。Cr5Mo的活化能较高说明温度对Cr5Mo环烷酸腐蚀速度的影响更为明显。

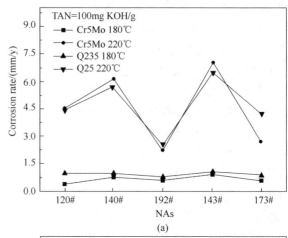

(a)

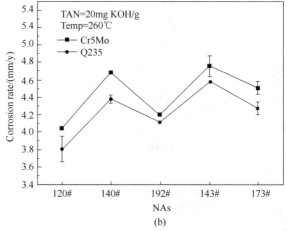

(b)

图5　五种环烷酸的静态腐蚀

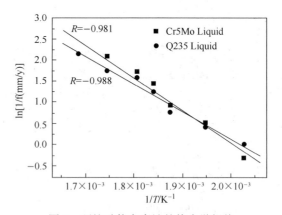

图6　环烷酸静态腐蚀的热力学规律

Cr5Mo微观结构是由铁素体基体及珠光体构成的。在高温环烷酸腐蚀过程中，铁素体基体及珠光体中的铁素体都被严重腐蚀，而珠光体中的渗碳体凸出表面。在高的放大倍数下，可以清晰地观察到珠光体的Fe_3C片层状骨架，如图7所示。

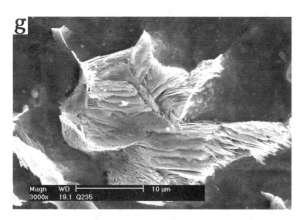

图 7 Cr5Mo 的高温环烷酸腐蚀形貌

3.2 酸值对环烷酸腐蚀的影响

在液相中，环烷酸的腐蚀速度与酸值直接相关。酸值范围在 0.6～32mgKOIL/g 内，酸值对腐蚀速度的影响如图 8 所示，有以下关系：

$$V = k \cdot TAN^{\frac{1}{2}} + B$$

式中　　K——速率常数，$(mm/y)/(mgKOH/g)^{1/2}$；

　　　　B——常数，mm/y。

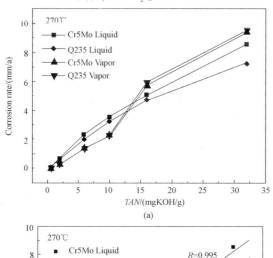

(a)

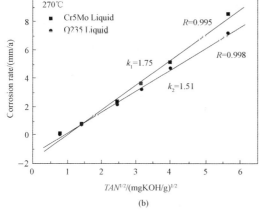

(b)

图 8　酸值对高温环烷酸腐蚀的影响

采用最小二乘方法拟合结果表明 Cr5Mo 的速率常数 $[k_1 = 1.75 (mm/y)/(mgKOH/g)^{1/2}]$ 比 Q235 的速率常数 $[k_2 = 1.51 (mm/y)/(mgKOH/g)^{1/2}]$ 高，说明 Cr5Mo 的环烷酸腐蚀对酸值改变更加敏感。

4　高温硫腐蚀

4.1　高温硫腐蚀动力学

图 9 是 270℃时两种材料的硫腐蚀动力学曲线。可以看出，随着实验周期由 4h 变为 8h，硫腐蚀速度显著增加；此后随着实验周期的延长，腐蚀速度逐渐降低。这是由于硫腐蚀能够在表面上形成一层具有一定保护性的腐蚀产物膜。实验刚开始时，没有腐蚀产物膜的保护，腐蚀速度比较快；随着腐蚀的进行，硫化物膜逐渐生长、变厚，对材料具备一定的保护性，腐蚀速度有所下降。如果腐蚀产物膜不破裂，膜越厚，腐蚀介质穿透膜越困难，腐蚀速度也就越低。最终腐蚀介质穿透膜到达金属表面发生腐蚀反应的速度和膜的外表层溶解速度相等，

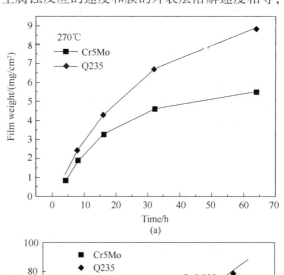

(a)

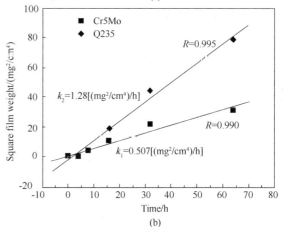

(b)

图 9　高温硫腐蚀动力学规律

达到一个动态平衡。这层膜随腐蚀的进行而生长，其成长速度符合抛物线规律：

$$FW^2 = k_p \cdot t + A$$

式中：$k_p (mg^2 \cdot cm^{-4} \cdot h^{-1})$ 为抛物线速率常数；$A(mg^2 \cdot cm^{-4})$ 为整常数。

抛物线规律表明硫元素在固态膜中扩散是速控步骤。采用最小二乘方法进行数据拟合，得到了抛物线速率常数。很明显，Q235 的速率常数（$k_{p2} = 1.28mg^2 \cdot cm^{-4} \cdot h^{-1}$）比 Cr5Mo 的速率常数（$k_{p1} = 0.507mg^2 \cdot cm^{-4} \cdot h^{-1}$）高，表明 Cr5Mo 比 Q235 有更好的抗硫腐蚀阻力。

4.2　硫含量对硫腐蚀的影响

图 10 是硫腐蚀速度及硫化物膜重量随硫含量的变化曲线。随着硫含量从 0.5% 上升到 1.0%，硫腐蚀速度升高。但当硫含量升高到 1.25% 时，硫腐蚀速度反而有所下降，可能是由于此时生成的硫化物膜更致密，具有一定的保护效果。无论是在液相中，还是在气相中，Q235 的硫腐蚀速度都比 Cr5Mo 的高。腐蚀产物膜随硫含量的变化规律与硫腐蚀速度基本类似。

5　硫腐蚀和环烷酸腐蚀的交互作用

图 11 是含 1.0% 硫、不同总酸值的情况下的 Cr5Mo 和 Q235 腐蚀情况。对于 Cr5Mo，无论是在气相中还是在液相中，腐蚀速度随酸值升高到 16mgKOH/g 一直缓慢增加；而酸值由 16mgKOH/g 升高到 32mgKOH/g，腐蚀速度急剧增加。对于 Q235，在液相中和在气相中的情况略有不同。在液相中，腐蚀速度随酸值升高到 6mgKOH/g 而逐渐上升；当酸值升高到 10mgKOH/g 时，腐蚀速度显著增加；此后，随着酸值的进一步升高，腐蚀速度又缓慢增加。在气相中，酸值低于 16mgKOH/g 时，腐蚀速度随着酸值升高而增加；酸值升高到 32mgKOH/g 时，腐蚀速度急剧增加。可以看出：酸值低于 10mgKOH/g 时，硫化物膜随酸值的变化规律与腐蚀速度随酸值的变化规律相同。酸值为 16mgKOH/g 时，硫化物膜被溶解，单位面积重量急剧下降。酸值再增加到 32mgKOH/g 时，硫化物膜保持恒定，或略有增长。

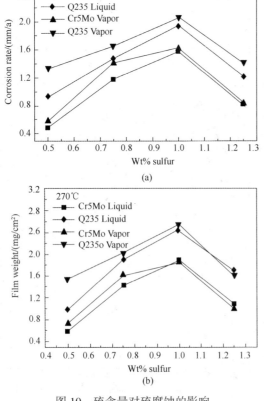

图 10　硫含量对硫腐蚀的影响

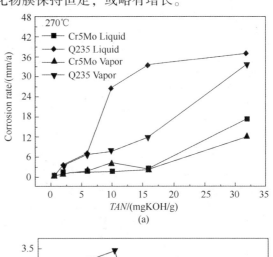

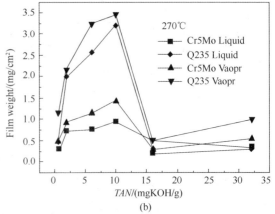

图 11　总酸值对含 1.0%（质量）硫的硫腐蚀及腐蚀产物膜重的影响

对比图8(a)和图10(a)，可以知道额外增加1.0%硫对腐蚀的影响，如图12所示。对于Cr5Mo，酸值低于2.0mgKOH/g时，加入1.0%硫使腐蚀速度比只含环烷酸时略有增加。比如在只含环烷酸且酸值为2.0mgKOH/g介质中，腐蚀速度为0.762mm/a，而加入1.0%硫后，腐蚀速度为1.37mm/a，比只含有1.0%硫介质中的腐蚀速度1.59mm/a低。换一种说法，当酸值低于2.0mgKOH/g时，环烷酸腐蚀可以抑制Cr5Mo的硫腐蚀。酸值介于6~16mgKOH/g时，加入1.0%硫反而降低腐蚀速度(指同只含有相同含量环烷酸情况下的腐蚀相比)，并且随着酸值增加，腐蚀速度降低越多。这种现象可以作如下解释：在含有环烷酸和硫元素的介质中，Cr5Mo的腐蚀行为其实就是环烷酸腐蚀和硫腐蚀这两种反应的竞争。当硫腐蚀速度较快时，材料表面将形成硫化物腐蚀产物膜，环烷酸难以通过扩散直接与金属反应，主要是通过溶解硫化物膜加速反应。但对于Cr5Mo的硫化物膜，坏烷酸较容易溶解其中的硫化铁，而铬和钼的硫化物难以溶解。或者说环烷酸选择性地溶解硫化铁，而留下了对硫扩散有阻碍作用的硫化铬和硫化钼。因此，随着酸值在一定范围内增加，环烷酸的选择性溶解加强，留下更多的铬和钼的硫化物，硫元素在膜中的扩散更加困难，腐蚀速度反而下降得更多。但是，当酸值进一步升高到32mgKOH/g时，铬和钼的硫化物也开始溶解，硫腐蚀不再对环烷酸腐蚀有抑制作用。因此，16mgKOH/g是Cr5Mo的一个临界酸值。低于此酸值，环烷酸腐蚀能够被硫腐蚀抑制，高于此酸值，则不再有抑制作用，反而加速腐蚀。

对于Q235，在所有实验酸值条件下，加入1.0%硫后的腐蚀速度都要比相应酸值下的单纯环烷酸腐蚀速度高。有两个临界酸值值得注意：6mgKOH/g和10mgKOH/g。低于6mgKOH/g，或高于10mgKOH/g时，酸值增加，相应的硫腐蚀带来的腐蚀增量升高，但比较缓慢。在6~10mgKOH/g之间，加入1.0%硫能够使相应的环烷酸腐蚀速度大幅度增加。

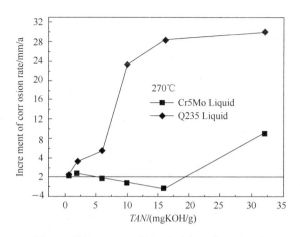

图12　增加1.0%(质量)硫对高温腐蚀的影响

6　结论

针对炼油环境下的高温环烷酸腐蚀和硫腐蚀问题，采用静态腐蚀装置和循坏冲蚀装置模拟实际炼油环境，研究了炼油厂常用材质Cr5Mo和Q235在含环烷酸或(和)硫化物介质中的腐蚀、冲刷腐蚀行为，采用多种手段研究了材料流失机理，得到如下主要结论：

(1)对五种环烷酸的分析表征发现，这些有机酸基本上都是饱和的环烷酸和脂肪酸，不饱和酸及芳香酸的含量很低。采用这种方法分析发现所有五种环烷酸中的酸性物质主要是单环、双环、三环及脂肪酸。140#和143#环烷酸比120#、192#及173#环烷酸有较低的平均碳数和较少的环结构。结合静态环烷酸腐蚀速度测量结果发现，环烷酸分子中碳数越高、环状结构越多，环烷酸腐蚀速度越低。表明评价高酸原油腐蚀性时必须考虑到环烷酸分子结构及组成的差异性。

(2)温度对环烷酸腐蚀的影响符合Arrhenius方程，Cr5Mo和Q235环烷酸腐蚀活化能分别为63.2kJ·mol^{-1}和54.0kJ·mol^{-1}，表明化学吸附过程控制环烷酸腐蚀。Cr5Mo的活化能较高说明温度对Cr5Mo环烷酸腐蚀速度的影响更为明显。得出了在酸值范围从0.6~32mgKOH/g内酸值对腐蚀速度影响的经验公式：$V = k \cdot TAN^{\frac{1}{2}} + B$。Cr5Mo的速率常数[$k_1 = 1.75$(mm/y)/(mgKOH/g)$^{1/2}$]比Q235的速率常数[$k_2 = 1.51$(mm/y)/(mgKOH/g)$^{1/2}$]高，表明Cr5Mo的环烷酸腐蚀对酸值改变更加敏感。

（3）硫腐蚀产物膜随时间增长而生长，其成长速度符合抛物线规律：$FW^2 = k_p \cdot t + A$。硫元素在膜中扩散是腐蚀反应的速控步骤。Q235的速率常数（$k_{p2} = 1.28 mg^2 \cdot cm^{-4} \cdot h^{-1}$）比Cr5Mo的（$k_{p1} = 0.507 mg^2 \cdot cm^{-4} \cdot h^{-1}$）高，表明Cr5Mo比Q235有更好的硫腐蚀抗力。通过截面形貌观察，发现Cr5Mo表面生成了富铬和钼的硫化物膜，能够阻止硫在其中的扩散，从而具有较好的耐硫腐蚀性能。Q235表面的硫化物膜对硫的扩散没有阻碍作用，耐硫腐蚀性能较差。

（4）发现对于Cr5Mo，当酸值小于16mgKOH/g时，硫腐蚀能够抑制环烷酸腐蚀，当酸值超过16mgKOH/g时，硫腐蚀则加速环烷酸腐蚀；而对于Q235，硫腐蚀在所有酸值范围内加速环烷酸腐蚀。这是由于Cr5Mo表面存在铬的硫化物（Cr_5S_8），所以比表面只含有铁的硫化物（Fe_7S_8和FeS）的Q235更耐环烷酸腐蚀。

参 考 文 献

1　魏秀萍. 进口原油酸值分布规律研究[J]. 精细石油化工，2015，32（2）：33-35.

2　黄靖国，刘小辉. 常减压蒸馏装置的硫腐蚀问题及对策. 石油化工腐蚀与防护，2002（19）：1-5.

3　Gutzeit J. Naphthenic acid corrosion in oil refineries. Materials Performance，1977（16）：24-35.

12Mt/a 常减压装置典型腐蚀与防护

陈文武　韩　磊

（中国石化青岛安全工程研究院化学品安全控制国家重点实验室，山东青岛　266071）

摘　要　对 12Mt/a 常减压装置典型腐蚀进行分析，并提出防护措施。常顶低温腐蚀主要是盐酸和 NH_4Cl 垢下腐蚀机理，应采取脱后原油注碱、改变塔顶注水位置、合理选材、原料质量控制、操作调整及加强监检测等防护措施；减三线及集油箱腐蚀是典型的高温硫和环烷酸腐蚀机理，应采取材质升级或控制原料硫、酸含量等防护措施。运行情况表明：在采取恰当的防护措施后，常减压装置腐蚀风险基本可控。

关键词　常减压装置；盐酸腐蚀；NH_4Cl 垢下腐蚀；高温硫腐蚀

近年来，我国石油表观消费量及原油进口量逐年增加。石油表观消费量从 2008 年的 3.9 亿吨增加到 2017 年的 5.88 亿吨，原油进口量从 2008 年的 2 亿吨增加到 2017 年的 3.96 亿吨，进口原油占比从 51.28% 增加到 67.35%。相应的，我国炼油能力不断增加，100% 加工进口原油的千万吨级常减压装置应运而生。

进口原油品种多、劣质化以及装置大型化，使千万吨级常减压装置面临较高腐蚀风险，其腐蚀问题往往成为制约炼油企业长运行周期的主要瓶颈。针对某 100% 加工进口劣质原油的千万吨级常减压装置的腐蚀情况进行总结分析，并提出防护措施，对于同类装置做好腐蚀防护工作具有借鉴意义。

1　装置概况

某 10Mt/a 常减压装置 2008 年 5 月建成投产，2011 年 6 月装置首次大检修扩能改造到 12Mt/a；2011 年 8 月装置开工，2015 年 6 月装置停工大检修，针对重点腐蚀部位进行材料升级改造；2015 年 8 月装置开工运行至今。2008～2017 年，该装置累计加工进口原油 37 种，累计加工量 99.85Mt，原油平均硫含量为 2.62%（质量），平均酸含量为 0.16mgKOH/g，平均 API 度为 29.29。加工典型原油性质及加工量见表 1，综合来看，加工原油属高硫低酸油。

表 1　加工典型原油性质及加工量

序号	原油油种	API 度	硫含量/%	酸含量/(mgKOH/g)	累计加工量/Mt
1	巴士拉轻油	29.67	3.10	0.12	23.62
2	伊朗重油	29.20	2.02	0.11	21.69
3	沙特重油	27.53	3.10	0.24	9.47
4	沙特中质油	30.49	2.48	0.22	8.57
5	科威特	30.77	2.90	0.13	8.01
6	沙特中质油	30.49	2.48	0.22	5.55
7	沙特重油	27.53	3.10	0.24	5.02
8	科威特	30.77	2.90	0.13	4.75
9	卡夫基	27.60	2.90	0.19	3.04
10	乌拉尔	31.61	1.40	0.06	0.95
37 种原油加权平均值		29.29	2.62	0.16	99.85

统计该常减压装置投产以来腐蚀泄漏及大检修腐蚀检查情况，其典型腐蚀有常压塔顶低温腐蚀、减三线高温腐蚀等，以下针对典型腐蚀案例进行技术分析并提出腐蚀防护措施。

2 常压塔顶低温腐蚀

2.1 案例描述

2011 年大检修 10Mt/a 常减压装置扩能改造为 12Mt/a，闪蒸塔改造为初馏塔，初馏塔顶冷凝、冷却系统利用原常顶冷凝、冷却系统，常顶冷凝、冷却系统改造为新增 8 台空冷+水冷器。自 2011 年 11 月开始，常压塔顶冷凝、冷却系统及常压塔壁多次出现腐蚀泄漏，详见表 2。

表 2　常压塔顶低温部位腐蚀泄漏情况统计

序号	泄漏时间	腐蚀现象描述	设备材质
1	2011 年 11 月	8 台新增空冷器管束全面泄漏，泄漏部位无明显规律，泄漏情况见图 1，2011 年 12 月全部更新为同材质空冷管束	09Cr2AlMoRE
2	2012 年 3 月	再次发生上述无规律、全面的管束泄漏	09Cr2AlMoRE
3	2012 年 7 月	将其中 4 台空冷管束做内防腐处理，1 周后再次泄漏	09Cr2AlMoRE+内防腐
4	2012 年 11 月	常一线抽出管线热电偶焊缝出现砂眼	20#钢
5	2013 年 2 月	2012 年 11 月，空冷管束更新为 2205 双相钢材质，运行 3 个月后，边侧空冷 2 根管束发生腐蚀泄漏，泄漏情况见图 2	S2205 双相钢
6	2013 年 6 月 11 日	常一线附近塔壁压力表引压管出现砂眼	
7	2013 年 6 月 13 日	第 49 层塔盘受液槽与塔壁连接处出现塔壁腐蚀穿孔。检测 46～50 层塔壁均存在明显腐蚀减薄部位，受液槽、塔壁连接处和塔盘、塔壁连接处减薄严重；塔顶安全阀副线、安全阀前直管段存在明显均匀腐蚀减薄，管线厚度约为 3.00～5.50mm；塔顶部压力表引压管减薄严重，最薄处 4.72mm	塔壁材质：16MnR+0Cr13
8	2017 年 7 月	常压塔顶温度下降、压力异常上升，常压塔压降由 30kPa 上升到 40kPa，判断为常压塔顶部结盐严重，进行在线水洗后压降正常，腐蚀情况待大检修时检查确定	塔壁材质：UNS N066025 塔盘材质：UNS N08367
9	2011—2017 年	常顶挥发线注剂口、注水口与主管线连接处多次出现腐蚀泄漏，主管线测厚未发现明显腐蚀减薄现象	20#钢

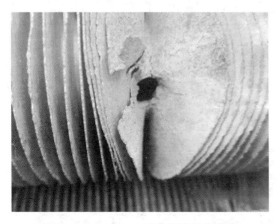

图 1　09Cr2AlMoRE 空冷管束泄漏形貌

图 2　S2205 双相钢空冷管束泄漏形貌

2015年6月，装置大检修腐蚀检查发现常压塔顶存在较多严重腐蚀部位，详见表3。

表3　2015年腐蚀检查常压塔顶设备典型腐蚀情况统计

序号	腐蚀现象描述	设备材质
1	常顶封头及49层以上筒节整体减薄，复合层基本上已腐蚀殆尽	塔壁材质：16MnR+0Cr13
2	受液槽附近的焊缝边缘融合线腐蚀严重，接近穿孔	塔壁材质：16MnR+0Cr13
3	48层至51层塔盘、浮阀腐蚀较重，浮阀大量脱落，见图3	浮阀材质：2205
4	塔顶冷回流分布管断裂，见图4	回流管材质：18-8

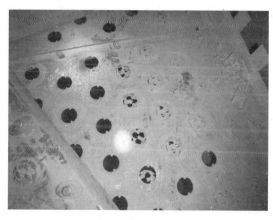

(a)

(b)

图4　常压塔顶部回流管断裂形貌

2.2　原因分析

2008~2011年，装置首个运行周期内，常压塔顶没有发生明显的低温腐蚀现象；2011年装置扩能改造后，第二个运行周期内常压塔顶出现了非常严重的腐蚀问题；2015年开工后的第三个运行周期，塔顶腐蚀问题不严重，只在2017年7月塔顶出现结盐造成塔压降上升，在线水洗塔后操作基本正常。

常压塔顶及其冷凝、冷却系统中，主要腐蚀机理有露点位置的HCl腐蚀、NH_4Cl盐垢下腐蚀、湿H_2S腐蚀等。NACE标准推荐规程0296中指出，与其他炼油过程相比，常减压蒸馏塔顶系统发生湿H_2S开裂的可能性和敏感性相对很小。因此，常压塔顶及其冷凝、冷却系统中，重点考虑HCl腐蚀及NH_4Cl盐垢下腐蚀。

2.2.1　盐酸腐蚀

HCl在高于水露点的温度不会导致金属材料腐蚀问题，在等于或低于水露点的温度，HCl很容易溶于水形成强腐蚀性的盐酸。腐蚀性最强的环境出现在最初的水相露点处，此处大部分HCl进入刚形成的水相，形成高浓度的盐酸溶液，pH值可低达1~2。盐酸对于金属材料具有极强的腐蚀性，在10%的盐酸溶液中，即便是2205双相钢的腐蚀速率也高达33.66mm/a。

塔顶物料中的HCl是由脱后原油中含有的$MgCl_2$、$CaCl_2$及有机氯水解生成的。据有关报道，原油中含有无机盐主要是NaCl、$MgCl_2$、$CaCl_2$。NaCl水解温度在500℃以上；$MgCl_2$从120℃开始发生水解反应，到340℃时水解约90%；$CaCl_2$从210℃开始发生水解反应，到340℃时水解约10%。12Mt/a常减压装置初馏塔、常压塔典型操作温度见表4，可以看出在原油预热流程及加热炉加热工艺过程中，达到了$MgCl_2$和$CaCl_2$的水解温度，因而能够形成HCl，水解反应为：

$$MgCl_2+2H_2O \longrightarrow Mg(OH)_2+2HCl\uparrow$$
$$CaCl_2+2H_2O \longrightarrow Ca(OH)_2+2HCl\uparrow$$

表4　12Mt/a常减压装置初馏塔、常压塔典型操作温度

部位	操作温度/℃	部位	操作温度/℃
初馏塔进料	200	常压塔进料	365
初馏塔顶部	114	常压塔顶部	121
初馏塔底部	194	常压塔底部	353
常压炉进料	303		

另外，尽管电脱盐原油中的无机盐脱除率可以达到90%以上，但其无法有效脱除有机氯

化物。少量有机氯即可在加工过程中水解产生HCl，水解反应为：

$$RCl+H_2O \longrightarrow ROH+HCl\uparrow$$

原油中即使只含有机氯 $1\mu g/g$ 也可以使原油加热过程中形成的 HCl 翻一倍。因此，《中国石化炼油工艺防腐蚀规定》要求原油有机氯含量宜小于 $3\mu g/g$。12Mt/a 常减压装置电脱盐前、后原油中杂质含量见表 5，可见脱后原油中的有机氯含量仍较高。

表 5　电脱盐前后原油中杂质含量

项　目	盐含量/(mgNaCl/L)	硫含量/%	酸值/(mgKOH/g)	有机氯/(mg/kg)	总氯/(mg/kg)
脱前原油	23.75	2.59	0.25	15.7	31.25
脱后原油	2.64	2.66	0.21	7.58	9.43

2.2.2　NH_4Cl 盐垢下腐蚀

NH_4Cl 盐吸水发生水解反应：

$$NH_4Cl+H_2O \Longleftrightarrow NH_3\cdot H_2O+HCl$$

在常压塔顶操作条件下，NH_3 极易逸出到气相，HCl 则溶于水形成浓度较高的盐酸。因此，NH_4Cl 盐垢下腐蚀本质上讲还是盐酸对金属材料的腐蚀。NH_4Cl 盐在常压塔顶的客观存在，是造成塔顶腐蚀的关键因素之一。但是，由于常压塔顶检修前，一般都要进行蒸塔或洗塔操作，NH_4Cl 盐被热水溶解带走。所以，设备开盖检查时又很难看到大量的 NH_4Cl 盐。研究表明，NH_4Cl 吸收水汽后形成的潮湿 NH_4Cl 对金属材料具有极强的腐蚀性。60℃时，碳钢在潮湿 NH_4Cl 条件下腐蚀速率高达 6.27mm/a；2205 双相钢在潮湿 NH_4Cl 条件下腐蚀速率也达到 0.039mm/a，且局部蚀孔深度大大深于同条件下的碳钢，可能出现较短时间内就腐蚀穿孔的情况。

在高于水露点的温度，HCl 与 NH_3 直接从蒸汽相反应生成固态 NH_4Cl 盐。NH_4Cl 盐生成的温度取决于 HCl 与 NH_3 的分压。将塔顶相关工艺操作参数(温度、压力、流量)及化验分析参数进行三相闪蒸计算，获得目标温度、压力下各组分在气-烃-水三相中的组成，可进而计算出自然水露点温度、注水后露点温度等参数；三相闪蒸计算出 NH_3、HCl 分压，结合塔顶温度、压力分布，经 NH_4Cl 分解反应平衡热力学计算，可以获得 NH_4Cl 结晶温度。12Mt/a 常减压装置常顶系统典型操作条件及计算结果见表6，可见塔顶 NH_4Cl 结晶温度高于塔顶操作温度。表明常压塔顶部、塔顶挥发线等部位存在 NH_4Cl 结晶风险，尤其是在回流返塔等存在冲

击冷凝的部位及小接管等保温欠佳部位，NH_4Cl 结晶风险更高。另外，计算的露点部位 NH_4Cl 结晶温度高于露点温度，表明 NH_4Cl 盐会在液态水凝结之前结晶，而 NH_4Cl 盐在水露点附近腐蚀性非常强，因此当注水不足或分散不均匀时，容易产生 NH_4Cl 垢下腐蚀。

表 6　12Mt/a 常减压装置常顶系统典型
操作条件及相关计算结果

项　目	单位	数据
塔顶操作温度	℃	127.9
塔顶操作压力	MPaG	0.078
自然水露点	℃	102.5
NH_4Cl 结晶温度	℃	133.6
注水后露点	℃	109.5
注水后 NH_4Cl 结晶温度	℃	123.8

2.3　防护措施及建议

结合以上机理及原因分析，为降低常压塔顶部位的盐酸及 NH_4Cl 盐腐蚀风险，应采取以下防护措施：

1) 设计方面

2011 年装置扩能改造，闪蒸塔改为初馏塔，常压塔顶油气量大幅度降低。根据有关操作参数变化，按三相闪蒸及 NH_4Cl 分解反应平衡热力学计算，在原油性质、脱盐效率等参数不变时，改造后塔顶自然水露点较改造前升高5℃以上，塔顶 NH_4Cl 结晶温度升高 10℃以上。这无疑大幅度增加了塔顶的 NH_4Cl 垢下腐蚀及 HCl 腐蚀风险。因此，进行常压塔工艺改造时，在考虑产品质量、耗能等因素的同时，应根据相关工艺条件的变化进行塔顶水露点和 NH_4Cl

结晶温度的计算，如果腐蚀风险大幅度提高，设计上需对塔顶38层以上塔盘、塔壁、塔顶冷凝、冷却系统等进行材料升级，选用耐盐酸腐蚀性能更好的双相钢、镍基合金（如 Ni-Cu 或 Ni-Cr-Mo 合金）、钛材（换热器管束）等。

2）原料控制

（1）建议对船运进厂的原油增加有机氯分析，掌握不同原油有机氯含量，合理混炼，控制脱后有机氯≯5mg/kg。

（2）在脱后原油加注(2~3)×10^{-6}的 NaOH，以促进脱后原油中的 $MgCl_2$、$CaCl_2$ 及有机氯转化成 NaCl，降低塔顶物料 HCl 含量。注碱量控制不发生加热炉、原油预热流程管道的碱开裂及下游装置催化剂污染。

3）操作调整

（1）改变注水方式，将塔顶挥发线注水改为在8台空冷入口分别注水，选用分散性能好的注水喷头，确保注水分配良好。

（2）塔顶注剂采取单独的中和剂与缓蚀剂加注方案，塔顶排水 pH 值控制在弱酸性至中性。

（3）控制电脱盐注水 pH 值为6.0~8.0，塔顶注水的 pH 值为7.0~9.0。

（4）常压塔内相关部位发现结盐情况时，应及时进行水洗操作；水洗时，重点关注常一线以下三层塔盘及塔顶小管嘴部位的腐蚀情况。

（5）常压塔顶尽量采用顶循环回流，避免采用冷回流，防止冲击冷凝造成的盐酸腐蚀。

4）腐蚀监测

（1）对于常压塔顶38层以上塔盘的塔壁、塔顶挥发线、小接管、塔顶冷凝冷却系统应密集测厚，可以采用脉冲涡流等先进技术辅助检测。

（2）增加在线腐蚀探针、pH 计、在线氨氮分析仪等监测手段，发现问题及时处理。

3 减压塔高温腐蚀

3.1 案例描述

开工以来，12Mt/a 常减压装置未发生因为高温腐蚀造成的停工或生产事故，装置高温腐蚀风险整体可控。从两次大检修腐蚀检查情况看，减压塔减三线抽出附近高温腐蚀特征明显，详见表7。

表7　两次腐蚀检查减压塔典型高温腐蚀情况统计

序号	详细描述	设备材质
1	2011年腐蚀检查减压塔塔壁有明显的坑蚀，塔壁垢物下有蚀坑埋藏，见图5，集油箱底部有两处较深蚀坑，减三线抽出防涡板有较深蚀坑，对腐蚀部位塔壁进行贴板（材质316L）处理	塔壁材质：16MnR+0Cr13
2	2015年腐蚀检查减压塔上次检修贴板处无明显腐蚀，但在紧邻贴板处附近塔壁及积液箱腐蚀较为严重，有大量蚀坑，见图6	塔壁材质：16MnR+0Cr13 贴板材质：316L

图5　2011年减压塔减三线抽出部分塔壁腐蚀形貌

图6　2015年减压塔减三线集油箱腐蚀形貌

3.2 原因分析

常减压装置高温部位的腐蚀主要是高温环烷酸和硫的腐蚀，操作温度、硫含量、酸含量的协同作用决定了最终的腐蚀程度。腐蚀产物分析表明，垢物中含有铁和铬的硫化物、铁氧化物以及单质硫(25%~65%)。综合考虑腐蚀的形态、腐蚀产物分析(含有大量单质硫)、坑蚀部位的温度(~324℃)和物料高硫含量(>3.1%),推断其腐蚀机理为高温硫腐蚀。

3.3 防护措施及建议

(1)防止高温硫和环烷酸腐蚀的关键是要做好原料中硫和酸含量控制,根据高温部位选定的材质,经修正的McConomy(不含环烷酸)曲线或API 581(含环烷酸)附表设定原料硫和酸含量的设防值,并严格控制好。

(2)有时为了获得更好的经济效益,希望能够加工更高硫和酸含量的原油。此时,需要根据原油中的硫和酸含量,经修正的McConomy(不含环烷酸)曲线或API 581(含环烷酸)附表评估装置各关键部位的材质是否能够满足高温腐蚀需要。若不能满足需要,则需要进行局部材料升级。

4 结束语

原油劣质化、复杂化及装置大型化,使腐蚀问题成为制约12Mt/a常减压装置长周期、安全运行的关键因素。装置不同部位发生腐蚀的机理不尽相同,低温部位的腐蚀更多地要靠工艺防腐措施实现腐蚀风险的控制;高温部位的腐蚀更多地要靠材料升级或原料设防实现腐蚀风险的控制。装置运行实践表明,掌握装置各部位腐蚀机理,有针对性地采取防腐蚀措施,能够保证复杂原料及工况下的常减压装置长周期稳定运行。

参 考 文 献

1 中国石油集团经济技术研究院.2008—2017年国内外油气行业发展报告(R),2009-2018.

2 韩磊,刘小辉.蒸馏装置塔顶系统低温腐蚀问题探讨[J].石油化工腐蚀与防护,2012,29(3):16-19.

3 NACE RP0296 Guidelines for Detection, Repair, and Mitigation of Cracking of Existing Petroleum Refinery Pressure Vessels in Wet H_2S Environments.

4 殷雪峰,莫少明,韩磊,等.2205双相不锈钢在NH_4Cl垢下腐蚀性为研究[J].石油化工腐蚀与防护,2015,32(3):12-16.

5 韩磊,刘小辉.炼油生产中有机氯的检测与控制[J].腐蚀与防护,2011,32(3):227-231.

6 API RP581 Risk-Based Inspection Technology.

7 张昀.高酸高硫原油腐蚀性研究[J].石油化工腐蚀与防护,2004,21(6):9-13.

常减压蒸馏装置低温部位的腐蚀与防护

孙大朋　周乐奕　吴建新

（岳阳长岭设备研究所有限公司，湖南岳阳　414000）

摘　要　介绍了某炼厂常减压装置原油性质及工艺防腐情况，对装置内的设备进行了腐蚀检查，发现主要腐蚀部位在塔顶低温部位，提出了防腐建议。

关键词　常压；减压；腐蚀；工艺防腐

1　概述

某炼厂常减压装置为燃料-润滑油型蒸馏装置，主要产品有直馏汽油（重整料）、溶剂油、分子筛、柴油，另外还为催化裂化、焦化、重整、加氢、润滑油、丙烷脱沥青等装置提供原料。本装置主要由电脱盐系统、初馏系统、常压系统、减压系统、瓦斯回收系统等组成。装置主要流程及易发腐蚀类型如图1所示。

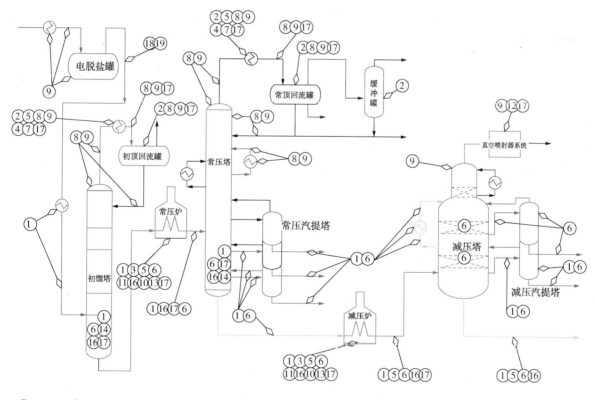

① 硫化　② 湿H2S损伤(鼓泡/HIC/SOHIC/SSC)　③ 蠕变/应力开裂　④ 液态金属脆化　⑤ 连多硫酸腐蚀　⑥ 环烷酸腐蚀　⑦ 氨应力腐蚀开裂　⑧ 氯化氨腐蚀　⑨ HCl腐蚀　⑩ 燃灰腐蚀　⑪ 氧化　⑫ CO2腐蚀　⑬ 不同金属焊缝开裂　⑭ 885F°脆化　⑮ 短时过热-应力开裂　⑯ 氯化物应力腐蚀开裂　⑰ 磨蚀腐蚀　■ 高风险　■ 中风险　■ 低风险

图1　装置主要流程及易发腐蚀类型

2 原油性质变化情况

装置在 2013 年 12 月至 2017 年 1 月运行期间，加工原油的硫含量和酸值统计及变化趋势如图 2 所示。

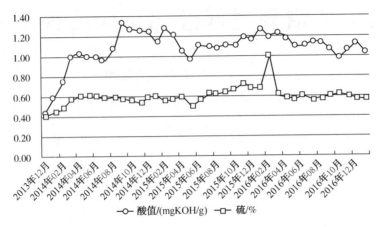

图 2 原油性质

从图 2 可以看出，目前装置加工的原油为含硫高酸原油，硫含量的变化范围为 0.40 ~ 1.00%（质量），酸值变化范围为 0.44 ~ 1.33mgKOH/g。从统计数据看，装置所加工的原油硫含量平均值为 0.59%，酸值平均值为 1.08mgKOH/g。

3 "一脱三注"工艺防腐运行状况

3.1 原油脱后盐含量情况

从图 3 统计数据来看，2013 年 12 月 ~ 2017 年 1 月装置脱后原油含盐量基本维持在 3.0mg/L 以下，只有 2016 年 6 月为 3.29mg/L，超过 3.0mg/L 的控制指标。

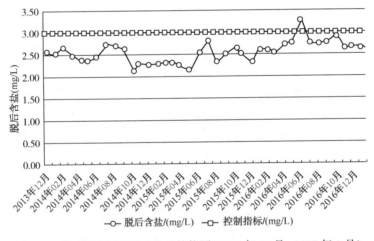

图 3 2#常减压装置脱后盐含量趋势图（2013 年 12 月 ~ 2017 年 1 月）

3.2 "三注"达标情况

为了更好地了解该装置低温轻油部位设备的腐蚀原因，我们收集了近三年来常减压装置"三顶"下水 pH、Fe^{3+}、Cl^- 离子的分析数据，其变化情况如图 4 ~ 图 6 所示。

从以上统计数据中可以看出：

（1）"三顶"下水 pH 值控制较好，基本处于控制指标之内，但都出现了 pH 值大于 9.0 的情况。pH 值控制偏高，将会直接影响缓蚀剂的使用效果。

（2）"三顶"下水中，铁离子控制较好，只有常顶下水铁离子有两次轻微超标，在 2014 年 3 月和 2016 年 11 月平均值均超过中石化控制指标（中石化控制指标为 ≤ 3.0mg/L），表明"常顶"低温轻油部位存在一定的腐蚀，建议强化装置工艺防腐控制措施的管理；"初顶"及"减顶"下水中铁离子含量处于控制指标之内。

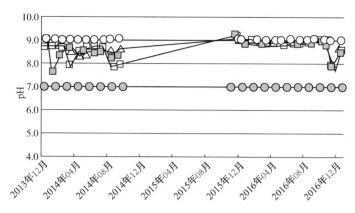

图 4　"三顶"下水 pH 值变化情况

注：初顶下水 pH 值最大值为 9.1，最小值为 7.9，平均值为 8.8；常顶下水 pH 值最大值为 9.2，最小值为 7.8，平均值为 8.7；减顶下水 pH 值最大值为 9.2，最小值为 7.6，平均值为 8.7

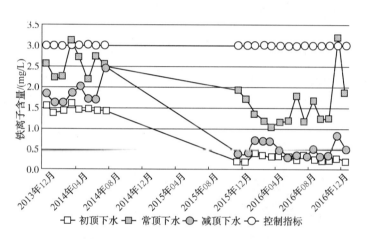

图 5　"三顶"下水铁离子含量变化情况

注：初顶下水铁离子含量最大值为 1.6mg/L，最小值为 0.2mg/L，平均值为 0.7mg/L；常顶下水铁离子含量最大值为 3.2mg/L，最小值为 1.0mg/L，平均值为 1.9mg/L；减顶下水铁离子含量最大值为 2.5mg/L，最小值为 0.3mg/L，平均值为 1.0mg/L

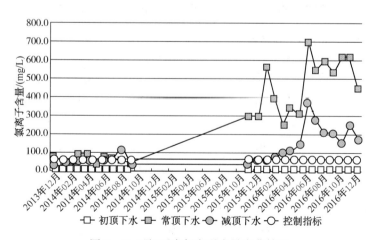

图 6　"三顶"下水氯离子含量变化情况

注：初顶下水氯离子含量最大值为 6.8mg/L，最小值为 0mg/L，平均值为 0.7mg/L；常顶下水氯离子含量最大值为 697.0mg/L，最小值为 40.0mg/L，平均值为 294.8mg/L；减顶下水氯离子含量最大值为 377.0mg/L，最小值为 20.7mg/L，平均值为 114.6mg/L

（3）"三顶"下水中常顶、减顶氯离子的含量普遍偏高（中石化控制指标为≤60mg/L），常顶下水氯离子平均含量为294.8mg/L，最高含量达到697.0mg/L，减顶下水氯离子平均含量为114.6mg/L，最高含量达到377.0mg/L。氯离子含量偏高将会加重腐蚀，同时给奥氏体类不锈钢的使用带来不利影响。

4　检查情况

本次装置停工大检修期间检查发现绝大多数设备腐蚀轻微，主要腐蚀集中在常压塔、减压塔顶部。

4.1　常压塔

常压塔塔顶第1层塔盘受液槽下侧塔壁坑蚀严重，塔壁蚀坑连片，有2处蚀坑深度达到5.06mm、6.94mm，塔壁原始厚度为14mm，腐蚀严重部位已几乎腐蚀掉一半的塔壁；上数1~3层（塔顶至顶循）高效塔盘顶盖、升气筒有较多区域腐蚀减薄穿孔，塔盘局部腐蚀减薄穿孔（经光谱检测材质为双相钢2205），车间已更新顶部1~3层塔盘，材质仍为双相钢2205。

4.2　减压塔

减压塔顶部存在轻微坑蚀，坑深不足0.5mm，塔壁环焊缝局部腐蚀凹陷；减二线塔盘附件腐蚀严重，V形挡液板及升气筒立板腐蚀减薄严重，局部已穿孔。

5　腐蚀分析

我们对常压塔顶腐蚀产物进行采样，通过EDX元素分析和XRD衍射光谱对元素及物相进行检测分析，其元素分析结果见图7及表1。

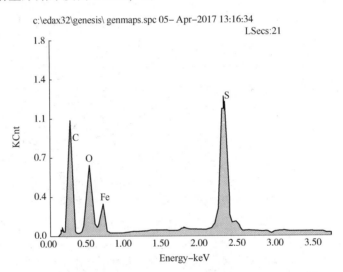

c:\edax32\genesis\ genmaps.spc　05–Apr–2017 13:16:34
LSecs:21

图7　常压塔顶管腐蚀产物元素能谱分析（EDX）谱图

表1　常压塔顶腐蚀产物元素分析结果
（EDX电子能谱分析法）

Element	Wt%	At%
C	50.38	70.65
O	16.45	17.32
S	09.03	04.74
Fe	24.14	07.28

注：表中Wt%为质量百分比，At%为原子百分比。

从表1中的元素分析结果来看，常压塔顶腐蚀产物元素组分以Fe、S、C、O为主，约占元素总量的99.99%。为了进一步确定腐蚀产物的物相组成，采用了X射线衍射法进行腐蚀产物分析（XRD），XRD衍射图谱及腐蚀产物物相匹配结果如图8所示。腐蚀产物物相定量分析结果推荐使用由峰面积求得的平均值来确定。

从腐蚀产物的X射线衍射图谱来看，腐蚀产物的物相组成为 Fe_3S_4（占33.4%）、$FeO(OH)$（占25.3%）、FeS（占19.8%）、Fe_3O_4（占8.9%）、S_8（占7.5%）、FeS_2（占5.2%），以铁硫化物和氧化物为主。结合三顶下水中氯离子分析数据，常顶下水氯离子平均含量为294.8mg/L，最高含量达到697.0mg/L，减顶下水氯离子平均含量为114.6mg/L，最高含量达到377.0mg/L，常顶、减顶下水中氯离子长期处于超标（60mg/L）状态，氯离子的存在对塔顶部位的腐蚀起着至关重要的作用。

由于原油中带来的无机氯离子绝大部分已在电脱盐脱除，有机氯转化为无机氯为氯离子的主要来源，另外加工过程中注水所含的氯、水溶性阻垢剂所含的氯也属于氯离子的来源。

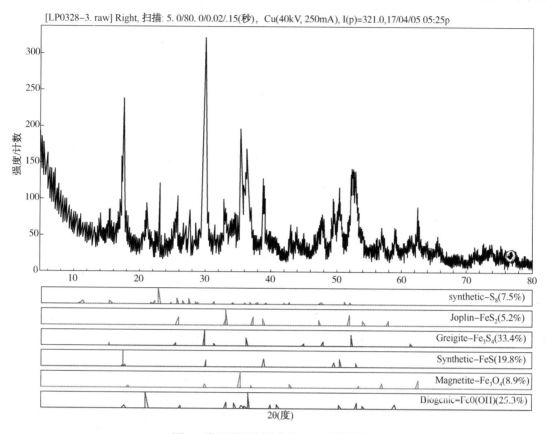

[LP0328-3. raw] Right, 扫描: 5. 0/80. 0/0.02/.15(秒)，Cu(40kV, 250mA)，I(p)=321.0,17/04/05 05:25p

synthetic-S_8(7.5%)

Joplin-FeS_2(5.2%)

Greigite-Fe_3S_4(33.4%)

Synthetic-FeS(19.8%)

Magnetite-Fe_3O_4(8.9%)

Diogenic-FeO(OH)(25.3%)

图8　常压塔顶腐蚀产物 XRD 分析结果

加工原油时，氯化物受热分解产生氯化氢，在有水的情况下，氯化氢与铁反应：

$$Fe+2HCl \longrightarrow FeCl_2+H_2$$

氯化氢除了与铁直接反应外，还能与 H_2S+ Fe 反应生成的 FeS 保护膜发生反应，破坏保护膜并重新生成 H_2S：

$$Fe^{2+}+H_2S \longrightarrow FeS+2H^+$$

$$FeS+2HCl \longrightarrow FeCl_2+H_2S$$

如此循环往复，在硫化氢、氯化氢和水三者共同作用下形成了 $H_2S+HCl+H_2O$ 的腐蚀。

6　结语

随着原油中间氯含量和硫含量的增多，常减压装置的腐蚀问题日益凸显，尤其常顶和减顶更是防腐蚀的重点区域。因此我们除采取一般防腐蚀措施外，还需要做到：

（1）在常顶、减顶及其冷凝冷却系统中加注高效油溶性缓蚀剂（同时控制 pH 值在 7~9，确保缓蚀剂效果），缓蚀剂分子吸附在金属表面，切断腐蚀介质与金属的接触途径，从而达到减缓腐蚀的目的。

（2）塔顶加注有机胺中和剂，用于中和塔顶的腐蚀性酸液，提高冷凝液的 pH 值。有机胺相对于氨水，有机胺中和剂易于稳定 pH 值，避免铵盐结垢，且有机胺能迅速进入初凝区并与 HCl 反应，从而大大缓解塔顶的腐蚀。

（3）严格控制注水和注剂中的氯离子含量，注水可采用除盐水。

（4）建立系统的腐蚀监测手段和防护措施，形成对常顶、减顶腐蚀情况的实时监控，要有专门人员从事装置运行期间的腐蚀监测工作以及停工期间的腐蚀调查工作，便于积累经验和提高监测水平，对错综复杂的监测数据进行准确判断。确保装置的长周期运行。

应用精准加注系统控制常减压装置塔顶油气线的腐蚀

周锦巧 张 林

（中韩(武汉)石油化工有限公司，湖北武汉 430082）

摘 要 炼油装置低温型 $HCl-H_2S-H_2O$ 腐蚀是常减压装置塔顶油气线最典型的腐蚀机理，采用"一脱三注"工艺防腐是目前最成熟的腐蚀控制方案。随着装置炼制原油性质劣质化、多变化加重，在长周期运行要求愈高的压力下，传统粗犷的注剂方式已不能满足要求，为了能实现防腐控制的精准化、自动化，武汉石化 1#常减压装置对常压塔顶部油气管线的腐蚀控制采用了精准加注系统，借助离子平衡模型方法和工艺仿真软件的分析，精准计算油气露点来控制初凝区，采用在线与离线监测相结合的控制算法、pH在线监测系统自诊断技术，并使用高精度计量泵和流量计，优化注剂量，实现注剂、监测、调整自动化，设备腐蚀控制在合理范围内，最终实现设备长周期运行。

关键词 工艺防腐；露点；垢下腐蚀；精准加注；腐蚀控制

1 常减压装置设计"三注"系统流程

武汉石化 1#常减压装置设计处理量为 350 万吨/年。常顶油气从塔顶抽出，进入换热器 E-101/A～C(材质为钛材)进行初步换热，进入空冷器 EC-101/A～D(管束材质为 09Cr2ALMo)冷却，然后进入冷却器 E-302/AB(管束材质为 009Cr2ALMo)冷却，最后进入回流罐进行分离，分离后的不凝气和初顶不凝气汇合后出装置，分离后的常顶油一部分回流，一部分与初顶汽油汇合后出装置。为防止顶部管线及冷凝冷却系统设备发生低温型 $HCl-H_2S-H_2O$ 腐蚀，在塔顶油气出口管线采取典型的注氨、注缓蚀剂、注水的顺序进行工艺防腐。

1#常减压装置"三顶"注水工艺，采用净化水(产自污水汽提装置)，使用注水泵分三路分别注入初顶、常顶和减顶油气线，大致的注入量为常顶 2t/h、初顶 1t/h、减顶 1t/h。

1#常减压装置的注入氨水工艺为：氨水罐来自其他装置自产氨水(浓度约 1%～1.5%)进入氨水罐，并每天加入 1 桶(220kg/桶)中和剂(有机胺)。配好的氨水通过氨泵分三路分别注入三顶油气管线，一天的注入量约为 20t。

1#常减压装置的注入缓蚀剂工艺为：每天向缓蚀剂槽 V121A/B 加入 1 桶(20kg/桶)低温水溶性缓蚀剂，用净化水兑满，浓度约 1%，再通过缓蚀剂泵分三路分别注入三顶油气管线，一天的注入量约为 5.808t。

2 常压塔顶系统工艺防腐运行现状及问题

武汉石化 1#常减压装置对现场"三顶"冷凝水采样、化验室分析上传数据频次为 2 次/周。工艺防腐控制指标为：铁离子含量 $\leqslant 3\times10^{-6}$；pH 值为 6.5～9.5。

统计 2014 年～2016 年常顶冷凝水监测数据，对其 pH 值、铁离子、Cl⁻离子和硫化物进行统计分析，显示绝大部分指标均控制在范围内，但是铁离子含量偶尔会出现超标，说明腐蚀依然存在。在 2013 年～2016 年运行周期内，换热器 E101A/B/C 油气出口第一个弯头就曾发生减薄严重的隐患，设计弯头规格为 $\phi377\times8.5mm$，减薄时最小厚度只有 3.6mm，分析减薄原因就是油气的露点发生在出口弯头处，导致冲刷腐蚀，在运行期间只能对减薄弯头进行外部打包处理。在 2016 年停工吹扫期间，换热器 E101A 油气入口管线发生腐蚀穿孔，如图 1 所示。在检修时将该段管线割除后发现，管内存在大量垢物，分析后确认为 NH_4Cl 盐，造成穿孔因素为铵盐垢下腐蚀，分析原因是塔顶注水控制不佳，造成管线结盐严重，形成垢下腐蚀。

(a)常顶油气管线穿孔部位(外)　　　　　　(b)常顶油气管线穿孔部位(内)

图1　常顶油气线腐蚀穿孔图

通过案例看出，在传统的工艺防腐控制和腐蚀探针监控等一系列措施下，油气系统仍存在腐蚀，归结原因如下：

（1）原油来源和质量不稳定。原油供应来源比较多，劣质化明显，工艺防腐方案变化跟不上加工原油的变化，超出或影响电脱盐的脱盐处理能力，导致"三顶"腐蚀环境异常恶劣。

（2）注剂的操作不稳定。工艺防腐加注的中和剂(氨与有机胺)、缓蚀剂等全部靠人工配制，浓度不够稳定，缺乏相应的检测手段；且都是采用一泵多注，存在明显的流量不均衡，三路流量互相影响，调节难度大。

通过分析常顶冷凝水数据，pH 值在 8~9.5 范围内占80%，塔顶工艺防腐整体控制偏碱性，氯离子长期在 $30×10^{-6}$ 浓度以上，极易形成局部的铵盐垢下腐蚀。

（3）离线分析数据滞后。直接动态反映塔顶腐蚀状况的铁离子浓度一直没有理想的在线监测手段，主要靠离线分析，分析间隔时间长，由于腐蚀不可逆，一旦腐蚀发生，在几个采样周期内就会造成管道及设备永久性损伤。

（4）几法准确计算塔顶油气露点温度和判断初凝区。油气初凝区 pH 值较低，是腐蚀冲刷最先发生的部位，也是湿盐酸浓度最高的区域。原油成分、生产负荷、脱盐效果等直接影响塔顶油气露点温度，露点温度偏移时难以通过塔顶注水来调整。以常压塔顶部油气管线为例，根据武汉石化1#常减压装置常顶油气线冷凝冷却系统设备材质设计特点，需要将油气的初凝区，即露点范围控制在材质等级较高的钛材换热器 E-101A/B/C 管束中，由于露点温度

的计算复杂，难以准确控制，露点前移或后移，都会对 E-101A/B/C 进出口碳钢管线进行腐蚀，特别是换热器油气出口的第一个弯头，是冲刷腐蚀最快的部位。

3　常压塔顶油气管线应用精准加注系统

针对1#常减压装置工艺防腐运行现状及问题，根据现场原有流程实际情况，应用了杭州原创软件有限公司提出的自动控制三顶回流罐pH、控制露点区域pH、控制塔顶腐蚀速率，并将自动加注和离线加注相结合的三顶精准加注系统方案。在常压塔油气管线进行了现场方案实施。该方案的技术核心就是通过建立离子平衡模型和工艺仿真软件，计算出了油气的露点温度，并通过相关经验修正和补偿，形成数据库，指导注水的调整，将露点温度控制在指定区域。

3.1　塔顶油气露点仿真计算

塔顶出来的气体主要由三部分组成：塔顶汽油、水蒸气和腐蚀性气体。经过冷却过程进行分离，整个过程只发生温度和相态的变化，不涉及化学组分的变化，因为塔顶气的组成无法取样分析，而分离后的物流(包括塔顶油、塔顶冷凝水以及塔顶瓦斯气)的组成及工况是容易获得的。因此根据物料守衡原理，采取"逆推过程"对塔顶系统进行建模。即把各分离后的物料利用 ASPEN 中的混合器模型混合得到塔顶气组成，再利用换热器模型调节温度和压力至塔顶系统的操作温度和操作压力，进而得到塔顶系统中各设备中物流的物性参数及油-气-水三相的平衡体系，建立了常减压装置塔顶露点工艺仿真模型，如图2所示。

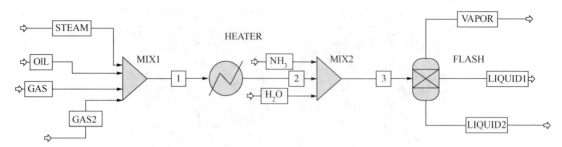

图2　塔顶露点工艺仿真模型

STEAM—水蒸气量和工艺条件；GAS—塔顶不凝气组分和流量以及工艺条件；
OIL—塔顶油组分和流量以及工艺条件；GAS2—腐蚀性气体量

再通过工艺仿真软件，从塔顶油流量、塔顶温度、塔顶压力、塔顶油品性质和塔顶系统不凝气流量五个参数变化，模拟出不同工艺条件下，塔顶油气露点温度的变化趋势，并通过调整注水流量来调节露点温度，从而得出对露点温度影响的各项因素。

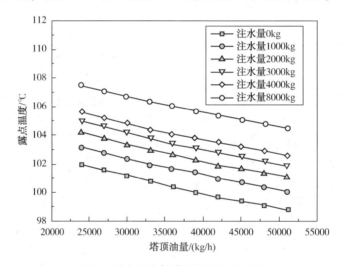

图3　露点温度与塔顶油流量的关系

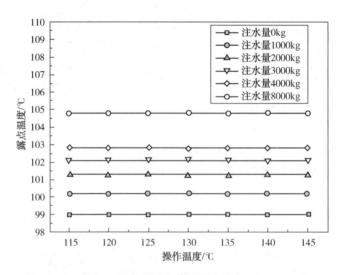

图4　露点温度与塔顶温度的关系

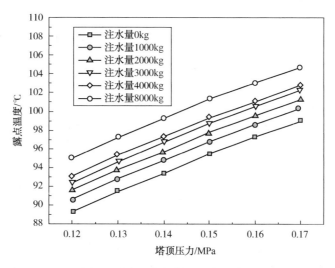

图5　露点温度与塔顶压力的关系

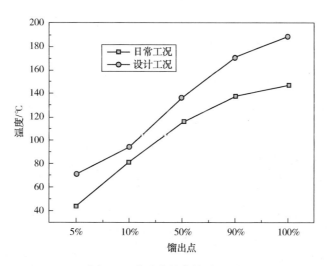

图6　两种油蒸馏曲线对比图

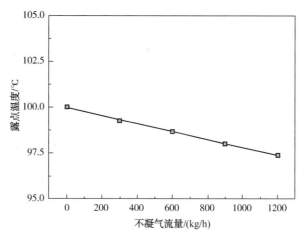

图7　露点温度与塔顶不凝气流量的关系

通过图 3 得出塔顶油量对露点温度的影响：塔顶油量增加露点温度下降，露点区后移，加大注水量会提高露点温度，使露点发生区域前移。

通过图 4 得出塔顶温度对露点温度的影响：塔顶操作温度对露点温度并没有影响。

通过图 5 得出塔顶压力对露点温度的影响：露点温度随着塔顶压力的升高而升高。可见塔顶压力是露点温度的一个重要影响因素，当塔顶操作压力变化时，需要及时地调整注水量，必要时可以通过微调操作压力来调控露点温度。

通过图 6 得出塔顶油物性对露点温度的影响：塔顶油主要是石脑油，沸点会随着原油来源和实际需求调整而改变，会对水相的露点温度产生影响。以设计工况和日常工况两种常顶油恩氏蒸馏曲线对比，使用塔顶模型计算，两者分别对应的露点温度是 99℃和 86℃。可见塔顶油的性质是影响水相露点的一个重要因素。

通过图 7 得出塔顶不凝气对露点温度的影响：不凝气偏差对露点温度影响很小，当不凝气量改变不大时，无需调整注水量。实际常顶不凝气的量变化很小，轻组分主要在初馏塔拔出，常顶不凝气主要是常压炉裂解气。

3.2　1#常减压装置"三顶"精准加注系统方案

借助离子平衡模型和工艺仿真软件，通过研究不同工况下工艺防腐优化加注方案，采用在线与离线监测相结合的控制算法、pH 在线监测系统自诊断技术，并使用高精度计量泵和流量计，设计工艺防腐自动精准加注系统，通过以下措施：来实现控制三顶低温腐蚀。

（1）将初凝区控制在高防腐等级材料区域；

（2）提高初凝区的 pH 值，降低露点腐蚀的程度；

（3）优化注水量，防止垢下腐蚀与冲蚀。

3.2.1　"三顶"精准加注系统架构及工艺流程

"三顶"精准加注系统主要由系统服务器、工控机、注剂控制器、变频器、pH 在线监测仪、氨浓度在线监测仪、注剂泵、流量计和温度、压力传感器组成。将离线样本分析数据和 DCS 工艺数据与在线监测仪的数据相结合，计算出最佳加注方案（见图 8）。

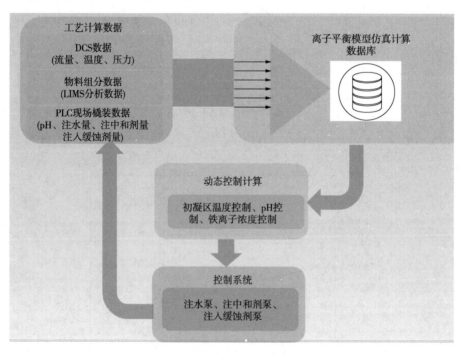

图 8　精准加注系统技术架构

3.2.2　控制指标

（1）pH 值控制范围为 6.5~8.5（控制氨水注入量来实现）；

（2）铁离子浓度控制范围：≤3ppm（控制缓蚀剂注入量来实现）；

（3）常减压装置的年腐蚀速率≤0.1mm/a

（精准加注综合的结果）；

（4）控制露点腐蚀发生区域的 pH 值（控制注水量来实现，露点 pH 值控制范围为 5~7）；

（5）控制水的注入量，符合《中国石化炼油工艺防腐操作细则》为塔顶流量的 5%~7%，并用来微调 pH 值。

3.3　应用效果

精准加注系统于 2018 年 8 月开始投入使用，对常压塔的三注已经完成了自动调节，目前注氨水量在 80~200L/h 之间，远低于原注氨量 400L/h；注缓蚀剂量在 10~25L/h 之间，低于原注剂量 45L/h。注水量在 2.0~3.5t/h 之间。

实现了控制指标的完成，常顶冷凝水 pH 值分布由原来的 8.5~9 下降到 7~8，有效地减少了铵盐的垢下腐蚀。铁离子值跟使用前比较，浓度分布由原来的 0.5~1.5mg/L 下降到 0.2~0.24mg/L，远低于目标值 3.0mg/L。

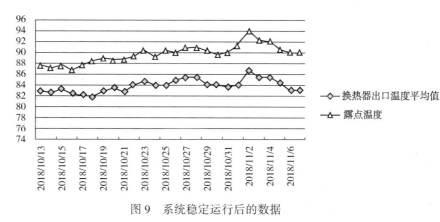

采样日期	注缓蚀剂流量（L/h）	氨水流量（L/h）	注水量（L/h）	含硫污水PH				换热器出口温度计读数 ℃			DCS换热器出口温度	露点温度	DCS换热器入口温度
	常顶	常顶	常顶	PH值	梅特勒表2	PH试纸	离线测试						
2018/10/10	30	160	2300	8.04	8.08								
2018/10/11	30	160	1800	8.22	8.13								
2018/10/12	15	120	3200	7.50	7.35	7.50	8.59						
2018/10/15	15	110	3000	7.45	7.31	7.70	7.99	E101A:73	B:80	C:85	83.24	87.64	109.98
2018/10/16	15	89	3200	7.54	7.32	7.50	7.79	E101A:67	B:80	C:85	82.52	86.66	110.07
2018/10/17	15	90	3500	7.33	7.32	7.2	7.55	E101A:70	B:80	C:85	82.27	87.91	109.73
2018/10/18	15	90	2000	7.52	7.37	7.5	6.94	E101A:60	B:75	C:85	81.9	88.5	109.97
2018/10/19	15	50	2000	8.01	7.75	7.5	7.97	E101A:60	B:80	C:87	82.97	88.95	111.58
2018/10/22	17	80	2100	7.43	7.38	7.5	8.15	E101A:70	B:80	C:85	84.14	89.27	112.69
2018/10/23	15	85	3200	7.52	7.55	7.5		E101A:70	B:80	C:85	84.75	90.48	115.06
2018/10/24	15	77	2000	7.24	7.21	7.5		E101A:60	B:70	C:85	83.95	89.23	115.94
2018/10/26	15	50	2400	7.61	7.19								

图 9　系统稳定运行后的数据

通过图 9 可以看到，使用精准加注后，注水量随着换热器出口温度等工况的变化而变化，常顶油气的露点温度一直控制在钛材换热器 E101A/B/C 管束内部温度，有效地控制了初凝区腐蚀。

系统目前处于自动加注状态，流量自动调节，很好地消除了由注剂浓度波动、工艺工况改变以及人工调节所带来的干扰。系统的软件界面已经入驻公司腐蚀在线监测平台。各项数据均从上线时就开始储存，方便回溯、调用。

参 考 文 献

1　章建华，凌逸群．炼油装置防腐蚀策略［M］．青岛：中国石油化工股份有限公司青岛安全工程研究院，2008.

2　夏延燊．常减压蒸馏装置塔顶冷凝系统防腐蚀措施［J］．石油炼制与化工，2006,37(1)：36-38

3　任忍奎，赵达生．常减压塔顶冷凝系统的腐蚀与防护［J］．石油化工腐蚀与防护，1998,15(4)：9-1.

催化烟气脱硫脱硝装置的腐蚀

单广斌[1]　张艳玲[1]　胡　洋[2]　刘小辉[1]　屈定荣[1]

（1. 中国石化青岛安全工程研究院，山东青岛　266104；

2. 北京安泰信科技有限公司，北京　100085）

摘　要　针对烟气脱硫脱硝装置的腐蚀问题，对19家企业29套装置采取的工艺组合及腐蚀情况进行了汇总，总结了主流工艺组合对应的易发生腐蚀的重点部位。其中EDV脱硫技术的腐蚀问题集中在脱硫塔的进料、水珠分离器附近和虾米腰附近；喘冲文丘里除尘脱硫技术集中在综合塔消泡段及其上部；低温氧化脱硝工艺应注意臭氧加注管线的腐蚀，SCR脱硝工艺应关注氨逃逸及锅炉省煤器的腐蚀。

关键词　烟气脱硫；腐蚀；脱硝；湿法脱硫

随着我国经济的快速发展，二氧化硫等污染物的排放量也在不断增加。为控制大气污染物排放，排放要求大幅提升，烟气脱硫脱硝环保装置重要性也相应提高，一旦烟气脱硫装置停工，造成排放超标，将面临监管部门罚款，甚至连累其他装置的强制关停。环保装置能否长周期平稳运行，已成为企业主干装置长周期运行的一个限制条件。而烟气脱硫脱硝装置介质环境恶劣，腐蚀问题困扰着装置的平稳运行，本文结合29套脱硫脱硝环保装置的调研情况，就典型的工艺方案和相应的主要腐蚀问题进行简单概述。

1　脱硫脱硝装置调研情况

NACE STAG P72和中国腐蚀与防护学会石油化工腐蚀与安全专业委员针对催化烟气脱硫装置的腐蚀问题，在2018年联合开展了一次企业调研，共调研了19家企业的29套烟气脱硫脱硝装置。调研结果显示：脱硫技术以贝尔格的EDV脱硫和双循环喘冲文丘里除尘脱硫技术为主，分别占62%和34%，见图1；脱硝技术以选择性催化还原法（SCR）和臭氧低温氧化（LOTOX）为主，分别占55%和41%，见图2。主要组合方案为EDV湿法脱硫+臭氧低温氧化脱硝、EDV湿法脱硫+SCR脱硝、双循环新型喘冲文丘里除尘脱硫+SCR脱硝，占比约为41%、19%和37%，见图3。调研企业中，配有电除尘/除雾器的企业有5家。

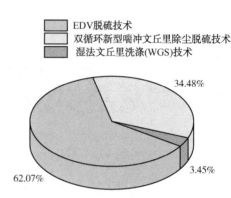

图1　脱硫技术分类统计

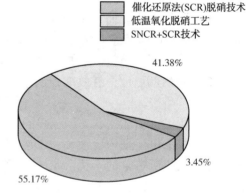

图2　脱硝技术类型统计

2　主要腐蚀问题及控制措施

烟气脱硫脱硝装置的腐蚀主要为酸性物质（SO_x、NO_x等）的腐蚀和局部的冲刷腐蚀。不同的工艺路线，其腐蚀重点部位和出现的腐蚀问题有所不同，下面按照不同的工艺方案组合进行分述。

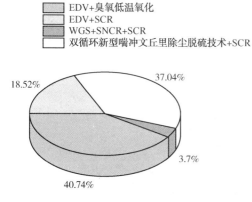

图3　脱硫脱硝组合占比统计

2.1　EDV 湿法脱硫+臭氧低温氧化脱硝工艺组合

调研结果显示,该工艺组合的腐蚀问题主要集中在洗涤塔入口锥体、臭氧注入管、急冷喷嘴、滤清模块、文丘里管及焊缝、水珠分离器和虾米腰管、烟囱上部(见图4)。另外还常出现内衬不耐冲蚀、防腐材料脱落、堵塞浆液循环的喷嘴和滤清模块的喷嘴等问题。

主要控制措施:

(1)工艺操作方面:控制余锅出口温度高于露点温度,控制塔底 pH 值为 7~7.5,控制循环液中催化剂含量,控制塔内浆液中氯化物含量。

(2)选材方面:臭氧注入管选用 ALLOY20 合金,洗涤塔及内件选用 316L 不锈钢,烟囱选用玻璃鳞片防腐涂料。

(3)监检测方面:洗涤塔水平烟道入口、喷嘴及冲刷部位、洗涤塔缩颈部位、水珠分离器附近等作为监检测重点。

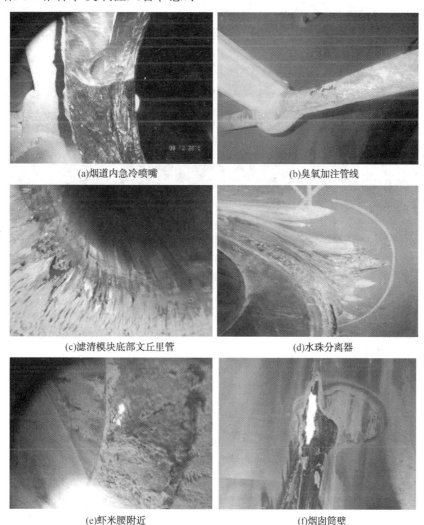

(a)烟道内急冷喷嘴　　　　　　　　(b)臭氧加注管线

(c)滤清模块底部文丘里管　　　　　　(d)水珠分离器

(e)虾米腰附近　　　　　　　　　　(f)烟囱筒壁

图4　EDV+臭氧低温氧化组合工艺主要问题

2.2　EDV 湿法脱硫+SCR 脱硝工艺组合

调研结果显示，EDV+SCR 工艺组合的主要腐蚀问题与 EDV+低温氧化工艺基本一致，主要集中在塔底进料段焊缝、滤清模块与筒体环焊缝、脱硫塔水珠分离器附近、虾米腰及烟囱本体等部位(见图 5)。不同的是 SCR 脱硝部分发生氨逃逸，并对锅炉省煤器产生影响。

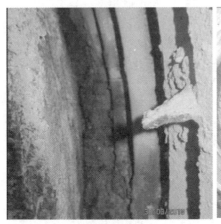
(a)烟气入口管线膨胀节

(b)过滤模组下管线

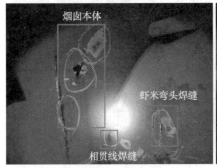
(c)烟囱及虾米弯头焊缝

(d)滤清锥段与塔体环焊缝

图 5　EDV+SCR 工艺组合的主要问题

主要控制措施：

(1) 工艺操作方面：控制余锅出口温度高于露点温度，控制塔底 pH 值为 7~7.5，控制循环液中催化剂含量，控制塔内浆液氯化物含量，根据氨逃逸量表显示流量及时调节注氨量等。

(2) 选材方面：洗涤塔、内件及烟囱选用 304L 不锈钢，烟囱变径焊缝处选用 Alloy20 合金。

(3) 监检测方面：进料段塔壁、洗涤塔缩颈部位、水珠分离器附近、浆液循环泵和滤清模块泵进出口管线等作为监检测重点。

2.3　双循环湍冲文丘里脱硫+SCR 脱硝工艺组合

双循环湍冲文丘里技术是中国石化自主知识产权的烟气脱硫、除尘技术，其主要腐蚀问题集中在综合塔消泡段及其上部。综合塔内衬层出现鼓泡、开裂、脱落，引发严重腐蚀，并堵塞急冷泵、逆喷泵，见图 6。

主要控制措施：

(1) 工艺操作方面：控制综合塔塔底 pH 值，控制循环液中催化剂含量，控制塔内浆液氯化物含量。根据氨逃逸量表显示流量及时调节注氨量，对电除尘凝液收集导出等。

(2) 选材方面：综合塔选用非金属内衬层/涂料(PU190、玻璃鳞片或其他可适用涂料)。

(3) 监检测方面：激冷塔激冷喷嘴与逆喷喷嘴之间塔壁、综合塔消泡段以上塔壁、易发生冲刷的部位等作为监检测重点。

(a)综合塔消泡剂集液槽溢流口上方塔壁

(b)综合塔消泡段环焊缝

(c)激冷塔激冷喷嘴和逆喷喷嘴中间塔壁

(d)综合塔聚脲内衬脱落

图6　双循环湍冲文丘里+SCR 工艺组合的主要问题

3　运行周期情况

从调研情况来看，EDV 脱硫技术占据多半，主要配套臭氧低温氧化脱硝和 SCR 脱硝，工艺比较成熟，运行相对平稳，长周期可达40个月以上(见图7)。氨/胺脱硫技术由于综合塔介质酸值低，腐蚀性强，腐蚀问题突出，影响长周期运行。

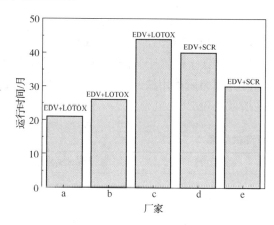

图7　运行周期情况

4　结语

EDV 脱硫技术的主要腐蚀问题集中在脱硫塔的进料、水珠分离器附近和虾米腰附近。湍冲文丘里除尘脱硫技术的主要腐蚀问题集中在综合塔消泡段及其上部。低温氧化工艺应当注意臭氧加注管线的腐蚀，SCR 工艺注意控制氨逃逸及锅炉省煤器的腐蚀。此外烟气脱硫脱硝装置还普遍存在非金属衬里的老化脱落，浆液循环喷嘴和滤清模块喷嘴的堵塞等问题。

参 考 文 献

1　吕伟.催化裂化烟气湿法脱硫装置设备腐蚀现状分析及对策[J].石油化工腐蚀与防护，2018，35(1)：23-28.

2　周浩，蔡明锋.催化裂化装置 SO_2 污染控制技术[J].安全、健康和环境，2012，12(6)：26-28.

3　岑奇顺，潘全旺.EDV 湿法烟气洗涤净化技术的工业应用[J].石油化工安全环保技术，2011，27(4)：49-53，69.

4　周作发.电厂锅炉脱硝系统氨逃逸危害、影响因素及运行调整[J].变频器世界，2019(6)：113-118.

5　陶涛.催化裂化氨法烟气脱硫脱硝除尘装置腐蚀状况分析[J].山东化工，2015，44(23)：147-148，151.

催化裂化装置终止剂管线腐蚀及对策

何超辉

（岳阳长岭设备研究所有限公司，湖南岳阳　414000）

摘　要　针对催化裂化装置反应器提升管终止剂管线腐蚀问题，采用在终止剂中添加氨水、缓蚀剂等方法模拟现场工艺条件进行了实验研究，提出了减缓终止剂管线腐蚀的可行性对策。

关键词　催化裂化装置；管线腐蚀；对策

某炼厂催化裂化装置自开工以来一直使用装置自产的含硫污水作为终止剂。环氧丙烷装置开工以后，为了消化该装置生产过程中产生的污水，从 2017 年 12 月初开始使用环氧丙烷装置污水罐 V205 的污水作为终止剂。运行半年后对终止剂管线进行了测厚检查，发现该管线存在一定的腐蚀。为了减缓终止剂对管线、提升管喷嘴（材质为 20#钢）及提升管内部构件的腐蚀，采用了在环氧丙烷污水中添加氨水、缓蚀剂以及催化裂化装置自产污水等不同的方法模拟现场工艺条件进行了实验，计算出 20#钢在不同介质中的腐蚀速率，并提出了减缓终止剂管线腐蚀的可行性对策。

1　终止剂管线腐蚀情况

催化裂化装置 2017 年 12 月初开始使用环氧丙烷装置污水罐 V205 的污水作为终止剂。每季度对终止剂管线定期进行测厚检查，终止剂管线材质为 20#钢，运行半年后发现该管线部分测点腐蚀速率超过 1.5mm/a。对 V205 的污水进行了分析（分析结果见表 1），污水 pH 呈酸性，氯离子含量高，20#钢在此环境下耐蚀性差。

表 1　环氧丙烷 V205 污水介质分析结果

	pH 值	Fe^{3+}/(mg/L)	Cl^-/(mg/L)	H_2S/(mg/L)	甲醇/%	1-MME/%	2-MME/%
V205 污水	3	0	855	121	1	0.39	6.16

2　实验部分

2.1　实验药品及方法

选用环氧丙烷 V205 污水 A、催化装置自产污水 B、氨水 C（质量分数为 25%～28%）、缓蚀剂 C（添加比例为 30×10^{-6}）作为实验药品，采用静态挂片实验和旋转挂片实验等方法分别测试 20#钢的腐蚀速率。

2.2　实验测试过程

2.2.1　采用快速腐蚀测试仪测试腐蚀速率

将 20#钢分别置于以下六组不同腐蚀介质中，搅拌均匀后利用快速腐蚀测试仪进行测试。实验结果见表 2。

表 2　不同配比腐蚀速率测试结果

分组	实验药品	pH 值	测试结果
第一组	A（环氧丙烷 V205 污水）	3～4	1.275mm/a
第二组	B（催化裂化装置自产含硫污水）	9～10	0mm/a
第三组	AB 混合溶液（A∶B＝1∶1）	9～10	0mm/a
第四组	AB 混合溶液（A∶B＝5∶2）	9～10	0mm/a
第五组	A＋氨水 C（质量分数为 25%～28%）	6～7	0mm/a
第六组	A＋缓蚀剂 D（添加比例为 30×10^{-6}）	3～4	0.875mm/a

由表 2 可知, 环氧丙烷 V205 污水在静态下的腐蚀速率为 1.275mm/a, 第六组腐蚀速率为 0.875mm/a, 说明添加缓蚀剂后不能有效减缓腐蚀。第二、三、四、五组测试结果为 0, 说明通过调整腐蚀介质的 pH 值可有效减缓腐蚀。

2.2.2　静态挂片实验

将 20#钢分别置于五组(每组两块试片)不同腐蚀介质中浸泡 48h, 采用失重法分析计算 20#钢在不同腐蚀介质中腐蚀速率。实验结果如下:

将腐蚀后的挂片取出后发现, 第一组与第五组(见图 1)试片表面呈灰色, 清洗后表面失去金属光泽, 第二(见图 2)、三、四组试片表面光洁平整, 具体数据见表 3。

图 1　第一组试片形貌

图 2　第二组试片形貌

表 3　静态挂片实验结果

分组	实验药品	材质	试片号	初始质量/g	蚀后质量/g	失重/g	腐蚀率/(mm/a)	平均腐蚀速率/(mm/a)
第一组	A	20#	2250	19.678	19.615	0.063	1.0462	1.0877
		20#	2251	19.726	19.658	0.068	1.1292	
第二组	AB 混合溶液 (A:B=1:1)	20#	2252	19.238	19.235	0.003	0.0498	0.0249
		20#	2253	19.877	19.877	0	0.0000	
第三组	AB 混合溶液 (A:B=5:2)	20#	2254	19.749	19.748	0.001	0.0166	0.0083
		20#	2255	19.751	19.751	0	0.0000	
第四组	A+氨水(将溶液 pH 值调至 6~7 之间)	20#	2217	19.347	19.346	0.001	0.0166	0.0249
		20#	2218	19.462	19.460	0.002	0.0332	
第五组	A+缓蚀剂	20#	2258	19.375	19.311	0.064	1.0628	0.92165
		20#	2259	19.942	19.895	0.047	0.7805	

从表 3 的实验数据来看, 第一组、第五组试片的腐蚀速率明显高于其他三组, 第一组(环氧丙烷 V205 污水)在常温下腐蚀速率为 1.0877mm/a。从第五组的实验数据来看, 添加缓蚀剂效果不理想。第二、三、四组试片腐蚀轻微, 说明通过采用催化裂化装置自产含硫污水与环氧丙烷污水混合或向环氧丙烷污水中添加氨水来提高 pH 值的方法均能有效地减缓污水管线的腐蚀。

2.2.3　旋转挂片实验

针对以上静态实验结果, 结合现场工艺条件, 对两种污水按照不同比例利用旋转挂片腐蚀速率测试仪进行实验(其中 A 为环氧丙烷 V205 污水、B 为炼油二部催化裂化装置含硫污水), 具体配比情况见表 4。

实验结果见表 5。

表4　旋转挂片实验药品配比

分　组	实验药品	pH 值
第一组	AB 混合溶液（A：B＝10：4）	9~10
第二组	AB 混合溶液（A：B＝10：3.5）	8~9
第三组	AB 混合溶液（A：B＝10：3）	7~8
第四组	AB 混合溶液（A：B＝10：2.5）	6~7
第五组	A＋氨水	6~7
第六组	A＋氨水	9~10

表5　旋转挂片实验结果

分组	实验药品	材质	试片号	初始质量/g	试后质量/g	失重/g	平均腐蚀率/（mm/a）
第一组	10：4	20#	2220	19.605	19.602	0.003	0.01965
		20#	2221	19.834	19.830	0.004	
第二组	10：3.5	20#	2222	19.686	19.683	0.003	0.01965
		20#	2223	19.696	19.692	0.004	
第三组	10：3	20#	2224	19.757	19.750	0.007	0.0365
		20#	2225	19.637	19.631	0.006	
第四组	10：2.5	20#	2226	19.663	19.648	0.015	0.0786
		20#	2227	19.667	19.654	0.013	
第五组	氨水（pH 在 6~7 之间）	20#	2228	19.649	19.645	0.004	0.0225
		20#	2229	19.775	19.771	0.004	
第六组	氨水（pH 在 9~10 之间）	20#	2267	19.628	19.625	0.003	0.0168
		20#	2269	19.390	19.388	0.002	

　　从表 5 的实验结果可以看出，第一、二、五、六组试片的腐蚀速率均在 0.03mm/a 以下，第四组（AB 混合溶液 A：B＝10：2.5）的试片的腐蚀速率最高，为 0.0786mm/a。第四组与第五组混合溶液 pH 值均在 6~7 之间，但腐蚀速率存在明显差异，说明在相同 pH 值情况下，往环氧丙烷污水中直接加氨水的腐蚀速率比混合催化裂化装置自产含硫污水的腐蚀速率低。第一组（腐蚀介质配比为 10：4）在旋转的情况下其腐蚀速率为 0.01965mm/a，约为静态挂片实验结果的 2.4 倍。

3　结论与建议

　　通过采用快速腐蚀速率测试仪、静态挂片实验、旋转挂片实验三种方法对 20#钢在环氧丙烷污水等不同配比的腐蚀介质中的腐蚀速率进行了测试、分析和比较，从实验结果来看：

　　（1）通过添加缓蚀剂的方法不能有效减缓腐蚀。

　　（2）采用催化裂化装置自产含硫污水与环氧丙烷污水混合、采用往环氧丙烷污水中直接加氨水来提高 pH 至中性以上的方法均能有效地减缓腐蚀。

　　（3）在旋转挂片实验中，相同 pH 值情况下往环氧丙烷污水中直接加氨水的腐蚀速率比混合 3#催化裂化装置含硫污水的腐蚀速率要低。

　　（4）在相同介质、pH 值、温度的条件下，20#钢在旋转挂片条件下的腐蚀速率为静态挂片实验条件下的 2.4 倍。

　　（5）建议在环氧丙烷污水出口设置注氨设施，控制氨水比例，保证污水 pH 值在中性以上，可有效地减缓注剂管线及喷嘴的腐蚀。

重油催化装置分馏塔顶循环管线失效分析

叶成龙　单广斌　黄贤滨

（中国石化青岛安全工程研究院，山东青岛　266071）

摘　要　通过宏观分析、化学成分分析、XRD分析、金相组织分析、介质分析、SEM及EDS分析、露点计算、流态模拟等方法研究了某重油催化装置分馏塔顶循环管线腐蚀泄漏的具体原因，确定失效主要原因为管道局部出现酸性（$H_2O+H_2S+HCl+CO_2$）溶液环境，导致管道腐蚀减薄，在内部压力、重力等工作应力的作用下，在薄弱部位发生局部撕裂，对此提出了针对性建议措施。

关键词　重油催化；顶循环管线；腐蚀泄漏；露点；铵盐

1　失效情况

某炼厂重油催化装置2009年更换投入使用，2019年2月分馏塔顶循环管线发生泄漏着火，泄漏部位为顶循线垂直管与水平支撑管连接处，失效管段材质为20#钢，外径为325mm，厚度为6.5mm。泄漏部位如图1所示。

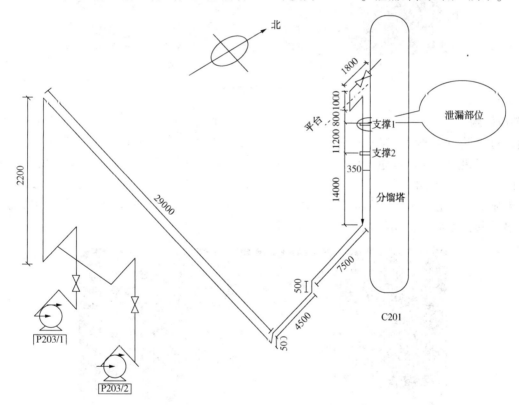

图1　催化分馏塔顶循抽出线泄漏部位示意图

2　失效件宏观分析

2.1　失效形貌宏观观察

通过对失效部位进行观察，如图2所示。失效部位位于竖直段与支撑管连接处，支撑管中心距离弯头焊缝约为120mm，处于与外弯连接的一侧。支撑管向弯头方向倾斜，左侧部分进入管道内部，断口位于焊缝边缘；右侧部分翘出管道，断口逐渐远离焊缝，最远约为20mm，凸凹不齐。内壁附着黑色薄层污垢，局部出现黄色锈层。

游标卡尺测量翘出一侧断口区域厚度，约为1.2mm，与超声波测厚数据最小值(1.18mm)相近。

管道内壁存在密布腐蚀坑，但总体较为均匀，焊接区域未见明显腐蚀差异。

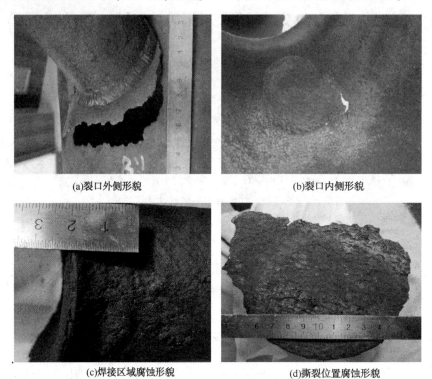

(a)裂口外侧形貌   (b)裂口内侧形貌

(c)焊接区域腐蚀形貌   (d)撕裂位置腐蚀形貌

图2　失效管宏观检查

2.2　壁厚检测

通过对取得的水平段、竖直段管段进行网格划分，利用超声波测厚仪进行测厚，并绘制测厚云图，如图3、图4所示。

结果显示，管道水平段上下部分测厚数据存在明显差异，下部发生明显减薄，测厚数据最小值为3.64mm，上部未见明显减薄，测量厚度为9~10mm，见图3。水平段的壁厚明显大于竖直段，竖直段的减薄区域主要集中在泄漏区域附近(支撑接管附近)，见图4，最小测厚值为1.18mm。弯头壁厚测量值为7~10mm。

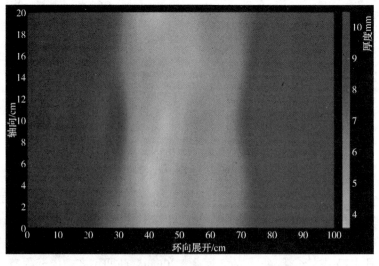

图3　水平管段测厚展开示意

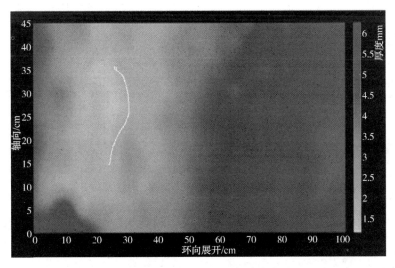

图 4　竖直段测厚展开示意

3　成分分析

采用火花直读光谱仪对管道本体材质进行成分分析，如表 1 所示。失效管道成分分析结果与标准 GB/T 699《优质碳素结构钢》中 20# 碳钢各成分参考范围相符，检测结果未见异常。

表 1　成分分析结果 %

名　称	C	Si	Mn	P	S	Cr	Ni	Cu
失效管道	0.19	0.22	0.54	0.009	0.008	0.04	0.02	0.07
20# 钢（GB/T 699）	0.17~0.23	0.17~0.37	0.35~0.65	≤0.035	≤0.035	≤0.25	≤0.30	≤0.25

4　XRD 分析

对减薄部位局部取样，对取样的内壁进行 XRD 分析，结果如图 5 所示，显示主要成分为铁（基体）和部分铁的氧化物以及 SiO_2。

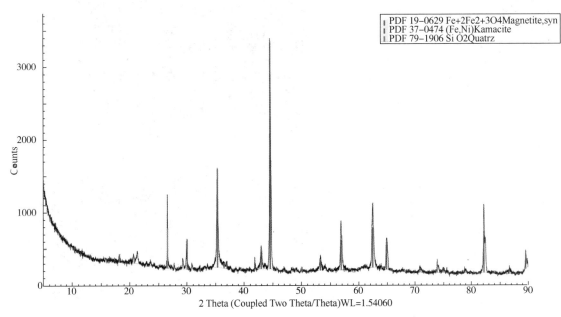

图 5　XRD 分析结果（纵坐标：衍射峰强度；横坐标：衍射角 2θ）

5　金相组织分析

对管道及支撑管焊缝进行取样,经镶嵌和系列磨抛后,采用4%硝酸酒精侵蚀,观察母材的金相组织。

结果显示管道金相组织为铁素体+珠光体(见图6),金相组织正常。

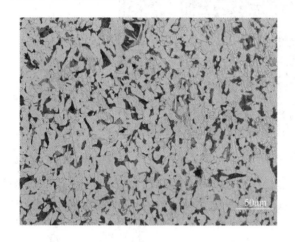

图6　母材金相组织形貌

6　介质分析化验

对分馏塔顶循物料进行取样分析,结果列于表2。结果显示物料中含水601.2mg/kg,总硫含量0.418%,Cl^-、NH_4^+、CN^-均未能检出。

表2　分馏塔顶循物料分析结果

序号	分析项目	分析结果
1	密度(20℃)/(kg/m³)	836.8
2	运动黏度(20℃)/(mm²/s)	1.243
3	馏程:初馏点/℃	31.5
	5%回收温度/℃	109.5
	10%回收温度/℃	147.5
	50%回收温度/℃	188.9
	90%回收温度/℃	278.4
	95%回收温度/℃	321.7
	终馏点/℃	323.8
4	水分/(mg/kg)	601.2
5	总硫/%	0.418
6	Cl^-、NH_4^+、CN^-	未检出

7　SEM及EDS分析

对减薄部位进行取样,观察内壁及断口形貌,并进行局部的EDS分析。结果显示管道内壁覆盖腐蚀产物和垢污,其含有较多的Fe、C、O、S、Cl、Si、Al等元素,其中Cl的质量百分比达3.85%,S的质量百分比达3.9%。

采用有机溶剂(丙酮)对试样进行清洗,去除表面油污,并在扫描电镜下观察断口形貌,结果显示,断口整体以韧窝花样为主,局部区域存在少量孔洞,如图8所示。

元素	wt%	At%
C	19.05	35.22
O	28.43	39.47
Al	2.30	1.89
Si	3.26	2.58
S	3.90	2.70
Cl	3.85	2.41
K	0.33	0.19
Ca	0.49	0.27
Fe	38.40	15.27

注:wt%为质量百分比,At%为原子百分比。

(a)定量计算结果

电子图像1
(b)电子图像

(c)分析谱图

图7　管内壁EDS分析结果

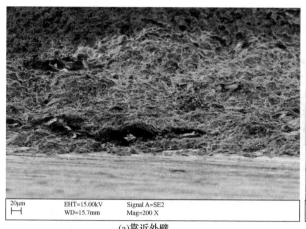
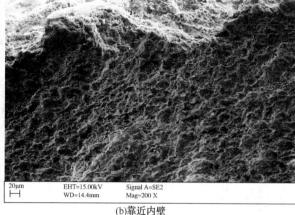

(a)靠近外壁　　　　　　　　　　　　　(b)靠近内壁

图8　断口形貌

8　工艺分析

8.1　操作温度

观察顶循管线的抽出和返塔近一个月的温度监测记录，结果显示抽出温度在132~165℃之间，且二月份较一月份有所降低。返塔温度大多在60~90℃之间，最低已至55℃左右。

8.2　顶循流量

管线腐蚀失效前两个月内，C201顶循量最大运行值为193.19t/h，最小运行值瞬时为0t/h，平均运行值为163.71t/h。在此期间共出现过两次明显波动，第一次波动期间最大运行值为196.19t/h，最小运行值为0t/h（瞬时值），平均运行值为148.15t/h；第二次波动期间最大运行值为183.17t/h，最小运行值为8.1t/h（瞬时值），平均运行值为149.84t/h。

8.3　露点计算

油气水露点温度是指在油气中水蒸气含量和压力条件保持恒定的工况下，降温至刚析出第一滴水珠时系统的平衡温度。塔顶系统低温露点腐蚀的主要因素包括操作温度、操作压力、水蒸汽含量和腐蚀性介质含量等。以催化分馏塔顶操作条件和物料分析数据为基础对分馏塔顶进行露点计算。以塔顶石脑油的相对密度和蒸馏数据为基础，通过化工流程模拟软件Aspen Plus生成了一系列虚拟组分，计算了每个虚拟组分的摩尔分数、标准沸点、相对密度和相对分子质量，并估算了每个虚拟组分的临界性质和偏心因子。使用Peng-Robinson方程对塔顶油气馏分进行严格三相平衡计算，得出催化分馏塔顶自然水露点约为98℃。塔顶内部总体上高于水露点，顶循抽出部位也高于水露点，但是顶循返塔温度低于水露点，在顶循返塔附近可能出现局部低于露点区域。

8.4　流态模拟计算

选取泄漏部位前后管路作为研究对象建模，开展流动状态数值模拟计算。

图9为水平管段的水相分布，模拟计算显示物料中的水相液滴会在水平段的下部聚集，水相集聚部位与水平段的测厚减薄区一致。图10为穿孔部位速度流线，图11为穿孔部位湍动能分布，从图中可以看出，在外侧区域二次流较多，湍动能较大，促进了外侧区域的物质交换，加速了局部的腐蚀速率。

9　综合分析与结论

通过成分和组织分析结果来看，管道母材成分及组织正常，从断裂宏观形貌来看，断口面呈现45°剪切特征，SEM观察为韧窝断口，可以判断失效主要为韧性断裂。

在金相检查中发现支撑管与竖管的焊缝及热影响区出现明显的魏氏组织，粗大的魏氏组织可使局部的塑韧性降低，但接管与竖管的焊接部位内壁腐蚀未见明显差异，该处焊接对腐蚀失效的总体影响不大。

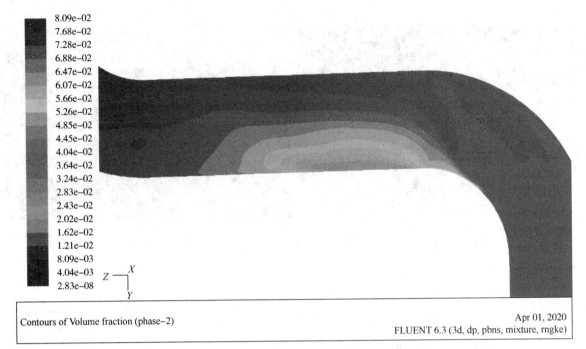

图9　水平段水相分布

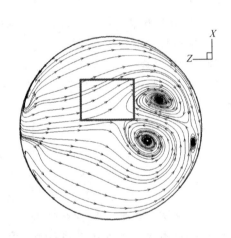

图10　穿孔部位横截面内速度流线示意

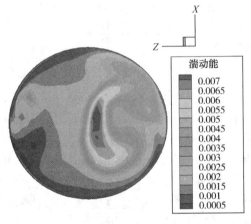

图11　穿孔部位横截面内湍动能分布示意

从壁厚测量结果来看，水平管段的腐蚀减薄集中在下部（4~8点位置），与模拟计算中水相的聚集部位吻合，结合前面露点计算结果以及对顶循物料的分析结果，可以判断管道中存在液态水，由于密度的不同，水相在水平段的底部聚集，并溶解物料中在高温催化条件下形成的腐蚀介质，形成的 $H_2O+H_2S+HCl+CO_2$ 溶液环境对管道内壁造成腐蚀，在内壁的 EDS 分析结果发现了较多的 C、O、S 和 Cl 元素，也从侧面证明了腐蚀环境的存在。水滴状的腐蚀坑形貌也与这类腐蚀过程相对应。在该腐蚀环境下 H_2S 和铁发生反应，生成硫化铁形成一层致密的保护膜附着在金属表面，保护金属不再受到腐蚀，可是当有 H_2S 存在时，HCl 与 FeS 发生反应，FeS 膜被破坏，使金属表面裸露再次被腐蚀，如此反复循环进行，加速了设备的腐蚀速率，最终可导致管线、设备的腐蚀穿孔泄漏。

原料油中的有机氮化物如吡啶、吡咯、喹啉等在高温催化裂化加工过程中生成 NH_3，NH_3 与 HClS 反应生成的 NH_4Cl，可能在顶循管线析出，形成盐垢，造成垢下化学腐蚀。氰化物和氯离子对锈蚀层有强烈的渗透和破坏，使盐垢疏松和剥落。虽然顶循物料取样中未能检出 Cl⁻ 和 NH₄⁺，但在管内壁的 EDS 分析中发现了 Cl 的存在，因此也不能排除存在铵盐结晶可能，物料的分析化验中未能检出 Cl⁻ 和 NH₄⁺的存在，说明在采样中铵盐含量很少，铵盐引起的腐蚀不占主导地位。在 EDS 分析中检测到较多的 Cl 元素，可能是由于局部聚集的酸性溶液在运行过程中不断发生局部浓缩导致了元素的富集。XRD 分析中未能检出氯化物和铵盐主要有两方面原因：一是管道经过蒸汽吹扫，大部分盐和垢污被去除；二是表面附着垢污已很薄，与基体一起进行分析，谱峰主要反映了基体信息，含量较少的物质被淹没。

从操作记录来看，顶循流量有较大的波动，甚至出现流量为 0 的情况，流量大幅变化引起了温度的波动。中国石化《炼油工艺防腐蚀管理规定》实施细则建议控制塔顶操作温度高于水露点温度 28℃，顶循环回流温度高于 90℃，以降低露点腐蚀风险。从露点计算结果来看，塔顶内部总体上高于水露点 16℃，顶循抽出部位也高于水露点，但是顶循返塔温度低于水露点，在顶循返塔附近可能出现局部低于露点区域。为液态水的出现和溶液局部的浓缩提供了有利条件。

此外，管道内介质流动状态影响腐蚀发生的位置和腐蚀的速率。流态模拟计算结果来看失效部位存在湍流，湍动能和壁面剪切力相对其他部位更高，促进了该局部区域的腐蚀。

综合分析以上结果，失效主要原因是管道局部出现酸性（$H_2O+H_2S+HCl+CO_2$）溶液环境，导致管道腐蚀减薄，随着腐蚀的不断发展，壁厚不断减薄，当减薄到一定程度后，在内部压力、重力等工作应力的作用下，在薄弱部位发生局部撕裂。流量大幅变化甚至抽空情况的出现，还会带来对管道的冲击，促进了局部薄弱部位的破裂。

建议措施：①平稳操作，避免顶循流量、温度大幅波动；②此部位可考虑选用带有防腐内衬层或涂层的管道；③优化该管道支吊分布及方式，尽量避免焊接固定；④可考虑选用在线测厚手段对此部位进行监测，及时发现和处理异常情况。

参 考 文 献

1 韩德伟. 金相试样制备与显示技术(第二版)[M]. 长沙：中南大学出版社，2014.
2 金成山. 压蒸馏塔顶系统低温露点腐蚀防护与注剂喷嘴研究[D]. 济南：山东大学，2019.
3 张婷. 重油催化裂化装置分馏塔顶及顶循系统腐蚀与防护研究[D]. 兰州：兰州大学，2013.
4 周旭. 炼油厂重催装置分馏顶循换热器泄漏分析及应对措施[C]. 第十五届宁夏青年科学家论坛论文集. 石油化工应用，2019：479-481.
5 杨晓宏. 炼油催化裂化分馏塔顶腐蚀原因分析及对策措施[J]. 科学管理，2019，39(5)：191-192.

延迟焦化装置的腐蚀风险分析

李贵军　单广斌

（中国石化青岛安全工程研究院，山东青岛　266101）

摘　要　对某延迟焦化装置的腐蚀情况进行了描述，根据装置的流程特点、操作条件和设备选材和结构对装置的腐蚀类型和腐蚀原因进行了分析，提出了工艺防腐、材料升级和结构改进等方面的改进措施。

关键词　延迟焦化装置；腐蚀；风险；材料；设备；管道

延迟装置是渣油轻质化加工的重要装置，对原料的适应性强，投资成本和操作费用相对较低，与炼油厂其他工艺优化组合可以提高渣油的资源利用率，提高全厂轻质油收率，延迟焦化石脑油可以作为乙烯装置原料，在油化一体化流程中发挥重要作用。进入 21 世纪以来，随着我国炼油工业的发展，国内延迟焦化在工艺及工程技术、设备及机械制造、装置本质安全及自动化水平、环保及清洁化等方面取得了显著的进步，技术上经历了装置大型化，以及适应加工劣质化原料和提高液体收率等方面。随着加工原油的重质化和劣质化，中国石化延迟焦化加工能力不断增加，到 2016 年，中石化延迟焦化加工能力已经达到 5085 万吨，实际加工量占一次加工量的 17.9%。随着原油的劣质化，焦化装置的原料含硫、环烷酸和盐等腐蚀性杂质含量提高，装置操作温度高，腐蚀已成为装置安全稳定运行的重要因素。在对装置中设备和管道的腐蚀进行全面检查的基础上，对腐蚀失效模式、失效进展速率和防腐措施进行研究，提出腐蚀控制措施，有利于控制腐蚀风险，为企业的安全生产提供技术支持。

1　装置基本情况

某石化公司延迟装置于 1970 年建成投产，加工能力 40 万吨/年，2000 年后经扩建增加 1 炉 2 塔生产能力扩大到 100 万吨/年，加工原料有减压渣油、催化裂化油浆和脱油沥青，装置由焦化部分、分馏部分和吸收稳定部分组成，生产焦化气体、汽油、柴油、蜡油和石油焦等产品。

随着企业加工原油硫含量的提高，延迟焦化装置加工原料的硫含量也随之增加，表 1 是装置加工不同硫含量的原料油时产品中的硫含量，从表中可见，随着装置原料硫含量提高，装置各部位设备和管道中物料所含硫化物含量增加，腐蚀风险增大。

表 1　装置原料和产品中的硫含量（质量分数）

%

原料油	原料 1	原料 2	高硫渣油 3
原料	4.6	2.42	3.3
气体	12.3	8.2	9.7
汽油	14.7	0.41	0.52
柴油	2.44	1.06	1.63
蜡油	3.28	1.77	2.51
石油焦	5.9	4.3	4.89

2　焦化部分的腐蚀和损伤

焦化部分的腐蚀和损伤类型主要有高温硫和环烷酸腐蚀、冲刷腐蚀，金属热机械损伤和蠕变、低周疲劳，高温氧化、渗碳和金相组织劣化等。

2.1　焦炭塔的腐蚀和损伤

焦炭塔进料温度高达 500℃，最高壁温达到 450℃以上，高温硫腐蚀速率很高，在塔有结焦层保护的区域腐蚀较轻，在泡沫层以上结焦不好的部位以及保温不好的区域腐蚀严重，

作者简介：李贵军，男，高级工程师，博士，2004 年毕业于浙江大学化工过程机械专业，研究方向为化工设备安全。

20世纪末中国石化有企业加工高硫进口原油后，碳钢焦炭塔顶封头腐蚀严重，腐蚀速率超过1.5mm/a，把上封头和相连一段塔体更新为复合钢板；在焦炭塔冷却后，塔内会形成湿硫化氢腐蚀环境，引起设备的湿硫化氢环境的腐蚀减薄，在除焦阶段，设备器壁会受到高压水的冲击。图1为焦炭塔（材料20g）顶部塔壁和焊缝的腐蚀，蚀坑深度达到2mm。图2为下部锥形封头内部的腐蚀坑，深1~3mm。

图1　焦炭塔顶部筒体和焊缝的腐蚀

图2　焦炭塔锥形封头的腐蚀

　　焦炭塔生焦过程中塔体壁温超过400℃，塔体会发生蠕变变形。焦炭塔在预热升温、生焦、冷焦和除焦生产循环中，壁温经历室温到高温、高温到室温的周期性变化，在升温和降温循环中，设备中产生径向和周向热应力，由于热应力和压力的联合作用，引起塔体的鼓胀变形和焊缝的开裂。塔体变变形初期发生在底部塔壁，随着时间推移向上发展。焊缝开裂在裙座与塔体的焊缝发生最为普遍（见图3），其原因是由塔体和焊缝直接的温差、相互的变形约束和交变热应力引起的，减缓措施是采用塔体和裙座之间采用整体连接结构，设置热箱减小塔体和裙座之间的温差。在接管焊缝和外构件连接等结构不连续部位，也会发生焊缝开裂（见图4）。接管采用整体补强结构，不在塔体上焊接附件，优化塔体的保温结构，以降低焊缝开裂敏感性。

图3　焦炭塔裙座角焊缝裂纹

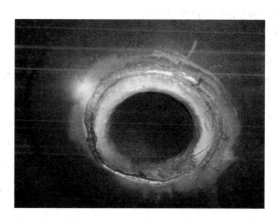

图4　焦炭塔封头接管焊缝裂纹

　　塔体材料在生焦温度下，材料内部组织会发生高温金相组织劣化，具体表现为珠光体球化和石墨化。组织劣化降低材料强度，促进变形和焊缝开裂。在设备定期检验时，对鼓胀变形严重部位需要进行金相组织检测，根据组织劣化情况评估设备运行安全性，采取相应的技术措施。

2.2　加热炉炉管的腐蚀和损伤

　　焦化加热炉炉管操作温度高，炉管内壁易发生高温硫腐蚀，炉管外壁易发生高温氧化和脱碳。由于炉管内壁结焦，炉管内壁腐蚀较轻。由于结焦会提高炉管壁温，从而引起炉管外部氧化起皮（见图5），加重腐蚀。

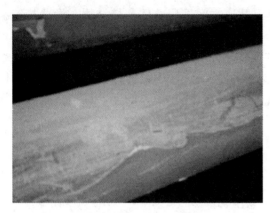

图 5　炉管外壁的氧化起皮

加热炉运行中，炉管会发生蠕变。部分炉管可能由于火焰的偏烧或结焦的缘故，引起炉管的局部温度过高，超出管壁的温度所对应的强度，这时就会发生局部的鼓胀，鼓胀超过一定程度就会影响炉管的安全运行，炉管受热不均也会导致炉管的弯曲变形。

3　分馏部分的腐蚀

3.1　分馏部分高温部位的腐蚀

装置分馏部分高温部位包括分馏塔下部塔体和内构件、柴油段以下的侧线换热器和管道，属于高温硫和环烷酸引起的腐蚀，分馏塔下部塔体、塔盘和其他内构件已经采用不锈钢，腐蚀轻微。换热后的原料油管线、蜡油线、重蜡油线、焦化油线、分馏塔进料线等高温管线都存在一定的腐蚀减薄，随着原油资源的日益重质化和劣质化，原料油中腐蚀性物质的含量还会逐渐增加，引起腐蚀速率提高，增加设备和管道的腐蚀穿孔风险，需要做好生产中应加强高温部位管道和设备短节的腐蚀检测，根据实际腐蚀状况进行采取相应的防腐措施，以保障装置的安全稳定运行。

3.2　分馏部分低温部位的腐蚀

分馏部分低温部位的腐蚀发生在分馏塔顶部塔体和内构件以及塔顶冷换设备、回流罐和相连管道，腐蚀类型为湿硫化氢环境引起的腐蚀，氯离子浓度、介质氨含量等都对腐蚀有影响。

分馏塔顶 7 层塔盘均存在不同程度的结盐，造成大部分浮阀不能复位。塔盘上垢物较多，其中靠近上部集油箱 2 块塔盘（顶循抽出线）腐蚀穿孔（塔东侧），并有浮阀脱落，塔盘有不同

程度坑蚀（见图 6），深度为 0.5~0.6mm，浮阀轻微腐蚀，下部塔盘腐蚀状况逐渐变轻。分馏塔顶部结盐是氯化铵盐，对氯化铵吸潮局部形成酸性溶液，对塔盘造成点蚀。塔顶顶封头腐蚀轻微，降液槽、入口管、横梁支承等内构件腐蚀较轻。

图 6　顶循抽出部位塔盘的腐蚀

油气出分馏塔先经过 4 台空冷器冷却；然后与 4 台后冷器与循环水换热冷却，4 台并联，油气走壳程，结垢严重，4 台后冷器管束采用了碳钢+内壁防腐涂层。从实际腐蚀情况看，涂层有不同程度的破损，管子内壁有腐蚀坑，涂层破损严重的管束管板腐蚀较重。

3.3　吸收稳定部分的腐蚀

吸收稳定系统的腐蚀为 $H_2S-HCN-H_2O$ 型的腐蚀，气体介质中硫化氢浓度很高，既会发生均匀腐蚀和点蚀，也存在氢鼓泡和应力腐蚀开裂可能性。腐蚀重点部位有塔的进料部位、塔顶部和换热设备管束，腐蚀最突出的设备是解吸塔底重沸器（E207）和稳定塔底重沸器（E208）。贫富吸收油换热器（E206AB）壳程介质为油，管程介质为分馏部分来的粗汽油，管束处在苛刻的湿硫化氢腐蚀和环境，管束材质应升级为奥氏体不锈钢 S30403，这种钢塑韧性好，抗湿硫化氢腐蚀减薄能力远高于碳钢，没有氢不会发生氢鼓泡和氢致开裂（HIC）。解吸塔底重沸器（E207）和稳定塔底重沸器（E208）管束既受到有物料中硫化氢等的引起的腐蚀，又受到壳程物料气化产生的气液两相流动对管束的冲刷作用，需要把管束材质由碳钢升级为 022Cr19Ni10，解吸塔底重沸器（E207）应采用釜式重沸器，壳体内部挡液堰板高度应超过管束

200mm，保证装置运行中重沸器管束不露出液面，防止气蚀和冲刷，使管束局部腐蚀加重。

4　循环冷却水的腐蚀

循环冷却水的腐蚀有垢下腐蚀和冲刷腐蚀两种形式，循环水流速很高时会引起冲刷腐蚀，一般石化装置循环水腐蚀为水冷器的垢下腐蚀。水冷器的腐蚀与循环水水质、水温、流速及管束材质有关，也与水侧结垢、粘泥情况密切相关，水冷器的结构形式、制造和检维修质量也有影响。利用装置运行数据计算得到循环水的雷兹钠稳定指数（RSI）为3.98，属于结垢型水质，在缓释阻垢剂效果不理想的情况下，可考虑适当加酸降低碱度，防止结垢。

装置中水冷器管束喷涂了防腐涂料，对管板和换热管的腐蚀起到了防护作用，检修腐蚀检查发现部分水冷器管板上涂料发生了破损，破损部位发生了腐蚀，部分水冷器管箱壳体和分程隔板结垢且腐蚀严重，可以在水冷器管箱内安装了牺牲阳极块，减轻管箱和管板的腐蚀。在装置开停工蒸汽吹扫期间，循环水系统应正常运行，避免因超温对水冷器涂层的破坏，对于涂层破损的水冷器，应及时对涂层修复。

根据 GB 50050—2017 规定，装置中的水冷器一般循环水应走管程，保证换热器内循环水走管程时流速不低于1.0m/s，装置运行中要对水冷器循环水流速进行测定，防止因流速偏低导致垢下腐蚀。循环水走壳程时流速不低于0.3mm/s，并且定期进行壳程的反冲洗和排污，降低结垢风险。

5　结论

本套延迟装置设备腐蚀较为严重的主要是焦炭塔、加热炉炉管、分馏塔顶部塔盘、吸收稳定部分解吸气的重沸器和稳定塔底重沸器，以及部分高温油管道。

（1）为了减缓焦炭塔运行中的鼓胀变形和开裂，应做好焦炭塔的定期检验工作，根据检验结果预测损伤发展趋势，确定焦炭塔的生焦周期，防止因生焦周期偏短导致的热应力过大，引起过量的鼓胀变形和焊缝开裂，影响设备安全运行。

（2）做好焦化加热炉的操作，保持适当的流速，防止炉管的过快结焦；运行中做好燃烧情况的检查和调节，利用红外热像仪对炉管壁温进行检测，防止超温引起炉管的过快氧化、鼓胀变形。

（3）加强分馏塔顶系统冷凝水的分析，根据分析结果对工艺防腐进行调整，操作上使各并联换热器流量基本一致，防止出现偏流，对于腐蚀严重的换热器管束升级为不锈钢，以控制换热设备的腐蚀风险。

（4）解吸塔底重沸器壳体建议更新为釜式重沸器，以降低设备运行中管束的冲蚀。把解吸塔底重沸器和稳定塔底重沸器管束材质升级为 S30403 不锈钢，运行中使管束完全浸没在塔底液相环境中，以防止气液两相流动对管束造成的冲刷腐蚀。

（5）对塔顶低温系统管道以及分馏部分的高温系统管线，装置运行中要定期进行壁厚检测，依据管道的操作条件和实际腐蚀状况确定测厚频率，以降低管道腐蚀穿孔导致泄漏的风险。

参 考 文 献

1　张德义. 含硫含酸原油加工技术［M］. 北京：中国石化出版社，2013：638-642.

2　刘家明，王玉翠，蒋荣兴. 炼油技术与工程（Ⅱ）［M］. 北京：中国石化出版社，2017：224-231.

3　李贵军，单广斌. 腐蚀失效分析与装置的安全运行［J］. 安全、健康和环境，2018，18（2）：28-32.

4　GB 50050—2017　工业循环冷却水处理设计规范.

临氢系统典型材料充氢和脱氢行为研究

许述剑　刘小辉　屈定荣　邱志刚　许　可
(中国石化青岛安全工程研究院，山东青岛　266100)

摘　要　开展了七种典型材料充氢和脱氢实验，测试充氢前后材料力学性能的变化，观察充氢前后材料微观组织和断口形貌的变化，通过计算室温下材料氢扩散系数及测量不同脱氢工艺下材料的氢含量来确定材料氢渗透状态。同时，开展了不同温度下碳钢和不锈钢材料脱氢的计算机模拟，研究碳钢和不锈钢放氢曲线随温度变化的规律。综合上述实验和计算机模拟，揭示了材料渗氢状况的危害性并验证恒温脱氢的必要性，为加氢装置停工过程恒温脱氢操作提供技术指导。

关键词　加氢装置；临氢设备；充氢和脱氢实验；计算机脱氢模拟

1　引言

加氢装置是炼油企业关键生产装置之一，通过加氢处理脱除硫、氮、氧和金属杂质从而改善烃原料的品质，并把重质进料转化成附加值更高的轻烃产品，因此其长周期安全运行是企业安全生产并取得显著经济效益的根本保证。截至2015年底，中国石化10类加氢装置合计206套，加工能力为26440万吨/年，占原油一次加工能力的91%。据统计，2015年中国石化炼油装置非计划停工21次，其中加氢装置非计划停工9次，占比42.8%；2016年非计划停工13次，其中加氢装置非计划停工7次，占比53.8%。非计划停工较多的装置主要是加氢裂化。临氢设备问题是造成非计划停工的主要因素。

加氢装置的类型主要包括加氢处理、加氢裂化、催化加氢、加氢精制。典型工艺流程是进料或混氢进料加热到所需温度后进入加氢反应器，在催化剂的作用下进行加氢精制或加氢裂化反应，反应产物冷却后进入高压分离器中进行气、油、水三相分离，高分油进入低压分离器再次分离，然后低分油进入分馏塔系统中分离出相关产品。

通常加氢装置中的临氢环境和设备选材分为四种情况：

(1) 低温低压临氢环境(操作温度低于100℃，操作压力低于2.5MPa)，出现在氢进料阶段或装置末阶段，典型设备有新氢压缩机入口分液罐(操作温度40℃，操作压力1.68MPa)和冷低压分离器(操作温度54℃，操作压力1.95MPa)等。设备选材均可采用普通碳钢(国内牌号Q245R)。

(2) 低温高压临氢环境(操作温度低于100℃，操作压力高于8.0MPa)，出现在装置氢进料并升压的阶段或反应结束后已经降温但尚未降压的阶段，典型设备有循环氢脱硫塔(操作温度54℃，操作压力14.65MPa)、冷高压分离器(操作温度50℃，操作压力14.65MPa)和循环氢压缩机入口分液罐(操作温度54℃，操作压力14.65MPa)等。常见选材为高纯净度碳钢(国内牌号Q345R(R-HIC))。

(3) 中温高压临氢环境(操作温度100~260℃，操作压力高于8.0MPa)，出现在装置反应结束后已经初步降温的阶段，典型设备有热高分气空冷器(操作温度100℃，操作压力14.7MPa)、热高分气/冷低分油换热器(管程：操作温度220℃，操作压力14.95MPa；壳程：操作温度205℃，操作压力1.9MPa)等。国内壳体选用15CrMoR，14Cr1MoR等抗氢Cr-Mo钢，换热管采用2205、2507、Incoloy825、Inconel625、monel400等双相钢和镍基合金。

(4) 高温高压临氢环境(操作温度大于

作者简介：许述剑(1971—)，男，博士，教授级高工，主要研究方向为石化设备腐蚀与防护、风险评价及完整性管理技术等。

260℃，操作压力高于 8.0MPa），出现在装置反应阶段及刚结束阶段，典型设备有加氢反应器（操作温度 437℃，操作压力 16.71MPa）、反应流出物/反应进料换热器（管程：操作温度 375℃，操作压力 17.5MPa；壳程：操作温度 428℃，操作压力 15.4MPa）和热高压分离器（操作温度 300℃，操作压力 14.75MPa）等。设备壳体选用 1.25Cr-1Mo（国内牌号 14Cr1Mo1R）、2.25Cr-1Mo（国内牌号 12Cr2Mo1R）或 2.25Cr-1Mo-0.25V（国内牌号 12Cr2Mo1VR），并根据需要堆焊 TP.309L + TP.347，换热管往往选用 S32168。

临氢设备通常发生两种形式的氢损伤，第一种是"氢腐蚀"，即在高温下钢中的碳和氢进行化学反应生成甲烷，致使钢材出现脱碳和内部裂纹；另一种是"氢脆"，氢扩散到钢中后，149℃以下钢材的延展性降低而缺口敏感性增加。由于氢损伤主要发生在临氢部位的关键设备和管线，如反应器、高压换热器、反应流出物管线等，其造成的后果往往是非计划停工，甚至火灾爆炸事故。

在临氢环境下操作的设备防止氢损伤，首先是选择优质的抗氢钢材和严格控制制造质量。目前工程设计都是按照 API RP 941 中的"纳尔逊（NELSON）曲线"来选材的。该标准 1997 年 1 月出版了第五版，由原来 PUBL（出版物）改称为 RP（推荐准则）。但是，许多事故发生表明 API RP 941 中的 NELSON 曲线仅是工程经验曲线，并不是准确科学定义的防止高温氢腐蚀的临界条件，只能作为参考，不一定完全可靠。其次，除了选择优质的钢材和严格控制制造质量外，合理操作也是防止氢损伤的重要方面，特别是加氢装置停工过程脱氢处理。从文献调研来看，国内未有专门机构研究加氢装置恒温脱氢工艺条件，目前国内恒温脱氢主要依据国外技术，并基于以前的操作经验。针对恒温脱氢技术方案的优化和恒温脱氢必要性研究是非常欠缺的。为此，本文开展典型材料充氢和脱氢行为研究，为加氢装置停工过程恒温脱氢操作提供技术指导。

2 材料脱氢实验

2.1 实验目的

开展 Q345R、15CrMoR、2.25Cr-1Mo-0.25V、14Cr1MoR、12Cr2Mo1R、06Cr18Ni11Ti、022Cr23Ni5Mo3N 七种材料充氢和脱氢实验，测试充氢前后材料力学性能的变化，观察充氢前后材料组织和断口形貌的变化，确定充氢前后材料氢渗透状态。通过对比分析，明确渗氢状态下材料的劣化程度和抗氢性能，提出最佳脱氢工艺条件。

2.2 实验方法和步骤

1）试样制备及充氢前力学性能测试

按照 GB/T 228 分别制备七种材料的标准拉伸试样。取 3 个平行试样，采用 MTS370.10 电液伺服疲劳试验系统开展 $10^{-4}/s$ 速率拉伸实验，并测定材料的抗拉强度和断后伸长率。

2）不同工艺条件下的充氢实验及充氢后力学性能测试

采用自制高温高压热充氢釜和 HWS-12 恒温炉，分别进行七种材料在 200℃、300℃ 和 20MPa 条件下的充氢实验，充氢时间为 100h。充氢工艺：①将制备好的试样放入充氢反应釜中，用真空泵抽真空；②通入高纯氢气到 10～12MPa，然后给反应釜以 30℃/h 的升温速度达到指定温度，调整压力达到指定压力时开始计时；③到达指定的时间后，关闭加热系统，使系统降至常温后，卸掉反应釜内压力，200℃降温时间需要 8h，300℃降温需要 12h；④用氮气置换内部氢气，拆釜取出试样。针对每一种材料、每一种工艺条件，实验结束后，取 3 个平行试样，采用 MTS 进行 $10^{-5}/s$ 速率下的拉伸实验，并测定材料的抗拉强度和断后伸长率。

3）不同工艺条件下的脱氢实验及脱氢后力学性能测试

将七种材料按照上述标准充氢工艺进行 200℃、300℃ 和 20MPa 条件下充氢 100h 后降至常温获得的充氢试样放置于恒温炉中，分别在 200℃ 下加热 2h 和 400℃ 下加热 2h、10h 后取出，在 $10^{-4}/s$ 的拉伸速率下进行拉伸并测试材料的抗拉强度和断后伸长率。

另外，针对 300℃ 和 20MPa 条件下充氢 100h 的材料，还进行放走高压釜中氢气保温 24h 的恒温处理，然后降至常温获得充氢试样，进行 200℃ 下加热 2h 和 400℃ 下加热 2h、10h 的降温脱氢处理（将这三种充氢-恒温-降温模式简称 01、02、03 模式），然后测试材料的抗拉强度和断后伸长率，并与上述 300℃ 和 20MPa 条件下充氢 100h 后直接降至常温获得的充氢试样的相应脱氢处理后的材料性能进行对比。

4）微观组织与断口形貌观察

制备不同材料的 10mm×10mm×2mm 块状试样，进行磨样、抛光。用 4% 硝酸酒精侵蚀剂进行侵蚀，采 zeiss auriga 扫描电子显微镜观察组织形貌；将块状试样进行充氢后磨样抛光并侵蚀，用扫描电镜观察组织形貌；分别切下充氢前拉伸样的断口，用扫描电镜观察断口形貌；分别切下脱氢后拉伸样的断口，用扫描电镜观察断口形貌。

5）计算室温下材料氢扩散系数及测量不同脱氢工艺下材料的氢含量

制备不同材料的 $\phi30mm\times1mm$ 的圆片状试样，将样品双面磨光抛光；在室温 NaOH 充氢液（0.2mol/LNaOH+022g/L 硫脲）环境下，采用 CHI660E 电化学工作站测量材料在室温下充氢电流随时间变化曲线（$I-T$ 曲线）；利用公式（1）

计算材料在室温下的氢扩散系数 D：

$$D=\frac{L^2}{6t_{0.63}} \qquad (1)$$

式中：L 为试样厚度；$t_{0.63}$ 为延迟时间，等于渗氢曲线上达到稳态阳极电流时间的 0.63 倍时的时间。

采用 G4 PHOENIX 测氢仪测量充氢后不同脱氢工艺下材料中氢含量。最后，通过综合分析材料氢扩散系数 D 和氢含量，确定充氢前后材料氢渗透状态。

2.3 实验数据与分析

2.3.1 充氢前后材料力学性能

以 2.25Cr-1Mo-0.25V 为例，通过实验获得该材料在 200℃ 和 20MPa 条件下充氢 100h 及不同加热脱氢处理、300℃ 和 20MPa 条件下充氢 100h 及不同加热脱氢处理、300℃ 和 20MPa 条件下充氢 100h 后恒温 24h 再进行不同加热脱氢处理的力学性能数据和拉伸曲线，如表 1 和图 1 所示。同理，获得七种材料充氢前后材料力学性能数据和拉伸曲线。

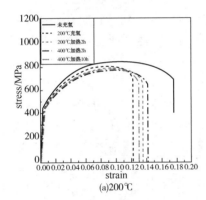 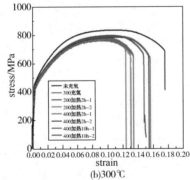 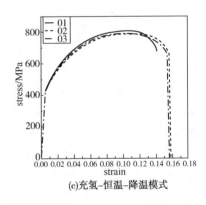

图 1 2.25Cr-1Mo-0.25V 充氢及不同脱氢处理后材料的拉伸曲线

表 1 2.25Cr-1Mo-0.25V 充氢及不同脱氢处理后材料力学性能变化

充氢及脱氢处理	抗拉强度 R_m/MPa	强度损失/%	断后伸长率 A/%	塑性损失/%
充氢前	834.5	0	14.5	0
200℃+20MPa 下充氢 100h	803.3	3.7	9.9	31.7
200℃加热 2h	783.1	6.2	11.0	24.1
400℃加热 2h	771.7	7.5	12.8	11.7
400℃加热 10h	775.7	7.0	10.9	24.8
300℃+20MPa 下充氢 100h	781.5	6.4	10.1	30.3
200℃加热 2h	776.4	7.0	10.8	25.5
400℃加热 2h	777.8	6.8	11.5	20.7

续表

充氢及脱氢处理	抗拉强度 R_m/MPa	强度损失/%	断后伸长率 A/%	塑性损失/%
400℃加热10h	795.7	4.6	13.3	8.3
恒温24h+200℃加热2h(01模式)	807.1	3.3	11.8	18.6
恒温24h+400℃加热2h(02模式)	788.5	5.5	12.7	12.4
恒温24h+400℃加热10h(03模式)	790.2	5.3	12.1	16.5

以 2.25Cr-1Mo-0.25V 为例，通过表 1 数据分析可知，材料冲氢后强度和塑性（延长率）明显下降，塑性损失比强度损失明显得多，且经过不同脱氢处理后材料塑性损失仍然比强度损失明显得多。可见，氢的影响主要体现在对延伸率的影响，对强度的影响相对不明显。因此，采用延伸率损失（塑性损失）来表征材料冲氢后性能劣化程度及抗氢性能。200℃充氢后该材料延伸率下降，200℃与400℃加热2h后延伸率均有所回升。在400℃加热2h的条件下材料

性能最高恢复到塑性损失为 11.7%。400℃加热10h 条件下材料性能相比于 400℃加热2h 没有更多的恢复，而与 200℃加热2h 后塑性损失相近为 24%。因此，2.25Cr-1Mo-0.25V 经200℃长时间充氢后不可逆氢损伤在 12%~24%之间。加热400℃2h 后恢复至较好程度。

同理，获得七种材料七种典型材料充氢及不同脱氢处理后材料的劣化程度及抗氢性能，如表 2 所示。

表 2　七种典型材料充氢及不同脱氢处理后材料的劣化程度及抗氢性能

钢　种	劣化程度及抗氢性能
Q345R	200℃+20MPa充氢100h及不同加热脱氢处理后，2%不可逆氢损伤 300℃+20MPa充氢100h及不同加热脱氢处理后，23%~27%不可逆氢损伤 300℃+20MPa充氢100h及不同恒温-降温模式脱氢处理后，8%~15%不可逆氢损伤
15CrMoR	200℃+20MPa充氢100h及不同加热脱氢处理后，12%~19%不可逆氢损伤 300℃+20MPa充氢100h及不同加热脱氢处理后，22%~28%的不可逆氢损伤 300℃+20MPa充氢100h及不同恒温-降温模式脱氢处理后，10%~18%不可逆氢损伤
2.25Cr-1Mo-0.25V	200℃+20MPa充氢100h及不同加热脱氢处理后，12%~24%不可逆氢损伤 300℃+20MPa充氢100h及不同加热脱氢处理后，8%~26%的不可逆氢损伤 300℃+20MPa充氢100h及不同恒温-降温模式脱氢处理后，12%~19%不可逆氢损伤
14Cr1MoR	200℃+20MPa充氢100h及不同加热脱氢处理后，11%不可逆氢损伤 300℃+20MPa充氢100h及不同加热脱氢处理后，13%~17%的不可逆氢损伤 300℃+20MPa充氢100h及不同恒温-降温模式脱氢处理后，10%~14%不可逆氢损伤
12Cr2Mo1R	200℃+20MPa充氢100h及不同加热脱氢处理后，8%~13%不可逆氢损伤 300℃+20MPa充氢100h及不同加热脱氢处理后，9%~15%不可逆氢损伤 300℃+20MPa充氢100h及不同恒温-降温模式脱氢处理后，12%~16%不可逆氢损伤
06Cr18Ni11Ti	200℃+20MPa充氢100h及不同加热脱氢处理后，6%~18%不可逆氢损伤 300℃+20MPa充氢100h及不同加热脱氢处理后，3%~17%的不可逆氢损伤 300℃+20MPa充氢100h及不同恒温-降温模式脱氢处理后，26%~37%不可逆氢损伤
022Cr23Ni5Mo3N	200℃+20MPa充氢100h及不同加热脱氢处理后，2%~13%不可逆氢损伤 300℃+20MPa充氢100h及不同加热脱氢处理后，7%~19%的不可逆氢损伤 300℃+20MPa充氢100h及不同恒温-降温模式脱氢处理后，19%~26%不可逆氢损伤

由表 2 分析可知，对于 Q345R 和 15CrMoR，充氢-恒温-降温模式后塑性损失比300℃充氢后立即降温再放氢的氢损伤小，所以先放氢保温

24h 再降温比充氢后再加热脱氢效果好；对于 2.25Cr-1Mo-0.25V、14Cr1MoR 和 12Cr2Mo1R，充氢-恒温-降温模式后塑性损失与300℃充氢

后立即降温再放氢的氢损伤相当，所以先放氢保温24h再降温与充氢后再加热脱氢效果相似；对于06Cr18Ni11Ti 和 022Cr23Ni5Mo3N，充氢-恒温-降温模式后塑性损失比 300℃充氢后立即降温再放氢的氢损伤大，所以先放氢保温24h

再降温比充氢后再加热脱氢效果差。

2.3.2　充氢前后材料微观组织和断口形貌

利用 SEM 电子显微镜观察材料充氢前后微观组织和断口形貌，如图2和表3所示。

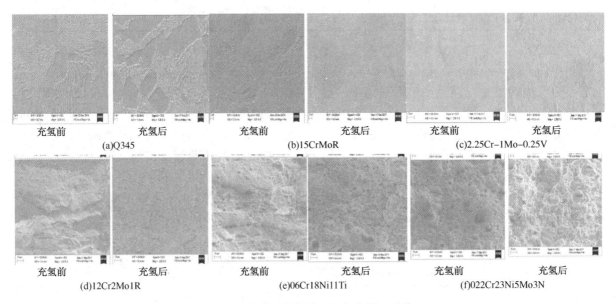

图2　充氢前后材料微观组织和断口形貌

表3　充氢前后材料微观组织和断口形貌

名　称	金相组织	断口形貌
Q345R	充氢前后均由铁素体与片层状珠光体组成，没有明显变化	充氢前为韧窝断口以及准解理断口；充氢后韧窝尺寸变大，准解理断口不明显
15CrMoR	充氢前由铁素体与片层状珠光体组成，珠光体占比很高；充氢后显微组织转变为大片的珠光体组织，铁素体只在珠光体组织的空隙中存在一小部分	充氢前为韧窝断口与准解理断口的结合；充氢后准解理断口形貌比例有所增加，韧窝断口尺寸变小，二次裂纹增多
2.25Cr-1Mo-0.25V	充氢前后均由铁素体与片层状珠光体组成	充氢前主要为韧窝断口以及部分准解理断口；充氢后准解理断口形貌比例有所增加，韧窝断口尺寸变小
14Cr1MoR	充氢前后均由铁素体与片层状的珠光体组成	充氢前主要为韧窝断口以及部分的解理断口形貌，放大还可观测到部分珠光体片层状组织的沿晶断裂形貌；充氢后可以看见大面积的河流状解理断口及小面积的韧窝形貌，材料明显变脆
12Cr2Mo1R	回火贝氏体组织，材料有小的晶粒尺寸	充氢前主要为准解理断口形貌，断口中还可以观察到一些二次裂纹；充氢后断口平整，断口形貌中的二次裂纹减少
06Cr18Ni11Ti	奥氏体组织	充氢前断口为大面积韧窝断口，韧窝尺寸较大；充氢后材料断口没有明显变化
022Cr23Ni5Mo3N	奥氏体、铁素体双相组织	充氢前断口为全部的韧窝断口，韧窝尺寸较大。充氢后断口依然以韧窝为主，但韧窝尺寸变小，表现出现了一定的脆性

2.3.3　材料氢渗透状态

为确定材料氢扩散性能，计算了 Q345、15CrMoR、2.25Cr-1Mo-0.25V、14Cr1MoR 四种材料的氢扩散系数 D，测量了 12Cr2Mo1R、06Cr18Ni11Ti、022Cr23Ni5Mo3N 三种材料不同脱氢处理下的氢含量，并进行综合分析。

实验中分别在 7290s、9190s、5810s、4070s 时开始充氢，测得室温下 Q345、15CrMoR、2.25Cr-1Mo-0.25V、14Cr1MoR 充氢电流随时间变化曲线见图3，并分别在 8920s、10970s、11900s、8176s 时认为 Q345、15CrMoR、2.25Cr-1Mo-0.25V、14Cr1MoR 充氢上升曲线达到平台。利用公式(1)分别计算室温下 Q345、15CrMoR、2.25Cr-1Mo-0.25V、14Cr1MoR 材料氢扩散系数 D，分别为 $3.59\times10^{-6}\,cm^2/s$、$3.03\times10^{-6}\,cm^2/s$、$1.5\times10^{-7}\,cm^2/s$、$2.08\times10^{-6}\,cm^2/s$。

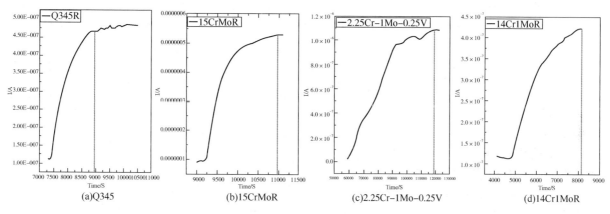

图3　材料在室温下充氢电流随时间变化曲线(I-T曲线)

测定 12Cr2Mo1R、06Cr18Ni11Ti、022Cr23Ni5Mo3N 充氢后在不同脱氢工艺下材料中氢含量，见表4。

表4　200℃充氢后不同脱氢工艺下材料中 H 浓度

材　料	充氢条件	室温放置	200 加热 2h	400 加热 2h	400℃加热 10h
12Cr2Mo1R	200℃充氢	1.10ppm	0.59ppm	0.42ppm	—
06Cr18Ni11Ti	200℃充氢	21.42ppm	19.36ppm	7.75ppm	4.45ppm
	300℃充氢	22.97ppm	20.29ppm	3.50ppm	3.2ppm
022Cr23Ni5Mo3N	200℃充氢	22.32ppm	18.80ppm	7.40ppm	5.29
	300℃充氢	23.74ppm	19.77ppm	7.97ppm	1.84

注：1ppm$=10^{-6}$。

最后，综合分析 Q345、15CrMoR、2.25Cr-1Mo-0.25V、14Cr1MoR 四种材料的氢扩散系数 D 和 12Cr2Mo1R、06Cr18Ni11Ti、022Cr23Ni5Mo3N 三种材料不同脱氢处理下的氢含量，获得七种材料氢渗透状态，如表5所示。

表5　材料在室温下的氢渗透状态

名　称	氢渗透状态(常温)
Q345R	H 扩散系数高，室温 H 扩散系数为 $3.59\times10^{-6}cm^2/s$，晶格和浅陷阱中的 H 容易跑出，对于体心立方的材料来说，氢的扩散速度比较快，这部分氢在室温长时间放置就可消除
15CrMoR	有较高的 H 扩散系数，室温 H 扩散系数为 $3.03\times10^{-6}cm^2/s$，略低于 Q345，但没有明显差异，所以材料中的 H 也容易扩散溢出

续表

名　称	氢渗透状态(常温)
2.25Cr-1Mo-0.25V	H扩散系数低，室温H扩散系数为1.50×10⁻⁷cm²/s，所以材料中的H比较难扩散溢出。需要进行加热才能达到较好的脱氢效果
14Cr1MoR	有较高的H扩散系数，室温H扩散系数为2.08×10⁻⁶cm²/s，晶格和浅陷阱中的H也比较容易跑出，这部分氢在室温长时间放置也可以消除，材料中剩余H含量较低
12Cr2Mo1R	材料200℃充氢后室温H浓度较低，为1.10ppm。200℃加热处理后材料中H浓度有很大降低，400℃加热后材料中的H含量不再有大的变化
06Cr18Ni11Ti	奥氏体相有很高的溶解氢的能力，200℃和300℃充氢后材料中的H浓度都很高，分别为21.42ppm、22.97ppm，均大于20ppm。经200℃加热处理后H浓度依然高达20ppm左右，400℃加热2h氢浓度为3.5～7.7ppm，加热时间延长到10h后，材料中H浓度下降至3～4ppm。材料中的可扩散氢基本除尽
022Cr23Ni5Mo3N	奥氏体相有很高的溶解氢的能力，200℃和300℃充氢后材料中的H浓度都很高，分别为22.32ppm、23.74ppm，均大于20ppm。200℃加热处理后H浓度依然高达19ppm左右，400℃加热2h氢浓度为7.4～8ppm，加热时间延长到10h后，材料中H浓度下降至1.8～5.3ppm。材料中的可扩散氢基本除尽

注：1ppm=10⁻⁶。

3 计算机脱氢模拟

3.1 材料及模型

晶格中的氢和浅陷阱中的氢在200～400℃加热经过一定时间可以去除，但这个脱氢过程与材料厚度、氢扩散系数、温度以及时间相关。选择BCC结构的碳钢和奥氏体不锈钢作为代表进行了模拟。按照计算公式(2)，两种材料不同温度下的扩散系数 D 如表6所示。

$$D = D_0 \exp\left(-\frac{E_D}{RT}\right) \qquad (2)$$

式中：不锈钢扩散指前因子 $D_0 = 8.9×10^{-7}$ m²/s，不锈钢扩散激活能 $E_D = 53.9$ kJ/mol；碳钢扩散指前因子 $D_0 = 4.5×10^{-8}$ m²/s，碳钢扩散激活能 $E_D = 12.55$ kJ/mol。

表6 不同温度下的扩散系数

材料	扩散系数 D/(m²/s)			
	25℃	200℃	300℃	400℃
奥氏体不锈钢 06Cr18Ni11Ti	3.2×10⁻¹⁶	1×10⁻¹²	1.1×10⁻¹¹	6×10⁻¹¹
碳钢 Q345R	2.84×10⁻¹⁰	1.85×10⁻⁹	3.23×10⁻⁹	4.77×10⁻⁹

初始条件下，奥氏体不锈钢中氢浓度为40ppm，钢厚度为40mm。铁素体钢中初始氢浓度为4ppm，钢体厚度分别为150mm、100mm。由于假定钢的宽度和长度远大于厚度，因此钢中仅发生一维扩散。如图4所示，氢沿厚度向两侧溢出，在空气中复合为氢分子。

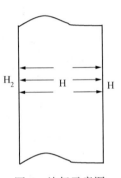

图4　放氢示意图

3.2 结果和讨论

图5展示了材料在不同温度(200℃、300℃、400℃)的瞬态放氢曲线。图5描绘了氢在碳钢中向外扩散曲线。可以看出，随时间延长，材料中氢浓度降低。200℃时，需要大约50天时间材料中残留氢浓度接近0；300℃时，需要大约25天时间材料中残留氢浓度接近0；400℃时，需要大约20天时间材料中残留氢浓度约接近0。200℃时扩散系数 $D = 1.85×10^{-9}$ m²/s，300℃时扩散系数 $D = 3.23×10^{-9}$ m²/s，400℃时扩散系数 $D = 4.77×10^{-9}$ m²/s。明显地，每升高100℃，扩散系数增加约1倍。

碳钢试样厚度降低为100mm，其他条件不变。图6表示归一化氢浓度随时间变化曲线。图6列出了120h内瞬态氢浓度轮廓曲线，其中每隔4h提取一条曲线。图中显示，随温度升高放氢曲线加快。200℃时120h试样中心氢浓度约降低了1/2，300℃时120h试样中心氢浓度约降低了 2/3，400℃时 120h 试样中心氢浓度约降　　低 4/5。

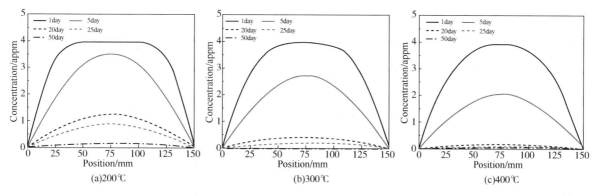

图 5　150mm 厚 Q345R 瞬态氢浓度分布曲线

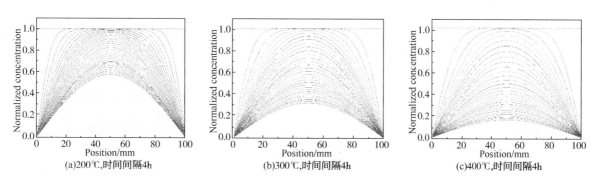

图 6　100mm 厚 Q345R 归一化氢浓度分布曲线

　　奥氏体不锈钢的瞬态氢浓度分布如图 7 所示。不同于碳钢，奥氏体不锈钢的扩散受温度影响很大。200℃时，超过 12 年材料中残留氢浓度降低为初始氢浓度十分之一；300℃时，需要 1 年时间材料中残留氢浓度降低为初始氢浓度的十分之一；400℃时，需要 5 个月时间材料中残留氢浓度降低为初始氢浓度十分之一以下。200℃时扩散系数 $D = 1 \times 10^{-12}\,\mathrm{m^2/s}$；300℃时扩散系数 $D = 1.1 \times 10^{-11}\,\mathrm{m^2/s}$；400℃时扩散系数 $D = 6 \times 10^{-11}\,\mathrm{m^2/s}$。可以看出，每升高 100℃，扩散系数提高 6~10 倍。

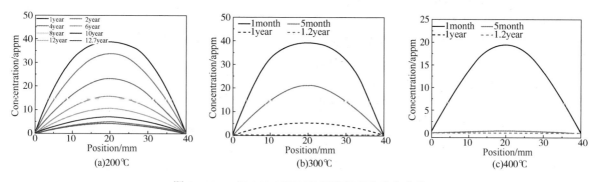

图 7　40mm 厚 06Cr18Ni11Ti 瞬态氢浓度分布曲线

4　结论与建议

　　（1）充氢和脱氢实验表明，Q345R、14Cr1MoR、15CrMoR、2.25Cr-1Mo-0.25V 为珠光体与铁素体组织，12Cr2Mo1R 为回火贝氏体组织。这五种材料微观组织都是以 BCC 结构为主，H 在材料中的扩散速度较快，常温下扩散系数大都在 10^{-6} 数量级，材料中过饱和点阵和浅陷阱中的氢在常温下就容易跑出，滞留 H 浓度较低，长时间自然放置后可逆氢造成的材料力学性能损失基本可以得到恢复。高温高压条件下渗入材料内部的氢与材料中缺陷、夹杂、第二相界面复合，容易导致材料的不可逆氢损伤，通常400℃以下进行保温并不能消除。这五种材料在200℃和20MPa条件下充氢100h后造成的不可逆氢致塑性损失，Q345R约为2%，其他四种材料为10%左右；300℃和20MPa条件下充氢100h后造成的不可逆氢致塑性损失明显升高，2.25Cr-1Mo-0.25V、14Cr1MoR、12Cr2Mo1R在10%~16%之间，表现出较好的抗氢损伤性能，更适合高温高压临氢设备使用，Q345R和15CrMoR在20%~25%之间，高于前三种抗氢钢，更适合较低温度的临氢设备使用。这五种材料高温高压充氢后的微观组织基本都没有明显变化，断口形貌与未充氢相比韧窝变浅小，有些断口准解理比例增加，有些多了些二次裂纹，从断口看高温高压充氢后材料有变脆的倾向。

（2）06Cr18Ni11Ti为奥氏体不锈钢，未充氢前有非常高的塑性，延伸率高达50%，高温高压充氢后可扩散氢浓度约23ppm。氢在奥氏体不锈钢中的扩散系数非常慢，常温下约为3.2×10^{-16} m²/s，室温长期保存氢也不会逃逸。这个浓度的氢导致的氢致塑性损失高达40%，强度损失为20%，但经过400℃保温除氢，塑性损失和强度损失都可恢复到5%左右。下降原因主要是由于可扩散氢造成的，是可逆氢损伤，经400℃加热除氢，这种由可扩散氢引起的可逆氢损伤基本都可以得到恢复。在临氢环境中工作一段时间后，06Cr18Ni11Ti的塑性损失都是可逆的，经适当热处理可完全恢复原来的力学性能，适合作为抗H钢使用。06Cr18Ni11Ti奥氏体不锈钢的断口形貌主要为大的韧窝组织，充氢前后断口形貌变化不大。几个ppm的氢浓度对奥氏体不锈钢力学性能没有影响，几十个ppm的氢影响是可逆的，经加热除氢可以消除。

（3）022Cr23Ni5Mo3N为双相不锈钢，有很高的强度和延展性。300℃和20MPa条件下充氢100h后氢浓度也可达23ppm，但充氢后材料H浓度高，材料受H影响很大，性能下降幅度大。在400℃加热2h的除氢工艺下材料性能能得到较好的恢复，不可逆氢损伤小于10%。但该双相钢的氢损伤仍然大于06Cr18Ni11Ti奥氏体不锈钢，这可以与双相钢有相当比例的铁素体有关。

（4）计算机脱氢模拟表明，Q345R放氢曲线随温度变化，从室温升高到200℃，扩散系数增加接近10倍，200℃以上，每升高100度扩散加快约1倍；温度对不锈钢放氢曲线影响比对碳钢大很多，从室温升到200℃，扩散系数升高约10000倍，200℃以上，每升高100度扩散加快约6~10倍。实际脱氢操作过程中，可根据设备厚度和材质，以模拟曲线为依据，确定合适的保温温度和保温时间。

参 考 文 献

1 李鹏.中国石化炼油加氢装置运行评价分析报告[C]//炼油加氢技术交流会论文集.北京：中国石化出版社，2016.

2 API Technical Report 934-F part 1 "Impact of Hydrogen Embrittlement on Minimum Pressurization Temperature for Thick-wall Cr-Mo Steel Reactors in High-pressure H₂ Service—Initial Technical Basis for RP 934-F"[S]. American Petroleum Institute, Washington, D. C. 2017.

3 仇恩沧.加氢反应器升降压限制和脱氢处理[J].石油化工设备技术，1990(6)：32-39.

4 Mclaughlin J E. Establishing Minimum Pressurization Temperature (MPT) for Heavy Wall Reactors in Hydroprocessing Units[C]// ASME 2006 Pressure Vessels and Piping/ICPVT-11 Conference. 2006：239-247.

5 Tahara T, Antalffy L P, Kayano R, et al. Chronological Review of Manufacturing Technologies and Considerations to Maintenance/Inspection for Heavy Wall Hydroprocessing Reactors[C]// ASME 2013 Pressure Vessels and Piping Conference. 2013：V007T07A009.

6 刘海滨，赵辉.开停工过程造成加氢反应器破坏的原因分析及防护措施[J].齐鲁石油化工，1999(3)：191-193.

7 孙宇.热壁加氢反应器材料21/4Cr-1Mo的回火脆性研究[D].南京工业大学，2005.

加氢装置空冷器系统流动腐蚀预测技术应用

张　林　张　威

(中韩(武汉)石油化工有限公司，湖北武汉　430082)

摘　要　针对石化行业中普遍发生的加氢空冷器的流动腐蚀失效问题，本文主要从典型的多相流冲蚀、铵盐腐蚀等流动腐蚀机理出发，采用 Aspen 工艺模拟和流体动力学仿真计算相结合的方法预测加氢空冷器流动腐蚀高风险区域，以 3#加氢裂化中的空冷器为例，对其进行结晶风险预测与评估，为加氢空冷器的安全运行提供技术保障。

关键词　加氢空冷器；流动腐蚀；流动力学；风险预测

随着我国石化企业装置正经历装置大型化、原料劣质化、工况苛刻化等发展过程，相关石化设备的流动腐蚀失效事故频发，多家企业的加氢装置反应流出物空冷系统因流动腐蚀非计划停工事故频繁发生，严重影响企业的生产和安全。在反应流出物空冷器(简称 REAC)中，多相流冲刷腐蚀及铵盐结晶问题尤为突出。图1和图2分别为空冷器铵盐结晶沉积、堵塞爆管和冲刷腐蚀爆管失效案例。

图1　结晶堵塞爆管

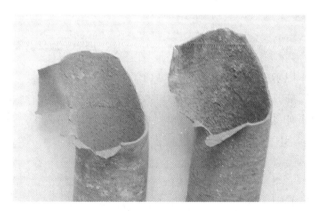

图2　冲刷腐蚀爆管

为了有效控制加氢空冷器流动腐蚀失效事故的发生，提高设备运行的稳定性和高效性，采用流动腐蚀失效定性评估与定量计算方法，形成了流动腐蚀风险评估、优化设计、优化选材、优化监控和在役检验等成套主动防控技术。

1　加氢空冷器流动腐蚀机理

1.1　加氢空冷器工艺

加氢反应流出物分别与混氢原料油、低分油换热后，经 REAC 和水冷器进行冷却，然后在高压分离器中进行气、油、水三相分离。为防止在换热过程中铵盐结晶堵塞 REAC 管束，在 REAC 前注入除盐水以洗去铵盐。图3所示为 3#柴油加氢工艺流程。

1.2　流动腐蚀机理

石化系统的工艺介质通常为多相流体系，在处理过程中随着介质温度的变化，各相的比例不断变化，同时 NH_3、HCl、H_2S 等易发生结晶反应的关键组分在三相中的平衡分布规律也产生变化。

加氢反应过程中劣质原油所含的 S、N、Cl 等原子化合物会与 H_2 反应，生成 NH_3、HCl、H_2S 等。反应流出物进入冷却分离系统后，随着温度的降低，气相中 NH_3 会与 HCl、H_2S 按反应式(1)、(2)发生可逆反应生成 NH_4Cl 和 NH_4

HS 晶体。

$$NH_3(g)+HCl(g) \rightleftharpoons NH_4Cl(s) \qquad (1)$$

$$NH_3(g)+H_2S(g) \rightleftharpoons NH_4HS(s) \qquad (2)$$

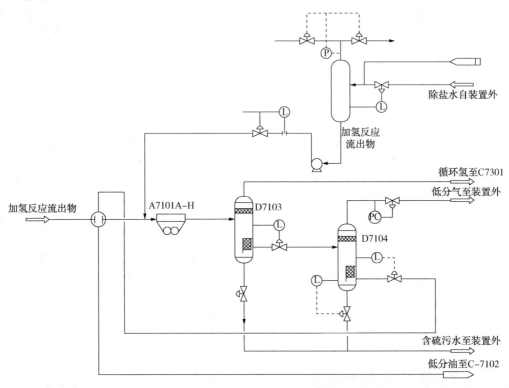

图 3　加氢空冷器工艺图

以 NH_4Cl 为例,通过热力学计算,可获得当反应达到平衡时,温度与 NH_3、HCl 分压的关系如图4所示。根据图4,可判断在实际的温度和 NH_3、HCl 分压下反应发生的方向。

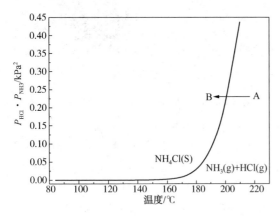

图 4　NH_4Cl 结晶平衡曲线

2　流动腐蚀预测技术

2.1　流动腐蚀状态参数

由于炼油设备结构的复杂性、原料油组分的频繁变化、装置加工工艺的变化、加工原油的劣质化程度不同,导致不同设备中流动腐蚀机理的复杂多变。要高效地预测流动腐蚀失效的发生,首先需明确与失效机理相适应的流动腐蚀状态表征参数群;其次,根据皮尔逊相关系数确定各参数之间的相关性,然后确定二次表征参数。

针对铵盐结晶,围绕 NH_4Cl 结晶温度、NH_4Cl 结晶量、NH_4HS 结晶温度、NH_4HS 结晶量建立状态监测参数群;针对多相流冲蚀,建立水相分率、流速、传质系数、最大剪切应力等建立状态监测参数群。

2.2　流动腐蚀预测

2.2.1　冲蚀腐蚀

当注水量过大时,REAC 容易发生冲蚀腐蚀穿孔。针对此问题,采用 CFD 方法对空冷器进口管道及首管程进行数值模拟。使用 Mixture 模型对多组分反应流出物进行建模,使用 RNG k-epsilon 模型对湍流状态进行建模。数值计算可得速度、相分率、剪切应力等重要变量在 REAC 中的分布详情,其中剪切应力为最关键变量,影响冲蚀腐蚀产物的脱落速率。因此重点考察剪切应力分布,其整体分布如图5所示。

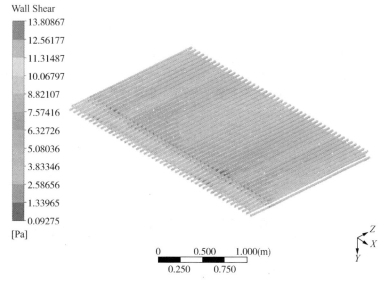

图 5　REAC 剪切应力分布

2.2.2　结晶沉积

　　针对结晶沉积问题，首先使用 Aspen 对工艺流程进行模拟，计算在当前注水条件下的结晶速率和结晶量，然后在 CFD 计算过程中，使用 DPM 模型对铵盐颗粒的运动进行建模，获得不同空冷管束内铵盐颗粒的分布和含量，分别如图 6 和图 7 所示。

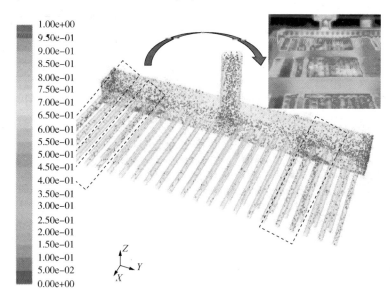

图 6　REAC 内颗粒分布

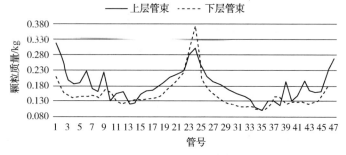

图 7　不同管束出口颗粒质量分布

综合冲蚀腐蚀和结晶沉积预测，确定 REAC 流动腐蚀高风险区域为：入口管道正对位置的管束、中央管束、两边管束。

3　流动腐蚀智能防控系统应用

针对 3#加氢空冷器系统，采用流动腐蚀预测模型进行流动腐蚀状态的模式识别和进行风险评估。

3.1　工况条件

现场对装置运行的工况数据进行采集，各物流流量取装置运行周期内的统计数据取平均值，并对物流组成进行化验分析，结果如表 1～表 4 所示。

表 1　各气液相流量

名称	精制柴油	低分油流出轻烃	原油中硫、氮、氯	循环氢	粗汽油	低分气	注水
流量/(kg/h)	128143.4	1830	890.58	327.36	18341	44.719	12000

表 2　原料油中硫氮氯含量

名称	硫	氮	氯
含量/(mg/kg)	3968	461.6	0.5

表 3　各油分蒸馏数据平均值　　　　　　　　℃

名称	0%	10%	30%	50%	70%	90%	95%	100%
粗汽油	49.3	76.16	101.16	125.66	155.66	200.5	—	218.5
精制柴油	200.33	225.66	251.33	271.66	295.33	326.66	340.66	—

表 4　各气相组分　　　　　　　　%

名称	H_2	C_1	C_2	C_3	$I-C_4$	$N-C_4$	$N-C_5$	$I-C_5$	N_2	H_2S
循环氢	75.13	10.9	0.58	0.41					12.20	0.116
低分气	56.40	22.1	1.42	0.96	0.19	0.403	0.126	0.153	15.67	1.463

3.2　空冷系统工艺模拟

以 3#加氢裂化反应流出物系统为例，构建的多相平衡体系仿真模型如图 8 所示。

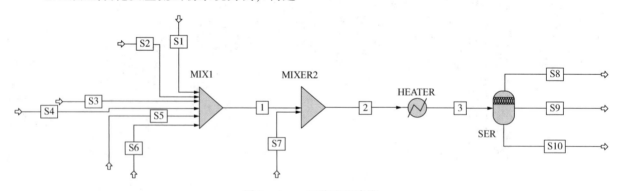

图 8　Aspen 工艺流程建模

S1—精制柴油；S2—低分油流出轻烃；S3—原油中硫、氮、氯；S4—循环氢；S5—粗汽油；
S6—低分气；S7—注水；S8—气相流出物；S9—水相流出物；S10—油相流出物；
MIX1—混合器；MIX2—注水；heater—两相分离器；SEP—三相分离器

经过 Aspen 模拟，建立温度、$NH_4Cl(K_p)$ 曲线(见图 9)。观察分析可知随着反应物流温度的升高，反应流出物换热系统内的气体分压乘积逐渐增大。两条 K_p 曲线的交点为 190℃，当反应物流温度低于 190℃，气体分压乘积大于 NH_4Cl 结晶理论 K_p 值，即系统中存在 NH_4Cl 结晶。当反应物流温度高于 195℃时，气体分压乘积小于 NH_4Cl 结晶理论 K_p 值，系统中不存

在 NH_4Cl 结晶。由 DCS 运行数据可知，空冷器 A7101 入口温度为 104℃，出口温度为 46℃，即空冷入口前换热器即存在 NH_4Cl 结晶。

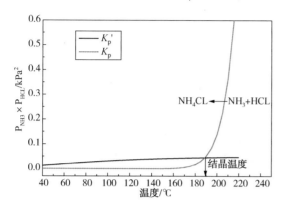

图9 NH_4Cl 结晶曲线

装置加工量为 160t/h 时的反应流出物换热系统内的铵盐结晶速率进行计算，结果如图 10 所示。该工况条件下的铵盐结晶温度为 190℃。当反应物流温度为 150~195℃时，随着反应物流温度的降低，铵盐结晶速率逐渐增加，并在 150℃时达到结晶速率的峰值（5.9kg/h）。这是因为系统内气相介质实际 K_p 值与临界 K_p 的差逐渐变大，而气相介质总量变化较少，因此铵盐结晶速率主要受 K_p 差值的影响。当反应物流温度继续降低时，系统内气相介质总流量随着温度降低而急剧减少，使得气相中铵盐结晶量随着温度的降低而降低，至空冷出口温度 40℃时，铵盐结晶速率为 2.75kg/h。

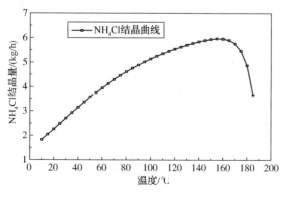

图10 NH_4Cl 结晶率

4 总结

本文在 REAC 流动腐蚀机理的基础上，介绍了加氢空冷器流动腐蚀预测模型和计算方法，能够有效监管现场运行工况及预测设备的运行状态和风险评估，并针对风险区域提出有效的防控措施，指导工艺参数调节，降低腐蚀风险，提高装置运行效率和稳定性。最后以 3#加氢裂化装置为具体实例，计算获得了 NH_4Cl 的结晶温度和结晶速率，判定了 NH_4Cl 结晶风险主要位于空冷器前的换热器。

参 考 文 献

1 华贲. 低碳经济时代的中国炼油工业[J]. 石油学报（石油加工），2010，26(6)：835-840.

2 谭金龙，夏翔鸣，胡传清，等. 加氢裂化装置高压空气冷却器的腐蚀失效分析[J]. 石油化工腐蚀与防护，2009，26(2)：52-57.

3 API Publication571(Second Edition). Damage mechanisms affecting fixed equipment in the refining industry [S].

4 Toba K, Uegaki T, Asotani T, et al. A new approach to prevent corrosion of the peactor effluent system in HDS units [R]. Houston USA：NACE International Publications Division, 2003：No. 03655.

5 王宽心. 石化系统铵盐结晶沉积预测及腐蚀规律研究[D]. 浙江理工大学，2014.

6 Pearson K, Stouffer S A, David F N. ON THE DISTRIBUTION OF THE CORRELATION COEFFICIENT IN SMALL SAMPLES[J]. Biometrika, 1932, 24(3/4)：382-403.

7 谷长超，许伟伟. 加氢高压空冷器全流场数值研究[J]. 炼油技术与工程，2017(12)：41-44.

8 V. Verma, T. Li, J. D. Wilde, Coarse-grained discrete particle simulations of particle segregation in rotating fluidized beds in vortex chambers, Powder Technology. 318 (2017).

9 Yi Z, Magesh T, Hai L, et al. Simulation of DPM distribution in a long single entry with buoyancy effect [J]. International Journal of Mining Science and Technology, 2015, 25(1)：47-52.

乙烯装置管道、设备腐蚀失效分析

刘　为

（中国石油大庆石化分公司化工一厂，黑龙江大庆　163714）

摘　要　乙烯装置管线、设备中多走腐蚀性介质，又在高温、高压环境中工作，极易发生腐蚀现象，缩短管线、设备的使用寿命，进而出现泄漏、损坏的情况，严重影响乙烯装置的安全稳定运行。本文介绍了大庆石化公司化工一厂乙烯车间（E3 装置）腐蚀现状及处理办法。

关键词　乙烯装置；腐蚀；分析

1　背景

大庆石化公司化工一厂 E3 乙烯装置主要由原料预处理、裂解、急冷、压缩、分离、制冷和公用工程等单元组成，装置的主要产品为聚合级乙烯、聚合级丙烯，主要副产品为氢气、甲烷、混合碳四、裂解汽油和裂解燃料油等。E3 装置常见的腐蚀方式有酸式酸性水腐蚀、湿硫化氢开裂、高温 H_2S/H_2 腐蚀、高温氧化、渗碳、焦粒冲刷、碱腐蚀/碱开裂、碳酸盐开裂、高温氢损伤、敏化-晶间腐蚀、外腐蚀减薄、层下腐蚀减薄等。

2　常见腐蚀机理介绍

2.1　高温 H_2S/H_2 腐蚀+焦粒冲刷

高温 H_2S/H_2 腐蚀：如果介质中含 H_2S 和 H_2，并且操作温度大于 190℃，则可能发生高温 H_2S/H_2 腐蚀。也有资料表明高温硫化物腐蚀发生在约 204℃ 以上的温度。高温 H_2S/H_2 腐蚀是均匀腐蚀。临氢条件下硫化物腐蚀产生的保护性膜的稳定性被破坏，钝化能力下降，腐蚀加快。存在高氢分压时，腐蚀速率比无氢或低氢分压环境下的硫化物腐蚀速率高得多。

焦粒冲刷：由于裂解原料本身含硫，而且在裂解过程发生高温焦化，因此裂解气中会含有焦粒。因为从裂解炉出来的裂解气含有 H_2S 和 H_2 且塔底温度较高（高于 204℃），因而会发生高温 H_2S/H_2 腐蚀和焦粒冲刷。内部减薄速率保守的定为 0.2mm/a。

2.2　碱腐蚀+碱开裂+碳酸盐开裂

碱腐蚀：高浓度的苛性碱或碱性盐，因蒸发及高传热导致的局部浓缩引起的金属腐蚀。碳钢、低合金钢、奥氏体不锈钢都可能发生碱腐蚀。温度高于 79℃ 的高强度碱液可导致碳钢的均匀腐蚀，温度升高至 95℃ 时腐蚀加剧。

碱开裂：与碱溶液接触的设备和管道表面发生的应力腐蚀开裂，多出现在未消除应力热处理的焊缝附近。

（1）碱应力腐蚀开裂通常出现在靠近焊缝的母材上，也可能出现在焊缝和热影响区；

（2）碱应力腐蚀开裂裂纹细小，多呈蜘蛛网状，起源于有局部应力集中的焊接缺陷处。

碳酸盐开裂：接触碳酸盐溶液环境的碳钢和低合金钢，同时在拉应力作用下，焊接接头附近的表面发生开裂，是碱应力腐蚀开裂的一种特殊情况。碳酸盐开裂的损伤形态类似于碱开裂，其损伤敏感性与残余应力水平和 pH 值有关：

（1）应力：残余应力水平较低时也会发生碳酸盐应力腐蚀开裂，未进行焊后消除应力热处理的焊接接头、冷加工变形区域更容易发生开裂；

（2）pH 值和碳酸盐浓度：随 pH 值和碳酸盐浓度升高，开裂敏感性均升高，阈值组合如 pH>9.0 且 CO_3^{2-}>100ppm（1ppm＝10^{-6}），或 8<pH<9.0 且 CO_3^{2-}>400ppm。

2.3　湿硫化氢破坏+酸性水腐蚀

湿硫化氢破坏：在含水和硫化氢环境中碳钢和低合金钢所发生的损伤，包括氢鼓泡、氢致开裂、应力导向氢致开裂和硫化物应力腐蚀开裂四种形式。

（1）pH值：溶液的pH值小于4，且溶解有硫化氢时易发生湿硫化氢破坏；

（2）硫化氢分压：溶液中溶解的硫化氢浓度>50ppm时湿硫化氢破坏容易发生，或潮湿气体中硫化氢气相分压大于0.0003MPa时，湿硫化氢破坏容易发生，且分压越大，敏感性越高；

（3）温度：氢鼓泡、氢致开裂、应力导向氢致开裂损伤发生的温度范围为室温到150℃，有时可以更高，硫化物应力腐蚀开裂通常发生在82℃以下；

（4）硬度：硬度是发生硫化物应力腐蚀开裂的一个主要因素；

（5）钢材纯净度：提高钢纯净度能够提升钢抗氢鼓泡、氢致开裂和应力导向氢致开裂的能力；

（6）焊后热处理：焊后热处理可以有效地降低焊缝发生硫化物应力腐蚀开裂的可能性，并对防止应力导向氢致开裂起到一定的减缓作用，但对氢鼓泡和氢致开裂不产生影响；

（7）如果溶液中含有硫氢化铵且浓度超过2%（质量比）会增加氢鼓泡、氢致开裂和应力导向氢致开裂的敏感性；

酸性水腐蚀：含有硫化氢且pH值介于4.5~7.0之间的酸性水引起的金属腐蚀。碳钢的酸性水腐蚀一般为均匀减薄，有氧存在时易发生局部腐蚀，形成沉积垢时可能发生垢下局部侵蚀，含CO_2的环境可能伴有碳酸盐应力腐蚀；奥氏体不锈钢易发生点蚀、缝隙腐蚀，有时伴有氯化物应力腐蚀。

3 乙烯装置常见腐蚀发生部位（见表1）

表1 乙烯装置常见腐蚀机理及发生部位

序号	机理	发生部位
1	酸式酸性水腐蚀	主要集中在裂解炉进料段的换热设备和管线，中质油换热设备和管线，工艺水的设备和管线，碱洗前的压缩段的吸入罐及其相连的管线，以及污油段的设备和管线
2	湿硫化氢开裂	主要集中在裂解炉进料段的换热设备和管线，走工艺水的设备和管线，碱洗前的压缩段的吸入罐及其相连的管线，以及污油段的设备和管线

续表

序号	机理	发生部位
3	高温H_2S/H_2腐蚀	主要集中在裂解炉对流段、辐射段走石脑油及裂解气的管线
4	高温氧化	主要集中在裂解炉对流段下部管段、辐射段走石脑油及裂解气的管线，急冷器
5	渗碳	主要集中在裂解炉辐射段至混合器之间的管线，急冷器
6	焦粒冲刷	主要集中在裂解炉辐射段，急冷器，急冷油塔底回流线及与之相连的管线
7	碱腐蚀/碱开裂	主要集中在稀释蒸汽管线、碱洗塔以及走碱液和废碱的管线
8	碳酸盐开裂	主要集中在碱洗塔底部以及相连设备和管线
9	高温氢损伤	主要集中在甲烷化反应器以及与之相连的设备和管线
10	敏化-晶间腐蚀	主要集中在超高压不锈钢管线
11	外腐蚀减薄	所有操作温度为-12~120℃的无保温的碳钢和低合金钢设备和管道
12	层下腐蚀减薄	所有操作温度为-12~120℃的有保温的碳钢和低合金钢设备和管道

4 开展乙烯装置防腐蚀工作的处理办法及建议

4.1 加强"注剂"工艺防腐措施

优化工艺防腐措施是解决常乙烯装置碱洗部位腐蚀的关键。控制碱洗塔各碱循环段的浓度梯度，根据碱洗塔CO_2进入量，及时调整配碱量，保证各段碱洗有一定的浓度，梯度合理。降低弱碱段Na_2CO_3含量和pH值，减少了不饱和烃在碱液中的溶解度，降低了不饱和烃聚合的概率。根据黄油的生成机理和黄油组分分析，防止碱洗塔聚合的方法就是抑制黄油的生成途径，注入黄油抑制剂可有效减少黄油的生成。碱洗塔内部聚合生成的黄油，大部分随废碱液带出，当黄油量增多时，无法实现黄油和废碱液的静态分离，需要引入洗油，溶解碱液中的黄油，便于碱液和黄油的分离。生产负荷提高后，发生聚合的概率增加，黄油生成量增加。为保证碱洗系统的平稳运行，需增加黄油排放次数，并加大碱洗塔水洗段的补水量，降低废

碱液中的 Na_2CO_3 浓度，并减少黄油在塔内的停留时间，避免黄油在塔内积累并结垢，产生偏流，使碱洗效果下降。

4.2　牺牲阳极保护法

发生电化学腐蚀时，阴阳极之间产生腐蚀电流。采用电极电位比被防腐体低的金属并与被防腐体接触，利用低电位金属的腐蚀电流作为高电位被防腐体的防腐蚀电流，这种防腐蚀方法称为牺牲阳极保护法。在固定管板换热器、U 型管换热器、浮头式换热器上，换热管与管板连接处、设备接管处、法兰密封面等处容易发生腐蚀。乙烯装置通常采用牺牲阳极的阴极保护法，特别是在循环水换热器上，通过在换热器的封头处加镁铝合金块的方式可以起到抑制换热器管束腐蚀、管板与管子连接处焊缝的腐蚀问题。

4.3　加强腐蚀监测

应加强装置的腐蚀监测及冷凝水 pH 值监测的力度与频度，以及时发现变化情况，调整生产操作。

对于低温部位的腐蚀，建议加强三顶腐蚀挂片探针、腐蚀在线监测系统及 pH 在线检测系统监测。并在腐蚀在线自动腐蚀监测技术和 pH 在线自动监测技术的基础上，开发应用中和缓蚀剂的自动投加控制技术。这样可以对常减顶系统的工艺条件进行自动控制，减少人为的因素，提高控制水平将工艺条件稳定在一个最佳的范围，最大限度地减轻设备腐蚀。

对于高温部位的腐蚀，建议采用腐蚀挂片探针、侧线铁/镍离子比分析等方法来检测。此外，为了摸清装置的腐蚀情况，建议对原油和侧线油中的硫及酸值分布情况进行跟踪监测分析，结合腐蚀监测数据，对装置未来的腐蚀趋势进行预测。

对碱系统的管线、设备本体和短接、换热器的本体和短接进行运行中的定点测厚，尤其是重点设备、重点部位加大检测力度和频度，配合检修掌握装置的腐蚀规律，防患于未然。

4.4　开展装置腐蚀评估

请专业技术部门对乙烯装置目前设备材质进行原料适应性评估，通过核算判断目前用材能够承受的原料硫含量和酸值，提出材质升级方案和工艺防腐方案。

4.5　加强车间设备腐蚀档案的管理

车间建立专门的设备腐蚀管理台账，对设备的基本情况、检修更换情况、防腐措施及效果等进行登记，最好是建立基于企业局域网的设备腐蚀管理系统，将车间设备台账、装置腐蚀检测数据等统一格式上网，以便于管理部门和车间技术人员及时掌握设备腐蚀情况，以采取有效措施预防腐蚀事故的发生。

5　结论

腐蚀现象不可避免，集合本企业、本装置的特点，及时排查易腐蚀发生部位，总结经验教训，做好防腐蚀工作对于装置平稳、安全、有效的运行有着重要的意义。

参 考 文 献

1　韩月辉. 化工装置中循环水换热器的腐蚀与防护研究[D]. 大庆：大庆石油学院，2007.

干气提浓乙烯装置碱洗塔裂纹腐蚀失效分析

钟　杰

（中国石化北京燕山分公司，北京　102500）

摘　要　石油化工行业中，应力腐蚀开裂是常见碱腐蚀现象之一，往往通过材质升级、焊接处理工艺方面进行根本性预防。针对某干气提浓乙烯装置碱洗塔在运行过程中，塔器壁出现裂纹并发生泄漏，文章介绍了取样分析过程与分析结果，以检测结果为依据，结合设计、制造、安装过程以及工艺日常操作参数控制等多方面因素进行综合分析，判断该塔器壁出现裂纹泄漏的原因为碱应力腐蚀开裂，同时记录了故障处理过程和处理方案，提出了针对性的解决措施。

关键词　碱洗塔；应力腐蚀；故障分析

1　前言

国内某干气提浓乙烯装置碱洗塔，在整个工艺流程中的主要作用是进一步脱除介质气体中的二氧化碳和硫化氢，该塔由上塔和下塔组成，其中在上塔与下塔之间塔壁发生裂纹腐蚀泄漏。该塔相关参数见表1。

表1　碱洗塔塔壁参数表

设计压力/MPa	3.7	设计温度/℃	60
操作压力/MPa	3.5	操作温度/℃	45
壁厚/mm	20	内径/mm	800
塔壁材质	16MnR	介质	碱洗气/碱液

本文以塔壁样品分析结果为依据，从设备的设计、制造、工艺运行对本次故障进行了全方位的分析，得出了比较确切的故障原因，提出了相应的解决方案，确保了设备的使用条件和装置的平稳运行。

2　塔壁泄漏分析

2.1　泄漏分析

2018年通过对干气提浓乙烯装置碱洗塔进行全面检验，结果显示，该碱洗塔塔壁泄漏位置内部约有直径为50mm大小的圆形壁板与周边塔壁不连续，经过渗透检查，发现塔内壁存在沿圆周呈放射性扩散的裂纹（见图1）。

根据原始设计、制造等相关资料显示，该塔多处管口位置存在设计变更，其中包括泄漏点同一高度碱液进口的方位设计变更。最后，经分析判断该干气提浓乙烯装置碱洗塔在制造

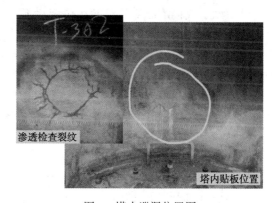

图1　塔内泄漏位置图

过程中因管口位置变更原因，对变更的管口进行了焊接补板，同时未采取有效的消除应力处理措施。因此，我们初步判断造成本次泄漏的原因之一，是泄漏处塔壁具有较大的焊接应力，同时在碱液操作环境导致了碱应力腐蚀开裂。

除泄漏位置的塔壁裂纹之外，通过对碱洗塔的全面检验，结果暴露出该塔存在另外4处不同程度的缺陷（见图2），包括：

（1）P3接管焊口存在周向裂纹；

（2）P3接管相邻塔壁纵焊缝存在裂纹；

（3）V2接管焊口存在周向裂纹；

（4）分液盘立板与塔壁连接角焊缝存在裂纹。

作者简介：钟杰（1989—），男，2014年毕业于北京化工大学过程装备与控制工程专业，大学本科，工程师。现任职于北京燕山石化炼油厂二催化装置，主要从事装置设备运行及检修管理、设备技术改造等工作。

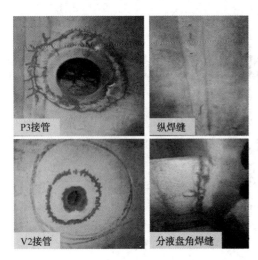

图2 碱洗塔缺陷图

2.2 操作分析

根据该干气提浓乙烯装置的运行记录显示，近2~3年内，由于碱浓度不具备调整手段，该塔在运行过程中操作工况存在较大波动，碱液浓度有时达到20%以上，温度最高达到70~80℃，偏离设计运行条件，同时，由于补焊部位未进行焊后消除应力热处理，使得焊接残余应力偏大。

3 失效机理分析

为了深入分析该塔塔壁裂纹泄漏原因，对泄漏位置器壁进行取样分析，分析样品及取样部位见图3，样品呈圆形，直径约150mm，全厚度试样。

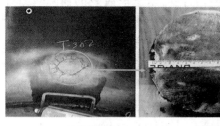

(a)取样部位   (b)分析样品

图3 塔壁取样部位、分析样品

3.1 宏观检测

对样品的内壁进行抛光后用化学试剂对其表面进行侵蚀，见图4，从图中可观察到呈圆环状的焊缝，裂纹大部分位于焊缝金属上，也有部分延伸到母材上。裂纹形状有纵向和环向，还有与焊缝呈一定角度的。焊缝内的圆板直径约为66mm，焊缝宽度约为16mm；将焊缝内的

圆板母材编号 M1，焊缝外母材编号为 M2。

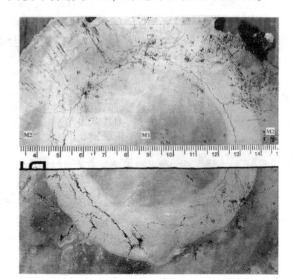

图4 样品内部宏观形貌

3.2 分析试样截取部位

图5为各项理化试验（分析）取样部位示意图，具体取样及编号情况如下：

（1）化学成分分析试样3件，编号为HX1（焊接金属）、HX2（M1母材）、HX3（M2母材）；

（2）金相分析试样1件，编号为JX（含有裂纹）；

（3）硬度测试试样1件，选金相试样，编号为JX；

（4）断口形貌分析试样2件，编号为XM1、XM2；

（5）能谱分析试样2件，选取断口试样，编号为XM1、XM2。

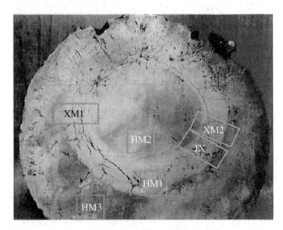

图5 分析试样取样部位

3.3 化学成分分析

分别对焊缝及两侧母材取样进行化学成分分析,分析结果见表2。结果表明:焊缝和母材化学成分均满足相关标准的要求。

表2 化学成分分析结果

分析样品	化学成分(质量)/%				
	C	Si	Mn	P	S
HX1(焊缝金属)	0.094	0.51	1.25	0.018	0.013
HX2(M1 母材)	0.155	0.407	1.51	0.013	0.015
HX3(M2 母材)	0.151	0.409	1.52	0.014	0.017
GB/T 5117 E5015	—	≤0.75	≤1.6	≤0.04	≤0.035
GB/T 6654 16MnR	≤0.2	0.2~0.55	1.2~1.6	≤0.03	≤0.02

3.4 金相分析

3.4.1 裂纹金相

沿垂直于焊缝截取全厚焊接接头金相试样,裂纹主要沿焊缝和圆板 M1 侧热影响区开裂,位于打底焊的根部有明显的焊接缺陷(未熔合),裂纹光学和电子围观形貌见图6和图7,裂纹以沿晶开裂为主,呈树枝状,具有较典型的应力开裂特征。

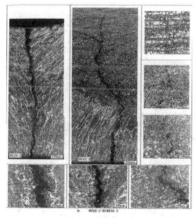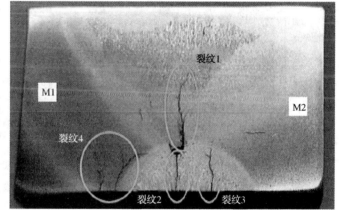

图6 金相试样及裂纹微观形貌(光学)

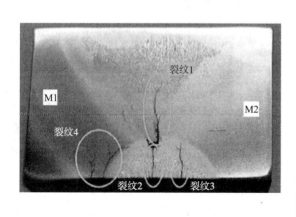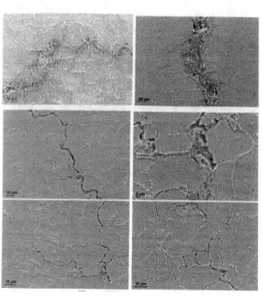

图7 金相试样及裂纹微观形貌(电子)

3.4.2 金相组织

对焊接接头进行金相组织观察，观察部位见图，金相组织见图8，焊缝金属为先共析铁素体+针状铁素体+珠光体，母材为铁素体+珠光体，热影响区局部出现淬硬马氏体组织。

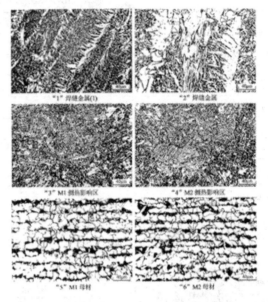

图8　金相组织试样及组织形貌

3.5 硬度测试

对焊接接头金相试样进行硬度测试，测试部位及结果(见图9)表明：除内壁打底焊的焊缝金属和热影响区硬度偏高外，其他测试部位的硬度基本属于正常。

图9　硬度测试试样及结果(HV)

3.6 断口分析

3.6.1 宏观断口

分别对 XM1 和 XM2 上的裂纹打开进行断口分析，断口的宏观形貌见图10，呈褐色和铁锈红区域为裂纹断裂面，呈白色区域为人工打开面，断裂面凹凸不平，有明显的腐蚀迹象。

3.6.2 微观断口

分别对 2 个断口用扫描电镜进行微观形貌

图10　断口宏观形貌

观察，由于断口腐蚀严重，将断口进行了化学清洗。

XM1 微观分析部位及形貌见图11，断裂面虽经清洗，但部分区域仍被较厚的腐蚀产物覆盖(见图中"2"和"6"部位)，断口基本以沿晶开裂为主(见图中"3"和"8"部位)，"4"和"7"部位虽也有腐蚀产物，但隐约可观察到沿晶开裂的特征。断裂面上游较多的二次裂纹，黄色线内为焊接缺陷(未熔合)，微观形貌见图中"5"部位。人工打开面未见韧窝形貌(见图中"9"部位)

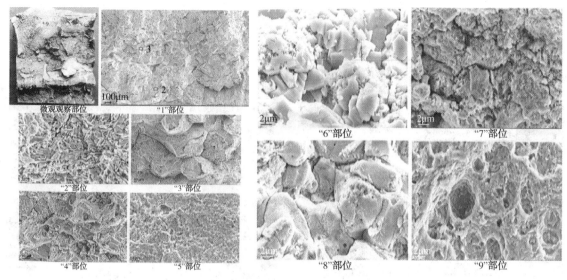

图 11 XM1 微观分析部位及形貌

XM2 断口形貌见图 12，图中"2"和"4"部位被较厚的腐蚀产物覆盖着，"5"和"6"部位隐约可见有沿晶开裂特征，黄色线内为焊接缺陷（为熔合），微观形貌见图中"3"部位，人工打开面未见韧窝形貌（见图中"7"部位）

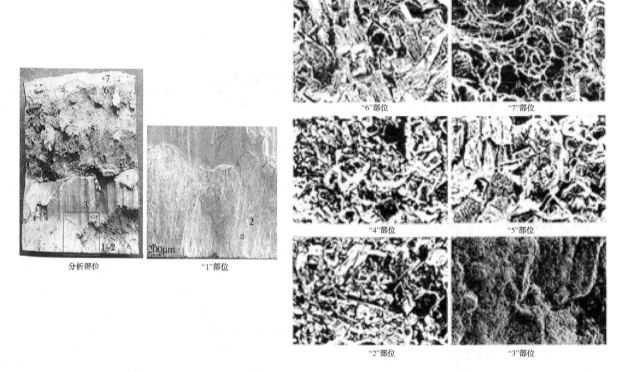

图 12 XM2 微观分析部位及形貌

3.7 X 射线能谱分析

分别对 XM1 和 XM2 进行能谱分析，分析部位见图 13 和图 14，分析结果见表 3 和表 4，分析结果表明，XM1 断口上检测到有较高含量的 O 元素；XM2 断口上不仅检测到有较高含量的 O 元素，还检测到有较高的 Na 元素（最高为 10.88%）。

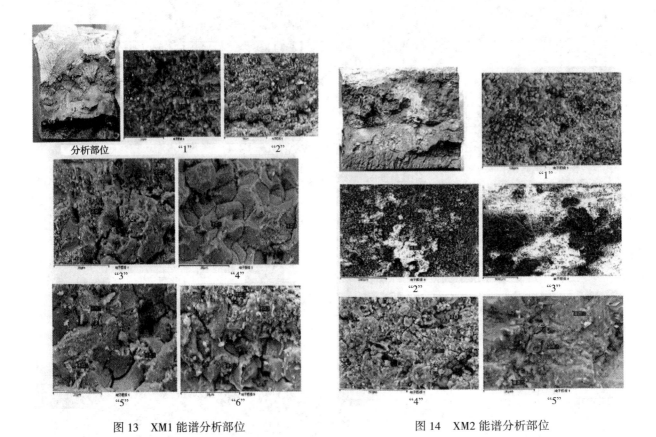

图 13　XM1 能谱分析部位　　　　　　　　　　图 14　XM2 能谱分析部位

表 3　XM1 形貌试样能谱主要元素分析结果

分析部位			主要成分分析结果(质量)/%							
			C	O	Na	Mg	Si	Cl	Cn	Mn
XM2	能 1	谱图 1	—	28.87	2.85	—	0.34	0.64	0.42	1.48
		谱图 2	27.43	33.36	5.71	—	0.39	0.42	1.18	0.94
	能 2	谱图 1	12.75	44.16	2.8	25.56	0.77	—	4.46	1.68
		谱图 2	9.55	51.91	5.1	—	0.71	0.49	30.86	—
		谱图 3	8.13	41.77	2.07	8.24	2.44	—	22.73	1.37
	能 3	谱图 1	10.36	34.38	1.62	2.25	0.49	—	5.6	1.29
		谱图 2	6.04	60.75	3.36	6.12	0.25	0.19	21.68	—
		谱图 3	12.51	41.22	2.81	9.58	0.36	—	5.42	1.36
	能 4	谱图 1	7.33	40.37	6.22	—	—	0.32	0.25	0.78
		谱图 2	—	34.48	8.51	—	0.61	0.54	0.5	0.87
	能 5	谱图 1	5.84	38.39	10.88	—		0.58	—	—
		谱图 2	8.11	25.84	1.38	—		—	—	0.86
		谱图 3	—	38.06	9.88	0.92		0.9	—	—

表 4　XM2 形貌试样能谱主要元素分析结果

分析部位			主要成分分析结果(质量)/%						
			C	O	Mg	Si	Ca	Mn	Fe
XM2	能 1	谱图 1	14.78	36.78	0.91	0.59	0.65	0.59	45.75
		谱图 2	22.86	30.68	2.97	—	0.29	0.62	42.57
	能 2	谱图 1	2.72	30.35	—	—	—	1.93	65
		谱图 2	5.24	36.1	—	—	—	0.92	59.75
		谱图 3	3.1	22.41	—	0.42	0.66	1.97	71.43
	能 3	谱图 1	6.46	28.24	—	—	—	1.62	63.68
		谱图 2	5.8	24.8	—	—	0.5	1.16	67.74
	能 4	谱图 1	5.1	10.45	—	—	—	1.39	83.06
		谱图 2	8.15	22.55	—	—	—	1.09	68.21
	能 5	谱图 1	3.7	21.56	—	0.54	—	0.99	73.21
		谱图 2	2.71	16.9	—	—	—	1.05	79.36
		谱图 3	5.49	31.45	—	0.46	—	0.8	61.81
	能 6	谱图 1	6.71	18.25	—	—	—	0.85	74.19
		谱图 2	2.57	17.63	—	0.33	0.51	0.93	78.04
		谱图 3	3.45	34.3	—	—	0.29	1.06	60.91

4　结论

4.1　主要理化分析结果

（1）宏观检查发现，裂纹大部分位于圆环状的焊缝金属上，也有延伸到母材上的。裂纹形状有纵向和环向，还有与焊缝呈一定角度的。焊缝内的原版直径约为 66mm，焊缝内壁宽度约为 16mm。

（2）取样部位母材化学成分均满足相关标准的要求，焊缝金属的化学成分符合 E5016（J507）。

（3）熔敷金属的要求，且呈与母材成分相匹配。

（4）裂纹以沿晶开裂为主，并呈树枝状。

（5）断口主要为沿晶开裂，内壁打底焊外壁焊缝的交界处有严重的未熔合现象。

（6）内壁打底焊的焊缝金属和热影响区硬度偏高，打底焊的焊缝热影响区有淬硬的马氏体组织。

（7）断口表面检查较高含量的 O 和 Na 元素。

4.2　焊口开裂原因分析结论

T302 整体检验显示，裂纹出现在焊缝区域，且焊缝热影响区硬度较高、金相组织中出现淬硬的马氏体组织，裂纹宏观形貌有明显分叉、微观形貌呈树枝状沿晶开裂，断口呈沿晶断裂特征及断口表面检测到有较高 O 和 Na，根据检验结果可以得出：碱应力腐蚀开裂是塔壁焊口发生裂纹泄漏的根本原因之一；近年来超设计条件运行和开裂部位存在高拘束状态且未进行焊后热处理是导致塔壁焊口开裂泄漏的另一根本原因。

5　建议措施

为了优化该碱洗塔的长周期正常运行，建议如下：

（1）工艺条件的优化，包括碱浓度的控制，增加碱液浓度调配、控制措施，降低碱液浓度和干气操作温度，S 含量的控制，降低碱应力腐蚀开裂风险。

（2）新塔的制造，建议对该碱洗塔按照新的设计要求进行重新设计、制造、安装和使用，特别要求对焊缝进行焊后热处理，消除残余应力，保证设备能符合新的设计要求和新的工艺运行条件。

（3）跨线的设计，根据塔操作的实际情况，以及工艺生产的特殊要求，对该塔在工艺流程上进行技术改造，重新设计一条工艺跨塔管线，其主要目的是：在后期装置开工运行中如果出现泄漏或者出现无法满足生产要求时，将该塔从流程中切出，不影响整个装置的长周期运行。

（4）对碱应力腐蚀开裂来说，碳钢、低合金钢、300 系列不锈钢都较为敏感，如果现场不能实施消应力热处理并且不能杜绝碱液进入，那么可选用金应力腐蚀开裂敏感性低的镍基合金。

参 考 文 献

1　中国石化设备管理协会．石油化工装置设备腐蚀与防护手册［M］．北京：中国石化出版社，2001.
2　汪逸安．碳四装置气相平衡线开裂分析．中国特种设备安全．失效分析，2015(S1)：134-136.

环氧乙烷/乙二醇装置乙二醇系统腐蚀原因分析及对策

史晓磊

(中韩(武汉)石油化工有限公司，湖北武汉 430082)

摘　要　环氧乙烷/乙二醇(简称EO/EG)装置是典型的液体化工生产装置，设备腐蚀问题一直困扰着装置的长周期运行。304不锈钢设备的开裂、碳钢设备的腐蚀减薄对装置的安全生产构成严重威胁。本文对国内某EO/EG装置乙二醇系统腐蚀现状进行了深入分析，从生产工艺优化、设备材质升级、腐蚀监测等方面提出了相应策略，对改善装置设备性能、提高装置运行安全性具有借鉴意义。

关键词　乙二醇；腐蚀；有机酸；冲刷

在乙二醇生产过程中，副反应产生的有机酸、醛等杂质，在一定温度和压力下，对生产设备造成了不同程度的腐蚀，影响设备稳定运行，存在安全生产风险。虽然新建装置在设备选型上不断优化，腐蚀防控取得了一定效果，但是腐蚀问题依然存在。

某EO/EG装置开工运行后，乙二醇反应器、多效蒸发系统及乙二醇干燥塔相继出现设备泄漏，泄漏原因分析认为：介质内微量有机酸在一定工艺条件下，引发或加剧设备腐蚀破坏。因此，需对设备腐蚀机理进行全面分析并结合实际生产情况制定有效的防护策略，提高设备抗腐蚀能力及可靠性，确保设备长周期平稳运行，保障安全生产。

1 装置工艺概述

环氧乙烷/乙二醇(EO/EG)装置采用美国SD专利工艺技术，以乙烯裂解装置生产的乙烯和空分装置生产的氧气作原料，以甲烷为致稳剂，在2.06MPaG(平均)、225~265℃反应条件下，在固体负载银催化剂床层反应器内进行气相选择性催化氧化反应，反应热由锅炉水取走。反应气体中的环氧乙烷(EO)经水吸收成为约3.5%的EO水溶液，与反应循环气分离，副反应产生的二氧化碳等通过CO_2吸收解吸单元予以脱除。副反应产生的醛、酸等杂质大部分随EO水溶液进入后续单元。EO经解吸、再吸收成为约8.9%水溶液，一部分用于生产精制EO，部分在1.9MPaG、150~190℃条件下经乙二

醇反应器直接水合生成EG，生成物经多效蒸发，再经脱水，乙二醇精制和多乙二醇精制，分别获得单乙二醇(MEG)、二乙二醇(DEG)和三乙二醇(TEG)产品。装置工艺流程如图1所示。

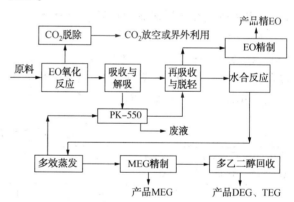

图1　EO/EG装置工艺流程

EO/EG装置划分为以下9个单元：100单元，氧化反应和吸收；200单元，二氧化碳脱除系统；300单元，环氧乙烷汽提和再吸收；400单元，环氧乙烷精制；500单元，乙二醇反应和蒸发；600单元，乙二醇干燥和精制；700单元，多乙二醇的分离；900单元，辅助生产系统；1400单元，环氧乙烷储存和输送。乙二醇系统主要包括500单元、600单元以及700单元。

2 乙二醇系统腐蚀现状调查

2.1 乙二醇反应器(R-520)

乙二醇反应器R-520为管式反应器(见图2)，全长150m，直径DN650，304SS有缝钢

管，壁厚为 14.3mm。工作压力为 2.0MPa，工作温度为 150～190℃。介质：反应器入口为 8.9% EO 水溶液，出口为 13.52% MEG+1.39% DEG+0.09% TEG+85% 水的 EG 水溶液。

图 2　EG 反应器 R-520 示意图

EO/EG 装置于 2013 年 7 月开工运行，自 2014 年 9 月开始，在 R-520 多处外部环焊缝热影响区出现裂纹（见图 3），2015 年出现 4 处裂纹，截至 2016 年 4 月大检修前共出现 7 处环焊缝热影响区裂纹。2016 年大检修期间对 90 多道环焊缝进行切割并重新组焊后投用。2019 年 4 月 25 日首次发现纵焊缝热影响区裂纹泄漏，

截至 2020 年 7 月，共发现 9 处环焊缝热影响区裂纹、1 处纵焊缝热影响区裂纹。具体泄漏情况见表 1。

图 3　R-520 泄漏图貌

表 1　R-520 泄漏统计

日期	泄漏次数	裂纹所在焊缝类型	无损检测结果
2014.9～2016.4	7	均为环焊缝	未发现减薄
2019.4～2020.7	9	1 处纵焊缝+8 处环焊缝	未发现减薄

2.2　水合蒸发系统凝液罐（D-533～D-536）

EO/EG 装置蒸发系统凝液罐 D-533、D-534、D-535、D-536 设备本体材质为 Q345R，设备接管材质为 20#钢或 Q345R，2013 年 8 月投用。2016 年停工大检修期间，发现 D-533 上部与塔底连接焊缝 170mm 范围内焊肉有冲刷迹象，D-534、D-535、D-536 北封头防冲板中下方位存在较大范围飞沫冲刷腐蚀坑群（见图 4），自 2017 年 12 月起，相继发生设备接管腐蚀减薄泄漏（见图 5），具体数据见表 2。

表 2　蒸发系统凝液罐泄漏情况

位号	直径 φ/mm	长度 L/mm	泄漏接管材质	泄漏接管壁厚/mm	介质	温度/℃	压力/MPa	发生时间	腐蚀速率/（mm/a）
D-533	1500	3300	20#	10	工艺水	179	0.883	2019.7	1.67
D-534	1800	3550	20#	8.8	工艺水	168	0.657	2018.4	1.76
D-535	2000	4000	20#	8.8	工艺水	156	0.461	2017.12	1.95
D-536	2100	4300	Q345R	12	工艺水	142	0.284	2018.7	2.4

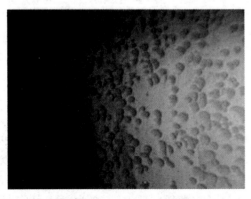

图 4　D-536 北封头腐蚀坑群

图 5　D-533 接管泄漏

2.3　乙二醇干燥塔(C-610)

C-610 为乙二醇干燥塔,操作压力为 18.3kPa(绝压),塔釜温度为 165℃,塔体材质为 Q345R+S30408 复合板,塔顶气相线为碳钢材质,壁厚为 8.7mm,2016 年 11 月塔顶气相管线腐蚀穿孔泄漏。当时采取贴板方式进行消漏,贴板厚度 12mm。2020 年 4 月对贴板进行无损检测时发现贴板最薄处已不足 4mm(见图 6)。由此计算腐蚀速率约为 2.4mm/a,已构成严重腐蚀级别。

图 6　C-610 气相线贴板测厚数据

3　腐蚀原因分析

3.1　腐蚀环境分析

SD 生产工艺里,在银催化剂作用下,乙烯与氧气进行氧化反应生成环氧乙烷,副反应生成二氧化碳和水,同时环氧乙烷会异构化为乙醛,除了乙醛,少量的甲醛也会在反应器中生成。乙烯和氧气在银催化剂上的催化氧化主要发生如下反应:

$$C_2H_4+\frac{1}{2}O_2 \longrightarrow C_2H_4O(EO)$$

$$\Delta H25℃ =-25550kcal/kgmol$$

$$C_2H_4+3O_2 \longrightarrow 2CO_2+2H_2O$$

$$\Delta H25℃ =-316220kcal/kgmol$$

乙烯的深度氧化反应可以通过加氯化物予以抑制。同时,在碱金属或碱土金属存在时,乙烯还可氧化生成乙醛,EO 也可异构化成乙醛,进而生成二氧化碳和水。

$$C_2H_4O(EO) \longrightarrow CH_3CHO$$

$$CH_3CHO+\frac{5}{2}O_2 \longrightarrow 2CO_2+2H_2O$$

从上述反应式来看,由于环氧乙烷的化学性质活泼,结构极不稳定,极易发生异构化反应生成乙醛。此外,甲醛和乙醛在氧气作用下还易生成甲酸和乙酸,二氧化碳溶于水中生成碳酸,反应式如下:

甲醛氧化生成甲酸:

$$2HCHO+O_2 =\!=\!=2HCOOH$$

乙醛氧化生成乙酸:

$$2CH_3CHO+O_2 =\!=\!=2CH_3COOH$$

二氧化碳溶于水中生成碳酸:

$$CO_2+H_2O =\!=\!=H_2CO_3$$

虽然在 EO 解吸系统中,加入了碱液 NaOH 来中和酸性介质,但是还会有少量甲酸、乙酸进入到 EG 系统,二氧化碳汽提塔 C-510 可以汽提掉大部分 CO_2,但从塔釜 pH 值观察,仍有部分 CO_2 未完全脱除或部分有机酸类进入 EG 系统,pH 值波动频繁(见图 7)。从乙二醇反应进料开始,随着温度的上升,高温以及酸性液体环境成为设备腐蚀的必要条件。

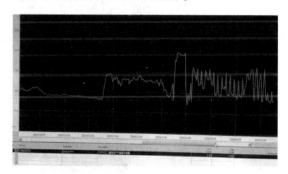

图 7　CO_2 汽提塔 C-510 塔釜 pH 值

3.2　设备腐蚀分析

3.2.1　不锈钢 304 设备腐蚀分析(R-520)

2016 年大检修对 R-520 裂纹进行了分析,以焊缝为中心,对开裂周围金相组织观察发现,设备内焊接热影响区发生的裂纹是与焊接方向平行沿晶界传播到设备表面中。裂纹起始部位的设备内部已观察到晶粒腐蚀掉落造成的晶间腐蚀(见图 8)。

为确认 SUS 304 的晶间腐蚀,用 ASTM A262《检测奥氏体不锈钢晶间腐蚀敏感性的标准实施规程》的方法(草酸腐蚀试验)进行试验,发现离焊缝最近且发生开裂部位敏化作用严重,为确认随敏化作用下 Cr 含量的变化,利用 SEM/EDS 检测晶粒和晶界的 Cr 含量,结果表明:敏化严重的区域可观察到晶界中 Cr 含量减少(见图 9)。在设备制造过程中,当 304 不锈钢长时间停留在 450~850℃(敏化温度)区间时,钢中过饱和碳就会向晶界扩散、析出，并与晶界附近的铬形成碳化物 $Cr_{23}C_6$，消耗晶界大量的铬，晶界出现贫铬区，晶界耐腐蚀能力变差。

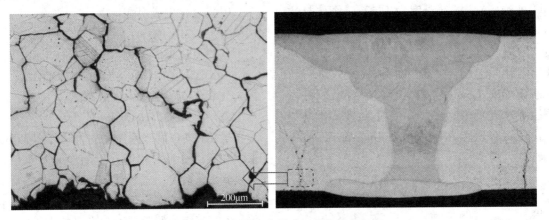

图 8 R-520 环焊缝热影响区裂纹金相组织

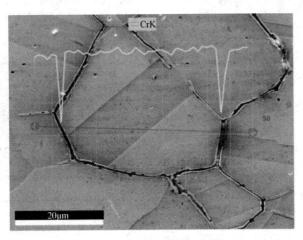

图 9 裂纹晶界中 Cr 含量变化

由此分析认为，304 不锈钢在焊接时材料被敏化，焊缝热影响区母材暴露在有机酸环境中，在管线应力（如焊接残余应力、管线过长受力不均造成的应力等）作用下造成晶间腐蚀开裂并不断扩展，最终发生泄漏。

3.2.2 碳钢设备腐蚀分析（D-533~536、C-610）

蒸发系统凝液罐（D-533~D-536）接管腐蚀减薄以及封头的大面积坑蚀，主要以酸腐蚀为主（从表3可看出），因进入凝液罐的流体发生减压造成气液两相流，而金属表面的腐蚀与物料流动的形式有关，层流时，由于流体的黏度沿管道截面有一种稳定的流速分布，湍流时破坏了这种稳定分布，增加了酸性流体与金属表面接触的机会，从而加速了冲刷腐蚀，表现为管道拐弯及流体进入设备入口处发生冲刷腐蚀破坏。

表 3 2018 年 7 月蒸发系统凝液罐 pH 值（均值）

位号	D-533	D-534	D-535	D-536
pH 值	6.6	6.5	6.4	6.5

除了系统中副产物有机酸类的腐蚀，也不能忽视乙二醇氧化成酸类物质的腐蚀。乙二醇干燥塔 C-610（负压塔）于 2018 年 10 月出现泄漏，对比堵漏前后塔顶冷凝液样品指标（见表4）可看出，大量氧气进入干燥塔后，由于乙二醇可进一步氧化生成各种产物，如乙醇醛、乙二醛、乙醇酸、草酸、甲酸、乙酸及二氧化碳和水。因此系统内 pH 值降低，加剧了碳钢设备的腐蚀，导致电导率升高。

表4　C-610顶部气相凝液样品分析

项目 时间	pH值	电导率/（μS/cm）	甲醛/（mg/kg）	乙醛/（mg/kg）	COD_{cr}/（mg/L）
2018年9月均值	5.5	500	10	0.8	1250
2018年11月均值	6.7	15	1.0	0.5	950

4　防腐对策

4.1　工艺优化，减少副产物累积

装置应持续进行银催化剂优化攻关，提高反应选择性，减少副反应的发生；加强工艺吸收水pH值及EG反应器进料pH值控制，减少进入后部系统的有机酸；控制多效蒸发器再沸器E-533～E-537A/B的脱醛流量在300kg/h以上，降低进入EG精制系统的醛，避免酸、醛类物质在EG系统累积；同时做好后系统负压塔的查漏工作，杜绝氧气进入系统造成酸类物质增多。

4.2　设备材质升级，控制焊接质量，提升抗腐蚀能力

从工艺局限性上来讲，有机酸类的产生不可避免，酸类的脱除不可能达到100%，在此情况下，只能通过提升设备的抗腐蚀能力来应对。建议将乙二醇反应器R-520材质更换成超低碳、含稳定化元素的不锈钢316L，焊接时，建议采用焊缝最少化的方案。若无法避免焊接作业时，应严格管控焊接过程，通过降低焊接电流，错开层间接头，尽量缩短焊件在敏化温度停留时间。

蒸发系统凝液罐（D-533～D-536）可将材质整体升级为304L或Q345R内衬304L，C-610塔顶气相管线材质升级为不锈钢304L，提高抗冲刷及酸腐蚀能力。

4.3　加强腐蚀监测

根据装置生产设备的特点，应重点监控塔顶回流水（pH值、铁离子含量、醛含量）、工艺水（甲酸、乙酸等酸性物质含量），建议在装置典型腐蚀部位安装在线腐蚀探针，以便于实时在线监测物流介质的腐蚀性和设备管道的腐蚀状况。建立腐蚀关键参数预警平台，实现影响腐蚀关键参数（包括工艺操作、物流介质、腐蚀监检测等）的实时监控和预警，以短信或电子邮件等方式及时通知各级防腐管理人员，以便于相关人员采取有效措施，避免腐蚀失效的发生。

在生产过程中，利用无损检测技术监测腐蚀情况，建议采取定点与动态测厚相结合的方法进行测厚。定点测厚可采用活动的保温套来进行管线和容器的定点。而动态测厚需要检测人员根据日常检测的测厚进行分析，并协同装置的工艺调整进行动态检测。判断易腐蚀部位，从而进行有针对性的防护，为设备检修提供依据。

停工检修期间，安排专业腐蚀调查单位对装置易腐蚀部位进行大面积检查，发现腐蚀防护薄弱环节，及时进行检修防护，保证装置下一检修周期的平稳运行。

参　考　文　献

1　曾凡梁．乙二醇反应器腐蚀开裂原因分析及防护对策[J]．石油和化工设备，2017，20（4）：84-89．

2　周兆圻，章炳华．乙二醇装置的腐蚀及防护[J]．石油化工腐蚀与防护，1997，14（1）：9．

苯酚装置浓硫酸腐蚀原因分析及防腐措施

王金洋   李镇华

（中国石化北京燕山分公司化学品厂，北京 100012）

摘 要 浓硫酸具有腐蚀性、氧化性、脱水性，对金属管道具有不同程度的腐蚀性，使用过程中一旦泄漏，存在较大的安全隐患。文章结合燕山石化公司苯酚装置生产过程中遇到的浓硫酸介质管道腐蚀问题，与浓硫酸腐蚀机理、日常运行影响因素相结合，提出相应的解决措施。

关键词 浓硫酸；防腐措施；腐蚀机理

燕山石化第二苯酚丙酮装置采用的是异丙苯法生产苯酚丙酮，其中，浓硫酸作为催化剂催化过氧化氢异丙苯反应生成苯酚丙酮，同时浓硫酸也被用来调节中和单元的 pH 值，以保证废水含酚处理合格。装置上主要有三条涉及硫酸介质的管道：①装置密排管线，材质为304 钢，密排线汇集了精制中和单元的溢流低 pH 酸液（pH=2）以及分解单元冲洗小循环线的高温（约 100℃）稀酸液；②分解注酸线短节以及分布器，材质为双相钢，长期运行温度在70℃左右，且此处为分解液（含有 49.6% 苯酚、34.6% 丙酮、9.9% 异丙苯、1% 水）与浓硫酸介质混合处，介质浓度变化极为复杂；③装置主要浓硫酸输送管道，材质为聚四氟乙烯衬钢管道，硫酸浓度均值为 94.32%，常温运行。

由于输送浓硫酸条件较为复杂，国内各生产单位输送浓硫酸的管道材质选择也较多，主要有碳钢、不锈钢（包括 304、316L 与双相钢）以及聚四氟乙烯内衬钢管。它们各具特点，但在使用过程中各自存在不同的问题。鉴于浓硫酸特殊的物理化学性质，选择合适的管道方案对化工生产的稳定以及安全运行具有重要意义。下面将结合浓硫酸对管道的腐蚀机理分析影响腐蚀速率的因素，提出相应的解决方案。

1 浓硫酸对于金属管线的腐蚀

1.1 浓硫酸对于碳钢管线的腐蚀

浓硫酸对金属管道的腐蚀主要是化学腐蚀与电化学腐蚀，其中后者占多数，且腐蚀破坏性最严重，浓硫酸与铁反应生成硫酸亚铁（$FeSO_4$），$FeSO_4$ 在金属表面形成致密保护膜，阻止反应的进行，这就是浓硫酸钝化的过程，可以阻止进一步腐蚀，此过程是化学腐蚀。而电化学腐蚀伴随电子的得失，碳钢中的铁作为阳极，碳及其他一些杂质为阴极，铁在反应过程中失去电子与 SO_4^{2-} 结合生成 $FeSO_4$，氢离子（H^+）在阴极中得到电子被还原成氢气（H_2），此过程反应速率远远高于化学腐蚀过程，因此作为主要的腐蚀原因。

阳极反应：$Fe \longrightarrow Fe^{2+} + 2e^-$

阴极反应：$2H^+ + 2e^- \longrightarrow H_2$

总反应：$Fe + H_2SO_4（浓）\longrightarrow FeSO_4 + H_2$

根据上述浓硫酸对金属管道的腐蚀机理可知：能够引起 $FeSO_4$ 保护层损坏的所有因素都将会导致金属腐蚀速率增大，主要有硫酸的浓度、硫酸的流速、硫酸温度以及杂质等，同时由于 $FeSO_4$ 形成的保护膜相对较为脆弱，因此，硫酸中的杂质也会在输送过程中破坏保护膜导致其从金属表面脱离，从而加速形成条纹状腐蚀。有研究表明：稀硫酸（浓度<65%）具有还原性，浓硫酸（浓度>85%）具有氧化性，特别是在高温下，浓硫酸具有极强的氧化性。而 65%~85% 的硫酸具有两面性，在低温下呈还原性，高温及沸腾时又呈氧化性。因此，保证硫酸浓度稳定同时控制硫酸温度对控制腐蚀具有重要意义。

虽然理论上 98.3% 以上的浓硫酸不会对管线造成腐蚀，但在二苯酚实际生产过程中，提供的浓硫酸介质浓度有一定差别，如图 1（a）所示，近四年硫酸浓度平均值为94.32%，浓度最低值为92.5%，远低于98.3%，其中含有一定量水分，酸管线腐蚀性因此产生，同时酸中的杂质也会加速碳钢管线的腐蚀。图1(b)为从卸酸泵过滤器中清出的杂质。因此，在不能保证浓硫酸浓度稳定无杂质的情况下，为了便于维护，降低安全隐患，不使用碳钢管线传输浓硫酸介质。

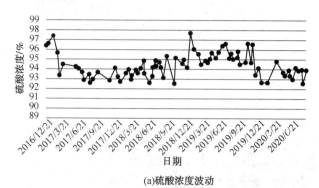

(a)硫酸浓度波动

(b)酸泵过滤网硫酸杂质

图1　苯酚丙酮装置浓硫酸介质分析

1.2　浓硫酸对于不锈钢管线的腐蚀

碳钢与不锈钢的主要区别是：碳钢主要指碳的质量分数小于2.11%而不含有特意加入的合金元素的钢。碳钢不含有有效的合金元素，是以铁、碳、锰为主要元素的合金，而小锈钢基本合金元素还有镍、钼、钛、铌、铜、氮等，它是高合金钢。不锈钢的腐蚀机理与碳钢类似，但是其抗腐蚀性能远好于碳钢的主要原因为合金金属的加入，使得不锈钢可能处于活化状态或钝化状态，甚至可能处于活化-钝化的周期性波动状态，最主要表现为电位的周期性波动。镍是不锈钢的主要合金元素之一，但是并不是钝化膜的主要形成元素，主要用于平衡相组织、提高不锈钢工艺性。镍在浓硫酸用不锈钢中的作用主要是促进不锈钢在浓硫酸中钝化，降低

致钝电流密度，提高腐蚀电位。钼可提高不锈钢耐还原性介质的能力，尤其是提高不锈钢耐Cl^-引起的点蚀和缝隙腐蚀的能力。钼可促进不锈钢钝化，但钼在氧化性介质浓硫酸中极易产生过钝化。铁-铬双元合金随铬含量的增加，耐蚀性提高，当铬含量增加到25%时腐蚀速度降到较低的数值。因此在一定范围内随铬含量的升高，不锈钢在浓硫酸中的耐蚀性提高。

研究表明，双相钢在浓硫酸中的耐腐蚀性能好于316L，原因可能为双相钢的保护膜的修复能力好于316L钢。同时温度升高，两者耐腐蚀性能下降明显，有专业机构研究了当硫酸浓度达到90%时，温度由24℃升高至107℃时，金属腐蚀速率增加了近十倍。如图2中，电位周期变化的频率反映了温度对不锈钢材料中间相的产生和溶解速率，材料电位变化频率周期越短，反映管道材质耐腐蚀性能越差。

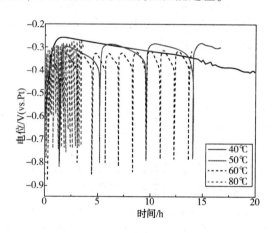

图2　310S钢在93%H_2SO_4中不同温度下的时间电位曲线

1.3　苯酚装置不同管线腐蚀情况

在装置实际运行过程中，不锈钢管道在运行时也发生了不同程度的腐蚀。①密排线304材质管道，由于密排管线发生腐蚀时215F运行温度60℃，pH值在2左右[见图3(a)、(b)]。同时经常伴有高温[见图3(c)，约100℃]稀酸液汇入加速腐蚀，导致日常生产过程中管线焊口处发生两次泄漏[见图3(d)]，地下密排管线较难处理，增加了管道维护消缺难度；②分解注酸线双相钢材质短节以及分布器，虽然此处运行环境最为复杂，运行温度也较高，但是在运行一个检修周期内(5年)，管线运行良好未

发现有明显腐蚀现象。对比两种材质的使用情况以及腐蚀状况，可以表明双相钢的耐腐蚀能力更好，因此在较为复杂介质情况下，应尽量选择双相钢材质，同时施工过程中严格把关焊口质量，防止焊缝缺陷。为了提高防腐蚀能力，

除了使用耐酸性更好的双相钢，阳极保护策略也是保护不锈钢管线防止腐蚀的有效方法，其操作简单，无需日常维护，具有价格低廉等优点，能够将检修周期延长至 8 年，在其他同类工业生产中具有广泛应用。

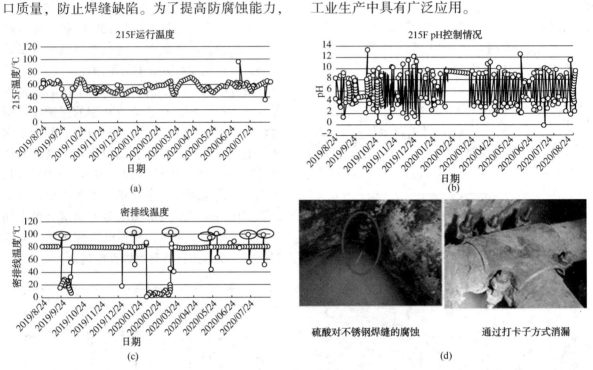

图 3　硫酸对不锈钢管线的腐蚀

2　聚四氟乙烯衬里管在输送浓硫酸的应用

2.1　聚四氟乙烯衬里管的制备过程

聚四氟乙烯也被称为"塑料王"。目前，钢制 PTFE 衬里管道以其卓越的耐腐蚀性能，已成为石油、化工、纺织等行业的主要耐腐蚀材料。经过工程技术人员多年来的不懈努力，成功生产出整体模压衬里产品——膜压四氟管，俗称推（挤）压衬里直管。首先采用进口 PTFE 粉末，推（挤）压成管子，然后将其强行拉入无缝钢管（衬管外径略大于钢管内径 1.5~2mm），形成无间隙紧衬。为消除压力，将其放在炉中，加温至 180℃ 进行恒温处理，从而起到了钢氟等体化，使之适应在 180℃ 以下的温度中使用。此类管道具有耐强酸强碱性，使用压力负压低至 -0.09MPa，正压超过 0.9MPa，管道正常使用寿命可达到 8~10 年。

2.2　聚四氟乙烯衬里管存在的问题

二苯酚装置浓硫酸主要输送管线为聚四氟

乙烯衬里钢管，为了防止聚四氟乙烯衬钢管线泄漏危害人身安全，将管道加保温施工进行防护。但在装置实际运行中，出现以下问题：①发现多处法兰口存在泄漏情况，同时由于硫酸泄漏后，腐蚀螺栓，存在螺栓腐蚀断裂的危险，并且不能通过紧固螺栓的形式消除漏点，增加了维护难度，如图4(b)所示；②在装置运行过程中，管道出现过砂眼缺陷，导致装置氧化工段停车处理，如图4(a)所示。图4(c)是分解反应注酸线的弯头腐蚀情况，图中对弯头使用前使用过程中以及腐蚀破损后的弯头进行了对比分析，由于法兰面压合问题，导致使用过程中，法兰连接处出现轻微泄漏，同时由于弯头处压力较高，导致弯头衬里冲刷腐蚀严重，不能保证该类管道的使用寿命。

2.3　聚四氟乙烯衬里管使用注意事项

但聚四氟乙烯衬里管本身在实际应用中也存在一定的弊端，装置经过查找资料与深入分

析：首先，聚四氟乙烯衬里在烧结过程中，由于烧结质量不稳定，易存留小孔或者裂纹，一旦出现，在使用过程中金属管道与酸液接触，会造成管道腐蚀泄漏，因此，出厂前应严格使用电火花检测仪检查衬里层的完好，投用前进行严格的试压实验。其次，管道需要保证安装质量：①钢制聚四氟乙烯衬里管道一般都是在制造厂加工完成后整体到现场，运输过程中要避免强烈震动或碰撞；②此类管道短节一般不超过3m，以保证管道短节制造加工时的完好性，因此装置整条管道(约150m)安装过程中需要超过50处法兰连接，管道及法兰安装时异常受力，会导致法兰面密封不严，产生泄漏的安全隐患，如图4(a)所示，考虑使用不锈钢螺栓，增强螺栓的抗腐蚀性，提高法兰面受力稳定性。

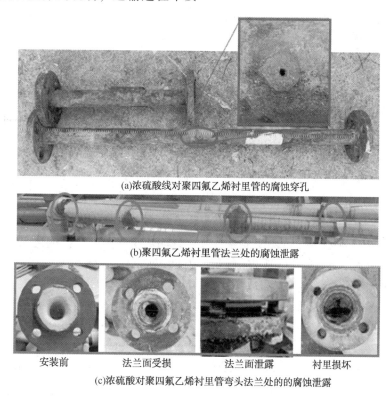

(a)浓硫酸线对聚四氟乙烯衬里管的腐蚀穿孔

(b)聚四氟乙烯衬里管法兰处的腐蚀泄露

安装前　　法兰面受损　　法兰面泄露　　衬里损坏
(c)浓硫酸对聚四氟乙烯衬里管弯头法兰处的的腐蚀泄露

图4　浓硫酸对聚四氟乙烯衬里管的腐蚀情况

3　结论

(1) 浓硫酸对金属具有不同的腐蚀能力，因此在选材时要综合考虑运行工况(浓硫酸的浓度与温度)、管线成本与后期维护成本以及长周期安全运行等因素作出最合理选择。其中，碳钢理论上能够耐浓硫酸的腐蚀，但是装置在运行时工艺调节复杂，加之硫酸内存在水分以及其他杂质，实际生产中考虑到安全以及运行维护的不可控性，装置不使用碳钢作为浓硫酸输送管道。

(2) 在苯酚丙酮生产装置中，对于酸浓度变化较大、温度较高的密排管线，装置需要将此处管道材质升级为2507类双相钢($00Cr_{25}Ni_7Mo_4N$)，并且为了进一步提高密排线耐腐蚀性能，可以继续探讨增加阳极保护措施，延长管道寿命周期。对于装置浓硫酸输送主线，最好的方案是使用双相钢管道，但是考虑到投入成本，聚四氟乙烯衬钢管价格是双相钢价格的35%，装置使用钢衬管道与双相钢管线相比可节省成本超过20万元。因此，保证产品出厂质量与管道安装质量的情况下，继续使用聚四氟乙烯衬钢管道，依然是装置浓硫酸主线可采取的最好防腐蚀方案。

(3) 聚四氟乙烯衬钢管道使用中出现的问题，主要是需要采取措施保证产品出厂质量与管道安装质量，除了出厂前应严格使用电火花检测仪检查衬里层的完好、管道投用前进行严格的试压实验措施外，仍继续深入分析，延长管道使用寿命。

腈纶纺丝装置的腐蚀与防护

宋道明

(中国石油大庆石化分公司腈纶厂，黑龙江大庆　163714)

　　摘　要　本文主要对设备腐蚀机理进行细致分析，并结合生产实际情况优化设备材质、防止腐蚀，系统地介绍了设备防腐方法。
　　关键词　腈纶；硫氰酸钠；孔蚀；缝隙腐蚀；防腐

1　腐蚀机理及分类

1.1　腐蚀现象在生产中的危害

　　腐蚀现象几乎涉及国民经济的一切领域。与各种酸、碱、盐等强腐蚀性介质接触的化工机器与设备，腐蚀问题尤为突出，特别是处在高温、高压、高流速工况下的机械设备，往往会引起材料迅速地腐蚀损坏。腐蚀的危害非常巨大，它使珍贵的材料变为废物，如铁变成铁锈(氧化铁)；使生产和生活设施过早地报废，并因此引起生产停顿，产品或生产流体的流失，污染环境，甚至着火爆炸。据统计，各工业国家每年由于金属腐蚀的直接损失约占全年国民经济总产值的1%~4%。

1.2　孔蚀

　　中国是世界最大的腈纶生产国，近年来随着市场需求的加大，腈纶产业发展非常迅速。硫氰酸钠(NaSCn为强碱弱酸盐，略显碱性，白色结晶体，有毒，溶于水及乙醇中，具有很强的腐蚀性)作为湿法腈纶生产中的溶剂具有很强的腐蚀性，不仅对碳钢、铝制品有腐蚀性，对不锈钢也有一定腐蚀性。大庆石化公司腈纶厂纺丝车间作为腈纶厂的主要生产车间。车间的一个316L材质的集束槽，槽内介质为14%的硫氰酸钠，工作温度为4℃，自1988年开工以来连续生产，经检测槽内气液交界处出现点蚀。

　　316L材质是钝化能力比较强的金属，在无活性阴离子介质中，其钝化膜的溶解和修复(再钝化)处于动平衡状态。而在NaSCn溶液中，由于含有较多Cl^-、SCN^-、S^{2-}，这些离子的存在将使平衡受到破坏，下面以具有代表性的Cl^-为例，对孔蚀的形成进行分析。

　　因为氯离子能在某些活性点上优先于氧离子吸附在金属表面，并和金属离子结合成可溶性氯化物，形成孔径很小(约20~30μm)的蚀孔活性中心，亦称孔蚀核。蚀核可在钝化金属的光滑表面上任何地点形成，随机分布。当蚀核长大到孔径约大于30μm时，金属表面既出现宏观可见的孔蚀(见图1)。

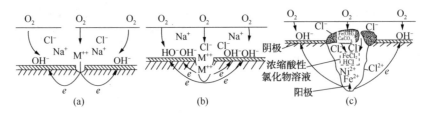

图1　316L在含Cl^-溶液中腐蚀过程示意图

　　形成蚀孔以后，由于孔内金属表面处于活态，点位较负；蚀孔外的金属表面处于钝态，点位较正，于是孔内外构成了一个活态——钝态微电池。孔内的主要阳极反应为$Fe \rightarrow Fe^{2+} +$

──────────
　　作者简介：宋道明，2008年毕业于大庆石油学院(现东北石油大学)过程装备与控制工程系，现工作于中国石油大庆石化分公司腈纶厂回收车间。

2e、Ni→Ni^{2+}+2e 以及 Cr→Cr^{3+}+3e。孔外的主要阴极反应为 $\frac{1}{2}O_2+H_2O+2e→2OH^-$。由于孔的面积相对很小，阳极电流密度很大，蚀孔迅速加深。孔外金属表面将受到阴极保护，可继续保持钝态。

孔内介质基本上处于滞留状态，溶解的金属离子不易往外扩散，溶解氧也不易扩散进孔内。随着腐蚀的进程，孔内带正电的金属离子浓度增加，为保持溶液的电中性，带负电的氯离子就不断迁入，使孔内形成了金属的氯化物，氯化物又进一步水解产生盐酸：

$$M^{2+}Cl^-+2H_2O→M(OH)_2↓+2HCl$$

孔内介质的酸度增高，促使阳极溶解速度加速。进而二次腐蚀产物 Fe(OH)$_2$ 以及水中的可溶盐如 Ca(HCO$_3$)$_2$ 由于孔口介质 pH 值的升高而转化成的 CaCO$_3$ 沉淀物，一起在孔口沉积使蚀孔成为一个闭塞电池(见图1)。这种闭塞电池内部进行的所谓"自催化酸化的作用"，将使蚀孔沿重力方向迅速深化，以至把金属断面蚀穿(见图2)。

1.3 缝隙腐蚀

孔蚀只是 316L 不锈钢在 NaSCn 溶液中腐蚀的一种形式，还有一种腐蚀方式为缝隙腐蚀。当金属与金属活金属与非金属之间存在很小的缝隙(一般为 0.025 至 0.1mm)时，缝内介质不易流动而形成滞留状态，促使缝隙内的金属加速腐蚀，这种腐蚀即为缝隙腐蚀。

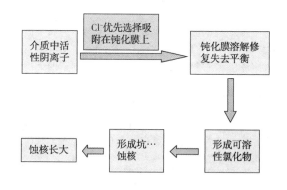

图2　蚀核形成及成长示意图

腐蚀初期阶段，缝隙内外发生氧去极化的均匀腐蚀。由于缝隙内的介质不能对流流动，氧的扩散补充困难，氧还原反应逐步停止。随后就构成了宏观的氧浓差电池，缺氧的缝隙内成为阳极，缝外为阴极。阴、阳极的腐蚀产物在缝口相遇形成二次产物而沉积，逐步发展为闭塞电池，闭塞电池的形成标志着腐蚀进入了发展阶段。此时缝隙中产生的金属离子 Fe^{2+} 因难于往缝隙外扩散而使缝内正电荷增高，必然有氯离子迁移进来以保持电荷平衡，结果缝内的金属氯化物浓度不断增加，氯化物进一步水解产生不溶性的氢氧化物和游离酸。这样就造成了闭塞电池的自催化腐蚀过程，加速了缝隙内的腐蚀。

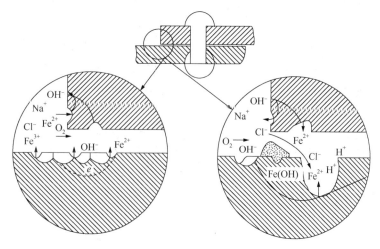

图3　缝隙腐蚀过程示意图

1.4 腐蚀分类对比

对上述两种常见的腐蚀形式，从腐蚀发生条件、腐蚀过程、发生腐蚀电位及腐蚀形态四个方面进行对比(见表1)。

表1   孔蚀与缝隙腐蚀对比表

	孔蚀	缝隙腐蚀
腐蚀发生条件	起源于金属表面孔蚀核，必须在含有活性阴离子的介质中才能发生	起源于金属表面极小缝隙，即使在不含活性阴离子的介质中也能发生
腐蚀过程	通过腐蚀逐渐形成闭塞电池，然后才加速腐蚀，闭塞程度较大	由于事先已有缝隙，腐蚀一开始就很快形成闭塞电池，且闭塞程度很小
发生腐蚀电位	孔蚀电位较高，相对不易发生	腐蚀电位低于孔蚀电位，较孔蚀容易
腐蚀形态	蚀孔窄而深	相对宽而浅

2   腐蚀防止方法

2.1   孔蚀防止方法

针对孔蚀，其防止方法主要从材料上考虑如何降低有害杂质的含量，加入适量的能提高抗孔蚀能力的合金元素并改善热处理制度，注意退火温度等，以减少沉积相的析出；加强现场管理，消除造成腐蚀的环境；从工艺角度防止孔蚀；结构设计时注意消除死区，防止溶液中有害物质的浓缩，还可采取阴极保护。例如：

（1）在不锈钢中加入钼、氮、硅等元素或加入这些元素的同时提高铬含量，可获得性能良好的钢种。耐孔蚀不锈钢基本上可分为三类：铁素体不锈钢；铁素体-奥氏体双相钢；奥氏体不锈钢。设计时应优先选用耐孔蚀材料。

（2）降低氯离子在介质中的含量，操作时严防跑、冒、滴、漏等现象的发生。

（3）在工艺条件许可的情况下，可加入缓蚀剂。对缓蚀剂的要求是，增加钝化膜的稳定性或有利于受损钝化膜得以再钝化。例如，在10%的$FeCl_3$溶液中加入3%的$NaNO_2$，可长期防止1Cr18Ni9Ti钢的孔蚀。

（4）采用外加阴极电流保护，抑制孔蚀。氯离子对不锈钢制压力容器的腐蚀，对压力容器的安全性有很大的影响。即使是合理的设计、精确的制造避免或减少了容器本身的缺陷，但是，在长期使用中，由于各种错综复杂因素的联合作用，容器也会受到一定的腐蚀。虽然目前对防止氯离子对不锈钢腐蚀的方法还不十分完善，但掌握一些最基本的防护措施，对保证生产的正常进行还是十分必要的。除此之外，

还应严格按照操作规程操作，加强设备管理，做好容器的定期检验，以保证容器在合理的寿命期限内安全运行。

2.2   缝隙腐蚀防止方法

针对缝隙腐蚀，主要可从以下四个方面进行防止：

（1）结构设计。主要是在结构设计上避免形成缝隙和能造成表面沉积的几何构形，应采用避免形成缝隙的机构设计或尽可能使缝隙保持敞开。在制造工艺上，尽量用焊接取代铆接或螺栓连接，焊缝区要去掉氧化皮后再使用，另外，尽可能避免采用金属和非金属的连接，因为这种连接往往比仅是与金属连接贴得更紧，对于连接部件的法兰垫圈，应采用非吸收性的材料，如聚四氟乙烯等。

（2）选用耐腐蚀材料。选用Cr、Mo、N等有效元素含量高的耐缝隙腐蚀性能良好的不锈钢材料，特别是当工作温度较高时，更应注意选用好材料。

（3）试用缓蚀剂。在工艺条件允许的情况下，可以采用添加某种缓蚀剂的方法防止缝隙腐蚀。

（4）其他方面。采用适当防腐蚀材料涂覆阴极表面、阴极保护以及增加电解质流动速度的办法在某些情况下也可以试用。

2.3   生产中腐蚀防止方法

在腈纶丝的生产中我们结合现场实际情况，根据不同工序及工艺环境选用不同材质的设备。以防止设备腐蚀为基础、降低成本为目标最科学地选取设备材质。聚丙烯腈自喷丝口出来，就要用NaSCn溶液冷却，其后在浸渍槽、溶剂牵伸等流程中要接触不同浓度的硫氰酸钠溶液。这些NaSCn溶液都是直接与设备接触的，为此设备必须采用耐NaSCn腐蚀材质——SUS316L不锈钢（SUS316L的特性是塑性、韧性、冷变形、焊接工艺性能良好，耐腐蚀性良好，由于含碳量低且含有2%至3%的钼，提高了对还原性盐和各种无机酸、碱、盐类的耐腐蚀性能），以保证防止腐蚀。定型机入口拉入辊，我们采用的材质是304不锈钢（304不锈钢是按照美国ASTM标准生产出来的不锈钢的一个牌号。304相当于我国的0Cr19Ni9或0Cr18Ni9不锈钢。

304 含铬 19%，含镍 9%），对表面进行镀铬处理以降低成本，从生产实践中看使用效果良好。输送液体的管线和储存液体的储罐也根据其液体不同而选择经济实用的材料以节约成本。

为保证正常生产，设备的维护也是日常工作的重要组成部分。生产的顺利进行，与设备的精心维护和保养是分不开的。日常试验设备的维护与保养很重要，它不仅能提高试验时的工作效率，而且还可以大大延长使用寿命，就如同人每天要工作、休息、吃饭一样。在生产中腐蚀无处不在，有时溶液中存在某些极微量的活性介质，或温度仅相差几度，腐蚀速度却成倍地增加。结构复杂的机器、设备，出于某种特定功能的需要，更需要精心维护。因此，化工厂的工作者关注最新的知识动态是十分必要的。正是这些具体的前沿知识才能使设备维护保养取得更好效果。

参 考 文 献

1　陈匡民 . 过程装备与腐蚀[M].北京：化学工业出版社，2002.

2　成大先 . 机械设计手册（上册）—第二分册[M].北京：化学工业出版社，2004.

3　董继震，罗鸿烈，王庆瑞. 合成纤维生产工艺学[M]. 北京：中国纺织出版社，1996.

4　陈建俊. 石油化工设备设计选用手册[M]. 北京：化学工业出版社，2008.

5　邓玉昆，陈景榕，王世章. 高速工具钢[O]. 北京：冶金工业出版社，2002.

6　陈克忠 . 金属表面防腐蚀工艺[M]. 北京：化学工业出版社，2010.

7　王巍，薛富津，潘小洁. 石油化工设备防腐蚀技术[M]. 北京：化学工业出版社，2011.

8　秦国治，王顺，田志明. 防腐蚀涂料技术及设备应用手册[M]. 北京：中国石化出版社，2004.

9　范光松. 设备润滑与防腐[M]. 北京：机械工业出版社，2000.

金属储油罐腐蚀与防护

杨 光

（中国石油大庆石化分公司化工一厂，黑龙江大庆 163714）

摘 要 近几年来，石化企业生产规模逐步加大，产量大幅提升，储罐的使用量明显增多，随着企业对国外原油用量的增加，金属储罐设备的使用寿命及设备的腐蚀情况越来越受到重视。为了能够减少早期建成的金属储罐使用风险，延长设备寿命，本文从罐区金属储罐目前使用状态出发，对浮顶储油罐和球形罐两种油罐的腐蚀现状进行分析，研究导致金属储罐腐蚀的根本原因，并对储油罐的防护措施提出了几点建议。

关键词 金属储罐；外浮顶罐区；球罐；腐蚀检查；防腐措施

20 世纪 80 年代末到 90 年代初，国家投产了一批化工装置，如今这些装置已经运行近 30 年，设备寿命进入末期，但石化企业生产规模逐步加大，产量大幅提升，老装置如何提升其服役时间及设备自身状态保养维护，成为目前企业主要难题。本文结合原料罐区金属储罐腐蚀检查，分析了罐区内储罐存在的腐蚀原因并提出了相应腐蚀防护措施。

腐蚀检查是在设备单机停运检修时进行的一项重要工作，是检验人员及技术人员对设备外部、内部采用直接观察或测量的手段对设备使用寿命进行评估，腐蚀检查的范围很广，包括外观检查、测厚、金相分析、无损检测、产物分析和失效分析等。它相当于对设备进行了一次全面体检，是企业了解设备运行状态的有效手段。

设备腐蚀分为内腐蚀和外腐蚀两种，设备内腐蚀主要原因为：①储罐储存介质硫含量高造成对设备内壁腐蚀；②金属储罐内介质液位与罐顶之间的油气空间内，由于蒸发存在一些水蒸气，在油水混合后会形成电解质，会加速储油罐腐蚀速率。设备外腐蚀主要原因来自大气环境，主要的腐蚀地方就是储罐的顶外、罐壁和罐底。这些地方都是储油罐很容易和水接触的部位，倘若遇到雨水天气顶外和罐底就很容易造成积水，这样的情况就会加快储罐被腐蚀的速率。

1 原料二车间金属储罐腐蚀调查情况

1.1 常压外浮顶储罐（K 罐）

大庆石化公司化工一厂原料二车间的石脑油储罐 K 罐为 5 万立方米的立式外浮顶石脑油储罐，储罐的浮顶类型为外浮顶双层甲板，属于圆筒形钢制常压储罐，1990 年投入运行，储罐的介质为石脑油，工作温度为 25℃，常压。钢板的边缘厚度为 15mm，中幅板厚度为 9mm，底板直径为 60000mm。

在 2014 年行开罐检查，定检期间对储罐底板进行漏磁检测。通过对储罐的底板缺陷的分布和当量大小的分析，可以得到当量的缺陷板的工作情况，腐蚀情况见图 1。

发现中幅板存在深度当量在 20% 以上的腐蚀缺陷。底板无缺陷，但部分底板表面出现点蚀坑。存在的缺陷深度达到了 0.5~1mm。经过超声和宏观的检查，可以发现真正的门槛值的检测缺陷，得到的检测结果与超声波的测厚结果比对如表 1 所示。

表 1 K 罐底板腐蚀情况汇总表

编号	腐蚀面积	严重程度	备 注
5	局部点腐蚀	20%	点腐蚀，坑深 0.5~1mm
6	局部点腐蚀	20%	点腐蚀，坑深 0.5~1mm

续表

编号	腐蚀面积	严重程度	备　　注
7	局部点腐蚀	20%	点腐蚀，坑深 0.5~1mm
8	局部点腐蚀	20%	点腐蚀，坑深 0.5~1mm
9	局部点腐蚀	20%	点腐蚀，坑深 0.5~1mm
11	局部点腐蚀	20%	点腐蚀，坑深 0.5~1mm
14	局部点腐蚀	20%	点腐蚀，坑深 0.5~1mm
17	局部点腐蚀	20%	点腐蚀，坑深 0.5~1mm
31	局部点腐蚀	20%	点腐蚀，坑深 0.5~1mm
41	局部点腐蚀	20%	点腐蚀，坑深 0.5~1mm
43	局部点腐蚀	20%	下表面点腐蚀，坑深 0.5~1mm
45	局部点腐蚀	20%	点腐蚀，坑深 0.5~1mm
53	局部点腐蚀	20%	点腐蚀，坑深 0.5~1mm
71	局部点腐蚀	20%	下表面点腐蚀，坑深 0.5~1mm
86	局部点腐蚀	20%	点腐蚀，坑深 0.5~1mm
101	局部点腐蚀	20%	点腐蚀，坑深 0.5~1mm
114	局部点腐蚀	20%	点腐蚀，坑深 0.5~1mm
115	局部点腐蚀	20%	点腐蚀，坑深 0.5~1mm

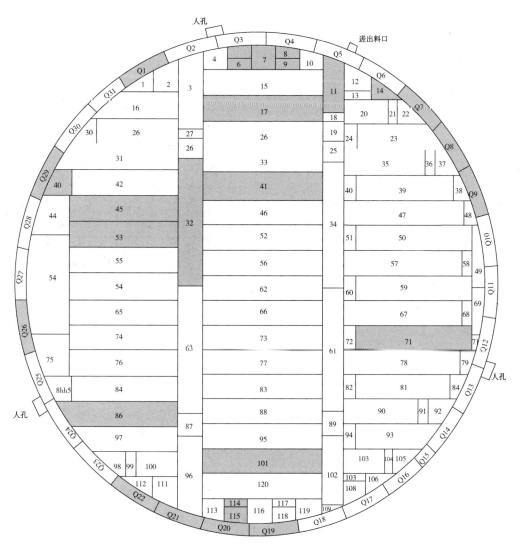

图 1　K 罐底板腐蚀情况图(图中深色为≥20%缺陷)

经分析 K 罐底板主要腐蚀原因为罐内积水（油品中分离水）的电化学腐蚀作用。尤其是罐壁下部和罐底内壁的腐蚀是储罐内腐蚀的重点区域。一般石脑油含烷烃 55.4%、单环烷烃 30.3%、双环烷烃 2.4%、烷基苯 11.7%、苯 0.1%、茚满和萘满 0.1%。平均相对分子质量为 114，密度为 0.76g/cm³，爆炸极限为 1.2%~6.0%，硫含量为 $400×10^{-6}$。在油水界面会形成 H_2S 和硫醇，对金属有腐蚀作用，称为活性硫化物，介质中硫含量愈高，腐蚀性愈强。同时，罐底脱水口与液面间存在距离，且液体沉降不均匀，导致排水不及时，水中含有硫离子使阳极反应受到催化，而且还使溶液中亚铁离子数量减少，加速腐蚀。

1.2　金属球罐（D 罐）

大庆石化公司化工一厂原料二车间的前期轻烃球罐 D 罐为 900 立方米的金属球形储罐，1988 年投入运行，在 2019 年球罐理化检验发现，球罐存在不同程度的内外腐蚀。

1.2.1　设备内腐蚀

球罐内腐蚀主要集中在下极板，见图 2，主要腐蚀原因为：罐内储存介质轻烃，来料存水，造成水在罐底沉积，并且含硫焦粉也沉积在储罐底部形成氧的浓度差电池，进而发生垢下腐蚀。

图 2　D 罐底人孔盖板腐蚀情况图

1.2.2　设备外腐蚀

球罐外腐蚀主要表现在球罐外部下极板，腐蚀主要是因为大气中含有的氧、水蒸气、二氧化碳等物质，同时由于该球罐以投用近 30 年，球罐外部保护层已不能完全隔绝雨水，内

部聚氨酯保温材料粉化，造成球罐下极板存水引起露点腐蚀，如图 3、图 4 所示，并且对球罐本体法兰螺栓也造成腐蚀，使储罐存在螺栓断裂、介质泄漏风险。

图 3　D 罐底下极板盖板腐蚀情况

图 4　人孔螺栓腐蚀情况

2　腐蚀防护措施

根据储罐腐蚀检查中的腐蚀现象及腐蚀原因，本文提出了如下防腐措施。

2.1　阴极保护

在目前的技术条件下，可以通过阴极保护和涂层保护相结合的方式进行储油罐的防腐，这样的防腐措施可能会达到比较好的效果。首先就是阴极保护，阴极保护是指在储油罐内形成的一些电解质中，对阴极进行保护。这些是根据化学反应来解决的，阴极保护的做法其中就有可以放入一些比储油罐的化学性质更加活跃的金属，让化学性质更加活跃的金属进行反应从而保护储油罐。但是这样的做法是非常不经济的，因为电解质的化学反应速度是比较快的，倘若采用这种方法那么使用的化学性质比较活跃的金属的量是相当大的，通常情况下可以在储油罐中放置一些无机富锌，由于锌的化学性质是比较活跃的，在电解质的反应中锌就会在铁之前先进行反应，从而达到保护储油罐的目的。

2.2　工艺优化

从工艺角度出发，为了维护设备安全运行，还需要加强工艺脱硫脱氯的效率；另外，油品进入储罐前需要进行脱水处理，减少介质中的水含量，缩短进油与脱水的时间间隔，同时控制油品进入储罐的温度，在油品进入储罐前可增设冷凝系统，适当降低来油温度。在车间操作规程中适当增加含水量偏高储罐的切水作业频次，尤其对某些腐蚀速率较大的储罐还需制定在线监测计划并加强巡检力度。

2.3　涂料及涂敷处理

涂料及涂敷处理是比较常见的一种防腐蚀的做法。但是在现实中这样做法并没有使涂层尽可能地发挥它的作用，这主要是因为在进行涂敷的过程中没有按照设计要求进行。在储油罐中存在许多缝隙以及焊接不太合格的地方，在进行涂敷中并没有完全覆盖到，所以使得涂层并没有完全发挥它的效用。

3　结论与展望

腐蚀检查是企业了解静设备运行状态的有效手段，一方面，可帮助企业完善现有的防腐策略，制定出更为合理的检测周期；另一方面，可针对每个类型的设备建立腐蚀档案并形成腐蚀数据库，为今后设计出更加耐腐蚀的设备提供参考。

针对原料二车间储罐腐蚀检查，为了保证这些措施有效执行，提出如下建议：针对实际操作过程中遇到的各种问题，要求操作人员与技术人员多沟通，找到合理的处理方法；在防腐措施实施过程中需要在储罐上安装一些防腐部件，如在储罐下极板安装阳极，但在安装过程中应尽量避免对储罐产生二次破坏或埋下新的隐患；车间管理者和操作人员要对设备的运行状态做好日常监测工作。

如今越来越多的防腐技术和防腐材料应用到企业设备的生产过程中，但腐蚀防护工作仍然任重而道远。要找到切实可行的防腐方法，一方面要从实践中获得依据和灵感，注重从腐蚀检查中获取信息，减少过保护或缺乏保护的现象发生；另一方面要加强理论研究，注重腐蚀机理的分析，从而提高装置的腐蚀防护水平；此外，还要注重多学科如生物化学、材料科学、过程装备和管理学的有机结合，以便找到更加科学的防腐方法。

X65 管线钢在硫化氢环境中的腐蚀模拟实验

刘 艳 屈定荣 黄贤滨 宋晓良

（中国石化青岛安全工程研究院，山东青岛 266071）

摘 要 随着原油品质劣质化，大部分油气管道都面临硫化氢腐蚀问题。针对油气管道常用的 X65 管线钢开展了一系列腐蚀模拟实验，研究了其在湿硫化氢环境中的腐蚀机理和腐蚀规律，分析了腐蚀原因和腐蚀破坏形式，并提出防腐措施。

关键词 X65 管线钢；油气管道；原油；硫化氢；腐蚀

目前我国常规进口的原油油种普遍含有硫化氢，给原油输送管道、接卸装置和储罐等带来了一系列安全问题。表 1 列出了几种典型原油 H_2S 含量。目前我国用于含硫化氢原油输送的长输管线均是设计用于输送非含硫化氢原油或成品油的普通管线，不做处理直接输送含硫化氢原油给管道和设备安全带来了较大安全隐患，缺乏本质安全防护措施。许多原油输送管道已运行多年，腐蚀问题逐渐暴露，设备安全面临巨大挑战。

表 1 典型原油气相 H_2S 含量 μmol/mol

序号	油种	气相 H_2S 含量	序号	油种	气相 H_2S 含量
1	卡塔尔海上	15000	11	伊重	>2000
2	伊斯姆斯	14000	12	芒都	1100~2000
3	玛雅	108（液相）	13	卡宾达	30~2000
4	科威特	2000~4000	14	巴士拉	450~1600
5	沙轻	850~4000	15	阿曼	500~1400
6	埃斯锡德尔	>2000	16	沙中	10~1000
7	普鲁托尼	1400~2300	17	沙重	>1000
8	凯萨杰	2000	18	达混	490~950
9	奎都	2000	19	罕戈	20~900
10	杰诺	>2000	20	伊轻	155~185

硫化氢的腐蚀破坏类型可以分为均匀腐蚀（UC）、点蚀（PC）、氢鼓泡（HB）、氢致开裂（HIC）、硫化氢应力腐蚀开裂（SSCC）、应力导向的氢致开裂（SO-HIC）、氢脆（HE）和氢诱发阶梯裂纹（HISC）等，一般为脆性断裂，危害性极大。X65 管线钢是油气输送管线中常用材质，目前，对其在硫化氢环境中的腐蚀规律和控制方法尚未完全掌握，本文针对 X65 管线钢在不同硫化氢浓度、pH 值等条件下，通过腐蚀模拟实验，研究了 X65 管线钢在硫化氢环境中的腐蚀规律，并研发了一种新型抑制硫化氢腐蚀的缓蚀剂，效果显著。

1 实验方法

模拟油气管道运行工况时的腐蚀环境，通过腐蚀失重挂片实验和慢拉伸实验研究 X65 管线钢的硫化氢腐蚀机理和腐蚀规律。

1.1 挂片腐蚀实验

实验采用腐蚀失重挂片的形式，即将目标

作者简介：刘艳，工程师，2014 年毕业于中国石油大学（华东）动力工程及工程热物理专业，主要从事石化设备腐蚀与防护研究。

试样悬挂于所配置的不同条件的腐蚀介质中，经过一定的实验周期后，比较实验前后试样的质量，计算出试样的平均腐蚀速率。试验条件如下：实验压力为6.4MPa，流速为1m/s，温度为30℃，pH值为7～10，Cl⁻含量为5%。

1.2　慢应变速率拉伸实验

　　收集原油储罐罐底水作为腐蚀溶液母液，通过氢氧化钠和乙酸调节pH值，向母液中通入不同浓度的硫化氢标准气调节硫化氢浓度，实验压力为6.4MPa，温度为30℃，流速为1m/s，拉伸速率为5×10^{-5} mm/s。

2　实验结果分析

2.1　X65管线钢材料基本性能

　　实验材料来自原油管道敷设剩余材料，牌号为X65，其化学成分及机械性能见表2。将试样在砂纸上由粗到细依次打磨到800目，然后抛光。用含3%硝酸的酒精溶液进行浸蚀，再用Nikon光学显微镜进行拍照观察，得到如图1所示的X65管线钢的金相显微组织。从图中可以看出基体主要由以铁素体为主，少量分布珠光体，分布均匀，晶粒细小，无明显带状珠光体和偏析现象。

表2　实验材料(X65)的化学成分(质量分数)和机械性能

C	Mn/%	P/%	S/%	Si/%	屈服强度/MPa	抗拉强度/MPa
0.12	1.37	0.015	0.011	0.25	513	660

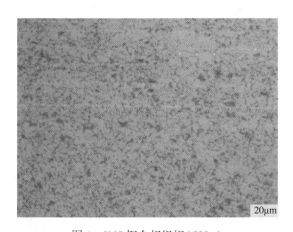

图1　X65钢金相组织(500×)

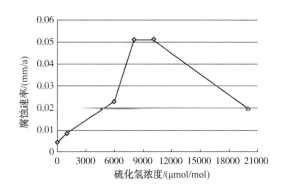

图2　硫化氢浓度对腐蚀速率的影响

2.2　挂片腐蚀实验

2.2.1　硫化氢浓度对腐蚀的影响

　　根据实验结果(见图2)，硫化氢浓度在8000～10000μmol/mol时X65钢均匀腐蚀速率最大，超过10000μmol/mol后，腐蚀速率开始降低。主要是因为硫化氢与铁反应生成一层致密的FeS保护膜(见图3)，该保护膜能阻止基体与腐蚀介质接触，减缓腐蚀；另一方面，溶液中的H⁺又可以溶解FeS。H_2S浓度较低时，生成的FeS不足以完全覆盖试样表面，腐蚀速率随着硫化氢浓度的增大而增大。当H_2S浓度继续增大，可以在试样表面形成稳定的FeS保护膜，腐蚀速率开始下降。对腐蚀产物进行XRD成分分析可知，该保护膜的主要成分为FeS和Fe_3S_4。

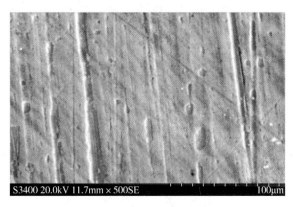

图3　试样表面腐蚀产物膜

2.2.2　pH值对硫化氢腐蚀的影响

　　根据实验结果(见图4)，pH值在7～8时，对硫化氢腐蚀均匀腐蚀速率的影响不大，腐蚀速率为0.045～0.05mm/a。在碱性溶液中，pH值越大腐蚀速率越低。pH值与硫类型和浓度密切相关，而不同的硫类型可腐蚀形成不同的硫化铁腐蚀产物。在 pH 值为酸性时，主要类型为 H_2S，生成的是以含硫量不足的硫化铁（Fe_9S_8）为主的无保护性的产物膜，该产物膜与基体形成腐蚀电偶，加剧腐蚀。当 pH 值为碱性时 S^{2-} 为主要成分，生成的是以 FeS_2 为主的具有一定保护效果的膜；HS^- 是 pH 值近中性时的主要成分。另一方面，pH 值影响着 FeS_2 保护膜的稳定性，当 pH 值为酸性时，FeS_2 保护膜易被溶解生成 Fe^{2+}，无法形成稳定的 FeS_2 保护膜，腐蚀速率加快。

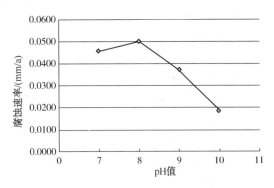

图 4   pH 值对硫化氢腐蚀的影响

2.3   硫化氢浓度对应力腐蚀开裂的影响

从实验结果（见图 5、图 6 和图 7）可以看出，随着硫化氢浓度的增大延伸率和断面收缩率迅速下降，应力腐蚀敏感指数显著增大。表明在含硫化氢环境下，X65 管线钢的抗应力腐蚀开裂性能对硫化氢浓度的变化非常敏感，硫化氢浓度从 500μmol/mol 增加到 800μmol/mol，伸缩率由 19%降为 16%，断面收缩率由 76%降为 51%，应力腐蚀开裂敏感指数 $F(\psi)$ 由 10%增大到 40%，一般工程上认为，当 $F(\psi)>35\%$ 时在该条件下材料肯定会发生应力腐蚀开裂。若硫化氢浓度继续增大到 1000ppm（$1ppm=10^{-6}$），应力腐蚀开裂敏感指数 $F(\psi)$ 增大到 72%，在该条件下 X65 钢一定会发生应力腐蚀开裂。

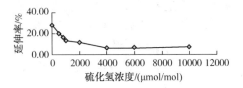

图 5   X65 管线钢延伸率与硫化氢
浓度变化关系曲线

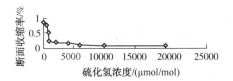

图 6   X65 管线钢断面收缩率与
硫化氢浓度变化关系曲线

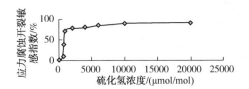

图 7   X65 管线钢应力腐蚀敏感指数
与硫化氢浓度变化关系曲线

观察试样断口宏观形貌（见图 8），在空气中，试样断裂前发生明显的塑性变形，具有颈缩的杯锥状断口，宏观断口呈纤维状，属韧性断裂。硫化氢浓度为 500μmol/mol 时，试样的断口形貌与空气中拉伸试样断口形貌类似，仍是韧性断裂，但试样断裂前塑性变形减少。硫化氢浓度为 800μmol/mol 时，试样断裂口周围有许多细小裂纹，断裂前塑性变形明显减小，颈缩现象不明显，塑性损失增多。硫化氢浓度继续增大到 1000μmol/mol 时，试样表面出现细小裂纹增多尺寸增大，断裂前无明显塑性变形，属脆性断裂。硫化氢浓度继续增大，试样表面裂纹增多、增大，材料氢脆现象明显，在该环境条件下，肯定会发生应力腐蚀开裂。

图 8   不同硫化氢浓度时 X65 试样断口宏观形貌

2.4　硫化氢缓蚀剂

2.4.1　缓蚀剂对硫化氢均匀腐蚀的影响

　　加入自主研发的硫化氢腐蚀缓释剂后，腐蚀速率明显降低(见图9)，由0.046mm/a降为0.004mm/a，腐蚀速率降低约10倍，缓蚀效果明显。缓蚀剂对金属的缓蚀作用，主要由于其分子中的咪唑啉环及极性基团的作用。发生吸附时，咪唑啉环优先吸附于金属表面，有利于咪唑啉分子在金属表面形成稳定的保护膜，同时憎水支链的自由移动与伸展，能够在远离金属表面的地方形成一层致密的疏水层，阻碍了腐蚀介质与金属基体的接触，起到缓蚀效果。

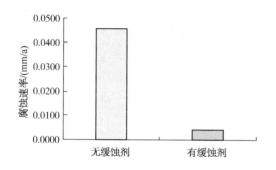

图9　添加缓蚀剂和未添加缓蚀试样腐蚀速率对比

2.4.2　硫化氢缓蚀剂对应力腐蚀开裂的影响

　　添加缓蚀剂后，试样的延伸率和断面收缩率都有明显提高(见图10～图12)，应力腐蚀敏感系数 $F(\psi)$ 由40%降到5%，表明该缓蚀剂对提高材料抗硫化氢应力腐蚀开裂性能具有显著效果。

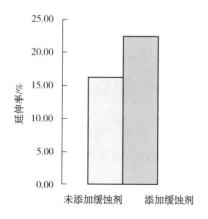

图10　缓蚀剂添加前后延伸率对比

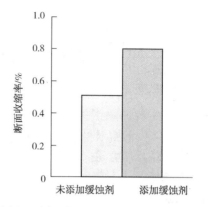

图11　缓蚀剂添加前后断面收缩率对比

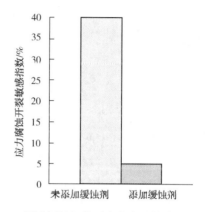

图12　缓蚀剂添加前后应力腐蚀敏感系数对比

　　图13分别是试样在未添加缓蚀剂和添加缓蚀剂的腐蚀溶液拉伸断裂后的宏观形貌，未添加缓蚀剂时，试样断口及周围有许多裂纹，断裂前无明显塑性变形，添加缓蚀剂后，试样断口及周围未发现裂纹，且塑性变形增大，有明显颈缩现象，宏观断口呈纤维状，属韧性断裂。

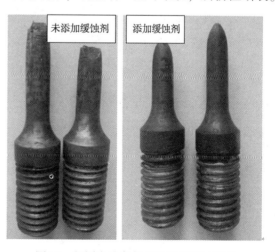

图13　相同实验条件下未添加缓蚀剂和
添加缓蚀试样断裂形貌

3 结论

（1）硫化氢浓度为 $8000 \sim 10000 \mu mol/mol$ 时 X65 钢均匀腐蚀速率最大，约为 $0.05mm/a$，根据 NACE RP0775—2005 对腐蚀程度的划分，属于中度腐蚀。硫化氢浓度超过 $10000 \mu mol/mol$ 时，由于腐蚀生成的致密保护产物膜，腐蚀速率随着硫化氢浓度的增大呈下降的趋势。

（2）随着腐蚀环境 pH 值的增大，腐蚀速率基本呈下降趋势。

（3）在硫化氢环境中，X65 管线钢存在应力腐蚀开裂风险，硫化氢浓度越高，腐蚀开裂风险越大，尤其当浓度超过 $800 \mu mol/mol$ 时，发生应力腐蚀开裂的可能性较大，应加强检测，提前做好腐蚀防护措施。

（4）促进金属表面保护膜的形成或减缓腐蚀速率有助于提高材料的抗硫化氢应力腐蚀开裂性能。

参 考 文 献

1 刘艳，屈定荣，伯士成，等. L245 管线钢硫化氢腐蚀模拟试验［J］. 油气储运，2018，37（7）：804-809.

2 黄贤滨，倪广地，张艳玲，宋晓良. 管线钢在原油沉积水中的腐蚀行为研究［J］. 安全、健康和环境，2020，20(4)：36-40.

3 赵平，张学元. H_2S 腐蚀的控制［J］. 全面腐蚀控制，2002(5)：4-9.

4 陈明，崔琦. 硫化氢腐蚀机理和防护的研究现状及进展［J］. 石油工程建设，2010(5)：1-5，83.

黑水环境中氯离子浓度对应力腐蚀开裂敏感性的影响

单广斌[1]　迟立鹏[2]　李贵军[1]　黄贤滨[1]　屈定荣[1]

（1. 中国石化青岛安全工程研究院，山东青岛　266071；

2. 北京科技大学，北京　100086）

摘　要　通过不同浓度 Cl⁻ 条件下的慢应变速率拉伸试验，研究了煤制氢装置黑水环境下应力腐蚀开裂敏感性随 Cl⁻ 浓度的变化规律，结果表明随着 Cl⁻ 浓度增加应力腐蚀敏感性增大，模拟黑水环境中应力腐蚀发生的临界 Cl⁻ 浓度约为 16.8mg/L。

关键词　应力腐蚀；煤制氢；慢速率拉伸

M 厂煤制氢装置采用 GE"非催化部分氧化法"水煤浆气化技术，原料中的氯含量时常超设计值，相应的物料中的 Cl⁻ 也会增加，而装置许多设备和管道选用了 18-8 奥氏体不锈钢，Cl⁻ 的增加不仅仅带来点蚀的加重，还可能会引起应力腐蚀开裂，这也引发了企业的担心。氯化物浓度与不锈钢应力腐蚀开裂关系的研究已比较多，如 100℃ 以下的常压环境水溶液中的应力腐蚀规律，沸腾氯化物盐溶液中的腐蚀规律，高温高压水溶液或蒸汽中的腐蚀及影响因素等。而煤制氢装置的黑水环境不仅具有高温高压，而且含有 CO_2、硫化物等腐蚀性介质，针对该环境下的应力腐蚀规律研究还比较少，本文就是针对煤制氢装置中的高温高压环境，开展氯离子浓度对应力腐蚀敏感性影响研究。

1　实验方法

实验主要参照 GB/T 15970.7《金属和合金的腐蚀　应力腐蚀试验　第7部分：慢应变速率试验》，开展模拟 M 厂煤制氢黑水环境下的慢应变速率拉伸试验研究。

实验设备选用了 CORTEST 慢拉伸测试系统，试样材质为 00Cr18Ni10，由固溶态钢板机械加工成 ϕ5mm 棒状拉伸试样，试样完全浸没于溶液。拉伸应变速率选用 $10^{-5}/s$。

模拟溶液环境：温度为 250℃，压力为 6.5MPa，氨氮为 320mg/L，硫化物为 1mg/L，气相中 CO_2 体百分比为 18%，Cl⁻ 浓度选用 0mg/L、5mg/、10mg/L、50mg/L、100mg/L、200mg/L、400mg/L。

2　实验结果与讨论

图1结果表明：随着 Cl⁻ 浓度升高，抗拉强度降低，延伸率也降低。以试验环境中得到应力应变曲线包围的面积标记为 S_1，惰性介质中的应力应变曲线包围的面积标记为 S_2，比值 $y = S_1/S_2$，计算不同浓度下的比值，比值的大小反映了材料的应力腐蚀敏感性，比值越小应力腐蚀敏感性越高，结果列于表1。

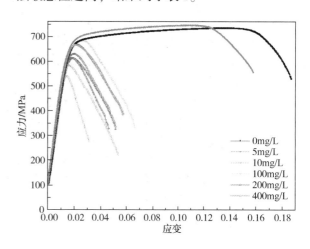

图1　不同 NaCl 含量慢拉伸曲线

表1   应力腐蚀敏感性

序号	氯离子浓度/(mg/L)	比值 y
1	0	1
2	5	0.88
3	10	0.24
4	50	0.23
5	100	0.28
6	200	0.19
7	400	0.14

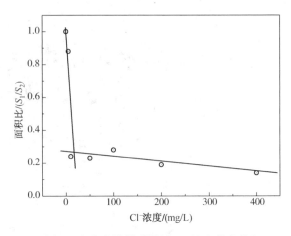

图2   应力腐蚀敏感性随 Cl⁻ 浓度的变化

由表1可以看出,应力腐蚀敏感性增随着 Cl⁻ 浓度增加而增大。在 Cl⁻ 浓度 0~10mg/L 时应力腐蚀敏感性急剧变化,在 10mg/L 应力腐蚀敏感性已比较高,其延伸率仅为 6% 左右。而在 10~400mg/L 时,敏感性变化相对比较缓和。

通过曲线拟合,得出应力腐蚀敏感性随 Cl⁻ 浓度变化的突变点 16.8mg/L,即应力腐蚀发生的临界 Cl⁻ 浓度为 16.8mg/L,明显低于在温度 60℃、pH=7 条件下得出的临界浓度(90mg/L)。

图3是不同 Cl⁻ 浓度下慢拉伸试验后的断口形貌。当 Cl⁻ 浓度为 0mg/L 和 5mg/L 时,断口形貌以韧窝为主,表现出明显的韧性断裂特征[见图4(a)、(b)]。当 Cl⁻ 浓度为 10mg/L 时,断口中出现韧窝+沿晶和少量穿晶混合断口,当 Cl⁻ 浓度进一步提高,沿晶和穿晶的脆性特征更加明显,超过 200mg/L,脆断面积已达到 90% 左右,这与延伸率的明显降低相对应。

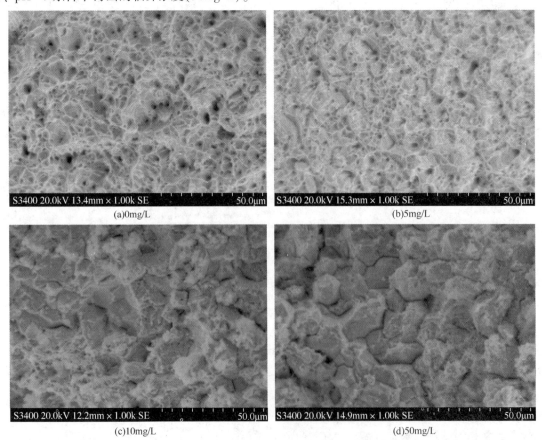

(a)0mg/L   (b)5mg/L

(c)10mg/L   (d)50mg/L

图3   不同浓度下慢拉伸试验后断口微观形貌

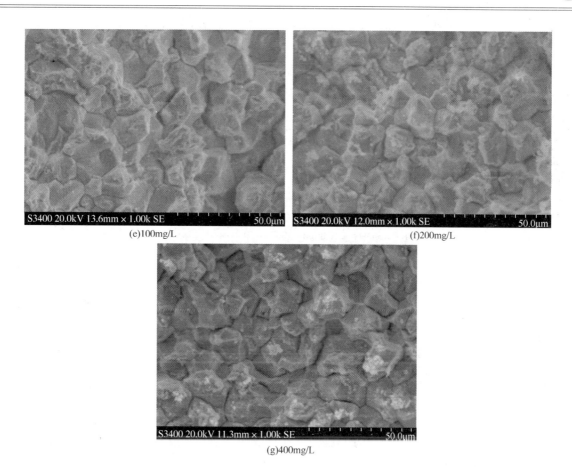

(e)100mg/L (f)200mg/L

(g)400mg/L

图3　不同浓度下慢拉伸试验后断口微观形貌(续)

3　结论

　　M 厂煤制氢装置黑水环境中，随着 Cl^- 浓度增加应力腐蚀敏感性增大，应力腐蚀敏感性发生突变的 Cl^- 浓度约为 16.8mg/L。

参 考 文 献

1　MURELEEDHARAN P, KHATAK H, RAJ B. Metallurgical influences on stress corrosion cracking[J]. Corrosion of Austenitic Stainless Steels: Mechanism, Mitigation and Monitoring, 2002.

2　TUTHILL A H, AVERY R E. Survey of stainless steel performance in low chloride waters[J]. Public Works, 1994, 125(12).

3　WHITE R. Materials selection for refineries and associated facilities[J]. R A White, and E F Ehmke, Published 1991 by NACE, 200, 1991.

4　GHOSH S, KAIN V. Effect of surface machining and cold working on the ambient temperature chloride stress corrosion cracking susceptibility of AISI 304L stainless steel [J]. Materials Science and Engineering: A, 2010, 527(3): 679 83.

5　肖纪美. 应力作用下的金属腐蚀 [J]. 腐蚀与防护全书. 北京: 化学工业出版社 1990: 428, 1990.

6　戴哲峰. 316L 不锈钢在复杂介质环境中的应力腐蚀试验研究[D], 浙江工业大学, 2009.

7　李远. 316L 不锈钢在氯化钠溶液中的应力腐蚀研究 [D]. 哈尔滨工程大, 2011.

8　潘旭东, 王向明. 循环水中氯离子控制及对不锈钢腐蚀机理探讨[J]. 工业水处理, 2013, 33(3): 14-16.

9　彭德全, 胡石林, 张平柱, 等. 堆内构件 304L 焊接件在空气饱和氧与氯离子环境中的应力腐蚀开裂 [J]武汉理工大学学报, 2014, 36(10): 32-9.

10　吕国诚, 许淳淳, 程海东. 304 不锈钢应力腐蚀的临界氯离子浓度[J]. 化工进展, 2008, 27(8): 1284-7.

11　吕国诚, 许淳淳, 程海东, 等. 水质稳定剂 Rp-04L 对 304 不锈钢在高硬度循环冷却水中应力腐蚀行为的影响[J]. 腐蚀与防护, 2008, 29(10): 573-5.

12　方智, 吴荫顺, 朱日彰. 敏化态 304 不锈钢在室温下发生应力腐蚀的 Cl^- 浓度界限[J]. 腐蚀科学与防护技术, 1994, 6(4): 305-10.

13   彭德全，胡石林，张平柱，等 . 堆内构件 304L 焊接件在空气饱和氧与氯离子环境中的应力腐蚀开裂[J]. 武汉理工大学学报，2014，36(10)：32-9.

14   FRITZ J D, GERLOCK R J. Chloride stress corrosion cracking resistance of 6% Mo stainless steel alloy [J]. Desalination, 2001, 135(1): 93-7.

15   ALYOUSIF O M, NISHIMURA R. Stress corrosion cracking and hydrogen embrittlement of sensitized austenitic stainless steels in boiling saturated magnesium chloride solutions [J]. Corrosion Science, 2008, 50 (8): 2353-9.

15   SEDRIKS A J. Corrosion of stainless steel, 2. edition [J]. John Wiley & Sons Inc New York Ny 275. 29 (1996).

17   NISHIMURA R, MAEDA Y. Stress corrosion cracking of type 304 austenitic stainless steel in sulphuric acid solution including sodium chloride and chromate [J]. Corrosion science, 2004, 46(2): 343-60.

18   KOLMAN D. A review of the potential environmentally assisted failure mechanisms of austenitic stainless steel storage containers housing stabilized radioactive compounds [J]. Corrosion science, 2001, 43 (1): 99-125.

循环水系统腐蚀与结垢风险分析

张艳玲[1]　郑秋红[2]　屈定荣[1]

（1. 中国石化青岛安全工程研究院，山东青岛　266104；
2. 杭州元朔环保科技有限公司，浙江杭州　310000）

摘　要　调查了某炼化企业各生产装置运行一周期(4 年)水冷器的腐蚀与结垢情况，根据循环水水质，运用碳酸钙饱和法和 API 581 中的腐蚀速率计算方法分析了各循环水系统的腐蚀与结垢特性，并研究了温度、pH 值、氯离子及流速对腐蚀速率与结垢趋势的影响规律，给出了循环水系统腐蚀和结垢原因以及建议措施。

关键词　循环水系统；腐蚀；结垢；温度；pH 值；氯离子；流速

1　水冷器腐蚀概况

某炼化企业为系统地了解装置运行一周期(4 年)循环水系统的腐蚀状况，对各生产装置水冷器进行了专项检查，主要包括第一循环水系统(包括 1#常减压、2#常减压、1#催化、1#气分、2#气分、3#加氢等生产装置)、第二循环水系统(包括 2#催化、2#加氢重整装置)、第四循环水系统(包括 1#焦化)、第五循环水系统(包括 2#焦化)和第六循环水系统(包括加氢裂化、2#制氢)的 311 台循环水冷却器，其腐蚀、结垢总体情况统计见表 1。

表 1　水冷器腐蚀、结垢情况统计分析

循环水厂	装置	检查总数量	严重腐蚀	正常腐蚀	轻微腐蚀	腐蚀表现形式
一循	1#常减压	28	0	1	27	涂层破损+垢下坑蚀
	2#常减压	27	8	0	19	
	1#催化	31	8	3	20	
	1#气分	13	5	7	1	
	2#气分	8	1	7	0	
	3#加氢	7	0	0	7	
二循	2#催化	65	9	9	47	涂层破损+垢下坑蚀
	2#加氢重整	32	0	2	30	
四循	1#焦化	42	2	4	36	结垢
五循	2#焦化	33	0	0	33	
六循	加氢裂化	22	7	0	15	坑蚀
	2#制氢	3	0	2	1	结垢

一循和二循水冷器的腐蚀问题主要表现为涂层破损、垢下坑蚀，内漏情况较多，腐蚀较重。四循和六循水冷器的腐蚀问题主要表现为结垢，四循为软垢，部分换热器管板严重堵塞，六循为硬垢。本周期各循环水系统水冷器泄漏情况统计见表 2。

表 2　本周期(四年)循环水系统泄漏情况

序号	泄漏换热器	泄漏介质	水质影响
1	1#气分装置 109A 冷换器泄漏	精丙烯	黏附速率超标,浊度最高达到 28.8FTU
2	溶剂再生装置 K501 泵泄漏	贫液	三循水质异常
3	1#常压 E-304 泄漏	航煤	一循水质异常
4	1#催化碱泵泄漏	烧碱溶液	串入新鲜水管网导致 2#焦循水质出现异常,pH 值高达 9.58,浊度上升至 30.0FTU
5	1#、2#常减压装置 E1514、E304、P105A、P1205 泄漏	油品	一循凉水塔液面漂浮大量棕褐色油块,打捞出污油约 30 余桶
6	1#催化 E204 泄漏	柴油	一循水质异常
7	2#催化 E403 泄漏	酸性气	二循 pH 值异常,监测换热器试管腐蚀率超标
8	1#气分 E109E 泄漏		一循浊度由 10FTU 升至 14FTU 左右,生物黏泥含量严重超标
9	1#催化 E204/1、2 泄漏	柴油	一循集水池黄色油泡多,气味大,浊度高
10	重整装置 E1022 微漏	车用液化气	二循水含油及浊度升高
11	MEBE 装置 E8 换热器泄漏	烃	一循浊度最高达到 12FTU,含油最高 3.6mg/L
12	芳烃装置 E1004 泄漏	硫化物及 C_2、C_3	二循余氯一直偏低,pH 值低
13	开始重整加氢装置 E308 漏,压缩机 K201 冷油器泄漏	油/润滑油	二循含油升高影响水质
14	1#焦化老系列停工时生产波动造成泄漏		1#焦循塔下集水池浮油多,浊度高达 28.3FTU,含油 8.1mg/L
15	1#催化脱硫脱硝项目施工时污水管线改道将污水井液位全部抬高造成泄漏		含油污水串入循环水自流回水系统,一循隔油池回水含油异常
16	催化 E204-3 泄漏	柴油	一循现场油气味较大,水中油含量高
17	一循装置 1#气分 E105B、E102A、2#气分 E109AB、1#常压 E305B、3#加氢装置 E7202、2#常压 E1514 泄漏		一循微生物控制难度加大,黏泥持续超标
18	二循重整 E104B 等多台冷换器泄漏		二循生物黏泥一直超标

2　循环水腐蚀结垢理论计算

2.1　腐蚀结垢模型及计算

结垢指数可以用来定性判断循环水结垢或腐蚀倾向,主要影响参数有 pH 值、总溶解固、钙硬度、碱度及温度等。根据水质情况,换热器表面形成的水垢以碳酸钙为主,由于添加了含磷酸盐的缓蚀阻垢剂,也会存在少量的磷酸钙垢,而硫酸钙的溶解度较大。一般认为,循环水中 Ca^{2+}、SO_4^{2-} 离子含量(mg/L)的乘积大于 5×10^5 时,可能产生硫酸钙垢,当使用阻垢剂时,二者的乘积大于 7.5×10^5 才会产生,因此硫酸钙垢很难出现。所以,可以用碳酸钙饱和法进行判断循环水结垢或腐蚀倾向,如饱和指数(拉格朗日指数)、稳定指数(雷兹纳 Ryznar)、结垢指数(帕科拉兹 Puckorius)等。

朗格利尔饱和指数(LSI)用来预测不同条件下 $CaCO_3$ 的溶解沉降趋势及耐腐蚀性。单独使用朗格利尔饱和指数不能给出定量的评估,与雷兹钠稳定指数(RSI)一起使用能够较好地预测水质结垢、腐蚀趋势,见表 3。

Langelier 指数(LSI):$LSI = pH_a - pH_s$　　(1)

Ryznar 指数(RSI):$RSI = 2pH_s - pH_a$　　(2)

式中　pH_a——循环水的实际 pH 值;

　　　pH_s——循环水的饱和 pH 值,由式(3)得出。

$$pH_s = (9.3 + C_1 + C_2) - (C_3 + C_4)　　(3)$$

C_1、C_2、C_3 和 C_4 可查表获得。

循环水的腐蚀性与水质、温度、流速和结垢等有关。当确定 RSI 指数后,通过氯离子含量及水的流速可以确定基本腐蚀速率,在流速大于 2.4m/s 的情况下，以腐蚀为主。实际情况下的腐蚀速率应针对循环水系统中不同部位的温度和流速对基本腐蚀速率进行校正。根据 API 581—2016 估算碳钢在冷却水中的腐蚀速率，计算所需参数见表 4，计算结果见表 5。

$$CR = CR_B \cdot F_T \cdot F_v \tag{4}$$

式中　CR——腐蚀速率，mm/a；

$\quad\quad CR_B$——根据氯离子浓度、RSI 和流速查表获得的腐蚀速率，mm/a；

$\quad\quad F_T$——与温度有关的系数，查表获得；

$\quad\quad F_v$——与流速有关的系数，由式 5 得出。

$$F_v = \begin{cases} 1+1.64(0.914-v) & (v<0.914) \\ 1 & (0.914 \leqslant v \leqslant 2.44) \\ 1+0.82(v-2.44) & (v>2.44) \end{cases} \tag{5}$$

式中　v——流速，m/s。

表 3　水质类型判断结论表

RSI 范围	水质稳定性
<4	严重结垢，无腐蚀
5~6	轻微结垢，轻微腐蚀
≈6	基本稳定或在碳酸钙饱和状态
6.5~7	轻微腐蚀，不结垢
>8	碳酸钙不饱和，严重腐蚀

表 4　循环水腐蚀与结垢计算所需参数

项　目	一循	二循	五循	六循	数据来源
pH 值	8.6 (8.52~8.89)	8.6 (8.38~8.75)	8.82 (8.71~9.05)		本周期平均值
温度/℃	30~80	30~80	30~80	30~80	估算
总溶解固/(mg/L)	1000 左右	1000 左右	1000 左右	400~1000	估算，对冷却水在 20℃、pH 中性情况下，TDSppm~0.7×电导率
钙硬(以 CaCO₃ 计)/(mg/L)	396.4 (294.1~491.1)	386.9 (233.5~542.3)	418.1 (371.7~476.6)		本周期平均值
总碱度（以 CaCO₃ 计）/(mg/L)	262.2 (145.4~439.6)	221.2 (155.7~290.9)	291.4 (324.9~358.4)		本周期平均值
氯离子含量/(mg/L)	355.5 (149.9~629.3)	179 (68.8~310.3)	131.6 (74.2~165.1)	162.1 (92.8~152.1)	本周期平均值
流速/(m/s)	0.4~1.75	0.4~1.75	0.4~1.75	0.4~1.75	参考一循和二循降压试验前后冷却器运行有关参数

表 5　循环水腐蚀与结垢计算结果

参　数	一循	二循	五循	六循
LSI	2.2	2.0	2.42	—
RSI	4.2	4.6	3.98	—
腐蚀速率/(mm/a)	0.120	0.086	0.086	—

注：计算时温度取 40℃，流速为 0.9m/s。

通过计算可以看出一循和二循属于轻微腐蚀和轻微结垢型水质，一循水质结垢趋势及腐蚀速率略高于二循，五循水质属于结垢型水质。

2.2　腐蚀结垢影响因素及规律

通过计算，分别研究了温度、pH 值、氯离子及流速对一循腐蚀速率与结垢趋势的影响规律，如图 1~图 4 所示。

循环冷却水的温度是一个重要的运行条件，由图 1 可以看出，当温度在 30~80℃时，随温度的升高，碳钢的腐蚀速率由 0.06mm/a 升高到 0.36mm/a，几乎呈直线上升的趋势。另外随着温度的升高，碳酸钙饱和状态发生变化，结垢趋势明显升高。循环冷却水的供、回水温度及温差是根据需换热的工艺装置的工况条件确定的，所以由温度造成的腐蚀也是必然的，但是在设计和运行过程中可以通过化学处理等方

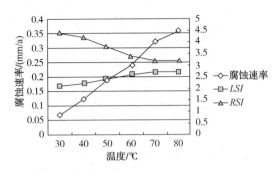

图 1　循环水腐蚀速率、LSI 指数、
RSI 指数随温度的变化趋势

式加以控制，同时工艺装置也可以进行优化设计研究，降低其运行温度和温降。

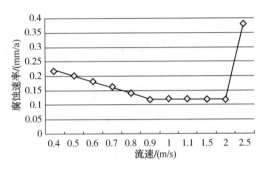

图 2　循环水腐蚀速率随流速的变化

由图 2 可以看出，流速过高过低都对系统运行不利。流速过高时，加速溶解氧的扩散，导致腐蚀加剧，还容易产生以机械破坏为主的气蚀；流速过低，又会使传热效率降低和出现沉积导致结垢及垢下腐蚀。在 GB/T 50050《工业循环冷却水处理设计规范》中规定，循环水走管程，管程流速 0.9m/s 作为下限。循环水走壳程，壳程流速低于 0.3m/s 就会存在严重的结垢及垢下腐蚀，特别是靠近管板、折流板的死角区域发生问题更为严重。采用防腐涂层及反冲洗措施能起到一定的缓解作用，但还是建议循环水尽量走管程。

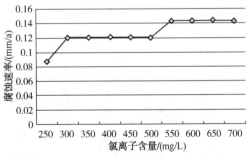

图 3　循环水腐蚀速率随氯离子含量的变化

由图 3 可以看出，一循系统腐蚀速率随氯离子的升高呈阶跃性增长趋势，条件允许的情况下可控制氯离子低于 550mg/L。

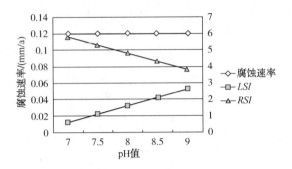

图 4　循环水腐蚀速率、LSI 指数、
RSI 指数随 pH 值的变化

图 4 显示了循环水腐蚀速率、LSI 指数、RSI 指数随 pH 值的变化，在 pH 值为 7.0～9.0 的范围内对碳钢腐蚀速率的影响不大，但对 LSI 指数、RSI 指数影响较大，在 pH 值高于 8.5 后水质属于严重结垢型水质。

3　腐蚀结垢原因分析

（1）部分水冷器循环水走壳程，流速低且温度波动大，出现明显的结垢现象，形成垢下腐蚀，特别是 2#常减压装置的水冷器。

从循环水水质异常情况报告中得知，E-1510AB 和 E-1511CD 容易出现超温现象，管程介质（初、常顶油气）可能会出现偏流现象。通过与本装置其他水冷器以及 1#常减压装置水冷器对比分析发现，一循循环水本身属于轻微结垢型水质，在添加缓蚀阻垢剂的情况下基本不会发生结垢，在个别水冷器循环水出口温度较高时会出现明显的结垢现象，形成垢下腐蚀。另外，由于 E-1510A～D 和 E-1511A～D 循环水走壳程，会由于积垢、死角等原因导致循环水局部流速过低，加速循环水结垢。在壳程做防腐涂料，涂料质量很难得到保证，在涂层破损处循环水结垢，形成垢下腐蚀。

（2）不同材质引起电偶腐蚀、垢下腐蚀，例如 1#催化解吸气冷却器 L-301/4、吸收塔中间冷却器 L-302/2、分馏塔顶油气水冷器 L-201/11(12)、分馏塔顶油气后冷器 L-202/5 等均为电偶腐蚀，管束焊缝使用不锈钢材质，管板使用碳钢材质。

（3）管束外表面涂层局部破损，形成大阴

极小阳极加速腐蚀的状态，形成坑蚀。

（4）水冷器腐蚀泄漏频繁且查漏不及时，造成水质恶化，进一步加剧腐蚀与结垢，形成恶性循环。

装置换热器发生泄漏后，大量的工艺介质（尤其是油类物质）漏入循环水中，由于油类物质本身就是微生物的营养源，促使微生物大量繁殖，在循环水中，微生物非常容易吸附在管线及设备表面，并逐步依次形成厌氧-兼厌氧型-好氧菌生物表面膜。这些生物膜一旦形成，就为其他许多没有附着力的微生物创造了黏附条件，它是一个具有黏性的捕集面，不断捕集其他微生物（有机物、无机物碎片和细颗粒物质）而形成黏泥。微生物黏泥量的增多，使循环水的结垢及腐蚀倾向增加。另外，泄漏的油类物质还会在换热器内表面形成一层油泥，若此时没有理想的油垢清洗剂（黏泥剥离剂将油泥及时清理下来），就会导致水冷器的内表面完全被油泥覆盖着，致使阻垢缓蚀剂无法到达换热器内表面而丧失其应有的作用，于是就很容易造成换热设备内表面的防腐保护膜受到损坏而产生腐蚀问题。

（5）从循环水水质分析数据来看，各循环水场的 pH 值基本大于 8.5，且循环水中的硬度和碱度也偏高，Cl^-、SO_4^{2-} 等离子含量相对较低，循环水易结垢，水冷器循环水垢下腐蚀比较普遍，特别是五循和六循。

4 结论和建议

（1）通过分析和计算，一循和二循属于轻微腐蚀和轻微结垢型水质，一循水质结垢趋势及腐蚀速率略高于二循，五循水质属于结垢型水质。

（2）建议严格根据中国石化炼油工艺防腐蚀操作细则的规定进行水质分析，增加 pH 值、浓缩倍数、碱度、硬度等分析项目。

（3）一循水质由于采用中水回用，近年黏附速率升高明显，建议加强回用水水质的控制。

（4）控制好水冷器进、出口温度，避免超温现象发生，造成水质结垢，例如一循温度在 50℃ 以上时，结垢趋势就会加重。目前，已统计出各生产装置易超温的水冷器，建议组织相关部门进行工艺操作参数优化。

（5）在工艺允许的情况下，建议循环水走管程，油气走壳程，且控制循环水流速不低于 0.9m/s，避免流速过低加速循环水结垢。

（6）建议根据杀菌剂类型及水质情况确定 pH 值控制范围，例如一循水质 pH 值控制在 7.0~8.5，过高的 pH 值容易引起水质结垢。

（7）对于管箱和分程隔板腐蚀严重的水冷器建议进行阴极保护，安装阳极块。

（8）对于结垢型水质，在缓释阻垢剂效果不理想的情况下，可通过加硫酸适当降低碱度，防止结垢，例如五循、六循。

（9）建议对所有的水冷器进行涂层保护，在装置开停工蒸汽吹扫期间，循环水系统应正常运行，避免因超温造成水冷器涂层的破坏，对于涂层破损的水冷器应及时修复涂层。

（10）当循环水水质发生异常时，及时查漏，建议由生产技术部门牵头，联合用水车间和供水车间、化验部门形成查漏小组，对可能发生泄漏的水冷器进行检查，尽快切除存在问题的水冷器，避免水质进一步恶化。

（11）由于循环水的运行和处理为一连续过程，因此，化学水处理也必须适应该过程，药剂投加量过多或过少均会对系统造成有害的影响及浪费，人工加药浓度波动大，有安全方面的问题，建议采用先进的监测控制技术，例如 TRASAR/电导率控制自动加药。

（12）建议依据 GB/T 18175《水处理剂缓蚀性能的测定　旋转挂片法》以及 HG/T 2024《水处理剂阻垢性能的测定方法　鼓泡法》对各循环水缓蚀阻垢剂性能进行评价。

参 考 文 献

1 周倩颖，刘艳玲，刘禹源，等．炼油循环水系统腐蚀研究及有效防护［J］．化工管理，2018（18）：218-219.

2 王昕，朱丰可．炼油厂循环水设备腐蚀原因及对策［J］．化工管理，2018（15）：192.

3 李本高．炼化装置循环冷却水质特性与水处理效果的关系研究［D］．北京：石油化工科学研究院，2007

4 周枫．影响循环冷却水结垢腐蚀因素及其控制分析［J］．科技创新与应用，2016（20）：110.

5 张敏．影响工业循环冷却水结垢和腐蚀的因素及其控制［J］．科技传播，2013，5（07）：190-191.

6 陈兵，樊玉光，周三平.污水回用循环水对水冷器腐蚀的影响因素[J].腐蚀与防护，2010，31（09）：706-708+711.

7 胡艳华，郦和生.循环水腐蚀影响因素的研究[J].石化技术，2004（4）：18-21.

8 余伟明，田剑临，谭红，等.炼油厂污水回用于循环水系统腐蚀影响因素[J].腐蚀与防护，2004（12）：538-540.

9 黄贤滨，倪广地，张艳玲，等.管线钢在原油沉积水中的腐蚀行为研究[J].安全、健康和环境，2020，20（04）：36-40.

10 周锋.化工设备中循环水换热器的腐蚀与防护技术[J].设备管理与维修，2019（10）：136-138.

11 毕方丽.炼油循环水系统腐蚀分析及防护[J].中小企业管理与科技（下旬刊），2018（1）：148-149.

12 石福琛，冯李杨，蒋毅.浅谈循环水换热器的腐蚀与防护[J].化工设计通讯，2017，43（11）：132，135.

13 高永生，程桓，线宏伟.循环冷却水自动监测装置的研究[J].山东工业技术，2018（19）：127，129.

水性工业涂料在石油化工行业的应用现状及展望

韩建宇

（中国石化茂名分公司，广东茂名　525000）

摘　要　本文介绍了水性工业涂料的主要成膜特性，简述在其他领域的应用，重点论述在石油化工行业储罐、设备、管道、管廊钢结构平台的防腐应用现状，并对该涂料的应用发展提出了展望。

关键词　水性工业涂料；应用；现状；展望

1　前言

金属腐蚀是日常生活中最为常见而又无法避免的现实现象，然而腐蚀给人类造成的损失是非常巨大和惊人的。据不完全统计，全球每年因腐蚀造成的金属损失量高达全年金属产量的 20% ~ 40%，经济损失约 10000 亿美元，大约为地震、水灾、台风等自然灾害总和的 6 倍。2018 年美国因腐蚀造成的损失达到大约 4500 亿美元，而 2018 年经测量中国的这一数字也已达 7000 亿人民币。因此，对金属进行防护和保护是必然的，也是十分重要的；而实践已经证明，采用涂料对金属进行腐蚀防护是目前最有效、最经济、应用最普遍的方法。

长期以来，我国乃至世界上对金属保护所使用的涂料基本上是传统溶剂型产品；随着我国经济的快速发展，各行各业需要的涂料也同步快速增加，我国早已成为世界上涂料生产量和需求量第一的国家。据统计 2017 年我国工业防护涂料的总产量达到 530.0 万吨，增长率为 25.2%，仅次于建筑涂料（37%、745.2 万吨）。由于涂料在干燥成膜过程中，涂料中的有机溶剂及施工过程中添加的稀释剂都必须挥发出去，因此，仅应用于工业领域的涂料每年向大气环境排放的各类有机溶剂大约为 200 百万吨，对环境造成的污染是非常大的。

为了落实天更蓝、水更清、地更绿的蓝天保卫战，近十几年来，中央及各级地方政府纷纷出台了限制传统溶剂型涂料的生产和应用，大力提倡生产和使用环境友好型涂料，其目的就是减少有机溶剂的排放量。因此，水性涂料、无溶剂涂料、粉末涂料、光固化涂料及高固含涂料等成为各高等院校、科研院所及涂料生产企业研制开发的重点方向。其中，水性工业涂料近几年已在许多领域展开了实际应用并取得了满意的效果，达到了同类传统溶剂型产品的性能要求，得到发用户的肯定和好评。

2　水性涂料的主要成膜特性

水分散涂料的成膜与溶剂型涂料不同。在溶剂型涂料中，聚合物分子(其相对分子质量比聚合物乳液小得多)被溶剂所包围和增塑，分子与分子间被溶剂分开，聚合物链舒展在溶剂之中。施工后，随着溶剂的挥发，聚合物以单个分子展布于底材上。

水溶性聚合物之所以易于成膜，一个主要原因在于其聚合物分子的相互渗透先于涂膜的干燥(水或溶剂的蒸发)。

溶剂型涂料中的聚合物在成膜过程中，处于良好的溶解状态，所以分子链段始终伸展，故成膜良好。

由于水性聚合物的性质及在水中的存在状态不同，因而不同类型的聚合物及其涂料的成膜机理具有很大差异。水溶性聚合物是以分子状态存在于溶液中的，因此其成膜过程与溶剂型涂料的成膜过程相类似；水稀释性聚合物和乳胶(总称为聚合物水分散体，下同)则是以颗粒的形式存在于水中的，其成膜过程完全不同于在有机溶剂或水中的聚合物溶液体系。聚合物水分散体的成膜过程对涂膜性能的影响更关键，也更难以控制。

在水分散体涂料中，聚合物以球形颗粒分

散于水中，每个颗粒则由不同数量的高分子聚合物所组成，它是一个非均相体系。体系中作为分散介质的水对乳胶粒子无溶解作用。干燥时随着水的挥发，单个的聚合物颗粒堆积在一起，然后发生形变，最后在分子水平上相互扩散、融合，才形成连续的的涂膜。水分散体是通过聚结机理而成膜的。在这个过程中，不完全的聚结会导致涂膜的水敏感性；如果是金属基材，这种现象就是"早期锈蚀"（early rusting）。聚结过程高度依赖于很多变量，如降低颗粒粒径、降低聚合物 T_g、升高温度、加入共溶剂等，都会有助于聚合物颗粒的聚结。

涂料在干燥和固化过程中出现的涂膜的相分离、气泡的形成、内部不均匀及各种各样的涂膜缺陷，都可能是干燥方式或干燥条件不恰当所引起的。

在五十多年的时间里，对成膜研究涉及的范围很广，从基础的问题如水在成膜过程中所扮演的角色，到很复杂的问题如颜料对成膜的影响、使用混合胶乳和核壳结构的乳胶以提高膜的性能，人们都进行了广泛而深入的研究。特别是现代测试技术和仪器技术的发展，使得研究人员能够对涂料的干燥速率、颗粒排序、颗粒的形变和融合、聚合物链的扩散、结皮和气泡等涂膜缺陷的形成等进行广泛的研究，提出了各种各样的干燥机理及干燥模型，但目前被广泛接受的仍然是乳胶成膜的三阶段模型，如图1所示。

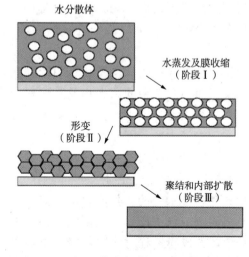

图 1　乳胶成膜的三阶段模

醇酸树脂与丙烯酸分散体比较，有额外的化学交联，能够吸收涂膜中的氧气减少钢材的氧化腐蚀，如图 2 所示。

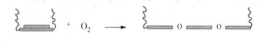

图 2　化学交联

水性防腐涂料施工过程中闪锈产生的原因几乎没有明确的定论。

一种观点是：新施工的水性涂料在干燥过程中出现的锈斑现象，这一现象主要出现在被腐蚀的界面。闪锈的产生可能与铁化合物的溶解和沉淀有关，闪锈的严重程度取决于涂料体系，在低温和高湿度的情况下，延长了水和基材的接触时间，易出现闪锈。

另外一种观点是：水性涂料的成膜有一过程，任何一块金属都不是绝对纯净与绝对平滑的，由此会产生一个个的不同电位的小块，不同电位小块之间就会有电流产生，金属氧化由此发生而形成锈斑。

由此可以概括为：无论是传统溶剂型还是水性涂料产品，其质量优劣的关键是其性能指标是否达到了相应的国家及行业标准要求；虽然它们的成膜机理不同，但只要按各自的要求形成了完整、致密的漆膜后，其保护功能应该是相同的。但为什么同样的产品应用在不同的地区、不同的环境条件施工，其结果会有差别？应该分析在当时的条件下，涂料是否形成了完整、致密的漆膜，基面处理是否科学、合理，施工工艺是否规范。

3　水性工业涂料在其他领域的应用

工业涂料具有应用领域非常广、个性化强、部分施工工艺要求较高等特点。

3.1　集装箱行业的应用

自从 20 世纪 90 年代以来，世界 95% 以上的集装箱都在中国境内生产；我国虽然已成为世界集装箱的生产中心，但 2016 年前，集装箱用防腐涂料都是溶剂型产品，且被 KCC、关西、Hemple、中涂等国外公司所垄断。我国每年所需的集装箱防腐涂料在 30 万吨左右，因使用溶剂型集装箱用防腐涂料而挥发的 VOCs 大约为 10 多万吨，不仅对环境造成破坏和污染，同时对施工人员的身体健康有极大的伤害。

从 2017 年 4 月开始，所有集装箱生产厂家都使用水性涂料产品替代传统溶剂型产品。之所以能达到如此目标：一是中国集装箱行业协会具有强烈的社会责任意识，强力要求集装箱厂家应用水性涂料，达到降低 VOCs 排放的目的；2016 年 3 月，在中国上海举行的"中国集装箱行业协会绿色环保行动发布会暨 VOCs 治理自律公约签约仪式"上，中国集装箱行业协会组织相关会员单位签署了《中国集装箱行业协会 VOCs 治理自律公约》，以行业自律公约方式，在全国分区限时，统一推行新型水性环保涂料，确保全行业在 2017 年底前实现 VOCs 的大幅减排。二是集装箱生产厂家积极响应中国集装箱协会的号召并达成共识，花费大量的人力、物力和财力改造生产线以能适应使用水性涂料施工工艺的要求。三是集装箱生产厂家基本位于经济发达的沿海地区，因此，当地政府也对要求集装箱生产厂家尽快应用水性涂料，同时也给予企业相应的帮助和支持。

水性涂料在集装箱行业应用三年多了，降低了大量的 VOCs 排放，其社会效益是非常明显的；涂装效果和产品质量也得到了箱厂和箱东的基本认可。当然，涂料产品还需要进一步调整和完善，施工工艺也需要进一步优化。

3.2　汽车行业的应用

汽车特别是小汽车经过四十多年的发展，使中国成为世界上汽车生产量、销售量和使用量最大的国家；其中 2019 年我国汽车生产总量达到了 2576.9 万辆，高居世界第一。除了罩光面漆外，底漆、中间漆及面漆都实现水性化；其 VOCs 排放量完全满足了国家及行业标准要求。

但值得注意的是汽车修补漆及汽车零部件漆现在基本上还是以传统溶剂型为主，但在逐渐向水溶性过渡。

3.3　其他行业的应用

近几年来，随着国家及各级地方政府环保政策的纷纷出台，以及国家及行业有关水性涂料标准的制定与实施，水性涂料已在轨道交通、机械设备、工程机械、风力发电、公路桥梁、五金制品、钢结构等领域得到了逐步应用。各

地方政府职能部门正逐渐加大执行相关政策的力度，水性涂料的应用越来越广泛。

4　水性工业涂料在石油化工行业的应用现状

石油化工是我国具有重要影响的支柱产业之一，近十几年来得到了快速发展。中国石化、中国石油及中国海油都进入了世界 500 强企业的行列，但若按人均水平与发达国家还有很大的差距。因此，我国石油化工行业还有较大的发展空间。我国现在每年都有新建的炼油及乙烯工程项目及原油库的建设，另外，已有的石油化工企业的储罐、管线及设备都定期进行维护，这些都要使用工业防腐蚀涂料。

4.1　石化水性涂料的开发及应用历程

石油化工领域水性涂料的开发应用与其他行业相比相对缓慢，长期以来，传统溶剂型涂料在石油化工行业的应用占据主导地位，使用溶剂型产品不仅污染环境、浪费资源，更重要的是存在许多安全隐患；特别是在储罐等较为密闭的空间内使用溶剂型涂料，由于静电的原因，可能会发生爆炸事故。石化企业曾经在进行储罐内防腐涂装施工过程中，因施工人员的疏忽导致产生静电而引起爆炸事故，造成大量人员伤亡和财产损失。而我国现在每年有大量新建储罐和已有储罐都要进行罐内防腐保护涂装施工，这项工作给相关管理及施工人员带来巨大的心理压力。

2003 年中国石化与有关单位开展合作，在国内率先开展罐内水性导静电防腐蚀涂料产品研制开发工作，经过近四年的科学、系统研究及关键问题的技术攻关，2007 年其产品在炼油厂腐蚀性较强的储罐上进行性能测试；两年后开罐经对漆膜严格检查，各项性能指标完全达到甚至部分性能超过了同类传统溶剂型产品。2009 年中国石化针对该产品组织了技术成果鉴定会，来自中国石化总部及各分公司的 15 位与会专家一致认为：该产品填补了国内空白、技术性能指标达到了国际先进水平、具有自主知识产权，建议尽快推广应用。

在开发罐内重防腐水性涂料的同时，也开发了罐外及钢结构水性涂料，从 2009 年开始，逐步在储罐、管线及设备等领域推广使用水性工业防腐蚀涂料；应用水性工业防腐蚀涂料的

结果表明，其防腐性能完全达到了同档次的传统溶剂型产品的水平，罐内产品保持 6 年以上的防腐指标，管线及设备的长效产品保持 8 年以上的防腐指标，普通产品保持 5 年左右的防腐指标。水性产品的应用降低了 VOCs 的排放，保护了环境及施工人员的身体健康；同时，消除了罐内施工过程存在的安全隐患并由于照明电压提高了产品的施工质量；设备局部发生锈蚀需要修补保护时，也可以在动火状态下用水性产品进行施工，不存在任何安全问题，生产效益显著。

各涂料生产厂家也看到了水性涂料的应用前景，纷纷加大研发投入，目前在中国石化物资装备部通过招标注册的水性涂料生产厂家就有二十几个。

4.2　石化水性涂料应用所依据的标准

随着水性漆技术的日趋成熟和实际需求的增大，水性涂料的有关国家或行业标准相继颁布。如 2017 年 4 月，工信部发布的修订标准中涉及涂料、颜料行业的共有 18 项，专门水性涂料标准就有 7 项，占比近 40%。水性涂料在石化行业的设计和应用已有法可依。

2018 年 5 月 1 日起实施的 GB/T 50393—2017《钢质石油储罐防腐蚀工程技术标准》，由中石化、中石油主编，住建部和质检总局发布，该标准将水性涂料正式纳入钢质石油储罐的防腐体系之中，而且特别要求浮盘浮仓内部涂装的防腐蚀涂料应采用水性涂料等安全环保型涂料，其他部位的涂装宜选用水性涂料等环保型低 VOCs 涂料。

2018 年 4 月 1 日起正式实施的 HG/T 5176—2017《钢结构用水性防腐涂料》，由中国石油与化学工业联合会组织编写，国家工业与信息化部发布，该标准适用于大气腐蚀环境条件下低合金碳钢材质的钢结构表面用水性防腐涂料。该标准的颁布实施，表明国家鼓励在钢结构（包含装置、管线）的防腐施工时采用水性环保型涂料。

石化水性涂料在石油储罐内外防腐均有应用，其中内防腐产品配套是水性绝缘型与导静电环氧底面涂料配套，与溶剂型罐内涂料品种完全一致，而外防腐产品配套包括了水性富锌

三涂层配套，也有水性丙烯酸或者聚氨酯两涂层配套，与溶剂型罐外涂料品种基本一致。石化储罐水性涂料所依据的标准正是国标《钢质石油储罐防腐蚀工程技术标准》（GB/T 50393—2017），跟溶剂型储罐涂料的标准相同。标准中储罐水性涂料配套涂层的主要技术指标，尤其是关键性的防腐蚀性能和耐介质性能等指标，与溶剂型涂料是完全一致的，对应的使用年限要求也是相同的。

石化水性涂料在设备、管道、管廊钢结构平台等应用的产品配套，与储罐外防腐水性涂料基本相同，与溶剂型涂料也是基本一致的，其主要依据的标准是《石油化工设备和管道涂料防腐蚀设计标准》（SH/T 3022—2019）以及 HG/T 5176—2017《钢结构用水性防腐涂料》。2020 年 1 月，中石化配管设计技术中心站，在广州组织召开石油化工设备与管道防腐蚀专题研讨会，会议针对《石油化工设备和管道涂料防腐蚀设计标准》（SH/T 3022—2019）提出增修意见，会议认为近年来水性防腐涂料在 −20～120℃ 使用条件下，在储罐、钢结构及部分管道防腐方面取得了较好应用，积累了丰富的经验，也得到了用户的肯定，有必要将水性涂料纳入《石油化工设备和管道涂料防腐蚀设计标准》（SH/T 3022）之中，建议主编单位对本标准进行局部增补修订，建议修订的具体内容是增加了水性漆的选项，并且其主要防腐性能指标与相应的溶剂型品种一致。

因此，石化水性涂料在石化储罐、设备、管道、管廊钢结构平台等防腐应用所依据的主要标准与溶剂型涂料是一样的，对于涂层的防腐性能要求及使用年限并没有降低，能确保符合标准要求的水性漆在石化储罐、设备、管道、管廊钢结构平台等的防腐质量与溶剂型涂料等同。

4.3　石化水性涂料的安环特性

与溶剂型涂料相比较，石化水性涂料的主要技术指标跟溶剂型涂料基本一致，也就是说溶剂型涂料能达到的防腐蚀性能，水性涂料同样能达到。但是从安全性和环保性来讲，水性涂料具有明显的优势，这一点在石化行业显得尤为重要。

4.3.1　安全性

石化水性涂料没有易燃易爆的安全隐患，可动火作业，可交叉作业，对企业生产影响小，水性涂料不含有机溶剂，用水稀释即可，即使明火也点不着；而溶剂型涂料 VOC 含量高，其闪点低（25～38℃），遇静电、明火会引发燃烧爆炸；此类事故已发生多起，导致重大伤亡。

4.3.2　环保性

石化水性涂料主要由水、水性树脂、水性助剂及颜填料组成，材料环保，其中挥发性有机化合物（VOCs）含量低，相比溶剂型涂料可降低80%左右的 VOCs 排放量，具体见表1。

表1　水性涂料和溶剂型涂料 VOCs 含量对比

水性漆 VOCs 含量		溶剂型漆 VOCs 含量	
分散介质（水）	0	分散介质（有机溶剂）	10%～20%
乳液	0～2%	树脂	5%
颜填料	0	颜填料	0
助剂	2%～6%	助剂	5%
施工过程稀释	0	施工过程稀释	
合计	2%～8%	合计	30%～50%

4.3.3　安环效能

从以下几个方面对比了石化水性涂料和溶剂型涂料的安环效能，具体见表2。

表2　石化水性涂料与溶剂型涂料的安环效能进行对比

项目	石化水性涂料	石化溶剂性涂料
主要原材料+稀释剂	无毒、低味的水性树脂+清洁自来水	传统溶剂型树脂+有机溶剂
VOCs	约70g/L	约400g/L
燃爆性	明火点不燃	易燃、易爆
危废处理	不在名录	需处理
施工便捷性	用水稀释和清洁；用料可现场堆码，即用即取；没有刺激异味，作业时间可延长	用溶剂稀释和清洁；专业仓库存放；有刺激异味，受限空间作业时间不长
施工效率	施工可动火作业，不同工种可交叉作业，对企业生产影响小，作业效率提升	不可动火作业，不可交叉作业，对照明用电有要求（不高于10W），施工受限

项目	石化水性涂料	石化溶剂性涂料
综合效益	水性漆+水	油漆+稀释剂+净化处理+罚款+劳保+职业病风险+隐性成本

石化水性涂料由于水性漆没有燃爆隐患，可以在设备动火的工况下，进行涂装施工作业，对企业生产影响小；由于水性漆没有刺激性气味，设备大修时对其他检修作业人员没有影响，不同工种可以交叉作业，从而提高检修进度。

石化水性涂料在施工操作方面，具有便利性。水性漆不需溶剂，用水稀释即可；施工机具、人员清洁用水清洗即可；用料可现场堆码，即用即取，没有刺激异味，作业时间可延长。这些都体现了水性漆施工操作时的便利快捷性。

石化水性涂料在运输、储存方面无特殊要求，可降低储运成本。水性漆不属危化品，运输时对车辆无特殊要求，普通车辆就可运输。溶剂型漆对仓库要求严格，必须达到危化品储存条件；而水性漆无特殊要求，只需存放于阴凉、干燥、通风处即可。

根据国家环保部门发布的危险废物名录，明确规定了水性漆不包括在内。因此，石化水性涂料产生的废漆和废桶不属于危险废弃物，仅需作为一般废弃物进行处理，为使用企业减轻了防腐涂装过程中产生的废弃物处理负担。

4.4　石化水性涂料的应用情况及案例

随着纳入了水性涂料产品的 GB/T 50393 等一批新的国家及行业标准出台并实施，以及2016年开始中石化将水性涂料产品单独招标，水性工业防腐蚀涂料在中石化系统得到了更大范围的使用，入围厂家也由2016年的5家增加到2019年的20家。无论是生产厂家，还是使用单位，近几年都在大幅增加，说明水性漆的开发与应用得到了广泛的认同。从东到西、从南到北、从沿海到内陆遍地开花，产品质量得到了充分检验、产品性能指标达到了设计要求、产品的安全性与可靠性受到用户的充分肯定和好评。

中石化及中石油在炼化、储运、销售企业的储罐、装置及管廊管线的检维修中，已批量采用水性漆。特别在炼化在装置大修中水性漆应用更加广泛。新建及改扩建项目,也在积极使用水性漆,如新建部分油商储库、码头、油品升级装置钢结构等。

4.4.1 原油罐典型案例(见图3~图6)

图3 某港口分部13#12.5×10⁴m³原油罐

图4 15×10⁴m³原油罐

图5 某油库6007#5×10⁴m³原油罐

图6 某管道站11#10×10⁴m³原油罐

4.4.2 成品油/中间油罐典型案例(见图7~图10)

图7 某储运215#2×10⁴m³汽油罐

图8 某储运1210-T-016#1.5×10⁴m³汽油罐

图 9　$1×10^4 m^3$ 柴油罐

图 10　某油库 102# 汽油罐隔热防腐

4.4.3　装置、管廊及钢结构典型案例(见图 11~图 13)

图 11　加裂装置区

图 12　大芳烃二甲苯重沸 F-401 加热炉及装置

图 13　管廊

4.5　石化水性涂料应用过程中存在的不足

当然,任何产品都不可能是十全十美的,水性涂料产品同样如此。由于水性涂料的成膜机理与传统溶剂型涂料完全不一样,因此,湿度对水性涂料影响非常大。环境的湿度大于 85% 以上,若不采取一定的辅助方法和手段,水性涂料很难干燥成膜并伴随出现闪锈现象发生;另外,基面的处理与溶剂型涂料也有些差别,如基面不允许有油污及打磨后的废颗粒必须清理干净等。任何涂料无论是水性产品还是溶剂型产品都是属于半成品,产品对基材表面的保护功能能否充分体现,除了产品本身的质量好坏外,还与施工工艺及施工的规范性、合理性等都有直接的关系,所谓三分质量、七分施工,就是表明涂料施工的重要性。所以,同样的产品不同的人员及方法施工、施工是否严格按照规范执行,其最终结果相差是非常大的。目前水性涂料正处于发展期,水性涂料厂家在研发与实际运用方面投入不同,其产品性能与运用效果也有所区别和差距,需要在使用过程中注意各家产品质量与施工规范把控。

5　展望

水性工业防腐蚀涂料已在石油化工系统的储罐、管线及设备等领域应用十余年,应该说大家对产品的防腐保护性能是充分认可的,同时,一致认为水性涂料产品确实安全、环保、可靠。水性工业防腐蚀涂料之所以也会多少出现一些问题,一是可能部分人对水性涂料产品的特征认识还不够全面或专业;二是产品的施工工艺没有满足水性涂料产品特性要求;三是涂料产品类型与溶剂型相比不够丰富,需要加大研发;四是厂家技术水平差异较大,需加强管理。

随着国家对安全环境特别是 VOCs 排放量的要求越来越高，涂料（包括工业涂料）向水性、无溶剂、粉末、光固化及高固含等环境友好型发展的方向一定是不可逆转的。在此基础上，通过技术创新、加大科研投入，在不断优化现有产品的同时，开发出更多更好的、市场竞争力更强的产品也是涂料发展的必然趋势，只有这样我国才能尽快从世界上的涂料大国走向涂料强国的行列。

石化企业机组润滑安全监测与远程智能运维系统开发和示范

贺石中　冯　伟

（广州机械科学研究院有限公司，广东广州　510700）

摘　要　加快推进新一代信息技术和制造业融合发展，提升石化机组运维数字化、网络化、智能化发展，是目前我国石化行业面临的紧迫问题。广州机械院在石化企业开展大机组的润滑安全监测预警等生产实践，集成在线油液监测、智能诊断等核心技术，积极运用工业互联网、大数据、云计算等先进数字技术实现远程运维的数字化与智能化。本文通过对石化企业机组润滑安全与智能运维技术架构的系统化研究，设计开发了在线油液监测系统，并应用在某千万吨级石化企业的大型关键机组上，通过工业互联网实现多机组的智能运维平台建设，成为工业互联网创新平台可复制、可推广应用的示范。

关键词　石化机组；润滑安全；工业互联网；在线监测；智能运维

1　引言

高性能石化机组（炼油、石化、煤化工等行业）是将高温易燃物质流、高密度能量流和多类信息流汇聚为一体的现代流程工业系统，直接关系到保障人民生命安全和身体健康、保护生态环境等，是国家公共安全监测和危化品灾害防控的重点领域。目前，机械基础零部件约80%的失效源于润滑磨损故障，大型设备的恶性事故大约50%来自润滑失效，大型石化设备（如往复/离心压缩机、高温泵、烟机机组、轴承箱、齿轮箱、电机等）具备高温、高速、颗粒污染、高风险等特点，其中，润滑被誉为动设备运行的"血液"，设备润滑的物化特征、表面界面分子/原子构象及劣化衰变行为是看不见摸不到的"黑箱"过程。迄今为止，润滑安全防护仍然是石化设备在役运行的薄弱"瓶颈"环节，是毒性、燃烧性、爆炸性、腐蚀性危化品泄漏事故与安全屏障的短板之一。例如，2017年中石油大连炼油厂的油泵轴承磨损后泄漏起火。

针对大型石化、化工企业安全生产现实需求，目前存在着尚未解决的工程科技难题，如何将工业互联网、大数据、云平台等先进技术，引入机组润滑损伤早期监测的精细化、便捷化、智能化的运维管理，加快推进新一代信息技术和制造业融合发展，顺应新一轮科技革命和产业变革趋势，加快工业互联网创新发展，提升石化机组运维数字化、网络化、智能化发展，是目前我国石化行业面临的紧迫问题。

2　石化机组润滑安全监测

石化企业生产机组多种多样，对于炼油厂的三机（烟机、主风机、气压机及氢压机）、乙烯厂的三机（裂解气、乙烯、丙烯）以及化肥厂的五机（空压机、合成气、氨压机、CO_2、原料气或氮压机）等关键机组，几乎都由工业汽轮机所驱动的离心式（或轴流式）压缩机所组成，具有转速高、功率大、技术密集、价格昂贵、无备机、检修周期长等特点。机组一旦发生故障而停机检修，将造成整个生产装置的全面停产（或大幅度减产），企业的经济效益损失十分严重。良好的润滑是这些大机组可靠运行的重要保障。通常一次较大的设备润滑事故（例如轴瓦磨损）的直接经济损失大约为百万元以上，间接经济损失（装置产值损失及开、停车放空损失）大约为数千万元。因此，石化企业极为重视大机组的润滑管理，也认识到提高大机组的润滑安全监测与故障诊断极为重要。

广州机械院对全国120多个石化企业的2200余台大型机组开展了在用油液监测诊断工作，指导企业的润滑管理和视情维修工作。经过对近5年来石化机组的在用油检测结果大数据统计分析，离心式压缩机、关键机泵以及往复式压缩机为石化企业的重点监控机组，如图1(a)所示；机组在用油注意级别的占三分之一，如图1(b)所示。机组在用油注意以上级别的压缩机组及关键泵，主要表现在在用油的污染(含油品氧化产生的软物质)及机组磨损，如

图2所示，对于往复式机组，油品的理化指标如黏度、闪点，也是出现异常的主要参数。上述统计数据表明，石化企业机组还存在普遍的润滑隐患问题，如何采用新技术去监测预防是我们应该重视的问题。

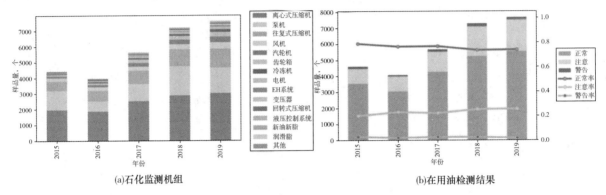

(a)石化监测机组　　　　　　(b)在用油检测结果

图1　石化润滑监测机组信息

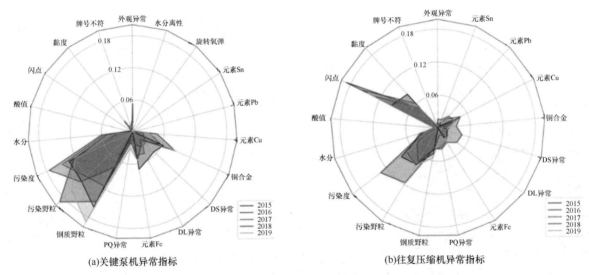

(a)关键泵机异常指标　　　　　　(b)往复压缩机异常指标

图2　机组异常指标分布

3　机组润滑安全监控与智能运维技术架构

3.1　技术架构

大型石化在役机组的润滑安全监控与智能运维平台整体架构如图3所示，系统能够集成在线油液监测、温度参数监测、性能参数监测等多源异构信息，能够实时监测、获取、诊断得到大型石化企业的往复/离心压缩机、高温泵、烟汽轮机组、大型齿轮箱、电机等设备早期故障信息等。平台能够实现大型石化企业的关键机组安全高效管控数字化、网络化、智能化等，实现先进信息技术在石化企业高性能装

备的智能运维的深度融合发展。

系统架构从石化企业的设备管理特征出发，分采集层、诊断分析层、智能运维层及状态管控层。采集层作为石化机组智能运维的技术底层，针对不同类型机组的润滑特征，选择不同的参数监测，是整体机构的基石。根据石化机组润滑安全监测反映出的问题参数，采集层所采用的在线油液监测系统将配置不同的在线油液传感器；采集数据根据不同的网络传输模式，将数据上传企业云或共有云服务器，结合机组工艺参数、状态参数等，采用相关模型预测分析，开展机组润滑预警、诊断与运维管理。基

于云平台分析结果，数据自动收发进入企业的设备管理系统或生产管理系统或移动 APP，实现监测信息的同步处理。

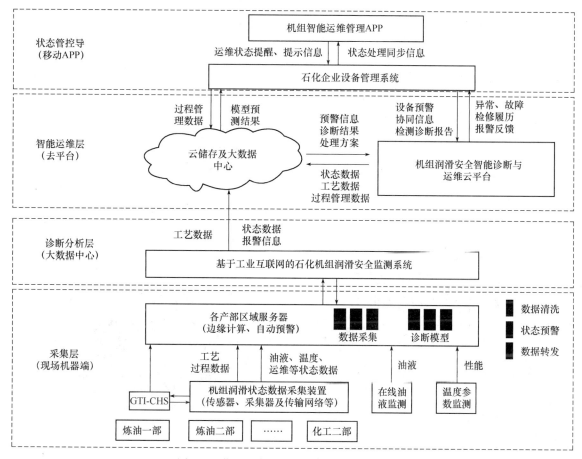

图 3　石化机组润滑监测与智能运维技术架构

3.2　石化机组的在线油液监测技术

石化企业各类动设备如齿轮箱、风机、压缩机组等，应用离线油液监测技术，通过油品性能指标、元素光谱、铁谱等多类手段，能够全面监测和诊断设备的早期润滑磨损故障，预警机组异常情况等。随着新一代信息技术、传感技术、物联网技术等先进技术广泛运用，能够在石化企业动设备引入润滑安全实时在线监测与远程诊断系统。

油液在线监测系统能够实现机组在用油黏度、水分、污染度、磨损(如铁、铜、巴氏合金等)等多源异构信息一体化监测，其技术路线如图 4 所示。在企业现场部署过程中，根据大型石化装置的关键机械零部件摩擦副使用不同润滑油特性，实现不同参数匹配分组集成。在研发设计过程中，能够通过内部系统集成、数据标定、可靠性测试等实现现场机组的润滑磨损

数据采集的稳定性，从而实现对企业关切的重要机组油液多指标的在线监测与故障预警功能。配合现场运行参数、工艺、流程等而开发出一套先进的远程化智能运维平台，实现石化企业动设备的润滑安全数字化管理。

4　工程应用

4.1　造粒机齿轮箱在线油液监测案例

某石化厂造粒机齿轮箱齿轮本身由于热处理问题导致齿面抗磨性能差，离线油液监测发现齿轮油中存在异常磨损颗粒，由于离线取样的周期性和现场人员工作强度的增加，为了保障生产，该厂 2008 年 6 月特安装广研检测在线油液监测系统，实时监测与预警齿轮箱的异常磨损状态。2018 年 7 月齿轮箱磨损故障预警，如图 5 所示，现场通过切换滤芯、清洗更换实施维保，保障旧齿轮箱的生产运行要求。

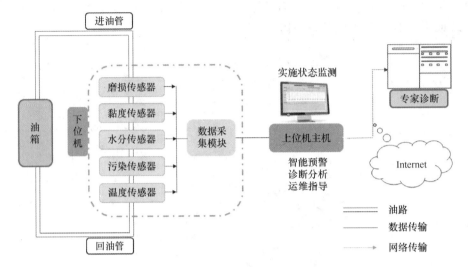

图4 油液在线监测技术路线简图

(a)造粒机齿轮箱

(b)在线油液监测下拉机

图5 造粒机齿轮箱在线油液监测

2018年9月在线监测系统监测到磨损颗粒尺寸为70μm以上铁磁性颗粒不断增加，系统出现报警，后几个月接连报警，如图6(a)绿色线(70μm)和红色线(100μm)，进入2019年4月，磨损颗粒超100μm出现报警，如图6(b)报警提示。

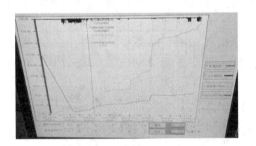

(a)造粒机在线监测故障报警提示

(b)造粒机齿轮箱磨损状态变化趋势

图6 造粒机齿轮箱在线油液监测

在此后期间及时准备新齿轮箱备用，安排减速箱拆检检修，2019年4月30日，现场设备管理人员在挤压机开车条件确认过程中，发现主减速机S3轴输出端新更换油封处渗油较多，根据在线油液监测报警进行检查发现S3轴输出端轴承滚子脱出，保持架损坏磨损严重，如图7所示，于是及时安排减速箱拆检检修，及时恢复生产，减少了因设备检修停工所造成的经济损失。

(a)齿轮箱轴承损坏图　　　　　　　　　　(b)损坏的轴承保持架

图7　造粒机齿轮箱轴承损坏故障图

4.2　基于工业互联网的石化设备润滑安全监测与智能诊断云平台

广研检测与石化行业重点企业在多家在线油液监测项目持续合作，针对年加工量1000万吨级炼化厂的关键石化设备的润滑监测预警的重大需求，成功开发了基于工业互联网的在线油液监测系列产品、油液参数报警器和智能污染控制系统，构建了具有示范和推广效应的服务于大型装备润滑健康状态维护的智能化监测、诊断与服务云平台。2018年1月开始，广研检

测与某大型石化企业合作，共同申报与立项了广东省工信厅项目"基于工业互联网的设备状态监测与智能诊断云平台"。该项目集成了油液监测大数据资源、智能分析诊断技术、云平台技术等，构建了基于工业互联网的设备状态监测与智能运维网络架构，如图8所示，实现了多机组润滑安全在线监控数据的上云上平台，如图9和图10所示，为千万吨级炼化企业大型机组提供远程、在线、智能化设备润滑健康运维。

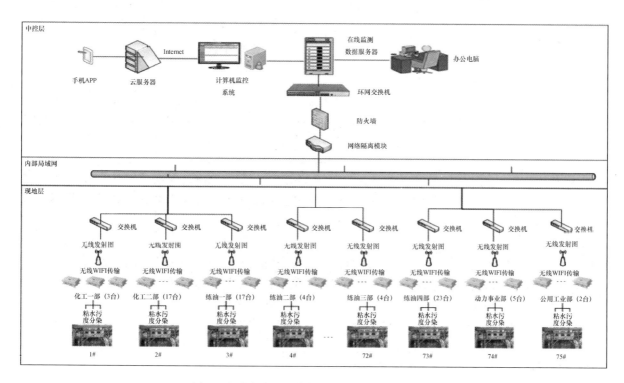

图8　润滑安全监测与智能诊断云平台网络架构

聚乙烯 新造粒混炼机 YR-7001	聚乙烯 新造粒主电机 YM-7001	聚乙烯 旧造粒熔融泵 YR-7001	聚乙烯 循环气压缩机 K-4003G

聚丙烯一 新造粒熔融泵减速箱 Z501-2	聚丙烯一 造粒机主电视 ZM501-2	聚丙烯三 一反循环气压缩机 C-201	聚丙烯三 二反循环气压缩机 C-251

图9　某石化厂安装在线油液系统下位机现场实例图

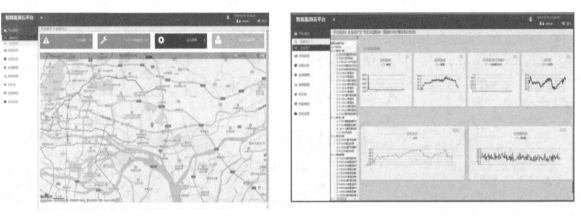

图10　润滑安全监测与智能诊断云平台

5　结束语

传统的润滑油周期取样分析模式能实现石化机组更精准的润滑安全评估，但随着在线油液监测传感器与物联网技术的应用与发展，集成油液的黏度、水分、污染、磨损等参数的在线监测技术和智能诊断技术能够实时获取被监测大机组的早期故障隐患，为此广州机械科学研究院进行了长期研究和工程推广应用，也取得了显著的应用效果。2020年6月30日，中央全面深化改革委员会通过了《关于深化新一代信息技术与制造业融合发展指导意见》，对此，建立在基于工业互联网基础之上的石化机组润滑安全监测与远程运维技术，将是"我国新一代信息技术与制造业融合发展"在石化行业高性能装备润滑安全监控典型工业应用场景的具体展现。顺应新一轮科技革命和产业变革趋势，加快工业互联网创新发展，机组润滑安全数字化远程智能监控，将助推石化企业设备健康管理迈向更新的台阶。

乙烯装置压缩机润滑油系统改造分析研究

白明超

（中国石油大庆石化公司，黑龙江大庆　163714）

摘　要　大庆石化公司化工一厂裂解车间 E1 乙烯生产装置 2018 年 8 月进行了裂解气压缩机及辅助系统更新改造工作，在更新裂解气压缩机透平及缸体的同时，更换了裂解气压缩机的润滑油系统。新油路系统与旧油路系统对比，有很多相似的部分，同时也有很多改进的部分。本文总结分析润滑油泵的运行状况、润滑油温度调节和润滑油压力控制等方面的不同，可以了解新型压缩机润滑油系统的设计改进方向。同时，本文提出的研究分析结果，可为新型乙烯装置建设和老装置更新改造提供实例和依据。

关键词　乙烯装置；压缩机；润滑油系统

大庆石化公司化工一厂裂解车间 E1 乙烯生产装置 2018 年 8 月进行了裂解气压缩机及辅助系统更新改造工作，在更新裂解气压缩机透平及缸体的同时，更换了裂解气压缩机的润滑油系统。新油路系统和旧油路系统对比，有很多相似的部分，同时也有很多改进的部分。

压缩机系统的平稳运行直接影响整个乙烯生产装置的平稳情况，而润滑油系统又是压缩机系统的重要组成部分，影响机组的稳定。E1 乙烯装置三大机组中裂解气压缩机有独立的润滑油站为压缩机透平及缸体提供润滑油，乙烯压缩机和丙烯压缩机共用一套润滑油站为两台机组的透平及缸体提供润滑油。润滑油站包含有润滑油泵、油冷器、油过滤器、压力调节阀等设备。

1　润滑油泵对比分析

输送润滑油的润滑油泵一定要平稳连续输送介质，输送动力如果不稳，易出现油路波动，进而影响机组运行；动力源一旦故障无法运行，将造成机组紧急停车，乙烯生产装置进而全面停车，这将造成巨大损失。

改造前，E1 装置润滑油主油泵为透平驱动的离心泵；改造后，E1 装置润滑油主油泵更新为透平驱动的螺杆泵。在驱动动力源及工况相同的情况下，两种泵的机械参数存在较大差异。离心泵是利用叶轮旋转而使液体产生离心力来工作的，对于输送低黏度或经过加热后黏度较

低的介质，一般选择离心泵作为输送主泵。螺杆泵是按相互啮合容积式原理工作的新型泵种，属于转子式容积泵，介质在密封容腔内被轴向均匀推行流动，内部流速低，容积保持不变，压力稳定，因而不会产生涡流和搅动。

表 1 为 E1 乙烯装置润滑油主油泵改造前后的泵体振动监测对比表，对比两种泵的泵体振动数据，可以明显看出相应位置离心泵的振动数据远大于螺杆泵，离心泵的振动参数可达到螺杆泵的 5~6 倍；同时，离心泵各个方向振值变化波动大，最大值和最小值之间差达到 1.1mm/s，而螺杆泵的振值平稳，振动参数小。

通过 E1 乙烯装置润滑油输送情况对比分析，综合比较现场不同结构润滑油泵的运行情况，可看出：离心泵平时工作基本稳定，可以满足输送大流量介质的需要，但离心泵存在振值过大及波动明显、噪声过大和密封漏油等缺点；螺杆泵工作时适合输送介质流量适中，振动噪声小，泵体基本无密封泄漏情况。

综合考虑现场工况，针对润滑油的介质特点，在流量小、压力平稳的工作状况下，输送动力源选用螺杆泵优于离心泵。

作者简介：白明超，男，机械工程师，2015 年毕业于东北石油大学动力工程及工程热物理专业，硕士学位，现从事乙烯装置设备管理的相关工作。

表1 新旧润滑油泵振动参数监测对比表 mm/s

	监测位置	监测日期					
		6月1日	6月8日	6月15日	6月22日	6月29日	7月6日
E1装置旧润滑油泵振动监测 （离心泵）	泵体驱动端 X	4.9	4.6	4.7	5.1	5.2	5.2
	泵体驱动端 Y	6.1	5.8	7.1	7.1	7.2	7.2
	泵体轴向	3.7	3.5	3.6	3.7	3.6	3.6
	监测位置	监测日期					
		10月1日	10月8日	10月15日	10月22日	10月29日	11月5日
E1装置新润滑油泵振动监测 （螺杆泵）	泵体驱动端 X	1.2	1.1	1.2	1	1.3	1.1
	泵体驱动端 Y	0.9	1.1	1.2	1.1	1.2	1.1
	泵体轴向	1.2	1.1	1.1	1.2	1.1	1.2

2 润滑油温度调节对比

压缩机组的润滑油温度一般要求控制在一定范围内，如果油温经常波动，将直接影响机组油路系统的稳定；油路系统的不稳定，将进一步影响压缩机系统的平稳运行。

润滑油的温度对油膜的黏度会产生影响，黏度是流体的内部阻力；润滑油温度越高，黏度越低。润滑油温度过高，易导致油膜黏度过低破坏，润滑不良，轴瓦与转轴之间就存在直接的摩擦，摩擦之下会产生更高的温度，即使轴瓦是由特殊的耐高温合金材料制成，但发生直接摩擦产生的高温仍然足以将轴瓦合金层烧坏而引起机械故障。油温持续升高时将会导致油系统着火、爆炸等事故的发生，后果相当严重。润滑油温度偏低、润滑油黏度异常会造成设备损坏。油温越低，油的黏度越大，将导致油在轴瓦和轴颈之间的流动性下降，无法提供足够的冷却和润滑作用；润滑油的流动性差，油膜润滑摩擦力增大，轴承耗功率增加，油膜形成不均衡稳定导致支撑不良，引起振动上升，将造成机械设备损坏。

机组润滑油系统的温度调节一般通过系统中的油冷器实现，油冷器为管壳式换热器，两种换热介质为润滑油和循环水，因此循环水温度的波动会直接影响润滑油温度。大庆石化公司乙烯装置循环水由水汽厂提供，循环水温度受环境温度影响严重，季节变换或早晚温差大时，水汽厂调节滞后，易造成循环水温度波动明显。

图1为同一时间区间内，机组润滑油经过油冷器后温度与压缩机透平位移的对比数据；从图中趋势对比可以看出，润滑油温度的变化影响着机组位移的变化；在润滑油温度出现明显变化时，压缩机透平的振动也有明显变化。

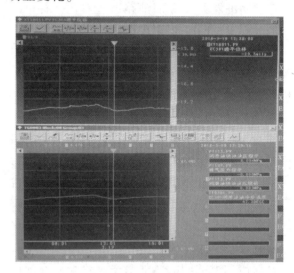

图1 油冷后温度与压缩机透平位移对比图

改造前，E1乙烯装置通过手动控制油冷器的循环水侧阀门开度，控制循环水的流量，来调节润滑油温度。这种控制调节方式控制精准度不高，操作人员调节起来复杂耗时费力，很难一次短时间内达到需要控制温度；而且频繁的开关循环水侧阀门，会造成循环水流量和流速波动，对油冷器造成一定冲刷破坏。同时，当为控制润滑油温度而减少循环水流量时，由于流量减少，流速变慢，悬浮物易于沉积，形成黏泥、污垢，会对油冷器造成一定腐蚀破坏。图2为油冷器检修时腐蚀照片，从照片中可以看出油冷器已经冲刷破损，同时存在一定腐蚀。

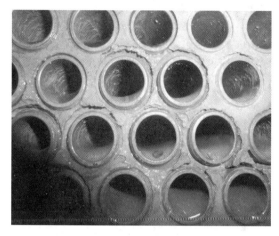

图2　油冷器冲刷腐蚀照片

改造后，E1乙烯装置在润滑油温度调节方面采用新式的温控调节阀，图3为改造后新油冷器流程示意图，在油冷器出口处加设温控调节阀，一部分润滑油经过油冷器后进入调节阀，一部分润滑油直接进入调节阀；而循环水侧不用经常调整，可以避免频繁调节循环水阀门开度。温控调节阀通过油温的实时变化调节润滑油温度，自动控制流过油冷器的润滑油流量，达到控制润滑油温度的目的。

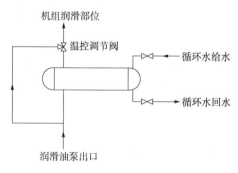

图3　新油冷器流程示意图

加设温控调节阀后，润滑油温度调节起来更加精准，温度调节实现了动态的平衡和稳定；温控调节阀不会影响油冷器循环水侧阀门开度，避免了油冷器因循环水侧流量低造成的腐蚀，同时避免人为调节的耗时费力，使润滑油温度调节操作简单迅速。

3　润滑油压力控制对比

润滑油压力直接影响油路系统的稳定，如果润滑油压频繁波动不稳，油路系统也会出现波动，波动的润滑油流入压缩机系统，会对机组的润滑部分产生影响；压力变化过大，也会影响机组整体运行状况。

改造前，E1乙烯装置润滑油压调节采用气动调节阀，系统调节起来反应缓慢，调节不及时，同时需要中控人员进行实时监盘，增加操作人员工作任务量。改造后，E1乙烯装置在润滑油压力调节方面采用新型自力阀调节，比普通气动调节阀调节更加精准，同时调节起来更加敏捷迅速，不需要中控操作人员实时调节关注，中控画面只反馈实时压力数据。图4为现场自力阀图片，自力阀不需要外界能源，仅靠被调节介质的输出信号，能够有效地调节流体介质的属性。自力阀结构简单，不需要额外配件，减少能源的使用。

同时，改造后E1乙烯装置润滑油泵出口增加设置有返回润滑油箱的管线，在管线上安装有自力式调节阀，可以在切泵等压力波动的情况下调节油压，起到维护润滑油压力系统稳定的作用。

图4　油过滤器出口自力阀及
返油箱管线上的自立阀

E1乙烯装置改造后，通过安装自力阀调节润滑油压力，可实现压力平稳调节，减少系统油压波动；自力阀调节方式简单，反馈迅速，优于传统气动调节阀。

4　结论

综上所述，E1 乙烯装置压缩机润滑油系统改造后应用了很多比旧装置先进的设备，通过对比前后装置的工作状况，总结分析润滑油泵的运行状况、润滑油温度调节和润滑油压力控制等方面的不同，可以了解新型压缩机润滑油系统的设计改进方向。本文提出的研究分析结果，可为新型乙烯装置建设和老装置更新改造提供实例和依据。

参 考 文 献

1　马彦，董明，尹海龙. 裂解气压缩机润滑油系统改造[J]. 设备管理与维修，2016(8)：97-98.

2　杨超. 螺杆泵与离心泵及其他容积泵的优势比较[J]. 内江科技，2014(6)：78，62.

3　王小健. 离心压缩机润滑油系统的设计及运行[J]. 中国石油和化工标准与质量，2016(2)：59-60.

腈纶纺丝装置设备润滑案例分析

高建国

（中国石油大庆石化分公司腈纶厂，黑龙江大庆　163714）

摘　要　本文论述腈纶厂纺丝装置设备润滑的重要性，并对设备润滑发生的故障进行案例分析。

关键词　腈纶厂；纺丝设备；润滑；案例分析

腈纶厂纺丝装置始建于 1984 年，于 1988 年交付生产，是腈纶厂重要的主体装置之一。纺丝装置的主要设备是由美国、日本、西德等国家引进；有五条生产线，共有动、静设备 368 台，合计 2193 个设备润滑点及相应的油过滤装置。任何润滑点出现故障都会对生产造成严重的影响，设备润滑是纺丝装置设备管理的重中之重。

1　纺丝装置设备润滑及主要供油设备

纺丝装置大部分设备以流体动压润滑（飞溅）、气体动压润滑（油雾）、固体磨润滑（定型）的形式为主（见图 1）。现用油品见表 1。

表 1　纺丝装置现用润滑油品

标准	油品名称及牌号	油品代号	运动黏度/（mm²/S）（40℃）	闪点/℃	倾点/℃	抗乳化性（38℃）			机械杂质/%	水分/%
						乳化层/mL	油中水/%	总分离水/mL		
GB 5903	L-CKD220 重负荷工业闭式齿轮油	L-CKD220	198~242	≥202	≤-8	<1.0	<2.0	>80	≤0.02	痕迹
	L-CKD680 重负荷工业齿轮油	L-CKD680	612~748	≥200	≤-5	<1.0	<2.0	>80	≤0.02	痕迹
	L-CKD100 重负荷工业闭式齿轮油	L-CKD100	92~108	≥182	≤-9	<1.0	<2.0	>80	≤0.02	痕迹
	L-CKD320 重负荷工业闭式齿轮油	L-CKD320	288~352	≥182	≤-9	<1.0	<2.0	>80	≤0.02	痕迹
GB 11118.1	L-HM32 抗磨液压油	L-HM32	28.88~35.2	≥160	≤-15	—	—	—	无	痕迹

图 1

纺丝装置主要供油设备：

"集中供油润滑系统 OMLD-1 型油雾发生器"是纺丝车间现用主要供油设备（见图 2），共计投运 10 套。为五条生产线上需油雾润滑的（水洗机、定型机、卷曲机、烘干机等）设备上的共计 590 套滚动轴承、25 套驱动链条和 20 套长度为 64.4m 的烘干机链条提供油雾润滑。

OMLD-1 型油雾器的主要优点：

（1）集中供油。

（2）自动化程度高。

（3）油雾器具备设备参数自动识别、监控。

（4）具有两级预警自动切换主副油雾器的

功能。

油雾器的操控性、稳定性差及与原配套设备不匹配的问题，经过改进攻关后以达到使用要求。

图 2

2　纺丝装置设备润滑巡检要点

纺丝装置的 2193 个设备润滑点及润滑过滤装置，维护着整个装置的日常运行。齿轮箱、减速器、油雾器、各型号泵的润滑，直接关系到整条生产线或整个装置的运行状态。

巡检要点：

（1）设备润滑状态检查包括日常与定期润滑检查，重点查看润滑装置及润滑系统是否完善、畅通，查看主要润滑部位是否缺油。定期润滑检查要有详细的润滑加注油记录、清洗记录。

（2）在巡检中注意各密封点、外部油管、附属设施等有无漏油现象。掌握漏油状态程度，根据漏油的轻重程度制定治理方案。

（3）观察油质变化和储油室液位，及时根据《纺丝装置润滑手册》补加油。

（4）对于无标示的油标，正常油位在油标的 1/2~2/3 高度。

（5）在巡检中注意油窗、油杯、油标、压力表、油位、油箱内润滑油的状态。对于齿轮箱来说，通过视窗查看润滑情况是最直接有效的方法。通过视窗，查看齿轮箱内油管出油情况和各辊前后两侧轴承部位润滑油流出情况，可以判断每个润滑点的轴承润滑状态及油的颜色。

（6）所有润滑点要按照《设备润滑手册》中的"五定"去进行，并进行验收检查。做到按期、按质加油，消除缺油情况。

（7）检查所有润滑油装载器皿清洗情况、记录状态，并且齐全好用。

（8）在巡检中发现各类润滑隐患要第一时间进行上报，并根据情况进行初步处理。

3　纺丝装置设备润滑故障案例分析

3.1　卷曲机故障

该卷曲机是 2018 年 3 月 21 日更换，在线运行 4 天，设备解体后发现卷曲机下辊轴承表面润滑不良，保持架磨损（见图 3）。卷曲机润滑采用的是油雾润滑，判定存在进油管（与卷曲辊连接处，长 300mm，喷嘴直径 φ1mm）堵塞，管线内含有污垢随油雾进入喷嘴，造成喷嘴堵塞，油雾不能在轴承滚动体表面产生油膜，致使轴承长时间润滑不良，保持架磨损，致使下辊卡死。

图 3

3.2　水洗机介轮轴承故障

2019 年 2 月 28 日 8 时 10 分，发现 F7 处有杂音，自控室显示 F7 电流比原来升高 2A，检查后发现 F7 第 5 个介轮轴承油管堵塞、介轮轴承磨损。拆开油管，发现从油雾分配器到介轮之间的油管堵塞，介轮轴承润滑不良，轴承损坏（见图 4）。

3.3　故障原因分析

针对这两起故障分析原因：

（1）巡检时不精细，没有对相关设备关键点进行预知预判。

图4

（2）没有按照设备运行特点对易出现润滑故障点进行周期性处理。

（3）对润滑系统从源头到终点没有及时跟踪检查。

3.4 故障预防措施

针对两起故障的预防措施：

（1）定期对油雾主管线进行检查吹扫，避免管线内杂质随油雾进入设备润滑终端油管喷嘴而堵塞油路。

（2）加强对设备运行参数的掌控，及时预知预判，提前检查处理。

（3）精细化管理，加大巡检力度，及时发现问题及时解决。

4 结语

"设备润滑管理"工作是设备管理工作中的重点及难点，任何的不精细、漏洞都会对企业造成不可挽回的损失。轻则造成单台设备的烧损，重则致使整条生产线甚至整个装置的停运。

"设备润滑管理"是掌控设备装置命脉的唯一途径，可以有效杜绝设备80%的故障率，并极大提高装置设备的运行周期。为了纺丝装置的长周期平稳运行，一定要将"设备润滑管理"精细化、规范化、科学化。

丁二烯螺杆压缩机密封异常故障分析处理

吕庆明　冯忠亮

（中国石油大庆石化分公司化工一厂，黑龙江大庆　163714）

摘　要　为了解决长期存在的丁二烯螺杆压缩机密封运行状态异常问题，对螺杆压缩机密封进行系统性、综合性的研究，从密封系统的构成原理及故障机理等多方面分析，找到丁二烯螺杆压缩机密封异常故障的根源，采取准确有效的处理手段，疏通密封系统流程，改善密封运行环境，消除了存在多年的密封异常故障。

关键词　螺杆压缩机；密封异常故障；分析处理

某石化公司的丁二烯螺杆压缩机为英国豪顿公司产品，由 6000V 高压电机通过一级增速齿轮箱驱动。此螺杆压缩机近些年密封系统出现异常故障，多次检修未能有效消除，严重浪费润滑油、泄漏丁二烯气体，污染环境，危及工作人员健康与安全。本文论述了此压缩机密封异常故障的分析、处理过程，可成为丁二烯螺杆压缩机检修的参考文件。

1　螺杆压缩机及其密封介绍

1.1　螺杆压缩机简介

螺杆压缩机由一对平行、互相啮合的阴、阳螺杆转子构成，有很多种分类，其中，干式螺杆压缩机适用于对气体质量要求极高的场合，其结构复杂、制造精度高、检修维护难度大，具有"阴阳转子不接触""阴转子靠同步齿轮带动""气体不与液体混合"等特点。丁二烯装置中的丁二烯螺杆压缩机介质不允许被其他介质污染，所以本文中的螺杆压缩机选用干式双螺杆压缩机，由高压缸和低压缸两段构成，由英国豪顿公司制造。

1.2　丁二烯螺杆压缩机密封分类

螺杆压缩机因为有两个相互啮合的螺杆转子，而且转子两端需要穿过缸体，所以需要配置有轴封，用以密封或隔离介质，这些轴封就是螺杆压缩机的密封。

丁二烯螺杆压缩机的密封分为气体密封和液体密封，液体密封主要为机械密封，气体密封通常为浮环密封，也称碳环密封，碳环多由石墨环与不锈钢环组合而成。

机械密封分为液体润滑机械密封和干气密封，液体润滑机械密封又分为单端面机械密封和双端面机械密封，干气密封多为串联密封或双端面密封，也常与液体润滑机械密封串联使用。目前市场上较多螺杆压缩机已采用浮动碳环密封与液体润滑双端面机械密封或干气密封组合方案，而本文中的丁二烯螺杆压缩机为英国豪顿公司的早期产品，采用了浮动碳环密封与液体润滑单端面机械密封的组合方案，发生故障的概率会相对较高。

1.3　丁二烯螺杆压缩机密封系统构成及工作过程

本文中的丁二烯螺杆压缩机分为高压缸和低压缸两部分，各有一对阴阳转子，每对阴阳转子有四个穿过壳体的轴颈，所以整个压缩机共计有八套碳环气封及八套机械密封，加上密封辅助系统，即构成整个压缩机密封系统。

碳环气封安装在靠近螺杆压缩机转子叶片的轴颈处，由碳环气封盒、多级气封碳环、间隔环、间隔片等部件组合而成，有逐级节流减压效果，碳环气封作用是阻止丁二烯气体介质通过转子轴颈与壳体之间的间隙泄漏。

机械密封为单端面机械密封，由密封静环座、小弹簧、石墨密封静环、全氟醚橡胶密封圈、碳化硅密封动环等构成，依靠动静密封环

作者简介：吕庆明，男，高级工程师，硕士学位，现为中国石油大庆石化公司化工一厂部门技术负责人，从事化工设备专业技术与管理工作

端面带有压力的液膜实现密封作用，安装在碳环气封的外侧，机械密封的作用是阻止机组轴承部位的润滑油泄漏至碳环气封侧，同时也可阻止丁二烯气体泄漏至润滑系统中。

　　无论是碳环气封还是机械密封，都不能实现零泄漏，所以，这两种密封需要有配套的密封辅助系统，此系统既可以防止泄漏的介质进入大气环境中，又可以用于监控密封的运行状态。每个缸密封辅助系统包括一个密封泄漏介质气液分离罐和一个密封泄漏介质排液罐及配套的管线、电磁阀等，高压缸、低压缸共计两套。

　　密封系统工作过程：以低压缸为例，四套碳环气封泄漏的丁二烯气体与四套机械密封泄漏的润滑油通过四根管线汇合接入泄漏介质气液分离罐，依靠重力作用分离出的气体通过分离罐顶部管线返回压缩机低压缸吸入口壳体，分离出的液体在分离罐底部积存，当积存的液体触发液位开关时，分离罐排液电磁阀打开，将分离罐液体排入泄漏介质排液罐收集，排液罐顶部与火炬系统相连，用于排出液体夹带的丁二烯气体，排液罐收集的液体在液位计中显示过高时，需要操作人员将罐中液体人工排放至安全位置。

2　丁二烯螺杆压缩机密封故障

2.1　丁二烯螺杆压缩机密封常见故障

　　丁二烯螺杆压缩机密封常见故障：一种是碳环气封失效，导致碳环气封泄漏丁二烯介质超标，具体原因有气封碳环磨损致其轴向或径向间隙超过标准值、气封碳环碎裂或卡滞。另一种是机械密封失效，导致泄漏润滑油超标，具体原因有密封橡胶圈老化弹性下降或浮动密封橡胶圈磨损、动静密封环端面磨损或碎裂、密封静环卡滞与动环贴合不紧密。以上两种故障，在设备停工检修时，通过更换新的经过工厂试验的合格气封碳环或机械密封即可消除，而且能长时间运行不发生故障。

2.2　丁二烯螺杆压缩机密封异常故障

　　本文中的丁二烯螺杆压缩机于2005年发生过一次突发故障，进行了紧急抢修工作，检修完成并运行一段时间后，密封系统逐渐开始出现异常状态，压缩机房开始出现丁二烯气味，

密封系统排液罐开始出现较多的润滑油。在随后多次的装置停工检修期间更换碳环气封及机械密封后，常会出现启机时机械密封运行状态正常，运行一段时间后，机械密封泄漏量开始增大，机房的丁二烯气味也没有因机组检修而消失，而且，这种情况随着时间的推移会变得严重。曾经试图通过提高检修时密封试验压力及延长密封工厂试验时间等手段保证密封效果，但是问题依然存在，严重时，此丁二烯螺杆压缩机低压缸机械密封平均日泄漏润滑油量为13L，高压缸机械密封平均日泄漏润滑油量为8.8L，油箱、轴承箱、增速齿轮箱呼吸帽处有较多丁二烯气体挥发出，用可燃气检测仪检测，可燃气数值超标报警，压缩机房丁二烯气味更加浓烈。

3　丁二烯螺杆压缩机密封异常故障分析处理

3.1　丁二烯螺杆压缩机密封异常故障分析

　　针对这一密封异常故障，针对多年存在的机械密封运行周期短的问题和润滑油中带有丁二烯的问题，查找潜在原因。通过2018年装置停工大检修期间的机械密封拆检情况看，机械密封端面存在较多丁二烯聚合物，说明其来源为碳环气封泄漏的丁二烯气体。另外，机械密封静环端面曾出现过内侧比外侧磨损严重的情况，间接反映出内侧较外侧突出，导致贴合面积减小、密封比压变化，这也是密封失效的一个原因，而这个突出现象的根源是密封静环内侧承受了较高的压力，而这个压力也应来源于碳环气封泄漏的丁二烯气体。

　　从这两个现象看，碳环气封泄漏的丁二烯气体有两种可能，一种可能是超量，也就是碳环气封泄漏量超标，直接导致超压并产生聚合物，另一种可能是间接超压，碳环气封正常泄漏的丁二烯气体没有正常返回压缩机一段吸入口管线而超压并产生聚合物，进而破坏机械密封动静环端面贴合状态导致密封泄漏。与此同时，压力超高的丁二烯气体会通过贴合不紧密的密封端面渗入润滑油中，并且循环至油箱呼吸帽、增速齿轮箱呼吸帽等处挥发至大气环境中。通过对2018年机组检修过程的详细调查及与前些年检修过程的对比，可排除碳环气封泄漏量超标情况，那么，只剩下另一种可能，即

丁二烯气体返回压缩机一段吸入口管路有堵塞情况，由此断定密封泄漏介质气液分离罐顶部存在除沫网，而且已经堵塞，见图1。

图1　气液分离罐除沫网位置照片

3.2　丁二烯螺杆压缩机密封异常故障处理

2020年6月14日丁二烯装置停工检修时，根据2018年的分析结论，维修人员第一时间拆开压缩机密封泄漏介质气液分离罐上部法兰，发现了堵塞严重的除沫网，见图2，随后，对高低压缸气液分离罐除沫网都进行了检查清理，使碳环气封正常泄漏的丁二烯气体顺畅返回压缩机入口，防止丁二烯在密封处产生大量聚合物，极大改善了密封运行环境，同时，释放了密封静环内侧压力，消除了丁二烯介质窜入润滑油系统中的隐患。

图2　堵塞的气液分离罐除沫网照片

在碳环气封安装过程中，将新的碳环气封进行优中选优并多次测量调整配合间隙，按照图纸顺序回装至碳环气封座，在机械密封安装过程中严格控制安装精度，在机械密封静压试验过程中充压、加压后，保压20min，压力下降值均未达到0.05MPa，以确定各密封正常。

4　结束语

2020年6月找到并清理密封泄漏介质气液分离罐顶部除沫网后，严格按标准完成丁二烯螺杆压缩机检修后，运行至2020年9月机械密封再无泄漏，油箱呼吸帽、增速齿轮箱呼吸帽处可燃气检测数值为零，困扰车间多年的密封泄漏问题及机房内丁二烯介质超标问题消除，既节约了大量润滑油、减少了丁二烯损失、消除了安全隐患，又为工作人员改善了工作环境、减轻了相关工作量。

拔头油泵串联密封失效分析与改进措施

毛中华　郭昊虔

（中石油克拉玛依石化有限责任公司，新疆克拉玛依　834003）

摘　要　某石化公司蒸馏装置拔头油泵机械密封改造为串联结构后，使用寿命偏短，主要表现形式为隔离液侧密封结焦外漏，通过对密封端面比压核算与焦状物形成的机理分析，提出相应的改进措施，为今后各装置处理类似问题提供借鉴和参照。

关键词　密封使用寿命；端面比压；结焦；改进措施

蒸馏装置拔头油泵为双支撑泵，原装单端面机械密封运行状况一直较好，为了保证装置安全运行，2015 年对该高温泵密封进行了改造，改造后机械密封使用寿命一直偏短，2015 年 3 月至 8 月间共进行了 5 次维修，使用寿命远远低于厂家承诺的 25000h，故障的主要表现形式为隔离液侧密封外漏，拆卸后发现密封动环与轴套之间结焦严重，密封面也存在局部变色现象，介质侧密封未发现明显问题。本文以隔离液侧密封为研究对象，从密封端面比压和故障表现入手，分析结焦物出现的原因并提出相应的改进措施，通过比较分析，最后使用增加蒸汽背冷的方式解决了该问题，为今后各装置处理类似问题提供借鉴和参照。

1　概况

蒸馏装置拔头油泵 P-1003/1 为双支撑泵，介质入口压力为 0.124MPa，出口压力为 1.5MPa，介质温度为 260℃，2015 年 3 月机械密封改造为串联结构，隔离液压力设定为 0.4MPa，系统报警值调整为 0.33MPa，投用后密封使用寿命较短。拆卸故障密封后发现：隔离液侧密封动环已经完全失去补偿能力，波纹管与轴套之间结焦严重（见图 1），密封端面存在比较明显的变色现象，浸泡清洗结焦物回装打压，密封摩擦副之间泄漏情况依然十分明显，动环密封面水试检查泄漏情况严重，已经不具备修复的可能，只能更换新件。

图 1　隔离液侧密封结焦情况

2　故障原因分析

从拆卸的情况来看，介质侧密封未发现明

作者简介：毛中华（1985—），男，大学本科，助理工程师，现从事设备管理与安全工作。

显问题，隔离液中也未发现介质组分，可以判定介质侧密封未出现泄漏，出现故障的为隔离液侧密封，并且密封为串联旋转式结构，因此将隔离液侧密封看成内流式单端面密封。

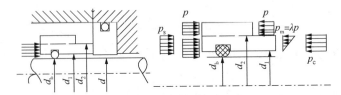

图2　内流单端面机械密封结构简图及补偿环轴向力

（1）弹簧力 F_s：

$$F_s = p_s A = p_s \frac{\pi}{4}(d_2^2 - d_1^2)$$

式中　p_s——弹簧比压，弹性元件施加到密封环带单位面积上的压紧力，Pa；

　　　　A——密封环带面积，m^2；

　　　　d_2，d_1——密封环带外径和内径，m。

（2）端面介质总压力 F_p：

$$F_p = pA_e = p \frac{\pi}{4}(d_2^2 - d_b^2)$$

式中　p——介质压力，Pa；

　　　　A_e——介质压力作用于补偿环上的有效载荷面积，m^2；

　　　　d_b——为平衡直径，即介质压力在补偿环辅助密封处的有效作用直径，m。

（3）端面介质总压力 F_m：

$$F_m = \lambda p A$$

式中　λ——液膜反压系数，计算中取 $\lambda = 0.7$。

在补偿环辅助密封与相关元件表面的摩擦阻力忽略不计的情况下，端面比压 p_c 为：

$$p_c = \frac{F_c}{A} = \frac{F_s + F_p - F_m}{A}$$

经过核算，隔离液侧密封端面比压为 0.56MPa，在推荐的比压值 0.5～1.0MPa 之间，密封辅密采用柔性石墨，端面选用硬质合金与碳化硅，密封设计满足工艺使用要求。

2.2　隔离液系统循环不良

系统采用 HVP8 作为隔离液，冷却换盘管换热面积为 $0.45m^2$，出现故障时现场测量发现，冷却器冷却水入口管线温度约为25℃，出口管线温度约为30℃，隔离液出密封腔处管线的温度约为60℃，入密封处管线温度为42℃，

高点放空处隔离液清洁无异物，冷却器盘管不存在穿孔泄漏，其表面也无明显结垢现象，由此可判断隔离液系统循环情况较好。

2.3　隔离液侧密封冷却系统配置不合适

机械密封的密封环表面之间总有一定质量的流体通过，从端面泄漏的介质会因端面摩擦产生的高温而出现挥发，当挥发量与泄漏量相等时，泄漏现象不可见，当泄漏量大于挥发量时介质重新聚集成液滴，产生滴漏现象。要想做到绝对不泄漏是很困难的，只要泄漏量满足工艺要求即可。密封选用矿物油作为隔离液，挥发性较小很容易发生聚集，同时，由于波纹管与轴套之间的空间内含有空气，泄漏物会与氧气接触产生氧化结焦，结焦物不断在波纹管处堆积，最终导致其失去补偿能力而出现大量泄漏。

3　解决措施

3.1　对密封进行优化和提高

与同类高温泵的进口机械密封相比，该拔头油泵国产串联密封无论是波纹管材质还是加工工艺都有所弱化，同时该国产串联密封与进口密封在部件加工精度、设计思路、材质性能、处理工艺方面存在的差异，致使密封寿命低过低。2015年7月厂家新加工的密封将动环材质改为了浸锑石墨，泵送环与密封腔之间的径向间隙由 1.0mm 减小至 0.80mm，各部件的加工精度也有明显的提高。

3.2　增加蒸汽备冷

解决密封结焦的方法主要就是降低密封使用温度，减少介质在密封处的沉积。波纹管与轴套之间的结焦物为氧化物，从密封大气侧引入冲洗液或隔离气，不仅可以对密封进行降

温冷却，还能避免氧气进入阻止结焦物的产生，从而延长密封的使用寿命。隔离气一般选用氮气或压缩空气，但考虑到成本较高，在泵类设备上很少采用，冲洗液一般为低压流体或水，其可以带走波纹管处泄漏物防止其出现积聚，由于密封腔处的温度高于120℃，如果直接使用水进行冷却，就容易造成密封环受热不均，产生端面变形甚至是炸裂的情况，加之我厂使用的冷却水含盐量较大，在高温下容易出现水垢，这同样会造成密封较快失效。低压流体一般为伴热或废热蒸汽，带压蒸汽可以将微量泄漏的隔离液迅速导出，不至于在波纹管内壁聚集"结焦"影响波纹管弹性补偿力，同时还可以降低外侧摩擦副的温度，改变外侧机封的运行环境，如图3所示，此外，泵房内留有蒸汽伴热线，改造难度也不大，最终决定在隔离液侧密封外侧引入蒸汽。

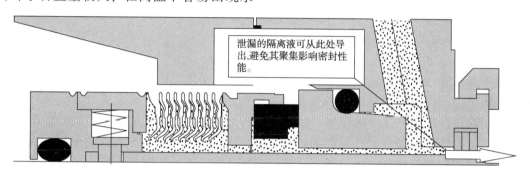

图3　密封蒸汽备冷示意图

4　结论

本文通过对拔头油泵国产化串联密封隔离液频繁泄漏的情况进行分析，找出了泄漏的根本原因是泄漏物结焦，通过引入蒸汽降低了密封温度防止了高温结焦，同时也阻止了空气进入，避免了氧化结焦，可有效地延长密封寿命，对但需要控制好蒸汽的用量，以机封压盖外侧不大量溢出蒸汽为原则。此外，密封设计标准、配件加工精度等对密封寿命也有直接的影响。该问题的处理为今后各装置处理类似问题提供参照和依据，具有积极的现实意义。

参 考 文 献

1　王汝美．实用机械密封技术问答[M]．北京：中国石化出版社；2004：46-57.

2　赵龙．泵用机械密封工作环境及其改善方法研究[D]．昆明理工大学，2008.

3　潘丛锦．沥青泵波纹管密封失效分析与处理措施[J]．炼油技术与工程，2011.41(10)：51-53.

4　田伯勤．新编机械密封实用技术手册．西安：中国知识出版社，2005：1346-1350.

乙烯裂解大阀密封结构修复及预防处理

刘 洋

(中韩(武汉)石油化工有限公司，湖北武汉 430082)

摘 要 本文结合裂解阀的阀座密封面结构特点，分析了阀座硬化材料司太立的特性及其在堆焊中的影响因素，获得了现场条件下修复裂解阀阀座合金密封面的工艺方法。

关键词 裂解阀；司太立；堆焊

双闸板阀是乙烯工艺裂解的关键设备之一，安装裂解炉出口用于切断带有焦油的高温裂解气。双闸板阀的运行状态直接影响裂解炉的运行和安全。随着乙烯裂解装置运行周期的延长造成了阀门超长周期服役运行，阀门阀座硬密封出现不同程度损坏或拉伤，长期运行下来，加剧了阀门损坏程度，对检维阀门带来更大的修复难度。同时，双闸板阀门的密封面修复及质量验收，为整个装置的高负荷生产提供了有力保证。

1 裂解阀的密封结构及损坏原因分析

图1为带导流装置的双闸板平行式裂解阀，主要由阀体、阀座、阀板、导流装置、导板组成，两个闸板与导流装置分别安装在眼镜式的阀架中，当阀门关闭时，两闸板被楔块撑开紧密地压在阀座上，形成强制密封。当阀门完全开启时，导流装置和阀座形成弹性密封，防止介质进入阀腔。

导流装置密封面a、阀板密封面b分别与阀座密封面c形成开位密封副和关位密封副。密封面一般采用整体堆焊钴铬钨合金 Stellite6，该合金在高温条件下长期使用时，损坏情况有轻微划痕、整体磨损、合金缺失、渐进式缺失、贯穿性划伤等几种。

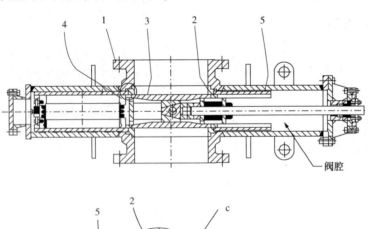

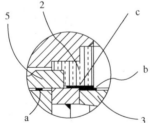

图1 裂解阀的密封结构

1—阀体；2—阀座；3—阀板；4—导流装置；5—导板

a—导流装置密封面；b—阀板密封面；c—阀座内密封面

密封面损坏原因分析：

（1）密封面接触摩擦。因为双闸板阀门膨胀节与阀座开位弹性密封原理，膨胀节在过盈状态下装配，所以合金硬密封面出现少量轻微痕迹，或者出现硬密封面均匀磨损都属于正常使用下造成的结果（存在胶粉卡涩，长期开关时造成拉伤）。

（2）阀门开启（100%）、关闭不到位（0%）。双闸板阀在长期使用过程中密封面造成损坏，主要是介质压力变化、气相冷凝下焦油、胶粉堆积在此处，日积月累则造成硬密封面磨损，导致泄漏量增大。蒸汽和裂解气在密封面处形成高速的流动，加剧密封面冲刷，局部出现不同程度的深浅划痕，给检修阀门的修复带来更大难度。

（3）阀门内件间隙中焦块卡阻。在密封面与眼镜板中间，开启阀门时受到阻碍，为了满足工艺生产需求，有时硬性开启或着关闭阀门（人力摇手轮、风动马达等），尤其是当风动马达动力大时，更加剧了合金硬密封面贯穿性划伤，一般情况下这种密封面损坏的特点相比正常磨损，其宽度、深度都要大，并且合金损失较大。

2　双闸板阀合金硬密封面修复的难点

双闸板阀座堆焊材料为司太立合金（Stellite6），Stellite6 属于 Co-Cr-W-C 系列合金，该系列是司太立合金的经典系列，特点是合金元素少，含碳量均较高。此产品耐磨性能好、硬度高、抗高温、抗气蚀性能强、韧性较差。

双闸板阀座的材质为 15CrMo，15CrMo 合金钢管以低碳和低硫为主要特征。常用的合金元素按其在 15CrMo 合金钢管的强化机制中的作用可分为固溶强化元素（Mn、Si、Al、Cr、Ni、Mo、Cu 等）、细化晶粒元素（Al、Nb、V、Ti、N 等）、沉淀硬化元素（Nb、V、Ti 等）以及相变强化元素（Mn、Si、Mo 等）。从而可大大改善 15CrMo 合金钢管的韧性和焊接性能，但控制不当时容易出现焊缝裂纹，作为 Stellite6 合金堆焊基材两者属于异种金属焊接。详见表 1 和表 2。

表 1　Stellite6 与 15CrMo 合金主要化学成分　　　　　　　　%

化学元素	Co	Cr	W	C	Ni	Mo	Nb	Si
Stellite6	65	28	5	1	0	0	0	0
15CrMo	0	0.8~1.1	0	0.12~0.18	0	0.3~0.55	<0.3	0.17~0.37

表 2　Stellite6 与 15CrMo 的物理性能

物理性能	相对密度	硬度 HRC	热膨胀系数/$10^{-6} \cdot ℃^{-1}$	导热系数/$[J/(cm \cdot s \cdot ℃)]$
Stellite6	7.8	39~43	14.2（20~500℃）	0.035×4.1868
15CrMo	8.46	28~35	14.12（20~500℃）	0.2~0.3

Stellite6 合金的导热系数约为 $0.035 × 4.1868J/(cm \cdot s \cdot ℃)$，导热性能较差，具有较好的应力松弛性能，当达到某一消除应力的温度后应力迅速下降，温度在 800℃ 以上时应力就会消除。这些特点是现场修复合金阀座必须掌握的材料特性，对于焊接的热输入量控制及补焊后的热处理有着尤为重要的意义。

15CrMo 钢系珠光体组织耐热钢，在高温下具有较高的热强性（$\delta_b ≥ 440MPa$）和抗氧化性，并具有一定的抗氢腐蚀能力。由于钢中含有较高含量的 Cr、C 和其他合金元素，钢材的淬硬倾向较明显，焊接性差。

3　裂解阀阀座现场修复的工艺方法

在现场阀座修复过程中，需从焊前准备、补焊过程及补焊后处理各个环节做好充分准备工作。

3.1　焊前准备

3.1.1　堆焊区域检查及表面处理

检查需要堆焊范围，确定宽度、深度、有条件下进行划线标识，由于 Stellite 合金的氧化性，首先用角向砂轮打磨彻底清理去除堆焊部位 20mm 范围内的渗碳层，打磨深度应大于 0.4mm，测量打磨部位的硬度值，并保证施焊区域达到 HB185~321 的要求。按照 JB 4730 检测标准，检查打磨后的导向凸肩表面质量不得有裂纹、夹渣等缺陷，达到Ⅰ级标准为合格。然后用丙酮清洗阀座焊接部位及其周围50mm范围内，保证无水、油等；用砂纸清除氩弧焊丝表面的油污和锈斑等脏物。

3.1.2 温度控制

焊接工艺及参数采用氧乙炔火焰加热的方法进行焊前预热，预热温度为350~400℃，用测温仪测量预热温度，堆焊部位露出，其他部位用保温材料进行包覆，避免烧伤。预热温度达到后开始焊接，温度控制在300~400℃。

3.2 合金面堆焊

堆焊要求：直流正解，电压范围为10~15V，焊接速度最好为30~50mm/min，每道摆动宽度<10mm，每层堆焊厚度<4mm，焊接过程中不许产生任何缺陷，重点检查引、收弧处，发现缺陷立即打磨，去掉氧化层，进行补焊，焊后进行局部热处理，热处理采用火焰加热至640~660℃，保温30min，用测温工具进行检测，升温及冷却速度<300℃/h，冷却时最好用硅酸铝纤维毯包覆降温。

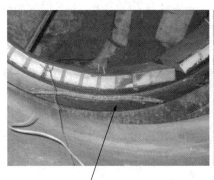

图2 堆焊修复面

对堆焊后的焊件进行着色、超声波探伤检查，检测堆焊位置没有裂纹、气孔等缺陷，同时进行硬度测试，硬度值必须达到与木材相近，满足合金面使用性能。

4 预防处理办法

（1）控制好阀门切换时的阀前压力变化，在确保介质不倒串情况下，尽量降低阀前工艺压力，减小介质流速，从而减轻介质对阀体密封面骤然冲刷。

（2）安排专人定期检查阀体温度变化，主要检查防焦蒸汽（MS）是否畅通，建立起巡检台账并作好记录，作好分析趋势图，调整减少气态胶粉冷凝，保证防焦蒸汽及时带出胶粉。

（3）阀门开启遇到卡涩时，由专业设备人员检查卡涩情况后再确认是否使用手轮开关，避免盲目强制操作，影响大阀长周期运行。

5 结束语

乙烯装置双闸板阀门正常使用时能保证整个装置安全平稳运行，与行业交流得知，随着运行周期增加及操作不当，会造成裂解气阀门及清焦阀门阀座硬密封过度磨损及拉伤严重，本文介绍的双闸板阀门现场修复工作能够满足阀门要求，通过阀门密封面堆焊总结经验及操作预防处理办法，制定焊接指导书及工艺操作，同时要求类似硬密封阀门修复质量满足验收标准。

参 考 文 献

1 操龙光，徐飞，邓鹏，等. 低合金钢热膨胀系数测定和分析. 材料科学与工艺，2013(3)：105-109.

延迟焦化碱液循环泵机械密封失效机理分析

张 塞

（中国石化北京燕山分公司炼油部，北京　102500）

摘　要　本文针对延迟焦化装置常减压液化气脱硫醇碱液循环泵 P2302/2 近两年机械密封典型故障，分析机械密封失效机理，得出动静环磨损、O形圈装配无切口、碱液在端面容易结晶为碱液循环泵机械密封失效的主要原因。提出了碱液循环泵改造与运行维护改进措施，在提高密封性能的同时，减少了磨损，为碱液循环泵可靠长周期运行提供了一种思路。

关键词　机械密封；失效机理；碱泵；防范措施

1　前言

延迟焦化装置脱硫醇系统中的常减压液化气碱液循环泵，它将分离过的碱液输送到塔上部，供碱液循环使用。在实际运行过程中，频繁发生泄漏，严重影响装置的环保达标和长周期稳定运行。

2　碱液循环泵概况

2.1　工艺流程

常减压液化经过预碱洗罐 D2304，用 10% NaOH 洗去液化气的 H_2S，洗去 H_2S 的液化气自 D2304 罐顶至常减压液化气脱硫醇抽提塔下部，在抽提塔内液化气与 10% 的催化剂碱液逆流接触，碱液从液化气中萃取硫醇，生成硫醇钠盐，硫醇钠盐进入常减压液化脱硫醇碱液加热器 E2303/1，经过蒸汽加热至 60℃ 左右后进入碱液混合器与空气混合，混合后进入常减压液化气脱硫醇氧化塔 C2304/1，硫醇钠盐与空气发生氧化反应，转化成二硫化物与碱液，进入二硫化物分离罐，常减压液化气脱硫醇碱液循环泵 P2302/2 将分出二氧化硫的碱液送至 E2304/1 冷却后，打入常碱液液化气脱硫醇抽提塔上部循环使用。表 1 为该泵的运行参数

表 1　P2302/2 运行参数

输送介质	15%碱液，含有少量颗粒杂质
介质温度/℃	60
介质密度/（kg/m³）	·1065

续表

输送介质	15%碱液，含有少量颗粒杂质
转速/（r/min）	2950
入出口压力/MPa	0.1/2.28

2.2　机械密封及冲洗方案

常减压液化气脱硫醇碱液循环泵 P2302/2 的机械密封型号为 CM4B-050-C036，密封结构如图 1 所示。该机械密封是依靠弹性元件对静、动环端面密封副的预紧和介质压力与弹性元件压力的压紧而达到密封的轴向端面密封装置。其主要的元件有端面密封副（静环和动环）、弹性元件、辅助密封等。动环和静环是机封组成的核心，P2302/2 机械密封动环材质为碳化硅，静环为石墨，属于硬-软配置，配合较好但杂质进入端面间容易划伤动环表面。弹性元件为主要零件的缓冲补偿机构，是机封保证密封可靠性的重要条件。P2302/2 机械密封采用多弹簧作为弹性元件，运行中主要产生以下三种作用：预紧作用、减振作用、缓冲补偿作用。多弹簧补偿性好，端面载荷均匀。一般情况下，机械密封的泄漏点主要有 5 处：轴套与轴间的密封；动环与轴套间的密封；动静间的密封；静环与静环座间的密封；密封端盖与泵体间的密封。

常减压液化气脱硫醇碱液循环泵 P2302/2 冲洗方案为 Plan11（单端面自冲洗）。从泵出口端冲洗内机械密封腔，该冲洗方案有利于密封腔散热，有利于立式泵密封腔排空，有利于增大密封腔压力和介质蒸发裕量（见图 2）。

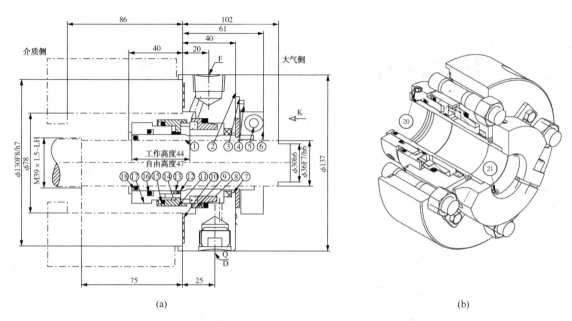

图 1　CM4B-050-C036 型号机械密封

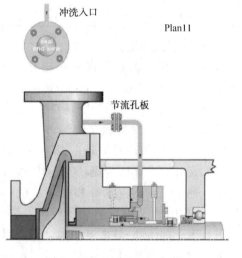

图 2　API 682-Plan11 方案

3　故障概况

延迟焦化装置常减压液化气脱硫醇碱液循环泵为双支撑多级离心泵，泵型号为 40AY35×6；2018 年 10 月后，机械密封的平均寿命只有 3 个月左右，严重影响了生产设备的平稳运行。

表 2　P230/2 机封故障情况统计

故障类型	机封泄漏	机封泄漏	机封泄漏
故障时间	2018.10.9	2019.3.19	2019.6.20

4　失效机理分析

机械密封的使用性能主要取决于由两个密封端面构成的主密封，起到主密封作用的密封端面是由一层极薄的流体膜来润滑，以保证机封正常工作。密封端面受力分析如图 3 所示。一般造成密封失效的主要原因有端面液膜失效、材料与介质不相容以及制造和安装问题等。端面比压是机械密封的重要性能参数，端面比压要在设计的范围之内（集装式机械密封一般为 0.2～0.6MPa），以保证机械密封端面良好配合，使密封面间形成有效液膜。

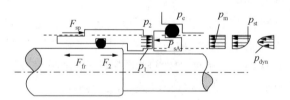

图 3　机械密封端面力学分析图

F_{sp}——弹性元件施加给动环的载荷，N；p_c——密封端面接触比压，MPa；p_e——密封流体压力作用比压，MPa；p_m——平均流体膜压力，MPa

可以通过力学分析得出该机封端面比压力，其中的 $d_2 = 62.5$mm，$d_1 = 56.5$mm，$d_0 = 58$mm。

$$p_c = \frac{F_{sp}}{A} + p_e - p_m$$

$$A = \frac{\pi}{4}(d_1^2 - d_2^2)$$

$$p_c = p_s + (K - \lambda)p$$

式中：A 为密封环带面积；K 为载荷系数；λ 为反压系数。可以计算出 CM4B-050-C036 型

机械密封端面比压 P_c 为 0.4MPa，是符合设计规范的，在正常工作条件下是能够满足生产要求的。这和实际情况相吻合，在使用初期机械密封并不泄漏。

2018 年 10 月 9 日和 2019 年 3 月 9 日的机封泄漏是由于介质含有碱液，NaOH 与 H_2S 和 CO_2 组分发生反应，生成的 Na_2S、Na_2CO_3 会产生结晶物，造成进入泵体内的碱液含有大量的杂质和结晶物。由于采用自身冲洗方式，这些杂质和结晶物不可避免地沉积于密封腔内，使动环和动环座、轴套间的间隙被阻塞，导致动环在轴向的动作不灵活甚至被卡死，弹簧被腐蚀卡涩，弹性不足，不能提供原设计 0.4MPa 的端面比压，导致密封面不能良好地贴合，液膜平衡被破坏，这时密封就会出现微漏，随结晶物和杂质颗粒进入摩擦副端面，密封面逐渐被磨损，再加上动环轴向补偿不灵，造成密封泄漏量增加，最终导致密封彻底失效。

2019 年 6 月 20 日更换完驱动端与非驱动端机封后，试静压不漏，开启后非驱动端机封和驱动端机械密封泄漏，分析 2019 年 6 月 20 日机械密封泄漏原因，将现场使用过的密封进行解体分解（如图 4 所示），发现以下问题：密封外观较脏，拆开密封，密封动静环端面磨损严重，静环端面上已经磨了一个台阶，动环端面上磨损严重，硬质合金环端面变黑，密封 O 形圈正常。动环动环座轴套之间的间隙被堵塞，密封腔内有焦状聚集物、颗粒和结晶物体。分析认为该密封在运转过程中，动静环端面磨损严重，硬质合金环端面出现不同程度的磨蚀，造成密封环端面不平，导致密封失效。造成动静环端面磨损严重有以下原因：机泵的安装问题，导致机泵在运转过程中存在轴位移或者振动，造成密封环端面磨损严重；冲洗管线堵塞问题，该泵介质为碱，碱在低温情况下很容易结晶，冲洗管线可能存在运转过程中堵塞的情况，造成密封冲洗不良，导致密封环端面磨损严重。通过排查排除前两项问题，最后确定是密封质量问题，该密封设计有辅助密封圈，用于阻挡泄漏的介质跑到密封弹簧处结晶，影响密封的浮动性，该密封圈在装配时没切口，可能会造成密封动环憋气，影响密封的浮动性，导致密封环端面磨损严重。

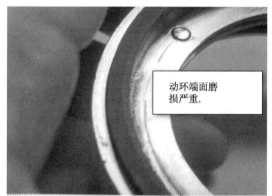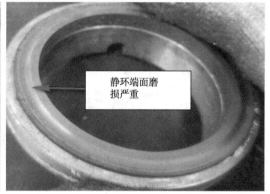

动环端面磨损严重，

静环端面磨损严重

图 4 机械密封拆检图

通过对碱液循环泵机封泄漏原因分析，首先保证机封在安装时轴跳、轴向窜动量、同轴度等满足安装要求，同时清理机封冲洗管线，装配辅助密封圈时保证切口，这样使动环有一定浮动性。通过一系列措施，从 6 月 20 日更换新机封运行至今，碱液循环泵运行机封无泄漏。

5 改进措施

5.1 密封改造建议

碱液循坏泵目前采用单端面接触式多弹簧机械密封，有多个小弹簧，端面比压均匀，不同轴径可用数量不同的小弹簧，但安装复杂，适用于无腐蚀介质及大轴径的泵。经调研建议采用双端面接触式波纹管机械密封，改变其冲洗方案，由原来 11 方案变为 53A 方案，降低碱液在动静环端面结晶的可能，从而降低密封泄漏的发生。

5.2 提高设备运行维护

（1）加强现场施工质量。针对安装对机械

密封的影响，要求安装机械密封部位的轴或者轴套的外径尺寸公差为 h6；表面粗糙度 R_a 不大于 3.2μm；密封部位的轴的径向跳动公差小于 0.06mm；轴向窜动量小于 0.3mm；施工人员安装时务必保持密封组件清洁，不携带杂物，降低杂质进入端面间的概率；减少人为因素造成的密封失效。

（2）加强机泵操作管理。开入口阀时尽量缓慢开关阀门，避免介质冲击密封端面增大端面开启力，巡检加强机泵振动、轴承箱温度等指标监测。

参 考 文 献

1 孙进华. 碱泵用机械密封泄漏原因分析及处理方法 [J]. 齐鲁石油化工，2001，39（4）：360-361.

2 蔡仁良，顾伯勤，宋鹏云. 过程装备密封技术 [M]. 北京：化学工业出版社，2006.

3 郝木明. 过程装备密封技术 [M]. 北京：中国石化出版社，2010.

4 陈匡民，董宗玉，陈文梅编. 流体动密封 [M]. 成都：成都科技大学出版社，1990.

5 魏龙. 密封技术 [M]. 北京：化学工业出版社，2004.

6 胡国祯，等. 化工密封技术 [M]. 北京：化学工业出版社，1990.

7 顾永泉. 机械密封实用技术 [M]. 北京：机械工业出版社，2001.

8 庄永福. 碱液循环泵机械密封失效分析及改进 [J]. 化工设备与管道，2003（6）：39-40.

高压容器双锥环密封失效分析与对策

苏亮超

（中国石化上海石油化工股份有限公司，上海　200540）

摘　要　上海石化高压聚乙烯联合装置(2PE)高压循环气体过滤器为Ⅲ类高压容器，根据工艺设计目的，容器为一开一备使用，筒体内部安装有精度为280目的过滤器用于过滤乙烯气体中的低聚物，并定期进行切换操作。容器顶部端盖与筒体法兰之间采用双锥环密封，使用过程中，多次出现密封失效进而泄漏的情况，本文从实际维修过程出发，分析密封失效泄漏的原因并提出对策，以保证容器的安全稳定运行。

关键词　高压容器；双锥环；密封；泄漏

1　引言

2PE装置是上海石油化工股份有限公司塑料事业部第二套高压低密度聚乙烯联合装置，高压循环气体过滤器单元由两台高压容器F101A、F101B组成，设计目的是将高压产品分离器中分离出来的经过冷却后夹带低聚物的乙烯气体，通过容器内安装的高精度过滤网将高压乙烯气体中的低聚物进行过滤，过滤后的乙烯气体送入压缩机压缩后使用。高压循环气体过滤器设计压力为35MPa，设计温度为70℃，使用压力为27MPa，使用温度为40℃，容器筒体材质为 ASTM A226 CL.2、尺寸为 $\phi420 \times 75mm$，端盖法兰材质为 ASTM A516 Gr.60，筒体上植入12根2¾英制螺栓，端盖法兰与筒体之间采用材质为 0Cr17Ni4Cu4Nb 的双锥环通过螺栓的预紧力压紧进行密封。由于工艺需要，当F101进出口压差大于等于1.0MPa或使用时间超过一周时进行切换作业，切换后的高压过滤容器通入蒸汽将附着在过滤网上的低聚物融化，再用高压氮气进行吹扫后备用，从而可以循环使用。使用过程中，高压循环气体过滤器曾在更换过滤器维修时及运行期间多次出现密封处泄漏的情况，若维修不及时，装置将被迫停车，给装置稳定长周期运行带来隐患。

2　高压双锥环密封机理

双锥密封是一种保留了主螺栓但属于有径向自紧作用的半自紧式密封结构（见图1）。在预紧状态，拧紧主螺栓使衬于双锥环两锥面上的软金属垫片和平盖、筒体端部上的锥面相接触并压紧，导致两锥面上的软金属垫片达到足够的预紧密封比压；同时，双锥环本身产生径向收缩，使其内圆柱面和平盖凸出部分外圆柱面间的间隙值消失而紧靠在封头凸出部分上。为保证预紧密封，两锥面上的比压应达到软金属垫片说需的预紧密封比压。内压升高时，平盖有向上抬起的趋势，从而使施加在两锥面上的、在预紧时所达到的比压趋于减小；双锥环由于在预紧时的径向收缩产生回弹，使两锥面上继续保留一部分比压；在介质压力的作用下，双锥环内圆柱表面向外扩张，导致两锥面上的比压进一步增大。为保持良好的密封性，两锥面上的比压必须大于软金属垫片所需要的操作密封比压。

研究表明，采用以下尺寸数据设计的双锥环其密封效果较好。

$$双锥环高度 A = 2.7 \sqrt{D_i}$$
$$C = (0.5 \sim 0.6)A$$

$$双锥环厚度 B = \frac{A+C}{2} \sqrt{\frac{0.75 p_c}{\sigma_m}}$$

式中　A——双锥环高度，mm；
　　　B——双锥环厚度，mm；
　　　C——双锥环外侧高度，mm；
　　　σ_m——双锥环中点处的弯曲应力，一般可按 50~100MPa 选取。

作者简介：苏亮超(1982—)，男，2006年毕业于南京工业大学过程装备与控制工程专业，高级工程师，现从事高压聚乙烯设备管理工作。

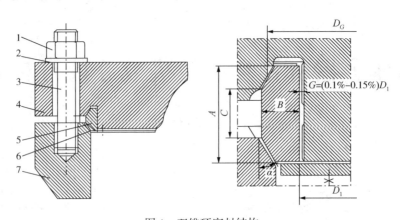

图 1　双锥环密封结构

1—主螺母；2—垫圈；3—主螺栓；4—端盖；5—双锥环；6—软金属垫片；7—圆筒端部

3　失效情况

最近一次发生失效泄漏的时间为 2015 年 8 月 13 日，在装置运行中的一次切换时，操作人员在备用的高压循环气体过滤器 F101A 投用的过程中听到筒体与端盖法兰缝隙有乙烯泄漏的声音，通过捉漏剂喷于法兰面发现有一处连续的泡泡冒出，将压力释放后对主螺母进行了紧固后，乙烯冲压至 15MPa 仍然泄漏，判断为双锥环密封失效，需要拆卸端盖法兰以更换双锥环垫圈。次日，进行了更换双锥密封环作业，安装过程中以端盖上平面水平为基准进行安装，安装完成后发现端盖法兰面的间隙不一致，乙烯试压在同一位置仍然发现泄漏。8 月 17 日，再次进行拆卸更换密封环，并对密封面进行了检查，发现筒体密封面有腐蚀坑，用金相砂纸打磨后进行了安装，施工过程以筒体上端面为基准进行缓慢紧固，使得法兰间隙均匀，但是试压时泄漏位置扩大。8 月 19 日，用球墨铸铁材料根据筒体及端盖密封面的尺寸制作了专用的研磨工具，拆卸之后使用 380# 研磨砂对密封面进行了研磨，同时将双锥环的尺寸根据研磨后的密封面进行了扩大，随后进行了安装，螺栓达到了 70kN·m 力矩后，试压后不再泄漏。

不仅在 2015 年，装置在运转历史中曾经出现过多次泄漏的情况，发生的情况基本上是在容器释放压力后进行吹扫或者更换过滤芯之后的充压过程中。

4　失效分析

高压循环气体过滤器 F101 一旦发生泄漏进行检修，安装时很少能够一次成功，对此非常有必要对失效的原因进行分析，根据此次发生泄漏的现象和安装过程中的状况分析，主要有以下几点原因。

4.1　结构形式

高压循环气体过滤器 F101 投用时间为 1992 年 4 月，其密封形式与目前的双锥环不同之处在于，双锥环没有设置软金属垫片（见图 2），无垫双锥环密封节省了软金属垫片，安装和拆卸相对简捷；但是采用无垫双锥环，提高了环与上下密封面加工精度及光洁度的要求，最终在螺栓的预紧力作用下达到窄面线密封，对密封面的径向水平尺寸、双锥环尺寸的加工精度、安装步骤要求都非常高，只要一处出现问题，双锥环上部和下部的密封线将出现倾斜，最终导致泄漏。

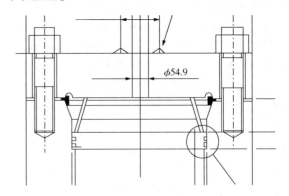

图 2　F101 双锥环密封简图

4.2　密封面腐蚀

由于法兰面间隙的存在，筒体端面和端盖法兰在与双锥环不能接触的地方由于常年雨水与空气氧化侵蚀形成不均匀的腐蚀坑（见图 3），且密封最终为窄面线密封，若双锥环在螺栓的预紧力下密封线处于腐蚀坑处，或腐蚀坑为轴　　　向形状都会导致密封泄漏。

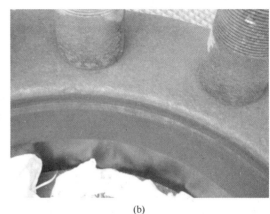

(a) 　　　　　　　　　　　　　　　　(b)

图 3　F101 端盖法兰与筒体腐蚀情况

4.3　交变热应力影响

由于高压循环气体过滤器 F101 位于装置高压系统之后，过滤分离掉高压循环乙烯气体中的乙烯低聚物，装置运转中一直需要进行定期的切换，且切换之后需要使用高压蒸汽(饱和温度为 263℃)对内部安装的过滤器进行吹扫，那么 F101 的温度就会经常处于高温和低温切换的状态。温度的变化不仅带来螺栓的预紧力的变化，同时影响双锥环的机械性能，造成双锥环的疲劳。

0Cr17Ni4Cu4Nb 钢是通过热处理析出微细的金属间化合物和某些少量碳化物以产生沉淀硬化，而获得高强度和一定耐蚀性相结合的高强度不锈钢，它兼有铬镍奥氏体不锈钢耐蚀性好和马氏体铬钢强度高的优点。其含有铬、镍、铜、铌等元素，铁素体形成元素铬是 0Cr17Ni4Cu4Nb 钢的主要合金元素，适当提高钢中铬含量，有助于提高钢的抗氧化性能，以及在氧化性介质中的耐蚀性，提高退火条件下钢的强度和硬度。

0Cr17Ni4Cu4Nb 相近牌号为 17-4PH，其耐腐蚀性和可焊性均优于马氏体型不锈钢，多用作既要求耐弱酸、碱腐蚀又要求高强度的部件，如紧固件、传动装置等零件。随着使用温度的升高，材料的抗拉强度和屈服强度呈逐渐下降的趋势，导致双锥环在交变热应力作用下疲劳失效或塑性变形累积；而且热应力随约束的增大而增大，最终双锥环失去弹性，在温度由冷转热时不再与筒体相贴合进而发生泄漏。

4.4　升压过程

高压循环气体过滤器 F101 投用前需要用乙烯气体进行升压至工作压力的操作过程。在升压的开始阶段，首先要恢复双锥环的压缩变形，在这个过程中，双锥内圆柱面与端盖支撑面间的支撑反力逐渐减小，螺栓载荷变化不明显，上下锥面的垫片应力随内压的增加均有一定的减小，当内压分别达到一定值时，径向间隙随内压的增加基本呈线性增加，上下锥面的垫片应力随内压的增加而呈线性增加，且上锥面垫片应力的增加幅度明显大于下锥面垫片应力的增加幅度，因端盖与筒体的刚度不一致，端盖在内压作用下产生较大的变形使上锥面产生线接触，导致上锥面的垫片应力明显大于下锥面的垫片应力。

交变应力的变化幅度越大，材料的疲劳寿命越短。对于承压材料来说，在压力有足够大的波动幅度时就构成了交变载荷，特别是间断性操作，频繁压力波动和温度频繁的升降给设备的稳定性带来威胁。F101 每个切换周期同时存在压力的循环由 0MPa 至 27MPa，温度的循环由环境温度至 263℃ 左右，随之出现多种应力交变的循环。

4.5　安装过程

《石油化工设备维护检修规程》中没有编写高压双锥环密封容器检修的相关规程，初次安装时，施工人员将水平尺置于端盖上部，紧固螺栓时以此水平方向为基准对螺栓螺母进行了紧固，导致最终紧固完成时端盖法兰面与筒体法兰面的垂直同心度发生了偏离,这是由于高压循环过滤器在常年的使用中已经不再是垂直状态。上下法兰端面水平不一致导致双锥环在压紧过程中产生轴向倾斜变形将影响密封线的位置,使得双锥环与筒体接触面无法贴合发生泄漏,因安装原因引起的泄漏曾多次出现。

5 避免双锥环密封失效的对策

5.1 编制检修规程

高压容器在实际使用中占比较少,导致检修规程的缺乏,由于安装没有标准化的规程,使得安装过程无法把握,只能紧靠经验来安装。安装时使用研磨工具(见图4)对密封面进行了细微的研磨起到了很好的效果(见图5),但这些并没有相应的指导规范。另外,对于冷态安装完成后是否需要热紧固以及紧固螺母的力矩等没有详细的说明。因此,亟待编写双锥环密封高压容器的检修规程。

图4 端盖与筒体密封面研磨工具

图5 端盖与筒体密封面研磨之后的效果

5.2 优化工艺操作

密封失效与整个操作周期的工况变动有关,尤其对因温度波动引起垫片应力的改变更敏感,这也是本设备在非正常工况下引起泄漏的主要原因。双锥环泄漏事故皆发生在升压过程中,说明双锥环的弹性失效引起了泄漏。日积月累的交变热应力很大程度上造成了双锥环的弹性失效,可以在高压循环气体过滤器F101蒸汽吹扫时使用低压蒸汽来进行,以降低材料的应变时效,极大地延缓双锥环的热应力变形;高压循环气体过滤器F101投用升压过程中亦应该缓慢进行,并在升压至每一级压力等级时保压一段时间,减弱压力急剧增加带来的应力冲击。通过这些措施降低压力和温度变化的幅度,降低交变应力造成的疲劳失效。

5.3 对筒体和端盖法兰的密封面进行加工

为了解决密封面存在腐蚀的问题,除了使用特制的研磨工具对密封面进行研磨之外,还可以将高压循环气体过滤器整体拆卸后,在车床上将筒体和端盖法兰上与双锥环接触的面重新加工,并要求密封面有很好的光洁度,然后根据加工后的容器尺寸,代入之前介绍的计算公式计算出双锥环的尺寸。

5.4 运用新分析设计方法改进双锥环密封

由于该高压容器是20世纪90年代的产品,应用的设计理论已经十分久远,当下,对重要设备的密封状况,除了一般工程设计考虑正常操作的要求外,还需要对实际设备操作全过程进行密封可靠性分析,包括模拟试验、有限元分析、建立数值模型等,通过这些设备安全评定的方法,可以分析出在复杂工况下的最佳设备基础参数、设备选型和材料选择等,从而从根本上解决设备泄漏的问题。

5.5 重新设计设备的结构形式

根据密封的作用力不同,高压密封常用的结构形式可以分为以下三类:

(1)强制密封:平垫密封、卡扎里密封、八角垫密封、椭圆垫密封、透镜垫密封等;

(2)半自紧密封:双锥密封等;

(3)自紧密封:伍德密封、B形环密封、C形环密封、三角垫密封、平垫自紧密封、空心金属O形环密封等。

随着新型材料的相继涌现，目前的平垫密封的应用压力已经可以达到 32MPa，结构形式与安装更为简捷的椭圆垫片密封也已经开始应用于大直径的高压设备管道上，且制造成本更具优势，可以考虑在设备更新时应用这些密封形式，为日后的维修带来更好的可靠性。

6　结论

本文阐述了特定的工况条件运行下的高压双锥环密封容器发生密封失效泄漏的发现与检修过程，描述了检修中针对泄漏运用的维修方法，根据泄漏情况提出客观的原因分析，包括设备存在腐蚀、交变热应力影响、应力时效的影响，并提出了理论与实际的解决方案。

参 考 文 献

1　翟洪春，等．高压聚乙烯（2PE）装置操作规程．上海石化塑料事业部，2015.

2　郑津洋，董其伍，桑芝富，等．过程设备设计．北京：化学工业出版社，2001.

3　靳卫平．0Cr17Ni4Cu4Nb 钢的组织与性能研究．上海：科技视界，2013（18）：62-63.

4　盛水平，等．高压容器双锥密封性能的研究．北京：工程力学，2010（5）：173-178.

5　石油化工设备维护检修规程．北京：中国石化出版社，2011.

6　蔡仁良等．高压分离器双锥环密封失效的数值模拟．上海：华东理工大学学报，1998.

7　郑津洋，董其伍，桑芝富，等．过程设备设计．北京：化学工业出版社，2001.

8　固定式压力容器安全技术监察规程．北京：新华出版社，2009.

常减压加热炉低氧燃烧优化控制系统

孙振华　刘玉环

（南京金炼科技有限公司，南京　210033）

摘　要　长期以来，石化装置的 DCS 控制系统中，对加热炉热风回路和烟气回路的控制是其最薄弱的环节，低氧燃烧优化控制系统主要用于控制加热炉配风量和烟气排放，以 O_2 含量和 CO 含量同时作为调节加热炉过剩空气系数的主控变量，实现加热炉燃烧过程的优化。以常减压装置低氧燃烧优化控制系统的应用为例，实现燃烧过程优化的全自动调节控制——使加热炉的运行始终处于燃料消耗量降低、热效率更高的"卡边操作"状态，并能确保加热炉的运行达到安全稳定和节能降耗。

关键词　加热炉；低氧燃烧；优化控制；热效率；过剩空气系数；燃烧过程；节能降耗

长期以来，石化装置的 DCS 控制系统，对加热炉热风回路和烟气回路的控制是其最薄弱的环节，装置的温度、压力、流量、液位都有成熟的自动调节功能，而炉顶烟气氧含量和炉顶负压，虽然 DCS 系统都设计有传统的自动控制回路，但这些单回路的控制回路的自动调节性能都比较差。加热炉的热风回路和烟气回路控制，绝大多数仍然依赖人工调节。人工操作不可避免地带有滞后性和不精确性，并且人工精心操作也很难真正做到连续不间断，加热炉运行不可避免地存在较大的波动，在加热炉的长周期运行中，加热炉的热效率并不能稳定，最终导致加热炉的平均热效率降低。

目前，加热炉辐射室顶部的氧化锆氧含量测点，只能精确测量加热炉很大的横截面中的某一个小的区域。烟气从每个燃烧器直接流向加热炉辐射室顶部，这个过程大致需要 $2 \sim 4s$，各个燃烧器产生的烟气，并没有时间充分混合。装置在辐射室顶部的氧化锆测点，只能测量该测点正下方的个别燃烧器所产生的烟气中的氧含量，并不一定能精确地代表该加热炉烟气的平均氧含量。安装在空气预热器进出口烟道上的氧化锆氧含量测点则存在滞后。更为重要的是，两者都可能因为难免存在空气泄漏而造成测量值偏高。

加热炉优化控制系统就是替代精心操作的人工智能控制软件，低氧燃烧优化控制系统是在加热炉优化控制系统的基础上，增加配置激光在线 CO 在线分析仪，以 O_2 和 CO 同时作为加热炉过剩空气系数的主控变量，达到最理想的"卡边操作"状态，使加热炉的运行更加稳定，提高了加热炉长周期内的平均热效率，实现加热炉的节能和降耗。

1　低氧燃烧优化控制策略

优化控制专利技术是对热风供风和烟气引风进行多变量多输出控制，也即 MIMO 自动调节控制。在实现工艺介质出口温度稳定的前提下，以工艺介质的压力、流量、温度、燃料量、辐射室顶部负压、O_2 含量、CO 含量、进料流量、燃料流量、瓦斯密度和排烟温度等多种参数作为检测和控制对象，设定多项控制策略，动态优选、记忆最佳控制路线和最优控制参数的组合，最终达到优化燃烧过程控制，始终处于燃料消耗量较低、热效率较高的安全稳定运行状态。

根据加热炉热效率计算公式和依赖于化学计量的燃烧理论配比，加热炉烟气氧含量控制越低，过剩空气带走的热量就越少；烟气 O_2 含量控制过低，产生燃料不完全燃烧的趋势就会越来越明显，烟气中 CO 含量将急剧升高。其中，存在一个可实现优化控制的过渡区间。

作者简介：孙振华（1946—），男，江苏苏州人，1968 年毕业于华东化工学院（华东理工大学）燃料化学工专业，高级工程师，2006 年起从事石化加热炉节能研究。

同时考虑这两个互相制约的因素，从图1和图2中可以看出：若能将烟气 O_2 含量控制降低到 1.0% 左右，就有可能达到加热炉燃烧过程的热损失最小、加热炉热效率的热效率最高。

也就是加热炉的燃烧工况，能够达到燃料与助燃空气两者的理论配比（或者称之为化学计量）范围之内。

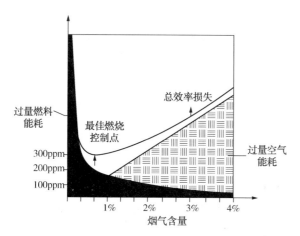

图1　烟气中 O_2 和 CO 与加热炉热效率关系图

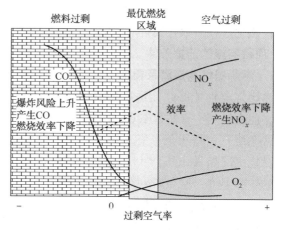

图2　过剩空气系数和加热炉热效率的关系图

低氧燃烧控制专利技术是以优化控制技术为基础，以烟气 CO 含量与 O_2 含量同时作为主控变量，有效克服了传统方式下单纯以烟气 O_2 含量控制的弊端。在使用气体燃料时，烟气平

均氧含量可控制在 0.8% ~ 1.2%，CO 含量小于 100ppm，NO_x 大约可以降低 25%。

低氧燃烧优化控制系统基本控制原理及控制策略参见图3。

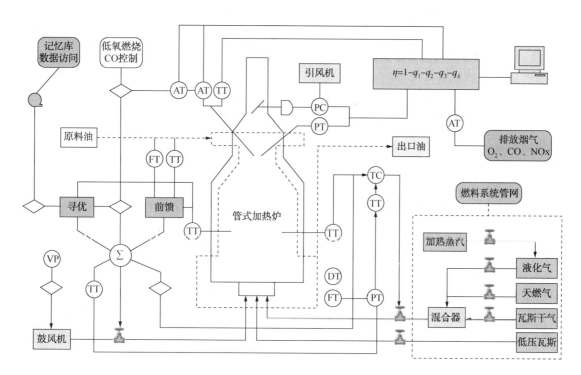

图3　低氧燃烧优化控制系统基本控制原理及控制策略示意图

从图3可以看出，低氧燃烧优化控制系统的最大特点是克服了传统方法很难突破的单一

回路控制的局限性与烟气 O_2 含量控制的弊端，实现多变量、多目标的协同控制。低氧燃烧优

化控制系统包括以下几个方面：空燃比的自动控制和优化；多种控制策略在线自动选择和最佳组合；一氧化碳与氧含量控制目标值的设定和自动寻优；热风阀门、烟道挡板、鼓风机和引风机优化控制；建立操作数据库，在线自学习；优化过程参数在线自动整定。

2　项目实施的前提条件

2.1　燃烧器性能应满足要求

　　燃烧器性能必须能适应低氧燃烧的工况条件，能在过剩空气系数 1.05 或者更低的条件下正常燃烧，保持火焰形态良好和稳定，在低氧的燃烧工况条件下不产生不完全燃烧，保持足够的炉膛温度，避免产生 CO 二次燃烧。

2.2　降低和杜绝系统漏风

　　检查加热炉本体的看火门、防爆门、弯头箱门、原料进出口炉管周围的密封性能，燃烧器上的点火孔或观察孔，暂停未用的燃烧器风门，以及直排烟道挡板的关闭是否严实，这些位置如果存在任何超过 0.5% 的漏风率，都会破坏 CO 和 O_2 的特定的理论配比关系。提高炉体整体的密封性能，减少烟气及空气漏点，才能实现低氧燃烧精准控制。

2.3　合理配置炉顶负压和氧含量测点

　　必须合理配置炉顶负压变送器和烟气氧含量测点。特别是箱式长方形的多炉膛加热炉，配备了多个烟道挡板和热风道蝶阀。仪表检测点的安装位置必须与烟道挡板和热风道蝶阀门的安装位置能一一对应。合理设计布置，才能使输入变量和输出变量之间具有良好的相关性，实现对各支风道热风蝶阀和各支烟道挡板的有效调节。

3　应用实例

3.1　工艺设备概况

　　某厂常减压装置 F101 和 F102 两台加热炉设计总热负荷为 105.27MW。F101 和 F102 共用一台空气预热器，两台鼓风机都已采用变频调速，引风机已采用永磁调速。所有热风道蝶阀和烟道挡板，都能在中控室遥控操作调节。氧含量表和压力变送器配备齐全，仪表工作比较正常及显示数据稳定。常减压装置采用气体燃料高压瓦斯，并配备了质量流量计。

　　根据装置工艺提示，常减压加热炉运行中造成工况不稳定的最主要扰动来自高压瓦斯的组分变化。当工厂管网自产高压瓦斯气源不足时，需要补充其他燃料，燃料组分和热值变化会带来扰动。高压瓦斯组分变化引起的无规则的特大扰动，在非常短时间内会造成出口油温的大幅度波动。燃料控制阀和进炉燃料流量变化也较大，加热炉运行中存在明显的不稳定性。

3.2　实际效果

3.2.1　解决最主要扰动因素——高压瓦斯密度变化

　　经过控制系统的不断完善，对高压瓦斯组分和热值变化有明显的抗扰动抑制功效。充分发挥 PKS 抗扰动模块的即时控制功能，在优化控制系统连续 24h 投运中，热风道蝶阀、烟道挡板、鼓风机变频、引风机进口阀门和引风机永磁调速等多回路进行协同互补的自动调节，常减压加热炉烟气氧含量和炉顶负压均已处于受控状态，波动幅度明显减小，逐步趋向稳定。稳定和受控是实现节能降耗的前提。投用优化控制系统前后工艺温度、烟气氧含量和炉顶负压波动标准偏差对比见图 4、图 5、图 6。

　　从图 4～图 6 可以看出，优化控制系统投用前瓦斯密度波动标准偏差为 2.13，投用后标准偏差增至 4.94，在瓦斯密度波动增大至 2.32 倍的情况下（图 4 中浅灰色背景），常减压加热炉出口油温、烟气温度、排烟温度、热风温度、烟气氧含量标准偏差已经缩小到小于原来的五分之二至五分之三（图 4 中浅灰色背景），炉顶负压波动幅度和标准偏差也有所下降。这些足以证明：加热炉优化控制系统的功能，足以能满足该常减压装置在瓦斯扰动较大的条件下，确保加热炉安全和稳定运行。

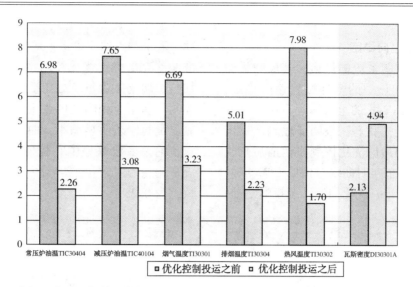

图4　常减压加热炉优化控制系统投运前后工艺温度波动标准偏差对比图

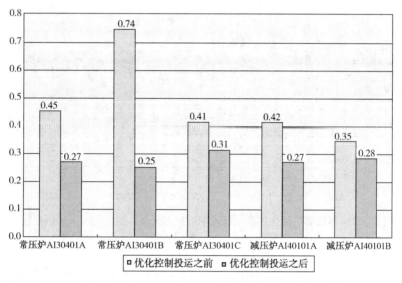

图5　常减压加热炉优化控制系统投运前后烟气氧含量波动标准偏差对比图

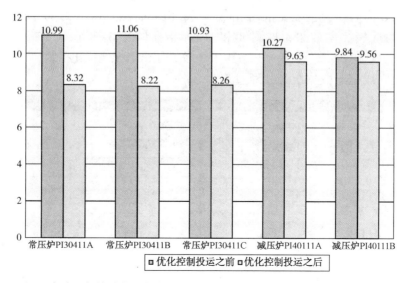

图6　常减压加热炉优化控制系统投运前后炉顶负压波动标准偏差对比图

3.2.2 燃烧过程趋向稳定

加热炉优化控制系统的投运，其最明显的直观效果表现为加热炉的燃烧过程趋向稳定，加热炉在昼夜连续 24h 的全时段运行中，烟气氧含量始终处于受控状态，很明显地趋向稳定和降低。常减压加热炉优化控制投运前后烟气氧含量 10min 平均值实时曲线对比见图 7。

从图 7 可以看出，优化控制系统投运之前，加热炉烟气氧含量偏高，而且带有很明显的波动，五个测点的氧含量平均值为 2.6%，平均标准偏差为 0.48；优化控制系统投运后，常减压加热炉烟气氧含量已处于受控状态，呈现出与控制目标完全相吻合的水平线趋势，各个测点氧含量的偏差明显缩小，曲线中的大多数散布点，绝大多数都集中在控制目标 1.80% 上下，五个测点的氧含量平均值为 1.69%，平均标准偏差为 0.28。

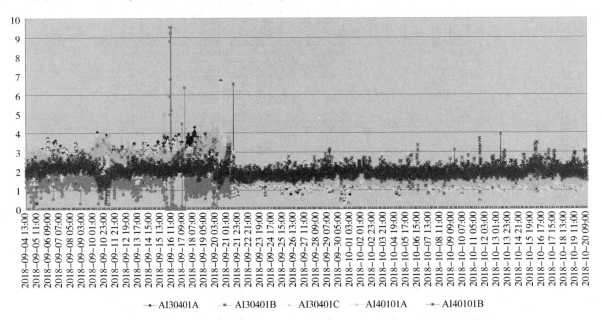

图 7　常减压加热炉优化控制系统投用前后烟气氧含量 10min 平均值曲线图

3.2.3 低氧燃烧 CO 控制

常减压加热炉激光在线 CO 分析仪接入 DCS 系统，低氧燃烧优化控制功能二次调试投运，以烟气 O_2 和 CO 同时作为主控变量调节控制，取得了较好的低氧控制效果，见图 8 和图 9。

优化控制系统在线记录数据统计，经过连续 72h 运行考核，常压炉烟气氧含量平均值为 1.154%，CO 含量为 24.8ppm；减压炉烟气氧含量平均值为 1.722%，CO 含量为 29.8ppm。其中 F101 常压炉 CO 在线分析仪投用后，已达到技术指标烟气 O_2 含量<1.2%，CO 含量<100ppm，实现了低氧燃烧优化控制。

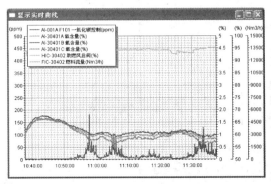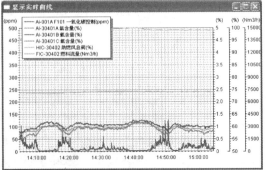

图 8　常压炉优化控制系统低氧燃烧控制投运后 O_2 含量和 CO 含量实时曲线图

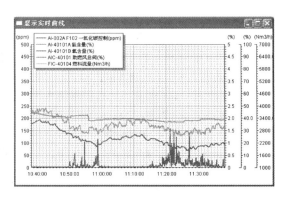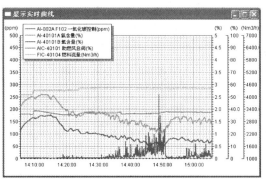

图9　减压炉优化控制系统 CO 控制调试投运后氧含量和 CO 含量实时曲线图

在低氧燃烧 CO 调试投运中，减压炉连续72h 的运行数据尚未能全部达标，烟气氧含量偏高，平均值为 1.722%，CO 含量为 29.8ppm。减压炉的调试曲线与常压炉的调试曲线是完全相似的。同样的控制策略，甚至可以说是完全相同的控制过程、完全相同的控制目标和控制参数，却没有取得相同的控制效果，甚至可以说还存在相当大的差距。

为什么减压炉没有取得常压炉相同的控制效果，经现场检查，原因分析如下：

本装置常压炉和减压炉都采用 UP 燃烧器，问题并不在燃烧器。

减压炉负荷较低，炉内有不使用的未点火的燃烧器，其进风门若关不严，则可能存在漏风。这是最主要的原因。另据统计：减压炉热负荷是常压炉热负荷的 56%，但是，进减压炉低压瓦斯流量却达到进常压炉低压瓦斯流量的 3 倍以上。低压瓦斯存在极为明显的波动，对减压炉的燃烧工况造成很大的扰动。减压炉的热负荷变化较大，这是次要的原因。

加强燃烧器的现场检查和调整，降低和杜绝炉体漏风、合理调节控制加热炉，尽量避免大幅度操作，减少各种因素扰动，对实现低氧燃烧优化控制都是至关重要的。

4　经济效益

常减压装置 F101、F102 低氧燃烧优化控制节能改造效果见表1。

表1　常减压装置 F101、F102 低氧燃烧优化控制节能改造效果

序号	项目	计量单位	改造前	改造后	效果
1	氧含量	%	2.59	1.38	-1.21
2	一氧化碳含量	ppm	0	27.3	+27.3
3	排烟温度	℃	119.53	114.85	-4.68
4	过剩空气系数		1.13	1.07	-0.06
5	排烟损失	%	4.17	3.72	-0.45
6	反平衡计算效率	%	92.83	93.27	+0.44
7	输入能量	MW	113.40	112.87	-0.53

低氧燃烧优化控制系统投用前，F101 和 F102 两台加热炉的平均氧含量为 2.59%，排烟温度为 119.53℃，热效率为 92.83%。低氧燃烧优化控制系统投用后，F101 和 F102 两台加热炉的平均氧含量为 1.38%，排烟温度为 114.85℃，热效率为 93.27%。热效率的提升幅度为 0.44%。

按燃料价格 2800 元/t 计算，全年可节省燃料 372.2t，折合人民币 111.7 万元。

5　结论

常减压装置加热炉投用低氧燃烧 CO 控制系统后，燃烧过程趋向稳定，加热炉在昼夜连

续 24h 的全时段运行中，烟气氧含量始终处于受控状态。降低过剩空气系数，减少了废气带走的热损失。燃料消耗量有所降低，直接减少了碳排放。在节能降耗和环境保护的两个方面，都产生和体现了很好的社会效益。低氧燃烧优化控制专利技术节能改造项目的投资回收期也比较短，又能带来很好的经济效益，对行业内的多数不同类型装置加热炉具有推广价值。

参 考 文 献

1 钱家麟，于遵宏，李文辉，等. 管式加热炉（第二版）. 北京：中国石化出版社，2003.

2 田涛. 过程计算机控制及先进控制策略的实现. 北京：机械工业出版社，2006.

3 Robert J. Bambeck. gas analyzer systems and methods. The United States, US7，414，726 B1［P］. 2008 - 08 - 19.

空分装置空压机组防喘振及
节能技术改造解决方案

于国庆

（国家能源煤焦化公司西来峰甲醇厂，内蒙古乌海　016000）

摘　要　介绍和分析了空分装置空压机防喘振系统存在的问题，并根据甲醇装置负荷情况，控制空压机组自动调整，实现了空压机组中压蒸汽消耗降低，极大地节约了能源消耗。

关键词　空压机组；防喘振；中压蒸汽；节能；导叶

国家能源煤焦化公司西来峰甲醇厂的30万吨/年甲醇项目以焦炉气为原料，将焦炉气用蒸汽转化法将其中的甲烷转化为合成甲醇所需的原料气氢气和一氧化碳。甲烷蒸气转化是在一个内热式纯氧转化炉中进行的，在纯氧转化炉中需配入一定量的纯氧，纯氧由空分装置提供，因此空分装置是甲醇项目安全生产的关键条件之一，甲醇厂空分装置高纯氧生产能力为16000Nm³/h，空压机组是甲醇厂的关键设备之一。

1　空压机组型号及运行状况

空分装置空压机组汽轮机为杭州中能汽轮动力有限公司制造，型号为NH32/03凝汽式汽轮机，进汽参数为3.43MPa（G）/435℃，汽轮机排汽压力为0.034MPa（G），汽耗为4.6kg/kW·h，额定功率为8195kW；空压机为沈阳鼓风机厂生产制造，型号为MCO904多级透平压缩机，流量为82000Nm³，调节范围为70%~105%，轴功率为8030kW，额定转速为7034r/min，转速变化范围为5276~7386r/min，一阶临界转速为2648r/min，二阶临界转速为4261r/min。

空压机组的温度、压力、振动监测等参数由DCS控制系统完成，汽轮机转速控制由505实现，空压机组一直运行工况较平稳。

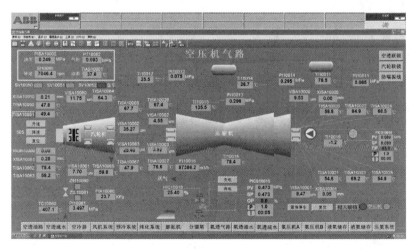

图1　空压机运行状态图

从图1看出，空压机组运行过程中，机组放空阀HIC10016有20%~25%开度，这部分空气经空压机压缩后未进后续纯化系统，而直接放空，放空气量在1000Nm³/h以上，造成中

───────────────
作者简介：于国庆（1971—），男，河北清河人，毕业于内蒙古科技大学，高级工程师，从事煤化工机电设备管理及技术工作，现任西来峰甲醇厂副厂长。

压蒸汽消耗，能源浪费。逐步收小放空阀HIC10016开度，空压机运行防喘振点进入喘振线区域，机组虽没有明显振动，但防喘振阀PICS10015将根据喘振点靠近喘振线情况自动调整开度，防止机组进入喘振区域运行。

甲醇厂技术人员同空压机厂家、空分装置厂家技术人员多次技术交流、沟通，空压机运行方式不能改变，空压机防空阀不能完全关闭。由于DCS控制系统防喘振控制计算精度低，控制算法过于简单，造成空压机放空阀开度大，从而导致空压机运行的能耗过高，造成空压机运行工况不能按实际需求调整，505控制器无防喘振控制功能，能源浪费问题按现有控制系统方案不能得到解决(见图2)。

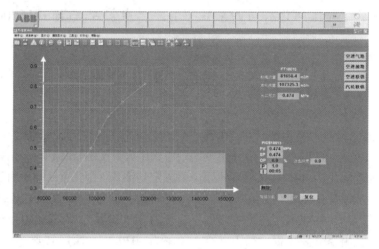

图2   空压机防喘振图

2   空压机组存在问题解决处理方案

根据甲醇厂空分空压机组运行情况，结合国内现在汽轮机使用的控制系统，甲醇厂决定使用CCC最新6系列Prodigy控制器替换现有的505控制系统，设置入口压力控制、转速控制、喘振控制和POC控制，提高控制精度和水平。控制系统设置1个机柜，置于现场控制室内，中心控制室设置1台操作站，现场控制室设置1台操作站，中心控制室内的操作站通过光纤以太网与控制器连接；保留现有联锁逻辑保护系统，CCS与联锁保护系统之间的停机、系统故障、允许启动等信号通过硬接线连接。

在重新计算的基础上现场进行喘振测试，重新标定喘振曲线和性能曲线；增加入口压力控制方案，实现机组入口压力自动控制，并与喘振控制之间协调动作，实现自动启动机组、停车时的自动切机功能。

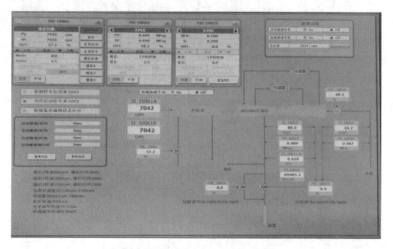

图3   改造后CCC控制系统界面

从图3可以看出 SIC10061 转速控制调节模块，可以实现手、自动控制选择，压力转速控制切换，暖机转速1、2、3根据汽轮机厂家暖机曲线设定，开车按钮、紧急停车等功能，并能实时显示当前转速、设定转速、调节阀门输出、故障报警等功能，极大地方便了运行人员的操作；PIC-10010 入口压力串级调节模块，可以实现手、自动控制，根据空压机出口设定压力值，实时控制入口导叶开度，操作简单方便，节约了中压蒸汽消耗(见图4)。

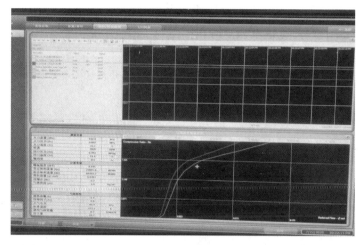

图4　防喘振控制曲线

CCC 的喘振控制通过测量入口流量、出入口压力、出入口温度来实时计算出一个无量纲的 S 值作为控制的测量值，再引入闭环 PI 控制、开环 RT 响应以及前馈控制来实现防喘振控制(见图5)。

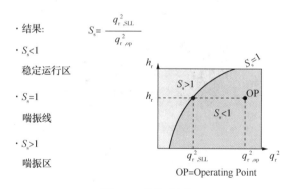

・结果：$S_s = \dfrac{q_{r,SLL}^2}{q_{r,op}^2}$

・$S_s<1$ 稳定运行区

・$S_s=1$ 喘振线

・$S_s>1$ 喘振区

图5　S 值算法图

实时计算的 S 值定义了压缩机运行点在性能曲线图中的精确坐标位置，当 $S<1$ 时，压缩机运行在安全区域，当 $S>1$ 时，进入喘振区域。在喘振线的右侧加上一定的安全裕度分别是 RT 响应线 RTL 和喘振控制线 SCL。当压缩机运行点到达 SCL 线时，PI 响应输出控制回流阀打开适当开度，将压缩机控制到 SCL 线上。当扰动较大 PI 响应不足以控制时，运行点继续左移到达 RTL，则一个开环的步进值输出被加到 PI 响应值上，快速将压缩机拉回到安全区域。

由于 CCC 控制系统高速的计算能力，使得在喘振裕度可以设置得较小却足够调节，在遇到负荷较剧烈快速的扰动时，压缩机仍然会面临喘振的威胁，CCC 喘振控制模块中设置了前馈控制，即当 S 值突然减小，其速率超过一定值时，提前进行喘振调节，保证机组安全。

通过此次技术升级改造，实现了空压机组手动、自动启动，运行中自动调节等功能，而且解决了空压机组原防喘振控制精度不高、放空不能全部关闭等问题，极大地方便了运行人员的操作，空压机汽轮机蒸汽消耗明显降低(每小时约 10t 左右)，节能效果明显，提高了经济效益。

3　改造后的经济效益对比

通过空压机控制系统升级改造，每小时节约中压蒸汽 8~10t，减少了外部中压蒸汽的供应量，按每小时节约 8t 中压蒸汽计算，根据公司内部中压蒸汽结算价格 130 元/吨，每小时节约蒸汽费用约 8×130 = 1040 元，每月节约费用 748800 元，每年节约费用 8236800 元，极大地降低了甲醇厂的生产成本，创造了很好的经济效益。

新型高效阀门保温技术在热力系统保温中的应用

苏永涛

（岳阳长岭设备研究所有限公司，湖南岳阳 414000）

摘　要　介绍了新型高效阀门保温技术的性能特点及优势，分析该技术产品在热力系统保温中的实用性，并列举实例进行节能效益计算和技术经济分析。

关键词　保温阀门；高效；节能

1　前言

在石化企业中，热力系统有大量阀门需要进行保温处理。阀门作为流体输送调节的载体，其数量多、保温效果普遍较差，可以说阀门保温状况的好坏直接影响到了装置能耗及生产的工艺需求。

岳阳长岭设备研究所有限公司与和然设备共同研发的新型高效阀门保温技术，实现了一"套"多用、经济、环保的良好期望，适用于热电、石油、化工、冶炼、船舶、制药、食品等众多行业。该阀门保温技术的研发对促进我国涉及国计民生的大型生产企业的能源、资源节约集约利用，减少碳排放具有重要意义。

2　现有阀门保温的现状

现有阀门保温工艺主要有三种常见的形式：铝皮裹覆保温棉、保温棉混白灰质材料抹面、玻璃钢保温套。这三种阀门保温形式存在如下问题：

（1）拆装复杂。由于很多异形件如阀门等经常需要检测维护，而旧工艺保温无论是安装还是拆卸都需要花费大量人工。

（2）资源浪费、环境污染。旧工艺保温每一次拆卸都是破坏性的，施工现场尘絮飞扬，铝皮保温棉基本全部报废。

（3）现有保温系统多数采用铝皮、不锈钢皮包覆，保温棉直接与工件接触，遇到雨天或阀门内部泄漏，液体很容易浸入保温棉，导致保温失效，大大缩短使用寿命（见图1）。

（4）旧工艺保温系统所制作的铝皮盒子四四方方，表面积庞大，加之保温棉密封处理较难，容易渗水受潮，所以阀门壳体保温表面温度会很高，庞大的表面积会更多地散发热量造成能源浪费（见图2）。

（5）一旦阀门泄漏，较难发现，易造成安全事故。

图1　现场阀门泄漏

图2　阀门保温套表面温度高、能耗大

3　新型高效阀门保温技术介绍

由于热力系统的保温阀门需要定期检修和不定期维护，一般的阀门保温结构经拆卸后，阀门就需要重新保温，不仅增加了工作量，同时也增加了生产成本。故新型高效可拆卸异型阀门保温技术的研究可以解决长期存在于热力系统保温中的难题。

3.1　可拆卸异形阀门保温套

异形保温套是针对热力系统中需要经常拆卸的热设备、管道及其附件而"量身定做"的快捷可重复拆装的异形保温产品。

异形阀门保温套产品的核心应紧紧抓住两个环节：一是优选保温材料；二是优化绝热结构设计。

异形阀门保温套产品由3个部分组成：

（1）保温结构外护层：通过多种材料与玻璃钢性能的对比，以及基于结构工艺性等方面的考虑，找到了一种新型工程塑料——树脂外壳材料。该材料不仅具有优于玻璃钢的技术性能，更重要的是它完全克服了玻璃钢组织结构缺陷的不足。

（2）保温材料：CAS铝镁质+纳米材料。

（3）安全结构：对于易燃易爆介质的阀门保温结构，采用在法兰连接面增设冷却槽或者在底端增设导流孔的措施，及时发现阀门泄漏，消除安全隐患。

新型保温材料的性能指标及性能评价见表1和表2。

表1　新型保温材料的性能指标

项目	单位	性能指标	
		CAS铝镁质	纳米保温材料
外观		白色	白色或灰白色
密度	kg/m³	80~100	200±20
线收缩率（600℃，6h）	%	≤1.5	≤1.0
体积吸水率	%	<2	<1
抗拉强度	kPa	≥50	≥150
长期使用温度	℃	600	600
导热系数	W/m·K	≤0.040	≤0.015
燃烧性能	—	不燃A级	不燃A级

表2　树脂外壳材料的性能评价分析表

项目	技术参数	与玻璃钢材料对比评价
密度	1030kg/m³	同体积下质量仅为玻璃钢的57%
弯曲弹性值	1.9GPa	较玻璃钢软
弯曲强度	76MPa	抗弯曲能力不如玻璃钢
拉伸屈服强度	49MPa	数值接近
冲击强度	29kJ/m²	较玻璃钢韧性好
热变形温度	110℃	优于玻璃钢
反复扭曲疲劳强度	1800N/m²	玻璃钢无此参数
成型方式	模具注塑	生产效率高，适应批量生产
薄壳产品厚度	≤4mm	可保证得到均匀设计厚度
成型产品的机加性能	能够进行车、铣、钻等常规机械加工	加工物粉尘，对人体无害，不污染环境
防水结构	无需翻檐	产品结构设计合理的防水结构都能实现
连接结构	可采用螺栓连接，也可设计成多种卡接、扣接方式	模具成型，尺寸精确，产品互换性强，可实现快开快装
零件设计	形状任意；可设计筋、板等连接配合物，或加强壳体	可制成形状复杂的零件并保证强度可预制

3.2 新型高效阀门保温技术的特点

新型高效阀门保温技术采用目前工业化较前沿的保温材料，结合创新的结构设计，实现了一"套"多用、经济、环保的良好期望。该阀门保温技术具有以下优势及特点：

（1）工艺先进、保温结构设计合理、节能效果好，有利于设备的达标投产。

由于该保温结构中的保温材料经过多次遴选及工业试验，无论是从绝热性能，还是热稳定性上都是较为前沿的保温材料，且保温材料与保温设备的结合更加紧凑，保温性能及保温效果完全可以满足国家标准的相关要求，有利于设备的达标投产。

（2）可及时发现高温阀门的泄漏，消除安全隐患。

在阀门保温结构外壳的法兰连接处开有冷却槽，能够及时发现泄漏情况，如有泄漏可直接用胶管进行蒸气（氮气）吹扫，消除安全隐患。

（3）便于检维修，提高工作效率。

设计结构为多瓣式拼装，采用不锈钢快连结构，安装和拆卸更加快捷，方便检维修，提高了工作效率。

（4）保温套外壳与保温层为整体结构，可重复使用10年以上，使用寿命长。

（5）该保温结构设计合理、工艺先进、保温效果好，可满足生产现场的达标要求，有利于设备的达标投产。

4 新型高效阀门保温技术现场应用及经济性分析

新型高效阀门保温套改造前后及现场应用实例如图3、图4所示。

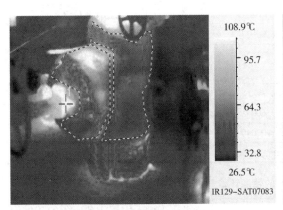
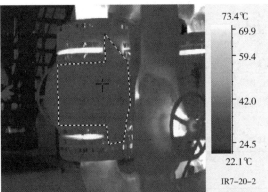

图3　新型高效阀门保温套改造前后对比图

图4 新型高效阀门保温套现场应用实例

4.1 阀门保温效果评价的依据

阀门保温效果按照整个阀门的散热损失大小来衡量,通常散热损失以热流密度 q(W/m²)表示。因此热流密度是检验热力设备保温效果的主要指标,GB 8174《设备及管道绝热效果的测试与评价》中给出了常年运行工况下不同管壁温度下管道及设备外表最大允许热流规定,见表3。

表3 常年运行工况下允许最大散热损失表

设备、管道壁温/℃	50	100	150	200	250	300	350	400	450	500	550
允许最大散热损失/(W/m²)	52	84	104	126	147	167	188	204	220	236	251

4.2 应用效果及经济效益分析

新型高效阀门保温套的工业试验选择在焦化装置的 P121 的出口阀门,介质温度为350℃,阀门尺寸为 DN250mm,经测试裸阀外表面积为 1.6m²,新型高效阀门保温套外表面积为 2.58m²,新型高效阀门保温套及裸阀散热测试的结果见表4。

表4 新型高效阀门保温套测试结果表

时间	位置	环境风速/(m/s)	环境温度/℃	表面温度/℃	计算热流密度/(W/m²)	达标热流/(W/m²)
2016.1.8	裸阀	0.35	24.3	339.8	5176	178.7
2016.1.8	整阀	0.35	24.3	34.8	165.6	178.7
2016.2.10	阀北	0.28	25.4	36	162.5	178.7
	阀南	0.42	25.2	35.5	166.5	178.7
	平均	0.35	25.3	35.8	164.8	178.7
2016.2.25	阀北	0.38	15	23.7	138.7	178.7
	阀南	0.48	17.5	27.4	163.1	178.7
	平均	0.43	16.25	25.55	150.8	178.7
2016.3.25	阀北	0.61	15.2	25	167.6	178.7
	阀南	0.54	17.6	28	174.4	178.7
	平均	0.575	16.4	26.5	171.1	178.7

下面按三种情况进行经济效益计算:①与没有保温的阀门进行效益计算;②与现有的阀门保温套比较效益计算;③长岭分公司高温阀门(现有保温套)全年经济效益计算。

4.2.1 与没有保温的阀门比较

新型高效阀门保温套的面积为 2.58m²,裸阀的外表面积为 1.6m²,新型高效阀门保温套散热热流密度平均值为 162.6W/m²,裸阀的散热热流密度为 5176W/m^2，单个阀门其散热量之差为：

$$Q_{散} = 5176 \times 1.6 - 2.58 \times 162.6 = 7862(W)$$

单个阀门每年按 8400h、标油热值按 41800kJ/kg、标油价格按 3000 元/吨计算，全年经济效益为 17063 元/年。

4.2.2　与现有的阀门保温套比较

为了与现有的保温套的隔热效果进行比较，我们在炼油一部催化装置选择了 5 个尺寸一样大小台位进行散热值的测试，介质温度为 350℃，表 5 是测试结果。

表 5　旧保温套测试结果表

设备位号	表面温度/℃	环境温度/℃	风速/(m/s)	热流密度/(W/m^2)
P121 出口阀	62.56	29.4	0.13	468.3
P207/1 入口阀	45.2	29.2	0.68	278.0
P207/2 入口阀	67.58	29.2	0.68	666.8
P208/2 出口阀	71.3	29.1	0.64	725.8
P208/3 出口阀	71.93	29.1	0.64	736.7
平均值	63.7	29.2	0.6	575.1

新型高效阀门保温套的面积为 2.58m^2，旧保温套的外表面积为 2.7m^2，新型高效阀门保温套散热热流密度平均值为 162.6W/m^2，旧保温套的散热热流密度为 575.1W/m^2，单个阀门其散热量之差为：

$$Q_{散} = 575.1 \times 2.7 - 2.58 \times 162.6 = 1133(W)$$

单个阀门每年按 8400h、标油热值按 41800kJ/kg、标油价格按 3000 元/吨计算，全年经济效益为 2460 元/年。

4.2.3　长岭分公司现有高温阀门（200℃以上）全年经济效益计算

如果所有阀门改造达到新型高效阀门保温套的散热值，以测试的现有保温套散热量平均值为基准，截至 2016 年统计长岭分公司 200℃以上高温阀门约 4000 个，则长岭分公司所有高温阀门采用新型高效阀门保温套，相对于采用旧保温套则每年的经济效益为：

$$2460 \times 4000 = 984(万元/年)$$

5　结束语

新型高效阀门保温技术无论从结构设计、工艺改进、绝热性能优越性等方面都具有明显的优势。它具有保温效果好、可重复使用、方便检维修、易于发现并消除安全隐患、节约成本等特点，其节能效益及经济效益都具有传统保温产品无可比拟的优势，因此极具推广和使用价值。

扇形阀式自动底盖机在延迟焦化中的应用

田晓冬

（中国石化北京燕山分公司炼油厂，北京　102500）

摘　要　中国石化燕山分公司炼油一厂延迟焦化装置采用襄阳航生石化环保设备有限公司生产的扇形阀式自动底盖机，本文详细地介绍了底盖机的结构原理及应用情况和投用过程中出现的问题及解决办法

关键词　延迟焦化；扇形阀式自动底盖机；结构原理；应用情况及出现问题

1　概述

延迟焦化装置是以渣油或高黏度重质稠油为原料，在高温下进行深度热裂化反应，生产出石油焦、汽柴油、液化气等产品，其加工工艺实际上是一种渣油轻质化过程。焦炭除了可用作高热值燃料外，还可用于炼钢等冶金行业。近年来，由于国民经济快速发展对能源总量和需求结构变化，同时重质油加工手段多样化，作为重质油加工手段之一的延迟焦化装置在沉寂了多年以后，最近几年得到了快速发展。新的延迟焦化装置纷纷上马，装置规模也越来越大型化，同时新工艺、新技术、新产品不断推出并适时运用到新的延迟焦化装置中。随着延迟焦化装置规模大型化以及该类装置在炼油厂炼油装置环节中地位的提升，如何快速有效地将焦炭塔内的焦炭清除显得更为迫切，因为这直接关系到延迟焦化装置以及相关上下游装置的连续、安全运行。

延迟焦化装置技术发展趋势：规模大型化、缩短循环周期、提高装置加工能力；降低循环比提高液体收率；提高自动化水平、消除不安全隐患；降低劳动强度、减少环境污染；确保装置长、安、稳、满、优生产。

目前，国内的延迟焦化装置焦炭塔底盖法兰均采用螺栓法兰连接。国内普遍采用风动扳手装卸底盖的螺栓，工作环境恶劣，劳动强度大，是炼油厂工作条件最艰苦的岗位之一。由于焦炭塔的温度周期性变化，装盖和卸盖时的温度不同，造成拆卸螺栓困难，特别是卸底盖时，要把焦炭塔内冷焦水放净，否则无法卸掉底盖，即使卸掉也可能会对人身造成伤害。

2　焦炭塔底盖机的使用情况

燕山石化炼油一厂焦化装置焦炭塔底盖机是采用湖北襄樊航生环保有限公司生产的半自动底盖机 TDG3500（见图 1），其主要原理是采用电动和双向液压系统，它的主要结构是由车架、油压起重柱塞、风动扳手旋转臂、液压系统、配管、行车传动机构、保护筒、辅助备件和电控系统组成，拆卸时通过油压起重柱塞托起底盖法兰，然后通过人工用风动扳手拆卸底盖螺栓，拆开底盖时，通过移动小车把液压套筒放在焦炭塔塔口处，再开液压泵把底盖升降套筒升到塔口法兰的位置，然后进行除焦，由于除焦时底盖升降套筒长期处在水汽、焦粉中，底盖升降套筒中升降柱内塞满焦粉，导致底盖机升降套筒某一个升降杆升不起来或升降不到位，塔口和底盖套筒之间有间隙，除焦时会有部分碎焦块洒落在现场，给现场环境造成污染。

图 1　改造之前的底盖机

随着延迟焦化装置规模大型化以及该类装置在炼油厂炼油装置环节中地位的提升，如何快速有效、安全环保地将焦炭塔内的焦炭清除显得更为迫切，而且采用人工拆卸底盖存在一系列隐患：

（1）人工拆卸螺栓开启焦炭塔底盖法兰，无法实现系统联锁，一旦误操作开错正在生焦焦炭塔法兰，势必引发火灾。

（2）人工拆卸焦炭塔塔底盖法兰螺栓，导致各螺栓紧力不均匀，正常生焦期间焦炭塔法兰频繁泄漏，存在着火等安全隐患。

（3）若焦炭塔内产生弹丸焦，焦炭塔放水困难，操作人员拆卸进料管线法兰放水，易被高温水、汽烫伤，威胁人身安全，同时放水过程中大量存水溅到正在生焦的焦炭塔底盖法兰上，易引发正在生焦焦炭塔底盖法兰的高温骤冷产生法兰变形，密封面泄漏着火，严重威胁装置安全运行。

（4）人工拆卸焦炭塔底盖法兰，操作人员劳动强度大。

（5）人工开关焦炭塔底盖时间至少需半个多小时，辅助操作时间太长，设备不易保养，运行成本及维修费用高。

3　扇形阀式自动底盖机技术

为了解决上述问题，由中国石化工程建设有限公司、襄樊航生石化环保设备有限公司、燕山石化炼油一厂共同开发研发的扇形阀式自动底盖机在检修改造后投用（见表1和图2）。

表1　扇形阀式自动底盖机的技术参数

序号	技术内容	参数
1	使用位置	焦炭塔塔底盖法兰
2	密封压力	0.88MPaG
3	设计温度	≤490℃
4	适用介质	高温油、气体、固体
5	密封蒸汽耗量	≤50kg/h
6	密封蒸汽压力	0.7MPa
7	最大密封力	240~360t 可调
8	启闭油缸行程	1620mm
9	开/关阀时间	≤3min
10	阀体部分最大外形尺寸（长×宽×高）/mm	7000×5000×3000

图2　改造后的底盖机

3.1　扇形阀式自动底盖机的结构及原理

扇形阀底盖机由阀体部分、恒力支架与小车、液压站、正压通风防爆控制柜、附属管线等组成（见图3）。为消除底盖机对焦碳塔的影响，本设备重量由恒力支架承担，恒力支架固定在小车上。塔底全自动扇形阀的扇形闸板受启闭油缸作用，绕转轴在扇形密封腔内作旋转运动，通过闸板上通孔的位置切换实现塔口的启闭，并在压紧油缸作用下实现密封，执行启闭闸板阀时密封力可以自动调整。

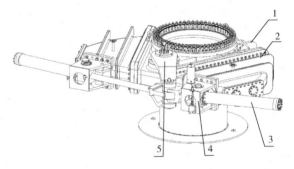

图3　底盖机结构图
1—壳体；2—封头；3—油缸；
4—油缸支座；5—旋转臂

油缸驱动旋转臂摆动，与旋转臂相连接的转轴、闸板相应旋转，闸板上开有与通道口径相当的孔，当孔与通道相对应（同轴）时阀处于开状态，当孔与通道完全错位时阀处于关闭状态。

扇形闸阀的密封副由闸板、上下密封环组成（见图4），采用金属硬密封，以外置24组液压碟簧锁紧系统提供足够且可调节大小的密封力，使其密封比压达到相关阀门设计规范所规定的最小密封必须比压，而又不大于金属密封环的滑动闸阀的最大密封比压。

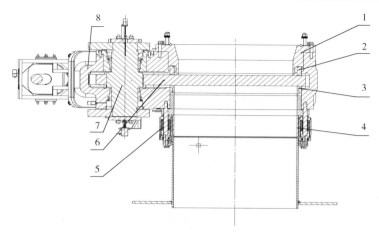

图4　塔底阀闸板及密封结构
1—密封座；2—密封环；3—支承环；4—保护筒；5—压紧油缸；6—闸板；7—旋转轴；8—壳体

密封副能够随着温度的变化自动吸收膨胀与补偿收缩。上密封环下端面与闸板相接触，表面设计有迷宫密封环槽。同时设置蒸汽辅助密封，用以保证阀的密封性能，辅助密封蒸汽从迷宫密封环槽引入硬密封面。工作时阀内高温密封环内及阀体两端封头内均通蒸汽，蒸汽压力采用定压控制，压力高于介质压力 0.1MPa以上，起辅助密封作用。两端封头与阀体采用方法兰连接，密封形式采用金属包覆垫。

外置 24 组液压碟簧锁紧油缸安装在保护法兰一周，当需要执行开关阀动作时，锁紧油缸油压升高，油缸内部的弹性元件将密封力转化为势能，释放密封面的预紧力，减小了开关阀时闸板与密封环的摩擦力，使得密封面的磨损减小而提高了寿命，同时也减小了开关盖的执行力，提高了开关盖动作的可靠性。当阀门关闭后，油压回零，密封力达到最大值，此时密封力全部由油缸内部的弹性元件提供，保证生产过程密封性能(见图5)。

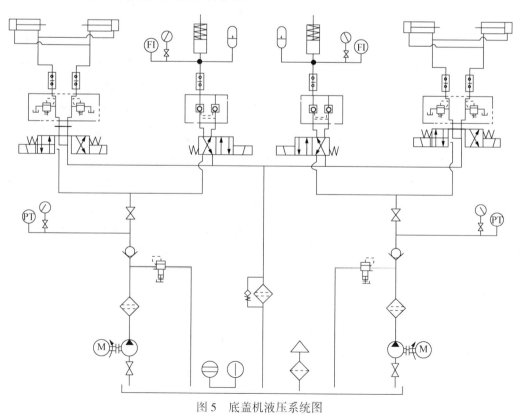

图5　底盖机液压系统图

上密封环内孔的下缘为锋利刃口，当密封力撤销时，安装于密封环内部的弹性元件提供预紧力，使密封环与闸板始终保持一定的压力接触，且可以将闸板上的焦炭或焦油刮铲干净。

为防止开阀过程中焦块进入阀体内腔，影响扇形阀正常工作，两端封头腔内设有焦炭屏蔽罩，在阀门开关过程中起到隔离焦块及冷焦水的作用，并可减少蒸汽耗量。当执行开关阀动作时，从封头引入吹扫蒸汽进行吹扫，防止焦粉进入密封面，保证密封面的清洁，保证密封性能。

扇形阀两端封头均设有检查口，可在线清理内部污物。液压执行机构采用双油缸驱动，驱动扭矩大，单油缸可以满足各种工况的驱动要求，双油缸可在线备用。液压系统采用自动控制，确保扇形阀操作安全可靠，并配带阀位开度指示和行程开关，阀上设有开关机械锁，并与液压控制系统联锁，防止误操作。

该阀结构特点：

（1）阀板静止时密封力最大，保证焦炭塔密封性良好，阀板移动时密封力最小，减少阀板和阀座拉伤及磨损。采用24组液压碟簧锁紧油缸围在法兰四周，密封力大且可以调节，稳定性高。

（2）在上下阀座密封面上有环形槽，引入的蒸汽既可以防止高温渣油泄漏，起到辅助密封的作用，也可对法兰密封面起到保护作用，漏入阀腔的少量蒸汽凝结成水流入焦池，配管简单，控制方便，蒸汽损耗量小。

（3）防止误操作打开生焦焦炭塔底盖，发生火灾事故，将开关底盖机写入顺控程序，焦炭塔塔底温度、塔顶温度、进料阀隔断阀开度、四通阀位置、塔底盖机机械锁销等联锁顺控条件来控制开关底盖机，提高了开底盖的安全性。

4　扇形阀式自动底盖机运行情况

2013年10月27日，炼油一厂焦化装置安装扇形阀式自动底盖机后第一次顺利除焦，运行至今两台底盖机设备平稳运行，除焦时开关底盖过程中运行平稳，自动底盖机各参数正常，基本处于免维护状态。自动底盖机投用后，为节省蒸汽量在除焦期间停注底盖机密封蒸汽。

从图6中可见，在焦炭塔吹扫预热阶段，阀体吹扫蒸汽消耗量上升较为明显，达到389kg/h，由于吹扫时阀体处于冷态时，吹扫蒸汽进入后冷却成冷凝水排出阀体，导致其用量增加，四通阀切换后，密封及吹扫蒸汽量达到最大，这说明阀板在热油进入条件下，其密封面变形控制得好。

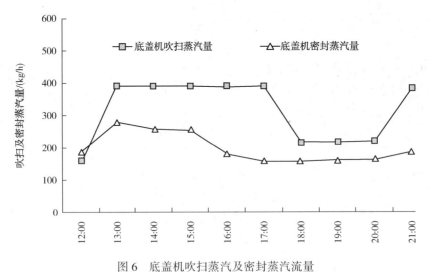

图6　底盖机吹扫蒸汽及密封蒸汽流量

扇形阀式自动底盖机的阀板，当热油进入后，由于瞬时的温度提高和热分布不均匀，造成阀体和阀板暂时变形和扭曲会导致此时的蒸汽耗量最大。

5　社会效益及经济效益

5.1　社会效益

扇形阀式自动底盖机的投用，消除人工拆装焦炭塔底盖法兰的缺陷，二者使用情况对比较情况（见表2）

表2　二种拆装方式的对比

底盖形式	拆装方式	开/关盖时间/min	密封形式	密封力来源	法兰紧固件消耗量	密封效果
法兰	人工现场拆装	30~40	RJ	螺栓紧力	因法兰频繁拆装及螺栓、密封钢圈、风板机频繁更换，维护费用高	紧力不均匀，易泄漏
扇形阀式自动底盖机	液压控制站控制开关底盖	3~5	RJ	开关靠液压碟簧紧力	一次安装，检修期间检查更换垫片	密封力分布均匀，密封效果好

5.2　经济效益

过去焦化装置焦炭塔在每一个生焦周期过程中，都需要人工拆卸一次焦炭塔底盖。底盖直径1.8m，得需要几个工人用风动扳手拆卸直径为M39的大螺栓60套，以及拆卸直径300mm的管道法兰。而且除焦完成后，还需要人工重新把底盖安装就位。整个作业过程既脏又费力，每次拆装都各需要工作40min左右。同时在拆卸过程中，由于焦炭塔中常有七八十度的冷焦热水，稍不注意就会被烫伤，对职工人身安全造成威胁，往往底盖套筒和塔口有一定间隙，除焦时容易使少部分焦炭洒落在二层平台，使装置现场环境变得非常脏，而且以往在拆卸底盖机时，都要把密封垫片拆下，由于焦炭塔底部温度高、生产运行时冷热温差较大，这样常常使塔口密封面结焦和底盖密封垫圈变形，导致塔口密封性较差，容易介质泄漏，而且液压系统、零部件、升降液压柱套筒在除焦环境中极易损坏，给安全、平稳生产带来极大的风险，并且每个月两个塔生焦周期过程中都要更换密封垫，平均每个月两个塔要更换4个密封垫圈，由于焦炭塔温度高、塔口较大，所以密封垫片采用八角垫片，材质选用0Cr13或304，价格较高，每个垫片的价格是在1.8万元左右，每年消耗风板机，风镐各5台，每台2000元，每年更换M39螺栓240套，每套710元，每年下来两个塔更换密封垫片大概要花费大约86.4万元。

更换完扇形阀式自动底盖机后，现在每年大约节约维修材料费为18000×4×12+2000×10+710×240=1054400元

6　自动底盖机运行期间出现的问题及改进建议

（1）增加底盖机后，散热损失较大，在炉出口温度500℃的情况下进料温度在410℃，其散热损失主要包括两方面：

①底盖机缺少保温，散热大，现增加保温后温度能提高至431℃，基本达到安装前的温度，但仍然低于435℃；

②底盖机密封蒸汽及吹扫蒸汽耗量大，密封蒸汽为400kg/h，吹扫蒸汽为430kg/h，两者相加高于原设计200~400kg/h，每小时近1t蒸汽进入焦炭塔，不仅能耗增加，而且对进料进行冷却，造成反应不完全。其原因可能是叠簧预紧力不足，但提高预紧力后会缩短使用时间，现与厂家沟通、解决。

（2）增加底盖机后生焦高度增加，虽然增加了钻杆短节，但长度不够，现阶段除焦到下限位后仍然无法将焦层打透，需在下限位持续除焦2min后才能打透，而在此过程中会将焦粉挤入进料口，每次除焦后需冲洗进料线。现已经把钻杆短节安装上，比原先多出40~50cm，上述问题得到解决。

（3）底盖机底部排空球阀存在漏量，更换新阀后问题得以解决。

7　结论

运行一个月时间，扇形阀底盖机基本达到了设计使用要求，运行平稳，也使现场环境得到了改善，相比于老顶盖机，操作时间短且操作简便，故障率低，密封性高，稳定性高；提高了延迟焦化装置的自动化水平，极大地改善了工人劳动环境及强度，为延迟焦化装置缩短生焦周期、挖潜增效、提高经济效益，创造了良好的条件。

　考　文　献

1　陆培文．实用阀门设计手册(第二版)[M]．北京：机械工业出版社，2002．

插管修复技术在地下水管线领域的应用

宋晓辉

（中国石油大庆石化分公司炼油厂，黑龙江大庆　163000）

摘　要　管道修复分为局部修补、全断面修复及管道更新。为了降低地下管道更新费用和防止破坏及影响管道附近的道路、构筑物及建筑物，全段修复法逐步得到推广应用，全断面修复中插管法因施工方法简单、快速而受到行业人士的普遍青睐。

关键词　插管法；化学建材管；承压；胀管

1　插管法技术及特点

插管法是利用比原管道直径小或等管径的化学建材管插入原管道内，在新旧管道之间的环缝内灌浆予以结合，形成管中管的结构，从而使化学建材管道的防腐性能与原管材的机械性能合二为一，改善工作性能。该方法适用于管径 $DN60 \sim DN2500mm$，管段长度 600m 以内各类管道的修复。化学建材管材主要有聚乙烯（PE）、聚氯乙烯（PVC），高密度聚乙烯（HDPE）。

2　插管技术要求

2.1　承压性能

根据原管道的剩余腐蚀寿命核算管道所承受压力，确定插入管道所承受的压力等级，如果原有管道完全满足后期使用压力要求，可选用非承压管道。承压管道不仅插管施工困难，而且对管道过流面积影响较大。

2.2　流量性能

采用插管修复势必要影响原有管道过滤面积，但管道摩擦阻力会大大减少，所以在修复前要进行水量及水力计算以确定是否满足输送能力要求。

2.3　材料性能

插管管材材质应满足管道输送介质要求，即介质不会对插管产生溶解、变形、脆化，其温度形变量与原管道尽可能接近。

3　插管技术应用条件

插管技术应用条件：①直管段；②管段两段有引管及牵引机作业面；③受地面障碍物限制；④与其他管道采用法兰连接。如图 1 所示。

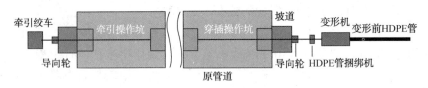

图 1　插管施工设备平面布置示意图

4　插管施工步骤（以 HDPE 为例）

4.1　管道清扫

首先进行管道内腔进行检查，保证管道内壁无坚硬障碍物。然后采用 PIG 牵引清洗技术对原管线进行清洗。使用卷扬机钢丝绳牵引带有钢板刷的清管器刮除附着在管道内壁上的垢层，根据结垢情况，可采取多次逐次加大钢板刷外径的方法进行清洗。鉴于穿插 HDPE 管道修复旧管道技术是将 HDPE 管穿插后紧贴于原管道内壁上。在清管时，要清除掉管道内部绝大部分结垢层，残余垢层厚度不大于 3mm。管道清扫后采用管道 CCTV 内窥仪进行内壁清洗质量检查，保证管道内壁基本达到无垢、无杂物、结瘤、毛刺要求。

4.2　插管施工

1）HDPE 管变形及临时捆扎

作者简介：宋晓辉（1968—），高级工程师。

经检验合格的 HDPE 管利用外力将插管进行凹型变形挤压，变形缩径量控制为管径的 30%，然后用特种胶带或细软质钢丝绳进行捆扎。

2）插管

先把牵引绳固定在插入管道的牵引卡扣上，并校正导向轮于适中位置，避免防牵移过程中被原管道管机械划伤。启动牵引绞车控制速度为 9~15m/min，当 HDPE 内衬管露出原管道 80cm 时，插管结束，开始进行法兰翻遍处理，如图 2 所示。

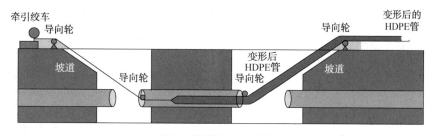

图 2　插管剖面示意图

3）端头处理及连接措施

穿插之前在原管道焊接钢制法兰，穿插完毕后将内衬管端口翻边形成 HDPE 法兰紧贴在钢法兰上形成复合法兰，如图 3 所示。

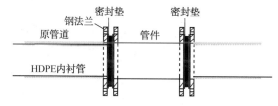

图 3　管道连接示意图

4）胀管

每段管道翻遍结束后，管段两段安装盲板，并在一端盲板引入压缩空气进行充气胀管，按照设计要求胀管压力为 0.15MPa，并稳压 2h 以保证内衬管完全胀开并紧紧贴在原有管道内壁，同时捆绑绳自断脱落。

4.3　插管溶接注意事项

（1）接口内外 20cm 范围内用软体材料进行擦洗（禁油），对首末端管口进行封闭，保持湿度平衡和清洁；

（2）加热板温度控制在 200~230℃；

（3）每天熔接第 1 道接口需要进行断面切割检验，经检合格方可按照第 1 道溶接口操作的温度、挤压压力、熔接时间进行其他接口熔接。熔接要一次成型，不允许二次熔接；

（4）每次使用加热板前都要对板面进行清洁，撤销加热板要稳，对接迅速，对接后不得立即用冷水或风吹强制进行冷却。

5　总结

大庆石化公司于 1963 年建成投产，随着企业不断地发展，建厂初期地下工业水管线附近逐渐被工艺管架构筑物包围，而且地处严寒地区导致管线埋深达到 2.2m 左右。2015 年利用插管修复技术维修该公司地下 DN150~DN1000 管道总计 4975m，原管道材质分别为混凝土、碳钢、铸铁。管道修复过程中严格按照《穿插 HDPE 管内衬修复旧管道施工规范》《内衬用薄壁 HDPE 管热熔焊接操作规范》及《给排水管道工程施工及验收规范》进行质量控制和质量验收，修复后至今没有发生管道泄漏问题，工程费用仅为 589.24 万元，比传统开槽更换费用 1002 万元节约 412.76 万元，而且没有破坏周围环境。

新型 FeAl 过滤芯再生实验与应用

杨次雄　杨　攀　冯望林　蒋光辉

（岳阳宇翔科技有限公司，湖南岳阳　414000）

摘　要　文章介绍了 FeAl 过滤芯清洗再生工艺的研究过程，实际应用情况表明，采用该清洗再生工艺，可以有效清除 FeAl 过滤芯表面及滤孔中的污垢，再生后的 FeAl 过滤芯达到了使用技术要求。

关键词　FeAl 过滤芯；清洗；飞灰；应用

随着国内煤化工的迅速发展，壳牌干粉煤气化技术（shell）的开发和应用也来到了中国，煤气化技术是指将固体煤转化为煤气的化学过程。飞灰过滤器是煤气化工艺的重要部分，其主要作用是拦截去除冷却器处理后的合成气中的大多数飞灰。

飞灰过滤器核心部分是过滤芯，壳牌采用陶瓷过滤芯技术，由德国"Pall"公司生产，滤芯基材为陶瓷，表面喷涂莫来石过滤表层，过滤精度为 0.3μm，滤芯规格为 $\phi 60 \times 1520mm$，厚度为 8mm。

近年国内公司研发的新型 FeAl 滤芯正在一些企业应用，正逐步替代陶瓷过滤芯。新型 FeAl 滤芯以 Fe、Al 粉末为基础，通过粉末烧结、整体成型，基体为孔径较为粗大的骨架层，起支撑与通透作用；外表面为孔径细小的薄膜层，起过滤作用。滤芯的基体与表面薄膜层的材质均为 FeAl。滤芯规格为 $\phi 60 \times 1520mm$，厚度为 5mm，过滤精度为 0.3μm，气体平均差压小于 4kPa，压溃强度为 80MPa，为陶瓷滤芯的 3 倍。

FeAl 滤芯清洗再生与陶瓷、不锈钢滤芯不一样，如采用一般的化学清洗方法进行清洗，会产生严重腐蚀。我们分析了滤芯结垢、堵塞的状况，查阅了相关资料，并进行了大量清洗实验，研究出一套以 QX-YX-007 复合酸除垢、超声波清洗、QX-YX-018 钝化剂钝化的清洗工艺和配方，取得了较好效果。

1　FeAl 过滤芯结垢原因

在 Shell 粉煤气化工艺中，气化炉产生的合成气经激冷段、输气管、冷却器后，温度降至 340℃。粉煤在氧化还原反应中，产生约占原料煤质量 20% 的飞灰随合成气带出气化炉。出冷却器的合成气由干法除灰系统的飞灰过滤器进行过滤，分离出来的飞灰经降压后落入飞灰汽提冷却罐内，经低压氮气汽提冷却合格后送入储存罐。

飞灰的形貌为近球状或不规则状，且容易发生团聚，在刚开车时气体中已经携带飞灰而导致过滤芯初始压差增高，新 FeAl 过滤芯初始压差为 3~4kPa，以洁净气体测算。随着过滤的进行，飞灰逐渐增多，飞灰颗粒在滤芯表面积累，孔隙通道被堵塞，颗粒在滤芯表面沉积、架桥而形成滤饼层，由滤饼的形成而带来的压差要远大于滤芯本身对流体的阻力。

因此滤芯的压差逐渐增大，当其增大到一定程度时，需对滤芯进行反吹，而滤芯在反吹后压差降低并逐步达到稳定过滤状态。滤芯在反吹时，进入滤芯内部孔隙与吸附在滤芯表面的微细颗粒难以反吹干净而形成永久滤饼。永久滤饼降低过滤介质的渗透性，随着进料量增大，压差随着运行时间延长逐步升高，后稳定在 20kPa 左右，正常工况下过滤器的压差基本保持平衡。过滤器经过一个周期的使用后，滤芯反吹后的永久滤饼层厚度也将逐渐增加，平衡压差也不断增大，当平衡压差超过设定的滤芯压差故障值时，需对滤芯进行离线清洗或更换新滤芯。

作者简介：杨次雄，男，高级技师，岳阳宇翔科技有限公司，研究方向为工业设备清洗。

2　飞灰成分分析

将飞灰进行 ICP 光谱分析结果见表 1。

表 1　飞灰主要成分元素分析

序号	元素名称	Wt%	At%
1	C	9.05	15.97
2	O	31.24	41.42
3	Na	1.30	1.19
4	Mg	0.74	0.65
5	Al	16.48	12.96
6	Si	29.48	22.26
7	K	1.48	0.81
8	Ca	5.75	3.05
9	Fe	4.47	1.70

注：Wt%为质量百分比，At%为原子百分比。

以上是安泰科技公司对滤芯垢样分析的结果，从分析结果看出：滤芯的结垢成分主要以 Si 和 Al 的氧化物为代表。

3　清洗实验

3.1　表面飞灰清除

外表大量的飞灰有碍药剂进入过滤网孔内部，影响渗透效果，首先使用小型清洗设备，用清洁水冲洗过滤芯外表，清洗后的滤芯用清洁水灌入滤芯内，滤出的水非常清澈，外表面用抹布擦拭无杂质。

如果滤芯内顶水发现出水有沙眼产生较多水柱，外表面有明显摩擦损坏，视为不合格，不再进入下一道工序。

3.2　清洗滤芯内部灰垢

设计多种清洗配方，既能清除灰垢又不会对滤芯有损伤，影响过滤芯性能效果。

3.2.1　实验器具准备

（1）清洗加热槽、水冲洗设备、滤芯通水计量器、气相检测设备、清洁水源。

（2）红外测温仪、分析天平、烤箱、无水乙醇、烧杯、镊子、铁铝腐蚀挂片（处理称重）。

3.2.2　清洗实验

按清洗配方在清洗加热槽内配置清洗溶液，设定温度加热，将滤芯置入槽内，注意液面高过滤芯，当温度上升到设定值时开始计时。各种配方清洗结果如表 2 所示。

表 2　各种清洗配方条件对比

序号	清洗药剂配方	温度/℃	时间/h	通水流量/ (L/min)	铝腐蚀率/ ($g/m^2 \cdot h$)	铁腐蚀率/ ($g/m^2 \cdot h$)
1	10%氨基磺酸+1%活性剂+2%助剂	60	2	51	0.21	0.25
2	20%氨基磺酸+1%活性剂+2%助剂	60	4	57	0.29	0.32
3	20%氨基磺酸+1%活性剂+2%助剂	60	8	69	0.29	0.32
4	10%柠檬酸+1%TX-10+2%助剂	80	3	52	0.13	0.28
5	20%柠檬酸+1%TX-10+2%助剂	80	6	67	0.22	0.41
6	10%QX-YX-007+1%活性剂	60	4	158	0.14	0.37
7	10%QX-YX-007+1%活性剂	60	8	169	0.14	0.37
8	5%QX-YX-007+1%活性剂+2%助剂	60	3	151	0.11	0.23
9	5%QX-YX-007+1%活性剂+2%助剂	60	4	155	0.11	0.23
10	10%EDTA+1%活性剂+2%助剂	90	5	71	0.12	0.15
11	10%EDTA+1%活性剂+2%助剂	90	10	105	0.12	0.15
12	新过滤管			206		

注：①QX-YX-007 为岳阳宇翔公司研制的高效复合清洗剂。②通水试验时水压为 0.3MPa。③国家清洗质量腐蚀标准：铝腐蚀率<2.0$g/m^2 \cdot h$，铁腐蚀率<6.0$g/m^2 \cdot h$。

从表 2 的试验结果可以看出：采用 5%QX-YX-007+1%活性剂+2%助剂，温度 60℃以上条件下浸泡 3~4h 后，综合清洗效果最好，通水实验流量达到 151L/min 以上。但与新管对比仍有较大的差距，说明仍有大量污垢存在于过滤管内，决定采用超声波进行进一步清洗。

3.3　超声波清洗

3.3.1　超声波清洗的工作原理

由超声波发生器所发出的高频震荡讯号，通过换能器转成高频机械震荡而传播到介质清洗溶剂中，利用超声波在清洗溶剂中的空化作用，使液体流动而产生数以万计的微小气泡，这些气泡在超声波纵向传播成的负压区形成、生长而在正压区迅速破裂，就是在这种被称之为"空化"效应的过程中气泡破裂产生超过1000个大气压的瞬间高压，连续不断产生的瞬间高压产生一连串小"爆炸"不断地冲击被清洗物件表面、孔隙、缝道，使物件表面及缝隙中的污垢迅速剥落，从而达到被清洗物件净化的目的。

3.3.2　超声波清洗

将化学清洗后的滤芯整齐地摆放在超声波清洗槽内，配置清洗液，注意清洗液必须超过滤芯3~4cm，设定清洗时间，开启超声波设备清洗。按此方法进行不同配方清洗，清洗后后进行通水实验，实验结果见表3。

表3　超声波清洗试验结果

序号	清洗剂	时间/h	通水试验流量/（L/min）
1	水	1	166
2	水	3	172
3	1%复合表面活性剂	1	175
4	1%复合表面活性剂	2	187
5	1%复合表面活性剂	3	191
6	1%复合表面活性剂+3%助溶剂	1	201
7	1%复合表面活性剂+3%助溶剂	2	203
8	新过滤管		206

从表3的试验结果可以看出：采用1%复合表面活性剂+3%助溶剂作为清洗液超声波清洗1~2h后效果最好，通水实验流量203L/min，与新管基本一致。

3.4　钝化保护

Fe和Al材质清洗后暴露在空气中容易返锈，影响使用效果，必须采取有效的防锈措施，在过滤芯安装投用前保持良好的光洁度。根据铝铁材质特点设计多种钝化配方。

3.4.1　实验器具准备

钝化槽、水冲洗设备、滤芯通水计量器、清洁水源。

3.4.2　钝化实验

在钝化槽配置钝化溶液，将滤芯放入槽内，按设计工艺要求进行钝化，注意5min搅拌一次。实验结果见表4。

表4　钝化保护实验结果

序号	钝化措施	滤芯钝化后表面状况				
		1天	3天	5天	7天	10天
1	0.5%双氧水，50℃，4h	少量返锈	大量返锈			
2	1.0%双氧水，50℃，4h	无返锈	少量返锈	大量返锈		
3	1.5%双氧水，50℃，4h	无返锈	少量返锈	大量返锈		
4	烘干，真空包装	无返锈	少量返锈	明显返锈		
5	烘干，真空包装+干燥剂	无返锈	少量返锈	明显返锈		
6	0.5%BW526钝化剂，45℃，2h	无返锈	少量返锈	大量返锈		
7	1.0%BW526钝化剂，45℃，3h	无返锈	少量返锈	明显返锈		
8	1.5%BW526钝化剂，45℃，4h	无返锈	少量返锈	明显返锈		
9	0.5%QX-YX-0018，25℃，4h	无返锈	无返锈	无返锈	少量返锈	明显返锈
10	1%QX-YX-0018，25℃，4h	无返锈	无返锈	无返锈	无返锈	无返锈
11	1%QX-YX-0018，25℃，2h	无返锈	无返锈	无返锈	无返锈	少量返锈

注：QX-YX-018为岳阳宇翔公司研制的精密钝化剂。

从表 4 的试验结果可以看出：清洗后采用 1%QX-YX-0018 钝化剂常温下钝化 4h 效果最好，自然放置可以保证 10 天以上不返锈，如果

再真空包装 30 天以上不返锈。图 1 为清洗前与清洗钝化后过滤芯照片。

(a)清洗前

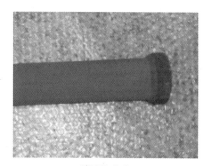
(b)清洗钝化后

图 1　清洗前和清洗钝化后滤芯

4　质量检测

为了检验经过上述清洗钝化后的效果，需要做通水实验和通气实验。

4.1　通水实验

将滤芯摆放在专用的木制滤芯架上，用清洁的水通入滤芯，水压为 0.3MPa，充足水量，如果表面通过的水流均匀、快速，水帘完整，则效果好，否则效果不好。

4.2　通气实验

启用滤芯烘干房，设置烘干温度为 50℃，将通水实验合格的滤芯摆放到烘干房内专用木制滤芯架上烘干，时间为 4~5h。取出滤芯进行通气实验，设定气压为（0.6+0.01）MPa，气量

为（6+0.1）m³/h，清洗钝化后的滤芯与新滤芯的各项检测数据对比，其结果如表 5 所示。

表 5　过滤芯检测数据对比

序号	样管	通水实验平均流量/(L/min)	气压实验平均差压/mbar
1	清洗后	202.7	13.2
2	钝化后	200.2	13.7
3	新管	205.8	12.5

从表 5 得出：清洗钝化后的过滤芯通水实验效果好，气压实验平均差压小于 13.7mbar，与新滤芯基本一致。图 2 为过滤芯清洗后与新样管通水实验的照片。

(a)新样管通水效果

(b)钝化后滤芯通水效果

图 2　新样管和清洗钝化后通水效果

从图 2 中可以看出：过滤管钝化后表面无污垢，与新管对比基本无差别，两过滤芯通水效果基本一致，没有堵塞情况。

5　应用情况

2014 年以来，采用研究的清洗工艺和药剂配方为某化工有限公司、某煤化工等多家单

位的 1800 多根次 FeAl 过滤芯进行了清洗再生，取得了较好的清洗效果：清洗后过滤芯内、外表面完全没有污垢，气体通过时压力降小于 13.7mbar，过滤芯通水实验流量达到 203L/min，现场投用后运行状况良好，与新滤芯基本一致。

6 结束语

由于 FeAl 合金过滤芯材质不同于陶瓷和不锈钢，清洗过程要考虑腐蚀问题，清洗再生后的过滤芯还要保护不能返锈，虽然我们的清洗再生工艺和配方可以满足现场要求，但施工过程耗费时间较长，生产成本较高，工艺和配方有待改进提高。

参 考 文 献

1 李琼玖，钟贻烈，廖宗富，等. 四种煤气化技术及其应用(续)[J]. 河南化工，2008(4)：5-8.

2 刘振峰，牛玉奇。段志广. 壳牌煤气制甲醇中 CO_2 的综合利用[J]. 中氮肥，2009(4)：1-3.

3 王建永，汤慧萍。谈萍，等. 煤气化合成气除尘用过滤器研究进展[J]. 材料导报，2007(12)：92-94.

4 沈培智，高麟。高海燕，等. FeAl 金属间化合物多孔材料高温硫化性能及应用[J]. 粉末冶金材料科学与工程，2010(1)：38-43.

5 DL/T 794—2012 火力发电厂锅炉化学清洗导则[S].

S Zorb 装置反应器过滤器新型高通量滤芯应用

高洪岩　刘小松　李进军

（中国石油华北石化公司三联合运行部，河北任丘　062552）

摘　要　华北石化公司 S Zorb 装置反应器过滤器是保证装置运行的关键设备，承担着吸附剂与反应物料分离的重要作用，为提高滤芯使用寿命，更换为新型高通量滤芯。新型高通量滤芯在满足现有使用要求的情况下，预期寿命由一年半延长至三年。为保证使用周期，在装置运行的不同阶段制定了不同措施，通过认真研究、精心操作，达到了装置长周期运行的目的。

关键词　反应器过滤器；新型高通量滤芯；长周期

1　前言

S Zorb 装置的工艺技术采用美国 ConocoPhillips 石油公司开发的 S Zorb 吸附脱硫专利技术，采用吸附反应工艺原理，可使汽油产品的硫含量降低至 10ppm，是保证汽油产品达到国 V 标准的重要装置。

S Zorb 装置反应器采用流化吸附反应床，反应物料自反应器下部进入，从反应器顶部流出。反应器包括两部分，主要的脱硫反应发生在床层下部流化状态的吸附剂里，反应器上部的扩径段便于吸附剂从热油气中脱离，这个扩径段使气体流速降低以便被夹带的吸附剂返回床层下部，没有返回床层下部的吸附剂会被反应物料夹带到反应器顶部。

反应器过滤器 ME101 安装在反应器顶部，作用是脱除反应器出口反应物料中夹带的吸附剂。反应器过滤器是 S Zorb 装置的关键设备，承担着吸附剂与反应物料分离的重要作用，既要保证过滤精度，又要保证流通量。相应地存在两方面的风险，如果滤芯发生断裂会造成反应物料夹带吸附剂，影响产品质量，造成后路堵塞；而随着使用时间增长，滤芯逐渐被吸附剂的细小颗粒阻塞，压差上涨，流通量减少，被迫停工。反应器过滤器 ME101 国内普遍的使用寿命在 1 年半左右，是制约装置长周期运行的主要瓶颈。

2　过滤器使用情况

2.1　工艺参数

反应器过滤器 ME101 工艺参数如下：

工艺气体：混合碳氢化合物；

进口气体流量：5200m³/h；

进口压力：2，944kPa（G）；

进料温度：441℃；

相对分子质量：68；

密度：36kg/m³

黏度：0.022cp；

固体颗粒：吸附剂粉末；

粒径范围：0～100μm；预计平均粒径为 25μm；

进料固体含量：9887 颗粒/m³（最大）；

固体堆积密度：1001kg/m³。

2.2　设计参数及使用周期

装置开工使用的首台过滤器是进口滤芯，设计参数如下：

过滤器最大压降（脏）：200kPa；

设计流速（最大）：1.37m/min；

实际流速（最大）：1.34m/min；

过滤效率（气体）：99.97%；

过滤精度：1.3μm；

滤芯材质：316L 粉末烧结。

首台滤芯投用的时间是 2013 年 11 月 6 日，至 2015 年 5 月 28 日压差达到 145kPa 进行更换，使用 569 天。

作者简介：高洪岩（1983—），男，2011 年毕业于中国石油大学（华东），工程硕士，现工作于华北石化公司三联合运行部，任设备工程师，主要从事化工设备相关工作。

第二台使用国产滤芯，采用与进口滤芯相同的设计参数，运行时间为2015年6月1日至2016年12月26日，运行576天，压差上涨至200kPa。两个滤芯的使用周期大约都在1年半。

第三台使用新型高通量滤芯，设计参数如下：

过滤器最大压降（脏）：200kPa；

设计流速（最大）：2.13m/min；

实际流速（最大）：1.52m/min；

过滤效率（气体）：99.97%；

过滤精度：1.3μm；

滤芯材质：316L。

新型高通量滤芯2017年4月5日安装完毕，5月1日投入使用。到2019年12月5日止，运行32个月，更换前压差为100kPa，经推算仍有约4个月的预期寿命，根据公司整体安排主动进行更换。

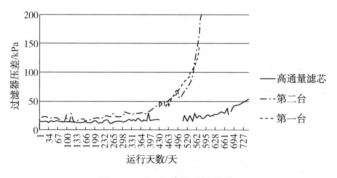

图1　三台过滤器压差趋势

3　高通量过滤器原理

3.1　传统滤芯过滤结构原理

传统滤芯采用整体的金属粉末烧结结构（见图2），气态的反应物料夹带吸附剂正向通过滤芯，被拦截颗粒吸附在滤芯表面，反吹气体定时反吹，把吸附的颗粒吹落，保证滤芯的压差稳定。

造成滤芯堵塞并最终达到寿命的主要原因是细小的颗粒进入到滤芯本体，堵住微观孔隙，反吹气体也不能把堵住的颗粒完全吹掉。当被堵塞的微观孔隙达到一定的比例，滤芯整体的流通量降低到不能满足工艺需要时，滤芯即达到使用寿命，表现为过滤器压差达到设计值，反应器无法维持正常操作。滤芯的结构本身要满足一定的过滤精度和整体强度，要能够承受反吹气体的压力，不能发生断裂。

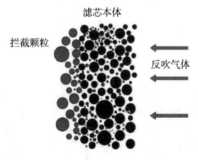

图2　传统滤芯过滤结构原理

3.2　新型高通量滤芯结构原理

新型高通量滤芯针对传统滤芯存在的微观孔隙易堵塞的问题进行了结构改进。首先，通过梯度多层复合结构设计理念（见图3），滤芯采用金属粉末、金属网复合烧结，内置高强度金属支撑骨架，金属粉末层厚度降低，滤芯的整体强度提高，可耐受更大的反吹气体压力。

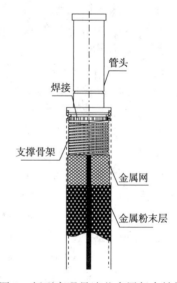

图3　新型高通量滤芯多层复合结构

通过非对称结构设计理念，金属粉末层内部粉末有序梯度多层排列（见图4）。金属粉末层里层颗粒大，强度高，起到支撑与连接的作用；外层颗粒小，过滤精度高，起主要的过滤作用。反吹气体在滤芯本体中流通路径较短，进入滤芯本体的颗粒主要集中在滤芯表层，阻塞的颗粒很容易被吹下来，滤芯承受的反吹压力也相对较小。因此，新型高通量滤芯具有更高的流通量和整体强度，可以达到更长的使用寿命。

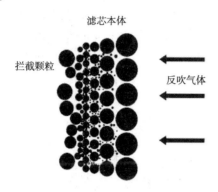

图 4　新型高通量滤芯金属粉末层结构

4　运行方案及措施

4.1　建立长期滤饼

S Zorb 装置吸附剂粒径分布范围主要为 $0 \sim 40 \mu m$，其中较细的吸附剂颗粒尺寸为 $1 \sim 3 \mu m$。为了有效拦截吸附剂细粉，抑制过滤器压差的上涨，就有必要在装置开工阶段建立永久滤饼，并在使用过程中始终保持永久滤饼的稳定，防止永久滤饼异常加厚或者减薄，以保证过滤器的长周期使用。为了使永久滤饼能够稳定存在并发挥出延缓压差上升及保护滤芯的作用，生产过程中需要工艺平稳操作，在过滤器滤饼建立及正常使用过程中，必须保证各操作参数的稳定，包括装置进料量、反应压力、反应温度、反吹压力等。其中，以装置进料量最为重要。在正常使用阶段，必须保证进料量的稳定。只有在稳定的工况条件下，才能保证永久滤饼不会被吹薄或者加厚。

初期建立滤饼阶段，处理量不高于设计处理量的 70%，需要维持处理量 72h。过滤器的正常使用过程中经常需要根据工艺要求来提升处理量。处理量的提升过程很容易引起滤芯永久滤饼层的异常加厚或减薄。提量原则为少量多次操作，提升量 $\leqslant 2t/h$ 为宜。如果工艺要求短时间提量幅度很大且单次提量 $>2t$，并且出现压差值异常增加，则在单次提量操作完成后进

行一次手动反吹，以防止压差过快上升。

回复压差的控制是稳定永久滤饼及保证滤芯稳定长期工作的重点。回复压差是指上一次反吹后的过滤器压差到下一次反吹前的过滤器压差的差值。最佳回复压差值为 3.0kPa，设定范围为 $2.5 \sim 4.0 kPa$。提升处理量操作过程中如果压差回复值大于 4kPa，则需要停止提量操作，待压差回复值接近 $2.5 \sim 4kPa$ 后方可继续进行其他操作。

4.2　反应器过滤器中后期操作要点

在反应器过滤器运行 2 年，压差达到 30kPa 后，操作要点如下：

（1）维持处理量稳定，根据生产情况需提降量时应满足提量速度 $\leqslant 1t/h$，降量速度 $\leqslant 2t/h$。

（2）维持反应压力稳定，遇提降量时需提量先提压，降量后降压。反应压力的大小应当满足反应器线速 $\leqslant 0.3 m/s$。

（3）目前反吹压力控制指标应满足如下公式：

$$PIC2105 = 2.0 \times PI2101 + 0.1 MPa$$

式中　PIC2105 为反吹压力，PI2101 为反应压力。反吹压力不宜频繁调整，调整幅度应为 0.05MPa 的整数倍。

（4）回复压差控制范围为 $3.0 \sim 4 kPa$。如果回复压差连续 4 次大于 4kPa，则应缩短反吹时间间隔。

（5）关注 DCS 上反吹时出现的 6 个波峰图，一旦出现某个峰值明显降低或少峰现象，可能是反吹阀门故障，此时应迅速汇报技术人员。

（6）内操每天填写 ME101 运行情况表，出现明显异常立即汇报技术人员。

4.3　反应器过滤器 ME101 特护预案

当 ME101 反吹后压差上涨到 60kPa 后，为避免调整不当或不及时造成过滤器异常上涨，制定特护方案，除执行以上操作要点外增加以下内容：

（1）ME101、K101 及 K102 负荷逐渐增高。可能出现如下后果：ME101 滤芯发生断裂，现象是反应器过滤器 ME101 压差在操作条件稳定的情况下快速下降 20kPa 以上，且反吹曲线波形与现阶段相反；S Zorb 装置精制汽油中含有比较明显的吸附剂颗粒；反再系统藏量降低。

E101 换热器壳程压降大幅增加。循环氢压缩机 K101 和反吹氢压缩机 K102 超电流联锁停机。

（2）ME101 反吹后压差上涨到 60kPa 后监控措施：

安排班组每小时记录一次 K101 和 K102 压缩机电流，当电流超 43A 时立即汇报运行部管理与技术人员及调度，并做好紧急停工准备。

要求供电每 8h 在配电间读取 K101 和 K102 压缩机电流一次，并将数据提供给 S Zorb 装置班长及调度。

班组人员每 4h 精制汽油采样时，观察精制汽油品质，如发现精制汽油中含有明显的吸附剂，立即联系运行部管理与技术人员，待运行部管理与技术人员确定后汇报调度及公司领导。

运行部管理与技术人员每天对 ME101 压差增长趋势、压缩机电流、精制汽油品质进行观察分析，并做好紧急停工准备。

4.4　使用周期预测

ME101 反吹后压差达到 85kPa，由厂家预测了使用周期，为制定检修计划提供了依据（见图 5）。为了防止突发情况，同时制定了应急预案。

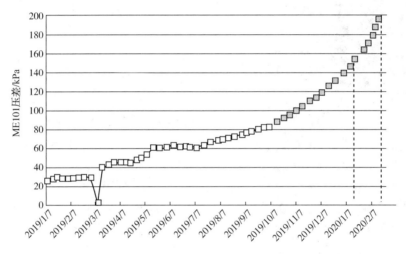

图 5　新型高通量滤芯 2019 年压差增长情况及使用周期的预测

5　结束语

反应器过滤器更换为新型高通量滤芯后，通过持续有效的运行维护措施，提高了过滤器的运行周期，取得了很好的经济效益，为装置长周期运行作出了贡献。反应器过滤器与装置四年一修的运行目标仍有差距，需要从制造和操作两方面进行持续改进，最终实现与大检修同步，彻底消灭这个长周期运行瓶颈。

参 考 文 献

1　中国石油天然气股份有限公司华北石化分公司 . 120 万吨/年 S Zorb 装置操作规程 . Q/SY HS 1311—2019 [S]. 2019-11-30.

2　王东伟 . 梯度多层复合结构粉末烧结滤芯及其生产方法：中国，CN201210296892[P]. 2012-08-21.

汽车槽车底部装油系统的应用

王军胜

（岳阳长岭设备研究所有限公司，湖南岳阳　414000）

摘　要　比较了多种汽车槽车装油方式及其优缺点，通过分析长岭分公司公路油品装车发运的原状及无泄漏汽车槽车底部装油系统原理，针对汽车槽车顶部装油的不足，采用无泄漏汽车槽车底部装油系统取代原装车鹤管向汽车槽车发油，同时建设有效的油气回收系统，提高了油料装卸效率和作业安全系数，同时减少了油气排放，更有利于环境保护。

关键词　无泄漏；底部装油；槽车；油气回收

1　前言

长期以来，油品汽车装车时多采用顶部灌装方式，其蒸发损耗大，在浸没状态下，油气浓度最大时可达到 95%，据估算：发出 15000L 油料，大约损耗 30～100L，平均损耗率为 0.20%~7%。

另外，顶部灌装时蒸发的油气对装车操作人员的身体危害非常严重，油气主要成分为丁烷、戊烷、苯、甲苯、二甲苯和乙基苯等，这些有机物有的已列入 1998 年国家环境保护总局颁布的《国家危险废物名录》（环发［1998］89号）中，这些气体吸入人体后大大增加患癌症的危险，而且这些气体被紫外线照射以后，会与空气中其他气体发生一系列光化学反应，形成毒性更大的污染物。

长岭分公司公路油品出厂有汽油、柴油、溶剂油类、苯类等多个品种，年出厂量达 40 万吨，汽油等挥发性大的油品散装损耗率约为 1‰，装车区域及周边地区油气浓度大；该岗位地处厂区与农村的结合部，附近居民紧邻装车区，员工及百姓反映强烈，同时还经常燃放烟花爆竹，安全隐患大。

从安全、环境、健康角度出发，应对油品汽车装车区进行相应的隐患治理。但由于顶部灌装时油气挥发量太大，油气回收和处理无法同步，同时顶部灌装时产生装车喷溅、鹤管密闭性能也不可靠，导致现场液体蒸气浓度高，给安全生产、环境保护等造成极大危害，改变公路油品出厂的装车方式势在必行。

2　汽车槽车装油方式

目前国内汽车槽车装油方式可分为顶部敞口灌装方式、顶部密闭灌装方式、槽车底部灌装方式三种。

2.1　顶部敞口灌装方式

顶部敞口灌装方式通过一个敞开的顶部加油孔向公路槽车装油，会将油气排到大气中，一般气液比（体积）为 1∶1.1~1.4，油气产生量大，油气浓度高。

顶部装油又分为喷溅式装油和浸没式装油。喷溅式装油：在整个或大部分的装油过程中，放油管的出口是在液位之上。喷溅式装油产生较大的油面搅动，加速油品的挥发。

浸没式装油：放油管的出口伸在离罐底 0.15m 内，在大部分装油过程中，是浸没在液体内，其油烃蒸气排放率约为喷溅式装油的三分之一。

顶部敞口灌装方式大多采用顶部浸没式装油，由于车型复杂，很少有严格按照作业要求将鹤管放油口插入槽车的底部。鹤管密闭效果欠佳，装车过程完全未实现密闭装车和油气收集。

2.2　顶部密闭灌装方式

顶部密闭灌装方式是针对现有的汽车槽车、油库发油亭构造，通过密闭鹤管、加设密闭加油装置等实现灌装油料，顶部灌装工艺流程是

作者简介：王军胜，毕业于内蒙古化工职业技术学院，助理工程师，现从事石油化工节能领域管理工作。

用上装鹤管给有上装油口的槽车加油的工艺，灌装系统一般由阀门、过滤装置、泵、单身阀、消气阀、球阀、流量计、电液阀、上装鹤管、静电接地和防溢油系统组成。

上装鹤管是由转动灵活、密封性好的旋转接头与管道串联起来，用于槽车与栈桥储运管线之间进行液体介质传输作业的设备，到目前无新的发展。

顶部密闭灌装方式和顶部敞口灌装方式一样，装油时对油液面的搅动较大，油气产生量较大，油气浓度高，给后续的油气回收处理增加了难度。

2.3 汽车槽车底部灌装方式

汽车槽车底部灌装方式应用国际加油接头，在发油亭底部连接管线，实现槽车底部加注油料，不容易造成储槽内的湍流，减少了产生静电的危险。同时，底部装车气液比一般维持在1∶1左右，油气产生量少，油气浓度也低，更容易配合油气回收装置，将灌装过程中排出的油气完全回收；采用快速自封干式分离接头，具有快速结合与快速分离的特点，特别在快速结合与分离的过程中两端都能自动封闭，做到

无泄漏，是一种安全的鹤管和槽车之间的连接部件。

采用汽车槽车底部灌装方式发油时，发油库储油罐向汽车槽车装油过程中，与装载的油料等体积的油气被置换出来，可将此部分油气置换到储油罐内，将大量的油气平衡后，把多余的、平衡不下来的少量油气送给专用设备进行处理，使专用设备的规模变小，可以简化油气回收系统，使油气回收和发油系统成为一个密封的整体，功能更加完善，油气回收更加简单、有效。从长远发展上看，下槽车底部灌装方式是油料供应发展的主要模式，也是油库工程改造和汽车槽车工艺改造的主要方向。

3 汽车槽车底部装油系统工作原理及特点

汽车槽车底部装油系统由立柱、液相旋转接头、气相旋转接头、液相臂、气相臂、液相平衡器、气相平衡器、复合软管、液相干式分离接头（母头）、自闭式气相快速接头（母头）、液相旋转接头、气相旋转接头、接口法兰、导静电线、防溢防静电装置、停靠架等组成，见图1。

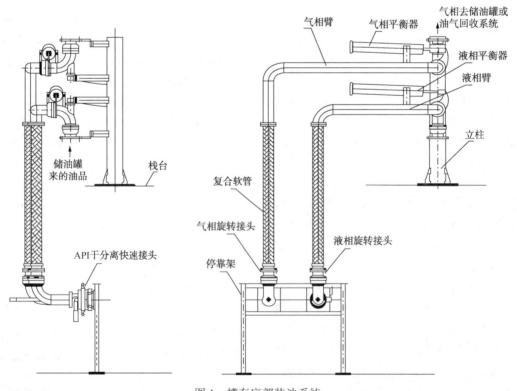

图1 槽车底部装油系统

整套设备由立柱支撑在栈桥平台上，通过液相接口法兰与进油管路系统相连，气相接口法兰与油气回收系统相连。由液相旋转接头、液相臂、液相平衡器、液相复合软管、液相干式分离接头（母头）等组成一组底部装车鹤管；由气相旋转接头、气相臂、气相平衡器、气相复合软管、自闭式气相快速接头（母头）等组成一组底部油气回收鹤管。平衡器为压簧平衡方式，可实现工作范围内任意位置轻巧操作对位和随遇平衡。

不用时将液相干式分离接头（母头）、自闭式气相快速接头（母头）及防溢防静电装置集中放置于同一停靠架上。

装油作业时，汽车槽车开到装油位置停好，先从停靠架上取下防溢防静电装置插头并插入汽车槽车的相应插座上，将装油时可能产生的静电导走，以保证安全。再从停靠架上取下液相干式分离接头（母头），通过液相旋转接头转向汽车槽车进油口，对准汽车槽车上的液相快速接头（阳接头）并接上，推动外壳将卡爪紧紧锁住阳接头，扳动液相干式分离接头（母头）上的手柄，带动主轴旋转180°，使得阴阳接头均同时打开，此时液相快速接头处于完全开启的工作状态，实现了液相快速接头与汽车槽车的连通。然后从停靠架上取下自闭式气相快速接头（母头），通过气相旋转接头转向汽车槽车气相排出口，对准汽车槽车上的气相快速接头（公头）并推进，到位后锁紧两个耳朵，此时气相快速接头处于完全开启的工作状态，实现了气相快速接头与汽车槽车的连通。完成上述作业后，即可开始启动阀门加油。

装油完成后，关闭进油阀门。先反向扳动液相干式分离接头（母头）上的手柄，带动主轴旋转180°，使得阴阳接头均同时关闭，此时快速干式连接装置处于完全关闭的非工作状态。然后拉动外壳，使得阴阳接头完全脱开，并将其固定在停靠装置上。再松开闭式气相快速接头（母头）的两个耳朵，将气相快速干式接头（阴端）拉出，固定在停靠装置上。然后将防溢防静电装置插头归位。

4　汽车槽车底部装油系统在长岭石化的应用

4.1　长岭石化公路出厂岗位原有油品装车情况

长岭石化公路出厂岗位兴建于2003年，汽油、溶剂油类、苯类、MTBE等挥发性大的品种采用顶部密闭灌装方式装车，油气集中进入吸收法回收装置，其他油品采用顶部敞口灌装方式装车，存在以下问题：

（1）采用顶部灌装方式装车，油品挥发较大，油气回收困难，无法同步油料加注过程中的油气回收，回收装置已闲置多年，仅用于油气放散。

（2）公路装车的汽车槽车装车口没有统一标准，装车时不能对较大装车口进行密封，有时对鹤管时都需另备工具保证胶圈卡稳才能完成，装车时油气泄漏严重，影响到油气的收集。

（3）现有的13套桁架式密闭装车鹤管运行不灵活，无法实现一人对管，密闭效果较差，油气无法集中回收。

（4）每次装油时，操作人员要爬到槽车顶上，有安全隐患。

4.2　汽车槽车底部装油系统的应用

鉴于顶部装油方式的不足，为了更好地实现油气的密闭及回收，决定对原13套桁架式装车鹤管进行改造，采用汽车槽车底部装油系统取代原装车鹤管向汽车槽车发油。同时建设行之有效的油气回收系统工艺，最后采用了蓄冷式冷凝+膜分离+活性炭吸附的"三叠法"组合油气回收工艺对挥发的油气进行回收，实现装油过程中的油气同步回收，具有以下优点：

（1）汽车槽车底部装油系统装卸臂收容状态时，锁定与槽车行进方向平行，占用空间小。

（2）操作人员可以停留在地面上，而不需要站到槽车顶上，从而避免了跌落的危险。

（3）底部灌装不容易造成储槽内的湍流，减少了产生静电的危险。

（4）采用底部装油方式，油品挥发减少，浓度降低，有利于进行油气回收，可同步实现油气回收，完成油气的回收再利用。

（5）采用快速自封干式分离接头，具有快速结合与快速分离的特点，特别是在快速结合与分离的过程中两端都能自动封闭，做到无泄漏，密闭效果好，现场无刺鼻气体；鹤管与槽车连接比上装方式快捷，减少了装车的辅助时间。

4.3　应用效果

长岭石化公路出厂岗位采用汽车槽车底部

装油系统取代原装车鹤管向汽车槽车发油，并配合油气回收系统后的油气浓度检测数据表，见表1。

（1）采用原装车鹤管向汽车槽车发油时，油气放散排空，其非甲烷总烃含量为 96.8g/m³、苯含量为 2090mg/m³、甲苯含量为 1180mg/m³、二甲苯含量为 314mg/m³、乙苯含量为 873mg/m³；采用汽车槽车底部装油系统向汽车槽车发油，并配合油气回收系统处理后，其非甲烷总烃含量为 7.22g/m³、苯含量为 3.07mg/m³、甲苯含量为 3.78mg/m³、二甲苯没有检测出、乙苯含量为 1.51mg/m³，达到 GB 50795—2012《油品装载系统油气回收设施设计规范》的要求。

（2）公路下装系统泄漏率极低，装车现场检测无油气。

表1　富气、尾气浓度检测数据表　　　　　　　　　　　　　　mg/m³

采样点名称	非甲烷总烃	苯	甲苯	二甲苯	乙苯
油气处理前1	1.1×10^5	2.09×10^3	1.19×10^4	319	876
油气处理前2	9.3×10^4	1.71×10^3	9.77×10^3	258	733
油气处理前3	8.73×10^4	2.48×10^3	1.36×10^4	366	1.01×10^3
平均浓度	9.68×10^4	2.09×10^3	1.18×10^4	314	873
油气处理后1	1.02×10^4	3.35	5.66	2.00×10^{-3}	1.32
油气处理后2	5.45×10^3	3.30	3.13	2.00×10^{-3}	1.98
油气处理后3	6.01×10^3	2.55	2.56	2.00×10^{-3}	1.23
平均浓度	7.22×10^3	3.07	3.78	2.00×10^{-3}	1.51
分离效率	92.54%	99.85%	99.97%	100.00%	99.83%

5　结语

采用汽车槽车底部装油系统向汽车槽车发油，实现了密闭加注，从而避免了加注过程中油气的蒸发损耗，同时建设行之有效的油气回收系统，实现了装油过程中的油气同步回收再利用，节约了油料，保护了环境，又提高了安全系数，消除了油气积聚造成的安全隐患，达到了改善环境、保护工人健康的目的。

参 考 文 献

1　邹松林. 加油站油气回收技术的难点及有效方法 [J]. 石油商技, 2004(6)：24-26.

2　李汉勇. 油气回收技术 [J]. 北京：化学工业出版社, 2008.

3　崔永超. 成品油油库油气综合处理技术及工艺设计 [J]. 广州化工, 2010(9)：247-248.

循环水系统设计注意的细节问题及建议

任宗艳

（中国石油大庆石化分公司水气厂，黑龙江大庆　163714）

摘　要　循环水系统是工艺生产的生命线，遍布工业生产的诸多行业。循环冷却水处理是保证冷却水塔、冷水机台等设备处于最佳的运行状态，有效地控制微生物菌群、抑制水垢的产生、预防管道设备的腐蚀，达到降低能耗、延长设备的使用寿命的目的。循环水设计依据《工业循环冷却水处理设计规范》进行设计，对工艺细节没有作出明确规定。因生产变化原因往往会出现偏离设计工况，导致水处理设备及用水设备没有在最佳工况运行，不利于水质稳定和安全生产。

关键词　循环水系统；旁滤水；输配水管网

1　循环水场的问题及建议

1.1　循环水补水

循环水补水管道正常设计都为一路给水，且补水点位置都设在水池内，规范没有给出具体明确的要求。为了保证补水的安全性及对水泵运行的影响，建议：①补水为一路补水，在引水点两侧增加截止阀门，防止取水管道停运时影响循环水补水，见图1；②补水点应远离水泵入口，否则会产生气蚀现象。

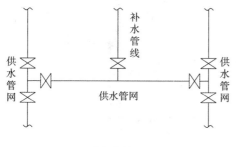

（a）惯例

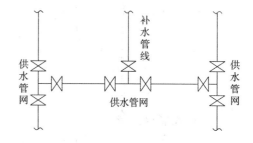

（b）建议

图1

1.2　循环水旁滤水

设计规定循环水旁滤水量为设计循环水量的1%~5%，没有明确是给水过滤还是回水过滤，以及采用何种过滤方式对循环水水温及电耗会有一定的影响。给水与回水过滤优缺点见表1。

表1　给水与回水过滤优缺点

过滤方式	优　点	缺　点	建议使用条件
给水过滤	①不影响冷水温度；②发生泄漏时过滤器滤料污染较轻；③冷却塔设计水量偏小，有利于节能和投资	①给水流量偏大，增加一定电耗；②给水管网存在分流分压	①适用于水塔没有富余水量的系统；②泄漏污染物严重的系统
回水过滤	给水流量最佳，有利水泵和风机节能	①过滤水不再冷却对冷水温度有一定的影响；②发生泄漏时对过滤器污染较为严重；③过滤水再上塔冷却，增加风机电耗	①适用于可接受给水温度变化的系统；②泄漏污染物不严重的系统

综合比较：条件允许的情况下，在设计时两种方式都要设置，根据实际水量和生产要求调整运行方式。

1.3　循环水塔池

循环水在系统运行过程中，势必在集水池底部沉降一定量污泥及杂质，在微生物的作用下污泥具有一定的流动性，会在水流的携带下进入吸水池，进而进入循环水系统，为此建议在进入吸水池前增加一道拦污堰，进行阻挡，见图2。

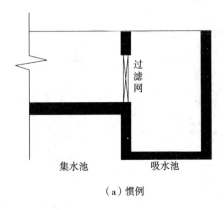
（a）惯例

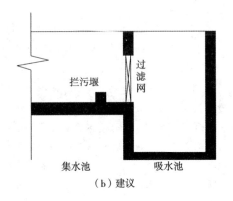
（b）建议

图2

1.4　水塔巡检平台

敞开式循环水系统在淋水与空气交换过程中，势必会发生水滴漂移问题。在巡检平台收集的漂雾水会沿着平台外壁形成壁流，不仅影响环境和侵蚀塔壁保护层，同时浪费一定的循环水量。建议平台面向塔内设置一定坡度和外边缘设置挡水堰，见图3。

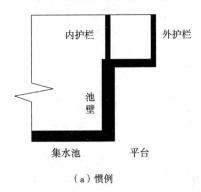
（a）惯例

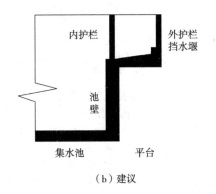
（b）建议

图3

1.5　风机检修平台

风机检修平台常规只考虑检修风机作业方便，忽略风机加油操作方便，这样导致风机加油困难。建议检修风机通道应设置在风机加油口方向。

1.6　水塔防腐

在进行严寒地区的冷却水塔防腐设计时，应进行根据水塔各部位环境因素，因地制宜采取不同的防腐技术，防止防腐过度。例如外侧塔柱位于冻溶交替面、集水池及吸水池液位以下位于自然浸水面、集水池及吸水池液位以上位于干湿交替面。

2　输配水管网的问题及建议

2.1　循环水干线

（1）输管线干线 $DN1500$ 以上不易设置阀门；

（2）进入装置系统管线设置串通阀门时，应保证所有的串通管线过流面积满足该输水管道冲洗流量；

（3）装置总进出阀门尽可能采用双密封阀门，当采用偏心单向蝶阀时应注意承压方向，否则会发生阀门关不严问题。

2.2　水冷器防冻水线

寒冷地区水冷器出入口都设置防冻水线，防冻水线距阀门越近越好，其管径应满足停水段所有管道防冻流量要求。

2.3　循环水配水线及反吹线

（1）对于运行过程发生水量变化较大或者系统末端不利点产生低流速的水冷器，在水冷器出口设置冲洗排放阀门，且设置有组织排放系统。冲洗排放管道直径应满足水冷器流速大于1.0m/s的流速要求；

（2）循环水给水线在向水冷器配水时，应采用管线上方或侧方供水方式。装置主给水主管线末端设置排污阀门，主要作用是控制给水管道杂质进入水冷器。其原理是水中颗粒杂质在惯性力作用下会沿着管道继续直线运动，把水中颗粒杂质捕捉到集污管道内，并定期开排污阀排除系统。见图4、图5、图6。

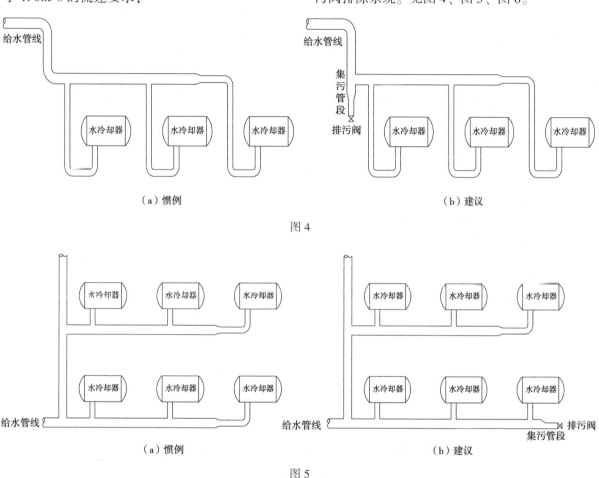

图4

图5

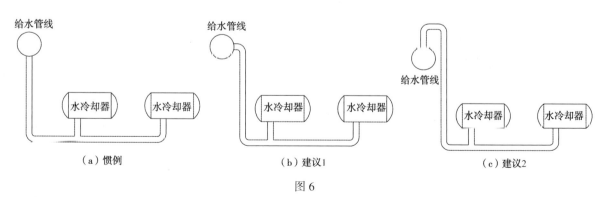

图6

3　其他问题及建议

3.1　采样点位置

生产装置设置循环水采样点的主要作用是

监测水冷器是否泄漏，过多设置势必增加泄漏点数量而且不便于日常管理及维护，采样点设置位置不合理又不利于水质监测。为此建议每套生产装置给水采样点设置 2~5 个即可，对于不溶于水介质冷却器出口采样点应设出口管线最高端位置。

3.2 压力表位置

装置总给水和回水压力表是监测进入装置界区的压力。装置内部压力表监测每个单元的给水和回水压力，装置依据生产情况进行水量及压力平衡。为此建议在同一高度平台及不利点水冷器给回水设置压力表即可。

3.3 管道埋深

设计规范规定，管道埋深取决于管道上方地面荷载及当地冻土层深度。管道越深不仅增加施工费用和施工难度，同时不利于管道后期维修。建议严寒地区地下循环水管线长期停运防冻采取放空吹扫方式，短期防冻采用循环水循环方式防冻，这样可以有效降低地下循环水管线埋设深度。

4 总结

在保证循环水系统可靠运行的条件下，做好每项细节工作是非常必要的。在设计时既要考虑当地气候特点、生产过程水量变化情况，又要充分考虑系统的优化高效运行、便于水质管理及水质监控。设计惯例往往忽略以上注意的细节问题，建议在设计时应给予高度重视。

浅谈改善工业循环水水质方法——电化学法

焦 君

（国家能源集团煤焦化巴彦淖尔公司，内蒙古巴彦淖尔 015300）

摘 要 循环水系统担负着为国家能源集团煤焦化巴彦淖尔公司甲醇厂内所有冷却设备提供循环冷却水的重任，对于甲醇厂的安全稳定运行具有非常重要的意义。甲醇厂位于乌拉特中旗地区，该地区是一个非常缺水的地方，常年的水汽蒸发量大于降水量，且附近无河流、湖泊，水资源短缺这一事实就凸显出工业节水的重要性。因此选择适宜、先进的循环水水质改善方法将会产生巨大的节水成效。本文将对电化学法改变循环水水质进行浅谈。

关键词 循环冷却水；电化学；化学药剂法；水质

1 化学药剂法改善循环冷却水现状及问题

工业循环水装置均在露天运行，循环水池与外界直接接触，受大风天气和地区等环境因素的影响，尘土、煤粉、柳絮和其他外界的污染物极易进入循环水池，因此，循环水装置的生产和运行环境就相对较差。夏季气温高，循环水在运行过程中，水池内建筑物和水接触的漏光部位会繁殖大量的藻类和微生物，由于藻类和微生物群体的不断生长，影响了循环冷却水的流动性，长期的藻类生长和不断脱落的过程中就会形成大量的沉积污垢，因此循环水会不断产生和沉析出大量的黏泥、溶解盐类等物质，而所有这些物质会随着循环冷却水的流动和生产设备的长周期运行，不停地附着在各个使用循环水冷却设备的内壁或管道上，当这些物质大量附着时，就可能会堵塞管道和冷却设备，因而会大大降低各循环水冷却设备的换热效果和传热速率，并会间接或直接地对循环水系统内的设备和管道进行腐蚀，缩短循坏水各个使用装置的寿命，对于使用循环水装置的设备，这是相当致命的。

循环水中藻类和微生物的控制一直是一个较为困难的问题，为控制循环水中藻类的衍生和微生物的繁殖，投加各种药剂（缓蚀阻垢剂、非氧化杀菌灭藻剂、氧化杀菌灭藻剂等）和不间断换水便成了合理的改善水质的方法。甲醇厂循环水装置在改善循环水水质添加循环水药剂处理的过程中，采用了人工投加方式，人工投

加药剂的方式往往受化验分析数据、投加时间、投加剂量、补充水量、外排水量及系统补水水质状况等诸多因素的影响，会大大降低水处理的效果。由于长期使用药剂灭藻杀菌，一段时间后各类藻菌微生物就会产生抗药性，并且在药剂使用有效期后，菌、藻等微生物又会滋生，不断滋生繁衍的微生物会使循环水产生大量的黏泥。诸多药剂（例如一些磷系列阻垢剂）在正常使用后，由于温度的适应会成为许多微生物的营养品，因此藻菌类微生物大量滋生繁殖，导致循环水不断恶化。

2 电化学技术

2.1 电化学技术原理

循环冷却水经过凉水塔时，水分会不断蒸发、飘散，在整个蒸发、飘散过程中，水分中的盐含量是很低的，所以随着蒸发、飘散的过程不断进行，循环水系统中的溶解盐类物质会不断地浓缩，水中的盐含量也会不断地增加，因此浓缩倍数也会随之增加。中国石化出版社出版的《工业水处理技术》一书中指出：工业循环水化学药剂法所控制的循环水浓缩倍数的最佳值应在 1·2，在此循环水浓缩倍数的数据间，可减少补充水和排污水量，但是当循环冷却水

作者简介： 焦君(1986—)，男，甘肃金昌人，2008年毕业于兰州石化学院化工工艺专业，现就职于国家能源集团煤焦化巴彦淖尔公司甲醇厂，从事焦炉气制甲醇工艺等相关工作。

中的浓缩倍数大于 2.5 以后，就需要大量补水和大量排水，否则，水中的成垢离子钙、镁含量和有害离子氯根含量会不断升高，大量出现结垢和腐蚀现象。

循环水水质电化学处理装置是依据电化学原理开发的，产品运行过程中阴极会产生强碱性环境，通过一系列的化学反应，将水中的钙、镁、铁、碳酸根等离子以难溶物的形式沉积在阴极上。运行一段时间后阴极上沉积物变多，通过自动清洗系统将沉积物清洗下来并排出。与此同时，阳极附近发生氧化反应，生成强氧化物质起到杀菌灭藻效果；同时，水中 Cl^- 被氧化生成氯气和部分高价氯，氯气排出，高价氯杀菌灭藻。强氧化性物质在进行杀菌灭藻的同时，还能使水流经管道内壁钝化从而防腐。循环水水质电化学处理装置能够延长设备的使用寿命、提高换热效率、减少水资源消耗，可以替代传统的化学药剂水处理法。

阴极区反应：

阴极形成高浓度氢氧根：$2H_2O+2e\rightarrow H_2\uparrow +2OH^-$

产生的氢氧根与水中成垢阳离子反应生成水垢：

$$CO_2+OH^-\rightarrow HCO_3^-\quad HCO_3^-+OH^-\rightarrow CO_3^{2-}+H_2O$$
$$CO_3^{2-}+Ca^{2+}\rightarrow CaCO_3\downarrow （水垢）$$

阳极区反应：

阳极周围生成 O_2、游离氯（HClO、ClO⁻、Cl_2）等强氧化物，辅助杀菌灭藻：

$$O_2+2OH^--2e\rightarrow O_3+H_2O\quad 2Cl^--2e\rightarrow Cl_2\uparrow$$

2.2 电化学技术的优势

电化学技术可以提取循环水中的钙镁离子，从根本上阻止循环水系统结垢。电极氧化作用产生强氧化物，强酸、强碱及强电流环境可辅助系统杀菌灭藻。电强氧化物在管道内部会形成致密的氧化膜，保护管道，这样既降低了氯离子含量，又有效控制点蚀。电化学技术使用 PLC 控制，全自动运行，无需人为操作，运行时可提高浓缩倍数，还可以大量减少补充水、排污水，以便节省运行成本。电化学技术的使用可大幅替代阻垢剂，减少缓蚀剂、杀生剂的用量，因此污染情况大大缓解，同时每年可节省药剂费 40%。

2.3 电化学技术应用

甲醇厂自 2018 年 6 月引入电化学技术，于 10 月后投入运行电化学装置，对循环水系统运行规范进行了调整，在按要求进行补排水时，钙离子浓度持续维持在 350mg/L 左右，氯离子浓度持续维持在 350mg/L 以下，浓缩倍数基本维持在 1.9 左右。缓蚀阻垢剂由 4 桶/天，逐渐减少至 3 桶/天，在运行稳定时，药剂加入量为 1~2 桶/天，经计算药剂减少了 50% 以上。

甲醇厂 2018 年 11 月循环水水质检测结果数据，钙硬度以 $CaCO_3$ 计，统计如表 1 所示。

表 1　循环水处理水样检测记录

日期	pH 值	浊度/NTU	总碱度/(mg/L)	电导率/(mg/L)	钙硬度/(mg/L)	Cl⁻/(mg/L)	总磷/(mg/L)	浓缩倍数
2018 年 11 月 1 日	8.58	25.3	347.5	2530	500	470	4.94	2.29
2018 年 11 月 2 日	8.51	28.3	345	2540	550	470	6.56	2.49
2018 年 11 月 3 日	8.51	25.4	347.5	2530	525	450	6.06	3.00
2018 年 11 月 4 日	8.55	25.6	332.5	2440	475	450	5.03	2.86
2018 年 11 月 5 日	8.43	27.5	332.5	2340	475	470	5.34	2.55
2018 年 11 月 6 日	8.29	20.7	295	2040	400	330	5.74	3.52
2018 年 11 月 7 日	7.99	16.7	250	1789	375	330	3.94	3.35
2018 年 11 月 8 日	8.59	17	240	1742	337.5	310	4.27	4.42
2018 年 11 月 9 日	8.32	18.8	237.5	630	275	320	3.24	4.75
2018 年 11 月 10 日	8.17	28	235	1714	325	320	3.74	4.78
2018 年 11 月 11 日	8.46	30.2	230	1712	287.5	330	3.3	4.71
2018 年 11 月 12 日	8.27	29.4	220	1745	325	320	4.36	3.70

续表

日期	pH 值	浊度/NTU	总碱度/(mg/L)	电导率/(mg/L)	钙硬度/(mg/L)	Cl⁻/(mg/L)	总磷/(mg/L)	浓缩倍数
2018 年 11 月 13 日	8.39	36.2	270	2200	375	420	4.41	1.94
2018 年 11 月 14 日	8.47	35.2	290	2140	375	430	4.52	3.09
2018 年 11 月 15 日	8.11	21.2	250	1997	362.5	340	4.55	4.19
2018 年 11 月 16 日	8.25	23.8	237.5	1846	350	330	6.56	3.88
2018 年 11 月 17 日	7.85	20.7	232.5	1723	337.5	310	6.18	3.79
2018 年 11 月 18 日	7.92	16.5	230	1738	362.5	310	4.16	3.41
2018 年 11 月 19 日	8.17	19.2	232.5	1810	350	300	4.69	4.11
2018 年 11 月 20 日	7.95	19.2	245	1808	337.5	300	5.35	2.96
2018 年 11 月 21 日	8.26	22.2	252.5	1717	412.5	300	5.2	4.05
2018 年 11 月 22 日	7.86	19.6	255	1776	387.5	320	7.62	3.90
2018 年 11 月 23 日	8.27	18.7	255	1731	375	320	8.72	4.11
2018 年 11 月 24 日	8.24	25.4	270	1777	350	320	10.78	3.68
2018 年 11 月 25 日	7.95	25.5	67.5	1785	375	300	6.54	4.03
2018 年 11 月 26 日	8.51	30.7	80	1819	400	300	7.23	4.08
2018 年 11 月 27 日	8.28	34.7	282.5	1808	387.5	290	5.59	2.23
2018 年 11 月 28 日	7.95	25.8	260	1735	375	290	5.5	3.41
2018 年 11 月 29 日	8.36	15.7	250	1687	362.5	270	5.2	4.12
2018 年 11 月 30 日	8.35	17.6	265	1685	337.5	290	7.65	4.36

根据某环境检测技术有限公司对循环水 2018 年 11 月 1 日水质检测结果，钙硬度以 $CaCO_3$ 计，统计如表 2、表 3 所示。

表 2   第三方循环水检测记录

日期	pH 值	浊度/NTU	总碱度/(mg/L)	电导率/(mg/L)	钙硬度/(mg/L)	Cl⁻/(mg/L)	钾/(mg/L)	全铁/(mg/L)
2018 年 11 月 1 日	8.39	14.8	144	2020	172	121	11.0	0.562

表 3   第三方一次水检测记录

日期	pH 值	浊度/NTU	总碱度/(mg/L)	电导率/(mg/L)	钙硬度/(mg/L)	Cl⁻/(mg/L)	钾/(mg/L)	全铁/(mg/L)
2018 年 11 月 1 日	7.96	7.36	122	1213	100	100	5.78	0.162

结垢倾向指数：根据电化学水处理后的近期水质检测结果进行统计，如表 4 所示。

表 4   水处理后的近期水质检测结果

日期	温度/℃	pH 值	总碱度/(mg/L)	电导率/(μS/cm)	钙硬度/(mg/L)
2018 年 10 月 30 日	25	8.42	302.5	2140	537.5
2018 年 12 月 1 日	25	8.08	260	1633	375

根据某单位控制数据进行计算 RSI 值（赖兹纳稳定指数，数据采取临界值）：

$$RSI = 2pHs - p$$

式中：饱和 pH 值 $pHs = 9.699 + A + B - C - D$，

固体系数 $A = 2.5TDS0.5/(200 + 5.3TDS0.5 + 0.0275TDS)$，温度系数 $B = 2.512 - 0.0212T$，钙硬系数 $C = \lg Ca$，碱度指数 $D = \lg Al$。

计算结果如表 5 所示。

表 5　结垢倾向指数计算结果

日期	A	B	C	D	pHs	RSI
2018 年 10 月 30 日	0.229	1.982	2.730	2.481	6.699	4.979
2018 年 12 月 1 日	0.220	1.982	2.574	2.415	6.912	5.744

污垢沉积速率情况分析：根据经验公式分析，RSI 越接近 6 时结垢的倾向性越低，根据某单位 150SHBM 型设备控制的数据显示，RSI 指数由 4.979 提升至 5.744，结垢倾向大大减少，同时反映出污垢沉积的倾向性也较大减少。

3　传统化学药剂法与电化学处理法比较

甲醇厂循环水装置水量为 2100m³/h，现将两种水处理方法的效益情况简要作出比较。

3.1　传统化学药剂法

甲醇厂购买循环水缓蚀阻垢剂、非氧化杀菌灭藻剂和氧化杀菌灭藻剂费用大约为 28 万元/年，维护费用约 2 万元/年，附加费用为使用冷却循环水的各设备和管道的腐蚀后的更换费用(包括更换冷却器芯、循环水管道等)。

3.2　电化学水处理法

电化学法费用为：材料损坏费+人工费+技术服务费+处理台数(每台每小时耗电 0.7kW·h)×24 小时×365 天×电费 = 85200+5000+10000+28032 = 128232 元/年(不包括检修停车时间)。

3.3　直接经济效益

传统化学药剂法 – 电化学法 = 300000 – 128232 ≈ 170000 元/年(暂不包括节水资源)。

4　结语

现阶段，在全国使用大量循环冷却水系统的化工企业中，不断改善循环水水质，控制循环冷却水系统中的结垢、腐蚀和菌藻类微生物的繁衍是十分必要的。采用电化学处理技术和传统的化学药剂法相比较，电化学处理技术不仅能节约药剂和补、排水成本，而且易于安装、简于管理，并且无污染，对于企业现在的循环水处理有很大的现实意义。

参 考 文 献

1 秦冰，傅晓萍，桑军强. 工业水处理技术(第十七册). 北京：中国石化出版社，2018.
2 金熙，项成林，齐冬子. 工业水处理技术问答. 第四版. 北京：化学工业出版社，2010.
3 王文东. 工业水处理技术. 北京：中国建筑工业出版社，2017.

微纳米气浮技术在炼油污水处理中的应用

镇祝龙 王 湘

（岳阳长岭设备研究所有限公司，湖南岳阳 414000）

摘 要 介绍微纳米气浮除油技术的特点及工业应用情况，并在陕西某炼油厂进行了污水处理量2t/h的侧线试验和处理量300t/h的技术升级改造。该炼油厂的工业应用表明：当污水处理量为2t/h时，处理后油含量、悬浮物及COD分别降至30mg/kg、60mg/kg、700mg/kg以下；当污水处理量为300t/h时，处理后油含量及COD分别降至16mg/kg、500mg/kg以下，出水水质优于技术协议要求。该技术具有良好的工业应用前景。

关键词 微纳米气泡；气浮；含油污水

原油在炼制过程中会产生大量的含油污水，对于这类处理难度和危害都较大的污水，目前国内炼油厂主要采用"隔油+气浮"工艺处理，以达到去除污水中绝大部分油含量和悬浮物的目的。气浮是一种历史悠久的高效固液分离技术，主要用于去除密度与水相近、无法自然沉降又难于自然上浮的悬浮杂质，具有分离效率高、设备简单等优点。

当前，国内外炼厂普遍采用的气浮技术有涡凹气浮和加压溶气气浮。涡凹气浮技术具有结构简单、设备占地面积较小、节能的优点，缺点是气泡粒径较大，除油和悬浮物的效果较差，因此工业应用中多用于多级气浮的第一级。加压溶气技术的优点是能释放出大量尺寸微细、粒度均匀、密集稳定的微气泡，除油效果较好，缺点是需回流部分处理后的水以发生微气泡，工艺复杂，能耗较高。因此炼油厂含油污水处理需要一种除油效果好、能耗小、工艺简单的新型气浮技术。

1 微纳米气浮技术介绍

微纳米气泡是指直径在 0.1~50μm 范围内的微小气泡。比较半径为 1mm 和 10μm 的气泡，发现当二者体积一定时，后者的比表面积在理论上是前者的 100 倍。根据微纳米气泡的特性，其常被用于污废水处理、渔业水产行业、气浮选矿、水体修复和净化等领域。针对石化企业含油污水除油效果不理想，尤其是油含量高、乳化程度严重的污水处理难度大，严重影响外排污水或回用水的达标等问题。影响气浮处理效果的主要因素有气泡大小、气水比、药剂等。我所科研人员展开了大量的研究工作，通过大量的实验室静态试验、动态试验，开发了微纳米气浮技术。该技术具有产生的气泡粒径小(微纳米级)、密度大、能耗低，操作简单等特点。它改变传统曝气方式，直接采用未处理的污水产生大量的高密度、粒径小的微纳米气泡，将污水、空气、药剂实现100%混合，实现渣、水、气的"共凝聚气浮"，提高除油和除悬浮物效果。

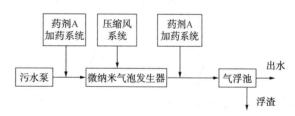

图1 微纳米气浮除油工艺流程图

图1是微纳米气浮除油工艺的基本流程图。药剂A在污水泵后注入，与污水、压缩风同时输送至微纳米气泡发生器中，形成水、气(大量的微纳米气泡)、悬浮颗粒小絮体混合体系；混合相与药剂B混合后进入气浮机最终实现水、渣分离。处理后的污水从气浮池底部引出去生化处理。目前该成套气浮除油工艺已在中石化、中海油数家炼油厂应用，成功处理过高含油(大于2000mg/L)、高乳化的污水。

2 工业应用案例

陕西某炼油厂含油污水在进行生化处理前，要进行隔油、气浮处理，气浮处理量为300t/h，由3套100t/h的涡凹气浮和4套100t/h的溶气气浮组成。该炼厂原炼油装置产生的污水水质波动大，气浮出水不稳定，对下游生化处理单元产生较大的冲击，已多次造成外排污水油含量、COD等指标超标。

2.1 侧线试验

应该炼油厂邀请，我所技术人员在现场开展了微纳米气浮工艺的侧线试验，侧线试验的流程如图2所示，原气浮的流程如图3所示。

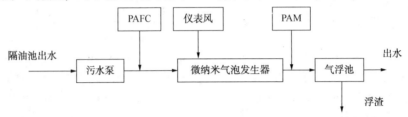

图2　微纳米气浮侧线试验流程图

侧线试验的处理量为2t/h，原水从隔油池出水采样口引出，气浮出水引至集水井，气浮浮渣排至吨桶。侧线试验使用的药剂均取自原气浮加药系统，使用的空气来自该炼油厂公用工程的仪表风。

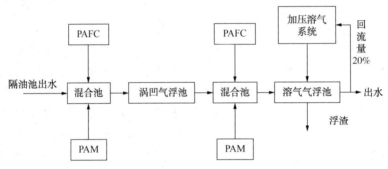

图3　原气浮流程图

图3为炼油厂原气浮流程：隔油池出水在涡凹气浮前的混合搅拌池与两种药剂混合后进入涡凹气浮池，气浮出渣去浮渣池，气浮出水进入溶气气浮前混合搅拌池与两种药剂混合后进入溶气气浮池，气浮出渣去浮渣池，气浮出水20%通过加压溶气系统回流至溶气气浮池，约80%去往下游进行生化处理。

侧线试验期间微纳米气浮和原气浮的出水数据如图4~图6所示。

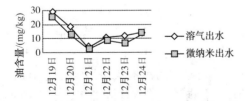

图4　侧线试验期间溶气出水和微纳米出水油含量对比

从图4可看出，同样是针对该炼厂隔油池出水，微纳米气浮出水的油含量始终小于"涡凹+溶气"出水的油含量。

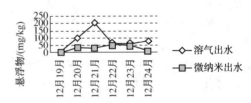

图5　侧线试验期间溶气出水和微纳米出水悬浮物对比

图5中，针对隔油池出水，微纳米气浮出水的悬浮物多数小于50mg/kg，且出水较平稳；"涡凹+溶气"出水的悬浮物多在50mg/kg以上，且波动大。

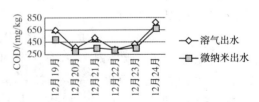

图6　侧线试验期间溶气出水和微纳米出水COD对比

从图6可看出，针对隔油池出水，微纳米气浮出水的 COD 始终小于"涡凹+溶气"出水的 COD。

综上所述，侧线试验期间，微纳米气浮出水的油含量、悬浮物和 COD 等运行指标始终优于"涡凹+溶气"的出水，且微纳米气浮出水悬浮物更平稳。

2.2　工业应用

由于侧线试验达到预期效果，该炼油厂应用微纳米气浮技术对"涡凹+溶气"二级气浮中的溶气气浮进行了改造，改造了 4 套 100t/h 溶气气浮中的 3 套。这次改造主要是取消原溶气系统和药剂混合系统等，替代以微纳米气浮装置、利旧气浮池和刮渣机等。

图7、图8分别是微纳米气浮稳定运行后，出水油含量和 COD 的变化曲线。

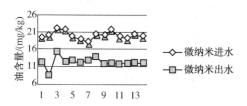

图 7　改造后微纳米进出水油含量对比

一般炼油厂污水油含量在 100mg/kg 左右。该炼油厂污水油含量并不高，经过微纳米气浮后，油含量有明显降低，微纳米气浮出水油含量在 12mg/kg 左右，见图7。

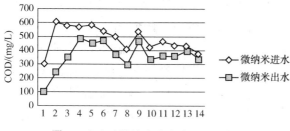

图 8　改造后微纳米进出水 COD 对比

从图8可看出，该炼油厂污水经过微纳米气浮后，COD 有明显降低。

综上所述，经过微纳米气浮处理后的污水油含量和 COD 均明显降低，微纳米气浮出水油含量在 12mg/kg 左右，达到了本项目技术协议的预期效果。

3　结论

陕西某炼厂水务车间应用微纳米气浮技术处理该炼厂含油污水，处理量为 300t/h，出水油含量在 12mg/kg 左右；COD 有明显降低；出水水质优于技术目标要求，且工艺简单，能耗降低，达到了预期效果。

用微纳米气浮技术处理炼油厂含油污水以去除油和 COD 是切实可行的，具有良好的工业应用前景。

参 考 文 献

1　邓超，杨丽，陈海军，等．微纳米气泡发生装置及其应用的研究进展[J]．石油化工，2014，43（10）：1206-1213.

2　王永磊，王文浩，代莎莎，等．微纳米气泡发生机理及其应用研究进展[J]．山东建筑大学学报，2017，32（5）：474-480.

3　熊永磊，杨小丽，宋学亮．微纳米气泡在水处理中的应用及其发生装置研究[J]．环境工程，2016，34（6）：23-27.

4　杨梦瑶．气浮法除油工艺技术的研究[J]．全面腐蚀控制，2015，29（8）：31-33.

5　周付建，王湘，杨军文，等．炼厂延迟焦化废水来源及其处理技术[J]．石油化工安全环保技术，2015，31（5）：76-80.

含油浮渣减量化及资源化处理研究与应用

周付建　蔡江伟　王　湘　杨军文

（岳阳长岭设备研究所有限公司，湖南岳阳　414000）

摘　要　在油田、炼油厂的含油污水处理过程中，会产生大量的含油浮渣，对生产和生态环境产生极大危害；同时又可作为一种宝贵的二次资源，必须对其进行脱水处理，才能进行资源化利用。采用新型高效的含油浮渣脱水–干化方式处理浮渣，现场应用表明：含油浮渣经处理后，减量率在85%以上，固体回收率在95%以上，脱水后浮渣含水率可控制在60%以下，可回收浮渣中绝大部分污油；浮渣脱出的污水油含量<40ppm，达到进污水处理厂要求；干化后的浮渣含水率<20%，满足送入动力掺烧要求，干化浮渣热值最高可达8MJ/kg，可替代部分煤炭使用。该工艺实现了含油浮渣的减量化、资源化、无害化处理。

关键词　含油浮渣；脱水干化；减量化；资源化；处理

在石油开采、石油炼制加工过程中，通常会产生大量的含油污水，针对该类含油污水处理，一般均为"隔油+气浮浮选+生化处理"老三套工艺。其中在"气浮浮选"单元除乳化油的过程中将产生大量的含油浮渣。含油浮渣成分极其复杂，含有大量老化原油、蜡质、沥青质、胶体、固体悬浮物等，还包括生产过程中投加的凝聚剂、缓蚀剂等各种化学药剂。

由于含油浮渣已被列入我国《国家危险废物名录》（2016年环保部、国家发改委令第1号），属于危险废弃物，《国家清洁生产促进法》和《固体废物环境污染防治法》也要求必须对含油污泥进行无害化处理。目前，多数炼厂采用了浮渣进焦化装置回炼或集中焚烧或掺烧处理。但由于浮渣量大且含水率高，回炼或焚烧势必会消耗大量的热量，直接导致企业能耗偏高。因此含油浮渣在无害化或资源化处置前必须进行脱水减量处理。目前国内镇海炼化、洛阳石化、上海石化、济南石化等采用离心三相分离机进行脱水处理，但效果都不甚理想，主要表现为：浮渣中油、水难分离，含油浮渣的含水率多在75%～85%之间；同时离心设备频频出现故障，运行维护成本高。因此，当前急需一种高效的含油浮渣脱水处置方式，实现含油浮渣减量化、无害化、资源化处理。

1　实验部分

1.1　含油浮渣情况

中石化某炼油厂水务作业部"一污"工段气浮浮选单元新增浮渣量约为50t/d，经浮渣罐多次沉降脱水后，含水率（质量分数）仍在83%以上。水务作业部各部位含油浮渣含水率分析结果如表1所示。

目前该厂含油浮渣的处理两种方式为：①送往动力厂锅炉掺烧，掺烧量约为30t/d；②送至延迟焦化装置焦炭塔回炼，处理量约为10～20t/d。从实施情况的效果来看，两种方式目前均存在一定的问题，在CFB锅炉掺烧时，容易堵塞喷嘴；在焦化装置回炼时因处理过程中产生的不凝气容易引起火炬系统一级、二级压缩机严重结焦，给生产带来较大影响，并且两种处理方式均存在处理成本高等问题。

表1　中石化某炼油厂水务作业部含油浮渣含水率分析结果

编号	采样点	含水率/%	
		体积分数	质量分数
1#	涡凹气浮浮渣	89.01	92.18
2#	浮渣脱水罐	81.02	83.78
3#	二污浓缩池浮渣	93.15	95.64

1.2　含油浮渣脱水及干化工艺

1) 含油浮渣脱水工艺

含油浮渣脱水动态试验选用新型的一体式浮渣脱水机,该套设备主要由螺杆泵、反应混合槽、脱水机组成,从溶药、计量、絮凝混合以及污泥输送和脱水全部过程由 PLC 系统实行全自动化运行。现场浮渣脱水机的主要运行参数:最大处理量为 230L/h,用电量为 0.2kW/h。针对中石化某炼厂水务作业部污水厂含油浮渣脱水试验流程如图 1 所示。

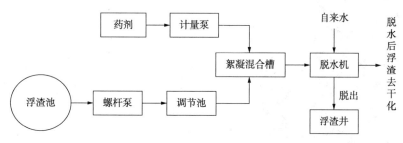

图 1　含油浮渣脱水试验流程示意图

影响含油浮渣脱水试验效果的主要因素有:药剂用量、反应混合槽电机搅拌时间及脱水机转速、进泥量、出料(绝对干泥)量、出料中水以及油的含量、药剂用量、液相中油含量及固含量、液相中油水分离后水中的油含量等。

2) 脱水浮渣干化工艺

污泥干化是为了去除水分,水分的去除要经历两个主要过程:①蒸发过程,物料表面的水分汽化,由于物料表面的水蒸气压低于介质(气体)中的水蒸气分压,水分从物料表面移入介质;②扩散过程,是与汽化密切相关的传质过程。当物料表面水分被蒸发掉,形成物料表面的湿度低于物料内部湿度时,需要热量的推动力将水分从内部转移到表面。含油浮渣经脱水后干化试验工艺流程如图 2 所示。

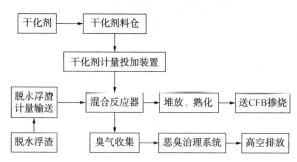

图 2　脱水后的含油浮渣干化试验工艺流程

1.3　分析方法

含油浮渣含水率分析方法符合国标 GB/T 18929—2006;滤液(脱出液)中油含量采用红外分光测油仪(JLBG-126 型)测试;脱水后剩余物(脱水后浮渣)及干化后浮渣的含水率分析方法:称取约 10g(精确至 0.0001g)试样于水分快速测定仪中,从室温开始升温加热,在 105℃烘干至恒重。原样重量减烘干后重量除以原样重量即为样品含水率。

2　含油浮渣脱水减量处理

2.1　调质改性剂的筛选试验

含油浮渣脱水的关键是通过解吸附和破乳来实现油、水的快速分离。因此,含油浮渣在进行脱水处理前必须要调质、改性。浮渣脱水过程是浮渣的悬浮粒子群和水的相对运动,而浮渣的调质则是通过一定手段调整固体粒子群的性状和排列状态,使之适合不同脱水条件的预处理操作。针对现场的含油浮渣,筛选了多种调质改性剂,具体筛选试验结果如表 2 所示。

表 2　含油浮渣调质改性剂筛选试验结果表

编号	药剂	实验现象
1#	A	投加药剂搅拌约 15s,产生较大的絮体矾花,并有清水出现
2#	B	
3#	C	投加药剂后搅拌约 10s,产生大的絮体矾花,浮渣中有清水出现
4#	D	
5#	E	投加药剂后搅拌约 5s,浮渣中产生大的絮体矾花,并有清水出现

2.2　现场含油浮渣脱水动态试验

(1) 含油浮渣减量情况

由于污水厂现场对含油浮渣在浮渣井、渣罐中已多次脱水,因此致使浮渣中固体物质偏高。含油浮渣通过浮渣脱水机后,脱水后浮渣含水率在 60.59% 左右,脱水前、后含油浮渣的图片如图 3、图 4 所示。表 3 为现场浮渣脱水动态试验(脱水后的浮渣)情况记录表。从表3可知:1#~6#共6次试验,含油浮渣平均减量质量分数在85%以上,体积缩小了85%(含油浮渣密度近似于1),实现了含油浮渣减量化处理。

图3　含油浮渣形貌

图4　含油浮渣脱水后形貌

表3　现场含油浮渣脱水动态试验结果

| 编号 | 进料/(kg/h) | | 脱水后浮渣 | 浮渣质量减量 |
	pH值	原料	kg/h	%
1#	8	130	21.9	83.15%
2#	8	150	21.8	85.47%
3#	8	130	22.7	82.54%
4#	8	130	20.7	84.08%
5#	8	180	20.5	88.61%
6#	8	180	21.5	88.06%
均值	8	150	21.52	85.32%

注:浮渣减量(质量分数%)=(减料质量-出料质量)×100/减料质量。

2)含油浮渣脱出液情况

采用浮渣脱水机对污水厂含油浮渣进行脱水试验,当投加改性剂后通过浮渣脱水机处理后的液相部分(脱出液)见图5~图6。从图5可知:现场含油浮渣通过浮渣脱水机后,脱出液中约含1/5的油(取样500mL,静置沉降2min)。现场试验取出浮渣脱水液时,可发现立刻出现油水分层现象,下层清水(油含量32.8mg/L)形貌如图6所示。推断原因为:含油浮渣中含较多的胶质、沥青质、石蜡基等强乳化剂,这部分物质在污水中形成强稳定的乳化体系,将该部分物质引入固相后,液相中的乳化体系很快被打破,进而油水分离速度加快。

图5　含油浮渣脱出液形貌

图6　脱出液下层清水形貌

对脱出液、脱出液静置沉降10min、30min、1h后的底层清水进行油含量分析,分析结果见表4。从表4分析结果可知:脱出液沉降1h后,底部的出水油含量在40mg/L以下,水质情况好,可直接去气浮浮选工艺。对脱出液及脱出液静置沉降1h、8h后的上层污油进行水含量分析,分析结果见表5。

表4　含油浮渣脱出液、脱出液沉降不同时间底部水的油含量分析

编号	液相油含量 /（mg/L）	脱出液静置不同时间后底层清水油含量/（mg/L）			备　　注
		10min	30min	1h	
1#	16020	38.25	35.63	28.78	500mL脱出液静置沉降2min后，顶部约有100mL油析出
2#	30960	45.50	40.63	32.54	
3#	41510	50.63	43.71	35.01	
4#	33250	45.15	39.95	30.60	

注：脱出液油水分离速度很快，分析液相中油含量只能快速搅拌后取样分析。

表5　浮渣脱出液静置不同时间上层
油中的含水率结果

编号	脱出液静置不同时间后上层油的含水率/%	
	1h	8h
1#	50.02	30.52
2#	56.75	31.05

图7　脱水后含油浮渣形貌

图8　干化后浮渣形貌

3　脱水浮渣干化试验

经浮渣脱水机处理后含油浮渣(干泥)进行干化试验。干化试验现象：搅拌10min后，含油浮渣放出大量的热，反应温度最高超过70℃，浮渣由黑色逐步变为灰色，形状由块状、团状变为颗粒状，基本已无黏性。脱水后的含油浮渣干化4h后含水率可控制在20%以下。

4　现场工业应用情况

采用的新型的"含油浮渣脱水减量干化处理技术"处理中石化某炼油厂含油浮渣，目前在工业现场已完成的工作有：①2015年9月~2015年10月，某石化厂水务作业部"二污"工段晒泥场500t浮渣脱水干化处理；②2015年12月某石化厂水务作业部"二污"工段中和池190t油泥脱水干化处理；③2016年8月~2016年11月某石化厂水务作业部"二污"工段2700t含油浮渣脱水干化处理。

项目实施工业应用后，达到的效果如下：

（1）经济效益。采用含油浮渣脱水减量干化处理，实现了危险废弃物的减量化、资源化处理，大大降低了该公司危险废弃物处理成本。

（2）环境意义。采用含油浮渣脱水减量干化处理，可彻底杀死含油浮渣中细菌、微生物、病原体等，彻底实现了浮渣的无害化处理，保护了操作人员的身体及周边生态环境。

（3）避免了生产问题：

①以固态粉末形式与煤、石油焦等进入CFB锅炉掺烧，避免了以液态浮渣形式处理引发的各种问题，如进焦化回炼，产生的不凝气进入放空系统堵塞北火炬压缩机的结焦问题；②含油浮渣得到处理后，可解决当污水厂浮渣占用库容的问题，使其恢复调节能力，避免雨季"跑水"现象的发生。

5　主要结论

（1）采用投加调质改性剂+浮渣脱水机工艺，可以很好地实现"含油浮渣"中渣、油、水的分离；其中含油浮渣固体回收率在98%以上，浮渣减量率在85%左右；同时可回收浮渣中绝

大部分污油，脱出液中清水水质情况好——油含量可控制在 40ppm 以下。

（2）含油浮渣脱出液沉降 5min 可实现油、水分离，下层清水可进入该厂的污水处理系统处理；脱出的油可进入污油系统，实现浮渣的资源化利用。

（3）脱水后的浮渣采用干化＋锅炉掺烧工艺，相比以往含油浮渣直接掺烧而言，干化后浮渣含水率可控制在 20% 以下，热值最高可达 8MJ/kg，掺烧量只有以往的 1/3，可替代部分煤炭使用；并且只在 CFB 锅炉掺烧即可满足每天新增浮渣量的处置要求，无堵塞喷嘴等状况。

和利时 DEH 系统及其在汽轮机上的应用

陈广宇　姜明余

（中国石油哈尔滨石化公司仪电车间，黑龙江哈尔滨　150056）

摘　要　本文对和利时 MACSV 系统的 DEH 调节系统进行了阐述与分析，对系统组成、主要硬件功能、控制方式的特点及电液控制系统（DEH）在汽轮机上的应用进行了介绍，以期对在以后的维护工作中有一定的帮助。

关键词　MACSV 系统；DEH 系统；系统构建；液压伺服执行机构

和利时 MACSV 系统采用现场总线技术，既可以使用安全可靠的 FM/SM 系列硬件模块进行现场数据的采集，又可以与远程多种现场总线设备或模块连接，能够快速而准确地完成 I/O 信号处理、PID 调节，逻辑控制、顺序控制等。

和利时基于 MACSV 系统的 DEH 控制系统，应用于汽轮机调速控制，系统运行平稳，现将 DEH 系统的特点和设备的使用进行分析介绍，以期对使用和维护工作有一定的帮助。

1　DEH 系统的概念和原理

DEH 系统是在 20 世纪 80 年代出现的以数字计算机为基础的数字式电气液压控制系统，简称数字电调。该系统的组成结构主要分为三部分：电子硬件（MACSV 系统，包括 I/O 站，工程师站，操作员站等）；软件（系统软件和应用软件）；液压伺服执行机构［电液转换器（DDV 阀），OPC 电磁阀，LVDT 阀位反馈和测速装置］。

在实际运行中，给水泵将水打入锅炉，水吸收热量后变成过热蒸汽，蒸汽进入汽轮机后，膨胀做功冲动叶片，由叶片带动汽轮机发电转子旋转，产生电能。在整个过程中，DEH 通过改变调节阀开度来控制汽轮机的转速和功率：在并网前控制机组的转速，并入大网后控制机组的功率，使供电频率保持在规定的范围内。

2　MACSV 系统

MACSV 系统的主要结构包括工程师站、操作员站、服务器和现场控制站。

2.1　工程师站

工程师站用来运行相应的管理程序，对整个系统进行集中控制和管理，其主要功能包括：

（1）系统组态：系统硬件设备、数据库、控制算法、图形、报表和相关参数的设计；

（2）现场控制站的下装和在线调试，服务器及操作员站的下装；

（3）在工程师站上运行操作员站实时监控程序后，可以把工程师站作为操作员站使用。

2.2　操作员站

操作员站运行相应的实时监控程序，对整个系统进行监视和控制，主要完成以下功能：

（1）各种监视信息的显示、查询和打印；

（2）通过键盘、鼠标或触摸屏等人机设备，通过命令和参数的修改，实现对系统的人工干预，如在线参数修改、控制调节等。

2.3　服务器

服务器运行相应的管理程序，对整个系统的实时数据和历史数据进行管理。

2.4　现场控制站

现场控制站运行相应的实时控制程序，对现场进行控制和管理。现场控制站主要运行工程师站所下装的控制程序，进行工程单位变换、数据采集和控制输出、控制运算等。

3　DEH 在汽轮机上的应用

3.1　MACSV 系统构建

MACSV 系统硬件组成最主要的特点是应用了具有各特定功能的模块插件。常用的单元模块包括机笼单元、主控单元、电源模块、端子

作者简介：陈广宇（1982—），男，黑龙江哈尔滨人，工程师注册安全工程师。

底座、功能模块和拓展端子板。每种模块都有与其相对应的其他模块配合使用。例如选用主控模块 FM801，与其相对应的机笼模块则应选择 FM301。系统除了核心部分的主控单元之外，功能模块的作用尤为重要。

在 MACSV 系统下要构建数字电液控制系统（DEH），必须选取的功能模块主要包括 FM146A 汽轮机数字电调伺服单元模块、FM163A 汽轮机超速保护模块和 FM165 一次调频模块等。其中模块 FM146A 是 DEH 专用的伺服模块，属于控制柜中的一部分，与底座 FM1305 配套使用，用于实现该模块与电液转换器、油动机、位移传感器共同筑成一个伺服油动系统，从而实现对汽轮机的控制。FM163A 汽轮机超速保护模块接收现场的汽轮机测速装置发来的电信号，得到汽轮机的精确转速，还接收油开关跳闸的 DI 干接点信号和上位机指令，从而发出快速可靠的汽轮机超速信号。该信号通过继电器输出驱动超速保护电磁阀的危急遮断电磁阀，实现汽轮机超速限制、保护功能和机械超速试验备用保护功能。FM165 模块通过与配套的底座 FM131A 组合使用，接受加速的微分信号，经过放大和微分校正，用来修正数字量转速信号与模拟量转速信号的动态偏差，之后将动态补偿信号输出到 FM146 模块，从而实现汽轮机 DEH 系统的调速器功能，使汽轮机获得符合发电控制要求的静特性，使机组稳定运行。

3.2　液压伺服执行机构

DEH 的液压系统包括：

（1）保安部分：危急遮断器、自动主气门、手动遮断滑阀、遮断电磁阀等；

（2）调节部分：油动机控制滑阀、油动机、电液转换器、OPC 电磁阀等液压部套；

实验部分：喷油实验部套、遮断实验部套等。

电液转换器是 DEH 最为重要的环节，主要完成的是将电信号转换为阀芯位移信号，从而改变脉冲油流（或油压）的大小，达到改变油动机行程、调节调节门开度的目的。和利时 DEH 系统采用的 DDV 阀是直流力矩马达伺服阀，解决了电液转换不稳定和卡涩的问题。

油动机是最终液压的执行机构。它通过机械杠杆、凸轮、弹簧等机械连接实现对汽轮机的进入蒸汽和抽汽等的流量控制，从而实现对汽轮机转速、功率、气压等最终目标的控制。LVDT 是油动机行程的实时反馈系统，FM146A 伺服模块通过它的反馈信号和主控单元的指令进行比较，从而调整输出信号，实现对油动机的稳定快速控制。

DEH 系统的基本工作过程为操作人员给定控制信号，信号经专用伺服模块运算后，传送至电液转换器，转换器将电信号转换为液压信号，经过 OPC 电磁阀到油动机，阀门开度到位后，通过位移传感器 LVDT 将阀位信号反馈回控制室，以此达到控制目的。系统控制框图如图 1 所示。

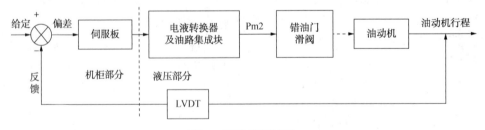

图 1　系统控制框图

4　结论

目前，MACSV 系统已经在诸多生产厂加以应用，其具有控制迅速准确、故障率低等优点，保障了汽轮机等大型设备的安全平稳运行。但在日常生产中，仍要加强维护和巡检，密切关注设备油路系统以及液压油的纯净度，做到对设备和控制系统的定期保养维护，确保装置"安、稳、长、满、优"运行。

完善电磁阀配置，提高联锁阀门的可靠性

徐　彬

（中国石化金陵分公司机动部，江苏南京　210033）

摘　要　本文对双电磁阀配置中并联电磁阀冗余配置进行探讨，对双电磁阀中关键联锁控制阀的运行可靠性进行分析，并进一步延伸出冗余电磁阀组的使用优势。

关键词　电磁阀；冗余配置方案；联锁；可靠性

从中国石化金陵分公司现有的联锁回路配置来说，在测量回路，尽量使用3取2冗余配置，加偏差报警诊断，提高可靠性。逻辑运算单元，如sis系统，均采用3重化冗错配置，诊断技术完善。唯有执行单元，仍有场合采用单电磁阀。单电磁阀使用的安全性很高，但可用性差。

联锁切断阀对其工艺系统具有十分重要的作用，而随着安全生产要求的不断提高，如何保证联锁切断阀运行的稳定性和安全性成为当下企业特别重视和研究的主要问题之一。

一旦联锁切断阀出现误动作，那么就可能造成系统故障，进而带来一定的经济损失，为了有效地避免这种联锁阀误动作的发生，冗余配置的应用成为了解决这一问题的最佳途径。

通过MTBF计算，并联电磁阀在可用性上优于单电磁阀，但不能一味为提高可用性，真正要提高的是可靠性。

1　设备故障的定义

1.1　故障的定义及分类

首先提及故障的定义，故障是指功能单元执行功能的能力降低或失去的异常状况。在IEC 61508中它分为系统故障、随机故障。

系统故障是因某种原因造成的，设计过程中和生产过程中可以避免的错误。随机故障是因一种或几种机能退化而可能产生的，发生失效的时间随机不可预见。对于工厂运用层面来说，更关心的是对随机故障的控制。

而随机故障再次细化，可以分为安全故障和危险故障，或安全失效和危险失效。

（1）安全故障：故障时处于安全状态，如阀门电磁失电，阀门会处于安全位置，失电开或失电关是根据安全确定的，也就是我们常说的误动作。

（2）危险故障：故障时处于危险状态，如阀门卡，联锁动作时，阀门不动作，使联锁功能失效，也就是常说的拒动。

（3）可检测到的故障。

（4）检测不到的故障。

1.2　故障率

单位时间（小时）故障（次数/h）称为故障率。

故障率计算公式如下：

$$\lambda = \frac{c}{N \cdot \Delta t}$$

式中　c——在考虑的时间范围Δt内，发生故障的部件数；

N——整个使用的部件数；

Δt——考虑的时间范围。

组合以上得到：

（1）λ_{sd}：可检测的安全故障率。

（2）λ_{su}：不可检测的安全故障率。

（3）λ_{dd}：可检测的危险故障率。

（4）λ_{du}：不可检测的危险故障率。

一般来说，占比高的还是可检测的危险故障和可检测的安全故障，即λ_{sd}和λ_{dd}。这也是我们可以做改进的地方。

作者简介：徐彬（1980—），江苏南京人，2002年毕业于南京工业大学工业自动化专业，主任工程师，高级工程师，现从事分公司仪表技术管理工作。

2　如何提高可靠性

　　首先设备故障率的演变分为三个时期。系统发生故障的频率和时间的关系可以用浴盆曲线来表达，如图1所示。

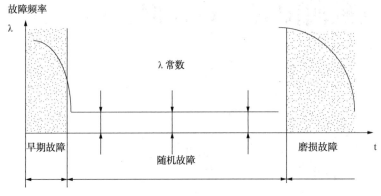

图1　浴盆曲线

　　从图1可以看出，系统故障率在系统早期投用和晚期老化后的故障率较高，而在使用中间段时随机故障率相对恒定。

　　应力分析法中指出：平均无故障时间$MTBF$，它是故障率的倒数，即

$$MTBF = 1/\lambda$$

　　可靠性计算公式：

$$A_S = MTBF/(MTBF+MDT)$$

　　式中：MDT＝平均故障时间（或$MTTR$＝平均修复时间）。

　　由此可见，可靠性需同时考虑$MTBF$和MDT，提高$MTBF$和降低MDT是提高可靠性的方法。

3　并联双电磁阀的优缺点

　　采用冗余电磁阀配置，安全联锁阀门整个控制回路可用性显著提高。现场辅以2条分开敷设的信号线路，设置在不同的IO卡件（见图2）。

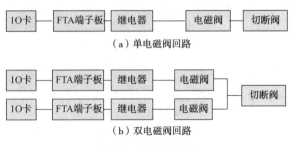

图2　电磁阀回路

　　单电磁阀的控制回路，如果各单元的可靠性是0.9，那么单电磁阀控制回路整体的可靠性是$A_S = A_{IO} \times A_{FTA} \times A_{继电器} \times A_{电磁阀} \times A_{切断阀} = 0.59$。双电磁阀控制回路整体的可靠性是$A_S = [1-(1-$

$A_{IO1} \times A_{FTA1} \times A_{继电器1} \times A_{电磁阀1}) \times (1-A_{IO2} \times A_{FTA2} \times A_{继电器2}$ $\times A_{电磁阀2})] \times A_{切断阀} = 0.801$。

　　由此可见，采用冗余电磁阀配置对整个回路来说可靠性是提高的。但是，现场并联双电磁阀的形式并未提高可靠性。

　　现场经常遇到两台电磁阀并联控制一台阀门开关的情况，目的是当一台电磁阀故障时，另一台能继续工作，不影响执行机构的进气排气，保证阀门能按照程序指令正常开关（见图3）。

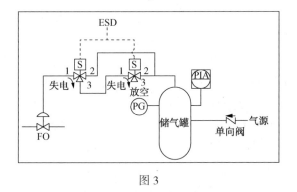

图3

　　整个系统的各单元寿命服从指数分布，对于并行系统而言，MTBF计算公式如下：

$$MTBF_{sys} = (1/\lambda_1) + (1 + \lambda_2) - [1/(\lambda_1 + \lambda_2)]$$

　　对于两个同品牌型号同批次的电磁阀来说，如果单电磁阀的MTBF是100h，那么冗余并联电磁阀的总$MTBF$时间根据计算将达到150h。由此可见，这种配置在可用性上大大提高。但是$MTBF$的提高并不能说明可靠性的全面提高，还需配合MDT的降低才能真正地提高可靠性。它只能提高故障分类中的安全失效概率，即误

动作概率。而危险失效还需要进一步降低。

目前行业内的论文，包括设计院的论文，对并联电磁阀的应用更多的是谈到了它的可用性，大赞其好处。但在危险失效的分析中，大多是从电源故障、气源故障和控制信号故障来分析，看似可靠性提高，其实并未对电磁阀本身的可靠性深入研究。

以现在的故障安全型设计理念，电磁阀大多采用失电联锁设计，当电磁阀失电时无法对应相应的气路——危险失效这种可能性是存在的，例如阀芯密封件损坏，有杂质卡涩、弹簧失效、节流孔堵等情况。

并且两台电磁阀并联配置，发生一台故障时，无法在线更换，因为气源是共用的、无法切出的，需停车后、断气源才能更换修复而生产上又不允许，则故障电磁阀无法处理，相当于 MDT 时间一直延伸至下一次大修时，那么其可靠性将大大降低。

安全失效还不至于引发安全事故，最多是非计划停车，但如果是危险失效，有拒动的风险的话，会对生产造成严重隐患。

对整个过程而言，$MTBF$ 并没有得到明显的改善，MDT 时间还加长了，对可靠性而言，反而是降低了可靠性。

4 直动式并联冗余阀组的使用优势

现在已有电磁阀厂家具有在直动结构基础上新开发的 2oo2 阀组，实现了上述功能，采用冗余电磁阀组，在提高 $MTBF$ 的同时，大大降低了 MDT，并且配合在线诊断功能，可以做到故障率大大降低。气路图如图4~图6所示。

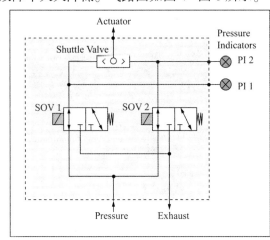

图4 正常带电状态

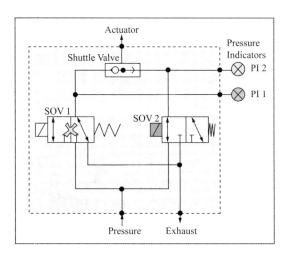

图5 1号电磁阀故障

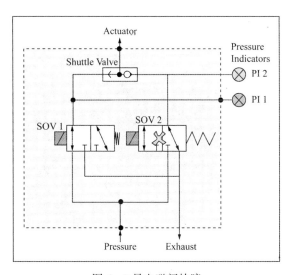

图6 2号电磁阀故障

其优点如下：

（1）它具有诊断功能，通过压力（就地或远传）显示是否故障，正常时压力显示为仪表风压力，表示电磁阀励磁时，气路切换正确，当压力异常时，表示电磁阀故障，气路流程不正确。用以提示维护人员检查修理。

冗余配合在线诊断才是真正的提高可靠性措施，在故障后能及时修复，减小 MDT 时间，可靠性才会提高。通过这个功能可以降低前文中故障分类中"可检测到的故障"概率。

（2）这种电磁阀具有在线更换可维护功能，更换期间不影响阀门正常工作，无需停车。

在更换单个电磁阀的期间，联锁功能依旧起作用（2oo2 变为 1oo1），而并非有些冗余电磁阀组在更换期间，采用大旁路方式把电磁阀整体切除，这样会造成修复期间的联锁功能切除。

在线维护功能提供给我们日常实验的可能，维护人员可以在生产过程中对其中一个电磁阀进行定期动作实验，以保证危险失效的概率降到最低。

（3）它采用的是直动式电磁阀。相比先导式电磁阀，它一是结构简单，没有先导气路，在环境恶劣工况下，不容易堵塞、卡涩阀芯；二是直动结构因为阀芯的动作摩擦相对少，阀芯密封件没有先导式多，其寿命相对长；三是直动式多为低功耗，可以用于长期带电工况。

通过以上分析，直动式并联冗余电磁阀组的使用，可以从本质上提高可靠性，它的直动式结构、在线诊断功能、冗余配置、在线可更换，基本满足了提高 MTBF、降低 MDT 的要求，有效抑制了可检测的安全故障及可检测的危险故障。

参 考 文 献

1　范咏峰. 石油化工装置中安全度等级的评定与实施 [J]. 石油化工自动化 2005（2）：8-12.

双偏心球阀在聚乙烯进料系统中的应用

凤 城

（中国石化上海石油化工股份有限公司仪控中心，上海 200540）

摘 要 本文主要介绍了通过选用双偏心球阀替代原来的球阀，在上海石化4PE聚乙烯装置的进料系统的应用，达到了工艺长周期安全运行的目标。同时，阐述了选用的双偏心阀门阀体（AEV）、执行机构（KINETROL）的设计原理结构及特点，以及针对现场实际工况改进的措施。

关键词 双偏心球；执行机构；原理结构

4PE装置是中国石化上海石油化工股份有限公司塑料部双峰聚乙烯装置（简称4PE装置），年产量为250kt，系全套引进北欧化工公司"Borstar"双峰聚乙烯技术专利，通过环管反应器与气相反应器串联，可生产双峰相对分子质量分布的LLDPE至HDPE的全密度范围产品。以1-丁烯为共聚单体生成的通过国际认证的PE100等级双峰聚乙烯管道专用料是该装置的特色产品之一。该装置粉料进料系统（进气相釜）有4台关键的进料阀门，分别是XV-4101A（12″）、XV-4102B（12″）、XV-4103C（10″）、XV-4101D（10″）。每年开关次数约18万次，原来采用的是ARGUS的金属硬密封的全球球阀，执行机构配用BETTIS或ROPO的单作用气缸。

4PE装置于2002年4月正式开车投产，在使用初期，该四套阀门运行尚可，那时装置开车不正常，连续运行周期短，不超过一两个月，没有出现大的问题，但从2003年下半年开始，逐步出现故障，主要是阀芯、阀座磨耗严重（阀腔体内积料所致），致泄漏或造成经常性发生开关不到位，迫使装置多次停车。期间执行机构也多次发生故障，有穿缸（漏气）、拨叉的磨损、活塞杆断裂等故障。后考虑到工况和阀门供货的时间，采用了国产的偏心的全球球阀，执行机构仍然配用BETTIS或ROPO的单作用气缸。采用了国产的阀门后，确保了供货的及时性，基本能保证工艺的生产，但故障仍然频繁，三个月阀门必须更换，二个月气缸要做保养，阀体二年必须更新，严重影响工艺的生产和产品质量。随着工艺操作的不断完善、成熟，越来越不能满足工艺长周期安全的运行。于是，根据工况，特别是结合两种球阀的使用情况，我们选用了AEV的顶装式双偏心球阀配套KINETROL执行机构。

1 工艺聚合物粉料进料系统流程概述

来自环管反应器聚合物（粉料）送入进料输送槽，通过顺序操作间隙地将聚合物送入气相反应器R401。A、B、C、D四个阀，根据SEQ的指令先后开关，其中SEQ顺序动作是，A与B同时开关，C与D也是同时开关的。其中有一个出现故障，进料系统就会停止，时间一长会导致整个装置的停车。

2 顶装式双偏心球阀双偏心阀门的设计原理结构及特点

2.1 AEV阀体

（1）AEV阀门厂位于比利时Verviers，从事苛刻工况阀门的设计、研发和制造，已经有20多年的丰富经验，产品已经广泛应用于LNG、石化、油气、煤化工、多晶硅、空分、加氢、分子筛、PP、PE、PVC、PTA等多种严苛工况。

（2）AEV设计制造的 $^2XC^{TM}$ 顶装式双偏心球阀，专门针对PE、PP装置PDS工况设计，保证了PDS工况高频次运行的安全性、稳定性和可靠性的要求。

（3） ^2XC 球阀采用C球回转中心与C球密封面几何中心、C球回转中心与阀座流通中心的双偏心设计。阀杆在两个平面上的偏移产生C球"旋转+平移"的双矢量凸轮运动（见图1）。

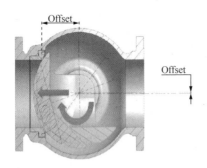

图 1

（4）²XC 扭矩密封：阀门关闭时，执行机构的扭矩通过阀杆驱动 C 球与阀座产生凸轮楔紧的机械强制密封；从机械原理上确保不依赖弹簧或工艺压力而实现严密关断。²XC 无空腔死区：消除了传统球阀因粉料堆积在阀腔内导致的各种故障。²XC 无摩擦：在开关过程中，C 球与阀座不接触、无摩擦，保证了阀门使用的长寿命（见图 2、图 3）。

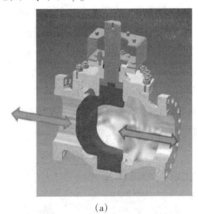

（a）

（b）

图 2

（5）²XC 自清洁：阀门一打开，C 球立即与阀座脱离接触，阀腔与密封面即被 360° 吹扫；阀门关闭时，C 球逐渐靠近阀座，持续刮扫清除阀座密封面，直至阀门关闭（见图 3）。

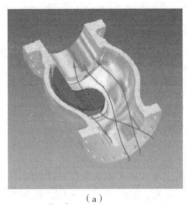

（a）

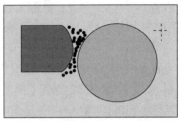

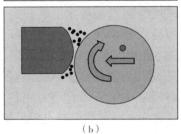

（b）

图 3

（6）²XC 静态密封阀座：固定在阀体上，无弹簧，无阀座陷阱，彻底消除了弹簧失效、阀门抱死；凸形阀座与 C 球是凸对凸最佳抗磨损几何学的线密封，是粉料工况的理想选择。Stellite 堆焊金属密封阀座，更耐粉料磨蚀。全封装 PEEK 阀座，硬度接近普通金属，耐磨性好，具有自润滑性能，使用寿命长（见图 4）。

（7）²XC 双向严密关断：扭矩密封，结合 C 球与固定阀座的线密封，确保 PEEK 阀座和金属密封座都能实现双向零泄漏，泄漏等级满足 ISO 5208 Rate A。

（8）²XC 阀球全表面 HVOF 喷涂碳化铬，完全无缝口，比普通球阀更耐冲刷磨蚀。

（9）²XC 上下支轴均有 PEEK 密封圈保护，防止物料侵入，保护支轴、轴套、填料不受磨损。²XC 上下支轴采用 Kolsterising 固定双轴套，保护支轴、阀体不受磨蚀，保证阀门快速开关、超高频次和长周期稳定运行。

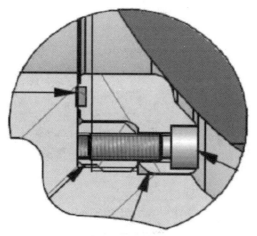
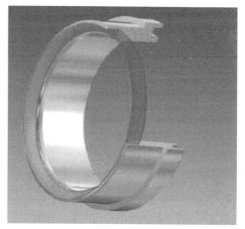

（a）金属密封阀座　　　　　　　　　（b）全封装PEEK阀座

图 4

（10）²XC 上下支轴与 C 球为一体式，完全支撑 C 球吸收工艺载荷，确保 C 球运行稳定可靠。²XC 特殊阀盖设计，保护阀杆完全不受工艺载荷和介质冲刷，特别适合重载、高频工况。²XC 采用动态负载填料+Kalrez O-Ring，完全无外泄漏，满足严苛的超低排放要求。

2.2　KINETROL 执行机构

KINETROL 是英国品牌，依据阻尼的专业知识，发明了叶片式旋转气缸，并长期致力于旋转气缸的制造和技术发展，至今已有 60 年了。叶片式旋转气缸由于具有结构简单、体积小、传动精度高、使用寿长等特点在工业领域得到了广泛应用，得到了客户的认可。

由于原阀门执行机构（单作用）选用的是拨叉式气动执行器，在实际运行中，执行机构一直高频率动作（3 次/min），致使执行机构故障频繁，多为弹簧腔内的活塞板磨损、气缸内壁磨损、活塞杆断裂等现象，造成不必要的停机，经常需要下线解体维修，维修过程中配件的损坏率也较高，无法满足实际生产需求，执行机构的使用寿命较短，造成工艺生产波动或停车并影响产品的质量。与拨叉式气动执行器相比，KINETROL 旋转气缸采用叶片式结构设计，气缸内的叶片与轴是一体的，只有一个运动零件，结构简单，这样没有传动间隙，保证了传动精度和使用寿命，能准确地控制与调节角度，如图 5 所示。

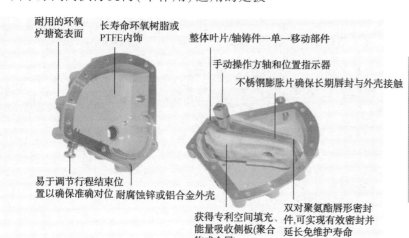

（a）　　　　　　　　　　　　（b）

图 5

3 改进措施及投用

（1）原 AEV 设计制造的 $^2XC^{TM}$ 顶装式双偏心球阀，专门针对 PE、PP 装置 PDS 工况设计，PDS 系统压力一般在 0.5MP 以下，而 4PE 的进料系统，压力达到 2MPa，根据我们的工况，在阀门开启时，会发生粉料"风暴"的冲刷，建议不采用 PEEK 阀座，全部用金属，使阀座更耐磨。

（2）原来是单作用的执行机构，改成了双作用的，为了满足故障关的要求，我们增加了个气源罐，确保工艺的安全。

（3）同时为了减少阀门全开是对阀座的冲击，我们在执行机构上加装了个缓冲小机构（见图 6），设置了个顺序控制，当阀门到开启指令后，1.5s 后，执行机构上那个黑色电磁阀动作，上面小阀门打开，释放部分进气量，从而减少全开时对阀座的冲击。

缓冲小机构

图 6 XV4103C 现场就位图

4 结束语

从 2017 年 7 月初至今，阀门 XV4103C 已投用一年十个月，运行非常好，没有进行过一次维修（原来阀体、执行机构三个月内就必须更换维护），取得了巨大的成功，其后，逐步更换了 D 阀、B 阀，都运行良好，A 阀今年也要更换。可以说顶装式双偏心球阀解决了长期困扰了 4PE 装置安全长周期运行的瓶颈。

加强电气维护管理，确保系统稳定运行

方紫咪

（中国石化化工事业部设备室，北京　100728）

摘　要　保障供电安全是炼化企业安全生产的重要课题，本文收集了近年来炼化企业因各类电气故障造成的非计划停工情况，通过对炼化企业电气故障归类分析，指出了电气设备管理中的薄弱环节，提出了降低炼化企业电气故障的应对措施。

关键词　主网架构；继电保护配置；电网波动；稳控策略；抗电压波动

1　前言

炼化装置的特点是高温高压、易燃易爆，一旦装置发生非计划停工，往往需要应急处置，存在较大的安全风险。特别是电气故障，往往导致电力系统波动，装置受影响范围大，安全环保的风险也更大，应积极避免。

2　炼化企业电气故障主要类型及原因分析

本文统计了某石化集团下属各企业炼油化工装置自 2016 年以来的非计划停工、电气原因导致的非计划停工和外电网导致装置波动的情况，详细数据见图 1。

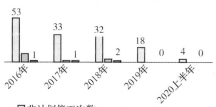

（a）炼油装置非计划停工情况

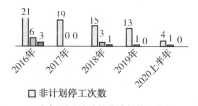

（b）化工装置非计划停工情况

图1　装置非计划停工情况

从非计划停工次数上看，呈现出明显的下降趋势，体现了各企业对非计划停工管理重视程度在提升，专业管理水平在进步。特别是电气和外电网原因导致的停工次数明显降低，说明前几年炼化企业开展的电气隐患治理取得了良好的效果，同时随着设备完整性管理的推进，电气专业管理水平也有显著提高。

尽管非计划停车次数下降，但是由于电力系统故障一般影响范围较大，可能造成次生安全环保事故，风险很大，仍需提高认识，加强故障原因分析，持续进行综合治理。

对炼化企业电气故障情况进行分析，主要包括以下原因：

2.1　输变电系统故障较多

炼化企业通常拥有自己的供电网络，通过电源联络线与地方电网相连。地方电网供电可靠性低导致企业电网波动的事件时有发生。同时企业内部也存在架空输配电线路受施工外力破坏、鸟害、风筝或气候条件影响，发生线路故障并造成装置大面积停车的情况，表 1 是部分企业的故障清单。

表1　部分企业的故障清单

故障类别	时间	故障原因
外电源 故障	2015.05	地区 110kV 电网发生 A 相接地故障
	2016.07	企业上级电源电厂发生全厂失电事故
	2017.06	220kV 电源侧主变压器故障
	2018.02	220kV 电源联络线跳闸失电

续表

故障类别	时间	故障原因
施工作业引发故障	2012.07	施工机具碰到架空线，发生接地故障
	2019.01	施工机具碰到架空线，发生接地故障
鸟害	2016.10	鸟粪引起220kV线路绝缘子闪络放电
风筝线	2019.04	潮湿的风筝线搭接到输电线引起故障
异常天气	2016.08	异常天气下110kV架空线铁塔倒塌
	2018.01	110kV线路避雷线遭冰雪积压断线后碰触在运线路，发生接地故障
	2019.05	大风天气下110kV架空线路导线距路灯灯杆过近，导致线路接地短路跳闸
	2019.11	大风天气下异物（金属屋顶）刮上110kV架空线，造成线路短路

2.2　企业内部电网抗波动能力偏弱

一些企业自有的电力系统主网架构或继电保护配置不合理，抵御电网波动的能力偏低，导致事故影响扩大化。

（1）电气运行方式不合理。一些企业未综合考虑内外各种因素选择风险最小的电气运行方式，由电网波动引发大面积停电，造成事故发生或扩大。

（2）区域稳控等方案不完备。部分企业未对负荷进行分级，遇到波动之后，无法通过快速切负荷装置确保系统稳定和快速恢复。

（3）保护设置不完善，定值选取不合理。发生开关误动，造成不该停车的装置停车；开关拒动、越级跳闸导致停电范围扩大。

（4）关键机组油系统抗波动差。发生"晃电"后，关键机组润滑油泵切换过程中发生油压波动，往往由于油压低联锁，机组停机，导致装置停车范围扩大。

（5）企业自备电厂厂用电配置不合理。如某企业锅炉辅机运行方式不合理，在电网波动情况下，锅炉给水泵、磨煤机等多台同时停运，导致自备电厂停机停炉，从而造成系统性

波动。

2.3　关键电气设备可靠性有待加强

（1）变压器。关口变压器、区域变压器一旦发生故障，可能造成系统性影响。一些企业的主变压器容量不足，负荷率高，或者长期承受超大功率电动机启动冲击电流，存在较高的运行风险。例如2020年某化工厂110kV主变故障，造成系统波动。对变压器进行拆检，发现绕组变形。经分析，2015年由该变压器供电的一台主风机电机功率由9000kW改为14000kW，改造后的单台电机输出功率接近变压器容量的1/2。在主风机启动及供电系统出现短路时，均有大电流冲击变压器，但并未引起重视。长期的积累效应导致变压器绕组变形、绝缘受损，最终造成变压器本体故障。

（2）电力电缆。为炼油化工装置供电的电力电缆，尤其是高压电缆，发生故障时易导致电网波动，引起装置停工。导致电缆故障的原因是多方面的，如设计不合理、施工不规范、日常维护不到位，以及环境因素和外力破坏使电缆绝缘受损等。例如某企业6kV装置变电所一回电源线路在运行中跳闸，检查发现该回路电缆直埋地段有积水，电缆中间头长期浸没在水中，最终导致绝缘击穿短路。又例如某企业110kV中心变电站因电缆沟设计太浅，施工中外力导致主变电缆受损，发生接地故障。

（3）大型电机。大型电机多数没有备机，长期运行，没有及时检修，一旦发生故障，会造成装置较长时间的停工，对企业效益影响大。例如某企业高压聚乙烯装置一次压缩机进口电机运行十余年未进行过深度检修，未能及时发现转子缺陷，致使其最终演变为绝缘故障；又例如某企业催化装置主风机电机因维护管理不到位，致使机房上方顶棚漏水渗入电机，造成电机绕组短路。

（4）其他设备。UPS、变频器和电源模块等电气设备故障，如果发生在关键装置、关键机组、关键设备上，也可能造成较大的影响。例如某企业在2016年和2020年先后因为UPS故障、电磁阀电源模块故障导致乙烯装置非计划停工。

3　降低炼化企业电气故障，保障供电安全的主要措施

降低炼化企业电气故障，提升企业电力系统运行可靠性需要从两个方面着手开展工作。一是要努力减少出问题的概率，主要是通过打造合理的主网架构，强化电气设备全生命周期管理，降低电气设备故障；二是要提高企业电网和关键设备应对电力系统故障的能力，主要是优化企业电网继电保护和安全自动装置配置，完善稳控策略，对关键炼化装置和公用工程系统的关键电气设备采取合理的抗电网波动措施等。

3.1　打造可靠的供电系统

（1）完善主网架构。依据集团发布的炼化企业电力系统主网结构指导意见，结合企业发展和项目建设，对电力系统主网架构进行优化和完善，提高外部电源的可靠性，同时强化内部抗波动的能力。

（2）企业电网电源联络线增设"线路光纤差动+备用电源快切切换"配置。企业应在与地方电网相联结的线路装设光纤差动保护，并在关口变电站（所）装设快速电源切换装置，在线路故障情况下，可以实现快速切除故障点，恢复企业内部电网正常供电，最大限度降低外部故障对企业电网造成的波动影响。

（3）制定企业电力系统稳控策略。各企业应当根据自身工艺特点和电网特点，制定切实可行的电力系统稳控策略，提高炼化生产装置抗电网波动能力。制定稳控策略的要点是首先梳理出用电设备的工艺优先级，根据企业电网供电能力配置事故减载设施，防止在事故条件下，因电网供电能力不足导致大面积停电和关键生产装置、公用工程系统停工；考虑大型机电设备的启停策略；结合企业实际情况考虑系统孤网运行方案。

3.2　提升设备平稳率

（1）加强电气设备的前期管理。重视电气设备设计、采购、施工等环节的质量控制。

（2）结合电缆绝缘检测情况实施关键高压电缆更新，逐步更换铝芯电缆及使用超30年的老旧电缆。

（3）建立和完善关键机组电动机的维护检修策略。投用年限≥10年的A类电动机，宜分批进行返厂真空浸漆，加强绝缘，同时做好解体大修。

（4）保证开关柜、UPS、变频器、电源模块等电气设备合理的更新频率。

（5）选用成熟的电力设备状态监测技术，对架空输电线路、电缆线路、主变压器、高压开关柜以及重要电机开展状态监测，及时发现设备早期缺陷，防患于未然。

3.3　制定重要变频器和低压电机抗电压波动的技术措施和管理措施

（1）变频器抗波动。适当调整变频器低电压保护值，充分利用变频器自身的低电压穿越功能；在变频器直流环节增加DC-BANK（直流支撑系统）、超级电容等设施；对允许再启动的机泵设置变频器再启动功能。

（2）低压电机抗波动。结合工艺要求，利用低电压延时释放模块、永磁接触器、动态电压补偿装置等手段实现关键机泵电机在低电压条件下连续运行；对连续运行要求不高的重要机泵电机可以采取延时再启动的措施。

3.4　制定关键机组"抗晃电"综合方案

（1）高压电机抗晃电。保障高压电机供电电源可靠，低电压保护定值设置合理。

（2）机组辅助系统抗晃电。主备辅助油泵实现快速联锁启动；润滑油系统设置高位油箱和蓄能器，并确保完好；优化润滑油压联锁值，统筹考虑电仪间联锁方案，避免相互干扰。

3.5　加强专业管理

落实电气"三三二五"制度和各项电力技术监督措施，严格执行电气"二定"管理，持续推进设备状态监测和电力自动化技术应用，深化细化设备预防性维护策略，积极开展季节性维护和隐患排查治理，落实反事故措施。针对企业生产工艺和电网特点，制定极端条件下的事故预案，保障关键设备、公用工程系统和重要安全环保设施的安全供电。

4　总结

减少电气故障，保障供电安全是炼化企业安全生产的重要课题，需要引起企业的高度重视。由于每个企业工艺特点不同，供电网络、

电气设备、运行环境也各不相同，在制定供电安全保障措施时，切忌生搬硬套。必须结合企业实际情况和安全需求选取合理可行的技术措施和管理措施。此外，应当以发展的眼光看待企业电气管理，积极探索新技术、新工艺、新方法，与同行业企业加强交流分享，与电力行业的企业及科研机构保持信息互通，吸收成熟先进的技术和管理经验，不断提升炼化企业供用电安全水平。

参 考 文 献

1　张万英. 炼化企业电力系统隐患突出急待升级——访中国石油化工股份有限公司电气专家组副组长秦文杰[J]. 电气时代，2006(7)：10004-10007.
2　李延军. 石化企业安全供电的几点思考[J]. 甘肃科技，2005，21(7)：117-119.

690V 变频在中韩石化炼油厂应用过程中存在的问题及改进措施

杨 帆 戚 超

（中韩(武汉)石油化工有限公司，湖北武汉 430082）

摘 要 对 690V 电压系统在变频器驱动下发生的电缆绝缘击穿、电机低频共振和电磁干扰造成的机组停机等问题进行了分析，电缆绝缘击穿可以通过控制系统电压或提高电缆绝缘水平解决，改变机泵的固有振动频率或采用变频电机能消除低频共振，控制电缆采用屏蔽电缆，且屏蔽层两端接地可防止电磁干扰。开关的短路分断能力在 690V 电压系统会下降，塑壳开关下降的比例更大，而熔断器有极高的短路分断能力。变频器与电机容量匹配时，确定最大负载电流，电机的额定功率可作为参考。风机、泵类负载的变频电机宜选择自扇风冷方式。

关键词 绝缘击穿；短路分断能力；低频共振；屏蔽；电磁干扰；容量匹配；风冷方式

1 引言

对于需要变频调速的机泵，在 400V 电压系统的电机和变频器可以做到 315kW，超过这一容量需要提高电压等级。在 690V 电压系统，电机和变频器可做到 1200kW 以上，且相对于中压变频器性价比高。炼油厂区从油品质量升级一期项目开始，由于一些容量较大的中型电机需要变频调速，采用了 690V 电压系统。

2 应用情况简介

炼油厂区目前有 3 个 690V 电压系统，分别在 2#常减压、2#制氢和 3#气分装置，690V 变频器有 6 台。炼油厂区 690V 电压系统变频器应用概况见表1。

表 1 炼油厂区 690V 电压系统变频器应用概况

设备位号 \ 参数	变频器功率/kW	电机功率/kW	电机风冷方式	投用时间
2#常减压 加热炉引风机	400	400	他扇	2008.1
2#常减压 减底渣油泵 P1018B	450	400[注]	自扇	2016.6
2#制氢转化炉 鼓风机 K4103A	500	400	自扇	2013.4
2#制氢转化炉 引风机 K4102A	1200	1000	自扇	2013.4
3#气分丙烯塔 回流及产品泵 P106A	400	315	他扇	2019.12
3#气分丙烯塔 中间泵 P107A	400	315	他扇	2019.12

注：该电机 2016 年变频改造时配置的是 400kW 的工频电机，2018 年改为 280kW 他扇风冷变频电机。

3　存在的问题及改进措施

690V 变频器具有容量大、可靠性高、维护费用低等优点，采用 690V 电压系统使配电方案更加灵活，但在多年的使用过程中，存在一些问题，需要改进提高。

3.1　电缆绝缘击穿

690V 电压系统使用的电缆与 400V 系统使用的电缆绝缘水平一样，都是 0.6kV/1kV 的，即导体对地或金属屏蔽之间的额定工频电压为 0.6kV，导体间的额定工频电压为 1kV。而在690V 变频器驱动情况下，高次谐波作为一种行波，多次反射叠加，电缆承受的电压要高得多。2013 年 2#制氢装置开工之初，制氢转化炉400kW 的鼓风机发生了 2 次电缆故障。第 1 次认为可能是电缆施工时受到机械损伤，没有对故障进行查找分析，原样更换了电缆，修复了变频器。第 2 次故障发生在修复运行后仅 56h，故障点在电缆下桥架入地的拐弯处，距配电室约 110m、距鼓风机 40m，检查发现 2 根并联电缆中的 1 根 C 相有多点绝缘击穿的痕迹，如图 1 所示。

图 1　电缆绝缘击穿照片

第 2 次故障后，经过分析沟通，对 690V 电压系统变频电机电缆的绝缘水平可能存在的问题有了进一步的认识：

（1）变频器输出的是正弦规律调制的方波，实际加在电机定子上的电压为 $V_{DC} = \sqrt{2} V_{in}$（V_{in} 为变频器进线电压），如果进线电压是 690V，不考虑长电缆的影响，加在电机端的电压可达到 975.7V。而现场使用的动力电缆型号是 ZRA-FCMC-PTC-0.6/1kV，即 A 级阻燃三芯屏蔽型变频电缆。

（2）变频器输出采用 PWM 高频调制，输出电流近似正弦波，输出电压为非正弦波，波形的频率较高，通常大功率变频器的开关频率在 2kHz 左右。在此频率下，电机电缆的电感分布电容不能忽视。按照分布参数电路理论，当传输线阻抗和负载阻抗不匹配时，将产生行波反射现象，在负载端产生高压，其电压水平可以达到发送端的 2 倍，参见图 2 所示等效模型。

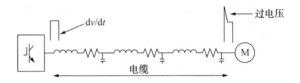

电机终端的PWM电压

图 2　分布参数电路等效模型

在这里传输线就是电缆，负载是电机。电机功率越小，电机特征阻抗越大，与电缆阻抗的失配更严重；大功率电机和电缆的特征阻抗匹配程度要好一些，行波反射造成的电压水平相对较低，这可以解释为什么同在一个 690V 电压系统内的引风机，未发生电缆绝缘击穿（与鼓风机电缆同型号、同规格、同厂家，长度相近，3 根并联）。

（3）变频器输出侧加装了出线电抗器，可在一定程度上抑制行波反射电压，但屏蔽电缆的分布电容容抗更低，也更容易产生行波反射现象。

综上所述，在变频器驱动情况下，电缆承受的电压要高得多，最高情况下是进线电压的 $2\sqrt{2}$ 倍，若电缆绝缘安全系数不高，有可能会被击穿。

变频器厂家建议将电缆更换为非屏蔽电缆，并提升电缆的绝缘等级至 1.8kV/3kV。由于装置已投入正式生产，现场不具备更换电缆的条件，只做了两项调整：

（1）调整装置变压器的档位，降低 6kV 系统和 690V 系统的电压。

（2）重新设定变频器的控制模式，由矢量控制模式改为 V/f 控制模式，这种专门为风机、泵类负载节能设计的 V/f 控制模式，可根据负载电流自动降低变频器输出电压。

两项调整降低了电缆所承受的电压,改善了电缆的运行条件,减少了行波反射叠加对电缆绝缘的损害,调整后的制氢转化炉鼓、引风机已经安全运行 7 年。以后在选择 690V 变频电缆时,特别是小功率长电缆输送时,可参考厂家意见,提升绝缘等级。但仍应使用屏蔽电缆,并将屏蔽层接地,抑制电磁波对外反射,减少变频电缆对附近的控制信号、检测信号等弱电信号的干扰。

3.2　短路分断能力下降

在 690V 电压系统,开关的额定极限短路分断能力 I_{cu} 和运行短路分断能力 I_{cs} 与 400V 电压系统相比会有所下降,封闭式的塑壳开关下降的幅度较大,敞开式的框架开关下降较少,而快速熔断器具有极高的短路分断能力。变频器进线开关(熔断器)在 400V 和 690V 短路分断能力对比见表 2。

表 2　变频器进线开关(熔断器)在 400V 和 690V 系统的短路分断能力

装置设备位号　　开关/熔断器参数	型号	额定电流/A	400V 时 I_{cu}/I_{cs} /kA	690V 时 I_{cu}/I_{cs} /kA	生产厂家
2#常减压加热炉引风机	NSD630N	630	45/33.75	10/2.5	施耐德
2#常减压减底渣油泵 P-1018B	NM1-630H	630	65/32.5	10/5	浙江正泰
2#制氢转化炉鼓风机 K4103/A	sf aR[注] URD30	400 (2 组并联)	100/100	100/100	Ferraz
2#制氢转化炉引风机 K4102/A	sf aR[注] size2 170M5460	500 (4 组并联)	200/200	200/200	Bussmann
3#气分丙烯塔回流产品泵 P106A	SACE T5H630	630	70/70	40/40	ABB
3#气分丙烯塔中间泵 P107A	SACE T5H630	630	70/70	40/40	ABB

注:2#制氢转化炉鼓、引风机变频器进线使用的是快速熔断器。

以 2#常减压装置引风机为例,690V 变频器进线使用的塑壳开关在 400V 电压系统 I_{cu}/I_{cs} 是 45kA/33.75kA,而在 690V 电压系统 I_{cu}/I_{cs} 仅有 10kA/2.5kA。而该回路在电缆末端电机接线盒处的三相短路电流超过 12kA,该变频器的进线开关不保证在故障情况下能可靠分断短路电流,存在安全隐患。

对于额定容量在 355kW 及以下电机回路的短路保护,可以选用价格低廉的快速熔断器,或选择价格较高的限流式塑壳开关;容量超过 355kW 的电机需要选择价格相对更高的敞开式框架开关,或采用熔断器并联方式提供短路保护。

快速熔断器能够在最严重故障情况下可靠地分断短路电流,但不能保证大容量变频器的输出端发生短路故障时,保护变频器的元件不受损坏。例如制氢转化炉鼓风机 2 次电缆故障,进线快速熔断器都熔断了(第 1 次 6 只进线快熔断了 5 个,第 2 次熔断了 2 个),但仍造成变频器的重要部件整流桥损坏。受目前半导体工艺

水平限制,单个 IGBT 元件不能满足大功率变频器所需的输出电流,需要采用多个 IGBT 并联方式实现额定输出。变频器容量越大,并联元件越多。以 2#制氢转化炉鼓、引风机 690V 变频器为例,500kW 的鼓风机变频器是 4 个 IGBT 并联,1200kW 的引风机变频器需要 2 组 4 个并联的 IGBT(共 8 个)。虽然经过严格的元件筛选,仍不能保证每个并联元件的特性完全一致,当发生电缆短路故障时,短路电流很难均匀分布在每个并联元件上,分流较多的元件会首先损坏,然后并联的其他元件也会依次损坏。所以,大功率变频器不能像小功率变频器那样,依靠自身的过电流保护机制免于元件的损坏,因此,更需要保证变频电机电缆的本质安全。

3.3　电机低频共振

2016 年 2#常减压装置减底渣油泵 P1018B 在 690V 变频改造时,按照原 6kV 电机的容量购置了 1 台额定功率 400kW 的工频电机。由于工频电机在设计和制造过程中没有考虑避开工频以外的电机共振频率问题,导致该泵在调速

给定 55%～65% 范围时，振动偏大。在变频器输出频率为 33.3Hz 时，测得电机前、后端水平振动值分别为 7.3mm/s 和 9.6mm/s，严重超标。为了降低振动，操作工调速给定设在 70% 以上，通过控制泵调节阀开度，避开共振频率。阀门截流，未能充分发挥变频的节能功效。直至 2016 年底，电机生产厂家在现场对该电机采用联轴器上配重的办法，改变电机的固有振动频率，虽然单试电机时仍有低频共振现象，但与泵连接后，电机低频运行时的振动大幅下降，振动值在标准以内。

2018 年，根据 P1018B 叶轮切削后的实际轴功率，重新选配了 1 台 280kW 的变频电机，从根本上解决了电机在频率 50Hz 以外的低频共振问题。

3.4 电磁干扰停机

2018 年 7 月 5 日，突降暴雨，2#制氢装置制氢转化炉鼓、引风机 690V 变频驱动的主机先后停机，造成转化炉熄炉，装置紧急切断进料。事发时电网没有异常，检查复位后机组都能正常启动，机组突停的原因是应该是雷电产生的电磁干扰造成控制系统紊乱。屏蔽电缆可以防电磁干扰，屏蔽层一端接地，只能防静电干扰；两端（多点）接地，既防静电干扰，又防电磁干扰。在电气仪表专业检查过程中发现：

（1）电气配电室二次端子柜至仪表机柜室的控制电缆，设计选用的是非屏蔽阻燃控制电缆，实际敷设的控缆有一部分是铠装的，铠一端接地。

（2）仪表信号电缆的铠未接地，外屏蔽层只在仪表机柜室一端接地。

上述问题不符合新颁布的《电力工程电缆设计标准》（GB 50217—2018）和《石油化工仪表接地设计规范》（SH/T 3081—2019）的要求，必须按标准和规范进行如下整改：

（1）控制电缆选用屏蔽电缆。将配电室端子柜至仪表机柜室的控制电缆，按照标准更换为适宜的屏蔽电缆。

（2）控制电缆和信号电缆屏蔽接地。充分利用铠装或金属保护管的屏蔽功能，铠和金属保护管两端接地；内屏蔽层单端接地，外屏蔽两端接地；电缆的备用芯和备用电缆的屏蔽层

在控制室一侧接到工作接地。

屏蔽层两点接地，如果两接地点之间出现电位差，则屏蔽层有电流流过，电流过大会烧熔屏蔽层。新规范有等电位连接的定义，没有具体确保等电位的要求。可参照《火力发电厂、变电所二次设计技术规程》（DL/T 5136—2012）和《国家电网有限公司十八项电网重大反事故措施》2018 版的要求，沿屏蔽层敷设旁通导体。按照聚丙烯装置和化工厂区的实际做法，沿二次电缆沟（桥架）敷设 $1\times95mm^2$ 镀锡铜绞线或铜芯电缆，将配电室与仪表机柜室接地网相连。同时，从配电室和仪表控制室分别敷设铜缆至现场，一端在配电室和仪表控制室的电缆沟（桥架）入口处与主地网相连，另一端在装置现场的每个就地端子箱与主地网相连，确保在任何情况下屏蔽电缆的两端电位近似相等。

3.5 变频器容量偏大

在实际应用中，400V 电压系统也存在变频器的容量选择偏大的问题。选择的变频器容量越大，谐波分量越大，投资增加，经济性变差。690V 变频器由于容量较大，还存在容量越大，并联元件越多，可靠性反而下降的问题。以表 1 中的 3#气分 690V 变频器为例，丙烯塔回流及产品泵 P106A 和丙烯塔中间泵 P107A 配置的电机都是 315kW，变频器比电机的额定功率提升了 2 档，都是 400kW。而两台泵的轴功率分别是 259.8kW 和 239.7kW，对应的电机功率储备系数分别是 1.21 和 1.31，对于联轴器连接的离心泵，这个功率储备系数足够富裕。电机与泵在容量匹配时的裕量已经足够大了，如果电机不可能超同步转速运行，变频器容量没有必要再提升 2 档。

变频器与电机的容量选择应遵循匹配和经济性原则，具体情况具体分析。容量选择的过程，实际上是一个电机与负载、变频器与电机最佳匹配的过程。选择电机时，因为变频电机是软启动，容量富余量没有必要太大，电机的功率储备系数可在 1.0～1.1 之间。选择变频器时，最简单、最安全的方法是：变频器的额定电流大于等于电机的额定电流，即变频器容量与电机的额定功率相同或提升 1 档。对于新建项目，设计一般都是这么匹配，但实际运行中，

机泵的能力可能偏大，电机功率裕量较大，按此方法选择的变频器容量会偏大。因此，对于变频改造项目，如果在变频器与电机匹配时，能够具体情况具体分析，考虑生产工艺和机泵容量的冗余，根据负载实际可能出现的最大轴功率，确定最大负载电流，并以此作为变频器容量选择的依据，电机的额定功率只作为参考，这样就可避免选用的变频器容量偏大，节省投资。

3.6　电机风冷方式选择

从表 1 可见，炼油厂区 690V 变频电机的冷却方式有两种，一是自扇风冷方式，即在电机轴上加装风叶，电机在运转时，靠风叶旋转冷却电机；另一种是他扇风冷方式，即电机轴上不带叶片，在电机的风叶罩内加装一台独立风机，采用独立的电机驱动风扇强制冷却，为主电机散热。

自扇风冷方式的优点是简单、可靠、经济；缺点是低频时，电机散热条件变差，可能引起电机过热，造成电机线圈绝缘老化甚至烧毁。他扇风冷方式正好相反，采用独立的工频电机驱动风扇为主电机散热，电机的散热条件不变，不会因低频运行导致电机过热烧损；缺点就是相对复杂，需要外接 400V 电源给风扇电机供电，有 2 套电机供电及保护控制系统，风扇电机故障或误停会联锁主机停车。

不论是 690V 还是 400V 电压系统，变频电机采用何种风冷方式，都应该具体情况具体分析。对于实际生产运行中已经证明，在变频驱动下采用自扇风冷没有散热问题的电机，在进行变频改造或电机更换时，没有必要采用强制风冷，电机应该继续采用自扇风冷方式。对于恒转矩负载，由于转矩不变，负载电流不变，热损也不变，在电机低频运行时，采用自扇风冷方式风量不足，会引起电机温升增高，应该使用独立风扇冷却。而风机、泵类负载，负载转矩与转速的平方成正比，负载功率与转速的立方成正比，这类负载的特点是连续运行，除启动外基本没有瞬间过载问题，平方减转矩、立方减功率负载在低速下负载非常小，虽然散热能力变差，但温升不会有太大变化。以 2# 制氢转化炉引风机电机为例，风机生产厂在成套电机时，选择的是 1000kW 自扇风冷变频电机，既节省了成套费用，也为用户提供了安全可靠的产品。炼厂绝大多数机泵都是离心式的，即使在装置开工的初始阶段，或生产异常的低负荷情况下，也可以通过控制阀门开度提高电机转速。所以，风机、泵类负载的变频电机宜选择简单、可靠、经济的自扇风冷方式。

4　结语

在 690V 电压系统，为防止变频器驱动下的电缆绝缘击穿，可通过控制系统电压或提高电缆的绝缘等级，来保证电缆安全运行；开关的短路分断能力在 690V 电压系统会降低，塑壳开关降幅较大，框架开关降幅较小，而熔断器有极高的短路分断能力；工频电机在低频运行时可能会出现共振现象，选择变频电机可避免低频共振；屏蔽电缆一端接地能防静电干扰，两端接地既防静电干扰又防电磁干扰；变频器与电机容量匹配，具体情况具体分析，裕量不宜过大；风机、泵类负载宜选用自扇风冷式变频电机。随着炼油装置越来越大型化，690V 电压系统的应用前景广泛，认识应用过程中存在的问题，才能持续改进，不断提高。

参 考 文 献

1　P. F. Lionetto, R. Brambilla, P. Vezzani（意大利），E. Picatoste（西班牙）. 690V 电压等级在工业低压配电网中的应用[J]. 供用电，2002，19(6)：49-53

2　秦文杰. 石油化工企业电气设备及运行管理手册[M]. 北京：化学工业出版社，2015：481-485.

3　GB 50217—2018　电力工程电缆设计标准.

4　SH/T 3081—2019　石油化工仪表接地设计规范.

5　DL/T 5136—2012　火力发电厂、变电所二次设计技术规程.

油品加工单元循环氢压缩机电机变频器故障造成压缩机停机的原因及分析

刘文忠

（国家能源集团鄂尔多斯煤制油公司，内蒙古伊金霍洛旗　017209）

摘　要　本文对油品加工单元循环氢压缩机两次变频器故障，造成压缩机停机的问题进行探讨分析，对高压电机变频器故障的原因进行了详细的剖析，提出了整改意见和对策，对类似高压电机变频器故障原因分析有指导意义。

关键词　循环氢；压缩机；高压变频器；油品加工

1　油品加工单元装置概况及循环氢压缩机电机变频器介绍

1.1　装置概况

油品加工单元由北京 SEI 设计院设计，设计加工能力为 $15.53×10^4$ t/a，加工费托合成单元生产的轻质馏分油、重质馏分油和重质蜡，装置于 2008 年初动工兴建，2009 年 12 月 30 日开车成功，由于原料问题于 2010 年 5 月停工技改；油品加工单元经过 2018 年改造，主要加工蜡油/煤焦油，蜡油/煤焦油经过反应系统的加氢精制反应器及裂化反应器反应后进入分馏系统分馏出合格的柴油、石脑油，副产尾油外甩，油品加工单元加工规模为 20 万吨/年；产品主要有柴油 14.2 万吨/年、石脑油 5.7 万吨/年、尾油 0.42 万吨/年，合计产品 20.32 万吨/年。

1.2　循环氢压缩机电机变频器介绍

油品加工单元循环氢压缩机是装置的主要设备，压缩机由沈阳鼓风机集团有限公司制造，增安型高压三相鼠笼异步电机由南阳防爆集团有限公司制造，电机高压变频器由美国罗宾康公司制造，贸易商是西门子（上海）电气传动设备有限公司，具体参数见表 1。

表 1　酸性水中氯含量分析数据汇总表

序号	名称	规格型号	生产厂家	生产日期	主要技术参数
1	循环氢压缩机	BCL407	沈阳鼓风机集团有限公司制造	2009-05	流量：70000Nm³/h　轴功率：873kW
2	电动机	YAKS500-2	南阳防爆集团有限公司	2009-02	电压：6000V　额定功率：1250kW
3	电机变频器	PH-6-6-1250KW	罗宾康公司	2009-03	输入：6000VAC，3 相，50Hz　输出（110% 1min 过载）：0~6000V

1.3　美国罗宾康公司高压变频器简介

罗宾康的完美无谐波系列（Perfect - Harmony）高压变频器，该系列变频采用若干个 PWM 变频功率单元串联的方式，实现直接高压输出。该变频器具有以下优点：对电网谐波污染极小，输入功率因数高，输出波形质量好，不存在由谐波引起的电机附加发热、噪声，转矩脉动小于 0.1%，变频装置对输出电缆长度无任何要求，电机不会受到共模电压和 dv/dt 的影响，不必加任何输出滤波器就可以使用普通的异步电机。

1.4　美国罗宾康公司高压变频器特点简介

（1）全球高压变频知名品牌，可靠性极高；

作者简介：刘文忠（1968—），男，汉族，河北南皮人，工程师，从事设备管理工作。

（2）性能优异，输入和输出谐波极少（36 脉冲整流，13 电平逆变电压源型变频器），内部干式变压器的绝缘等级为 H 级，高于普通的 F 级，可靠性高，维护简单；

（3）适应电网波动要求，电网电压可下降至 55%，变频器仍能继续工作而不跳机；

（4）电压源型高压变频器在整个速度段输入功率因数大于 0.95；

（5）高-高结构，直接输出 6kV 高压，没有任何内置/外置升压变压器，不对电机做任何改动；

（6）变频器（包括变压器在内）效率高，高于 98%；

（7）防护等级 IP31，高于普通的 IP20，对用户的环境要求低，环境湿度可达 95%。

1.5　系统一次接线图和无谐波变频器的控制结构图（见图 1、图 2）

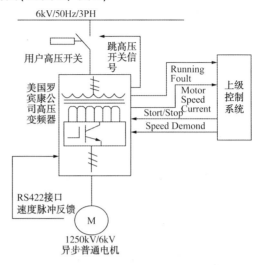

图 1　一次接线图

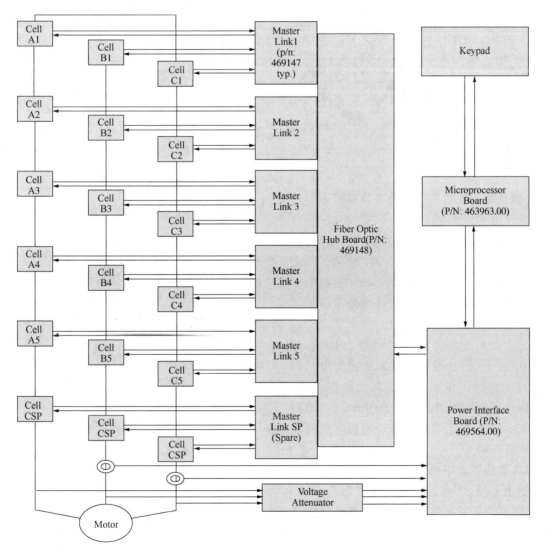

图 2　无谐波变频器的控制结构图

1.6 变频器的输入电压和电流波形及变频器的输出电压和电流波形(见图3、图4)

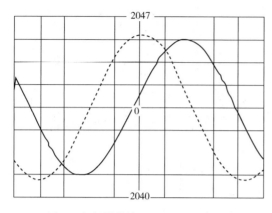

图3　变频器的输入电压和电流波形

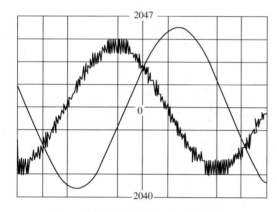

图4　变频器的输出电压和电流波形

2 循环氢压缩机电机变频器两次故障描述

第一次电机变频器故障时间是2019年11月19日21点05分，循环氢压缩机突然停机，当时油品加工单元生产正常无操作波动，压缩机满负荷运转流量约为58000Nm³/h，电机电流为136A；电气专业检查发现电机变频器显示超电流联锁跳车。

第二次电机变频器故障时间是2019年12月3日08点03分，循环氢压缩机再次突然停机，当时油品加工单元生产正常无操作波动，压缩机满负荷运转流量约为58500Nm³/h，电机电流为138A；电气专业检查发现电机变频器显示超电流联锁跳车。

2.1 循环氢压缩机电机变频器两次故障的处理及初步原因分析

2.1.1 循环氢压缩机第一次故障停机的处理及初步原因分析

循环氢压缩机因电机变频器故障停机后，

车间安排钳工专业对循环氢压缩机转动部件进行了检查，安排电气专业对电机及电机变频器控制部分进行了检查。

钳工专业检查循环氢压缩机转动部件时，发现压缩机变速箱低速齿轮损伤严重，从动的高速齿轮也有损伤，由于变速箱低、高速齿轮无备件，公司安排将受伤的齿轮打磨消除缺陷后回装，压缩机开机运行后根据压缩机变数箱振动情况再作分析判断，紧急采购压缩机变数箱低、高速齿轮。

电气专业检查了电机及电机变频器控制部分，电机各接线端子牢固无松动问题，检查电机变频器控制部分只显示电机超电流联锁跳车，未有其他问题故障记录；电气专业更换新的IOC卡备件，进行压缩机试运，结果压缩机直接超速跳车无变频调速控制，再次试运结果相同；将旧的IOC卡件更换后，压缩机试运变频调速控制正常。要求电气专业联系变频器厂商服务人员寻求技术支持，共同查找变频器有无故障、电流记录等问题，检验IOC卡备件的完好问题，配备新的变频器IOC卡备件等。

初步原因分析，压缩机变速箱齿轮损坏造成压缩机瞬间超负荷直接超电机停机，由于电机变频器控制部分未能捕捉到压缩机瞬间超负荷时的电流信号，因此只显示电机超电流停机。

2.1.2 循环氢压缩机第二次故障停机的处理

循环氢压缩机第二次停机时，压缩机变速箱使用的是修复的低、高速齿轮，变速箱运转平稳振动值在15μm左右，油品加工单元生产稳定无操作波动，压缩机满负荷运转流量约为58500Nm³/h，电机电流为138A。为了能彻底查明循环氢压缩机变频器超电流联锁跳车的原因，消除循环氢压缩机运行隐患，油品加工单元停工压缩机变速箱外送维修，电气专业联系变频器厂商技术人员来现场服务，查找变频器故障原因。

2.1.3 变频器厂商技术人员对变频器故障的处理及原因分析报告

1)变频器厂商技术人员对变频器故障的处理

变频器厂商技术人员来现场服务，调阅了变频器控制后台记录，更换了升级版的变频器IOC卡件，对电气专业的IOC卡备件进行了分析，可能存在卡件的盗版质量问题；变频器更换厂家升级的IOC卡件后压缩机试运正常。

2）变频器厂商技术人员对变频器故障的分析报告

变频器控制系统故障记录见图5。

```
现场问题描述Problem description

    1.故障现象 Faultphenomenon

    变频器于11月14日和12月3日分别出现IOC故障停机。

    所报IOC的情况有所不同

                        □      □

    2.事件记录 Event log record(关键时间点的记录)

    第一次报IOC故障的事件记录(系统时间出现故障,实际为11月14日)

        3/19/03  19:05:16 Drive State–run

        5/13/03  06:56:04 Fault–IOC

        5/13/03  06:56:04 Run Request–false

        5/13/03  06:56:04 Drive State–coast

        5/13/03  06:56:04 Drive State–idle

        5/13/03  06:56:04 Historical Data

    当时记录数据

        142.5   77.3    0.0   –0.3 101.7   –0.7   –2.2COAST

        153.1   77.3  –92.1 –104.8  95.4    8.1   89.8  RUN

        –77.5   77.3  –86.8  –88.4  95.4   38.3   99.9  RUN

    第二次报IOC故障的事件记录(时间客户进行键盘更改,为准确时间)

        11/20/19 21:53:51 Drive State–run

        12/03/19 08:03:19 Fault–IOC
        12/03/19 08:03:19 Run Request–false

        12/03/19 08:03:19 Drive State–coast

        12/03/19 08:03:19 Drive State–idle

    当时记录数据

        0.0   56.6   0.0   –0.3   0.9   –0.9   –0.0  IDLE
```

图5　变频器控制系统故障记录

变频器厂商技术人员对故障的分析报告见　图6。

2. 故障分析。

第一次出现 IOC，从客户反馈的情况和现场的实际情况，所了解到，当时由于设备机械部分出现故障，从变频器所记录的数据来看，也出现数据异常的反映，判断为真实的 IOC 保护而导致停机。

第二次出现 IOC，所记录的数据，转速和电流的反馈正常，但没有记录到变频器的 COAST 过程，判断为外部机械故障或 IO 板的误报警都有可能，为保证设备后续的可靠性，已将 IO 板进行更换，客户机械部分的问题也进行再次处理

图6　变频器厂商技术人员对故障的分析报告

3　综合分析循环氢压缩机电机变频器两次故障停机的原因

首次压缩机电机变频器 IOC 保护停机的原因：一是设备机械部分故障导致压缩机瞬间超负荷，引发电机变频器 IOC 超电流保护停机；二是电机变频器 IOC 控制问题，IOC 误报造成 IOC 超电流保护。

第二次压缩机电机变频器 IOC 保护停机的原因应该是电机变频器 IOC 控制问题，IOC 卡误报造成 IOC 超电流保护。

此台变频器是 2009 年生产的，已经运行使用了 10 年，没有进行变频器控制系统的升级改造，从变频器厂商技术服务人员对此类型号的变频器 IOC 卡件故障服务记录中，曾经多次出现卡件误报造成变频器故障的记录，因此厂家对变频器 IOC 卡件进行了升级改造，更换升级后的变频器 IOC 卡件故障消失，变频器运行稳定，由此判定两次压缩机变频器故障的主要原因是变频器 IOC 卡件误报造成 IOC 超电流保护。

4　对压缩机电机变频器运行维护的建议

（1）对变频器运行环境进行定期巡检，检查变频器运行环境温度和湿度。

（2）加强与变频器厂商的技术沟通，及时对变频器控制系统进行升级改造，保证电机变频器的运行稳定可靠。

（3）采购合格正规的变频器控制系统 IOC 卡、主板等备件。

（4）加强压缩机转动部分的巡检维护，分析压缩机可能存在的故障，消除压缩机运行隐患。

红外热成像仪在电气设备状态监测工作中的应用

赵广伟 樊 星

（中国石油大庆石化分公司化工一厂，黑龙江大庆 163714）

摘 要 电气设备过热是日常运行的主要隐患，使用红外热像仪对电气设备进行状态监测能够及时发现热隐患，保证电气设备的安全可靠运行。本文主要对热像仪在电气设备状态监测中的优势及使用方法进行分析并提出相应解决措施。

关键词 状态监测；热隐患；热成像仪

电气设备巡检和状态监测过程中使用红外热成像仪对设备温度进行测温，通过对测温结果进行分析，能够及时发现设备发热缺陷。依据 DL/T 664—2016《带电设备红外诊断应用规范》，结合在实际工作中红外测温成像仪的使用方法和注意事项，能够提高电气设备巡检质量，保证设备安全稳定运行。

1 红外热成像仪测温原理与技术应用

物体由于其自身分子的运动，不停地向外辐射红外热能，从而在物体表面形成一定的温度场，俗称"热像"。红外诊断技术正是通过吸收这种红外辐射能量，测出设备表面的温度及温度场的分布，从而判断设备发热情况。通过对电气设备表面温度及其分布的测试、分析和判断，准确地发现电气设备运行中的异常和缺陷，从而预知设备运行状况，提前安排设备检修日期，可以为设备良好运行做好侦察兵。利用红外热成像仪等诊断技术可在变电设备运行状态时远距离、不停电、不接触、不取样、不解体的情况下，检测出设备故障引起的异常红外辐射和温度，有效地判断设备存在的外部缺陷和内部缺陷，从而实现故障隐患的提早发现并及时进行处理，给电力系统设备状态监测提供了一种先进手段。

2 热成像仪的使用优势

变电所的设备巡检和设备的状态监测是运行人员在当值期间都必须要进行的一项重要工作，主要是查看变电所和现场重要电气设备的运行情况，对于已经存在的设备故障和缺陷，运行人员很容易第一时间发现和处理，对一些有发展性的缺陷则较难准确发现，凡是在运行中易发热是其主要特征的设备缺陷，往往要到设备发热到一定的程度后才能被发现，但此时，设备一般已有一定程度的损坏，此时，红外热像仪就显示出它无可比拟的优越性：

（1）通过对设备表面温度分布的测量，可以分析设备内部热损耗部位和性质，从而判断该设备的健康状态。

（2）具有定性成像与定量测量的双重功能，并有较高空间分辨率和温度分辨率，能够辨别很小的温差。实时热图像能够清晰显示在屏幕上，为建立热图像数据库提供了条件，实现了集图像采集、储存、分析于一体的功能。

（3）用红外热成像仪检测设备，属于远距离非接触式的扫描巡检，可以保证人身设备的安全。

（4）红外热成像仪检测设备，如同用摄像机录像，能够快速地对大面积的设备进行检测，能够准确、直观地发现与运行电压、电流有关的设备缺陷，还可对缺陷的性质、位置、程度作出定性、定量的判断。

使用红外热像仪对设备进行测温作为无损、非接触检测设备的技术手段，在设备带电运行时，可以发现其他监测手段无法发现的热缺陷，减少故障导致的非计划停运时间，具有超前诊断的优越性等优点（见图1）。

作者简介：赵广伟，男，工程师，2005 毕业于齐齐哈尔大学自动化专业，现从事电气设备管理工作。

图1　某变电所低压敞开柜热成像仪
检查B相接触器端子过热

3　热成像仪和点温仪的区别

设备的安全除了其本身的质量问题以外，对设备安全造成的最大危害的就是设备在运行过程中发热而产生的缺陷。在现有的技术条件下，对运行中的设备进行温度测试，只有红线测温技术才有良好的效果。红外热成像仪在供电车间普及使用之前，员工日常巡检状态监测使用的是点温仪，又称为点温枪或红外测温仪。现阶段，供电车间在日常巡检和状态监测过程中，使用的是以热成像仪为主、点温仪为辅的监测手段。与点温仪相比，红外热成像仪具有以下优势：

（1）点温仪只显示数字，红外热成像仪可生成图像；

（2）点温仪只可读取单个点的温度，红外热成像仪能显示热图像中所有像素点的温度读数；

（3）由于配备先进的光学镜头，红外热成像仪能从更远距离处检测温度，有助于快速检测大片区域。

因为点温仪工作原理与红外热像仪相同，所以可认为是只有一个像素点的红外热像仪。这种工具可以完成多项任务，但由于只可以测量单个点的温度，操作人员很容易错失关键信息，无法注意某些即将发生故障且急需维修的高温关键点，使用一台红外热像仪相当于同时使用成千上万台点温仪（见图2）。如今红外热成像技术在供电车间设备日常管理中有着很好的效果。为保证装置设备供电平稳、合理、正确使用红外热成像来检测设备的运行状况，对

及时发现设备存在的缺陷，提高供电的安全可靠性就显得至关重要。

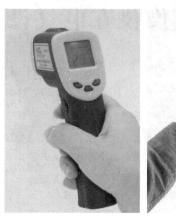

图2　点温仪和热成像仪使用区别

4　使用红外热成像仪检查问题的判断方法

在实际工作中，供电车间通过对规范DL/T 664—2016《带电设备红外诊断应用规范》的学习，结合日常检查使用红外热成像仪的经验，常用以下几种故障判定方法：表面温度判断法、同类比较法、相对温差判断法、档案分析法、实时分析法。

（1）表面温度判断法：主要使用于电流致热型和电磁效应引起的发热设备。根据测得的设备温度值，对照《带电设备红外诊断应用规范》中关于电气设备各种部件、材料和绝缘介质的温度和温升极限的有关规定，结合环境气候条件、负荷大小进行分析判断，来确定设备的热缺陷。这种方法能比较直观地判断出设备的故障，条件是设备的温升较高，所判断出的故障一般都要及时处理。

（2）同类比较法：根据同组设备、同类设备之间对应部位的温差进行比较分析。这是一种根据不同类型的设备有着不同判断的方法，对于电压致热的设备，温升很小，但温差相差几度，就可以判断出设备已经存在缺陷。

（3）相对温差判断法：相对温差（δ）为2个对应测点之间的温差与其中较热点的温升之比的百分数，用公式表示为：

$$\delta = (\tau_1 - \tau_2)/\tau_1 \times 100\%$$
$$= (T_1 - T_2)/(T_1 - T_0) \times 100\% \times 100\%$$

式中　δ——相对温差；

τ_1，T_1——发热点的温升和温度；

τ_2，T_2——正常对应点的温升和温度；

T_0——被测设备区域的环境温度。

按照以上公式推理，根据日常设备监测时的数据和状态，结合以往设备温度监测结果，规定当运行人员日常巡检和状态监测时，当元件温度超过报警温度或者三相之间最大温差超过表1规定时，进行停电检查处理。

表1　报警温度和三相之间最大温差

元件名称	报警温度/℃	三相之间最大温差/℃
接线端子	65	7
弹簧触头	55	7
螺栓连接	65	7
接触器线圈	105	—
变压器线圈和铁心电抗器线圈	120	—

5　红外热成像仪的应用效果

2020年大庆石化公司化工一厂供电车间员工在日常巡检和状态监测中，使用热成像仪多次发现设备温度缺陷，由于提前预知并及时检修，未对生产造成影响。下面结合实践，对利用红外热像仪提高运行人员的巡视效果和缺陷分析能力作以下介绍。

（1）变频器：2020年8月20日，员工对设备进行热成像仪检查时，发现加氢装置脱戊烷塔顶空冷器GH-3102B变频器电源侧滤波器B相引线过热，热成像仪显示最高温度为175℃。根据《带电设备红外诊断应用规范》的规定：接头和线夹（电器设备与金属部件的连接）的热点温度不得超过110℃（危急缺陷），显然该变频器电源侧滤波器B相的发热情况已经超过规定的允许值。设备停电后，对过热相螺栓进行紧固检查，有轻微松动迹象，分析原因为螺栓松动，造成接触电阻增大，引线过热。

（2）变压器：2020年07月16日供电车间技术员对电气设备热成像检查时发现，316变电所1#变压器高压侧C相接线柱温度为50℃，比A、B相接线柱温度高9℃；根据《带电设备红外诊断应用规范》的规定：柱头（变压器套管）的热点温度温升$\delta \geqslant 35\%$但热点温度未达到严重缺陷温度（55℃），属于一般缺陷。变压器停电检查发现变压器高压侧C相接线柱螺栓紧固力不足。

（3）断路器：2019年12月26日10时，供电车间技术员、芳烃班组对系统南罐区装置320变电所进行状态监测检查时，发现AA2盘AP-106D回路断路器上测B相温度为64.4℃，与A、C相温度相差20℃。根据《带电设备红外诊断应用规范》的规定：动静触头和中间触头（断路器）的热点温度$\geqslant 55$℃或温升$\delta \geqslant 80\%$但热点温度未达到严重缺陷温度（80℃），属于严重缺陷。停电检查发现断路器上侧B相接线搭接面不足，该电缆芯重新排布压紧后恢复送电。

（4）低压抽屉盘：2020年5月12日10：00时，供电车间技术员在对E2装置B19变电所低压抽屉盘盘面热成像温度检查时发现，ECSTP-1301A/B回路盘面温度对比其他回路高约4℃，怀疑该抽屉盘内温度异常，因该回路运行过程中抽屉盘无法打开检查，联系工艺对该回路停电强制维护保养，检查断路器下侧导线时发现有绝缘老化现象，绝缘层已硬化龟裂，已不满足安全运行条件。低压抽屉盘因运行期间无法打开，热成像仪无法直接监测到盘内，使用同类比较法，根据同组设备、同类设备之间对应部位的温差进行比较，分析温升很小，但温差相差几度，就可以判断出设备已经存在缺陷。

综上所述，变电所的日常巡检和电气设备的状态监测应遵循检修和预防前普查，高负荷、特殊运行环境情况下的特殊巡查相结合的原则，为设备状态检修提供有利的科学依据。用红外热成像技术进行设备接头发热等外部陷检测已十分成熟，判据准确。但对于设备内部缺陷的诊断还存在一定的难度，根据现场大量的红外检测工作经验，灵活运用各种适合的分析诊断方法，同时结合具体设备的工况、内部结构进行综合分析诊断，必要时还需进行停电来辅助分析缺陷，7℃左右的微小温差决不能忽视，这样才能准确分析、诊断出设备的内部热缺陷。

参 考 文 献

1　DL/T 664—2016　带电设备红外诊断应用规范.

上海高桥捷派克石化工程建设有限公司是一家集石化装置运行维护、检维修、工程项目承包及管理和设备制造为一体的特大型专业公司，上海市高新技术企业。公司汇集了机械、仪表、电气、工程和设备制造各类以"上海工匠""浦东工匠"等为代表的高素质、高技能人才，公司具有丰富的检维修和项目管理经验，拥有30余项检维修、检验检测类专利技术，以先进的技术装备和雄厚的技术实力、出色的质量管理和优质服务，长期承担着各类大中型炼油、化工和热电等生产装置设施的建设、日常维护保养和特种设备的专业保养工作，在石化工程检维修行业中赢得了良好声誉。

GB/T 45001—2020
GB/T 50430—2017
GB/T 24001—2016
GB/T 19001—2016
QHSE管理体系

上海高桥捷派克石化工程建设有限公司

石油化工工程总承包
壹级资质证书

高新技术企业证书

第十一届全国设备管理优秀单位

上海著名商标

捷派克凭借对石化用户群体和市场的长期深刻了解，确定了以装置运行维护为基础，形成装置检维修、工程项目总（分）包、项目管理、设备制造、产品研发等众多业务为一体的综合型格局。捷派克以用户的需求为第一动力，运用其长期服务于石化行业的丰富的实践经验、出色的技术和质量、完善的应急响应体系以及强大的专家资源网络，既为用户群体带来了长期稳定的高附加值的服务，又长期致力于与用户建立稳定互利的合作关系，并为用户提供及时、高质量、高附加值的服务。

近年来，捷派克坚持"以发展促管理，以管理助发展"，在以高桥石化为核心用户的基础上，"走出去"拓展了中国石化、中国石油、中国海油以及一系列外资和民营企业的运行维护和检维修市场，为了给各类用户可放心的优质服务，同步大力提升了资质品牌，积极与泽达学院、吉林省工程技师学院、岱山县职业技术学院等院校开展校企联合培养工作，加强人才储备和培养，建立了高科技产品研发基地、学生兵速成实训基地、漕泾运保基地、岱山运保基地，逐步形成了辐射型覆盖整个长三角地区的业务网络。

—— SGPEC石油化工工程检维修介绍 ——

各类装置检修

1. 大型机组检修
2. 进口泵检修
3. 电机维护修理
4. 电试检测
5. 主变压器检修
6. 各类仪表维护
7. 仪表组态分析
8. 各类石油化工设备检修

公司主要产品

1. 密闭型采样器
2. 原油在线自动取样器
3. 蓄电池在线监测系统
4. 高压直流不间断电源系统
5. 静态转换开关
6. 智能型自动加脂器

密闭型采样器

高压直流不间断电源

捷派克党群订阅号

捷派克官方公众号

地址：上海市浦东新区大同路1250号 邮编：200137 电话：021-51786139 联系人：范伟林 13641710390 E-mail：fanweilin@sinogpc.com

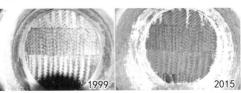

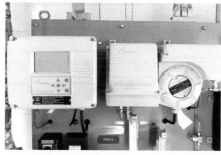

岳阳恒忠机械工程技术有限公司

恒以兴业　忠以事人

　　岳阳恒忠机械工程技术有限公司前身为中国石化长岭分公司机械厂，2006年企业改制。公司新领导班子特别重视技术进步和人才引进、培养工作；经过近十年的发展，在企业180名员工中，拥有博士、硕士、本科学历的有25人、高级工程师3人、工程师28人、高级技师6人、技师18人；形成了以高工、工程师、博硕士为主的研发队伍。

　　公司与清华大学、天津大学、LPEC、天华化工机械及自动化研究设计院、长沙医药设计院、巴陵石油化工设计院、长岭炼化岳阳工程设计公司等多家科研院所保持着长期的技术合作关系。

　　公司为中国石化、中国石油和国家能源集团物资资源市场成员单位，服务于石化企业四十多年，特别是为中国石化长岭炼化分公司、中国石化巴陵石化分公司和中国石化催化剂长岭分公司等企业，在设备研发、制造、维保及检维修服务方面，逐渐形成了自己的产品体系与研发体系，并先后取得了GC2压力管道安装、Ⅰ/Ⅱ类压力容器制造和中国石化检维修等资质。在催化剂制备设备（焙烧炉、搅拌设备、螺旋输送机、过滤设备、切粒设备、分级设备、筛分设备、磨损指数分析仪等）、石化塔内件、石化非标设备（密闭采样器、稀油站、水站、过滤器、鹤管等产品）的设计、制造、安装、维保等方面具有特色优势。

　　长期以来，公司本着质量第一，用户至上，诚信经营，坚持为用户提供"省心、省事、省钱"的解决方案的理念，赢得了良好的市场信誉，开拓了广阔的市场空间。

　　公司地处湖南省岳阳市云溪区，南街洞庭，北依长江，紧靠107国道、京珠高速、京广铁路和武广高铁，水陆交通得天独厚，十分便利。

　　我们本着"恒以兴业、忠以事人"的思想，愿为国内外客户提供先进的技术、优质的产品和良好的服务！

■ 荣誉资质

■ 产品展示

波纹填料生产线　　　　波纹填料拼盘　　　　填料安装

岳阳恒忠机械工程技术有限公司
Yueyang hengzhong Mechanical Engineering Technology Co., Ltd

联系电话：0730-8452324

商务报价/技术咨询电子邮箱：hnyyhzjx@163.com

公司网址：www.yyhzjx.com

地址：湖南省岳阳市云溪区长炼　邮编：414012

成品塔盘　　　　喷淋试验

岳阳长岭设备研究所有限公司
Yueyang Changling Equipment Research Institute (Co., Ltd.)

岳阳长岭设备研究所有限公司是由中国石化长岭炼化公司设备研究所改制而成的高新技术企业。

公司的研究领域和优势业务范围主要集中在设备长周期运行保障技术、节能技术、环保技术、清洗技术等四个方面。其中伽玛射线塔器监测诊断技术、组合式空气预热器、纳米保温修复技术、纳米气浮除油技术、含油浮渣减量化资源化利用技术、大型板换清洗技术、滤芯清洗技术等自主开发的专利技术均走在国内同行的前列。公司技术和产品在中国石化、中国石油、中国海油、国家能源集团、华菱湘钢等大型石化、煤化、冶金、电力等行业得到广泛应用，清洗等优势技术已在苏丹喀土穆炼油厂以及马来西亚、越南等企业推广应用，得到用户的高度评价。

YX-001陶瓷微粒水性反射隔热涂料

该涂料隔热效果好，具有优异的附着力、耐老化性、优异的阻燃性等，施工周期短、绿色环保、无污染，耐温性为-40～80℃，使用周期5年以上。适用于工业中各类油储罐、化学品储罐、仓库、船舶、集装箱、槽车等因太阳照射表面产生高温而需要隔热降温的物体表面。

YX-010陶瓷微粒水性保温涂料

该涂料导热系数低，具有优异的附着力、耐热性、耐化学性、耐老化性和柔韧性、优异的阻燃性能等，施工周期短、绿色环保、无污染。适用于需要保温的工程，如重油罐顶、原油罐顶、加热炉和管道、仓库、集装箱、建筑物外墙等。

纳米复合保温修复结构

纳米复合保温修复结构是采用多孔特种纤维布作为载体，并将高性能纳米复合保温涂料浸渍于其上而形成的一种全新复合保温材料结构。这种保温材料结构既保留着纳米复合涂料的各项性能，同时其抗拉强度、弯曲性能大幅提升。可在线施工、不产生固废、导热系数低、防水性能优异，能有效地解决保温改造方案存在的施工周期长、需停工状态下改造、旧保温材料处理成本高等问题。适用于石油、电力等行业散热损失偏高的高温热力管道保温修复工程。

高温热力管道保温修复前

高温热力管道保温修复后

地址：湖南·岳阳 电话：0730-8478118 8451977　　传真：0730-8478568 E-mail：clsbs.clsh@sinopec.com

渤海装备兰州石油化工装备分公司

中国石油集团渤海石油装备制造有限公司兰州石油化工装备分公司是炼油化工特种装备专业制造企业，是中国石油设备故障诊断技术中心（兰州）烟气轮机分中心、中国石油烟气轮机及特殊阀门技术中心。秉承"国内领先、国际一流"的理念，为用户制造烟气轮机、特殊阀门、执行机构及炼化配件等装备，是中国石油、中国石化、中国海油的一级供应商，与中国石油、中国石化签订了烟气轮机备件框架采购协议，并建立了集中储备库。产品获国家、省部级科技进步奖29项，其中烟气轮机和单、双动滑阀获首届国家科学大会奖，"YL系列烟气轮机的研制及应用"获国家能源科技进步三等奖，烟气轮机荣获甘肃省名牌产品称号，冷壁单动滑阀荣获中国石油石化装备制造企业名牌产品称号。

企业能为客户提供技术咨询、技术方案、机组总成、设备制造、人员培训、设备安装、开工保运、烟气轮机远程监测诊断、设备再制造、专业化检维修、合同能源等服务与支持。建有中华烟机网（http://www.yl-online.com.cn），为用户提供全天候的支持与服务。

主要产品与服务

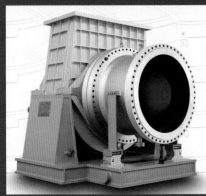

烟气轮机是能量回收透平机械，应用于炼油、化工、电力和冶金行业。工质（具有一定压力的高温烟气）通过烟气轮机膨胀输出轴功，驱动其它工作机械或发电机发电。烟机效率处于国际领先水平，节能效果显著。渤海装备兰州石油化工装备分公司可提供2000~33000千瓦全系列烟气轮机，已累计生产烟气轮机近300台。

执行机构用来精确控制催化装置的滑阀、蝶阀、闸阀等设备，也可广泛用于电力、冶金、水利等行业要求高精度控制的设备上，具有技术领先、工作可靠、控制精准等显著优点。

特殊阀门主要有滑阀、蝶阀、闸阀、塞阀、止回阀、焦化阀、双闸板阀等，可以生产满足420万吨/年以下催化装置使用的全系列特殊阀门。其中双动滑阀通径可达2360mm，高温蝶阀通径可达4000mm。三偏心硬密封蝶阀通径可达1600mm，具有900℃的耐高温性能和高耐磨性能。

阀门的控制方式有气动控制、电动控制、电液控制、智能控制。可靠性和灵敏度指标均达到国际先进水平。渤海装备兰州石油化工装备分公司已为全国各大炼厂及化工企业生产了近万台特阀产品。

专家团队监测接入诊断技术中心的烟气轮机运行情况，实时分析诊断，提出操作建议，发现异常及时与用户沟通，并指导现场处理，定期为用户提供诊断报告。

专业的服务队伍装备精良、技术精湛、全天候响应。为炼化企业提供优质的技术指导、设备安装、开工保运及现场检维修等服务。

地　　址：甘肃省兰州市西固区环行东路1111号　　　　电子邮箱：lljxcjyk@163.com

联系电话：0931-7849708　7849736　　　　　　　传　　真：0931-7849888

客服电话：0931-7849803　7849744　　　　　　　邮　　编：730060

北京航天石化技术装备工程有限公司
Beijing Aerospace Petrochemical Technology and Equipment Engineering Corporation Limited

卧式高速泵

立式高速泵

高速泵

流量：1～360m³/h

扬程：80～3000m

电机功率：5.5～2000kW

适用温度：-130～+340℃

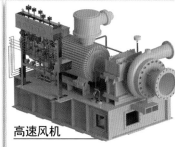

高速风机

高速风机

流量：50～1500m³/h

压比：1～2.5

电机功率：7.5～600kW

适用温度：-130～+340℃

高压耐磨泵

高压耐磨泵

流量：110～700m³/h

扬程：105～250m

最大吸入压力：5.5～9.5mPa

电机功率：75～630kW

介质含颗粒允许浓度：(0～10)%

企业优势

● 国内高速泵、高速风机型谱较全，立式、卧式参数全覆盖，中国石化、中国石油、中国海油、国家能源集团等大型企业战略供应商，国内各行业高速泵主力供应商，出口阿曼、韩国、俄罗斯等十余个国家。

● 军民高速融合，航天火箭发动机关键技术转化。

● 高层次技术团队，80%技术人员为国内一流高校相关专业博士、硕士。

● 国家特种泵阀工程技术研究中心，拥有离心泵结构设计、流场设计、转子动力学设计等大批设计分析软件。

● 航天品质质量保证，拥有完善的ISO 9001质量体系及航天军工产品生产条例。

● 强大的试验能力，拥有先进的高速泵试验台以及高速轴承、转子动特性等各类试验手段。

● 优质高效的售后服务，泵内零部件公司有现货库存，售后人员一专多能。

● 为进口高速泵提供技术咨询、设备维护、试验测试等全方位技术支持。

地址：北京经济技术开发区泰河三街2号　　　邮编：100176

电话：010-8709 4357　　010-8709 3661　　传真：010-8709 4369

邮箱：pump@calt11.cn

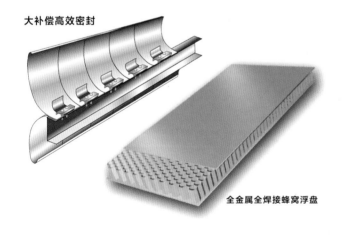

上海安恪企业管理咨询有限公司

SHANGHAI ANCHOR ENTERPRISE MANAGEMENT CONSULTING CO.LTD

安全为本 恪尽职守 深耕细作 共创卓越

—— *值得信赖的设备管理专家*

安恪咨询来自于石化行业设备专家"严谨至尊、专业至高、安全至上"的管理理念和优良传统，汇集业内外丰富的专家资源、知识和经验，勇于创新，践行先进管理思想，为过程工业企业提供全方位、专业化技术和管理咨询服务，是值得信赖的专业技术咨询服务机构。

安恪咨询按照ISO 9001—2015、ISO 14001—2015、GB/T 28001—2011标准要求建立了QEHS管理体系，并通过了相关体系认证。通过项目团队-技术部（事业部）-专家委员会三级质量控制体系保证咨询成果符合客户利益。

主要客户：

2019年度部分业绩：

★ 沧州炼化大检修技术服务

★ 镇海石化设备完整性管理体系建设

★ 安庆石化大检修质量管控及技术服务

★ 石家庄炼化装置腐蚀适应性评估

★ 海南炼化装置可靠性管理体系建设

★ 山东新和成药业设备管理提升及转动设备可靠性评估

……

解决方案：

◆ 设备完整性管理体系(IMS)

◆ 防腐蚀技术服务

◆ OTS大修技术服务与管理承包

◆ 可靠性技术服务(RCM)

◆ 设备管理提升

◆ 设备完整性管理信息系统（EIMS）

◆ 安全合规管理系统（SCM）

◆ 水务专业化服务（WMS）

◆ 供应商评估与工厂检验服务

◆ 工艺平稳性管理系统

专业团队（专家委员会）

专家委员会是安恪咨询质量保证体系的领导机构，也是安恪咨询成果的最高技术负责机构。由曾长期从事石化设备技术课题研究、长期担任石化企业设备技术负责人和管理负责人的专家组成，具有深厚的知识水平和丰富管理经验。安恪咨询成果经过专家委员会核查通过，确保客户利益。

上海安恪企业管理咨询有限公司
电话：021-64160096
E-mail：service@anchoremc.com
公司网址：http://www.anchoremc.com

大连康维科技有限公司
DALIAN CONSERVATION SCIENCE & TECHNOLOGY CO.,LTD.

大连康维科技有限公司成立于2000年，系高新技术企业。已获得国家和国际授权的发明专利32项、实用新型专利16项。

公司的主营产品包括：烟道挡板、凸轮蝶阀、无阀座软密封蝶阀、磁游标液位计、高温凝结水密闭回收装置、电磁力传动装置、电磁力搅拌机、高效节能管托、超音速汽液混合升压加热器、自闭阀、软管夹、乏汽回收装置、喷射增压防汽蚀装置、减摩装置、防水保温瓦、快速接头、水中微量油分析仪、喷射泵、引射器、槽车安全呼吸系统等。

公司为中国石油、中国石化、中国海油、中国中化、国家能源集团公司下属的众多企业和电力、轻工、水利等领域的企业提供了数十万套产品，为诸多用户解决了许多难题。大量的优良业绩，奠定了公司在行业的地位。

烟道挡板

专利号：ZL201310056275.2
专利号：ZL201510551593.5
专利申请号：201910634122.9
依靠专利技术解决了烟道挡板普遍存在的卡涩问题。

烟道挡板

凸轮蝶阀

专利号：ZL201921330051.5　　　　温度范围：−193～+720℃
专利申请号：202011175734.5　　　公称直径：DN300～DN5000
利用球面自动找正，以及软、硬密封结合的密封型式，保证了阀门零泄漏。

凸轮蝶阀

搅拌机

鼓型传动机构　　　　重载传动机构
在线更换密封轴承　　重载齿轮减速机
根据工况可选配1.1～90kW电机，可实现10～500r/min转速，不同机械密封和冲洗系统。

磁游标液位计

中国专利号：ZL201510815681.1　　量　程：0～60m
美国专利号：10788354　　　　　　温度范围：−193～+650℃
欧盟专利号：3379211　　　　　　　精　度：±2mm
日本专利号：6549798　　　　　　　介质密度：0.2～2.5g/cm³
俄罗斯专利号：2689290

磁钢在浮子室外部的磁游标上，磁钢所受的温度大幅降低，故提高了磁钢的使用寿命。并且可以不停产更换游标室内的备用磁钢，大幅提高了液位计的使用效率和寿命。

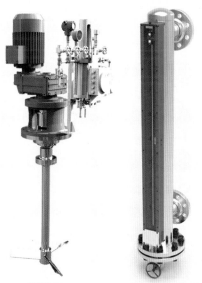

搅拌机　　　　　磁游标液位计

高温凝结水密闭回收装置

专利号：ZL200720013148.4
专利号：ZL200720311869.3
节能效果显著　　自动化控制　　　结构紧凑
三重防冻措施　　软件模拟仿真　　系列化选配
有效解决了凝结水泵汽蚀、抽空、水锤等现象。

高温凝结水密闭回收装置

广告

地址：辽宁省大连市沙河口区民政街400号8-3　　　邮编：116021　　　　邮箱：dlkwkj@163.com
电话：0411-84519618　84519638　　　　　　　　传真：0411-84519318　　网址：www.dlkwkj.com

阀门维修"4S店服务"

北炼阀门
NRCV

大连北方炼化阀门有限公司成立于2009年，旗下拥有内蒙古包头分公司，与国内多家石油石化企业和煤化工企业有业务往来。公司拥有一支专业从事管道阀门维修工作的团队，同时有一套完善的维修管理体制。采用先进的阀门维修工艺，检测设备先进，确保阀门维修质量。多年来公司参与了多家大型炼化、煤化工公司大检修项目，积累了大量业绩并取得了用户的信赖和好评。可提供新建工程阀门安装前的各种复检，也可对在管道上不便拆卸的阀门进行在线维修，免除阀门维修拆卸、安装。阀门维修后能达到国家密封标准，阀门维修后的使用性能与新阀门相同。公司提供的维修、保运服务为企业的安全生产保驾护航、节约成本，实现了企业的双赢目的！

大连总公司部分合作单位

中国石油大连石化分公司	辽宁大唐国际阜新煤制天然气有限责任公司
中国石油抚顺石化分公司	大连福佳·大化石油化工有限公司
中国石油长庆石化分公司	陕西延长石油榆林煤化有限公司
中国石油宁夏石化分公司	北方华锦化学工业股份有限公司
中国石油庆阳石化分公司	陕西长青能源化工有限公司
中国石油锦州石化分公司	逸盛大化石化有限公司
中国石油呼和浩特石化分公司	盘锦浩业化工有限公司
大连西太平洋石油化工有限公司	大连港石化有限公司
恒力石化(大连)有限公司	

包头分公司部分合作单位

国家能源集团宁夏煤业有限责任公司	新能能源有限公司
内蒙古中煤蒙大新能源化工有限公司	久泰能源内蒙古有限公司
内蒙古中煤远兴能源化工有限公司	内蒙古宜化化工有限公司
神华包头煤化工有限责任公司	内蒙古亿利化学工业有限公司
鄂尔多斯市昊华国泰化工有限公司	内蒙古泰兴泰丰化工有限公司
中煤陕西榆林能源化工有限公司	内蒙古伊泰煤制油有限责任公司
兖矿新疆煤化工有限公司	包头海平面高分子工业有限公司
内蒙古荣信化工有限公司	鄂尔多斯市亿鼎生态农业开发有限公司

大连北方炼化阀门有限公司

联系方式：13904081758 0411-88899906
公司地址：大连甘井子区革镇堡街道后革村

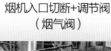

ZNCTXCF系列智能超声波防垢除垢装置

在线防垢除垢
节能环保一体化
国际领先水平

解决现代工业三大污垢问题：生物附着、结垢、腐蚀

全国电子节能环保产品与技术应用方案
天津市先进实用节能技术产品
获得首届"创新力量"全国创新创业大赛银奖

　　天津诚泰翔科技发展有限公司从事环保产品的研发与制造，是天津OTC创新板挂牌企业。主要产品为ZNCTXCF系列智能超声波防垢除垢装置，是全国电子节能重点推荐产品，入编2017年《全国电子节能环保产品与技术应用方案推荐目录》《天津市先进实用节能技术产品推广目录》，获得首届"创新力量"全国创新创业大赛银奖。

　　该装置适用于石油、化工、煤焦、电力、船舶、冶金、水泥、纺织、锅炉供热、生物制药、有色金属、食品加工等行业。对工业企业设备中各种金属材质呈液体状介质的换热器、蒸发器、冷凝器、凝汽器、冷油器、初冷器、锅炉、管道系统的结垢堵塞情况可进行一对一定向设计解决方案。

超声波防除垢工作原理

◎ 凝聚效应（防垢）

　　智能超声波防垢除垢装置发出超声波脉冲振荡高弹性波，高能量波通过流动介质中的悬浮粒子时，悬浮粒子与介质一起振动，由于粒子的大小和振动速度不同，粒子将会相互碰撞、粘合，体积和重量均增大，不能跟随超声波同步振动运动，只能作无规则的运动，继续碰撞、粘合、变大，最后沉淀排出，实现大颗粒凝聚与管壁离散，防止了结垢的产生。

◎ 微涡效应（防除垢）

　　智能超声波防垢除垢装置发出的超声波脉冲振荡高弹性波，作用在换热设备中的介质时，在脉冲振荡高能量波的冲击作用下，使介质单位体积/面积的分子运动加速，产生离散力，形成高速微涡，破坏结垢、结晶、积垢的形成。

◎ 剪切效应（除垢）

　　智能超声波防垢除垢装置发出超声波脉冲振荡高弹性波在受热面管壁传播时，受热面管壁垢层跟随管壁同步振动，由于管壁与垢质层的弹性系数不同，产生形变位移不同，形成剪切力，使垢质层疲劳、裂纹、疏松、破碎而脱落，达到除垢的目的。

应用典型实例

安装前　　　　　　安装后

　　某化工企业E0353A换热器安装智能超声波防垢除垢装置运行2个月后，拆开换热器的封头，从照片上明显可以看出，换热器基本没有结垢，换热效率明显提高，达到了最初防垢除垢的目的。

优势对比

传统防除垢方法：	超声波防除垢方法：
1.药剂清洗或其他清洗方式，造成环境污染	1.物理防除垢，节能环保
2.停机清洗，造成经济损失	2.在线防除垢，不需要停机
3.造成换热设备腐蚀	3.适用介质广
4.需定期清洗，影响正常生产时间	4.减少换热设备腐蚀，延长换热设备使用寿命
5.除垢不彻底，约15%垢质残留	5.延长清洗周期，提高换热效率
	6.除垢彻底，无残留

智能型超声波防垢除垢装置与换热器组成防垢除垢系统原理图

模式一：根据企业设备实际情况定向设计换能器在换热器、蒸发器、管道系统、冷却器、凝气器、锅炉上的分布状况。

模式二：根据企业不同换热器设备的结垢类型、垢层厚度、流体介质结垢差异，调整智能超声波防垢除垢装置的超声波数字控制定向参数。

某石化公司2E-401回收醋酸加热器
清洗周期：2～3月/次
安装数量：4台

天津诚泰翔科技发展有限公司

Tianjin Cheng TaiXiang Science and Technology Development Co., Ltd.

公司地址：天津市西青区海泰绿色产业基地K1～103
联系电话：022-84262080
传　　真：022-65837068
电子邮箱：tjctxkj@163.com

广州石化建筑安装工程有限公司

广州石化建筑安装工程有限公司（以下简称建安公司）位于广州市黄埔区，毗邻广深公路、广园东路和黄埔码头，地理位置优越，水陆交通便利；其前身是原广州石油化工总厂建筑安装工程公司，成立于1978年，该公司现有资产5000多万元，拥有焊接、起重、运输机械、转子动平衡、阀门试压、机械加工以及大型机具、设备运行状态监测仪等先进设备和系统近2000台/套。公司现有职工近2000人，工种齐全，各类专业技术人员近250人，高级工程师15人，一级建造师12人、二级建造师6人，注册安全工程师7人以及经济师、会计师等中级职称的有177人，高级技师33人，技师49人。

公司主要业务范围：石油化工设备、装置维修保运；石化设备（包括压力容器及相关设备）的设计、制造、安装、修理、改造、检验；压力容器、钢结构和热交换器的制造；压力管道安装；锅炉改造维修；电气安装维修；化工石油装置安装；土建工程施工；机械加工产品；动平衡试验；设备运行状态监测；金属无损检测、化学成分分析和机械性能试验；容器现场热处理；起重机械安装、修理和检验；大型储罐现场组装；阀门试压、修理、安全阀定压和修理；容器和管道的橡胶衬里和硫化处理；设备防腐和大型物件的吊装；空调维修等。

公司长期负责中国石油化工股份有限公司广州分公司、华德石化股份公司、珠海BP、中海壳牌、湛江中科、东莞巨正源等单位的动、静设备、电气设备保运、检维修工作。经过不断实践和总结，已形成了一套有效的保镖保运生产管理制度，成为装置设备安稳长运行的坚实后盾。多年来，公司始终秉承"凭技术开拓市场、凭管理增创效益、凭服务树立形象"的理念，不断建立完善各项管埋制度，先后取得了化工石油工程施工二级资质证书、ISO 9001质量管理体系认证证书、检维修资质、压力管道安装、压力容器设计制造、起重机械安装改造维修、防爆电气设备安装修理资格证书以及国家实验室认可证书、无损检测机构核准证、锅炉压力容器管道及特种设备检验许可证、防腐蚀施工资质证等二十多个资质证书。通过各种体系的有效运行和持续改进，为顾客提供了符合法规标准、安全可靠的产品（工程）和优质服务。在所有承担的装置和管道安装工程中，产品合格率均为100%，优良率达70%以上，开车投用均一次成功，未发生过重大的质量事故，获得用户好评。多项工程获得中国石化集团公司、中国施工企业管理协会、中国工程建设焊接协会、中国安装管理协会等单位授予的国家优质工程银质奖、优质工程奖、优秀焊接工程奖。

地址：广州市黄埔区石化路550号　　电话：020-62122212 62122226　　传真：020-82398042　　广告

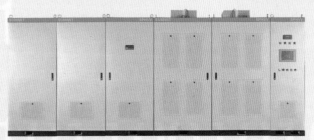